# 城市地下综合体建设技术指南

徐日庆 等编著

中国建筑工业出版社

**图书在版编目(CIP)数据**

城市地下综合体建设技术指南/徐日庆等编著. —北京:
中国建筑工业出版社,2016.5
ISBN 978-7-112-19444-5

Ⅰ.①城… Ⅱ.①徐… Ⅲ.①城市空间-地下建筑
物-建筑设计 Ⅳ.①TU92

中国版本图书馆 CIP 数据核字(2016)第 103222 号

　　本书系统地介绍城市地下综合体建设中涉及的基本理论、工程设计、施工和监测检测等方面的内容。全书共有 10 章,包括绪论、地下水与土的工程性质、基坑工程设计与施工技术、盾构法隧道设计与施工技术、顶管法管道设计与施工技术、暗挖法通道设计与施工技术、地下工程地下水控制技术、综合体开发的监测技术、综合体开发环境效应与保护技术和工程实例。

　　本书可供从事地下工程设计、施工及管理的工程技术人员以及高等院校相关专业的师生参考阅读。

责任编辑:杨　允
责任校对:李欣慰　刘梦然

**城市地下综合体建设技术指南**

徐日庆　等编著

\*

中国建筑工业出版社出版、发行(北京西郊百万庄)

各地新华书店、建筑书店经销

北京科地亚盟排版公司制版

北京云浩印刷有限责任公司印刷

\*

开本:787×1092毫米　1/16　印张:30　字数:724千字

2016年7月第一版　2016年7月第一次印刷

定价:**70.00**元

ISBN 978 - 7 - 112 - 19444 - 5

(28704)

# 前　言

随着我国社会经济快速发展，城镇化强力推进，城市地价不断攀升，开发地下空间就成为必然趋势，其中地下综合体的开发占有很大的分量。结合国家科技支撑计划"城市地下空间开发技术集成与示范"项目的"城市地下综合体建设技术研究"子课题，集成了现有综合体的建设技术和武林广场地下综合体示范工程，形成了《城市地下综合体建设技术指南》。

《城市地下综合体建设技术指南》一书共有 10 章，第 1 章绪论，由浙江大学滨海和城市岩土工程研究中心徐日庆和朱亦弘编写；第 2 章地下水与土的工程性质，由浙江大学滨海和城市岩土工程研究中心徐日庆和邓祎文编写；第 3 章基坑工程设计与施工技术，由浙江大学滨海和城市岩土工程研究中心俞建霖编写；第 4 章盾构法隧道设计与施工技术，由江苏省交通规划设计院隧道分院王涛编写；第 5 章由顶管法管道设计与施工技术，由浙江大学城市学院魏纲编写；第 6 章暗挖法通道设计与施工技术，由宁波大学建筑工程与环境学院朱剑锋编写；第 7 章地下工程地下水控制技术，由北京市市政工程设计研究院郭印编写；第 8 章综合体开发的监测技术，由浙江大学滨海和城市岩土工程研究中心董梅和徐日庆编写；第 9 章综合体开发环境效应与保护技术，由胜利油田技术检测中心齐静静编写；第 10 章工程实例，由杭州武林广场地下商城建设有限公司徐波、来剑平，浙江省建工集团沈西华，浙江大学滨海和城市岩土工程研究中心朱亦弘和吴勇编写；全书由徐日庆主编。

本书较全面、系统地介绍了城市地下综合体建设中涉及的设计、施工和监测和环境效应与保护技术，收入了最新的设计计算理论和工程实例。

本书得到国家科技支撑计划（2012BAJ01B04-3）资助，在此表示衷心感谢！

《城市地下综合体建设技术指南》在编写过程中，得到了浙江大学滨海和城市岩土工程研究中心的同事们支持和帮助，浙江大学滨海和城市岩土工程研究中心博士研究生李俊虎、陆建阳和冯苏阳以及硕士研究生张子浩和王旭做了校稿和编排工作，在此谨向他们致以衷心的感谢！

由于编者知识面和能力所限，书中若有不当和错误，敬请读者批评指正。

徐日庆

2016 年 4 月紫金港

# 目　录

# 第 1 章 绪 论

随着我国城市化进程的不断提高，城市规模不断扩大，城市人口快速攀升。东部城市人口陆续突破百万级别，城市病现象显著，诸如城市生存空间拥挤、基础设施建设滞后、交通拥堵、生态环境恶化等城市问题不断涌现。国外城市在快速城市化过程中为了平衡城市扩张带来的人口、资源、环境压力，纷纷聚焦开发城市地下空间，提升土地的单位价值，拓展城市发展空间，促使城市向集约化和可持续化方向发展。

发达国家从19世纪中叶开始大规模开发地下空间，至今已积累了大量的开发经验。城市地下空间的功用从最初仅仅作为地下步行道、地铁、排水系统等公共功能设施发展为20世纪前期的地下仓储、地下基础设施、地下工业厂房等为代表的地下建筑。到了20世纪中后期，旧有城市的地下空间改造使原本零碎的地下空间功能更为全面完整，新建的城市中心商务区对地下空间的规划利用也进入了全新的阶段，地下商城、地下停车站等民用设施大量涌现。地下空间开发由最初的单一功能建筑逐步发展为复合功能的综合设施，由此发展出了涵盖市民生产、生活、娱乐等多项功能的城市地下综合体。

我国自20世纪80年代起逐步开始开发城市地下空间，经过三十多年的发展，地下空间开发进入了高速开发时期，其中复杂的城市地下综合体以井喷速度发展。以浙江省地下空间开发为例，截止2012年底，浙江省地下空间开发面积达12181.9万 $m^2$，且每年地下空间建成面积超过100万 $m^2$。杭州市新建的钱江新城地下空间面积达240万 $m^2$，涵盖了商业、旅游、休闲、物流和停车等多项功能，是杭州现有规模最大、功能最全的地下综合体。

我国各类地下综合体项目建设如火如荼，但考虑到地下综合体建设复杂、开发规模大、埋设深、项目资金投入量大等特点，开发风险和难度相对较大。需要政府对地下综合体项目科学有效地规划引导，增强地下综合体开发的技术储备并形成相应的技术规范，改善地下综合体融资方式和运营方法。本指南通过介绍地下综合体建设技术，分析经典项目案例，以期形成地下综合体建设的关键技术框架。

## 1.1 城市地下综合体发展

城市综合体指由各个使用功能不同的空间组合形成的单体式或群组式的建筑，可以承载城市不同性质的社会功能空间，如商业、办公、居住、娱乐、交通等。城市综合体的"混合使用"的城市设计概念最早由美国城市土地学会于1976年发表的专著《Mixed-Use Development：New ways of land use》中正式提出。

混合使用提出的新土体规划使用方法包含三大主要特征：（1）包含三种及以上的能够提供收益的主要功能且各主要功能可以相互支持；（2）各组成部分可以形成空间和功能上的整体化；（3）按照一个有条理的计划进行各单元功能的开发。20世纪中叶，美国等发达国家开发的多功能建筑组团均符合上述三大特征，并逐步发展形成了城市综合体的概念。

城市地下综合体是城市综合体转向地下空间开发的表现形式，是在同一空间内具有多种使用功能的综合性地下建筑。由于地下空间的采光、通风等问题，城市地下综合体的使用功能较城市综合体有明显区别，主要用作地下交通及换乘设施、地下商城、地下综合管沟和地下基础设施。

"二战"结束后，西方发达国家积极重建城市，兴修了大量地下综合体。各国基本以地下交通网络作为地下综合体的骨架，在地下人行道和换乘站等人流密集处配置地下商业街，并建设地下综合管沟。

日本由于国土资源匮乏，人口压力大，是全球最早大面积系统开发地下综合体的国家之一，开发的地下空间的规模、深度和用途也是最广泛和深入的。20世纪50年代，日本进入地铁时代，先后60多个城市相继开始建设地铁，发展至70年代，日本城市地下15m内地下空间已基本开发完成，形成地铁交通网络、人行网络等立体交通网络，在地下人行道下基本设有地下综合管廊。地下综合体开发成本主要通过地下街租金回收，资本回收周期一般在十年以上。日本政府十分重视地下空间规划，与地上空间一起形成立体整体规划，并且以地下交通建设为核心，为地下商业设施提供足够的人流，整体性的规划和持续的政策保证了地下空间开发的回报收益。随着开发经验和技术的逐步积累，日本建设了体量巨大的地下综合体，区域功能完善与地上城市无异。

图 1-1　日本八重洲地下商城

图 1-2　芝加哥地下步行街示意图

图 1-3　加拿大蒙特利尔地下综合体

图 1-4　法国巴黎卢浮宫地下展厅

美国芝加哥地区是美国第三大都会区，仅次于纽约市和洛杉矶。但芝加哥城市中心地区道路狭窄，市内交通问题严峻，人车矛盾突出。1951年，芝加哥中心区两条地铁展厅的地下人行道建成，形成了地铁、地下人行道和地面汽车交通并行的立体交通系统。在 20 世纪 60 年代大力建设地铁的同时芝加哥建设完善地下步行网络系统，并结合旧城区改造建设了第一国家银行下沉广场和伊利诺中心地下步行系统。通过近三十年的努力，在 20 世纪 90 年代建设完成了不受天气干扰的步行系统，实现了人车分离，提高了地面交通的通行效率。

蒙特利尔是加拿大第二大城市，每年有四个月被冰雪覆盖，构建地下交通网络可以有效解决当地居民的日常出行问题。20 世纪 60 年代，火车站改造和地铁站兴建催生了地下人行网络的发展。蒙特利尔成功举办了 1967 年世博会和 1976 年的奥运会，进一步推进了城市地下综合体的建设，最终建成了长达 33km 的地下步行网络，连接了中心商业区 10 个地铁站、2 个火车站和会议中心、展览馆等 60 多座建筑。

法国巴黎地下空间开发利用较早，在 1878 年便已修建了 600km 的地下水道，20 世纪初开始建设地铁和地下道路。1970 年前后，巴黎对旧城区进行改造扩建，在保护古建筑的同时系统开发中心城区的地下空间，建成了涵盖地铁、城郊铁路、换乘设施、商店、步行街、游泳池等多项建筑功能的 Les Halles 地下广场；扩建卢浮宫地下空间，增设 4 个玻璃金字塔，将剧场、餐厅、仓库、停车场等附属功能安置在地下空间，使展厅面积扩大 80%。

国外地下综合体开发过程中积累了宝贵的经验，值得我国借鉴：（1）统筹规划地面空间和地下空间，保证城市规划的统一性；（2）以地下多层次交通建设为核心，通过地下交通网串联多区块地下空间功能；（3）建立完备的法律体系，明确地下空间开发的所有权问题可以促进地下综合体的有序开发，调动民间资本投资积极性；（4）重视地下综合体的运营和养护，建立系统整体的监控体系。

我国人均 GDP 已突破 7000 美元，按国际经验正处于大规模开发地下空间的时期。沿海发达地区已积累了大量开发经验，并制定了相应的法律规范。上海建立了从整体规划、分区规划到详细规划三个层面的地下空间规划设计体系；北京通过政府组织、多单位共同参与编制了《北京中心城中心地区地下空间开发利用规划》，并制定了《北京市城市地下管线管理办法》等配套法规文件，确保地下空间开发的合理有序。

上海虹桥综合交通枢纽涵盖了航空港、高速铁路、磁浮、城市轨道交通、客运汽车等多种交通方式，是世界级超大型交通枢纽。虹桥枢纽 2007 年主体结构开工，2009 年竣工，占地面积达 26.26km$^2$，总建筑面积达 129.1 万 m$^2$，其中地下部分约为 50 万 m$^2$，局部最大挖深达 29m。虹桥枢纽可实现 6 种交通形式的换乘，各功能区间无障碍联通，市内交通和市外交通可以便捷换乘。虹桥枢纽地下空间除包含地下人行交通网络、巴士换乘站等交通设施外，还包含了雨水泵站、变电站、通信机房、地下管沟等基础设施以及各类餐饮、休闲娱乐设施。

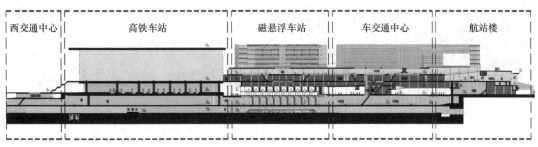

图 1-5　上海虹桥综合枢纽功能分区图

图 1-6　上海虹桥综合枢纽概念图　　　　　　图 1-7　上海虹桥综合枢纽在建图

　　杭州钱江新城是杭州新城区规划中的中央商务区，是杭州发展重心从"西湖时代"转向"钱塘江时代"的标志。钱江新城核心区占地面积为 4.02km²，总建筑面积达 1080 万 m²，地下空间面积为 240 万 m²。钱江新城以中轴线的波浪文化城和富春江购物走廊为基本框架，初步形成地下步行交通网络；远期 2 个地铁站投入使用形成完整的地下交通网络。波浪文化城地下空间达 12 万 m²，涵盖了商业、旅游、休闲、物流等多项功能。紧邻钱塘江防波堤建设有地下综合管沟。

图 1-8　钱江新城中轴线

图 1-9　波浪文化城鸟瞰图　　　　　　图 1-10　波浪文化城内景图

　　国内地下综合体的开发已取得了长足的进展，但仍有许多不尽规范合理之处需要继续学习国外开发经验。国内少数城市设立了地下空间开发的行政法规，但存在监管缺位和欠缺乏可执行性的问题，未设立法规的城市地下空间开发相对混乱。国内城市规划少有整体考虑地面和地下空间的整体功能布局，各职能部门缺乏沟通，不能统筹建设地下空间，导致多次开挖，建设资源浪费。

## 1.2 地下工程设计计算理论现状及发展

地下工程设计计算理论发展初期，由地面结构计算方法演变而来，没有考虑地层施加的荷载压力及地层约束结构变形提供的反力。随着地下工程设计经验的不断积累，对地层荷载的认知不断深入，并开始考虑结构与地层相互作用引起的应力重分布，使设计更为科学合理。

城市地下工程所受的荷载主要包括自身重力、使用期间的各类活荷载、动荷载和冲击荷载、土压力和水压力。其中土压力和水压力是地下工程特有的荷载，是地下结构的主要荷载。土压力可分为竖向土压力和侧向土压力。侧向土压力又可分为静止土压力、主动土压力、被动土压力。深层地下空间常采用的多道内支撑支护结构会在坑内外形成主动区和被动区，需采用相应方法计算。由于土是一种松散的堆积物，当地下工程埋深较大时，上方土体会产生土拱效应，使地下结构只受压力拱下土体自重荷载作用；浅埋结构则无法形成压力拱，结构上方土体自重全部作用在结构上。

随着地下工程所用材料的不断变化，地下结构的计算理论也在不断发展。19世纪中叶地下结构多以砖石材料构筑圬工结构，为了提高结构的稳定性，截面尺寸往往取得偏大。当时采用明挖法施工，地下工程埋深小，作用在结构上的荷载较小，相应的材料变形也较小。因此最早的地下结构计算理论将地下结构作为刚性结构进行计算，并发展出了压力线理论。

19世纪后期，混凝土材料和钢筋混凝土材料逐渐应用在工程建设领域，地下结构的整体性有了较大的提高。地下结构开始尝试单拱结构外的多拱框架结构和框架结构。当时只考虑作用在结构上的主动土压力，基于弹性力学理论计算超静定结构内力，也被称为荷载-结构计算模型。材料和计算方法的革新使地下工程跨度增大，功能日趋增多。

20世纪中期，连续介质力学理论逐渐发展成熟，通过考虑地层材料的弹塑性及地下结构与地层的相互作用，将地下工程与地层作为一个力学体系整体计算分析，并可体现岩土材料的弹塑性特性。随着计算机技术的快速发展，基于连续介质力学的有限元分析方法快速崛起，并在地下工程设计领域展露拳脚。有限元法可以考虑岩土体的初始应力、岩土体屈服后的本构关系、结构与地层的相互作用及其界面属性求解复杂的地下工程问题，有极大的发展和应用空间。但有限元法中的岩土体本构参数、界面本构参数等仍需进一步的研究完善。

1971年Cundall提出了离散单元法，将研究对象分解成刚性单元集合，基于牛顿第二定律计算每个刚性单元的运动特征，适用于准静态或动态条件下物体变形和破坏的研究。离散元法尤其适合分析在动力荷载作用下的岩土材料和地下结构材料界面的变化性质。

现在地下工程设计仍多采用基于弹性力学的荷载-结构计算模型，依凭计算机强大的计算能力完成地下结构设计。随着数值计算方法理论和经验的进一步积累，相信数值分析方法会逐渐用于指导设计。

## 1.3　地下工程建设技术现状与发展

### 1.3.1　地下工程的开挖技术

地下工程的开挖技术多种多样，不同的开挖技术选取主要考虑地下工程的水文地质条件、地下结构、埋深、使用功能和周边环境等因素。开挖技术按是否挖除地表表面的土体分为明挖法和暗挖法。其中明挖法适合埋设浅、开发规模大的地下工程；暗挖法适合埋设大、断面面积较小的隧道工程。

早期明挖法多直接放坡或采用刚度较小的围护结构支护开挖，属于顺做明挖法。随着地下开发逐渐向深层地层推进，发展出了采用刚度较大的地下连续墙并辅以多道内支撑的开挖方式。城市地下综合体主体结构开发规模大、埋设深，且往往位于城市繁华地段，周边环境相对复杂，周边建筑物和管线对基坑开挖过程中产生的土体变形较为敏感，则多采用支护刚度更大的逆作法以保证基坑的稳定和控制周边建筑变形。

逆作法施工是在开挖过程中自上而下施工地下结构，用结构楼板替代水平支撑，在施工时先施工结构楼板，待结构强度成型后再开挖楼板下方土体，侧向支撑刚度远大于顺做法的临时支撑，可以有效约束围护结构变形。由于施工精度问题，早期的逆作法竖向支承结构仍采用临时结构，即基坑外围采用钻孔灌注桩，基坑中部采用临时柱连接工程桩。随着施工技术的不断进步，可采用计算机控制将结构柱静压入工程桩，围护结构采用深层地下连续墙技术，不仅精简了施工工序，并解决了早前逆作法基坑易渗漏的问题。现在逆作法基本采用永久结构作为支护体系，即地下连续墙作为围护结构，结构柱和工程桩作为竖向支承结构，结构楼板作为水平支撑结构。逆作法围护结构刚度大，适合深基坑开挖，稳定性好，围护结构变形小，节省建筑材料，但是出土不便、工期长、施工技术和管理水平要求高，因此基本只在大型地下工程项目中采用。

暗挖法原本多用于山岭隧道的修建，随着城市地下工程开发中小断面隧道项目增多，发展出了一些适应于城市浅埋隧道开挖的暗挖技术。

浅埋暗挖法基于新奥法的理念，针对城市地下隧道的特点，演化产生的开挖方法。浅埋暗挖法是通过管棚支护或者喷锚注浆技术改善城市地下软弱地层，以地表沉降为指导指标，在软弱地层中快速开挖的技术。浅埋暗挖法工法灵活多变，可根据不同地质条件选择不同的地层加固和开挖方法，需要的专业设备相对简单，适应性强。

盾构法采用盾构机在地下掘进，完成隧道的开挖和支护工作。盾构机可以平衡开挖面的水土压力，提供向前的掘进推动力，并完成衬砌施工。盾构机刀头可以稳定开挖面土体，控制地表沉降，特别适用于城市软弱地层中的开挖。盾构法开挖自动化程度高、开挖面安全稳定、施工速度快、人力成本低，但专业设备要求高。

### 1.3.2　地下工程的支护技术

城市地下空间开发逐步向深层发展，围护结构需要承载更大的土压力，并隔断自由水和承压水，这要求围护结构有更大的刚度及更好的抗渗性。传统的基坑支护方法采用临时围护结构挡土止水，围护结构只需在基坑开挖工期内发挥作用，结构刚度和耐久性都较差，无法应用到深层地下空间开发。

型钢水泥土搅拌墙技术（TRD工法）与早年应用的型钢水泥土搅拌桩墙技术（SMW

工法）原理相近，采用水泥土搅拌机械切削破碎土体并使土体与水泥浆液充分搅拌混合形成水泥土作为止水帷幕，在水泥土搅拌墙中插入 H 型钢形成刚度较大的围护结构。型钢水泥土搅拌墙围护结构在地下室施工完成后，可以将 H 型钢从水泥土搅拌墙中拔出，使钢材可以再度利用。传统的 SMW 工法采用常规三轴水泥土搅拌机械，其有效搅拌加固深度约为 30m，不能满足超深基坑的围护要求；TRD 工法采用链式纵向切割技术，有效加固深度可达 60m，在切割刀具安装完成达到设计深度后可快速切削搅拌土体形成连续墙。该工法与常规的围护形式相比工期短，施工过程污染少，场地噪声小，且节约社会资源，近年来在深基坑工程中得到了大量的应用。

TRD 工法采用液压马达驱动链锯式切割箱，分段连接切削土体至设计深度，在切割箱底部注入固化液使周围土体与之搅拌混合，形成较高强度的水泥土，搅拌均匀后水平横向挖掘推进，形成高质量等厚度水泥土搅拌墙，可用作深基坑的止水帷幕。在水泥土搅拌墙中插入型钢提高搅拌墙的刚度和强度后，水泥土搅拌墙也可作为深基坑的围护结构。

传统支护技术采用临时结构作为围护结构，项目建设完成后围护结构便废弃在项目地块中，材料浪费严重且成本高企。地下空间开发逐渐转向深层开发后，采用临时结构作为围护结构的材料浪费和成本问题愈发严重。因此逐渐发展出主体结构与围护结构相结合的技术。该技术可以减少混凝土等材料的使用，缩短建设周期，节约社会资源，降低开发成本，是深层地下空间开发的重要建设技术。

根据主体结构替代围护结构构件位置的不同，可以将该技术分为结构外墙与围护墙体相结合技术、水平梁板结构与内支撑相结合技术和结构柱与内支撑竖向支撑结构相结合技术。实际工程应用中可以根据场地条件、施工工期等因素选择其中一项或多项技术。结构外墙与围护墙体相结合的技术又称为二墙合一技术，提高结构外墙的抗渗性还可以将结构外墙作止水帷幕使用，达到三墙合一效果，可以大幅降低施工成本和施工工期，内支撑仍可采用传统临时混凝土支撑，施工时可采用顺作法施工，因此两墙合一技术应用最多且最为成熟。利用梁板结构作为基坑内支撑结构及利用结构立柱作为基坑内支撑竖向支承结构技术则应用相对较少，采用该方法需采用逆作法施工，施工组织管理要求较高，需对施工期间交通组织、出土安排、结构构件施做等有科学系统的统筹，适合场地局限、周围环境变形敏感的项目。

### 1.3.3 地下工程的抗浮技术

地下空间开发逐渐向深层空间发展，地下结构在承压水作用下的抗浮问题也愈发突出。传统地下结构抗浮技术有增加配重，降低水头及设置抗拔基础等方法，其中抗拔基础应用最多也相对可靠。常用的抗拔基础有抗拔锚杆和抗拔桩。抗拔锚杆虽然有造价低廉、施工简便等优点，但由于单根锚杆能提供的抗浮力较小，在深层地下空间中即使大量布置仍可能达不到抗浮设计要求。因此地下综合体大规模开发地下空间常采用新型抗拔桩技术。普通直桩的抗拔力主要来自桩周土的摩阻力，因此能提供的抗拔力十分有限。新型抗拔桩技术考虑增大桩抗拔受力面积或增大桩周土对桩的约束粘结力以提高桩的抗拔能力。

一般认为扩底抗拔桩在承受上拔力时桩身摩阻力先发挥作用，达到承载力极限后由桩体扩大头处周围土体承担，直至周围土体局部剪切破坏，扩底桩达到抗拔承载力极限状态。因此扩底桩的上拔 $Q\text{-}s$ 曲线在荷载较小时与普通直桩曲线相近，当荷载较大时扩底处逐渐发挥作用，较一般的直桩有更大的抗拔承载力。软土地区扩底抗拔桩多为长桩，在上拔过程中产生的位移较大，回弹量较小，一般考虑正常使用状态的位移量来确定抗拔承载力。

扩底灌注桩现多采用 AM 全液压旋挖钻孔扩底工法，可使用计算机图像监测管理系统使成孔扩孔过程稳定可靠。该工法先用钻机打设到设计深度后，更换扩底铲斗并在设计标高处扩底，扩底的位置、尺寸信息均可输入计算机，并通过计算机直接操作机械完成。扩孔桩扩孔位置灵活，可根据抗浮需要在桩身上多次扩孔。

在砂土地层中，钻孔灌注桩成孔较为困难，桩身质量难以保证，也难以采用 AM 工法进行扩底，更换机具和扩孔过程中都有可能引起孔壁坍陷，不仅难以保证扩孔处质量，新增的工序甚至会增加缩颈、断桩的风险，使桩体质量可靠性下降。在砂土地层中不适宜采用扩底灌注桩工法，而多采用桩侧后注浆抗拔桩技术。

桩侧后注浆抗拔桩是在灌注桩成桩后通过预先埋设在桩身内的注浆导管和桩侧注浆器对桩周进行注浆，改善桩身与桩周土的接触界面特性，进而提高承载力。扩孔抗拔桩的抗拔力提高集中在扩大头处，桩侧后注浆抗拔桩全桩长范围内摩阻力提升均较为明显，桩侧后注浆法可靠性更高。当桩径较大、桩身较长且周边土性质较好时宜用桩侧后注浆法。桩侧注浆的施工重点在于侧注浆阀的制造、预埋和保护，需在施工环境中重点关注并予以保护。

# 参 考 文 献

[1] Robert E. Witherspoon, Jon P. Abbett, Mixed-Use Development: New ways of land use [M], Urban Land Institute, 1976

[2] 刘建航，侯学渊等. 基坑工程手册 [M]. 北京：中国建筑工业出版社，1997

[3] 龚晓南. 深基坑工程设计施工手册 [M]. 北京：中国建筑工业出版社，1998

[4] 夏明耀，曾进伦. 地下工程设计施工手册 [M]. 北京：中国建筑工业出版社，1999

[5] 杨其新，王明年. 地下工程施工与管理 [M]. 成都：西南交通大学出版社，2005

[6] 孙利民. 无线传感器网络 [M]. 北京：清华大学出版社，2005

[7] 吴念祖. 虹桥综合交通枢纽地下工程技术 [M]. 上海：上海科学技术出版社，2010

[8] 缪宇宁. 上海虹桥综合交通枢纽地区地下空间规划 [J]. 地下空间与工程学报，2010，6（2）：243-249

[9] 王卫东. 城市岩土工程与新技术 [J]. 地下空间与工程学报，2011，7（1）：1274-1291

[10] 郑刚. 地下工程 [M]. 北京：机械工业出版社，2011

[11] 中国土木工程学会土力学及岩土工程分会. 深基坑支护技术指南 [M]. 北京：中国建筑工业出版社，2012

[12] 高迪国际出版有限公司. 城市综合体 [M]. 南京：江苏人民出版社，2012

[13] JGJ 120—2012 建筑基坑支护技术规程 [S]. 北京：中国建筑工业出版社，2012

# 第 2 章　地下水与土的工程性质

## 2.1　概述

地下工程的勘察、设计、施工过程中，地下水问题始终是一个极为关注的问题。地下水既作为岩土体的组成部分直接影响岩土的性状与行为，又作为地下建筑工程的环境问题影响地下建筑工程的稳定性和耐久性。在地下工程设计时，必须充分考虑地下水对岩土及地下建筑工程的各种作用。施工时应充分重视地下水对地下建筑工程施工可能带来的各种问题并采取防治措施。

在土力学研究中，地下水问题是一个极为重要的问题。由于土骨架是由颗粒组成，颗粒之间是连通的孔隙，在饱和土体中，自由水可以在水头差作用下在土孔隙中流动，由水头高处向低处流，产生渗流现象。同时，地下水作为岩土体的组成部分对工程的影响很大。土的应力、变形、强度及稳定等问题都与土中水的运动和渗流有关，施工过程中应充分重视地下水渗流对地下工程建设带来的影响，并采取相应的防治措施。

随着我国经济建设的发展与对外改革开放的需要，各大城市不断兴建各类高层、超高层、地下轨道、地下商场等工程，在工程建设中由地下水引发的环境土工问题屡见不鲜。据调查统计，在全国各地发生的建筑工程事故中，以地下水的作用在地下工程失事中占多数，如土坡失稳、隧道事故、流砂、砂土液化、井点降水引起的道路或建筑物开裂，对邻近建筑物的破坏作用等。此类事故的苗头不易察觉，一旦失事，难以补救，甚至造成灾难性的后果。

因此，有必要从土体的内部细微结构来分析地下水及其在工程中的角色，进一步揭示土体在地下水作用下的特性及作用机理，并进行理论和实践上的讨论、分析与总结，汇总资料为工程建设提出指导性建议。

本章突破传统文献中分析地下水与土的工程性质研究的常规方法，传统的计算理论往往是基于连续介质假定的基础上发展起来，从宏观上获取土体性状公式，难以真实描述土体内部的受力及变形的机理。而以土体颗粒的微观研究为基础对土与水的关系进行分析，考虑的是非连续性问题，更能体现土体的真实情况，传统研究考虑的是一个整体，忽略了土体内部的结构性，微观强调的是颗粒之间的结构性。因此，从土体微观研究中获取地下水与土的工程性质，与传统的研究相比，有其独特的一面，建立基于微观结构特性的地下水与土的工程性质计算和分析，将对岩土工程有极大的贡献。

## 2.2　基于微观结构的软土孔隙率和接触面积率

### 2.2.1　软土微观孔隙率

#### 2.2.1.1　软土三维微观孔隙率定性评价及定量计算方法

图 2-1 中是软土某孔洞的微观 SEM 图像，放大倍数为 6000 倍。从图中可以看到，软

土孔隙在微观图像中的灰度由深到浅颜色是逐渐减小的，在孔隙底层，灰度最大，颜色最深，在孔隙敞口处，颜色最浅，对应的灰度最小。从切取的试样看，孔洞由底向上其断面面积是在逐渐增大的。

图 2-1　软土微观孔隙图

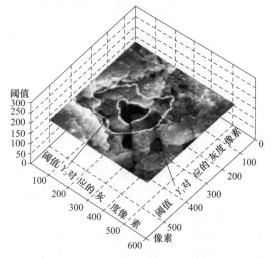

图 2-2　三维孔隙率计算模型

在 SEM 图像中的，图像的大小通过像素来表达的，但图像颜色的深浅是由灰度来表达，不同的灰度由不同的阈值控制，阈值的取值范围是 0～255，取最小时代表的亮度在最深处，随阈值的增大，亮度由深到浅变化。建立如图 2-2 所示三维空间模型，平面方向由图像的像素来表达，竖直方向的高度由阈值来表达，图中所示为某土样 SEM 图片，中间部分为一不规则孔洞，现预计算该孔洞的像素面积，采用微积分的积分思想，对不规则形体求体积，只要有每个断面上的面积，然后乘以相应的高度就能得到体积，而 SEM 图像中不同的阈值刚好对应不同断面上孔洞的面积，将阈值缩小到足够小，就可以得到该不规则体的体积。假设某阈值 $Y_1$ 下对应的灰度为图中所示小圈包围的面积 $A_1$，阈值 $Y_2$ 下对应的灰度为图中大圈包围的面积 $A_2$，这两个阈值下孔洞的体积可由下式来描述：

$$V_1 = \left(\frac{A_1 + A_2}{2}\right) \times (Y_2 - Y_1) \tag{2-1}$$

由微积分思想，只要阈值（$Y_2 - Y_1$）的值足够小，那么 $A_2$ 与 $A_1$ 就很接近，求得的孔隙体积就逼近真实的体积，把求解推广到整个孔隙可以得到孔隙体积 $V_{3D}$ 为：

$$V_{3D} = \sum_{i=1}^{255} \left(\frac{A_i + A_{i-1}}{2}\right) \times (Y_i - Y_{i-1}) \tag{2-2}$$

从而得到土体任意阈值灰度下的三维孔隙率 $n_{3D}$ 为：

$$n_{3D} = \frac{\sum_{i=1}^{m} \left(\frac{A_i + A_{i+1}}{2}\right) \times (Y_{i+1} - Y_i)}{(Y_m - Y_0) \times S_A} \tag{2-3}$$

式中 $m$ 为阈值分割数，$Y_m$ 为阈值，$S_A$ 为 IPP 分析时选取的区域像素，为一定值，对一次求解，可以固定选取同一像素大小的区域进行分析。由量纲分析原理知，像素在比值中约去了，上式求得的结果可以代表土体的三维孔隙率。又由于初始阈值 $Y_0$ 等于 0，所以上式变为：

$$n_{3D} = \frac{\sum_{i=1}^{m} \left(\frac{A_i + A_{i+1}}{2}\right) \times (Y_{i+1} - Y_i)}{Y_m \times S_A} \tag{2-4}$$

## 2.2.1.2 孔隙数量、大小及变化趋势的三维体现

软土微观图像的三维孔隙计算模型是否符合实际情况呢？目前已经有不少研究学者用其他方法做过了相关的研究，并取得了一定的成效。其中在软土微观孔隙研究中取得的主要成果有：王宝军等利用 GIS 软件对 SEM 图像进行三维可视化分析，分别研究了土样孔隙度的二维和三维计算方法。张先伟等利用 Matlab 计算了基于灰度的三维孔隙率。袁则循等提出利用数字地形模型（DTM）计算三维孔隙度的方法，该方法无需选取阈值对图像进行分割，避免了由于阈值选取引起的统计误差。李涛等利用微观结构试验，提出了一个计算红黏土孔隙比的计算模型。

图 2-3 是其中一张放大 1600 倍后的软土微观图像，图 2-4 是阈值取 100 时对应的二值灰度图，图中白色区域为孔隙，根据统计结果，对应于该阈值灰度的孔隙个数有 1091 个，最小孔隙像素为 10，最大孔隙像素为 8554，所有孔隙像素和为 252663，总像素为 903309。

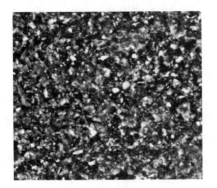 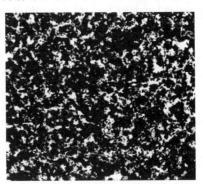

图 2-3　软土微观原图　　　　　　　　图 2-4　软土二值化微观图

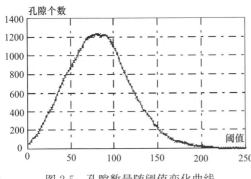 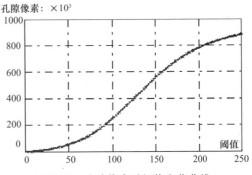

图 2-5　孔隙数量随阈值变化曲线　　　　图 2-6　孔隙像素随阈值变化曲线

图 2-7　颗粒表面三维显示（王宝军，2008）

**11**

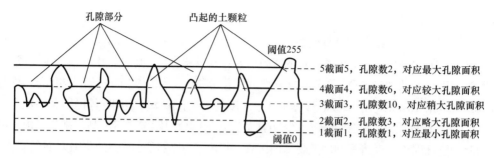

图 2-8　颗粒立面-截面示意图

图 2-5 是该图孔隙数量随阈值变化曲线，从图中可见，对应于该图像，孔隙个数由最小的 2 到 1000 多不等，因为孔隙分布的深浅不同，孔隙数量最多时对应阈值在 80～100 之间，孔隙数量最大时对应阈值约为 90，数量最小出现在阈值最大的时候。此过程正好符合孔隙的三维随机分布，如图 2-7 颗粒的三维显示和图 2-8 颗粒立面-截面示意图，其中红色部分为截面截取的孔隙部分，随机性令孔隙的深浅、大小不一，当阈值取最小的时候，软件对应的灰度为孔隙最深的地方，此时统计的结果是孔隙数量较少（图 2-8 截面 1）；随阈值的增大，阈值切割到的孔隙截面随之增加，当阈值取值约为 90 的时候，阈值切割截面孔隙数量达到最大（图 2-8 截面 3）；之后随阈值的继续增大，孔隙变大，部分相邻的孔隙随之合并成大的孔隙，使得孔隙数量减少（图 2-8 截面 4）；当阈值达到最大时，此时阈值切割平面接近图像最高点，大小孔隙随阈值的增加已连成一片，数量接近个数（图 2-8 截面 5）。

从图 2-6 中孔隙像素大小随阈值变化曲线也可以验证图 2-5 的特点，初期孔隙像素增长缓慢，孔隙像素主要由多个小的孔隙像素组成（图 2-8 截面 1、2、3），之后随孔隙的合并（图 2-8 截面 4、5），孔隙像素大小发生略微的突变，曲线斜率增大，到了后期，由于突出的颗粒慢慢减少，合并的孔隙已经完成，孔隙像素增长缓慢，直到阈值取值达到最大时，图像像素均显示为孔隙，此时孔隙大小趋于图片像素大小（图 2-8 截面 5）。该趋势的变化正好体现了软土微观图像中土体相貌的随机起伏，与文献（王宝军，2008）描述的三维可视化图形（图 2-8）是一致的，同时，也进一步说明用于统计孔隙率的公式（2-3）是符合实际情况的。

### 2.2.2　软土颗粒接触面积率

#### 2.2.2.1　软土颗粒接触面积率定性评价

软土接触面积到底应该如何确定并不是只凭想象或感觉就能得到的，应该通过其微观结构图像来具体分析，只有这样才能得到合理的解释，得到土颗粒之间的连接，颗粒与颗粒之间的接触等客观理解。

由图 2-9（a）中可以看到，软土构架主要由细微颗粒组成的颗粒团黏聚在一起组成土体骨架，颗粒团与团之间主要以点接触为主，线接触和面接触次之；图 2-9（b）经放大后可见，颗粒团之间的点接触、线接触和面接触相当；图 2-9（c）是进一步放大的图像，相片放大后可以清晰地看到，图像中的物体主要集中于某一颗粒团，从该颗粒团的清晰影像中可以看到，组成颗粒团的软土微粒主要以片状居多，微颗粒之间的接触主要是面接触。对于土体接触面积来说，面面接触形式面积最大，线接触面积次之，点接触面积最小。

(a)　　　　　　　　　　　　　　　　(b)

(c)

图 2-9　不同放大倍数软土微观结构图

(a) 6000 倍；(b) 12000 倍；(c) 16000 倍

徐献芝（2001）在多孔介质有效应力原理研究一文中曾指出，颗粒之间的接触面积远远小于土体面积，可能适用于大孔隙、固体颗粒以点接触方式存在的土壤；而对于低孔隙度的土壤，接触方式不同的情况下，其接触面积是不能忽略的。显然，这一假定是否合理取决于土壤的微观结构。从图 2-9 中的软土微观结构图像看，土颗粒之间的接触并非简单的点接触，而孔隙率的大小也并非所有土体都很大。因此土体颗粒的实际接触面积到底是多大，有必要对其进行探讨，进一步了解其接触面积的真实情况。

### 2.2.2.2　平均接触面积率的定义

由提出统计微观图像三维孔隙率的方法，通过统计微观图像三维孔隙率，并与室内土工试验获取的宏观孔隙率进行比较。认为当统计计算的三维孔隙率在数值上等于宏观孔隙率时，定义此时 IPP 图像阈值灰度分析中对应的像素为接触面积，该像素面积与总像素面积的比值为平均接触面积率，用 $R_{CA}$ 来表示。图 2-10 所示是统计中某放大倍数为 1600 倍的 SEM 原图像。图 2-11 为该图经过 IPP 处理后阈值 208 对应的灰度图，其中亮点处为孔隙，灰度处代表接触面积。图 2-12 为该图像三维孔隙率随阈值变化曲线，经室内土工试验，换算得到该土样的宏观孔隙率为 0.371，对应于图 2-12 曲线上，当孔隙率为 0.371 时，阈值为 208，把阈值 208 输入 IPP 软件，计算得到二值灰度像素为 100288，图像总像素为 $1023 \times 883 = 903309$，因此，该土样的颗粒平均接触面积率 $R_{CA} = 100288/903309 = 11.10\%$。

图 2-10 软土微观原图

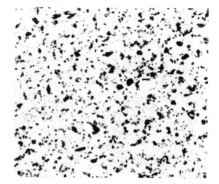

图 2-11 软土二值化微观图

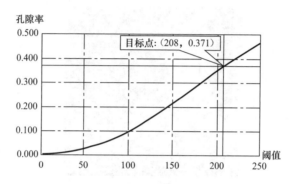

图 2-12 孔隙率随阈值变化曲线

## 2.3 软土颗粒接触面积率与宏观孔隙率之间的关系

根据提出的平均接触面积率统计方法，对杭州、宁波、奉化三地采集的软土进行电镜扫描，得到的 225 张图像进行分析统计，并通过配置不同含水量来控制土样的孔隙率大小，每个不同孔隙率的试样用 5 张 SEM 图像的统计平均值来表达其平均接触面积率，同时考虑到土截面上存在接触面积 $A_C$、孔隙面积 $A_P$ 及总面积 $A$ 之间存在关系式：

$$A_C + A_P = A \tag{2-5}$$

上式两边各除以 $A$，得：

$$\frac{A_C}{A} + \frac{A_P}{A} = 1 \tag{2-6}$$

令：$\frac{A_C}{A} = R_{CA}$，为提出的平均接触面积率，是一个平均概念，接触的面积包括颗粒的点接触、线接触及面接触；并定义 $\frac{A_P}{A} = R_{PA}$ 为平均孔隙面积率，也是平均概念，是孔隙在截面上所占据的面积比例，则式（2-6）变为：

$$R_{CA} + R_{PA} = 1 \tag{2-7}$$

考虑到孔隙率与平均孔隙面积率之间均为孔隙的代表，因此建立平均孔隙面积率与孔隙率之间的关系 $R_{PA} = f(n)$，则平均接触面积率与宏观孔隙率的关系可以表示为：

$$R_{CA} = 1 - f(n) \tag{2-8}$$

**14**

其中 $f(n)$ 为用宏观孔隙率表达的平均孔隙面积率。

试验统计结果见表 2-1。

不同区域孔隙率与平均孔隙面积率之间的对应关系　　　　　　　　　　表 2-1

| 杭州 | | 宁波 | | 奉化 | |
|---|---|---|---|---|---|
| 孔隙率 | 平均孔隙面积率 | 孔隙率 | 平均孔隙面积率 | 孔隙率 | 平均孔隙面积率 |
| 0.417 | 74.40% | 0.404 | 93.14% | 0.341 | 81.50% |
| 0.372 | 76.51% | 0.357 | 86.44% | 0.321 | 82.85% |
| 0.366 | 70.90% | 0.398 | 87.60% | 0.317 | 90.00% |
| 0.357 | 74.00% | 0.385 | 88.43% | 0.302 | 83.90% |
| 0.411 | 76.29% | 0.267 | 75.48% | 0.274 | 76.32% |
| 0.382 | 77.85% | 0.351 | 85.87% | 0.280 | 79.30% |
| 0.392 | 70.94% | 0.433 | 90.20% | 0.312 | 87.94% |
| 0.410 | 79.26% | 0.388 | 84.90% | 0.351 | 90.59% |
| 0.424 | 79.06% | 0.408 | 89.47% | 0.370 | 91.62% |
| 0.457 | 81.95% | 0.333 | 81.94% | 0.326 | 86.33% |
| 0.486 | 82.77% | 0.370 | 82.66% | 0.348 | 91.35% |
| 0.491 | 82.06% | 0.335 | 80.83% | 0.330 | 83.90% |
| 0.510 | 85.94% | 0.340 | 78.18% | 0.304 | 88.90% |
| 0.522 | 91.96% | 0.347 | 78.56% | 0.337 | 87.00% |
| 0.536 | 92.02% | 0.462 | 92.50% | 0.396 | 93.80% |

从表 2-1 可以看出，随软土孔隙率的增大，其平均孔隙面积率也随之增大，个别试样由于配水搅拌的均匀性，或许有一定偏差，但总体趋势是明显的，为了得到合理的孔隙率与平均孔隙面积率的关系式，采用 OriginPro 8.0 软件进行数据拟合，同时考虑两个极限状态：第一个是当孔隙率趋于 0 时，平均孔隙面积率也趋于 0；第二个是当孔隙率趋于 1 时，平均孔隙面积率也趋于 1，在拟合曲线的时候把点（0，0）和点（1，1）加入到数据曲线中得到拟合曲线及拟合方程如图 2-13～图 2-15 所示。

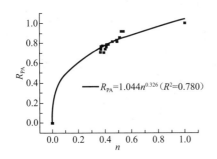

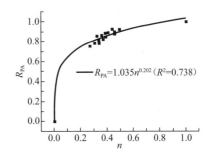

图 2-13　杭州软土 $n$-$R_{PA}$ 关系曲线　　　图 2-14　宁波软土 $n$-$R_{PA}$ 关系曲线

从上面三个不同区域软土的拟合情况看，$R_{PA}$ 与 $n$ 的关系基本上呈幂函数关系，拟合曲线相关系数 $R^2$ 最小为 0.69，最大为 0.78，由数理统计规律知，该曲线的拟合效果良好。

表 2-1 中经图像处理得到的平均孔隙面积是基于干燥土样的基础上获得的，然而，土体的实际工作状态基本上都是在一定地下潮湿环境下，黏土颗粒表面的双电层中会包含强

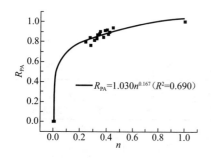

图 2-15　奉化软土 $n\text{-}R_{PA}$ 关系曲线

结合水和弱结合水。蒙脱土的结合水膜厚度为 210Å（或埃），高岭土的结合水膜厚度为 410Å（Braja，2008），伊利土的亲水性则介于两者之间，其结合水膜厚度在 210Å 与 410Å 之间。考虑黏土颗粒表面结合水膜的厚度后，接触面积要增大，如图 2-16 所示，黏土颗粒的接触面积是 $A_1$，考虑结合水膜后的接触面积是 $A_2$。考虑结合水膜后的接触面积要增大，相反，孔隙面积就要减小。因此，有必要从土体工作状态的实际情况对土体的平均接触面积率进行研究。

如图 2-17 所示，图示为某土颗粒的接触面积，内圈部分为 IPP 软件在统计接触面积时对应阈值下的灰度像素大小，外圈是考虑了结合水膜后的接触面积大小，IPP 软件中是通过像素大小来表达面积的大小的，而结合水膜的厚度是长度单位，在计算外圈面积时，要把长度单位换算成像素单位后才能进行平均接触面积率的计算。根据数学长度的表达，$1\text{Å}=10^{-10}\text{m}=10^{-4}\mu m$，微观研究的度量单位中，放大倍数为 100 倍时，1 像素对应的长度单位为 $3.448\mu m$（陈翠翠等，2010）。研究中采用的放大倍数为 1000 倍，1 像素对应的长度为 $0.3448\mu m$。因此，计算图 2-17 中考虑结合水膜影响的接触面积时，假设干土的接触面积是 $A$，单位是像素，由 IPP 软件通过阈值灰度的大小得到；干土颗粒的周长为 $S$，单位为像素，由 IPP 软件通过对应的阈值灰度统计得到；结合水膜的厚度为 $H$，单位是 Å，由软土颗粒含量的种类决定；考虑到结合水膜厚度很薄，从图像放大倍数信息知，400Å 的结合水膜在 1000 被放大倍数下，其厚度仅为 $0.116\mu m$，因此计算结合水膜增加部分的面积可以近似按厚度乘以周长考虑，从而得到考虑结合水膜厚度的软土接触面积大小为：

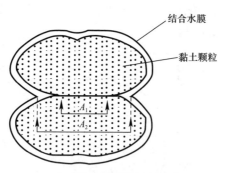

图 2-16　考虑结合水膜的黏土颗粒
接触面积立面图

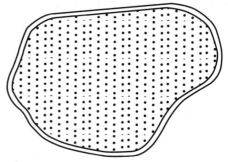

图 2-17　考虑结合水膜的黏土颗粒
接触面积平面示意图

$$A_C = A + S \times \frac{H \times 10^{-4}}{0.3448} \qquad (2\text{-}9)$$

结合公式（2-9），通过统计计算得到考虑结合水膜厚度的软土平均孔隙面积率与孔隙之间的关系，同时考虑到结合水膜厚度随土质的变化，本次统计水膜厚度分别为 200Å、250Å、300Å、350Å、400Å、450Å 下的孔隙率与平均孔隙面积率之间的关系，如图 2-18～

图 2-20 所示。

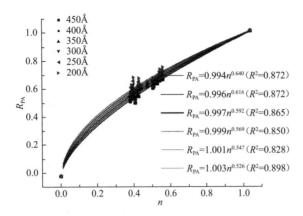

图 2-18 杭州软土不同结合水膜厚度的 $n$-$R_{PA}$ 关系曲线

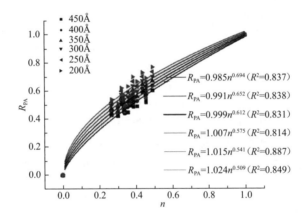

图 2-19 宁波软土不同结合水膜厚度的 $n$-$R_{PA}$ 关系曲线

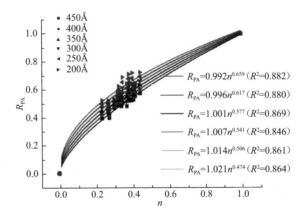

图 2-20 奉化软土不同结合水膜厚度的 $n$-$R_{PA}$ 关系曲线

从图 2-18-图 2-20 可以看到，软土平均孔隙面积率加上结合水膜厚度后，其基本趋势大致相同，孔隙率越大，平均孔隙面积率就越大，且两者之间的幂函数关系拟合较好，其关系可以用下式来表达：

$$R_{PA} = \beta n^{\alpha'} \tag{2-10}$$

对于不同地区的软土，式（2-10）中的 $\beta$ 和 $\alpha'$ 可能会有不同的值。我国软土主要成分以伊利石、高岭石、绿泥石、蒙脱石为主。除了深圳软土中高岭石含量大于伊利石外，其他地区软土的黏土矿物都以伊利石为主，这是因为伊利石能在碱性、中性或弱酸性环境中存在，在各种成相的软土中均大量存在。很多地区软土中的蒙脱石以伊利石-蒙脱石混层的形式存在，如黄石软土和杭州软土。由于地质演变过程不同，软土的成因类型也并不单一，比较复杂，沿海一带的软土一般都是多种成因的综合作用形成，因此它们的矿物成分中普遍存在着既能存在于海相沉积中，也能存在于陆相沉积物中。沿海地区软土多含有蒙脱石，该类矿物亲水性强，吸水后体积膨胀数倍，其性质也很不稳定，这也是造成沿海地区软土比内陆地区软土工程特性差的一个原因。其中杭州黏土矿物以伊利石为主，含少量的高岭石、绿泥石和伊蒙混层，宁波黏土矿物以伊利石为主要成分，含少量蒙脱石、高岭石，奉化黏土的成分跟宁波的近似。

从图 2-18~图 2-20 的拟合曲线方程可知，系数 $\beta$ 的值跟 1 很接近，因此决定令 $\beta=1$，$\alpha'$ 的值则接近 0.6，考虑立体空间与二维空间的转换关系，令 $\alpha' = \dfrac{2}{3}\alpha$，则式（2-10）变为：

$$R_{PA} = n^{\frac{2}{3}\alpha} \tag{2-11}$$

求解 $\beta$ 和 $\alpha'$ 的取值范围此时变为求解 $\alpha$ 值的范围问题。对应不同的土质，$\alpha$ 取值有所不同，只要给定结合水膜厚度，由统计得到的 $R_{PA}$ 及公式（2-11），可以求解得到 $\alpha$ 值。由式（2-8）知，平均接触面积率与土体宏观孔隙率的联系可以表达成：

$$R_{CA} = 1 - R_{PA} = 1 - n^{\frac{2}{3}\alpha} \tag{2-12}$$

式中　$R_{CA}$——软土的平均接触面积率；

　　　$R_{PA}$——软土的平均孔隙面积率；

　　　$\alpha$——待定参数，其值跟软土的成分含量和区域有关。

## 2.4　基于接触面积的软土渗流分析

### 2.4.1　概述

在岩土工程中土中水的渗流主要涉及两类工程问题：

1. 流量与渗流速度问题

在水利工程中的井、渠、水库中的闸门及基础工程中，土木工程中的基坑工程、人工降水及渗流固结工程的问题中，技术员及科研人员关心的常常是渗透流量的多少和渗流速度的快慢，对应的工程措施是改善或降低土的渗透性以达到工程的需求。

2. 稳定性问题

所谓渗透稳定性是指渗透水流对骨架的渗透力的作用下，土颗粒间可以发生相对运动甚至整体运动，从而造成土体及建造在其上的建筑物失稳。

常见的渗流问题如图 2-21 所示。

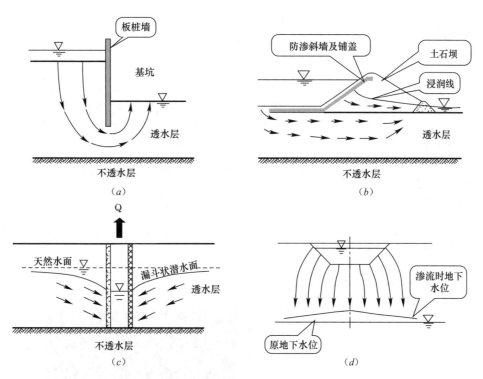

图 2-21　工程中常见的渗流问题

(*a*) 基坑中的渗流；(*b*) 堤防渗流；(*c*) 地下抽水渗流；(*d*) 渠道渗流

### 2.4.2　考虑接触面积率的软土地下水渗流速度

#### 2.4.2.1　一维渗透试验与达西定律

1856 年法国水利工程师达西在均匀的砂土中进行一维渗透试验，基本原理如图 2-22 所示，他在试验中变化各种边界条件，进行了多次试验，得到 $Q \propto AJ$，其中 $J$ 为水力梯度，并得到式（2-13）：

$$Q = k\frac{h_{\mathrm{w}}}{l}A \tag{2-13}$$

式中　$h_{\mathrm{w}}$——土样的总水头差；

$l$——试样的长度；

$A$——试样的断面面积；

$Q$——渗透流量；

$k$——比例系数。

其中 $\dfrac{h_{\mathrm{w}}}{l}$ 又称为水力坡降，用 $i$ 表示，流量 $Q = vA$，因此 $v = ki$。

上式表明，土中渗流水的流速 $v$ 与其水力坡降 $i$ 成正比，其比例常数为 $k$，其中 $k$ 是单位水力坡降 $i = 1$ 时，水的渗透速度。它反映了土的渗透性能，称为渗透系数，这就是著名的达西定律。

#### 2.4.2.2　土中水的渗透速度

在式 $Q = vA$ 中的流速，亦即土样横断面面积除总流量，它实际上是图 2-23 中等截面积水管段流速，亦称为出逸流速，在土体中是一个表观的平均流速，它的值并不能代表土

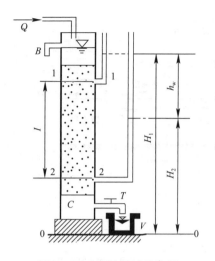

图 2-22 达西渗透试验装置

颗粒形成的孔隙中水的实际流速。

图 2-23（a）为渗流模型的情况，代表的是达西定律中水渗流的全断面面积，而实际流体在土中的渗流是图 2-23（b），土中除了渗流的孔隙外，还有颗粒，土的渗流是发生在孔隙中的，图 2-23（b）中白色部分为孔隙，由渗流模型与实际渗流流量相等可得：

$$Q = vA = v_s A_P \qquad (2-14)$$

从而得到土中渗流的实际流速为：

$$v = v_s \frac{A_P}{A} = v_s R_{PA} = v_s n^{\frac{2}{3}a} \qquad (2-15)$$

式中 $R_{PA} = \dfrac{A_P}{A} = n^{\frac{2}{3}a}$ 为提出的平均孔隙面积率，$n$ 为土体的孔隙率，$v_s$ 代表了水在土体中沿水流方向的平均流速，也称为渗透流速。

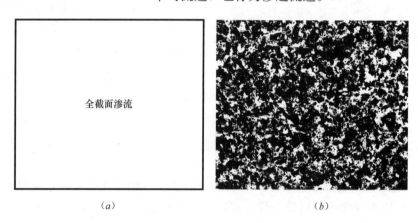

（a）

（b）

图 2-23　土中水的渗流
（a）渗流模型（全截面渗流）；（b）实际渗流（孔隙渗流）

不少文献中式（2-15）的表达为：

$$v = v_s n \qquad (2-16)$$

该式是欠严谨的，$n$ 是三维孔隙率式（2-16）用三维孔隙率来描述平面上的孔隙特征，而推导流量时采用的是断面面积，是平面问题，与三维问题是有区别的，同时平面问题与三维问题又存在一定的联系，式（2-15）考虑了截面上接触面积对水流速度的影响，将三维问题合理地转化成了二维平面问题，因此，式（2-15）更符合实际情况。

实际上土中孔隙是随机分布的和不规则的，接触面积也是及不规则的，因而式中的 $v_s$ 也不是实际流速。在土中渗流水的真正流速的方向和大小各点都是不同的，是随孔隙的分布和大小而变化的。因为 $n$ 是小于 1 的数值，因此 $v_s > v$，实际问题中，土坝设计考虑渗流破坏中的管涌、流土等要特别注意。

### 2.4.3　考虑接触面积的渗流作用力

渗流不仅对于某一接触面作用有压力或浮托力，而且对土体颗粒本身也受到孔隙水流的作用力。因此，研究渗流对土体的作用力，除了考虑土体表面上所受到的静水压力外，还需了解其颗粒孔隙间的动水压力。深入理解颗粒间的渗流力，能进一步分析堤坝渗流的稳定性，基坑排水渗流稳定等渗透问题。

**2.4.3.1 静水压力**

浸没于水中的物体不仅受到水的静水压力，而且还受到水的浮力作用，使颗粒自重减轻。对于有渗流的土体，只要孔隙彼此间是相互连通且被水充满的，则孔隙内各点均受到水的压力作用，同时颗粒也将受到水的浮力。由阿基米德原理知，考虑土体内部的孔隙率可得单位土颗粒所受的浮力为 $(1-n)\gamma_w$，$n$ 为土体的孔隙率，按土力学定义选用，$\gamma_w$ 为水的重度。得到此时单位土体的有效重度为土体的实际重量减去所受的浮力，称为土体的浮重度，如果以 $\gamma_s$ 表示固相颗粒的重度，则土体的浮重度 $\gamma'$ 为：

$$\gamma' = (1-n)\gamma_s - (1-n)\gamma_w \tag{2-17}$$

式中 $(1-n)\gamma_s$ 为土的干重度，用 $\gamma_d$ 来表示，因此，上式又可表示为：

$$\gamma' = \gamma_d - (1-n)\gamma_w \tag{2-18}$$

若用孔隙比 $e$ 来代替孔隙率 $n$，则式 (2-18) 可化为：

$$\gamma' = \gamma_d - \frac{\gamma_w}{1+e} = \frac{\gamma_s - \gamma_w}{1+e} \tag{2-19}$$

如果考虑 $\gamma_s = d_s \gamma_w$，则式 (2-19) 可化为：

$$\gamma' = \frac{d_s - 1}{1+e}\gamma_w \tag{2-20}$$

式 (2-20) 即是通过土体三相指标换算得到的浮重度公式，可见，从土体中的孔隙大小出发，考虑颗粒间的静水压力，同样可以推出土体浮重度计算式。

浸没于水中的饱和土体，其重度包含两部分，一部分是土体（颗粒）重度，另一部分是水的重度；也可以认为是单位土体孔隙中的水重与土体干重度之和。

上面提及的浮重度是通过土颗粒间点的接触来传递的，它完全作用在土颗粒骨架上，是影响土骨架变形的有效压力。对于作用于土颗粒孔隙中的静水压力，它是靠土体中连续的孔隙来传递的，与颗粒的大小和接触没直接关系，对土体骨架结构变形和土的抗剪强度等力学性质无关。因此，土中的这种水的荷重为中性压力，饱和土体任意剖面上的总应力可以认为是由颗粒间传递的有效应力与孔隙水传递的中性应力两部分组成，颗粒间传递的应力作用在剖面的颗粒接触面积上，而中性力则作用在土体剖面的孔隙面积上。

**2.4.3.2 动水压力**

当饱和土体内存在水头差时，只要土体中的孔隙能形成连续的通道，水体就能在孔隙中流动。现取土体内一微元体，如图 2-24 所示，长度为 $dl$，截面面积为 $dA$ 的单元土柱，沿流线方向作用在土柱中孔隙水流上的力如下：

1. 令坐标轴沿渗流方向为正方向，土柱两端的孔隙水压力（表面力），其作用面考虑颗粒的接触面积后为：

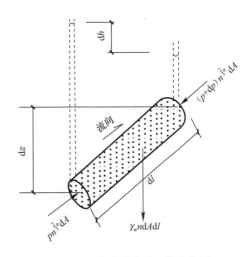

图 2-24 动水压力对土体的作用

$$-(p+\mathrm{d}p)n^{\frac{2}{3}a}\mathrm{d}A + pn^{\frac{2}{3}}\mathrm{d}A = -\mathrm{d}pn^{\frac{2}{3}a}\mathrm{d}A = \gamma_\mathrm{w}(-\mathrm{d}h+\mathrm{d}z)n^{\frac{2}{3}a}\mathrm{d}A \qquad (2\text{-}21)$$

2. 土柱中孔隙水流的自重在流线方向的分力为 $-n\gamma_\mathrm{w}\mathrm{d}A\mathrm{d}l\dfrac{\mathrm{d}z}{\mathrm{d}l}$。

3. 孔隙水渗流在土体中的阻力就是土颗粒骨架对孔隙水流的摩阻力，该作用力均匀分布于土体内，设单位体积土体内的孔隙水流所受到的阻力为 $f_1$，$f_1$ 为单位体积内的平均阻力，并非颗粒间的真实阻力，该土体孔隙中的水流受到的总阻力为 $-f_1\mathrm{d}A\mathrm{d}l$。

4. 在土柱两端颗粒截面上所受的孔隙水压力（表面力），作用在颗粒上，考虑土体颗粒接触面积率可知，该孔隙压力传到土颗粒截面上的大小为：

$$-\mathrm{d}p(1-n^{\frac{2}{3}a})\mathrm{d}A = \gamma_\mathrm{w}(-\mathrm{d}h+\mathrm{d}z)(1-n^{\frac{2}{3}a})\mathrm{d}A \qquad (2\text{-}22)$$

5. 土颗粒受水的浮力，并以同样大小反作用于水体，在流线方向上的分力为 $-(1-n)\gamma_\mathrm{w}\mathrm{d}A\mathrm{d}l\dfrac{\mathrm{d}z}{\mathrm{d}l}$。忽略渗流的惯性力，上述各力的代数和应该为零，得到：

$$f_1 = \gamma_\mathrm{w}\frac{\mathrm{d}h}{\mathrm{d}l} \qquad (2\text{-}23)$$

渗流作用在土粒上的力与渗流流体所遇阻力是一对作用力与反作用力，由此可知孔隙水流动时，沿渗流方向对土体的作用力应该为 $f=-f_1$，其作用是令到土体有沿渗流方向移动的趋势。因而单位体积内土体沿渗流方向所受的渗透力为：

$$f = -\gamma_\mathrm{w}\frac{\mathrm{d}h}{\mathrm{d}l} = \gamma_\mathrm{w}J \qquad (2\text{-}24)$$

该力为单位体积内水在土颗粒间渗流时对土体的平均渗流力，其中 $J$ 为流体的水力坡度。

从式（2-24）的推导过程可以看出，土颗粒受到的渗透力是由水流的外力转化为均匀分布的内力或体积力，是水动压力转化成体积力的结果。图 2-24 中微元两端面上的压力水头差可以认为是由动水头 $\mathrm{d}h$，静水头 $\mathrm{d}z$ 和水柱自重分力（$-\mathrm{d}z$）作用的结果。其中水柱的自重分力正好与静水头 $\mathrm{d}z$ 抵消，剩下一个动水头 $\mathrm{d}h$，即动水压力的作用。从而知土体所受的渗透力是由动水头转换而来。式（2-24）也告诉我们，渗透力的大小与土体颗粒接触面积的大小无关，对图 2-24，把微元体作为水柱考虑时，上下游断面的测压管水头差所造成的动水压力为 $\left(\gamma_\mathrm{w}\mathrm{d}h\mathrm{d}A\right)$ 与该水柱所受的渗透力 $\left(\gamma_\mathrm{w}\dfrac{\mathrm{d}h}{\mathrm{d}l}\mathrm{d}A\mathrm{d}l\right)$ 相等，同样表明动水压力与渗透力之间的转化关系。为何出现这样的情况呢？这里跟定义的作用力有关，此处定义的渗透力是一个平均概念，是总动水头力对土体单元作用的平均渗透力，并非是真实的作用于土体颗粒上的渗透力，因此考虑土体颗粒接触面积 $A_\mathrm{c}$ 或土体孔隙率 $n$ 时，对渗透力的计算结果并不影响。这个概念在工程中很重要，可以使我们在计算的时候不致重复考虑水流的作用，在稳定计算时还可使问题简化。同时也让我们认清一个工程上常出现的问题，在用渗透力 $\gamma_\mathrm{w}J$ 与土体浮重度 $\gamma'$ 二者的合理来判别土的渗透变形或渗透稳定时，即便土体是稳定的，但在渗流出口附近的土体在渗流作用下仍然发生管涌或流土等现象，此现象进一步证实了两个问题：第一个是土体孔隙中实际渗流的流速 $v_\mathrm{s}$ 要比计算得到的渗流速度大；第二个是渗透力的大小 $\gamma_\mathrm{w}J$ 只是作用在土体上的平均渗透力，而并非是作用于土颗粒上的真实渗透力，当土体孔隙被堵塞后，土体可以看成为一个整体，此时渗透通道难以形成，用渗透力 $\gamma_\mathrm{w}J$ 与土体浮重度 $\gamma'$ 二者受力来判断土体的渗透稳定是安全的，这点跟工程上通过设置反滤层来抵抗渗透破坏是相对应的，如图 2-25 所示，反滤层设计在最靠近渗透出口处采用颗粒最细或对水流阻碍较大的材料，然后每层的材料颗粒逐渐加大，这样做是可以防止渗流通道的形成，使反滤层形成一个整体，从而令到渗透力在反滤层设计中可以按整体受力来考虑其渗透破坏，可使设计的结果稳定安全。

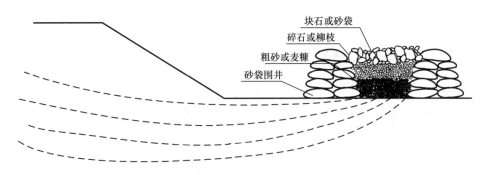

块石或砂袋
碎石或柳枝
粗砂或麦糠
砂袋围井

图 2-25　反滤层设计情况

### 2.4.3.3　流土与管涌

在渗透力作用下，土体整体被抬起或者颗粒同时悬浮的现象叫作流土。流土是通过考虑临界渗透力来判别的，即饱和土体中，当土体所受的渗透力等于土体的饱和重度（$\gamma' = \gamma_w J$）时将发生流土。从流土的定义及判别式可以知道，流土中的渗透力考虑的正是土体的平均应力，它把土体当成一个整体来考虑，因此其发生的现象也是整体破坏，比如基坑开挖中，当表面不透水层被开挖到一定深度时，下部砂层中的承压水可能突然掀开基坑底黏土而涌出，这种现象也是流土破坏。

所谓管涌是指在"渗透力"作用下，土中的细颗粒在形成的孔隙通道中被渗透水流带走而流失的现象。其结果通常是细颗粒逐渐被带走，留下孔隙越来越大，形成贯通的管状通道，最后粗颗粒被架空、坍塌，造成土体破坏。

与流土不同的区别在于，管涌中的"渗透力"与流土中的渗透力并非同一渗透力，管涌中的"渗透力"是土颗粒间接触的真实渗透力，而流土中的渗透力是平均概念上的渗透力，实际"渗透力"要比流土中的平均渗透力大得多。因此管涌形成的判别条件并不用所谓的渗透力来判别，而是用颗粒中的粒径和不均匀系数来判别。

而对于两者的水力判别也有一定的区别，一般发生管涌的水力梯度要比发生流土的临界值低，且管涌的临界水力梯度判别变化范围大，难以用某一具体的公式来表达。对于流土，由其判别式 $\gamma' = \gamma_w J$ 及土颗粒的浮重度大小可知，$\gamma_w$ 的值约为 9.8，而 $\gamma'$ 的值一般在 17～20 之间，因此得到发生流土的临界水力梯度约为 0.71～1.02 之间。而管涌的临界水力梯度判别，我国学者在试验的基础上，提出了管涌土的破坏水力梯度和允许水力梯度范围值，见表 2-2。

发生管涌的水力梯度范围 表 2-2

| 水力梯度 $i$ | 连续级配土 | 不连续级配土 |
| --- | --- | --- |
| 破坏临界水力梯度 $i_{cr}$ | 0.2～0.4 | 0.1～0.3 |
| 允许水力梯度 $[i]$ | 0.15～0.25 | 0.1～0.2 |

从表 2-2 中的数据可知，相比于流土，管涌发生需要的水力梯度远小于流土的，流土是针对土体整体，而管涌则是渗透力对颗粒的作用力所致，由于实际孔隙中的水流速度比平均水流速度大得多，因此管涌中的实际渗透力要比流土的平均渗透力大得多，且不能用式（2-24）来简单表达，其过程和大小远比式（2-24）要复杂。

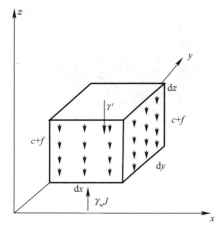

图 2-26　渗流出口处土体微元的受力情况

### 2.4.4　考虑接触面积的渗流出口临界水力坡度

一般的渗透分析中，通常假定渗透力 $\gamma_w J$ 与土体浮重度 $\gamma'$ 二者的合力作为判别土渗透变形趋势或渗透稳定性。由于渗流出口附近的土体在渗流作用下可能导致冲刷、发生管涌或流土的渗透破坏，因此研究出口处的渗透力或出流水力坡度对建筑物安全的影响有很大意义。

如图 2-26 所示为渗流出口处土体微元的受力情况，由于土体顶面是出口，因此受力为零，土体底面受渗流影响的作用力为 $\gamma_w J$，该力为体积力；土体的浮重度为 $\gamma'$，也是体积力；作用于微元四周的土粒间的摩擦力 $f$，该力为表面力，其作用面为微元上的土颗粒接触面，孔隙部分不传递摩擦；土微元所受的黏聚力为 $c$，作用在微元的四个侧面上，也是表面力。土微元在上述 4 个力作用下处于平衡状态。

$$\gamma_w J \mathrm{d}x\mathrm{d}y\mathrm{d}z = \gamma'\mathrm{d}x\mathrm{d}y\mathrm{d}z + \frac{1}{2}\gamma'\mathrm{d}z\xi\tan\varphi(1-n^{\frac{2}{3}\alpha})(2\mathrm{d}x\mathrm{d}z + 2\mathrm{d}y\mathrm{d}z) +$$

$$c(2\mathrm{d}x\mathrm{d}z + 2\mathrm{d}y\mathrm{d}z) \tag{2-25}$$

式（2-25）中：$\xi$ 是土体的侧压力系数；$\varphi$ 为土体的内摩擦角；$(1-n^{\frac{2}{3}\alpha})$ 是考虑摩擦力传递的面是微元中颗粒的接触面，由研究结果而来；$\frac{1}{2}\gamma'\mathrm{d}z$ 为地表的饱和土体微元由顶面到底面垂直压力的平均值；摩擦力和黏聚力前面的系数 2 是考虑了截面面积大小为 $\mathrm{d}x\mathrm{d}z$ 和 $\mathrm{d}y\mathrm{d}z$ 的面各有两个。上述公式化简得：

$$J_c = \frac{\gamma'}{\gamma_w} + \frac{\gamma'}{\gamma_w}\xi\tan\varphi(1-n^{\frac{2}{3}\alpha})\left(\frac{\mathrm{d}z}{\mathrm{d}y} + \frac{\mathrm{d}z}{\mathrm{d}x}\right) + \frac{2c}{\gamma_w}\left(\frac{\mathrm{d}z}{\mathrm{d}y} + \frac{\mathrm{d}z}{\mathrm{d}x}\right) \tag{2-26}$$

式（2-26）代表了土体发生流土破坏时的临界水力坡度计算公式，该公式中 $\gamma_w J$ 考虑的是土体的整体受力，因此该式只适合计算土体整体破坏时的情况，对管涌的判别是不能适用的。式中，第一项 $\frac{\gamma'}{\gamma_w}$ 即为一般的渗透力与土体浮重度相平衡来判别土的渗透变形的计算式，该项表达的是把渗透土体当成一独立个体来考虑，忽略了其周边环境对其受力的影响，对黏土或内摩擦角不为零的土材料，单独由 $\frac{\gamma'}{\gamma_w}$ 来分析土体结构的渗透稳定是不合理的。式中第二项 $\frac{\gamma'}{\gamma_w}\xi\tan\varphi(1-n^{\frac{2}{3}\alpha})\left(\frac{\mathrm{d}z}{\mathrm{d}y} + \frac{\mathrm{d}z}{\mathrm{d}x}\right)$ 是考虑土体颗粒间的摩擦力对渗透稳定的影响，土体是一个整体，颗粒与颗粒之间存在相互作用的摩擦力，对土体的渗透力有一定的阻抗作用。第三项 $\frac{2c}{\gamma_w}\left(\frac{\mathrm{d}z}{\mathrm{d}y} + \frac{\mathrm{d}z}{\mathrm{d}x}\right)$ 是考虑黏性土体的黏聚力对渗透力的阻碍作用。

对于单位体积砂土，黏聚力 $c=0$，$\mathrm{d}x=\mathrm{d}y=\mathrm{d}z$，常有 $\tan\varphi=0.6$ 及 $\xi=0.5$，代入式

（2-23），同时考虑 $\gamma'=(1-n)(G-1)\gamma_w$，$n=0.4$，$\alpha=0.8$ 得

$$J_c = (1-n)(G-1)[1+0.6(1-n^{\frac{2}{3}\alpha})] \tag{2-27}$$

如果忽略土体周边的摩擦力，式（2-23）则变为：

$$J_c = (1-n)(G-1) \tag{2-28}$$

上述渗透破坏的临界水力梯度便是太沙基公式，该式认为，当土体受渗透力顶托时，一经松动，土粒间的摩擦力就不存在了，故分析时不必考虑摩擦阻力对渗透破坏的影响以求安全。

## 2.5 基于接触面积的饱和土渗流固结理论

### 2.5.1 考虑接触面积率的饱和土有效应力原理

#### 2.5.1.1 有效应力公式推导

饱和土是有土颗粒和孔隙水两相组成的。两相间存在着多种力的传递与相互作用，主要有：水与水之间的传递—水压力传递；颗粒之间通过接触传递压力；水作用于颗粒上的力及土颗粒对水的反作用力。

在图 2-27 中，作用在土体面积 $A$ 上的总压力或荷载 $P$，在 M-M 断面上，它由两相承担：一是颗粒间的接触压力 $P'$；另外是孔隙水压力之合力 $u(A-A_C)$，$A_C$ 是颗粒接触面积。由于孔隙水压力 $u$ 在各个方向都是相等的，它作用在所考虑面的垂直方向。因此有：

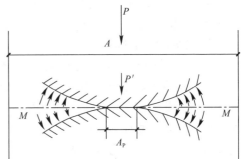

图 2-27　颗粒间的接触与有效应力原理

$$P = P' + (A-A_C)u \tag{2-29}$$

式（2-29）两边除以面积 $A$，

$$\frac{P}{A} = \frac{P'}{A} + \left(\frac{A-A_C}{A}\right)u \tag{2-30}$$

其中 $P=A\sigma$，$P'=A_C\sigma'$，$\sigma$ 为总应力，$\sigma_E$ 为作用在颗粒上的有效应力。亦即：

$$\sigma = \sigma_E\frac{A_C}{A} + \left(1-\frac{A_C}{A}\right)u \tag{2-31}$$

其中 $\frac{A_C}{A}=R_{CA}$ 就是本章提出的平均接触面积率，其值等于 $1-n^{\frac{2}{3}\alpha}$ 带入式（2-31）得：

$$\sigma = \sigma_E(1-n^{\frac{2}{3}\alpha}) + n^{\frac{2}{3}\alpha}u \tag{2-32}$$

式（2-32）就是考虑了土体接触面积的饱和土有效应力原理，其中 $\sigma_E$ 代表的是颗粒中的接触应力在接触截面法线上的合力投影。该式表明，作用于饱和土体上的总应力 $\sigma$ 由作用在孔隙水上的孔隙水压力 $n^{\frac{2}{3}\alpha}u$ 和作用在土骨架上的有效应力 $\sigma_E(1-n^{\frac{2}{3}\alpha})$ 两部分组成。由于土的强度取决于颗粒间的联结力和摩擦力；土的变形主要表现与颗粒间的滑移与颗粒变形和破碎，所以很显然，土的强度和变形主要由土的有效应力决定。

式（2-30）中如果定义 $P'=A\sigma'$，其中 $\sigma'$ 为颗粒的接触应力在法线方向的合力在全截面上的投影，是平均值。则此时式（2-31）变为

$$\sigma = \sigma' + \left(1 - \frac{A_C}{A}\right)u \qquad (2\text{-}33)$$

对于浑圆的由坚硬矿物组成的颗粒，颗粒间的接触近一个点，此时颗粒实际接触面积很小，所以 $A_C \to 0$，或者 $\frac{A_C}{A} \to 0$，则式（2-33）变成：

$$\sigma = \sigma' + u \qquad (2\text{-}34)$$

这就是太沙基（Terzaghi，1925）所提出的饱和土有效应力原理。

**2.5.1.2    与太沙基有效应力公式的对比讨论**

提出的考虑接触面积的饱和土有效应力原理式（2-32）与太沙基提出的饱和土有效应力原理式（2-34）的关系的讨论：

1. 这两个表达式在定义上是正确的，区别主要表现在 $\sigma_E$ 的定义及考虑接触面积大小问题上，式（2-32）中定义的 $\sigma_E$ 是颗粒接触应力在接触面积上的竖向投影，其投影范围不包括孔隙占据的面积；而式（2-34）中的 $\sigma'$ 代表的是接触应力在土体全截面上的投影，是全截面上投影的平均值，投影面积包含了孔隙面积；式（2-32）在计算孔隙水压力时考虑了接触面积的大小，而式（2-34）则忽略了接触面积的大小对孔隙压力的影响。

2. 当两式的有效应力均按全截面投影的平均值考虑时，其表达式均可以表达成式（2-33），但实际引起土体变形的应力是土颗粒之间传递的应力。因此，在计算固结变形、抗剪强度等由颗粒间的应力起主导作用的问题时，应该考虑土颗粒间的真实应力及接触面积对应力传递的影响，此时宜采用考虑接触面积的饱和土有效应力原理公式（2-32）；如果颗粒是浑圆且坚硬的，接触面积很小的情况，可以采用式（2-34）。

3. 式（2-34）中假设的颗粒是浑圆且坚硬的，颗粒接触之间是简单的点接触，因此得到的接触面积很小，而实际土体经过微观图像观察可知，其颗粒之间的接触不仅仅是点接触，还有线接触和面接触，接触面积也并不是很小，因此式（2-34）的适用范围会受到颗粒接触的不同会有所限制，式（2-32）中则考虑了接触面积的大小对总应力分布的影响，在应用上考虑了土体的实际情况。

4. 当 $n \to 0$ 时，即材料变为连续介质固体，两个式的应力方程均变为 $\sigma = \sigma'$；当 $n \to 1$ 时，对应的材料变为连续介质流体，三式的应力方程变为 $\sigma = u$，可见在两个极限状态，两个方程的物理意义是一致的。

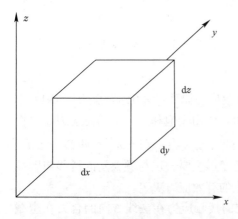

图 2-28    固结单元体

**2.5.2    考虑土体接触面积的一维固结理论**

太沙基（Terzaghi，1925）提出了图 2-28 所示的一维固结模型，在推导固结方程时做了如下假设：

（1）土体是饱和土体；

（2）土体是均匀的；

（3）土中固相（土粒）和液相（孔隙水）在固结过程中体积是不可压缩的；

（4）土中水的渗流服从 Darcy 定律；

（5）土中渗透系数 $k$ 是常数；

（6）土体压缩系数 $a_v$ 是常数；

（7）外部荷载是一次瞬时施加的，土体总应力不随时间变化；

（8）土体固结变形是小变形；

（9）土中渗流和土体变形只发生在一个方向。

在上述假定的条件下，认为土体颗粒与孔隙水之间是非连续的两相介质，考虑接触面积大小对有效应力的影响，同时考虑孔隙水压力的作用面只在孔隙面积上，推导考虑接触面积的太沙基一维骨架方程，具体如下：

根据假设，固结过程中，单元体 $dxdydz$（图 2-28）在 $dt$ 时间内沿竖向排除的水量等于单元体在 $dt$ 时间内竖向压缩量。单元体在 $dt$ 时间内的排水量 $dQ$ 为：

$$dQ = \frac{\partial v}{\partial z} dxdydzdt \tag{2-35}$$

由达西定律知：

$$v = ki = \frac{k}{\gamma_w} \frac{\partial u}{\partial z} \tag{2-36}$$

式中　$v$——水在土体中的平均渗流速度（m/s）；

　　　　$i$——水力梯度；

　　　　$k$——渗透系数（m/s）；

　　　　$u$——超孔隙水压力（kPa）；

　　　　$\gamma_w$——水的重度（kN/m³）。

由式（2-35）和式（2-36）得：

$$dQ = \frac{k}{\gamma_w} \frac{\partial^2 u}{\partial z^2} dxdydzdt \tag{2-37}$$

在单元体 $dt$ 时间内土体压缩量 $dV$，其表达式为：

$$dV = \frac{\partial}{\partial t} \left( \frac{e}{1+e_0} \right) dxdydzdt \tag{2-38}$$

式中　$e$——$t$ 时刻土体孔隙比；

　　　　$e_0$——土体初始孔隙比。

土体孔隙比改变与土体中有效应力的关系，即应力应变关系：

$$\frac{\partial e}{\partial \sigma'} = -a_v \tag{2-39}$$

式中　$a_v$——土体竖向压缩系数（kPa⁻¹）；

　　　　$\sigma'$——土体有效应力（kPa）。

将式（2-39）带入式（2-38）并结合提出的考虑接触面积有效应力原理公式 $\sigma = \sigma'(1-n^{\frac{2}{3}a}) + n^{\frac{2}{3}a}u$，得：

$$dV = \left( \frac{a_v}{1+e_0} \right) \left( \frac{n^{\frac{2}{3}a}}{1-n^{\frac{2}{3}a}} \right) \frac{\partial u}{\partial t} dxdydzdt \tag{2-40}$$

考虑排水量 $dQ$ 和体积变形量 $dV$ 两者相等，于是得到：

$$\left( \frac{a_v}{1+e_0} \right) \left( \frac{n^{\frac{2}{3}a}}{1-n^{\frac{2}{3}a}} \right) \frac{\partial u}{\partial t} dxdydzdt = \frac{k}{\gamma_w} \frac{\partial^2 u}{\partial z^2} dxdydzdt$$

化简得：

$$\frac{\partial u}{\partial t} = \frac{k(1+e_0)}{\gamma_w a_v}\left(\frac{1-n^{\frac{2}{3}a}}{n^{\frac{2}{3}a}}\right)\frac{\partial^2 u}{\partial z^2} \tag{2-41}$$

记 $\dfrac{k(1+e_0)}{\gamma_w a_v}=\dfrac{k}{\gamma_m m_v}=C_v$，即太沙基一维固结方程的固结系数，$\dfrac{1-n^{\frac{2}{3}a}}{n^{\frac{2}{3}a}}=B$ 为固结系数的参数，$C_v'=C_v B$ 为相对固结系数，上式可化为：

$$\frac{\partial u}{\partial t} = C_v'\frac{\partial^2 u}{\partial z^2} \tag{2-42}$$

从式（2-42）可看到，考虑颗粒接触面积后，固结方程的形式跟太沙基一维固结方程的形式是一样的，忽略接触面积的影响时 $C_v=C_v'$，方程退化为太沙基一维固结方程。相对固结系数 $C_v'$ 与固结系数 $C_v$ 之间相差一个参数 $B=\dfrac{1-n^{\frac{2}{3}a}}{n^{\frac{2}{3}a}}$，该式是孔隙率 $n$ 的函数，考虑颗粒接触面积后，孔隙率对固结的影响可以从该方程入手，图 2-29 是参数 $B$ 随土体孔隙率 $n$ 的变化曲线。

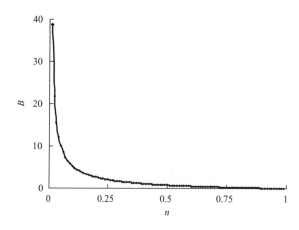

图 2-29　$B$-$n$ 关系变化曲线

曲线表明，当孔隙率 $n\rightarrow0$ 时，$B\rightarrow\infty$，此时相对固结系数 $C_v'$ 很大，说明孔隙率越小，土体颗粒间的水很少，土体完成固结需要的时间越短；当 $n\rightarrow1$ 时，$B\rightarrow0$，对固结系数 $C_v'$ 趋于零，说明土体孔隙很大，土体内部的水很多，孔隙被水充满，土体完成固结需要的时间就长。例如两个不同孔隙率的土体 $n_1>n_2$，当土样 $n_1$ 受附加应力 $\sigma$ 作用下固结时，土样排水固结使得孔隙率 $n_1$ 减小，当 $n_1$ 减小到 $n_2$ 时，需要的固结时间是 $t_1$，如果此时给土样 2 施加同样的附加应力 $\sigma$，两土样在该相同条件下完成固结度所需的时间理论上是一致的，假设为 $t_2$，因此得到土样 1 完成固结所需要的时间是 $t_1+t_2$，土样 2 完成固结所需要的时间是 $t_2$，可见孔隙率大的土样 1 比孔隙率小的土样 2 在相同附加应力下完成固结所需的时间多 $t_1$。因此，孔隙率越大，同样固结应力作用下完成固结需要的时间就长，孔隙率小，需要的时间就短，推导的考虑土体颗粒接触面积的一维固结方程式（2-42）考虑了孔隙率对固结的影响，在实际应用中应该更加贴近土体固结的真实状况。

### 2.5.3　考虑土体接触面积的 Biot 固结理论

Biot 从连续介质基本方程出发，假设土体各向同性；最终平衡条件下应力应变关系是可逆的；应力应变关系为线性；变形为小变形；土中的孔隙水不可压缩；孔隙水流动服从

Darcy 定律，在此基础上，建立了 Biot 固结理论。其使用的三维条件下平衡方程表达式为：

$$\left.\begin{array}{l} \dfrac{\partial \sigma_x}{\partial x} + \dfrac{\partial \tau_{xy}}{\partial y} + \dfrac{\partial \tau_{xz}}{\partial z} - X = 0 \\[3mm] \dfrac{\partial \tau_{yx}}{\partial x} + \dfrac{\partial \sigma_y}{\partial y} + \dfrac{\partial \tau_{yz}}{\partial z} - Y = 0 \\[3mm] \dfrac{\partial \tau_{zx}}{\partial x} + \dfrac{\partial \tau_{zy}}{\partial y} + \dfrac{\partial \sigma_z}{\partial z} - Z = 0 \end{array}\right\} \tag{2-43}$$

根据式（2-32）有三维状态下总应力与有效应力的关系为：

$$\left.\begin{array}{l} \sigma_x = (1 - n^{\frac{2}{3}a})\sigma'_x + n^{\frac{2}{3}a}u_w \\[2mm] \sigma_y = (1 - n^{\frac{2}{3}a})\sigma'_y + n^{\frac{2}{3}a}u_w \\[2mm] \sigma_z = (1 - n^{\frac{2}{3}a})\sigma'_z + n^{\frac{2}{3}a}u_w \\[2mm] \tau_{xy} = (1 - n^{\frac{2}{3}a})\tau'_{xy} \\[2mm] \tau_{yz} = (1 - n^{\frac{2}{3}a})\tau'_{yz} \\[2mm] \tau_{zx} = (1 - n^{\frac{2}{3}a})\tau'_{zx} \end{array}\right\} \tag{2-44}$$

由于孔隙水中不能传递剪应力，总的剪应力只由颗粒介质之间的摩擦决定。其中 $\sigma'_x$、$\sigma'_y$、$\sigma'_z$ 为作用于土体颗粒各方向的有效应力分量，$u_w$ 为孔隙水压力。

以压缩为正，反应土体形变和位移的几何方程为：

$$\left.\begin{array}{l} \varepsilon_x = -\dfrac{\partial u}{\partial x} \\[3mm] \varepsilon_y = -\dfrac{\partial v}{\partial y} \\[3mm] \varepsilon_z = -\dfrac{\partial w}{\partial z} \\[3mm] \gamma_{xy} = -\dfrac{\partial u}{\partial y} - \dfrac{\partial v}{\partial x} \\[3mm] \gamma_{yz} = -\dfrac{\partial v}{\partial z} - \dfrac{\partial w}{\partial y} \\[3mm] \gamma_{zx} = -\dfrac{\partial w}{\partial x} - \dfrac{\partial u}{\partial z} \end{array}\right\} \tag{2-45}$$

式中，$u$、$v$、$w$ 分别表示 $x$、$y$、$z$ 方向上土体的位移。

土体的物理方程为：

$$\left.\begin{array}{l} \sigma'_x = \dfrac{3K' - 2G'}{3}\varepsilon_v + 2G'\varepsilon_x \\[3mm] \sigma'_y = \dfrac{3K' - 2G'}{3}\varepsilon_v + 2G'\varepsilon_y \\[3mm] \sigma'_z = \dfrac{3K' - 2G'}{3}\varepsilon_v + 2G'\varepsilon_z \\[3mm] \tau'_{xy} = G'\gamma_{xy} \\[2mm] \tau'_{yz} = G'\gamma_{yz} \\[2mm] \tau'_{zx} = G'\gamma_{zx} \end{array}\right\} \tag{2-46}$$

式中，$E'$，$K'$，$G'$是考虑了土体接触面积大小对$E$，$K$，$G$的影响，用于固结分析的有效应力$\sigma'$排除了孔隙的面积，因此，土骨架的$E'$，$K'$，$G'$理应比考虑全截面的$E$，$K$，$G$要大，同时$E$，$K$，$G$的大小还受孔隙率$n$的影响，它们之间的关系可以用下式来表达：

$$\left.\begin{array}{l} E=(1-n^{\frac{2}{3}a})E' \\ K=(1-n^{\frac{2}{3}a})K' \\ G=(1-n^{\frac{2}{3}a})G' \end{array}\right\} \tag{2-47}$$

上式表明：土体的孔隙率$n$越大，弹性模量$E$则越小。

土体中的渗流服从达西定律，即：

$$\left.\begin{array}{l} v_x=-\dfrac{k_x}{\gamma_w}\dfrac{\partial u_w}{\partial x} \\[2mm] v_y=-\dfrac{k_y}{\gamma_w}\dfrac{\partial u_w}{\partial y} \\[2mm] v_z=-\dfrac{k_z}{\gamma_w}\dfrac{\partial u_w}{\partial z} \end{array}\right\} \tag{2-48}$$

式中　$k_x$、$k_y$、$k_z$——分别为$x$、$y$、$z$方向的渗透系数；

$\quad\quad\quad\gamma_w$——水的重度；

$\quad v_x$、$v_y$、$v_z$——分别为$x$、$y$、$z$方向孔隙水的平均流速。

对于饱和土来说，固结过程中单位时间内流经单元土体表面的水量，即单元土体在单位时间内排出的水量，与单位时间内土体体积改变量是相等的，则有固结过程的渗流连续性方程：

$$\frac{\partial v_x}{\partial x}+\frac{\partial v_y}{\partial y}+\frac{\partial v_z}{\partial z}=\frac{\partial \varepsilon_v}{\partial t} \tag{2-49}$$

将式（2-45）代入到式（2-46），其结果再代入式（2-44），然后将所得结果代入到式（2-43），可以得到：

$$\left.\begin{array}{l} (1-n^{\frac{2}{3}a})\left(\dfrac{3K'+G'}{3}\right)\dfrac{\partial \varepsilon_v}{\partial x}+(1-n^{\frac{2}{3}a})G'\,\nabla^2u-n^{\frac{2}{3}a}\dfrac{\partial u_w}{\partial x}+X=0 \\[3mm] (1-n^{\frac{2}{3}a})\left(\dfrac{3K'+G'}{3}\right)\dfrac{\partial \varepsilon_v}{\partial y}+(1-n^{\frac{2}{3}a})G'\,\nabla^2v-n^{\frac{2}{3}a}\dfrac{\partial u_w}{\partial y}+Y=0 \\[3mm] (1-n^{\frac{2}{3}a})\left(\dfrac{3K'+G'}{3}\right)\dfrac{\partial \varepsilon_v}{\partial z}+(1-n^{\frac{2}{3}a})G'\,\nabla^2w-n^{\frac{2}{3}a}\dfrac{\partial u_w}{\partial z}+Z=0 \end{array}\right\} \tag{2-50}$$

式中，$\nabla^2=\dfrac{\partial^2}{\partial x^2}+\dfrac{\partial^2}{\partial y^2}+\dfrac{\partial^2}{\partial z^2}$。

将式（2-47）代入式（2-50）得：

$$\left.\begin{array}{l} \left(\dfrac{3K+G}{3}\right)\dfrac{\partial \varepsilon_v}{\partial x}+G\,\nabla^2u-n^{\frac{2}{3}a}\dfrac{\partial u_w}{\partial x}+X=0 \\[3mm] \left(\dfrac{3K+G}{3}\right)\dfrac{\partial \varepsilon_v}{\partial y}+G\,\nabla^2v-n^{\frac{2}{3}a}\dfrac{\partial u_w}{\partial y}+Y=0 \\[3mm] \left(\dfrac{3K+G}{3}\right)\dfrac{\partial \varepsilon_v}{\partial z}+G\,\nabla^2w-n^{\frac{2}{3}a}\dfrac{\partial u_w}{\partial z}+Z=0 \end{array}\right\} \tag{2-51}$$

将式（2-45）和式（2-48）带入式（2-49）得：

$$\frac{\partial \varepsilon_v}{\partial t} + \frac{k_x}{\gamma_w} \frac{\partial^2 u_w}{\partial x^2} + \frac{k_y}{\gamma_w} \frac{\partial^2 u_w}{\partial y^2} + \frac{k_z}{\gamma_w} \frac{\partial^2 u_w}{\partial z^2} = 0 \tag{2-52}$$

假设土体骨架变形服从虎克定律，即：

$$\Theta' = 3K'\varepsilon_v \tag{2-53}$$

式中 $\Theta'$——有效应力之和，$\Theta' = \sigma'_x + \sigma'_y + \sigma'_z$；

$\varepsilon_v$——体积应变，$\varepsilon_v = \varepsilon_x + \varepsilon_y + \varepsilon_z$；

$K'$——考虑接触面积的土体积变形模量。

根据式（2-53），可以得到：

$$\frac{\partial \varepsilon_v}{\partial t} = \frac{1}{3K'} \frac{\partial \Theta'}{\partial t} \tag{2-54}$$

记 $\sigma_x + \sigma_y + \sigma_z = \Theta$，结合式（2-44）、（2-45）和（2-47），则式（2-54）可以改写成：

$$\frac{\partial \varepsilon_v}{\partial t} = \frac{1}{3K} \frac{\partial (\Theta - 3n^{\frac{2}{3}a} u_w)}{\partial t} \tag{2-55}$$

把式（2-55）带入式（2-52），得到：

$$\frac{1}{3K} \frac{\partial (\Theta - 3n^{\frac{2}{3}a} u_w)}{\partial t} + \frac{k_x}{\gamma_w} \frac{\partial^2 u_w}{\partial x^2} + \frac{k_y}{\gamma_w} \frac{\partial^2 u_w}{\partial y^2} + \frac{k_z}{\gamma_w} \frac{\partial^2 u_w}{\partial z^2} = 0 \tag{2-56}$$

式（2-51）和式（2-56）就是考虑土颗粒接触面积后的土体固结方程式，可以通过联立初始条件和边界条件求解位移 $u$、$v$、$w$ 值和孔隙水压力 $u_w$ 值，

根据三维情况，很容易得到平面应变固结问题和轴对称固结问题的固结方程。

在平面应变问题中，坐标轴取 $xoz$ 平面，则 $\varepsilon_y = 0$，$\gamma_{xy} = \gamma_{yz} = 0$，或者 $u = u(x, z, t)$，$v = 0$，$w = w(x, z, t)$。于是式（2-51）和式（2-56）可以改写成：

$$\left.\begin{array}{l} \left(\dfrac{3K+G}{3}\right)\dfrac{\partial \varepsilon_v}{\partial x} + G \nabla^2 u - n^{\frac{2}{3}a} \dfrac{\partial u_w}{\partial x} + X = 0 \\[3mm] \left(\dfrac{3K+G}{3}\right)\dfrac{\partial \varepsilon_v}{\partial z} + G \nabla^2 w - n^{\frac{2}{3}a} \dfrac{\partial u_w}{\partial z} + Z = 0 \end{array}\right\} \tag{2-57}$$

$$\frac{1}{3K} \frac{\partial (\Theta - 3n^{\frac{2}{3}a} u_w)}{\partial t} + \frac{k_x}{\gamma_w} \frac{\partial^2 u_w}{\partial x^2} + \frac{k_z}{\gamma_w} \frac{\partial^2 u_w}{\partial z^2} = 0 \tag{2-58}$$

式中，$\nabla^2 = \dfrac{\partial^2}{\partial x^2} + \dfrac{\partial^2}{\partial z^2}$；$\varepsilon_v = \varepsilon_x + \varepsilon_y$；$\Theta = \sigma_x + \sigma_y$。

式（2-57）和式（2-58）就是平面应变条件下考虑土体接触面积的固结方程。对于轴对称问题，式（2-57）和式（2-58）可以改写成：

$$\left.\begin{array}{l} \left(\dfrac{3K+G}{3}\right)\dfrac{\partial}{\partial r}\left(\dfrac{\partial u}{\partial r} + \dfrac{u}{r} + \dfrac{\partial w}{\partial z}\right) + G\left(\dfrac{\partial^2 u}{\partial r^2} + \dfrac{1}{r}\dfrac{\partial u}{\partial r}\right) + G\left(\dfrac{\partial u^2}{\partial z^2}\right) - n^{\frac{2}{3}a}\dfrac{\partial u_w}{\partial r} = 0 \\[3mm] \left(\dfrac{3K+G}{3}\right)\dfrac{\partial}{\partial z}\left(\dfrac{\partial u}{\partial r} + \dfrac{u}{r} + \dfrac{\partial w}{\partial z}\right) + G\left(\dfrac{\partial^2 w}{\partial r^2} + \dfrac{1}{r}\dfrac{\partial w}{\partial r}\right) + G\left(\dfrac{\partial w^2}{\partial z^2}\right) - n^{\frac{2}{3}a}\dfrac{\partial u_w}{\partial r} + Z = 0 \end{array}\right\} \tag{2-59}$$

$$\frac{\partial}{\partial t}\left(\frac{\partial u}{\partial r} + \frac{u}{r} + \frac{\partial w}{\partial z}\right) + \frac{k_r}{\gamma_w}\left(\frac{\partial^2 u_w}{\partial r^2} + \frac{1}{r}\frac{\partial u_w}{\partial r}\right) + \frac{k_z}{\gamma_w}\frac{\partial^2 u_w}{\partial z^2} = 0 \tag{2-60}$$

式中 $u$，$w$——径向（$r$）和轴向（$z$）土体位移；

$k_r$，$k_z$——径向（$r$）和轴向（$z$）渗透系数。

## 2.6 基于接触面积的土压力理论

### 2.6.1 概述

土力学中的土压力计算一直是设计的难点，水土合算和水土分算的土压力至今还在讨论当中，简单的水土合算和分算在实际工程中已难以满足工程要求。随城市建设的发展及地下空间的开发利用，特别是大型地下商场、地铁隧道等的建设，各类型的支护结构在工程中的受力情况越来越受到设计及施工人员的关注。土压力大小和支护结构设计之间的矛盾一直难以解决，一方面，土体支挡结构背后的土压力实测值远小于计算值，这一现象使得设计人员在设计支护结构时尽量降低安全系数，或对结构背后的土压力荷载进行折减。以降低施工成本，特别是对于某些临时支护来说它的实际意义还是很受关注的，但挡墙背后的土压力测试结果显示，应力还是很小；另一方面，全国各地支护结构事故又时有发生，对于重大工程，为了保证地下室支护结构的安全，往往设计时的安全系数又会调大。种种情况表明，地下工程施工中的水土相互作用以及土与支护结构之间的作用机理，我们的认识还不够深入和清楚，对于支护结构背后的土压力计算采取何种方法仍然在讨论研究中。

地下水土相互作用是通过土体介质之间的孔隙水作用的，而孔隙水的存在及孔隙水压力的形成是与土的渗透性密切相关。渗透性强的土体中，孔隙水是水力连通的，易于形成孔隙水对土颗粒的浮力作用，故采用浮容重计算，此时可以认为孔隙水压力即静水压力；而渗透性弱的土体，如透水性很小的黏性土，其孔隙介质与水之间的关系极为复杂，不仅不易形成孔隙水对土粒的浮力作用，所产生的孔隙水压力已不是严格意义上的静水压力。水土分算与水土合算最主要的分歧在于：水土分算直接把静水压力作用于围护结构上，水土合算则相对模糊。正是基于这种认识，工程师在计算时采用总应力法把水土压力合并计算，而不计及墙上的水压力，但同样发现，实测受力仍然比计算值偏大。归纳起来，水土压力计算讨论的问题主要有以下几点：

1. "水土分算"法的力学机理是清晰的，理论上是严密的，因此对于渗透性好的砂性土应该按水土分算。而对于渗透性较差的黏性土而言，一则因为土体中由于开挖引起的超静孔隙水压力难以确定，二则因为土体中孔隙水压力不能完全传递，因此它的实用性也就大打折扣，将来如果在超静孔隙水压力和孔压传递理论研究上能有所突破，则不失为最佳计算方法；

2. "水土合算"算法虽然避开了测定超静孔隙水压力的难题，但无论是考虑渗流还是不考虑渗流的狭义"水土合算"法都需要一个前提，那就是土体中的孔隙水压力能够完全传递，然而从对孔隙水传递问题的研究分析中我们可以知道，在渗透性差的黏性土开挖中孔隙水压力是不能够完全传递的，因此它的应用也有一定的局限性；

3. 狭义"水土合算"是一种带有经验成分的计算方法，它采用总应力法确定土的强度，把孔隙水压力的影响反映在抗剪强度指标上，它确实存在一些理论缺陷，而针对这些缺陷，一些学者认为"水土合算"法既然绕过了孔隙水压力估算的难题，把水和土作为一个整体来考虑，采用总应力强度指标，就不必再深究其中的孔隙水压力作用机理问题。基坑开挖后在土体中的孔隙水压力不能精确表示的情况下，对于地基土为正常的压密饱和黏土，且开挖后能较快得到回填的临时基坑，采用总应力法确定土的强度，并用"水土合算"计算方法是基本可靠的，并且它在实际生产中也积累了一些可贵的经验。李广信则认为"水土合算"可能存在一定的微观基础，并分析了其计算的理论缺陷，提出可以考虑从土体的微观结构来研究其力的传递。

### 2.6.2 考虑颗粒接触面积的水土分算静止土压力

#### 2.6.2.1 方程的引出

如图 2-30 所示，静止土压力指的是挡土墙结构静止不动，土体处于弹性平衡状态，则作用在结构上的土压力称为静止土压力。作用在每延米挡土结构上静止土压力的合力用 $E_0$(kN/m) 来表示，静止土压力强度用 $p_0$(kPa) 表示。

当静止状态时，挡土结构后面的土体处于弹性平衡状态，见图 2-31，若假定土体是半无限弹性体，墙体静止不动，土体无侧向位移，填土为均质土，此时作用在挡墙上土压力按自重应力的侧压力计算，即：

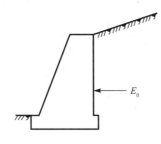
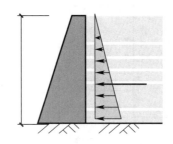

图 2-30 挡墙上的土压力　　　　图 2-31 静止土压力分布情况

$$p_0 = K_0 \gamma z \tag{2-61}$$

式中　$K_0$——静止土压力系数（也称侧压力系数）。

均质土条件下，$K_0$ 与 $\gamma$ 均为常数，此时 $K_0 = \dfrac{\mu}{1-\mu}$，由于土体的 $\mu$ 很难确定，有时通过三轴仪来测定，也可以用专门的侧压力仪器中测得，在缺乏试验资料的条件下，可以按经验公式求取：

砂性土　　　　　　　　　　$K_0 = 1 - \sin\varphi' \tag{2-62}$

黏性土　　　　　　　　　　$K_0 = 0.95 - \sin\varphi' \tag{2-63}$

超固结土　　　　　　　　$(K_0)_{\mathrm{oc}} = (K_0)_{\mathrm{Nc}}(OCR)^{\mathrm{m}} \tag{2-64}$

式中　$\varphi'$——土的有效内摩擦角；

$(K_0)_{\mathrm{Nc}}$——正常固结土的 $K_0$ 值；

$(K_0)_{\mathrm{oc}}$——超固结土的 $K_0$ 值；

$m$——经验系数，$m=0.4\sim0.5$。

挡墙后的填土如果是有孔隙的土颗粒，从有效应力原理出发，颗粒间的有效应力是通过接触传递的，墙后土体对挡墙的侧压力只在跟挡墙接触的地方存在，而孔隙部位是不传递有效应力的，如果孔隙被水充满，挡墙是不透水的结构，那孔隙压力可以通过孔隙传递到挡墙上，因此，考虑本章微观结构试验得到的考虑颗粒接触面积的有效应力原理可知，当挡墙后面土体均匀、干燥时，作用在每延米挡墙上的总应力为：

$$E_0 = \frac{1}{2}K_0\gamma H^2(1-n^{\frac{2}{3}\alpha}) \qquad (2\text{-}65)$$

式中　　$H$——挡土墙高度；

　　　　$n$——土体的孔隙率；

$(1-n^{\frac{2}{3}\alpha})$——本章微观研究获取的颗粒接触面积率。

如图 2-32 所示，当墙后土体内有地下水，计算静止土压力时，地下水部分土体考虑其浮力作用，重度采用浮重度 $\gamma'$，同时按水土分算原则，并考虑颗粒接触面积和孔隙面积，得到有地下水时的土压力为：

$$E_0 = \frac{1}{2}K_0\gamma h_1^2(1-n^{\frac{2}{3}\alpha}) + \frac{1}{2}K_0 h_2^2(\gamma h_1 + \gamma' h_2)(1-n^{\frac{2}{3}\alpha}) + \frac{1}{2}\gamma_w h_2^2 n^{\frac{2}{3}\alpha} \qquad (2\text{-}66)$$

当土体的孔隙率为零时，即土体为弹性实体材料，此时式（2-65）和式（2-66）退化成常规计算土压力计算式，由弹性力学知该式是可行的。

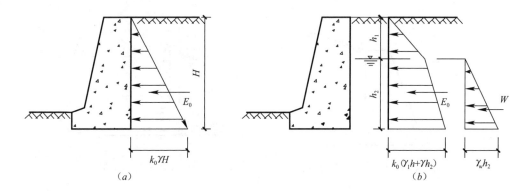

图 2-32　挡土墙上的土压力
（$a$）均匀土；（$b$）有地下水时

### 2.6.2.2　算例分析及结果讨论

计算作用在图 2-33 中所示挡土墙上填土的静止土压力分布值及其合力值。已知：$h_1 = 2\mathrm{m}$，$h_2 = 4\mathrm{m}$，$\gamma = 17\mathrm{kN/m^3}$。

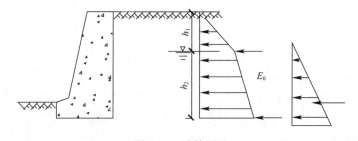

图 2-33　计算图示

静止土压力系数 $K_0$ 为：

$$K_0 = 1 - \sin\varphi' = 1 - \sin 37° = 0.4$$

（1）按常规水土合算：

a 点　　　　　　　　　　　　　　　$p_{0a} = 0$

b 点 $\qquad p_{0b} = K_0 \gamma h_1 = 0.4 \times 17 \times 2 = 13.6 \text{kPa}$

c 点 $\qquad p_{0c} = K_0(\gamma h_1 + \gamma_{sat} h_2) = 0.4 \times (17 \times 2 + 18 \times 4) = 42.4 \text{kPa}$

则按水土合算的土压力合力 $E_0$ 为：

$$E_0 = \frac{1}{2}(p_{0a} + p_{0b})h_1 + \frac{1}{2}(p_{0b} + p_{0c})h_2$$

$$= \frac{1}{2} \times (0 + 13.6) \times 2 + \frac{1}{2} \times (13.6 + 42.4) \times 4 = 125.6 \text{kN/m}$$

（2）采用水土分算：

c 点 $\qquad p'_{0c} = K_0(\gamma h_1 + \gamma' h_2) = 0.4 \times [17 \times 2 + (18 - 9.81) \times 4] = 26.7 \text{kPa}$

作用在墙体上的静水压力的合力：

$$E_w = \frac{1}{2}\gamma_w h_2^2 = \frac{1}{2} \times 9.81 \times 4^2 = 78.5 \text{kN/m}$$

合力为：

$$E_0 = \frac{1}{2}(p_{0a} + p_{0b})h_1 + \frac{1}{2}(p_{0b} + p'_{0c})h_2 + E_w$$

$$= \frac{1}{2}(0 + 13.6) \times 2 + \frac{1}{2}(13.6 + 26.7) \times 4 + 78.5 = 172.7 \text{kN/m}$$

（3）考虑接触面积的水土分算静止土压力：

因为前面两者的计算结果跟土体孔隙率及其接触面积参数无关，因此，这里假定该土为本文研究的杭州软土，令 $n=0.4$，$\alpha=0.8$ 得：

$$E_0 = \frac{1}{2}(p_{0a} + p_{0b})h_1(1 - n^{\frac{2}{3}\alpha}) + \frac{1}{2}(p_{0b} + p'_{0c})h_2(1 - n^{\frac{2}{3}\alpha}) + E_w n^{\frac{2}{3}\alpha}$$

$$= \frac{1}{2}(0 + 13.6) \times 2 \times (1 - 0.4^{\frac{2}{3} \times 0.8}) + \frac{1}{2}(13.6 + 26.7) \times 4 \times (1 - 0.4^{\frac{2}{3} \times 0.8})$$

$$+ 78.5 \times 0.4^{\frac{2}{3} \times 0.8} = 84.57 \text{kN/m}$$

从以上计算可知，水土分算时得到的土压力最大，为 172.7kN/m，水土合算时土压力次之，为 125.6kN/m，考虑颗粒接触面积大小的水土压力分算得到的土压力最小，仅为 84.57kN/m。

从弹性力学考虑，假设土体为密实的弹性体，则其侧压力系数的大小可以表达成 $K_0 = \frac{\mu}{1-\mu}$，其值与材料泊松比有关，它代表的是竖向压缩变形与侧向膨胀之间的关系，如果材料是弹性体，该式在理论上是严谨的，但对于土体材料，由于压缩过程中，其竖向变形除了颗粒间错动导致的形变外，还有部分孔隙被压缩或水体被排除，因此用该式来描述土体的竖向变形与侧向膨胀之间的关系欠严谨，土体竖向的压缩变形并不会按泊松比关系严格地转换到侧向膨胀上，因此土体侧向膨胀引起的侧压力大小并没有弹性实体材料引起的侧向压力大，其值应该是跟材料的孔隙率有关的函数。比如孔隙率很大的某一土体，在竖向应力作用下其变形可能只有孔隙的压缩，并没有甚至很小的侧向变形，那么它对挡土墙的侧向压力就很小，如果按照传统的土压力理论计算，得到的值就会偏大，这一点在工程实践中已经得到认可（实测土压力往往小于甚至大大小于计算土压力），笔者进行过基坑支护桩后的土压力测试，同样也发现这一问题，同时随基坑开挖时间的流逝，基坑后土体随超孔隙水压的消散慢慢得到固结，部分埋设在基坑支护桩上部的土压力盒竟然测到土压力为零，用肉眼也可以看到，支护桩此时跟土体并没有接触，已经离开一条长长的缝，因此测得的土压力为零，该现象进一步说明，土压力的存在必须在接触的条件下，如果土体跟挡土结构没有接触，是不存在相应的侧向压力的。如果对于密实弹性体，在竖向应力下，引起的侧向压力可以直接通过 $K_0 = \dfrac{\mu}{1-\mu}$ 的大小来求得，其侧向变形的大小在材料颗粒不被压缩条件下是按照弹性体的泊松比获得的。

本章提出的考虑接触面积的静止土压力计算式（2-66）在一定程度上考虑了孔隙率大小对土体变形传递土压力的影响，对于土体这种特殊材料，该式的计算结果更加符合实际情况，当然这只是理论上的讨论，下一步工作可以通过模型试验来验证方程的合理性。对于孔隙水压力部分，可以把土体内部连通的孔隙看成是一个个的测压管或连通器，测压管或连通器一端是土体的地下水面，另一端在挡土墙的墙面上，由流体力学知，流体对挡土墙上的静水压力应该等于静水压强的大小乘以其作用面积，因此本章在求解孔隙水压力时考虑了孔隙的接触面积大小，这点在水土分算时求解孔隙水压力是相对严谨的。

传统的水土分算和合算均把土体看成了连续的弹性体，水土分算中把侧向变形引起的侧向压力按全截面面积大小传递给挡土墙，孔隙水压力也是全截面传递给挡土墙，不仅夸大了土体变形对侧向受力的影响，同时也夸大了孔隙水压力的作用面积，使其计算结果在三种方法中偏大；传统的水土合算在地下水位以上的结果跟水土分算类似，同样夸大了土体侧向变形的作用力，地下水位以下把饱和土体看成是连续的弹性材料，作用面积为全截面，看似有其一定的合理性，但是这种固液两相的联合体受力非常复杂，其实际受力并非连续弹性体可以解决的问题，如果看一个整体时（水土合算），没考虑地下水的影响，其计算结果则忽略了孔隙水对挡墙的作用，如果看成两相材料，则一方面夸大了土体有效重度对侧向的作用力，同时也夸大了土中孔隙水压力的作用面积，但在夸大孔隙水压力作用的同时也进行了修正，那就是相当于在孔隙水压力部分乘以了土体的侧压力系数，实际上水的侧压力是不允许修正的，静止水压力在各个方向的大小都是一样，流体力学中已明确这点。

本章提出的考虑接触面积大小的水土分算土压力计算式，从土体结构的实际情况出发，对土中孔隙水压力并不是采用折减的办法，而是考虑其真实的孔隙接触面积，在一定意义上其结果更加符合实际情况，当然土体的实际情况可能更加复杂，孔隙大小的分布也不一定是均匀的，本章提出的接触面积影响系数 $\alpha$ 又有其自身的影响因子，因此要完全算准土体侧向的压力还有待更深入的研究和大量的工程实践。

对于有超载的情况，如果是短期荷载，超载施加在土体上时，超孔隙水压力来不及消散，此时计算土压力应该考虑把超载转换成超孔隙水压，而土体自重应力部分不做变化来计算土压力；如果长期荷载作用下，超孔隙水压得到足够时间消散，在计算土压力时，应该将超载转换成等相对密度的土体高度，之后按本文提出的考虑接触面积的土压力方法计算。

### 2.6.3 考虑颗粒接触面积的水土分算朗肯土压力

#### 2.6.3.1 朗肯土压力理论

朗肯在1857年研究了半无限土体在极限平衡状态时的应力情况。如图2-34所示。

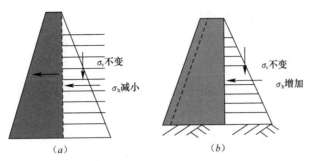

图 2-34　朗肯土压力分析模型

(a) 主动土压力；(b) 被动土压力

图 2-34 (a) 中对应的是主动土压力状态：

1. 挡土墙向离开土体的方向移动，水平应力 $\sigma_h$ 减小，竖向应力 $\sigma_v$ 保持不变，当位移达到一定数值时，墙后填土达到极限平衡状态，见图 2-35 (a)；

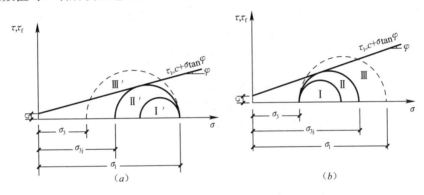

图 2-35　朗肯土压力应力圆分析

(a) 主动土压力应力圆；(b) 被动土压力应力圆

2. 竖向应力 $\sigma_v = \gamma z$ 是大主应力 $\sigma_1$；水平向应力 $\sigma_h$ 是小主应力 $\sigma_3$；

3. 利用极限平衡条件下的 $\sigma_1$ 和 $\sigma_3$ 的关系，可以求得主动土压力的强度 $p_a$。

$$p_a = \sigma_3 = \sigma_1 \tan^2 \left(45° - \frac{\varphi}{2}\right) - 2c\tan\left(45° - \frac{\varphi}{2}\right) \tag{2-67}$$

式中　$\sigma_1 = \gamma z$；

$c$——黏聚力（kPa）；

$\varphi$——土的内摩擦角（°）；

$z$——计算点距填土面的深度（m）；

$\gamma$——土的重度（kN/m³）。

令 $K_a = \tan^2\left(45° - \frac{\varphi}{2}\right)$ 为朗肯主动土压力系数，则：

砂性土　　　　　　　　$p_a = \gamma z K_a$　　　　　　　　　（2-68）

黏性土　　　　　　　　$p_a = \gamma z K_a - 2c\sqrt{K_a}$　　　　　（2-69）

图 2-34 (b) 中对应的是被动土压力状态：

1. 挡土墙向挤压土体的方向移动，水平向应力 $\sigma_h$ 增加，竖向应力 $\sigma_v$ 保持不变，当位移达到一定数值时，墙后填土达到极限平衡状态，见图 2-35 (b)；

2. 竖向应力 $\sigma_v = \gamma z$ 是小主应力 $\sigma_3$；水平向应力 $\sigma_h$ 是大主应力 $\sigma_1$；

3. 利用极限平衡条件下的 $\sigma_1$ 和 $\sigma_3$ 的关系，可以求得被动土压力的强度 $p_p$。

$$p_p = \sigma_1 = \sigma_3 \tan^2\left(45° + \frac{\varphi}{2}\right) + 2c\tan\left(45° + \frac{\varphi}{2}\right) \qquad (2\text{-}70)$$

式中，$\sigma_3 = \gamma z$；

其余参数同主动土压力计算式。

令 $K_p = \tan^2\left(45° + \frac{\varphi}{2}\right)$ 为朗肯被动土压力系数，则：

砂性土 $\qquad\qquad\qquad\qquad p_p = \gamma z K_p \qquad\qquad\qquad\qquad\qquad (2\text{-}71)$

黏性土 $\qquad\qquad\qquad p_p = \gamma z K_a + 2c\sqrt{K_p} \qquad\qquad\qquad (2\text{-}72)$

**2.6.3.2　不同条件下的水土分算朗肯土压力**

根据本文提出的考虑接触面积的饱和土的有效应力原理及朗肯土压力的计算公式，半无限土体中 $z$ 深度处的水土压力计算公式可表达为：

$$\left.\begin{array}{l} p_a = \sigma' K_a' - 2c'\sqrt{K_a'} + u \\[2mm] p_p = \sigma' K_p' + 2c'\sqrt{K_p'} + u \end{array}\right\} \qquad (2\text{-}73)$$

式中　　　$p_a$，$p_p$——分别为主动区和被动区的水土压力（kPa）；

$\sigma'$——为土体在 $z$ 点处的有效应力，$\sigma' = \gamma' z$；

$K_a' = \tan^2\left(45° - \dfrac{\varphi'}{2}\right)$——主动土压力系数；

$K_p' = \tan^2\left(45° + \dfrac{\varphi'}{2}\right)$——被动土压力系数；

$\gamma'$——为土体在 $z$ 点处的竖向有效重度；

$\varphi'$，$c'$——为有效应力强度指标；

$u$——为总的孔隙水压力，包括静水压力 $u_w$（或渗流孔隙水压力 $u_f$）和超孔隙水压力 $\bar{u}$，即 $u = u_w + u_f$ 或 $u = u_w + \bar{u}$。由有效应力原理有：

$$\sigma_v' = \sigma_v - u = \gamma_{sat} z - (u_w + \bar{u}) = (\gamma_{sat} - \gamma_w)z - (u_w - \gamma_w z + \bar{u})$$
$$= \gamma' z + \gamma_w z - (u_w + \bar{u})$$

式中 $u_w$ 为静水压力时，$\sigma_v' = \gamma' z - \bar{u}$，当为渗流孔隙水压力时，$\sigma_v' = \gamma' z + \gamma_w z - (u_f + \bar{u})$，其中 $u_f = \gamma_w i$。

式中 $\sigma_v$ 为土体在 $z$ 点处的竖向总应力；$\gamma_{sat}$、$\gamma'$ 分别为土体的饱和重度和有效重度（kN/m³），由此可见，当土体中存在渗流或有超静水孔压的时候，土中的竖向有效应力并不是简单的 $\sigma_v' = \gamma' z$，只有在忽略渗流作用且没超孔隙水压力的作用下，土体的有效重度才符合 $\sigma_v' = \gamma' z$。

为了方便利用本章提出的考虑接触面积对土压力的影响，将式（2-70）变换成下式：

朗肯主动土压力 $\qquad\left.\begin{array}{l} p_a' = \gamma' z K_a' - 2c'\sqrt{K_a'} \\[2mm] u = u_w + \bar{u} \end{array}\right\} \qquad (2\text{-}74)$

朗肯被动土压力
$$\left.\begin{array}{l} p'_p = \gamma' z K'_p + 2c' \sqrt{K'_p} \\ u = u_w + \bar{u} \end{array}\right\} \tag{2-75}$$

考虑接触面积的大小，黏聚力的作用也按接触面积大小来分析，则挡土墙高度为 $h$，地下水或孔隙水压力影响深度为 $h_1$ 时，每延米长度挡土墙上的有效测压力和孔隙压力的大小分别为：

朗肯主动土压力合力
$$\left.\begin{array}{l} E'_a = \left(\dfrac{1}{2}\gamma' h K'_a - 2c' \sqrt{K'_a}\right)h(1 - n^{\frac{2}{3}a}) \\ U = \dfrac{1}{2}(u_w + \bar{u})h_1^2 n^{\frac{2}{3}a} \end{array}\right\} \tag{2-76}$$

朗肯被动土压力合力
$$\left.\begin{array}{l} E'_p = \left(\dfrac{1}{2}\gamma' h K'_p + 2c' \sqrt{K'_p}\right)h(1 - n^{\frac{2}{3}a}) \\ U = \dfrac{1}{2}(u_w + \bar{u})h_1 n^{\frac{2}{3}a} \end{array}\right\} \tag{2-77}$$

考虑 $u$ 在不同条件的情况下有不同的表达，对侧压力合理的计算，本文分析其可能的几个状态。当土中的水压力只有静水压力时，此时水是不动的，因此考虑静水压力时就不会出现渗流作用下的渗透力，它们两者是不会同时出现的。当然此时可以有超孔隙水压力，根据荷载的情况分析，考虑孔隙水压的计算可以分为 4 种情况：

1. 孔隙水压力仅为静水压力时

由以上分析知，当孔隙水压力只考虑静水压力时，土压力的表达式为：

主动土压力
$$\left.\begin{array}{l} p'_a = \gamma' h K'_a - 2c' \sqrt{K'_a} \\ u = \gamma_w h_1 \end{array}\right\} \tag{2-78}$$

被动土压力
$$\left.\begin{array}{l} p'_p = \gamma' h K'_p + 2c' \sqrt{K'_p} \\ u = \gamma_w h_1 \end{array}\right\} \tag{2-79}$$

考虑颗粒接触面积大小时，每延米长度挡土墙上的有效侧压力和孔隙压力的大小分别为：

主动土压力
$$\left.\begin{array}{l} E'_a = \left(\dfrac{1}{2}\gamma' h K'_a - 2c' \sqrt{K'_a}\right)h(1 - n^{\frac{2}{3}a}) \\ U = \dfrac{1}{2}\gamma_w h_1^2 n^{\frac{2}{3}a} \end{array}\right\} \tag{2-80}$$

主动土压力的大小为：$E_a = E'_a + U$

被动土压力
$$\left.\begin{array}{l} E'_p = \left(\dfrac{1}{2}\gamma' h K'_p + 2c' \sqrt{K'_p}\right)h(1 - n^{\frac{2}{3}a}) \\ U = \dfrac{1}{2}\gamma_w h_1^2 n^{\frac{2}{3}a} \end{array}\right\} \tag{2-81}$$

被动土压力的大小为：$E_P = E'_P + U$

2. 孔隙水压力为静水压力与超孔隙水压力的组合

考虑超孔隙水压力，此时 $u = u_w + \bar{u}$，$\bar{u}$ 为超孔隙水压，$u_w = \gamma_w h_1$；$\sigma'_v = \gamma' z - \bar{u}$ 带入式（2-73）得：

$$\left.\begin{array}{l} p_a = \gamma' z K'_a - 2c' \sqrt{K'_a} + \gamma_w z + (1 - K'_a)\bar{u} \\ p_p = \gamma' z K'_p + 2c' \sqrt{K'_p} + \gamma_w z + (1 - K'_p)\bar{u} \end{array}\right\} \tag{2-82}$$

上式中前面两项是土的有效应力，后两项分别为静水压力和超孔隙水压力，假设超孔隙水压力的分布是均匀分布在厚度为 $h_1$ 的含水层中，考虑颗粒接触面积大小时，每延米长度挡土墙上的有效侧压力和孔隙压力的大小分别为：

$$\left.\begin{aligned}
\text{主动土压力} \quad E'_a &= \left(\frac{1}{2}\gamma' h K'_a - 2c'\sqrt{K'_a}\right)h(1-n^{\frac{2}{3}\alpha}) \\
U &= \left[\frac{1}{2}\gamma_w h_1 + (1-K'_a)\bar{u}\right]h_1 n^{\frac{2}{3}\alpha}
\end{aligned}\right\} \tag{2-83}$$

主动土压力的大小为：$E_a = E'_a + U$

$$\left.\begin{aligned}
\text{被动土压力} \quad E'_p &= \left(\frac{1}{2}\gamma' h K'_p + 2c'\sqrt{K'_p}\right)h(1-n^{\frac{2}{3}\alpha}) \\
U &= \left[\frac{1}{2}\gamma_w h_1 + (1-K'_P)\bar{u}\right]h_1 n^{\frac{2}{3}\alpha}
\end{aligned}\right\} \tag{2-84}$$

被动土压力的大小为：$E_P = E'_p + U$

**3. 孔隙水压力仅为渗流孔隙水压力时**

考虑稳态渗流时，此时 $u=u_f$，$u_f$ 为渗流压力，$u_f=\gamma_w i$，$i$ 为水力梯度；$\sigma'_v=\gamma_{sat}z-u_f$ 带入式（2-73）得：

$$\left.\begin{aligned}
p_a &= \gamma_{sat}z K'_a - 2c'\sqrt{K'_a} + (1-K'_a)u_f \\
p_p &= \gamma_{sat}z K'_p + 2c'\sqrt{K'_p} + (1-K'_p)u_f
\end{aligned}\right\} \tag{2-85}$$

上式中假设渗流是稳定渗流，渗流力在土体内均匀分布在厚度为 $h_1$ 的含水层中，考虑颗粒接触面积大小时，则每延米长度挡土墙上的有效侧压力和孔隙压力的大小分别为：

$$\left.\begin{aligned}
\text{主动土压力} \quad E'_a &= \left(\frac{1}{2}\gamma_{sat} h K'_a - 2c'\sqrt{K'_a}\right)h(1-n^{\frac{2}{3}\alpha}) \\
U &= (1-K'_a)u_f h_1 n^{\frac{2}{3}\alpha}
\end{aligned}\right\} \tag{2-86}$$

主动土压力的大小为：$E_a = E'_a + U$

$$\left.\begin{aligned}
\text{被动土压力} \quad E'_p &= \left(\frac{1}{2}\gamma_{sat} h K'_p + 2c'\sqrt{K'_p}\right)h(1-n^{\frac{2}{3}\alpha}) \\
U &= (1-K'_P)u_f h_1 n^{\frac{2}{3}\alpha}
\end{aligned}\right\} \tag{2-87}$$

被动土压力的大小为：$E_P = E'_p + U$

**4. 孔隙水压力为渗流孔隙水压力与超孔隙水压力的组合**

当考虑渗流孔隙水压力与超孔隙水压力共同作用时，$u=u_f+\bar{u}$，$u_f$ 为渗流时的孔隙水压力，$\bar{u}$ 为超孔隙水压，$\sigma'_v=\gamma_{sat}z-u_f-\bar{u}$ 带入式（2-73）得：

$$\left.\begin{aligned}
p_a &= \gamma_{sat}z K'_a - 2c'\sqrt{K'_a} + (1-K'_a)(u_f+\bar{u}) \\
p_p &= \gamma_{sat}z K'_p + 2c'\sqrt{K'_p} + (1-K'_p)(u_f+\bar{u})
\end{aligned}\right\} \tag{2-88}$$

上式中前面两项是土的有效应力，后两项分别为渗流孔隙水压力和超孔隙水压力，假设两者的分布是均匀分布在厚度为 $h_1$ 的含水层中，考虑颗粒接触面积大小时，每延米长度挡土墙上的有效侧压力和孔隙压力的大小分别为：

$$\left.\begin{aligned}
\text{主动土压力} \quad E'_a &= \left(\frac{1}{2}\gamma_{sat} h K'_a - 2c'\sqrt{K'_a}\right)h(1-n^{\frac{2}{3}\alpha}) \\
U &= (1-K'_a)(\bar{u}+u_f)h_1 n^{\frac{2}{3}\alpha}
\end{aligned}\right\} \tag{2-89}$$

主动土压力的大小为：$E_a = E_a' + U$

被动土压力

$$\left. \begin{array}{l} E_P' = \left( \dfrac{1}{2} \gamma_{sat} h K_P' + 2c' \sqrt{K_P^{\tau}} \right) h \left( 1 - n^{\frac{2}{3}a} \right) \\[3mm] U = (1 - K_a')(\bar{u} + u_f) h_1 n^{\frac{2}{3}a} \end{array} \right\} \qquad (2\text{-}90)$$

被动土压力的大小为：$E_P = E_P' + U$

上述提出的 4 种不同孔隙水情况下水土分算的计算公式，考虑了颗粒接触面积对侧向应力传递的影响，相比于前人研究给出的水土分算计算公式，在点应力计算这一块是一致的，不同点主要在面受力计算中，其基本原理并不矛盾，只是本章在计算土压力时考虑了材料接触面积对应力传递的影响，传力原理更加严谨，理论公式考虑条件更加全面、系统，符合颗粒材料的传力特点。公式的使用有其自身的条件，在静水中的支撑，由于两边均受水压力的作用，在计算抗滑动、抗倾覆稳定时就不考虑两侧的水压力，气压力不能作为荷载施加在支护结构上。同时对于有超孔隙水压力或有渗流孔隙水压力存在的计算问题，要注意超孔隙水压力的正负和渗流的方向对渗透力的影响。例如在基坑开挖中，土体卸荷导致支护桩后及坑底隆起，其孔隙水压力为负的。

对于渗流孔隙水压力的计算，渗透力通常用流网来统计，其过程考虑了渗流压力分布的情况，计算结果相对精确，但由于流网比较复杂，往往不好计算，因此也有不少工程人员采用线性比例法近似确定渗流孔隙水压力。

对于超孔隙水压力的确定，其计算比较复杂，影响因素较多。对于砂性土，由于超孔隙水压消散很快，在计算中可以不考虑超孔隙水压力的影响。对于渗透系数小的黏性土，从考虑超孔隙水压的土压力计算公式可以看出，如果对于负的超孔隙水压力，其计算结果将减小孔隙水压力对支挡结构的影响，对支护结构来说是有利因素，如果忽略超孔隙水压力的影响将会造成主动土压力计算过大，被动土压力计算过小的这么一个现象。目前对超孔隙水压的计算采用孔隙压系数公式较多 $\Delta u = B[\Delta \sigma_3 + A(\Delta \sigma_1 - \Delta \sigma_3)]$。另一种是折减法，采用在主动侧静水压力折减系数，通过对静水压力的折减将这种负孔压考虑在土压力中，折减系数较难测定，该法很少用。还有另外一个方法是通过不排水抗剪强度试验，用总应力指标来计算超孔隙水压的大小。

支护结构上水土压力的合理性是工程建设的重要保证，在进行计算时应该多方面考虑，除了考虑安全经济以外，还应该考虑多个工况的影响，尽量做到既能保证工程的安全，也达到经济上的节省。

### 2.6.3.3 算例分析

鉴于超孔隙水压力获取比较复杂，本章拟考虑以某一重力式挡土墙支护基坑工程为例进行分析。重力式挡土墙采用搅拌桩搭接施工并打入不透水层，因此不考虑孔隙水渗流时的渗透力，仅考虑本章式（7-80）和式（7-81）条件下的土压力计算。其余情况下的土压力计算可以参照本章提出的计算式，按需要的参数进行计算。

如图 2-36 所示，基坑支护桩长 15m，开挖深度为 7m，搅拌桩采用搭接施工，共施工三排，最外排插筋处理，坑外地下水位位于地面下 3m 处，坑内水位假定在坑底，土层的物理力学指标见表 2-3。

对上面例题分别按水土合算、水土分算的常规方法及本章提供的考虑接触面积的水土分算法进行对比，分析三种方法得到的结果之间的区别，得到考虑接触面积的土压力与前人得到的结果的差异。

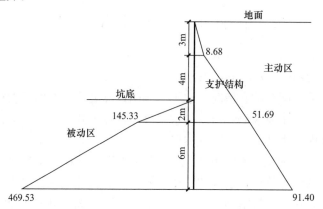

图 2-36 水土合算挡墙前后土压力

**土层物理力学性质指标**                                                  表 2-3

| 土层厚度（m） | 含水量 $w$（%） | 天然重度 $\gamma$（kN/m³） | 浮重度 $\gamma'$（kN/m³） | 固结不排水剪 | | 固结排水剪 | | 孔隙比 $e$ | 孔隙率 $n$ |
|---|---|---|---|---|---|---|---|---|---|
| | | | | $c_{cu}$(kPa) | $\varphi_{cu}$(°) | $c'$(kPa) | $\varphi'$(°) | | |
| 3 | 37.6 | 18.4 | 9.6 | 14.6 | 18.3 | 12.5 | 20.6 | 0.97 | 0.49 |
| 6 | 48.5 | 17.8 | 8.8 | 20.5 | 22.5 | 18.2 | 28.5 | 1.16 | 0.54 |
| 12 | 23.7 | 19.7 | 10.1 | 28.8 | 24.9 | 22.4 | 30.2 | 0.59 | 0.37 |

　　由于黏性的影响，支护桩后按理论计算会出现负的土压力，实际上是不可能的，因此，本章在计算土压力时桩顶的土压力按零考虑，其余位置按计算得到。图 2-36 所示挡墙前后土压力是按水土合算计算的结果，地下水位以下土体取饱和重度。图 2-37 是按水土分算计算得到的结果，水土分算中，无论是否考虑颗粒接触面积对应力传递的影响，在某一剖面上的数值是一致的，当应力传递到平面上时，才需考虑颗粒接触面积的影响，为了方便考虑接触面积的土压力计算，本次计算时没将有效应力和孔隙水压力合并来表示，而是将它们分开表达，如图 2-37 所示。按每延米长度上的土压力计算，土体为本章研究的杭州软土，取接触面积影响系数 $\alpha=0.8$，由图 2-36 和图 2-37 可以得表 2-4。

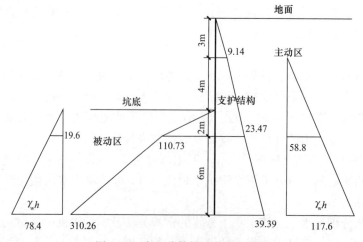

图 2-37 水土分算挡墙前后土压力

不同条件下水土合算和水土分算的比较　　　　表 2-4

| 计算类别 | | | 土压力 | 水压力 | 水土压力总和 |
|---|---|---|---|---|---|
| 主动区 | 水土合算 | | 623.40 | | 623.40 |
| | 水土分算 | 不考虑接触面积 | 300.12 | 705.60 | 1005.72 |
| | | 考虑接触面积 | 127.01 | 311.70 | 438.71 |
| 被动区 | 水土合算 | | 1844.58 | | 1844.58 |
| | 水土分算 | 不考虑接触面积 | 1373.70 | 313.60 | 1687.30 |
| | | 考虑接触面积 | 550.08 | 187.28 | 737.36 |

从表 2-4 可知，在土压力的主动区，传统的水土压力计算中，水土合算和水土分算的差别还是挺大的，考虑接触面积的影响后，土压力总和要比前两者都小，其值是为水土合算的 77.6%，这点从实际工程监测可以证实，笔者在广州大道东晓南路隧道开挖时，进行了土压力的监测，也发现监测值比计算值小不少，传统的水土分算土压力在主动区偏大，为何偏大这么多？这个问题一直以来是研究人员想解决的问题，但从水土分算的理论来分析，其算法概念是清楚的，理论基础也坚实，但跟实际监测结果偏差较大。本章提出的考虑接触面积土压力计算理论有望在这一问题上得到突破，理论公式的具体使用后期还得经过模型试验和现场监测结果来验证。

在被动区，传统的水土合算和分算计算结果相差不大，反而考虑接触面积的被动土压力要比传统的计算小很多，甚至小一半，其主要的影响在土压力这部分，水压力的影响较小。因为孔隙水压力的计算跟土体的性质无关，其传力原理和大小只跟孔隙水的影响高度有关，且在同一深度处各个方向大小均相同，但土压力则跟其主被动状态紧密联系。除此外，根据计算过程，孔隙率的大小对被动土压力的影响也不能忽视，当孔隙率较大时，被动区的土压力将明显下降，这点跟土体的性质相关，说明孔隙率大的土体，要令其发生被动土压力需要的力量较小，而对于密实的材料，如果要令其发生被动的土压力，则需要较大的力，换句话说就是密实材料难以压缩，而松散材料则较易被压缩变形。本章提出的考虑接触面积的土压力理论公式在计算土压力时考虑了孔隙率的影响，在理论分析上得到了改进，但土压力计算的准确一直是工程中的难点，公式的应用还有待进一步检验。

## 2.7　基于接触面积的边坡稳定分析

### 2.7.1　概述

土坡是指具有倾斜坡面的土体。由于土坡表面倾斜，在自身的重量及外力作用下，整个土体都有从高处向低处滑动的趋势，如果土体内部某一个面上的滑动力超过了土体抵抗滑动的能力，就会发生滑坡。

长期以来，土坡稳定分析一直是岩土工程领域里的一个重大研究课题。在这个课题中，极限平衡法是人们最早提出、也是最被广泛应用和研究的方法，极限平衡分析始于 1927 年瑞典工程师 Fellenius 创立的条分法，即 Fellenius 法（也称瑞典圆弧法）。极限分析法之所以应用这么广泛，还要归功于长期的工程实践证明了极限平衡法对土坡稳定分析是有效且相对可靠的。对土的抗剪强度特性及孔隙水压力状态掌握比较清楚的大多数情况，极限平衡法能得到令人满意的结果。

此后，不少学者提出了改进意见，相继发展了不少分析法。根据假定所满足的不同平衡条件，主要包括 Fellenius 瑞典条分法、Bishop 法（1955）、Janbu 普遍条分法（1997）、Morgenstern-Price 法（1965）、陈祖煜法和 Spencer 法（1967）等。加拿大著名岩土工程学者 Fredlund 教授对各类方法进行了总结和归纳，于 1981 年首先提出了普遍极限平衡法（general limit equilibrium，GLE）的概念，并指出其他各种方法都可看作是 GLE 法的特例或简化。

在众多方法中，应用最多的属 Fellenius 瑞典条分法和简化 Bishop 法，在计算中，一般来说，瑞典条分法计算得到的安全系数偏低，而简化 Bishop 法由于考虑了条块间水平力的作用，得到的安全系数较瑞典条分法精度要高一些。尽管如此，时至今日，人们在采用简化 Bishop 法进行土坡稳定分析时，仍离不开瑞典条分法的分条思想，计算工作量仍是较大的，且计算精度受分条粗糙程度的影响。尽管如此，这两种方法仍然是工程计算中的主要方法。通过在考虑土体颗粒接触面积上，通过引入考虑接触面积的有效应力方程，对瑞典圆弧法和简化 Bishop 法进行改进，探讨考虑接触面积对土坡稳定的影响。

### 2.7.2 考虑接触面积的稳定分析法

由前面所述微观试验获得了土体孔隙率与颗粒接触面积之间的关系式 $R_{CA}=1-R_{PA}=1-n^{\frac{2}{3}a}$，并在 2.5 节中得到了考虑接触面积影响的有效应力原理，鉴于此，本章在瑞典圆弧法和简化 Bishop 法引入该理论，分析土坡稳定性。

#### 2.7.2.1 瑞典条分法

瑞典条分法是条分法中最古老而又最简单的方法，最初是有瑞典工程师 W. 费伦纽斯（Fellenius，1927）提出的，这个方法的提出是基于黏性土，但具有普遍意义，它不仅可以分析简单边坡，还可以分析比较复杂的情况，例如土质不均匀的边坡等。这个方法在很多工程设计，甚至在某些地区规范中所应用。

条分法在分析边坡稳定时，假定滑裂面是个圆柱面，同时假定不考虑土条两侧的作用力，安全系数定义为每一土条在滑裂面上所能提供的抗滑力矩之和与外荷载及滑动土体在滑裂面上所产生的滑动力矩和之比。一般选取垂直滑动方向 1m 宽圆弧，按比例将边坡剖面绘出（图 2-38a），然后任意选定一原点 O 和半径 R 作为圆弧，以此作为假定的滑动面进

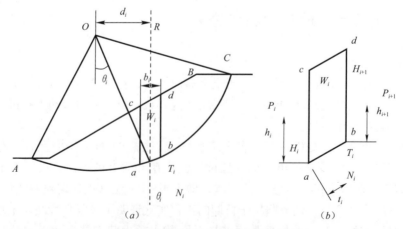

图 2-38　黏性土坡的受力稳定分析

（a）边坡剖面图；（b）作用于土条 i 上的力

**44**

行稳定验算。将滑动面以上的土体分为 $n$ 个土条。现取出其中的第 $i$ 条作为隔离体进行受力分析（图 2-38$b$），作用在土条上的力有土条自重 $W_i$（包括作用在土条上的荷载，如地面超载、地震荷载等），作用在滑动面 $ab$ 法向反力 $N_i$ 和剪切力 $T_i$，以及作用在土条侧面 $ac$ 和 $bd$ 上的法向力 $P_i$、$P_{i+1}$ 和剪切力 $H_i$、$H_{i+1}$。这些力系是高次超静定的，如果不增加补充条件方程，仅由静力平衡方程无法求得其解。费伦纽斯假定 $P_i = P_{i+1}$ 和 $H_i = H_{i+1}$，这样作用在土条上的力仅有 $W_i$、$N_i$ 和 $T_i$。

考虑颗粒接触面积的影响，本章推导土坡稳定时采用有效应力指标，根据隔离体的受力平衡条件得：

$$N_i = W_i \cos\theta_i \tag{2-91}$$

$$T_i = W_i \sin\theta_i \tag{2-92}$$

作用在 $ab$ 面上的单位反力为：

$$\sigma_i = \frac{1}{\Delta l_i'} N_i = \frac{1}{\Delta l_i'} W_i \cos\theta_i \tag{2-93}$$

式中，$\Delta l_i'$ 是考虑颗粒接触面积后的受力作用面单位面长度，其值为：

$$\Delta l_i' = \Delta l_i (1 - n^{\frac{2}{3}a})$$

定义稳定安全系数 $K'$ 为土体抗滑力矩与下滑力矩比值，即：

$$K' = \frac{M_{抗滑}}{M_{下滑}} \tag{2-94}$$

假定土条的有效黏聚力和有效内摩擦角为 $c_i'$ 和 $\varphi_i'$，并且考虑有效应力符合式 $\sigma = \sigma'(1-n^{\frac{2}{3}a}) + n^{\frac{2}{3}a}u$，则土条 $ab$ 上抵抗剪切的有效应力为：

$$\tau_i' = c_i' + \frac{\sigma_i - n^{\frac{2}{3}a}u_i}{(1-n^{\frac{2}{3}a})} \tan\varphi_i' \tag{2-95}$$

考虑剪切应力的传递只在接触面积上，孔隙截面部分不传递有效应力，则单位长度上的边坡剪切力的传递面积为 $\Delta l_i \cdot (1 - n^{\frac{2}{3}a})$，所有土条相对于假定圆心 $O$ 的抗滑力矩 $M_{抗滑}$ 为：

$$M_{抗滑} = \sum \tau_i \cdot \Delta l_i \cdot R = R \cdot \sum \left[ c_i' + \frac{\sigma_i - n^{\frac{2}{3}a}u_i}{(1-n^{\frac{2}{3}a})} \tan\varphi_i' \right] \cdot \Delta l_i \cdot (1-n^{\frac{2}{3}a}) \tag{2-96}$$

同时注意到：$x_i = R\sin\theta_i$，则下滑力矩为：

$$M_{下滑} = \sum W_i x_i = \sum W_i R \sin\theta_i = R \sum W_i \sin\theta_i \tag{2-97}$$

把式（2-93）代入到式（2-96）得：

$$M_{抗滑} = R \cdot \sum \left[ c_i' \Delta l_i \cdot (1-n^{\frac{2}{3}a}) + (W_i \cos\theta_i - n^{\frac{2}{3}a}u_i \Delta l_i) \tan\varphi_i' \right] \tag{2-98}$$

把式（2-97）和式（2-98）代入到式（2-94）求得边坡稳定性安全系数 $K'$：

$$K' = \frac{\sum \left[ c_i' \Delta l_i \cdot (1-n^{\frac{2}{3}a}) + (W_i \cos\theta_i - n^{\frac{2}{3}a}u_i \Delta l_i) \tan\varphi_i' \right]}{\sum W_i \sin\theta_i} \tag{2-99}$$

如果没考虑颗粒接触面积的影响，其安全稳定系数表达式为：

$$K = \frac{\sum \left[ c_i' \Delta l_i + (W_i \cos\theta_i - u_i \Delta l_i) \tan\varphi_i' \right]}{\sum W_i \sin\theta_i} \tag{2-100}$$

如果不考虑接触面积的影响，认为接触面积为全截面，孔隙率此时为零，方程退化成：

$$K = \frac{\sum (c_i \Delta l_i + W_i \cos\theta_i \tan\varphi_i)}{\sum W_i \sin\theta_i} \qquad (2\text{-}101)$$

该式为传统的瑞典条分法边坡稳定分析方程。

对比式（2-99）和式（2-100）可以看到，考虑颗粒接触面积后，下滑力在表达上是没变的，变化的是抗滑力，从表达式（2-99）知，考虑接触面积后，抗滑力中的黏聚力部分，考虑了黏聚力在颗粒接触中的作用，对于孔隙部分，黏聚力没影响，而孔隙水压部分却相反，相当于孔隙水压的作用力只在孔隙截面面积上起作用，对颗粒接触部分，孔隙水压没效应，这两点在受力分析上符合多孔介质材料的特性，而土体正是复杂的多孔介质中的一种。式（2-100）中，黏聚力的抗滑力不受孔隙率的影响，这明显是不对的，孔隙率越大，同一土体越容易被剪切变形，其安全稳定系数应该越低，这一作用同时反映在孔隙水压力上，孔隙率越大，孔隙水压力作用的面积就越大，对土体滑动的推动力就应该越强，式（2-100）中没能体现这一特点。当孔隙率为零时，方程退化成传统的总应力稳定分析式。

### 2.7.2.2 简化毕肖普法

和瑞典条分法一样，简化毕肖普（Bishop）法也是一种条分法，它也是假定边坡滑动面为圆弧面，但简化毕肖普法考虑了土条间的作用力，在图 2-38（b）中，假定 $H_i = H_{i+1}$ 但 $P_i \neq P_{i+1}$，同时还假定各土条的强度安全系数（土条滑动面上抗剪与剪切力比值）等于滑弧整体安全系数（抗滑力矩与滑动力矩比值）。

根据第 $i$ 土条在垂直方向上的静力平衡条件，可以得到：

$$W_i - T_i \sin\theta_i - N_i \cos\theta_i = 0 \qquad (2\text{-}102)$$

或

$$N_i \cos\theta_i = W_i - T_i \sin\theta_i \qquad (2\text{-}103)$$

考虑到

$$T_i = \frac{\tau_i'}{K'} \Delta l_i' \qquad (2\text{-}104)$$

$\tau_i'$ 同前面一致，是有效剪切应力，与式（2-95）等同，$\Delta l_i'$ 是考虑接触面积的受力作用面单位面长度，其值也与前面所述一致，$\Delta l_i' = \Delta l_i (1 - n^{\frac{2}{3}\alpha})$。

将两个参数的表达式带入式（2-103）可得：

$$T_i = \frac{1}{K'} \left[ c_i' \Delta l_i (1 - n^{\frac{2}{3}\alpha}) + (\sigma_i - n^{\frac{2}{3}\alpha} u_i) \Delta l_i \tan\varphi_i' \right] \qquad (2\text{-}105)$$

又由式（2-93）的 $\sigma_i = \dfrac{N_i}{\Delta l_i}$，带入上式，可化为：

$$T_i = \frac{1}{K'} \left[ c_i' \Delta l_i (1 - n^{\frac{2}{3}\alpha}) + (N_i - n^{\frac{2}{3}\alpha} u_i \Delta l_i) \tan\varphi_i' \right] \qquad (2\text{-}106)$$

结合式（2-103）和式（2-105）可以求得底部总法向反力 $N_i$ 的表达式：

$$N_i = \left[ W_i - \frac{c_i' \Delta l_i (1 - n^{\frac{2}{3}\alpha}) \sin\theta_i}{K'} + \frac{n^{\frac{2}{3}\alpha} u_i \Delta l \cdot \tan\varphi_i' \sin\theta_i}{K'} \right] \cdot \frac{1}{m_{\theta i}} \qquad (2\text{-}107)$$

式中 $m_{\theta i} = \cos\theta_i + \dfrac{\tan\varphi_i' \sin\theta_i}{K'}$。

于是可以得到所有土条相对于假定圆心 $O$ 的抗滑力矩 $M_{抗滑}$ 和下滑力矩 $M_{抗滑}$ 为：

$$M_{抗滑} = \sum T_i \cdot R = \frac{R}{K'} \sum \left[ c_i' \Delta l_i (1 - n^{\frac{2}{3}\alpha}) + (N_i - n^{\frac{2}{3}\alpha} u_i \Delta l_i) \tan\varphi_i' \right]$$

$$= \frac{R}{K'} \sum \left\{ c_i' \Delta l_i (1 - n^{\frac{2}{3}\alpha}) + \left[ \left( W_i - \frac{c_i' \Delta l_i (1 - n^{\frac{2}{3}\alpha}) \sin\theta_i}{K'} + \frac{n^{\frac{2}{3}\alpha} u_i \Delta l_i \cdot \tan\varphi_i' \sin\theta_i}{K'} \right) \right. \right.$$

$$\left. \left. \cdot \frac{1}{m_{\theta i}} - n^{\frac{2}{3}\alpha} u_i \Delta l_i \right] \tan\varphi_i' \right\} = \frac{R}{K'} \sum \frac{1}{m_{\theta i}}$$

$$\cdot \left[ c_i' \Delta l_i (1 - n^{\frac{2}{3}\alpha}) \cos\theta_i' + W_i \tan\varphi_i' - n^{\frac{2}{3}\alpha} u_i \Delta l_i \tan\varphi_i' \sin\theta_i \right] \tag{2-108}$$

$$M_{下滑} = \sum W_i \cdot x_i = \sum W_i \cdot R \cdot \sin\theta_i = R \cdot \sum W_i \sin\theta_i \tag{2-109}$$

根据极限平衡状态时，边坡各土条对圆心的力矩等于零，即

$$M_{抗滑} = M_{抗滑}$$

由式（2-105）和式（2-106）得到考虑土体接触面积的边坡稳定性安全系数 $K'$：

$$K' = \frac{\sum \dfrac{1}{m_{\theta i}} \cdot \left[ c_i' \Delta l_i (1 - n^{\frac{2}{3}\alpha}) \cos\theta_i' + W_i \tan\varphi_i' - n^{\frac{2}{3}\alpha} u_i \Delta l_i \tan\varphi_i' \cos\theta_i \right]}{\sum W_i \sin\theta_i} \tag{2-110}$$

式中，参数 $m_{\theta i}$ 包含有安全系数 $K'$，因此不能直接求出安全系数，需要用试算的办法，迭代求解 $K'$。

与考虑接触面积影响的瑞典条分法相比，简化毕肖普法是在不考虑条块间切向力的前提下，满足力多边形闭合条件，就是说，隐含着条块间有水平力的作用，虽然在公式中水平力并未出现，所以它的特点是：（1）满足整体力矩平衡条件；（2）满足各条块力的多边形闭合条件，但不满足条块的力矩平衡条件；（3）假设条块间作用力只有法向力没有切向力；（4）满足极限平衡条件。由于考虑了条块间水平力的作用，得到的安全系数较瑞典条分法略高一些。很多工程计算表明，毕肖普法属于严格的极限平衡分析法，即满足全部静力平衡条件的方法（如简布法）相比，结果甚为接近。由于计算不很复杂，精度较高，所以是目前工程上常用的一种方法。

如果不考虑土体颗粒的接触面积，按太沙基有效应力原理推导，得到安全系数 $K$ 为：

$$K = \frac{\sum \dfrac{1}{m_{\theta i}} \cdot \left[ c_i' \Delta l_i \cos\theta_i' + W_i \tan\varphi_i' - u_i \Delta l_i \tan\varphi_i' \cos\theta_i \right]}{\sum W_i \sin\theta_i} \tag{2-111}$$

从式（2-110）和式（2-111）可知，考虑土体颗粒接触面积后的简化毕肖普法在安全系数计算上引入了孔隙率大小对安全系数的影响，从应力传递的机理考虑，颗粒只传递接触应力，孔隙部分只传递孔隙水压力，此结果跟考虑接触面积影响的瑞典条分法得到的结论一致。

本章推导的考虑接触面积影响的瑞典条分法和简化毕肖普法，在计算边坡稳定系数的时候应该考虑施工的工况。例如，在基坑开挖边坡稳定分析中，短期稳定性和长期稳定性的分析是不一致的，采用的力学指标和稳定系数计算公式也是不一致的。短期稳定分析一般针对基坑开挖后在较短时间内的稳定验算，此时土体处于不排水卸载的工况，理论上进行边坡稳定分析时可以采用总应力法，也可以采用有效应力法。由于不容易确定孔隙水压力的分布及大小，所以采用总应力法更加方便，此时的土体强度指标采用快剪强度指标。

对于基坑开挖后暴露时间较长的情况，除了要验算基坑边坡的短期稳定性外，还要验算基坑边坡的长期稳定性，这时需要考虑孔隙水压力消散与土固结的影响。验算稳定性时采用有效应力法，此时土的强度指标采用固结快剪指标。对于具有明显流变特性的土层，还需要考虑土体蠕变的因素，此时通常采用长期指标。

### 2.7.3 考虑接触面积的各种因素对土坡稳定性分析

影响边坡稳定性的因素很多，归纳起来主要有以下几种（夏明耀等，1998）。

（1）结构因素

包括结构面和结构体（结构面是指具有一定面积的连续、断续延展的破裂或隐伏破裂的地质界面；结构体是指由不同产状结构面组合分割的单元岩块。）结构面的存在是影响边坡稳定性的重要因素之一。边坡中结构面的存在，降低了边坡的整体强度，增大了岩体的变形性能，加强了岩体的流变力学特性和其他时间效应，并且加深了岩体的不均匀性、各向异性和非连续性等性质。大量的边坡工程事故表明，不稳定岩体往往是沿着一个结构面或多个结构面的组合边界产生剪切滑移、张裂破裂和错动变形等而造成边坡岩体的失稳。

（2）岩性风化作用和侵蚀作用的影响

风化作用改变岩石性质，也就是说各种大气因素及其状况在起作用。风化作用可对岩石的变形性质产生不利影响并降低其他强度性质。风化作用的影响，在通常情况下只能予以定性的评价，但对于充分了解的边坡分析应该做到定量评价。侵蚀作用主要是水的侵蚀，水的存在会加大岩体中的裂隙及增强岩石的风化，造成岩体不稳。

（3）力学因素的影响

公路岩质边坡破坏的力学因素很多，如震动力、地质构造力、岩体自重力以及岩体内物理化学和地球化学作用等在岩体内所产生的应力等。在某些情况下开挖时进行爆破（震动）是影响岩质边坡稳定性最普遍、最严重和最经常的基本因素，对于阶梯边坡来说尤为严重。

（4）水因素的影响

水对边坡岩体稳定性的影响不仅是多方面的而且是非常活跃的。大量事实证明，大多数边坡岩体的破坏和滑动都与水的活动有关。首先水对岩体有明显的化学作用，其次水对岩体的物理作用，两者共同使岩体松散、破碎并不同程度地增加岩体结构面的密度和贯通性、压缩性和透水性，而导致强度的降低，这对边坡岩体稳定是有重要影响的。

（5）气温因素的影响

气温是岩体发生物理风化的主要原因之一。气温的骤冷骤热使边坡岩体风化加剧、产生自然削坡或自然剥离，而最终改变边坡的外形和坡度，这种作用和影响对路堑边坡是值得重视的。

（6）岩体结构面赋存物和地下水化学成分的因素的影响

岩体结构面赋存物质的矿物成分、化学成分、粒度成分和显微结构，地下水的化学成分以及岩结构面上赋存物质与地下水之间的相互作用等是影响结构面的力学性质和岩质边坡稳定性的重要因素之一。

（7）时间因素和渐进破坏的影响

边坡通过蠕动和流动过程随时间经受着渐近破坏，因此边坡的分析和最终设计既要满足短期稳定的要求又要满足长期稳定的要求，这一点相当重要。

（8）构造作用和残余应力的影响

开挖形成的挖方边坡影响挖方边界处岩体的应力状态。这些应力集中程度的预测及其对边坡稳定性的影响是复杂的。由于地层的构造作用，基岩可能承受一定的水平向构造应力，这种构造应力对挖方边坡的性能有着重要影响，尤其在深挖方中，这种影响是相当明显的。

（9）扰动因素的影响

地震和开挖边坡采用的爆破开挖都会对边坡的稳定产生不利的影响，因此，爆破孔的药量必须适当，以便充分发挥爆破所释放的能量，并对边坡岩体的危害最小。

鉴于众多的影响因素，本节从坡顶的超载、地下水浮力和渗流力以及地震作用或其他振动对边坡稳定性的影响进行分析。

#### 2.7.3.1 坡顶超载对边坡稳定性的影响

当进行基坑开挖时，经常会遇到坡顶堆置建筑材料、施工机械或行走载重车辆的情况，此时进行边坡稳定性分析时必须考虑坡顶超载的影响。基于本节研究的情况，在进行边坡稳定影响因素分析时，仅考虑有效应力状态下的情况，总应力状态的分析可以参考相关资料。以下几类影响因素的分析均如此。

对于无黏性土边坡，理论上由于坡顶超载和土颗粒自重一样，同比例地增加土的抗滑力和下滑力，对边坡稳定性没有影响。在实际工程中，适当减缓放坡坡度，以增加安全储备。

对于黏性土边坡，可以采用本节提到的考虑颗粒接触面积的条分法，计算时将各种静止超载设为 $Q$ 分摊到相应土体上即为 $Q_i$，然后 $W_i + Q_i$ 用代替式（2-99）和式（2-110）中的 $W_i$，即：

按瑞典条分法，边坡稳定系数 $K'$ 为：

$$K' = \frac{\sum \left[ c_i' \Delta l_i \cdot (1 - n^{\frac{2}{3}a}) + (W_i + Q_i) \cos\theta_i \tan\varphi_i' - n^{\frac{2}{3}a} u_i \Delta l_i \tan\varphi_i' \right]}{\sum (W_i + Q_i) \sin\theta_i} \quad (2\text{-}112)$$

按简化毕肖普法，边坡稳定系数 $K'$ 为：

$$K' = \frac{\sum \frac{1}{m_{\theta i}} \cdot \left[ c_i' \Delta l_i (1 - n^{\frac{2}{3}a}) \cos\theta_i' + (W_i + Q_i) \tan\varphi_i' - n^{\frac{2}{3}a} u_i \Delta l_i \tan\varphi_i' \cos\theta_i \right]}{\sum (W_i + Q_i) \sin\theta_i}$$

$$(2\text{-}113)$$

如果超载是动荷载（行驶中的车辆），应该在超载上乘以一动载系数 $K_D$，个各相应土条的超载为 $K_D Q_i$，然后将 $W_i + K_D Q_i$ 代替式（2-99）和式（2-110）中的 $W_i$，即：

按瑞典条分法，边坡稳定系数 $K'$ 为：

$$K' = \frac{\sum \left[ c_i' \Delta l_i \cdot (1 - n^{\frac{2}{3}a}) + (W_i + K_D Q_i) \cos\theta_i \tan\varphi_i' - n^{\frac{2}{3}a} u_i \Delta l_i \tan\varphi_i' \right]}{\sum (W_i + K_D Q_i) \sin\theta_i} \quad (2\text{-}114)$$

按简化毕肖普法，边坡稳定系数 $K'$ 为：

$$K' = \frac{\sum \frac{1}{m_{\theta i}} \cdot \left[ c_i' \Delta l_i (1 - n^{\frac{2}{3}a}) \cos\theta_i' + (W_i + K_D Q_i) \tan\varphi_i' - n^{\frac{2}{3}a} u_i \Delta l_i \tan\varphi_i' \cos\theta_i \right]}{\sum (W_i + K_D Q_i) \sin\theta_i}$$

$$(2\text{-}115)$$

### 2.7.3.2 浮力和渗流力对边坡稳定性的影响

当基坑边坡浸水后，在浸润线（或水位线）以下的土体，受到水的浮力（静水压力）和渗流力的作用，抗剪强度指标随之下降。这不仅会影响基坑边坡的稳定性，也会引起周边环境的改变，特别是周边建筑物会随之发生一定的变形。分析时应该引起注意。对于土体浸水导致抗剪强度指标下降的情况很复杂，这里先不讨论，本节主要介绍基坑边坡稳定分析中如何在引入土体颗粒接触面积的同时，考虑浮力和渗流力影响的计算方法。

在静水位条件下，各土条周围的孔隙水压力的合力与其浸水部分体积的水重必定取得平衡（图 2-39a）。此时的稳定分析，只要将浸水部分采用浮重度计算土体的自重即可。

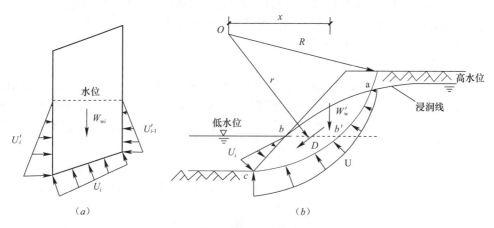

图 2-39 浸水基坑边坡的稳定性分析

(a) 无渗流作用时；(b) 有渗流力作用时

当基坑内、外出现水位差时，就会产生渗流力。浸润线以下的部分除了受到浮力作用外，还受到渗流力的作用。若坑内的水位突然降落（图 2-39b），则渗流力指向基坑，这对基坑边坡的稳定是极为不利的。渗流力的精确计算通常用流网的方法求得，但计算过程复杂。工程上一般采用滑动土体周界上的水压力及其浸水部分体积的水重来代替渗流力的作用。现取滑动土体范围内浸润线以下的孔隙水体作为隔离体（图 2-39b），其上的作用力有：

滑动面 $ab'c$ 上的水压力 $U$；

坡面 $bc$ 上的水压力 $U'$；

孔隙水重和浮力的合力，等于浸润线以下滑动土体体积的水重 $W_w$，这三个力的合力即看作渗流力 $D$。

此时，采用考虑接触面积的瑞典条分法计算边坡稳定性。按对滑动面圆心 $O$ 点的力矩平衡条件，可以得到稳定安全系数为：

$$K' = \frac{R \cdot \sum \left[ c_i' \Delta l_i \cdot (1 - n^{\frac{2}{3}a}) + (W_i \cos\theta_i - n^{\frac{2}{3}a} u_i \Delta l_i) \tan\varphi_i' \right]}{\sum W_i x_i + D \cdot r} \tag{2-116}$$

式中  $W_i$——第 $i$ 土条的自重，浸润线以下部分考虑水的浮力作用，取浮重度计算；

   $r$——渗流力 $D$ 对滑动面圆心 $O$ 点的力臂；

其余符号同前。

由于 $U$ 诸力垂直于圆弧滑动面必通过圆心 $O$，它对 $O$ 点的力矩为 0。$U'$ 诸力与 $bb'$ 面以下的水重对圆心取矩相互抵消，因而有：

$$D \cdot r = W'_w \cdot x' \tag{2-117}$$

式中　$W'_w$——低水位 $bb'$ 面以上浸润线以下部分体积的水重；

　　　　$x'$——$W'_w$ 对圆心 $O$ 点的力臂。

对 $W'_w \cdot x'$ 按考虑接触面积的瑞典条分法计算，则式（2-114）可以化为：

$$
\begin{aligned}
K' &= \frac{R \cdot \sum \left[ c'_i \Delta l_i \cdot (1 - n^{\frac{2}{3}\alpha}) + (W_i \cos\theta_i - n^{\frac{2}{3}\alpha} u_i \Delta l_i) \tan\varphi'_i \right]}{\sum W_i x_i + W'_{wi} x_i} \\
&= \frac{R \cdot \sum \left[ c'_i \Delta l_i \cdot (1 - n^{\frac{2}{3}\alpha}) + (W_i \cos\theta_i - n^{\frac{2}{3}\alpha} u_i \Delta l_i) \tan\varphi'_i \right]}{R \cdot \sum (W_i + W'_{wi}) \sin\theta_i} \\
&= \frac{\sum \left[ c'_i \Delta l_i \cdot (1 - n^{\frac{2}{3}\alpha}) + (W_i \cos\theta_i - n^{\frac{2}{3}\alpha} u_i \Delta l_i) \tan\varphi'_i \right]}{\sum W'_i \sin\theta_i}
\end{aligned}
\tag{2-118}
$$

式中　$W'_{wi}$——各土条在低水位以上浸润线以下部分体积的水重；

　　　　$W'_i$——土条自重，浸润线以下低水位以上部分采用饱和重度，低水位以下部分采用浮重度。

**2.7.3.3　地震力和其他振动力对边坡稳定性的影响**

由于基坑工程施工是临时措施，一般不考虑地震作用的作用，或者通过适当加大土坡稳定安全系数 $K'$ 加以考虑。但对于重要建筑物附近的基坑，如采用放坡开挖，需要验算地震作用对边坡稳定性的影响。地震的震波分为竖向和水平向两种。一般竖向地震作用比水平地震作用小得多，故在基坑边坡稳定性计算时，只考虑水平地震作用的影响。

计算时，地震作用荷载作为一个与滑动方向一致的水平力施加于每一条土上（图 2-40），其值为：

$$P_{ei} = kW_i \tag{2-119}$$

式中　$P_{ei}$——第 $i$ 条土的地震作用荷载；

　　　　$k$——地震作用系数，$k = \dfrac{a}{g}$，$a$ 为地震水平加速度，$g$ 为重力加速度，当地震设计烈度为 7 度时，$k = \dfrac{1}{40}$；8 度时，$k = \dfrac{1}{20}$；9 度时，$k = \dfrac{1}{10}$。

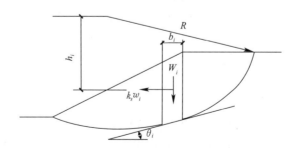

图 2-40　地震作用对边坡的影响

采用考虑接触面积的瑞典条分法，将地震作用产生的下滑力矩加到式（2-99）中的分母，即得边坡稳定性安全系数 $K'$：

$$K' = \frac{\sum\left[c_i'\Delta l_i \cdot (1 - n^{\frac{2}{3}a}) + (W_i\cos\theta_i - n^{\frac{2}{3}a}u_i\Delta l_i)\tan\varphi_i'\right]}{\sum\left(W_i\sin\theta_i + k \cdot W_i \cdot \dfrac{h_i}{R}\right)} \tag{2-120}$$

式中　$h_i$——第 $i$ 条土相对于滑动面圆心 $O$ 点的力臂；

其余符号同前。

一般来说，振动周期短，振动频率高的振动荷载对边坡的影响很小，因为土体对振动加载的反应还没发生，振动已经停止了。由于打桩或爆破引起的振动荷载，属于振动周期短、振动频率高的振动荷载，只要排水条件良好，能防止出现超孔隙水压力和砂土液化，实际设计中可以不考虑其影响。

## 2.8　本章小结

工程建设离不开岩土体，而地下水作为岩土体的重要组成部分直接影响岩土的性状与行为，在地下工程设计时，必须充分考虑地下水对岩土及地下建筑工程的各种作用。施工时应充分重视地下水对地下建筑工程施工可能带来的各种问题而采取防治措施。对已发生的建筑工程质量病害及事故分析表明，凡与场地边坡稳定和地基基础有关的事例中，地下水的活动是造成破坏的重要因素。例如，百分之九十以上的场地边坡破坏与地下水的作用有关，地基变形直接或间接受地下水活动的影响。目前，对地下水与工程的研究也取得了一定的效果，大部分研究成果均基于宏观概念，考虑的是岩土体的连续性，而土作为一种非常复杂的材料，集非连续性、非均匀性、力学性质非线性于一体，许多岩土工程问题一直得不到理想的解答，大部分问题得到的都是近似解，而且求解方程很复杂，难以推广，又或者假设条件太多以至于脱离的土体的复杂特性。本章基于饱和土体材料的两相非连续性介质特性，从微观角度出发，得到了考虑水土非连续性的地下水与土的工程性质，包括以下几点：

1. 从土体的非连续性出发，以微观结构为基础，得到了软土接触面积大小与土体孔隙率之间的关系，并分析了其影响因素，通过试验数据分析，证实了软土孔隙率与平均接触面积之间的联系，孔隙率越大，颗粒的接触面积就越小；孔隙率越小，接触面积则越大，孔隙率与平均接触面积率成幂函数关系。

2. 在渗流中分析中考虑土体颗粒接触面积大小，应该使用平面上的接触面积，简单地用土体的孔隙率 $n$ 代替其截面上的孔隙面积，其结果会引起一定的误差；渗流作用力的大小可以不考虑接触面积的影响，在分析管涌和流土时应该注意其适用性；对渗流出口处的临界水力梯度，其值的大小由三部分组成，包括其自身的饱和重度对渗透力的反压作用，还有摩擦力和黏聚力的影响。如果忽略摩擦和黏性的影响，本章提出的计算式退化成太沙基公式。

3. 本章提出的方程将土颗粒与土体内部孔隙分开考虑，得到考虑接触面积的有效应力方程，此时材料是两相非连续体，更加符合土体材料的特点；定义有效应力是作用在土颗粒接触面积上的平均应力，同时孔隙水压力只作用在孔隙的截面面积上，颗粒截面上不传递孔隙压力。

4. 结合考虑接触面积的有效应力方程，推导太沙基一维固结和 Biot 固结方程，得到饱和土体的固结速率跟其初始孔隙率有关，方程的建立还有望将饱和土中的水土压力分算与合算、建立更加合理的土体本构方程及黏性土浮力折减等问题，统一到一个理论框架上来。

5. 以弹性力学为基础，从土体的微观结构出发，土体传递应力靠颗粒间的接触，而地下水传递孔隙水压力靠孔隙间的连通，大小跟作用面的面积有关，得到了考虑接触面积的静止土压力计算式和朗肯主被动土压力计算公式。

6. 传统土压力计算结果与本章得到的土压力计算结果之间的关系，在本章提出的考虑接触面积计算的土压力在理论上相比于传统的计算结果偏小，跟散体材料应力传递的接触问题有关。同时基于水土分算，得到了考虑接触面积的渗流、超孔隙水压影响的水土分算计算式。

7. 推导了考虑接触面积大小的边坡稳定分析方法（瑞典条分法和简化毕肖普法），在边坡稳定计算式中引入了孔隙率大小这一土体参数，孔隙率越大，边坡稳定系数越低，此时孔隙水压力对边坡稳定的影响就越大。当不考虑土体颗粒接触的影响时，本章推导的方程退化成传统的边坡稳定分析方程。并分别推导了坡顶超载、地下水浮力或渗流作用力、地震作用下的边坡稳定分析计算方法。

# 参 考 文 献

[1] B. Buchner, M. Buchner, B. Buchmayr. Determination of the real contact area for numerical simulation [J]. Tribology International, 42 (2009): 897-901

[2] Bowen. RC, Demejo. LP, Rimai. DS. A method of determining the contact area between a particle and substrate using scanning electron microscopy [A]. Adhes Soc. Symposium on Particle Adhesion, at the 17th Annual Meeting of the Adhesion-Society-Inc [C]. ORLANDO, FL, 1994: JOURNAL OF ADHESION, 1995, 51 (1-4): 191-199

[3] Emanuel Diaconescu, Marilena Glovnea. Visualization and Measurement of Contact Area by Reflectivity [J]. Journal of Tribology, 2006, 128: 915-917

[4] L. Charleux, V. Keryvin, M. Nivard, et al. A method for measuring the contact area in instrumented indentation testing by tip scanning probe microscopy imaging. Acta Materialia, 70 (2014): 249-258

[5] Li X S, Dafalias Y F Constitutive modeling of inherently anisotropic sand behavior [J]. Journal of Geotechnical and Geoenvironmental Engineering, ASCE, 2002, 128 (10): 868-880.

[6] Matsuo, S., and Kamon, M. Microscopic study on deformation and strength of clays [C] //Proceedings of the 9th ICSMFE, Tokyo, 1977, 1: 201-204.

[7] N. K. Tovey and K. Y. Wong. The Preparation of soils and other geological materials for the scanning electron microscope [C] //Proceedings of International symposium on soil structure, Gothenburg, 1973. Swedish Geotechnical Society, Stockholm, 1973: 59-68

[8] SHI B, LI S. Quantitative approach on SEM images of microstructure of clay soils [J]. Science in China, Series B, 1995, 36 (8): 741-748.

[9] Takeuchi, A. An application of ultrasonic technique on measurement of solid contact area [J]. Journal of Japanese Society of Tribologists, 2004, 49 (5): 128-134

[10] Tovey N K, Wong K Y. The preparation of soils and other geological materials for the scanning electron microscope [C] //Proceedings of the International Symposium on Soil Structure, Gothenburg, Sweden. 1973: 176-183.

[11] 曹宇春. 考虑骨架压缩效应的饱和土有效应力原理 [J]. 施工技术, 2013, 42: 7-11.

［12］　陈津民. 饱和土的有效应力［J］. 岩土工程界，2005，11（9）：21：22.

［13］　方玉树. 土的有效应力原理相关问题的分析［J］. 岩土工程界，2009，12（5）：11-15.

［14］　龚晓南. 高等土力学. 杭州：浙江大学出版社，1996.

［15］　郭印，徐日庆，邵玉芳，齐静静. 有机质固化土的强度及微观结构试验研究［J］. 岩土力学，2006，27（增）：534-538.

［16］　胡其志，何世秀，庄心善. 基坑支护结构水土压力的分算［J］. 岩土工程界，2003，6（12）：54-55.

［17］　李广信. 基坑支护结构上水土压力的分算与合算［J］. 岩土工程学报，2000，22（3）：348-352.

［18］　李志军，冷永胜，邹鲲等. 表面力仪及固体表面微观接触机理的实验研究［J］. 摩擦学学报，2000，20（5）：336-339

［19］　路德春，杜修力，许成顺. 有效应力原理解析［J］. 岩土工程学报，2013，35（1）：146-151.

［20］　毛灵涛，薛茹，安里千，等. 软土孔隙微观结构的分形研究［J］. 中国矿业大学学报，2005，34（5），600-604.

［21］　邵龙潭. 饱和土的土骨架应力方程［J］. 岩土工程学报. 2011，33（12）：1833-1837

［22］　沈珠江. 土体结构性的数学模型——21世纪土力学的核心问题［J］. 岩土工程学报，1996，18（1）：95-97.

［23］　唐朝生，施斌，王宝军. 基于SEM土体微观结构研究中的影响因素分析［J］. 岩土工程学报，2008，30（4）：560-565.

［24］　王宝军，施斌，刘志彬，等. 基于GIS的黏性土微观结构的分形研究［J］. 岩土工程学报，2004，26（2）：244-247.

［25］　王宝军，施斌，蔡奕，等. 基于GIS的黏性土SEM图像三维可视化与孔隙度计算［J］. 岩土力学，2008，29（1）：251-255.

［26］　夏明耀，曾进伦，陆浩亮等. 地下工程设计施工手册［M］. 北京：中国建筑工业出版社，1998.

［27］　谢定义. 21世纪土力学的思考［J］. 岩土工程学报，1997，19（4）：111-114.

# 第3章　基坑工程设计与施工技术

## 3.1　概述

基坑工程是由挡土结构、支锚结构、土方开挖和基坑降水等各部分组成的系统工程。本章介绍了基坑支护结构的设计计算方法以及施工中各组成部分的施工机械、施工方法和质量控制措施。其中挡土结构部分包括板桩墙（含钢板桩和钢筋混凝土板桩墙）、排桩墙（含钻孔灌注桩、人工挖孔桩、SMW 工法桩和咬合桩）、水泥土桩（含水泥搅拌桩和高压旋喷桩）、地下连续墙和土钉墙；支锚体系部分包括钢支撑、钢筋混凝土支撑和预应力锚杆；土方开挖部分包括有内支撑和无内支撑基坑的土方开挖；基坑降水部分包括轻型井点、喷射井点、自流深井、真空管井和电渗井点。

## 3.2　支护结构设计

### 3.2.1　土压力计算

1. 概述

土压力是作用在围护结构上的荷载，土压力的计算是第一步也是关键的一步。

土压力计算理论主要有朗肯理论和库伦理论，称为古典土压力理论。它们都是按极限平衡条件导出的。库伦理论假设土的黏聚力为零，其优点是考虑了墙与土体间的摩擦力作用，并能考虑地面及墙面为倾斜面的情况；其缺点是对于黏性土必须采用等代摩擦角，即取黏聚力 $c=0$ 而相应增大土的内摩擦角 $\varphi$ 值，对于层状土尚要简化等代为均质土才能计算。此外，当有地下水，特别是有渗流效应时，库伦理论是不适用的。而朗肯理论则不论砂土或黏性土、均质土或层状土均可适用，也适用于有地下水及渗流效应的情况。它假设地面为水平，墙面为竖直，符合基坑工程情况。因此，目前通常采用朗肯理论计算基坑围护工程中的土压力。

土压力应根据不同类型土层、排水条件分别采用以下方法计算。

1) 对淤泥、淤泥质土，应采用土的固结不排水试验强度指标和饱和重度按水土合算计算土压力；

2) 对砂土，应采用有效应力强度指标和土的有效重度按水土分算原则计算土压力；

3) 对粉性土、黏性土等，宜采用有效应力强度指标和土的有效重度按水土分算原则计算。有工程经验时，也可采用三轴固结不排水试验总应力强度指标按水土合算原则计算土压力。

2. 水土压力合算

不考虑地下水作用时，按朗肯土压力理论，由式（3-1a）计算主动土压力和式（3-1b）

计算被动土压力。

$$P_a = (\sum \gamma_i h_i + q)K_a - 2c\sqrt{K_a} \tag{3-1a}$$

$$P_p = \sum \gamma_i h_i K_p + 2c\sqrt{K_p} \tag{3-1b}$$

式中　$P_a$——计算点处的主动土压力强度（kPa），当 $P_a \leqslant 0$ 时，取 $P_a = 0$；

$P_p$——计算点处的被动土压力强度（kPa）；

$\gamma_i$——计算点以上第 $i$ 层土的重度（kN/m³）；

$h_i$——计算点以上第 $i$ 层土的厚度（m）；

$q$——地面均布荷载（kPa）；

$K_a$——计算点处的主动土压力系数，$K_a = \tan^2(45° - \varphi/2)$；

$K_p$——计算点处的被动土压力系数，$K_p = \tan^2(45° + \varphi/2)$；

$c$，$\varphi$——计算点处土的黏聚力标准值（kPa）和内摩擦角标准值（°）。

3. 水土压力分算

1）水压力

静水压力的计算比较简单，但在墙前后水位差的作用下将出现渗流，渗流效应将使水压力的分布复杂化。

地下水无渗流时，作用在支护结构上主动土压力侧的静水压力，在基坑内地下水位以上按静止水压力三角形分布计算；在坑内地下水位以下按矩形分布计算，见图 3-1。

地下水有稳定渗流时，均质土层稳定渗流可按图 3-2 所示的近似方法，取基坑内地下水位处对应的静水压力 $P_w$ 为 $2\gamma_w \dfrac{\Delta h \cdot \Delta h_w}{\Delta h_w + 2\Delta h}$，支护结构底端处压力为零的直线分布计算作用于支护墙主动土压力侧的水压力。

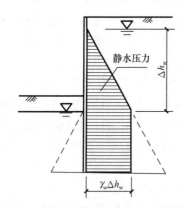 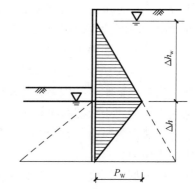

图 3-1　地下水无渗流时的水压力分布图　　图 3-2　地下水有稳定渗流时的近似水压力分布

对于成层土，或者临近还有水源补给等更一般的情况，应该首先进行渗流的流网分析，根据流网分析得到墙前及墙后的水压力。

2）考虑水下浮力的土压力

根据朗肯土压力理论，在水位以下采用土的有效重度 $\gamma_i'$，抗剪强度指标采用有效应力指标 $c'$、$\varphi'$ 来计算土压力。

$$P_a' = (\gamma_{01} \cdot h_{01} + \sum \gamma_i' \cdot h_i + q)K_a' - 2c'\sqrt{K_a'} \tag{3-2a}$$

$$P'_p = (\gamma_{02} \cdot h_{02} + \sum \gamma'_i \cdot h_i)K'_p + 2c'\sqrt{K'_p} \qquad (3\text{-}2b)$$

式中　$P'_a$——计算点处的有效应力主动土压力强度标准值（kPa）；

　　　$P'_p$——计算点处的有效应力被动土压力强度标准值（kPa）；

　　　$\gamma'_i$——计算点以上，地下水位线以下各土层的有效重度（即浮重度，kN/m³）；

　　　$\gamma_{01}$——坑外地下水位线以上各土层的加权平均天然重度（kN/m³）；

　　　$h_{01}$——坑外地下水位线以上土层的总厚度（m）；

　　　$\gamma_{02}$——坑内地下水位线以上各土层的加权平均天然重度（kN/m³）；

　　　$h_{02}$——坑内地下水位线以上土层的总厚度（m）；

　　　$K'_a$——计算点处的有效主动土压力系数，$K'_a = \tan^2(45° - \varphi'/2)$；

　　　$K'_p$——计算点处的有效被动土压力系数，$K'_p = \tan^2(45° + \varphi'/2)$。

3）考虑渗流作用的土压力

由于渗流的存在，不仅使得作用在围护结构前后的水压力发生变化，而且使得水下土颗粒同时受到浮力和渗透压力的作用。渗透压力与浮力一样都表现为体积力。

墙后（即坑外）土体受到的渗透压力是向下的，与有效重力方向一致，墙前（即坑内）土体受到的渗透压力是向上的，与有效重力方向相反。

渗透压力表达式：

$$G_D = \gamma_w i \qquad (3\text{-}3)$$

考虑渗流作用的土压力式改写为：

$$P'_a = [\gamma_{01} \cdot h_{01} + \sum(\gamma'_i + \gamma_w \cdot i_i)h_i + q]K'_a - 2c'\sqrt{K'_a} \qquad (3\text{-}4a)$$

$$P'_p = [\gamma_{02} \cdot h_{02} + \sum(\gamma'_i - \gamma_w \cdot i_i)h_i]K'_p + 2c'\sqrt{K'_p} \qquad (3\text{-}4b)$$

式中，$\gamma_w$ 为水的重度（kN/m³）；$i$ 为水力梯度。

4. 水土压力统算

在进行支挡结构水-土压力计算时如何考虑水压力作用在学术界和工程界一直存在很大争议，至今还没有一个统一的认识。

"分算"基于有效应力原理，理论上较为合理，但黏性土中孔隙水压力难以测得，且计算结果与实测值间存在较大差异；分算法将孔隙水压力完全考虑成静水压力，夸大了水压力作用，对于渗透性较弱的黏性土来说不合适。

"合算"在渗透性弱的黏性土中计算值接近于实测值，但存在理论缺陷。而合算法将水与土颗粒做相同的处理，即水压力也乘了侧压力系数显然不合适，这使得在计算主动土压力时低估了水压力作用，而在计算被动土压力时则高估了水压力作用。

同时，"分算"与"合算"对水压力作用考虑方法完全不同："分算"把孔隙水压力直接考虑成静水压力；"合算"将水土压力一起做相同的处理，不再单独计及水压力作用。在基坑开挖过程中，施工较快时，由于土本身的渗透性差，孔隙水压力来不及消散，已不再是严格的静水压力。两种方法只考虑了极端情况，两者计算结果有很大的差异。所以，能考虑中间状态的水土压力计算方法更符合实际情况。

考虑渗透性的水土压力统一算法，可采用下式计算土压力：

$$P_a = (\gamma_{sat} - \alpha\gamma_w)Z_a K_{ak} - 2c_k\sqrt{K_{ak}} + \alpha\gamma_w Z_a \qquad (3\text{-}5a)$$

$$P_p = (\gamma_{sat} - \alpha\gamma_w)Z_p K_{pk} + 2c_k\sqrt{K_{pk}} + \alpha\gamma_w Z_p \qquad (3\text{-}5b)$$

式中

$$\alpha = \frac{2}{\pi} \arctan(k/k_0)^{1/2} \tag{3-6}$$

式中，$k_0$ 为卡萨哥兰德（Casagrade，1939）所建议的排水良好与排水不良的界限值，取 $1 \times 10^{-4}$ cm/s；$Z_a$、$Z_p$ 分别为主动区和被动区的计算深度；$K_{ak} = \tan^2(45° - \varphi_k/2)$，$K_{pk} = \tan^2(45° + \varphi_k/2)$。

对于渗透性好的无黏性土，由于水力连通很好，较易形成水对土的浮力作用，采用有效应力指标，即 $k > k_0$ 时，$\varphi_k = \varphi'$，$c_k = c'$；对于渗透性较差的黏性土，水的连通性较差，不易形成对土的浮力作用，强度指标可采用总应力强度指标，即 $k < k_0$ 时，$\varphi_k = \varphi$，$c_k = c$。

5. 附加荷载引起的附加侧压力

在实际工程中，很有可能会遇到基坑开挖附近有相邻建筑浅基础的情况，需要考虑邻近基底荷载的影响。而且在实际施工过程中，很难避免在基坑边出现临时荷载，比如各种建筑材料、施工器具、施工机械、车辆、人员等，因此需要考虑附加荷载引起的附加侧压力。

附加侧压力一般采用简化的算法近似计算。最常用的荷载是均布或局部均布的荷载作用。对均布和局部均布荷载作用在支护结构上的侧压力，可按图 3-3 所示的方法计算。

其他附加荷载的情况，如集中荷载、基坑外侧不规则荷载等，可以查询相关的手册或规范。

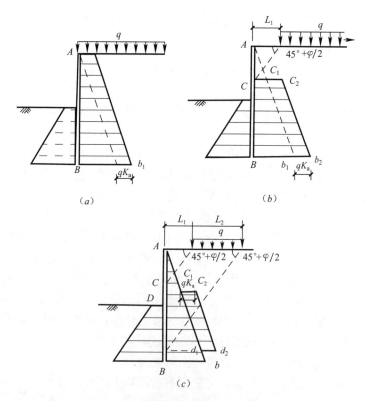

图 3-3 均布和局部均布荷载作用下的侧向土压力计算

(a) 坑壁顶满布均布荷载；(b) 距墙顶 $L_1$ 处作用均布荷载；(c) 距墙顶 $L_1$ 处作用在 $L_2$ 的局部均布荷载

6. 特定算法中的土压力

1）弹性地基梁法（m 法）中的主动土压力

如图 3-4 所示，弹性地基梁法计算中被动土压力按土弹簧的反力考虑。坑底标高以上主动土压力按朗肯理论计算，而坑底以下主动土压力取与坑底标高处主动土压力相等的矩形分布模式。

这是一种经验土压力计算模式，仅适用于弹性地基梁法。根据经验，这种主动土压力分布模式计算得到的位移最符合实际，而整个深度内均按朗肯主动土压力理论计算时，计算结果围护结构往往产生较大的墙底踢脚位移，与实际情况不符。

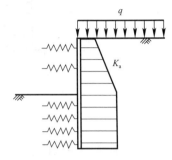

图 3-4　弹性地基梁法中
主动土压力分布图

以上土压力分布模式的一个解释是：由于坑内被动土压力弹簧是有初始压力的，而弹性地基梁法计算分析时没有考虑这个初始压力；对应地主动区压力在分析时也应该相应地减小，如果被动区初始压力按 $K_0$ 静止土压力计，那么主动区压力也应在坑底标高以下相应地减去 $K_0$ 静止土压力（按坑底以下深度计）。而坑底以下主动土压力取与坑底标高处的主动土压力相等的矩形分布模式，实际上是在坑底标高以下减去主动土压力（按坑底以下的深度计），是偏保守的简化算法。

2）土钉支护设计中的土压力

在土体自重和地表均布荷载的作用下，各土钉中产生拉力，各层土钉最大拉力所反映的各深度表观土压力，实际上是反映潜在滑裂面上各点的侧压力，它并不是作用在某个竖直平面上的实际土压力。根据经验，这个侧压力按以下算法计算：

$$p = p_1 + p_q \tag{3-7}$$

式中　$p$——潜在滑裂面上各点的表观土压力；

　　　$p_1$——潜在滑裂面上各点由支护土体自重引起的侧压力，见图 3-5；

　　　$p_q$——地表均布荷载引起的侧压力。

图中自重应力引起的侧压力峰值 $p_m$：

对于 $\dfrac{c}{\gamma H} \leqslant 0.05$ 的砂土和粉土：

$$p_m = 0.55 K_a \gamma H \tag{3-8}$$

对于 $\dfrac{c}{\gamma H} > 0.05$ 的一般黏性土：

$$p_m = K_a \left(1 - \frac{2c}{\gamma H} \frac{1}{\sqrt{K_a}}\right) \gamma H \leqslant 0.55 K_a \gamma H \tag{3-9}$$

且黏性土 $p_m$ 的取值不小于 $0.2\gamma H$。

图 3-5 中地表均布荷载引起的侧压力取为

$$p_q = K_a q \tag{3-10}$$

对性质相差不大的分层土体，上式中的 $\varphi$、$c$ 及 $\gamma$ 值可取各层土的参数 $\tan\varphi_j$、$c_j$ 及 $\gamma_j$

按其厚度 $h_j$ 加权的平均值求出。

对于流塑黏性土，侧压力 $p_i$ 的大小及其分布需根据相关测试数据专门确定。

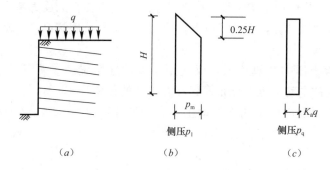

图 3-5　土钉支护侧压力的分布

### 3.2.2　放坡开挖设计

1. 概述

在基坑开挖施工中，在周边环境允许的前提下，选择合理的基坑边坡坡度，使基坑开挖后的土体，在无加固及支撑的条件下，依靠土体自身的强度，在新的平衡状态下取得稳定的边坡，这类无支护措施下的基坑开挖方法称为放坡开挖。通常，这种方法所需的工程费用较低，工期较短，可为主体结构施工提供宽敞的作业空间。在场地条件允许的情况下，通常优先采用放坡开挖。

开挖场地土质一般为杂填土、黏性土或粉土，场地较开阔，地下水位较低或降水后不会对相邻建筑物、道路及管线产生不利影响时，可采用放坡开挖。当基坑不具备全深度放坡开挖条件时，可考虑上段自然放坡，下段设置其他支护体系。

2. 边坡的坡度允许值

自立边坡的放坡坡度及坡高应符合表 3-1 和表 3-2 的要求，以确保基坑的稳定性与安全。

分级放坡开挖时，应设置分级过渡平台，对深度大于 5m 的土质边坡，各级过渡平台的宽度为 1.0～1.5m，必要时台宽减少到 0.6～1.0m，小于 5m 的土质边坡可不设过渡平台。岩石边坡过渡平台的宽度不小于 0.5m，施工时应按上陡下缓原则开挖。

土质边坡　　　　　　　　　　　　　　　　　　　　　　　表 3-1

| 土的类别 | 密实度或状态 | 坡度容许值（高宽比） | |
|---|---|---|---|
| | | 坡高在 5m 以内 | 坡高 5～10m |
| 碎石土 | 密实 | 1：0.35～1：0.50 | 1：0.50～1：0.75 |
| | 中密 | 1：0.50～1：0.75 | 1：0.75～1：1.00 |
| | 稍密 | 1：0.75～1：1.00 | 1：1.00～1：1.25 |
| 粉土 | $S_r \leqslant 0.5$ | 1：1.00～1：1.25 | |
| 粉质黏土 | 坚硬 | 1：0.75 | |
| | 硬塑 | 1：1.00～1：1.25 | |
| | 可塑 | 1：1.25～1：1.50 | |
| 黏性土 | 坚硬 | 1：0.75～1：1.00 | 1：1.00～1：1.25 |
| | 硬塑 | 1：1.00～1：1.25 | 1：1.25～1：1.50 |

| 土的类别 | 密实度或状态 | 坡度容许值（高宽比） | |
| --- | --- | --- | --- |
| | | 坡高在5m以内 | 坡高5~10m |
| 花岗岩、残积黏性土 | 硬塑 | 1:0.75~1:1.10 | |
| | 可塑 | 1:0.85~1:1.25 | |
| 杂填土 | 中密或密实的建筑垃圾 | 1:0.75~1:1.00 | |
| 砂土 | | 1:1.00（或自然休止角） | |

注：表中碎石土的充填物为坚硬或硬塑状态的黏性土。

**岩质边坡**　　　　　　　　　　　　　　　　　表 3-2

| 岩土类别 | 风化程度 | 坡度容许值（高宽比） | |
| --- | --- | --- | --- |
| | | 坡高在8m以内 | 坡高8~15m |
| 硬质岩土 | 微风化 | 1:0.10~1:0.20 | 1:0.20~1:0.35 |
| | 中等风化 | 1:0.20~1:0.35 | 1:0.35~1:0.50 |
| | 强风化 | 1:0.35~1:0.50 | 1:0.50~1:0.75 |
| 软质岩土 | 微风化 | 1:0.35~1:0.50 | 1:0.50~1:0.75 |
| | 中等风化 | 1:0.50~1:0.75 | 1:0.75~1:1.00 |
| | 强风化 | 1:0.75~1:1.00 | 1:1.00~1:1.25 |

土质边坡放坡开挖如遇边坡高度大于5m，具有与边坡开挖方向一致的斜向界面，有可能发生土体滑移的软弱淤泥或含水量丰富的夹层、坡顶堆载、堆物有可能超载时，应对边坡整体稳定性进行验算，必要时进行有效加固及支护处理。

3. 边坡稳定验算

边坡的稳定分析大都采用极限平衡静力计算方法来计算边坡的抗滑安全系数。这种方法的主要步骤是：在斜坡的断面图中绘一滑动面，算出作用在该滑动面上的剪应力，并以此剪应力与滑动面上的抗剪强度相比较，从而确定抗滑安全系数。对众多的滑动面进行类似的计算，从中找出最小的安全系数，就是该边坡的稳定安全系数 $F_s$。在放坡开挖设计时，应调整至合适的坡度，或采用折线式、台阶式放坡开挖（图 3-6），使得计算的边坡稳定安全系数 $F_s$ 满足工程要求。对 $F_s$ 的要求值因工程重要程度及所采用的分析方法而不同，以下将在介绍各种常用分析方法中给出相应的 $F_s$ 经验值。

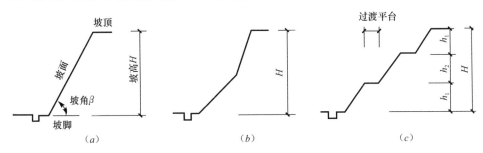

图 3-6　常用边坡形式

(a) 单坡式；(b) 折线式；(c) 台阶式

边坡潜在滑动面的形状，有的近似圆弧形或对数螺旋线形，有的可用折线来表示，还有的是不规则形状的滑动面，主要取决于斜坡断面构造以及土的层次与性质。

通常采用条分法分析，即先假定若干可能的剪切面（滑动面），然后将滑动面以上土体分成若干垂直土条，对作用于各土条上的力进行静力平衡分析，求出在极限平衡状态下土体稳定的安全系数，并通过一定数量的试算，找出最危险滑动面位置及相应的最低安全系数。

下面仅介绍假定滑动面为圆弧的两种条分法分析原理，即费伦纽斯法和简化毕肖普法。

1）费伦纽斯法

费伦纽斯法（又称瑞典圆弧滑动法或瑞典法）是条分法中最古老而又是最简单的方法。它假定滑动面是个圆柱面（根据滑坡实地观察，均匀黏性土坡的滑动面与圆柱面十分接近），在进行条分法分析时，按比例画出土坡的坡面（图3-7），$AC$ 为假定的一个圆弧滑动面，其圆心在 $O$ 点，半径为 $R$，将该滑动面以上的土体分成若干垂直土条，现取其中第 $i$ 条分析其受力情况（图3-7），作用在土条上的力有：土条自重 $W_i$（包括作用在土条上的荷载），作用在条块地面 $ab$（简化为直线）的剪切力 $T_i$ 和法向力 $N_i$，以及作用在土条侧面 $bd$ 和 $ac$ 上的剪力 $D_i$、$D_{i+1}$ 和法向力 $P_i$、$P_{i+1}$。以上作用于土条上的力系是非静定的。为此，假定每一土条两侧的作用力大小相等，方向相反，在考虑力和力矩平衡时可相互抵消，这样土条上的力仅考虑 $W_i$、$N_i$ 和 $T_i$。由此产生的误差一般在 $10\%\sim15\%$ 以内，但有的文献认为在某些情况下误差可高达 $60\%$。

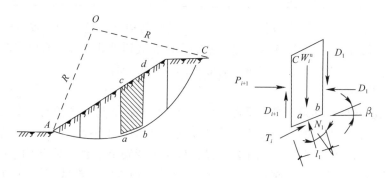

图 3-7　圆弧滑动条分法稳定分析

根据隔离体的平衡条件：

$$N_i = W_i \cos\beta_i \tag{3-11}$$

$$T_i = W_i \sin\beta_i \tag{3-12}$$

式中，$\beta_i$ 为滑动面 $ab$ 与水平面夹角。

作用在 $ba$ 面上的单位反力和剪力为：

$$\sigma_i = (1/l_i)N_i = (1/l_i)W_i \cos\beta_i \tag{3-13}$$

$$\tau_i = (1/l_i)T_i = (1/l_i)W_i \sin\beta_i \tag{3-14}$$

滑动面 $AabC$ 的总剪切力为各土条剪切之和。即：

$$T = \sum T_i = \sum W_i \sin\beta_i \tag{3-15}$$

土条 $ab$ 上抵抗剪切的抗剪强度为：

$$\tau_{fi} = (c + \sigma_i \tan\varphi)l_i = cl_i + W_i \cos\beta_i \tan\varphi \tag{3-16}$$

总抗剪强度为各土条抗剪强度之和：

$$T_f = \sum \tau_{fi} = \sum (cl_i + W_i \cos\beta_i \tan\varphi) \tag{3-17}$$

土坡稳定安全系数：

$$F_s = T_i/T = \left[ \sum (cl_i + W_i \cos\beta_i \tan\varphi) \right] / \left[ \sum W_i \sin\beta_i \right] \tag{3-18}$$

由于滑弧圆心是任意选定的，它不一定是最危险滑弧，为了求得最危险滑弧，需假定各种不同的圆弧面（即任意选定圆心）。按上述方法分别算出相应的稳定安全系数，最小安全系数即为该边坡的稳定安全系数，相应圆弧就是最危险滑动面，理论上要求最小稳定安全系数 $F_{smin} > 1$，在深基坑工程中按费伦纽斯法计算时一般要求 $F_{smin} = 1.2 \sim 1.4$，视具体工程要求取值。这种试算筛选的工作量很大，一般由计算机完成。

2）简化毕肖普法

上述费伦纽斯法忽略了土条条间力及孔隙水压力，因此会产生一定误差，毕肖普考虑了条间力与孔隙水压力的作用，于1955年提出了一个安全系数公式。

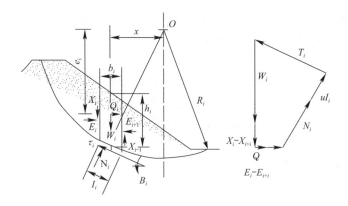

图 3-8　毕肖普法边坡稳定分析

如图 3-8 所示，$E_i$、$X_i$ 分别表示法向和切向条间力，$W_i$ 为土条自重，$Q_i$ 为水平作用力，$N_i$、$T_i$ 分别表示底部的总法向力（包括有效法向力及孔隙水压力）和切向力，其余符号见图。

每一土条垂直方向力的平衡条件为：

$$W_i + X_i - X_{i+1} - T_i \sin\beta_i - N_i \cos\beta_i = 0 \tag{3-19}$$

或

$$N_i = (W_i + X_i - X_{i+1} - T_i \sin\beta_i) / \cos\beta_i \tag{3-20}$$

根据安全系数的定义及摩尔-库仑准则可得：

$$T_i = (\tau_i l_i)/F_s = (c_i l_i)/F_s + \left[ (N_i - u_i l_i)(\tan\varphi_i') \right]/F_s \tag{3-21}$$

代入式（3-20），可求得土条底部总法向力为：

$$N_i = \left[ W_i + (X_i - X_{i+1}) - (c_i' l_i \sin\beta_i)/F_s + (u_i l_i \tan\varphi_i' \sin\beta_i)/F_s \right](1/m_{\beta i}) \tag{3-22}$$

式中 $m_{\beta i} = \cos\beta_i + (\tan\varphi_i' \sin\beta_i)/F_s$

在极限平衡时，各土条对圆心的力矩之和应当为零，这时条间力的作用相互抵消，得：

$$\sum W_i X_i - \sum T_i R + \sum Q_i e_i = 0 \tag{3-23}$$

将式（3-21）和式（3-22）代入上式，且 $X_i = R\sin\beta_i$，最后可得到安全系数公式：

$$F_s = \sum (1/m_{\beta_i})\{c_i'b_i + [W_i - ub_i + (X_i - X_{i+1})]\tan\varphi_i'\}/(\sum W_i\sin\beta_i + \sum Q_i e_i/R) \tag{3-24}$$

式中 $X_i$ 及 $X_{i+1}$ 是未知的，为使问题得到解决，毕肖普又假定各土条之间的切向条间力忽略不计，这样式（3-24）简化为：

$$F_s = \sum (1/m_{\beta_i})[c_i'b_i + (W_i - ub_i)\tan\varphi_i']/(\sum W_i\sin\beta_i + \sum Q_i e_i/R) \tag{3-25}$$

上式中 $Q_i$ 为考虑地震引起的土条惯性力。深基坑属于短期工程，一般不考虑抗震，即 $Q_i = 0$，故上式可简化为：

$$F_s = \sum (1/m_{\beta_i})[c_i'b_i + (W_i - ub_i)\tan\varphi_i']/\sum W_i\sin\beta_i \tag{3-26}$$

式中的孔隙水压力是两个因素引起的，一是在坡面平面上作用有临时堆载；二是静水压力。当坡体中存在地下水时，一般将有渗流作用，为了简化计算建议按下述方法处理：

（1）将地面堆载 $q$ 叠加在土条重量 $W_i$ 中。由荷载 $q$ 产生的孔隙水压力难以估计，但数值不大可在计算静水压力中一起考虑；

（2）地下水在渗流条件下引起的水压力计算，按理应画出流网图，但为了简化，可仅画出浸润线，即在渗流条件下的地下水位面。令各土条底部中点的水头为 $h_i$，则 $\mu_i = \gamma_w h_i$，由于实际的 $h_i'$ 略小于 $h_i$，令取 $h_i$，已可近似弥补地面堆载引起的孔隙水压力。其中的误差，可以在安全系数中考虑。

用简化的毕肖普法计算，精度较高，其误差只有 $2\% \sim 7\%$，对于深基坑工程，可取 $F_s = 1.25$。基本上已可将上述低估了的孔隙水压力考虑在内。

对于 $\beta_i$ 为负值的那些土条，如果 $m_\beta$ 趋于零，则简化毕肖普法就不能用。因为在计算中忽略了 $X_i$ 的影响，但又必须维持各土条的极限平衡，当土条的 $\beta_i$ 使 $m_\beta$ 趋近于零时，$N_i$ 就要趋近于无穷大，当 $\beta_i$ 的绝对值更大时，土条底部的 $T_i$ 要求和滑动方向相同，这与实际情况相矛盾。一般，当 $m_\beta \leqslant 0.2$ 时，就会使求出的 $F$ 值产生较大的误差，这时就应该考虑 $X_i$ 的影响或采用别的方法。

如上所述，由于计算机的应用已较普及，在土坡稳定分析方面有各种现成程序，采用简化毕肖普法是比较理想的。

4. 边坡坡面的防护

1）边坡坡面的防护要求

要维持已开挖基坑边坡的稳定，必须使边坡土体内潜在滑动面上的抗滑力始终大于该滑动面上的滑动力。在设计施工中除了要有良好的降水、排水措施，有效控制产生边坡滑动力的外部荷载外，尚应考虑到在施工期间，边坡受到气候季节变化和降雨、渗水、冲刷等作用下，使边坡土质变松，土内含水量增加，土的自重加大，导致边坡土体抗剪强度的降低而又增加了土体内的剪应力，造成边坡局部滑坍或产生不利于边坡稳定的影响。因此，在边坡设计施工中，还必须采取适当的构造措施，对边坡坡面加以防护。

2）边坡坡面的防护方法

根据工程特性、基坑所需的施工工期、边坡条件及施工环境等要求，常用的坡面防护方法有：水泥砂浆抹面，浆砌片石护坡，堆砌砂土袋护坡，铺设抗拉或防水土工布护面。

（1）水泥砂浆抹面：对于易风化的软质岩石、老黏性土及破碎岩石边坡的坡面常用3～5cm厚水泥砂浆抹面，也可先在坡面挂铁丝网再喷抹水泥砂浆。

（2）浆砌片石护坡：对各种土质或岩石边坡，可用浆砌片石护坡；也可在坡脚处砌筑一定高度的浆砌片石或砖墙，用于反压及挡土，并与排水沟相接。

（3）堆砌砂土袋护坡：对已发生或将要发生滑坍失稳或变形较大的边坡，常用砂土袋（草袋、土工织物袋）堆置于坡脚或坡面。

（4）铺设抗拉或防水土工布护面：用于边坡面防水、防风化、防坡面土流失的加固处理，在土工布上可上覆素土、砂土或水泥砂浆抹面。

### 3.2.3 土钉墙设计

1. 概述

1）土钉支护的概念

土钉支护是近年来发展起来用于土体开挖和维持边坡稳定的一种新型挡土结构，它由被加固土、放置于原位土体中的细长金属杆件（土钉）及附着于坡面的混凝土面板组成，形成一个类似重力式墙的挡土墙，以此来抵抗墙后传来的土压力和其他作用力，从而使开挖坡面稳定。

土钉一般是通过钻孔、插筋、注浆来设置的，也可通过直接打入较粗的钢筋或型钢形成土钉。土钉沿通长与周围土体接触，依靠接触界面上的粘结摩阻力，与其周围土体形成复合土体，土钉在土体变形的条件下被动受力，并主要通过其受拉工作对土体进行加固，而土钉之间变形则通过面板（通常为配筋喷射混凝土）予以约束。其典型结构见图3-9。

2）土钉支护的发展

现代土钉技术是从20世纪70年代出现的，德国、法国和美国几乎在同一时期各自独立地开始了土钉墙的研究和应用。出现这种情况并非偶然，因为土钉在许多方面与隧道新奥法施工类似，可视为是新奥法概念的延伸。20世纪60年代初期出现的新奥法，采用喷射混凝土和粘结型锚杆相结合的方法，能迅速控制隧道变形并使其稳定，特别是20世纪70年代及稍后的时间内，

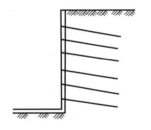

图 3-9　土钉支护示意图

先后在德国法兰克福及纽伦堡地铁的土体开挖工程中应用获得成功，对土钉墙的出现产生了积极的影响。此外，20世纪60年代发展起来的加筋土技术对土钉墙技术的萌生也有一定的推动作用。

1972年，法国首先在工程中应用土钉墙技术。该工程为凡尔赛附近的一处地铁路堑的边坡开挖工程，这是有详细记录的第一个土钉墙工程。美国最早应用土钉墙在1974年，一项有名的工程是匹兹堡PPG工业总部的深基开挖。德国于1979年首先在斯图加特建造了第一个永久土钉工程（高14m），并进行了长达10年的工程测量，获得了很多有价值的数据。

我国应用土钉的首例工程可能是1980年将土钉用于山西柳湾煤矿的边坡稳定。近年来，各地的基坑工程已开始较广泛地应用土钉墙支护。

与国外相比，我国在发展土钉墙技术上也有一些独特的成就。如：

（1）土钉墙与土层预应力锚杆（索）相结合，成功地解决了深达 17m 的垂直开挖工程的稳定性问题。

（2）发展了洛阳铲成孔这种简便、经济的施工方法。

（3）对软弱地层地下水位以下的基坑工程，进行了土钉墙支护的探索，并取得了初步经验。

3）土钉分类

土钉主要可分为钻孔注浆土钉与打入式土钉两类。钻孔注浆土钉是最常用的土钉类型，即先在土中钻孔，置入钢筋，然后沿全长注浆。为使土钉钢筋处于孔的中心位置，有足够的浆体保护层，需沿钉长每隔 2～3m 设对中支架。土钉外露端宜做成螺纹并通过螺母、钢垫板与配筋喷射混凝土面层相连，在注浆体硬结后用扳手拧紧螺母，使在土钉中产生约为土钉设计拉力 10% 的预应力。

打入式土钉是在土体中直接打入角钢、圆钢或钢筋等，不再注浆。由于打入式土钉与土体间的粘结摩阻强度低，钉长又受限制，所以布置较密，可用人力或振动冲击钻、液压锤等机具打入。打入钉的优点是不需预先钻孔，施工速度快但不适用于砾石土和密实胶结土，也不适用于服务年限大于两年的永久支护工程。

近年来国内开发了一种打入注浆式土钉，它是直接将带孔的钢管打入土中，然后高压注浆形成土钉，这种土钉特别适用于成孔困难的砂层和软弱土层，具有较好的应用前景。

4）土钉支护的特点

与其他支护类型相比，土钉墙具有以下一些特点或优点：

（1）能合理利用土体的自承能力，将土体作为支护结构不可分割的部分；

（2）结构轻型，柔性大，有良好的抗震性和延展性；

（3）施工设备简单，土钉的制作与成孔不需复杂的技术和大型机具，土钉施工的所有作业对周围环境干扰小；

（4）施工不需单独占用场地，对于施工场地狭小，放坡困难，有相邻低层建筑或堆放材料，大型护坡施工设备不能进场的情况，该技术显示出独特的优越性；

（5）有利于根据现场监测的变形数据，及时调整土钉长度和间距。一旦发现异常不良情况，能立即采用相应加固措施，避免出现大的事故，因此能提高工程的安全可靠性；

（6）工程造价低，据国内外资料分析，土钉墙工程造价比其他类型的工程造价低 1/3～1/2 左右。

5）土钉支护的适用条件

土钉支护适用于地下水位以上或经人工降水后的人工填土、黏性土和弱胶结砂土的基坑支护或边坡加固。土钉支护宜用于深度不大于 12m 的基坑支护或边坡围护，当土钉支护与有限放坡、预应力锚杆联合使用时，深度可增加。

土钉支护不宜用于含水丰富的粉细砂层、砂砾卵石层和淤泥质土。一般认为，土钉支护不适用于没有自稳能力的淤泥和饱和软弱土层。

2. 土钉支护作用机理

土体的抗剪强度较低，抗拉强度几乎可以忽略，但土体具有一定的结构整体性。当开挖基坑时，土体存在使边坡保持直立的临界高度，当超过这一深度或者在地面超载及其他因素作用下，将发生突发性整体破坏。所采用的传统的支挡结构均基于被动制约机制，即以支挡结构自身的强度和刚度，承受其后的侧向土压力，防止土体整体稳定性破坏。

土钉支护则是由在土体内放置一定长度和密度的土钉体构成的。土钉与土共同工作，形成了能大大提高原状土强度和刚度的复合土体，土钉的作用正是基于这种主动加固的机制。土钉与土的相互作用，还能改变土坡的变形与破坏形态，显著提高了土坡的整体稳定性。

试验表明：直立的土钉支护在坡顶的承载能力约比素土墙提高一倍以上（图3-10）。更为重要的是，土钉支护在受荷载过程中不会发生素土边坡那样突发性的塌滑（图3-11）。它不仅推迟了塑性变形发展阶段，而且明显地呈现出渐进变形与开裂破坏并存且逐步扩展的现象，直至丧失承受更大荷载的能力时，仍不会发生整体性塌滑。

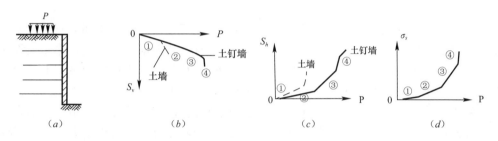

图 3-10　土钉支护试验模型及试验结果

(a) 土钉支护试验模型；(b) 荷载 $P$ 与垂直位移 $S_v$ 的关系；(c) 荷载 $P$ 与水平位移 $S_h$ 的关系；

(d) 荷载 $P$ 与土钉钢筋应力 $\sigma_s$ 的关系

①—弹性阶段；②—塑性阶段；③—开裂变形阶段；④—破坏阶段

土钉在复合土体中的作用可概括为以下几点：

1) 箍束骨架作用：该作用是由土钉本身的刚度和强度以及在土体内的分布空间所决定的。它具有制约土体变形的作用，并使复合土体构成一个整体。

2) 分担作用：在复合土体内，土钉与土体共同作用承担外部荷载和土体自重应力。由于土钉较高的抗拉、抗剪强度以及土

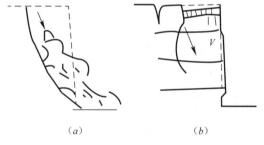

图 3-11　土钉支护与素土边坡的破坏形成

(a) 素土墙；(b) 土钉支护

体无法比拟的抗弯刚度，所以当土体进入塑性状态后，应力逐渐向土钉转移。当土体开裂时，土钉分担作用更为突出，这时土钉内出现弯剪、拉剪等复合应力，从而导致土钉体中浆体碎裂，钢筋屈服。复合土体塑性变形延迟及渐进性开裂变形的出现，与土钉分担作用密切相关。

3) 应力传递与扩散作用：在同等荷载作用下，由土钉加固的土体内的应变比素土边坡土体内的应变大大降低，从而推迟了开裂的形成与发展。

4) 坡面变形的约束作用：在坡面上设置的与土钉连成一体的钢筋混凝土面板是发挥土钉有效作用的重要组成部分。坡面鼓胀变形时开挖卸荷、土体侧向变位以及塑性变形和开裂发展的必然结果，限制坡面鼓胀能起到抑制内部塑性变形，加强边界约束作用，这对土体开裂变形阶段尤为重要。

3. 土钉支护设计计算

土钉支护工程设计应包括以下内容：

1) 初步选定土钉支护结构尺寸（支护高度、放坡级数、各级放坡坡度、平台宽度、土钉皮数等）与分段施工长度与高度；

2) 初步选定各层土钉的长度、间距、倾角、孔径、钢筋直径等；

3) 土钉抗拔与抗拉承载力验算；

4) 土钉支护内部稳定性验算；

5) 土钉支护外部稳定性验算；

6) 面层设计验算。

1) 初步选定土钉支护结构尺寸

土钉支护适用于地下水位以上或经人工降水后的人工填土，黏性土和弱胶结砂土的基坑支护，基坑高度以 5～12m 为宜，所以在初步设计时，先根据基坑环境条件和工程地质资料，决定土钉支护的适用性，然后确定土钉支护的结构尺寸。土钉支护高度由工程开挖深度决定，开挖面坡度可取 60°～90°。在条件许可时，尽可能降低坡面坡度。

土钉支护均是分层分段施工，每层开挖的最大高度取决于该土体可以站立而不破坏的能力。在砂性土中，每层开挖高度一般为 0.5～2.0m，在黏性土中可以增大一些。开挖高度一般与土钉竖向间距相同，常用 1.0～1.5m；每层开挖的纵向长度，取决于土体维持稳定的最长时间和施工流程的相互衔接。

2) 初步选定各层土钉参数

根据土钉支护结构尺寸和工程地质条件，进行土钉的主要参数设计，包括土钉长度、间距及倾角、孔径和钢筋直径等。

（1）土钉长度

在实际工程中，土钉长度一般不超过土坡的垂直高度，试验表明，对高度小于 12m 的土坡采用相同的施工工艺，在同类土质条件下，当土钉长度达到垂直高度时，再增加其长度对承载力的提高不明显。另外，土钉越长，施工难度越大，单位长度费用越高，所以选择土钉长度是综合考虑技术、经济和施工难易程度后的结果。Schlosser（1982）认为，当土坡倾斜时，倾斜面使侧向土压力降低，这就能使土钉的长度比垂直加筋土挡墙拉筋的长度短，因此土钉的长度常采用约为坡面垂直高度的 60%～70%。Bruce 和 Jewell（1987）通过对十几项土钉工程分析表明：对钻孔注浆型土钉，用于粒状土陡坡加固时，其长度比（土钉长度与坡面垂直高度之比）一般为 0.5～0.8；对打入型土钉，用于加固粒状土陡坡时，其长度比一般为 0.5～0.6。

（2）土钉直径及间距布置

土钉直径 $D$ 可根据成孔方法确定。人工成孔时孔径一般为 70～120mm，机械成孔时孔径一般为 100～150mm。

土钉间距包括水平间距 $S_x$ 和垂直间距 $S_y$，对钻孔注浆型土钉，可按 6～12 倍土钉直径 $D$ 选定土钉行距和列距，且宜满足：

$$S_x S_y = KDL \qquad (3\text{-}27)$$

式中　$K$——注浆工艺系数，对一次压力注浆工艺，取 1.5～2.5；

　　　$D$——土钉直径（m）；

$L$——土钉长度（m）；

$S_x$，$S_y$——土钉水平间距和垂直间距（m）。

Bruce 和 Jewell 统计分析表明：对钻孔注浆型土钉用于加固粒状土陡坡时，其黏结比 $DL/(S_xS_y)$ 为 0.3～0.6；对打入型土钉，用于加固粒状土陡坡时，其黏结比为 0.6～1.1。

（3）土钉钢筋直径 $d$ 的选择

为了增强土钉钢筋与砂浆（纯水泥浆）的握裹力和抗拉强度，土钉钢筋一般采用 HRB335 级以上带肋钢筋，钢筋直径一般为 $\phi16$～$\phi32$，常用 $\phi25$，土钉钢筋直径也可按下式估算：

$$D = (20 \sim 25)10^{-3}(S_xS_y)^{1/2} \tag{3-28}$$

Bruce 和 Jewell（1987）统计资料表明：对钻孔注浆型土钉，用于粒状土陡坡加固时，其布筋率 $d^2/(S_xS_y)$ 为 $(0.4 \sim 0.8) \times 10^{-3}$；对打入型土钉，用于粒状陡坡时，其布筋率为 $(1.3 \sim 1.9) \times 10^{-3}$。

3）土钉抗拔与抗拉承载力验算

单根土钉受拉荷载标准值可按下式计算：

$$T_{jk} = \xi P_{ajk}S_{xj}S_{zj}/\cos\alpha_j \tag{3-29}$$

式中　$\xi$——荷载折减系数；

$P_{ajk}$——第 $j$ 根土钉位置处的基坑水平荷载标准值，按本章第 3.2.1 节相关内容计算；

$S_{xj}$、$S_{zj}$——第 $j$ 根土钉与相邻土钉的平均水平、垂直间距；

$\alpha_j$——第 $j$ 根土钉与水平面的夹角。

荷载折减系数 $\xi$ 可按下式计算：

$$\xi = \tan\frac{\beta-\varphi_k}{2} \cdot \left(\frac{1}{\tan\dfrac{\beta+\varphi_k}{2}} - \frac{1}{\tan\beta}\right) \div \tan^2\left(45° - \frac{\varphi_k}{2}\right) \tag{3-30}$$

各土钉的最大抗力 $T_{uj}$ 需要考虑土钉拔出破坏与土钉拉断破坏两种条件，按下列两式计算，并取其较小值：

按土钉抗拔条件

$$T_{uj} = \pi D_j L_{aj}\tau \tag{3-31a}$$

按土钉抗拉条件

$$T_{uj} = \pi d_j^2 f_s/4 \tag{3-31b}$$

式中　$D_j$，$d_j$——第 $j$ 根土钉孔径和土钉钢筋直径（m）；

$L_{aj}$——第 $j$ 根土钉从破坏面一侧深入稳定土体的长度（m）；

$f_s$——钢筋抗拉设计强度（kPa）；

$\tau$——土钉与土体之间的界面黏结强度标准值（kPa），一般可参照表 3-3 的数据取值，必要时可按现场实测平均抗拔强度的 0.8 倍取用。

图 3-12 中倾角为 $(\beta+\varphi_k)/2$ 的虚线为滑裂面，滑裂面前方土体为滑动区，滑裂面后方土体为稳定区，各层土钉

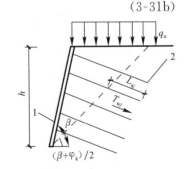

图 3-12　土钉锚固长度 $L_{aj}$
计算简图

1—喷射混凝土面层；2—土钉

锚固在稳定区的长度即为 $L_{aj}$。

土钉与不同土体界面的粘结强度标准值　　　　表 3-3

| 土层类型 | 土的状态 | $\tau$（kPa） |
|---|---|---|
| 素填土 | | 30～60 |
| 黏性土 | 软塑 | 15～30 |
| | 可塑 | 30～50 |
| | 硬塑 | 50～70 |
| | 坚硬 | 70～90 |
| 粉土 | | 50～100 |
| 砂土 | 松散 | 70～90 |
| | 稍密 | 90～120 |
| | 中密 | 120～160 |
| | 密实 | 160～200 |

各层土钉在使用状态下应满足下列条件

$$T_{jk} \leqslant \frac{T_{uj}}{\gamma_s} \tag{3-32}$$

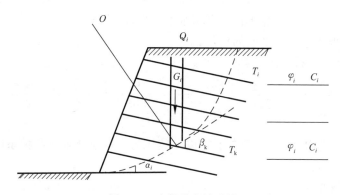

图 3-13　内部稳定性验算

4）土钉支护内部稳定验算

土钉支护内部稳定验算是保证土钉支护加固体本身的稳定，这时的破裂面全部或部分穿过加固土体内部（图 3-13）。内部稳定性验算采用边坡稳定的概念，只不过在破坏面上需要计入土钉的作用。

土钉墙内部整体稳定性分析可按圆弧滑动面采用普通条分法按下式计算抗力分项系数：

$$\gamma_s = \frac{\sum (G_i + Q_i)\cos\alpha_i \cdot \tan\varphi_j + \sum (T_k/S_{hk})\sin\beta_k \cdot \tan\varphi_j + \sum (T_k/S_{hk})\cos\beta_k + \sum c_j(b_i/\cos\alpha_i)}{\sum [(G_i + Q_i)\sin\alpha_i]}$$

$$\tag{3-33}$$

式中　$G_i$，$Q_i$——作用于土条 $i$ 的自重和地面荷载（kN/m）；

$\alpha_i$——土条 $i$ 圆弧破坏面切线与水平面的夹角（°）；

$b_i$——土条 $i$ 的宽度（m）；

$\varphi_j$，$c_j$——土条 $i$ 圆弧破坏面所处第 $j$ 层土的摩擦角标准值（°）和黏聚力标准值（kPa）；

$T_k$——破坏面上第 $k$ 排土钉所提供的最大抗力（kN），按式（3-31）确定；

$\beta_k$——破坏面上第 $k$ 排土钉轴线与该处破坏面之间夹角（°）；

$S_{hk}$——第 $k$ 排土钉的水平间距（m）；

$\gamma_s$——土钉墙内部整体稳定抗力分项系数，一般取不小于1.3。

土钉支护还应验算施工各阶段的内部稳定性，此时的开挖已达到该步作业面的深度，但这一作业面的土钉尚未设置或其注浆尚未能达到应有的强度。施工阶段内部稳定性验算所需的安全系数可以低 $0.1\sim0.2$，但不小于1.1。

5）土钉支护外部稳定性验算

以土钉原位加固土体，当土钉达到一定密度时所形成的复合体会出现类似锚定板群锚现象中的破裂面后移现象，在土钉加固范围内形成一个"土墙"。在内部自身稳定得到保证的情况下，它的作用类似重力式挡墙，因此可采用重力式挡墙的稳定性分析方法对土钉墙进行分析。

（1）土墙厚度的确定

将土钉加固的土体分三部分来确定土墙厚度。第一部分为墙体的均匀压缩加固带，如图 3-14 所示，它的厚度为 $2L/3$（$L$ 为土中平均钉长）；第二部分为钢筋网喷射混凝土支护的厚度，土钉间土体由喷射混凝土面板稳定，通过面层设计计算保证土钉间土体的稳定，因此喷射混凝土支护作用厚度为 $L/6$；第三部分为土钉尾部非均匀压缩带，厚度为 $L/6$，但不能全部作为土墙厚度来考虑，取 $1/2$ 值作为土墙的计算厚度，即 $L/12$。所以，土墙厚度为三部分之和，即 $11L/12$。当土钉倾斜时，土墙厚度为 $11L\cos\alpha/12$（$\alpha$ 为土钉与水平面之间的夹角）。

（2）类重力式土墙的稳定性计算

参照重力式挡墙的方法分别计算简化土墙的抗滑稳定性、抗倾覆稳定性和墙底部土的承载能力，如图 3-15 所示。计算时纵向取一个单元，一般取土钉的水平间距进行计算。

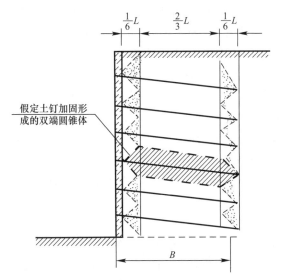

图 3-14　土钉墙计算厚度确定简图

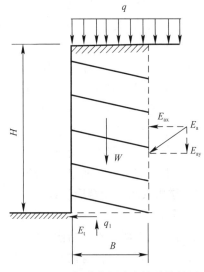

图 3-15　土钉墙外部稳定性计算简图

① 抗滑动稳定性验算

抗滑安全系数

$$K_H = F_t / E_{ax} \tag{3-34}$$

式中 $E_{ax}$——简化土墙后主动土压力水平分力；

$F_t$——简化土墙底断面上产生的抗滑合力，$F_t = (W + qB + E_{ay})\tan\varphi + cBS_x$。

② 抗倾覆稳定性验算

抗倾覆安全系数

$$K_Q = M_w / M_0 \tag{3-35}$$

式中 $M_w$——抗倾覆力矩，$M_w = \frac{1}{2}B(W + qB) + E_{ay}B$；

$M_0$——土压力产生的倾覆力矩，$M_0 = \frac{1}{3}HE_{ax}$。

③ 墙底土承载力验算

承载力安全系数

$$K_c = Q_0 / P_0 \tag{3-36}$$

式中 $Q_0$——墙底部处部分塑性承载力；

$P_0$——墙底处最大压应力，$P_0 = (W + qB)/B + 6(M_0 - E_{ay}B)/B^2$。

6）面层设计

面层的工作原理是土钉设计中最不清楚的问题之一，现在已积累了一些喷射混凝土面层所受土压力的实测资料，但是测出的土压力显然与面层的刚度有关。欧洲对面层的设计方法有很多种，而且差别极为悬殊，一些临时支护的面层往往不做计算，仅按构造规定一定厚度的网喷混凝土，据说现在还没有发现面层出现破坏的工程事故。在国外所做的有限数量的大型足尺试验中，也仅发现在故意不做钢筋网片搭接的喷射混凝土面层才出现了问题。面层设计计算中有两种极端：一种是认为面层只承受土钉竖向间距 $S_y$ 范围内的局部土压，取 $1\sim2$ 倍的 $S_y$ 作为高度来确定主动土压力并以此作为面层所受的土压力；另一个极端则将面层作为结构的主要受力部件，受到的土压力与锚杆支护中的面部墙体（桩）相同。较为合理的算法是将面积 $S_x S_y$ 上的面层土压合力取为该处土钉最大拉力的一部分。德国有的工程按 85％ 主动土压力设计永久支护面层，但也认为实际量测数据并没有这样大，而且土钉之间的土体起拱作用尚可造成墙面土压力降低。法国 Clouterre 研究项目得出的结论是面层荷载合力一般不超过土钉最大拉力的 30％～40％。为了限制土钉间距不要过大，他们建议面层设计土压取为土钉中最大拉力的 60％（间距 1m）到 100％（间距 3m）。需要指出的是，这些比值只适用于自重作用下的情况。

面层在土压力作用下受弯，其计算模型可取为以土钉为支点的连续板进行内力分析并验算抗弯强度和所需配筋率。另外，土钉与面层连接处要作抗剪验算和局部承压验算。

### 3.2.4 重力式水泥土挡墙设计

1．概述

重力式挡土墙是支挡结构中常用的一种结构形式，在地下空间被开发以前，主要用于边坡的防护，它是以自身的重力来维持它在土压力作用下的稳定。常见的挡土墙有砌石的、混凝土的、加筋土的及复合重力式挡土墙，其形状一般是简单的梯形，其优点是就地取材、施工方便，被广泛地用于铁路、公路、水利、港口、矿山等工程中，这种重力式结构一般情况下是先有坡后筑挡墙。

重力式基坑围护结构是重力式挡土墙的一种延伸和发展，主要仍是以结构自身重力来维持围护结构在侧向土压力作用下的稳定。其特点是先有墙后开挖形成边坡。目前常用的重力式围护结构主要是水泥土重力式围护结构（包括水泥搅拌桩和高压喷射注浆形式的水泥土）。

水泥土重力式挡土结构适用于淤泥、淤泥质土、黏土、粉质黏土、粉土、具有薄夹砂层的土、素填土等土层。基坑开挖深度一般不大于6m。

2. 设计计算

1）初定尺寸

重力式围护结构设计时一般先根据经验初定挡墙尺寸，然后根据验算调整尺寸。挡墙断面如图 3-16 所示，初定尺寸可按式（3-37）采用：

$$D = (0.8 \sim 1.2)h \tag{3-37a}$$
$$B = (0.6 \sim 0.8)h \tag{3-37b}$$

式中　$D$——墙埋入基坑底面以下深度（m）；

　　　$h$——墙的挡土高度（m）；

　　　$B$——墙的底宽（m）。

宽度初定时要考虑到水泥搅拌桩桩径、布置排数、桩间距等参数。

2）验算内容

重力式围护结构的验算内容与一般重力式挡土墙验算类似，包括稳定性验算和强度验算。稳定性验算包括抗倾覆、抗滑移、抗圆弧滑动、抗基底隆起、抗渗稳定等。

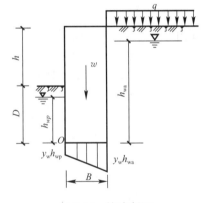

图 3-16　挡墙断面

（1）抗倾覆

抗倾覆稳定抗力与分项系数按式（3-38）计算确定

$$\gamma_t = \frac{\sum M_{E_p} + G\dfrac{B}{2} - Ul_w}{\sum M_{E_a} + \sum M_w} \tag{3-38}$$

式中　$\sum M_{E_p}$、$\sum M_{E_a}$——分别为被动土压力与主动土压力绕墙前趾 $O$ 点的力矩和（kN·m/m）；

　　　$\sum M_w$——墙前和墙后水压力对 $O$ 点的力矩之和（kN·m/m）；

　　　$G$——墙身重量（kN）；

　　　$B$——墙身宽度（m）；

　　　$U$——作用于墙底面上的水浮力，$U = \dfrac{\gamma_w(h_{wa} + h_{wp})}{2}$（kPa）；

　　　$h_{wa}$——主动侧地下水位至墙底的距离（m）；

　　　$h_{wp}$——被动侧地下水位至墙底的距离（m）；

　　　$l_w$——$U$ 的合力作用点距 $O$ 点的距离（m）；

$\gamma_t$——倾覆稳定抗力分项系数，要求 $1.0\sim1.1$。

（2）抗滑移

水平滑动稳定抗力分项系数按式（3-39）计算确定。

$$\gamma_l = \frac{\sum E_P + (G-U)\tan\varphi_{cu} + C_{cu}B}{\sum E_a + \sum E_w} \tag{3-39}$$

式中　$\sum E_p$、$\sum E_a$——分别为被动和主动土压力的合力（kN）；

$\qquad\sum E_w$——作用于墙前墙后水压力的合力（kN）；

$\qquad\varphi_{cu}$——墙底处土的固结快剪摩擦角（°）；

$\qquad C_{cu}$——墙底处土的固结快剪黏聚力（kPa）；

$\qquad\gamma_l$——水平滑动稳定抗力分项系数，要求 $1.1\sim1.2$。

（3）抗圆弧滑动

圆弧滑动简单条分法稳定抗力分项系数按式（3-40）计算确定。

$$\gamma_a = \frac{\sum C_{cqi}L_i + \sum(q + \gamma_1 h_1 + \gamma_2 h_2 + \gamma'_3 h_3)b\cos\alpha_i\tan\varphi_{cqi}}{\sum(q + \gamma_1 h_1 + \gamma_{2m} h_2 + \gamma_3 h_3)b\sin\alpha_i} \tag{3-40}$$

式中　　　$q$——地面荷载（kN/m³）；

$h_1$，$h_2$，$h_3$——分别为计算土条坑外水位以上，坑内水位与坑外水位之间和坑内水位以下土条高度（m）；

$\gamma_1$，$\gamma_2$，$\gamma_3$——相对于 $h_1$，$h_2$，$h_3$ 的土的重度（kN/m³）。带"'"者为浮重度，下角标 m 表示饱和重度，其余为天然重度；

$\qquad\alpha_i$——每一分条滑弧中点至圆心连线和垂线的夹角（°）；

$\qquad b$——每分条宽度（m）；

$\qquad\gamma_a$——圆弧滑动稳定抗力系数，要求 $1.2\sim1.3$。

（4）基坑底部土体抗隆起及渗流稳定

基坑底部土体抗隆起及抗渗流稳定验算同桩墙式围护，详见 3.2.5。

（5）水泥土墙的强度验算

① 墙下端和墙身应力由式（3-41）确定。

$$\begin{matrix}\sigma_{max}\\\sigma_{min}\end{matrix} = \gamma z + q \pm \frac{M_y}{I_y}x \tag{3-41}$$

式中　$\sigma_{max}$、$\sigma_{min}$——计算断面水泥土壁应力（kPa）；

$\qquad\gamma$——土与水泥土壁的平均重度（kN/m³）；

$\qquad z$——自墙顶算起的计算断面深度（m）；

$\qquad q$——墙顶面的超载（kPa）；

$\qquad M_y$——计算断面墙身力矩（kN·m/m）；

$\qquad I_y$——计算断面的惯性矩（m⁴）；

$\qquad x$——由计算断面形心起算的最大水平距（m）。

② 墙底端截面应力必须满足式（3-42）。

$$\sigma_{max} \leqslant 1.2f$$
$$\sigma_{min} > 0 \tag{3-42}$$

式中　$f$——墙底端处地基承载力设计值（kPa）。

③桩身应力必须满足式（3-43）。

$$\sigma_{max} \leqslant 0.3q_u$$
$$\sigma_{min} > 0$$

（3-43）

式中　$q_u$——水泥土壁的单轴抗压强度（kPa）。

3. 构造

水泥土挡墙断面应采用连续型或格栅型。当采用格栅型时，水泥土的置换率不宜小于0.7，纵向墙肋之净距不宜大于1.3m，横向墙肋之净距不宜大于1.8m。相邻桩之间的搭接距离不宜小于15cm。

水泥土挡墙顶部宜设置厚度为0.2m、宽度与墙身一致的钢筋混凝土顶部压板，并与挡墙用插筋连结，插筋深度不小于1.0m，直径不小于$\phi$12mm。

### 3.2.5　桩墙式支护结构设计

1. 概述

由于施工场地狭窄、地质条件较差、基坑较深或需严格控制基坑开挖引起的变形时，应采用桩墙式支护（排桩或地下连续墙）。桩墙式支护结构由围护墙结构及支撑系统组成。常用形式有悬臂式、内撑式和锚拉式。围护墙结构分桩排式结构和墙式结构。桩排式结构的常用桩型有钻孔灌注桩、沉管灌注桩、人工挖孔桩、板桩等；墙式结构的常用形式有现浇式或预制的地下连续墙。

本节主要介绍桩墙式支护目前常用的计算模式及需要验算的内容。

2. 悬臂式支护静力平衡法（Blum法）

基本假定：假设围护墙在土压力作用下绕坑底以下不动点$C$转动，$C$点以上围护墙迎坑面一侧土压力为被动土压力，另一侧为主动土压力；$C$点以下刚好相反，迎坑面一侧为主动土压力，另一侧为被动土压力。计算简图见图3-17。

围护墙的插入深度及墙身内力可根据墙身外力及力矩的平衡，由平衡方程（3-44）求得。

$$\left.\begin{array}{l} E_{a1} + E_{a2} = E_p \\ E_{a1}t_1 + E_{a2}t_2 = E_p t_3 \end{array}\right\}$$

（3-44）

式中　$E_{a1}$，$E_{a2}$，$E_p$——分别为$AB$、$DE$、$BD$段土压力的合力（kN/m）；

　　　$t_1$，$t_2$，$t_3$——分别为$AB$、$DE$、$BD$段土压力的合力至墙端$E$点的距离（m）。

围护墙的设计插入深度可视工程情况乘以1.1～1.3的经验调整系数。以上计算需要求解四次方程，往往需要经过迭代计算，计算量较大，也可以采取以下简化算法。

悬臂式围护结构的最小嵌固深度$t$可按顶端自由、嵌固段下端简支的静定结构计算，如图3-18

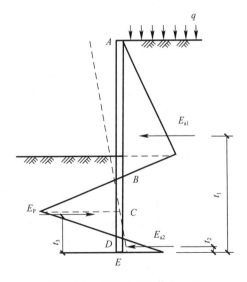

图3-17　悬臂式支护结构分析
简图（Blum法）

所示,由下式通过试算确定:

$$E_p b_p - E_a b_a = 0 \qquad (3\text{-}45)$$

式中 $E_p$、$b_p$——分别为被动侧土压力的合力及合力对围护结构底端的力臂;

$\quad\quad\ E_a$、$b_a$——分别为主动侧土压力的合力及合力对围护结构底端的力臂。

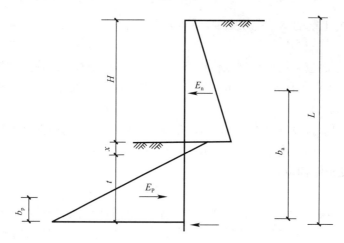

图 3-18　悬臂式围护结构计算简图

围护结构的设计长度 $L$ 按下式计算:

$$L = H + x + Kt \qquad (3\text{-}46)$$

式中　$H$——基坑深度;

$\quad\quad x$——基坑面至墙上土压力为零点的距离;

$\quad\quad K$——与土层和环境条件有关的经验嵌固系数,可根据相关规范取值;

$\quad\quad t$——土压力零点至墙脚的距离。

围护结构的最大弯矩位置在基坑面以下,可根据剪力 $Q=0$ 条件按常规方法确定。

3. 等值梁法

等值梁法是当前我国工程界中应用最广泛的一种用以计算围护结构内力的方法,适用于带支撑的围护结构。

本小节首先讨论单道支撑的围护结构,然后再讨论多道支撑的围护结构,这里所指支撑包括内支撑与外拉锚。

1)单道围护结构的等值梁法

对于单道围护结构,由于墙下段的土压力不但大小未定,且方向也不确定,因此它是一种超静定结构。超静定结构的内力,光靠力的平衡条件是无法求解的,必须引入变形协调条件。如上所述,等值梁法是一种不考虑土与结构变形的近似计算方法,因此它必须对结构受力作出近似的假设方可求解。

图 3-19 表示一均质无黏性土的土压力分布示意图。图中 $OE$,为主动土压力,$BF$ 为被动土压力,影线部分表示作用于墙上的净土压力,$C$ 点的净土压力为零。今取墙 $OBC$ 段为分离体,则 $C$ 点将作用有剪力 $P_0$ 及弯矩 $M_c$。实践表明,一般 $M_c$ 不大。为此等值梁作出近似假设,令 $M_c=0$。也就是,假设 $C$ 点为一铰节点,只有剪力 $P_0$ 而无弯矩,因此,也称等值梁法为假想铰法。

76

当引入 $C$ 点为铰点的假设之后，$OBC$ 段成为静定梁，只要净土压力△$OGC$ 确定，即可按静力平衡条件求解 $OBC$ 梁段的内力。

黏性土的土压力分布不同于图 3-19 的图形，但计算方法是一样的。

整个设计计算的方法与步骤如下：

（1）计算墙后与墙前土压力的分布；

（2）计算净土压力的零点深度 $y$，如图 3-19 所示；

（3）计算支撑力，取 $OBC$ 段为分离体，对 $C$ 点取矩，令 $M_c=0$，可得支撑力 $R_A$；

（4）计算 $OBC$ 段剪力为零点的位置．该点以上的作用力产生的弯矩，即墙的最大弯矩；

（5）求 $C$ 点的剪力 $P_0$，$P_0=$△$OGC-R_A$；

（6）求 $C$ 点以下必要的埋入深度，此深度 $x$ 即图 3-19 中的 $CD$，它是为了发挥墙前的净

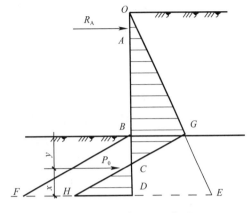

图 3-19　等值梁法示意图

被动土压力对 $D$ 点的力矩以平衡 $P_0$，根据 $P_0$ 对 $D$ 点取矩与 $C$ 点与 $D$ 点之间的净土压力对 $D$ 点取矩的力矩平衡方程，可得到 $x$。

围护墙的最小插入深度为 $t_0=y+x$，这是极限平衡条件下的插入深度。一般取经验安全系数 $K_2=1.1$，故设计插入深度

$$t = 1.1t_0 \tag{3-47}$$

对于重要工程取

$$t = 1.2t_0 \tag{3-48}$$

此外，如果支撑点以上的悬臂段较大时，则当基坑开挖至设置支撑前的标高时，尚应计算此条件下的悬臂弯矩。而支撑设置后，直至基坑开挖至坑底设计标高，则按本小节方法计算。

2）多道支撑围护结构的等值梁计算法

如果将单道支撑的围护结构视为一次超静定结构，则多道支撑就是多次超静定结构，因此在用等值梁法计算多道支撑的围护结构时，常又引入新的假设条件，例如假定各支撑均承担半跨内的主动土压力，或假定各个支撑点均为铰接，即该处弯矩为零等，这里仅介绍一种结合开挖过程分层设置支撑情况的近似计算法。

由于多道支撑总是在基坑分层开挖过程中各层支撑的底标高时分层设置的，因此它假设在设置第二道支撑后继续向下开挖时，已经求得的第一道支撑力不变。以下以此类推，就可以求出各开挖阶段的各道支撑力与围护墙内力。具体步骤如下：

（1）基坑开挖至第一道支撑梁的底标高，此时可按悬臂墙计算墙上段的负弯矩（墙下段弯矩很小，可不必计算）。

（2）设置第一道支撑后，继续开挖至第二道支撑底标高。按此条件用等值梁法计算，主、被动土压力仅需计算至净土压力零点，即假想铰点以下即可。土压力分布已知后，便可求出铰点深度、第一道支撑力 $R_1$ 与最大弯矩，其余不必计算。

（3）设置第二道支撑后，开挖至第三道支撑底标高。同样，按此条件计算主、被动土压力，再求新的铰点深度。假设第一道支撑力 $R_1$ 不变，求第二道支撑力 $R_2$ 与最大弯矩。

（4）重复以上步骤，至最后一道支撑已设置并开挖至坑底面设计标高，计算主、被动土压力及铰点深度。仍设以上已求得的各道支撑力保持不变，求最后一道支撑力 $R_n$ 及最大弯矩。此时，尚应按上述的单撑围护结构等值梁法中的（5）与（6）步骤计算墙的入土深度。

（5）按以上各阶段求得的墙上弯矩作出弯矩包络图，计算围护墙的配筋，按求得的支撑力设计各道支撑与围檩。

4. 弹性地基梁法

1）简介

等值梁法基于极限平衡状态理论，假定支挡结构前、后受极限状态的主、被动土压力作用，不能反映支挡结构的变形情况，亦即无法预先估计开挖对周围建筑物的影响，故一般仅作为支护体系内力计算的校核方法之一。基坑工程弹性地基梁法则能够考虑支挡结构的平衡条件和结构与土的变形协调，分析中所需参数单一且土的水平抗力系数取值已积累一定的经验，并可有效地计入基坑开挖过程中多种因素的影响，如作用在挡墙两侧土压力的变化，支撑数量随开挖深度的增加而变化，支撑预加轴力和支撑架设前的挡墙位移对挡墙内力、变形变化的影响等；同时，从支挡结构的水平位移可以初步估计开挖对邻近建筑物的影响程度，因而在实际工程中已经成为一种重要的设计方法和手段，有较好的应用前景。

基坑工程弹性地基梁法取单位宽度的挡墙作为竖直放置的弹性地基梁，支撑简化为与截面面积和弹性模量、计算长度等有关二力杆弹簧，一般采用图 3-20 的两种计算图示。

在图 3-20（b）中，基坑内外侧土体均视作土弹簧。该计算图示便于对土压力从两侧受静止压力的基准状态开始，在主动土压力和被动土压力范围内反复调整计算，考虑了挡墙两侧土压力与变形之间相互作用的影响，因此被称为共同变形法，由日本的森重龙马首先提出。弹性地基梁法中对支挡结构的抗力（地基反力）用土弹簧来模拟，地基反力的大小与挡墙的变形有关，即地基反力由水平地基反力系数同该深度挡墙变形的乘积确定。按地基反力系数沿深度的分布不同形成几种不同的方法，图 3-21 给出地基反力系数的五种分布图示，用下面的通式表达：

$$K_h = A_0 + kz^n \tag{3-49}$$

式中，$z$ 为地面或开挖面以下深度；$k$ 为比例系数；$n$ 为指数，反映地基反力系数随深度而变化的情况；$A_0$ 为地面或开挖面处土的地基反力系数，一般取为 0。

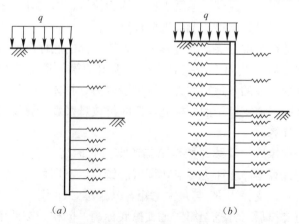

图 3-20　弹性地基梁的计算图示

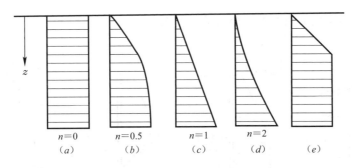

图 3-21　地基反力系数沿深度的分布图示

根据 $n$ 的取值而将采用图 3-21 $(a)$ $(b)$ $(d)$ 分布模式的计算方法分别称为张氏法、$C$ 法和 $K$ 法。在图 3-21 $(c)$ 中取 $n=1$，则：

$$K_h = kz \tag{3-50}$$

此式表明水平地基反力系数沿深度按线性规律增大。由于我国以往应用此种分布图时，用 $m$ 表示比例系数，即 $K_h = mz$，故通称 $m$ 法。

采用 $m$ 法时土对支挡结构的水平地基反力 $f$ 可写成如下的形式：

$$f = mzy \tag{3-51}$$

水平地基反力系数 $K_h$ 和比例系数 $m$ 的取值原则上宜由现场试验确定，也可参照当地类似工程的实践经验，国内不少基坑工程手册或规范也都给出了相应土类 $K_h$ 和 $m$ 的大致范围。当无现场试验资料或当地经验时，可参照表 3-4 和表 3-5 选用。

**不同土的水平地基反力比例系数 $m$** 表 3-4

| 地基土分类 | $m$（kN/m⁴） |
| --- | --- |
| 液性指数 $I \geqslant 1$ 的黏性土，淤泥 | 1000～2000 |
| 液性指数 $0.5 \leqslant I \leqslant 1.0$ 的黏性土，粉砂，松散砂 | 2000～4000 |
| 液性指数 $0 \leqslant I \leqslant 0.5$ 的黏性土，细砂，中砂 | 4000～6000 |
| 坚硬的黏性土和粉质土，砂质粉土，粗砂 | 6000～10000 |

**不同土的水平地基反力系数 $K_h$** 表 3-5

| 地基土分类 | $K_h$（kN/m³） |
| --- | --- |
| 淤泥质黏性土 | 5000 |
| 夹薄砂层的淤泥质黏性土采取超前降水加固时 | 10000 |
| 淤泥质黏性土采用分层注浆加固时 | 15000 |
| 坑内工程桩为 $\phi 600 \sim \phi 800$ 的灌注桩且桩距为 $3 \sim 3.5$ 倍桩径，围护墙前坑底土的 0.7 倍开挖深度采用搅拌桩加固，加固率在 25% ～ 30% 时 | 6000～10000 |

2）墙后作用荷载

对于正常固结的黏性土、砂土等，一般认为弹性地基梁法是目前较好的近似计算方法，但仍存在如何处理墙后作用负荷的问题。对于通用的弹性地基梁法有图 3-22 所示四种土压力模式，目前通常采用图 3-22 $(b)$ 所示的土压力模式，即在基坑开挖面上作用主动土压力，常根据朗肯理论计算，而开挖面以下土压力不随深度变化。在土质特别软弱地区，图 3-22 $(c)$ 的土压力模式也被用于挡土结构的内力及变形分析。图 3-22 $(a)$ 的模式则适用于挡墙基本不变形或变形很小的基坑工程。

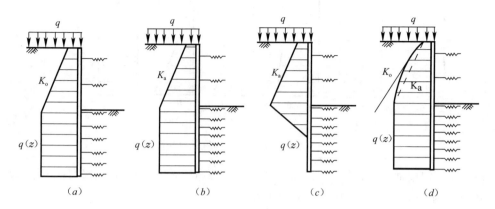

图 3-22　弹性地基梁法的常用土压力模式

3）求解方法

（1）解析解和有限差分解

弹性地基梁的挠曲微分方程仅对最简单的情况有解析解，其微分方程为：

$$EI \frac{\mathrm{d}^4 y}{\mathrm{d}z^4} = q(z) \tag{3-52}$$

式中　$E$——挡墙的弹性模量；

　　　$I$——挡墙的截面惯性矩；

　　　$z$——地面或开挖面以下深度；

　　$q(z)$——梁上荷载强度，包括地基反力、支撑力和其他外荷载。

上式可以按有限差分法的一般原理求解，从而得到挡墙在各深度的内力和变形。关于有限差分法解题的原理，这里不再赘述。

（2）杆系有限单元法

利用杆系有限单元法分析挡土结构的一般过程与常规的弹性力学有限元法相类似，主要过程如下：

把挡土结构沿竖向划分为有限个单元，其中基坑开挖面以下部分采用弹性地基梁单元，开挖面以上部分采用一般梁单元或弹性地基梁单元，一般每隔 1～2m 划分为一个单元。为计算方便，尽可能把节点布置在挡土结构的截面、荷载突变处、弹性地基反力系数变化段及支撑或锚杆的作用点处，各单元以边界上的节点相连接。支撑作为一个自由度的二力杆单元。

由各个单元的单元刚度矩阵经矩阵变换得到总刚矩阵，根据静力平衡条件，作用在结构节点的外荷载必须与单元内荷载平衡，外荷载为土压力和水压力，可以求得未知的结构节点位移，进而求得单元内力。其基本平衡方程为：

$$[K]\{\delta\} = \{R\} \tag{3-53}$$

式中　$[K]$——总刚矩阵；

　　　$\{\delta\}$——位移矩阵；

　　　$\{R\}$——荷载矩阵。

一般梁单元、弹性地基梁单元的单元刚度矩阵可参考有关弹性力学文献，对于弹性地基梁的地基反力，可按式（3-51）由结构位移乘以水平地基反力系数求得。计算得到的地基反力还需以土压力理论判断是否在容许范围之内。若超过容许范围，则必须进行修正，重新计算直至满足要求。

不论采用有限差分法还是杆系有限元法，均须计入开挖施工过程、支撑架设前挡土结构已发生的位移及支撑预加轴力的影响。

（3）弹性地基梁法的局限性

弹性地基梁法的优点前面已经指出，即能计算围护墙的位移，可以解决等值梁法等传统的计算方法不能反映的变形问题，而且计算参数 $K_h$ 或 $m$ 已有现成的范围值，在计算机上运算比较简单，但也应该指出通用的弹性地基梁法尚有一些局限性，有待今后进一步的研究。

① 土力学上有两大课题，即强度问题与变形问题，深基坑工程亦然。$m$ 法解决了变形问题，但强度问题基本上没有涉及。由于围护墙的插入深度主要取决于土的强度与墙的稳定性，而不是变形的大小，因此不能用 $m$ 法来确定。此外，由 $m$ 法算得土的抗力还需以土的强度理论加以判断是否在容许值之内。

② 墙后土压力分布只是一种假定，特别是坑底以下的土压力分布假设的依据不足。有一种解释是，如上所述，由于墙前土抗力不包括初始的静止土压力，因此墙后土压力亦应减去相当墙前的静止土压力，故得出如图 3-22 的土压力图形。如果按此解释，则因墙后为主动土压力，墙前为静止土压力，而且在基坑开挖到底时是超固结的静止土压力，因此后者较前者大得较多，相减之后取为矩形比较保守。

综上所述，由于通用的弹性地基梁法尚有以上的局限性，较为理想的计算方法是弹性地基梁法与等值梁法分别计算，两者并举，相互参照，相互补充。在弹性地基梁法中，墙的入土深度也可以取等值梁法中的计算值。

当然，围护结构与土体的整体稳定、坑底抗隆起稳定以及渗流可能引起坑底土的破坏等，当采用 $m$ 法时同样也需要验算。

5. 桩墙式支护结构的稳定分析

1）整体稳定分析

桩墙式支护结构的整体稳定性分析，可按图 3-23 所示的破坏模式验算。

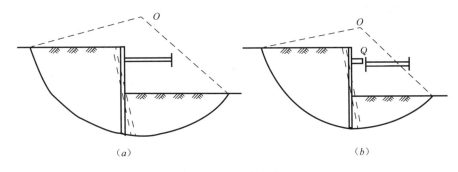

图 3-23 圆弧滑动分析

对于围护与支撑之间只能受压，不能受拉或不能承受大拉力的情况，如图 3-23（a）所示。在作圆弧滑动分析时，不考虑支撑的作用。选定多个圆心 $O$，求最小安全系数。

如果围护墙与支撑梁之间拉结牢固，如图 3-23（b）所示，则当围护结构发生整体滑动破坏时，支撑梁在靠近梁端处常被剪断或拉脱，但因竖向剪力与圆心 $O$ 的水平距离较小，亦可忽略由剪力而产生的抵抗力矩，因此，从偏于安全考虑，亦可不计支撑梁的作用。

整体稳定性分析按照圆弧滑动条分法计算。

2）抗隆起稳定验算

坑底土体的抗隆起稳定验算按以下两种条件进行验算：

（1）验算围护墙底地基承载力

因基坑外的荷载及由于土方开挖造成基坑内外的高差，使支护桩端以下土体向上涌土，计算图式见图 3-24。

墙底地基承载力验算公式如下：

$$\gamma_z = \frac{\gamma_2 t N_q + c N_c}{\gamma_1 (h+t) + q} \tag{3-54}$$

式中　$N_c$、$N_q$——地基土的承载力系数，$N_q = e^{\pi \tan\varphi} \tan^2 \left( 45° + \dfrac{\varphi}{2} \right)$，$N_c = (N_q - 1)/\tan\varphi$；

$\gamma_1$——坑外地表至围护墙底，各土层天然重度的加权平均值（kN/m³）；

$\gamma_2$——坑内开挖面以下至围护墙底，各土层天然重度的加权平均值（kN/m³）；

$h$——基坑开挖深度（m）；

$t$——围护墙在基坑开挖面以下的入土深度（m）；

$q$——坑外地面荷载（kPa）；

$\gamma_z$——围护墙底端土体隆起抗力分项系数，取不小于 2.0。

（2）考虑围护墙弯曲抗力时，基坑底部土体的抗隆起稳定性

计算图式见图 3-25，基坑底抗隆起验算公式如下：

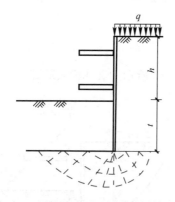

图 3-24　围护墙底地基承载力验算图式

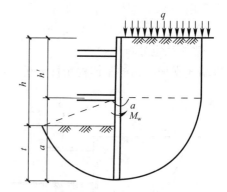

图 3-25　基坑底隆起验算图式

$$0.5 \times (q + \gamma_1 \cdot h \cdot a^2) = \frac{M_w + \int_0^a \tau_0 (a^2 \mathrm{d}\theta)}{\gamma_1} \tag{3-55}$$

式中　$a$——最下一道支撑到围护墙底的距离（m）；

$M_w$——最下一道支撑位置处围护墙横截面抗弯弯矩标准值（kN·m/m）；

$\gamma_1$——基坑底部土体隆起抗力分项系数，不小于 1.60。

3）抗渗流稳定性验算

当上部为不透水层，坑底下某深度处有承压水层时，按式（3-56a）、图 3-26 验算渗流稳定。

$$\gamma_{RW} = \frac{\gamma_m(t + \Delta t)}{P_w} \tag{3-56a}$$

式中　$\gamma_m$——透水层以上土的饱和重度（$kN/m^3$）；

　　　$t + \Delta t$——透水层顶面距基坑底面的深度（m）；

　　　$P_w$——含水层水压力（kPa）；

　　　$\gamma_{RW}$——基坑底土层渗流稳定抗力分项系数，$\gamma_{RW} \geqslant 1.2$。

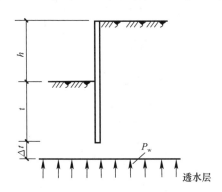

图 3-26　基坑底抗渗透稳定验算图　　　　图 3-27　基坑底抗渗透稳定验算

坑底下某深度范围内无承压水层时，可用式（3-56b）和图 3-27 验算渗流稳定。

$$\gamma_{RW} = \frac{\gamma_m t}{\gamma_w \left( \frac{1}{2}\Delta h + t \right)} \tag{3-56b}$$

式中　$\gamma_m$——$t$ 深度范围内土的饱和重度；

　　　$\Delta h$——基坑内外地下水位的水头差（m）；

　　　$\gamma_{RW}$——基坑底土层渗流稳定抗力分项系数，$\gamma_{RW} \geqslant 1.1$；

　　　$\gamma_w$——水的重度。

# 3.3　土钉墙施工

1. 概述

土钉墙是以短而密的土钉打入基坑边坡土体内，表面设置喷射混凝土面层，由土体、土钉和面层组合形成具有自稳能力的挡土结构。土钉墙能充分利用土体本身的自稳能力，适用于地下水位以上或经人工降水后的人工填土、黏性土和微胶结砂土等土层，不宜用于含水丰富、粘结力低的粉细砂层、砂卵石层等地质条件。

土钉墙施工所需的机械设备有：螺旋钻机、冲击钻机、地质钻机或洛阳铲等成孔机具，注浆泵，混凝土喷射机，混凝土搅拌机，空气压缩机，输料管及供水设备等。

2. 施工工艺

1）一般土质中土钉墙施工

土钉墙的施工流程如图 3-28 所示。

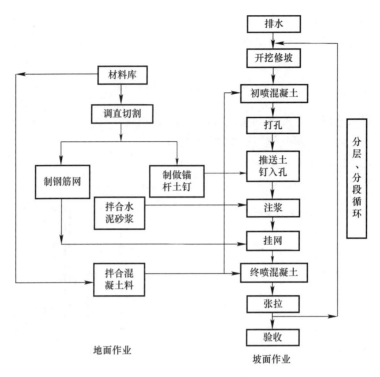

图 3-28　土钉墙施工流程

　　施工开挖前，根据场地周边建（构）筑物情况及水文地质条件，实施合理的降水方案。分层开挖时，地下水位应至少低于本层开挖面 0.5m。施工期间应合理控制水位下降，防止水位出现大的波动，同时保证地面沉降不超过设计允许值。

　　开挖时应按施工方案要求，分层分段开挖，严禁超挖。每段开挖长度应视边坡允许变形范围、自稳时间和施工流程相互衔接情况而定。地质条件好，含水量少，施工速度快，长度可大些；反之，则长度要小些，通常控制在 30m 以内。采用机械开挖时，应留下距基坑设计边线一定厚度（20～60cm）的土，采用人工开挖并修坡。

　　喷射混凝土前，应对机械设备及风、水、电管线进行全面检查并试运转，清理受喷面，埋设好控制喷射厚度的标志。喷射混凝土按施工工艺分为干喷法、湿喷法及半湿式喷射法三种形式，其中湿喷法应用较多，其优点是易于控制水灰比，混凝土水化程度高，强度较均匀，质量容易保证；混合料为湿料，喷射速度低，回弹少，节省材料；粉尘少，对环境污染小，对作业人员危害较小；施工效率高等。

　　初喷混凝土应分段依次进行，同一段内喷射顺序应自下而上，段与段之间、层与层之间做成 45°角的斜面，以便混凝土牢固凝结成整体。喷射时喷头与受喷面应保持垂直，视情况保持 0.8～1.2m 的距离。通过控制水灰比保持喷射混凝土表面平整、湿润光泽，无干斑或滑移流淌现象。混凝土终凝 2h 后应喷水养护，并根据环境条件在 3～7d 内保持其表面湿润。初喷混凝土厚度控制在 5～7cm。

　　成孔方式根据是否靠水力成孔或泥浆护壁，分干法和湿法两种。干法成孔后孔内会残留碎屑、土渣等，造成土钉抗拔力降低，需采用气洗方式清除。气洗也称扫孔，采用压缩空气从孔底开始清孔，边清边拔风管，空气压力一般为 0.2～0.6MPa，压力不宜太大以

**84**

防塌孔。湿法成孔或在地下水位以下成孔后，孔壁上会附有泥浆、泥渣等，降低与土钉间的粘结作用，因此不宜采用膨润土或其他悬浮泥浆护壁，宜采用套管跟进方式成孔，成孔后还需使用原成孔机械冲清水洗孔。但清水洗孔不能将孔壁泥皮洗净，且洗孔时间过长容易塌孔，水洗还会降低土层的力学性能及其与土钉的粘结强度，应尽量少用。成孔过程中因遇障碍物需调整孔位时，宜对废孔作注浆处理。

土钉的主材一般选用经过强度校核的钢筋，在成孔并清孔完毕后，应及时安设土钉，以防止塌孔。土钉每隔 2m 左右设置一个对中支架，使土钉位于钻孔的轴线上，在距孔口 50～70cm 处设置一止浆袋。推送土钉前后均应检查钻孔，如有碎土等堵孔应及时处理。推送土钉时切勿转动土钉，以防止破坏孔壁，并注意防止土钉插入孔壁土体中。

因土钉通常向下倾斜，可采用孔底注浆法，注浆管随注浆慢慢拔出，但要保证注浆管端头始终在浆液内，注浆应连续进行。为保证注浆饱满，可在靠近孔口处设置止浆袋。二次压力注浆时，压力应控制在 0.6～1.5MPa。为防止注入的水泥浆凝固时收缩，可在浆液中掺入适量膨胀剂。随着浆液慢慢渗入土中，孔口会出现缺浆现象，此时应及时补浆。对于钢管土钉，注浆压力不宜小于 0.6MPa 且应增加稳压时间，如久注不满，在排除浆液渗入地下管道或冒出地表等情况后，可采用间歇注浆法，即待已注入浆液初凝后再次注浆。

钢筋网按设计要求制备，通常采用 $\phi6$～$\phi8$ 热轧圆钢。横竖向钢筋交叉处采用细丝绑扎或点焊连接。钢筋网片之间的搭接长度不小于 20cm，先用细丝绑扎，然后点焊。土钉头通过垫板与钢筋网牢固连接。确认钢筋网符合要求后，即可终喷混凝土至设计厚度。终喷混凝土的工艺要求与初喷混凝土相同。

2）软土中土钉墙施工

在软土中，考虑到成孔困难，工程中常采用具有相应强度的钢管代替钢筋作为土钉的筋材，称为锚管，可直接用击锤撞击锚管或人工打入软土层中，因此没有上述成孔、清孔过程。锚管内端应加工成锥形扩大头，出浆孔沿管壁呈螺旋线形分布，孔径一般为 8～10mm，间距约 300mm。在靠近外端 1.0～3.0m 范围内不设出浆孔。

采用锚管代替钢筋时，注浆前应先对其内部进行清洗，以保证内部清洁，出浆孔通畅。软土层中注浆常用底部注浆方式，注浆时缓慢加压，最大压力控制在 1.5MPa 左右，加压过大或过快可能会加速软土的变形，严重时甚至会引起面层崩裂，对支护非常不利。

由于施工加荷速率对软土的变形和强度的影响比较显著：开挖过快，对边坡加荷速率过大，边坡土体可能发生塑性流动，进而土体强度降低，边坡变形增大，严重时可能导致边坡失稳破坏。因此，在软土中施工土钉墙，开挖进度必须受到一定的控制，以防止边坡失稳，减少边坡变形。开挖通常应采用蛙跳方式逐段开挖，作业面宽度宜控制在 8～10m，高度以一排土钉高度为宜。

3. 质量控制及检验

边坡分段开挖修整后，应立即初喷混凝土，尽快钻孔、推送土钉、注浆、挂钢筋网后终喷混凝土至设计厚度，这是确保边坡稳定的关键。施工过程中应连续监测边坡的实际变形情况，侧重监测边坡的水平位移和周边的竖向沉降，注意观察土钉头部附近及地表有无裂缝。及时掌握变形发展趋势并进行反馈分析，必要时提出相应措施，确保施工安全。

钢筋、水泥、砂、石等材料的质量均应符合相关规范、规程及设计要求，钢筋、水泥应按有关标准进行质量检验。质量不合格的材料不得进入施工现场。

成孔位置按设计要求确定，允许误差±5cm。孔径允许误差±2cm。孔深允许误差±20cm。倾角允许误差±5°。

施工前应进行土钉拉拔试验，以确定土钉与土体之间的抗剪强度及有关施工参数。试验土钉数量在同一土层中不应少于 3 根。试验时，先将荷载加至土钉抗拉强度设计值的 0.5 倍，而后以设计值的 1/15～1/10 为增量逐级加载。试验中以卸载循环来测量残余变形。荷载增加至设计值的 1.2 倍为止。

土钉墙施工完成后应进行质量验收试验，试验土钉数量为土钉总数的 1‰或不少于 3 根。试验土钉抗拔力平均值应大于设计抗拔力，抗拔力最小值应大于设计抗拔力的 0.9 倍。

对混凝土面层可用凿孔法或其他方法检查，检查数量为每 100m² 取一组，每组不少于 3 个点。各凿孔处喷射混凝土的平均厚度应大于设计厚度，最小厚度不应小于设计厚度的 0.8 倍。面层应无漏喷、起鼓现象。喷射混凝土应进行抗压强度试验，试验数量为每 500m² 一组，每组试块不少于 3 个。

4. 常见问题及对策

当边坡水平位移过大、变形速率过大或位移曲线不收敛时，应立即停止开挖，并对已施工完毕的土钉墙进行补强，加长加密土钉。采取补强措施后，确保水平位移、下沉等变形已停止，才能继续施工。

降水、排水是土钉墙围护结构施工中的关键。在坡顶周边应修筑排水沟，及时排除地表水及从基坑内抽出的水。在距基坑边 1 倍开挖深度的范围内，避免生活用水、施工用水等对土体的浸泡；避免基坑周边上、下水管破裂涌水对土体的浸泡和冲刷。当边坡表面出现渗漏水现象时，除做好降水和排水工作外，应用长 1.5～2m 的钢管打入渗漏部位，将水从坡后导入坑内排除，避免混凝土面层发生鼓包滑塌。

## 3.4 重力式水泥土挡墙施工

### 3.4.1 水泥搅拌桩施工

1. 概述

水泥搅拌桩是指利用专门的搅拌头或钻头，钻入土体一定深度并喷出水泥粉末或水泥浆，将其与周围土体强行拌和而形成的加固土桩体。可用作基坑的挡土结构、止水帷幕，也可用于坑底被动区土体的加固。水泥搅拌桩具有无振动、无噪声、无泥浆废水污染、无土方外运等优点，适用于淤泥、淤泥质土和含水量较高的黏土、粉质黏土、粉土等软土地基。但当地表杂填土层厚度大或含有直径大于 100mm 的石块时，应慎重采用搅拌桩。

水泥搅拌桩的平面布置形式可根据地质条件和基坑围护的需要，选用满堂、格栅式或拱式等布置形式。在深度方向可采用长短桩结合形式。常见搅拌桩平面布置形式如图 3-29 所示。

2. 施工机械

搅拌桩施工机械根据固化剂形态的不同有浆体喷射式和粉体喷射式。在实际应用时应结合土体含水量、地下水位、桩体直径要求等条件选用合适的方式。根据搅拌轴数目的不同，又分为单轴搅拌机、双轴搅拌机和三轴搅拌机。

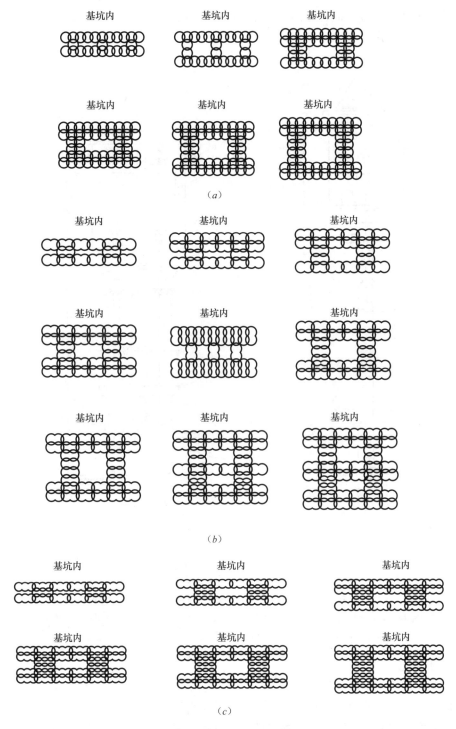

图 3-29　搅拌桩常见平面布置形式

（a）单轴搅拌桩常见平面布置形式；（b）双轴搅拌桩常见平面布置形式；（c）三轴搅拌桩常见平面布置形式

　　单搅拌轴、叶片喷浆方式的搅拌机如图 3-30（a）所示，因其喷浆孔小、易堵塞，只能使用纯水泥浆。双搅拌轴、中心管喷浆方式的搅拌机如图 3-30（b）所示，其水泥浆是由两根搅拌轴之间的另一根管道输出，除纯水泥浆外，还可以采用水泥砂浆，甚至可掺入粉煤灰等工业废料作为固化剂。

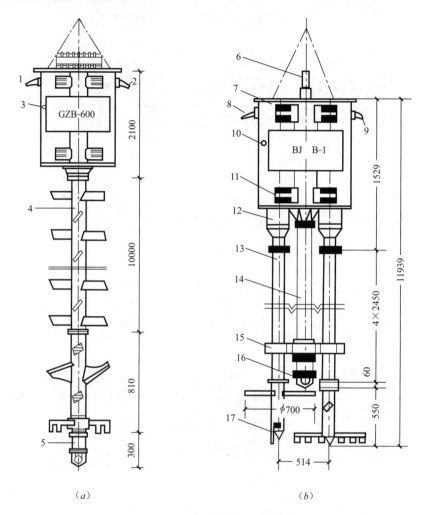

图 3-30　单轴搅拌机和双轴搅拌机

（a）单轴搅拌机；（b）双轴搅拌机

1—电缆接头；2—进浆口；3—电动机；4—搅拌轴；5—搅拌头

6—输浆管；7—外壳；8—出水口；9—进水口；10—电动机；11—导向滑块；12—减速器；

13—搅拌轴；14—中心管；15—横向系板；16—球形阀；17—搅拌头

3. 施工工艺

水泥搅拌桩的施工流程如图 3-31 所示。

搅拌机就位后，放松起重机钢丝绳，使搅拌机沿导向架搅拌切土下沉。下沉速度可通过电机的工作电流监测控制，如搅拌机的入土切削负荷太大，电机工作电流超过额定电流时，应减慢速度，或从输浆管路适当补给清水以利钻进，但应考虑冲水对桩身质量的影响。

当搅拌机下沉至一定深度时，即可开始按设计及试验确定的配合比拌制水泥浆。每根桩所需水泥浆应一次单独拌制完成，单桩水泥用量应严格按照设计计算量。水泥浆一般采用普通硅酸盐水泥，严禁使用快硬型水泥，拌和时间不得少于 5~10min，存放时间不得超过 2h，否则应予以废弃。水泥浆倒入存浆池时应加筛过滤，以防止浆内结块损坏泵体。

搅拌机下沉到设计深度后，开启灰浆泵将水泥浆泵入，并边喷浆、边搅拌提升，提升速度应按设计确定的速度控制。当搅拌机提升至设计桩顶标高后，再次搅拌下沉至桩底，并重复喷浆、搅拌提升至地面。制桩完成，可移机进行下一根桩的施工。喷浆搅拌时通过控制注浆压力和喷浆量使水泥浆均匀地喷搅在桩体中，以保证桩身强度达到设计要求。

成桩过程中喷浆必须连续进行，如因故中断喷浆，应在12h内采取补喷措施，补喷重叠长度不小于1.0m。施工时应采取必要措施，保证施工安全、顺利进行：

搅拌机的冷却循环水在整个施工过程中不能中断，并经常检查水温，水温不能过

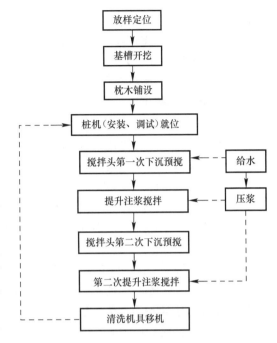

图 3-31  水泥搅拌桩施工流程

高。如发生卡钻、停转现象，应切断电源，将搅拌机强制提起后再重新启动电机。

泵送水泥浆前，输浆管路应保持湿润以利于输浆。水泥浆内不得有硬结块，以免损坏灰浆泵。为防止输浆管路内水泥浆结块，如停机超过3h即应先拆卸管路进行清洗。灰浆泵也应定期拆开清洗，并注意保持齿轮减速箱内润滑油的清洁。

4．质量控制及检验

1）质量控制

(1) 预搅：软土应完全预搅切碎，以便与水泥浆搅拌均匀。

(2) 水泥浆不得离析：水泥浆应严格按设计配合比制备，为防止发生离析，可在灰浆拌制机中保持搅拌，待压浆前再缓慢倒入集料斗。

(3) 确保加固强度和均匀性：压浆阶段不允许发生断浆现象。严格按设计确定的数据控制喷浆和搅拌提升速度，误差不得大于±10cm/min。还应控制重复搅拌时的下沉和提升速度，以保证各深度位置都得到充分搅拌。

(4) 保证垂直度：注意起重机的平整度和导向架的垂直度，控制搅拌桩的垂直偏差不超过1%。

(5) 确保搅拌桩搭接的连续性：如设计要求相邻桩体要搭接一定长度时，原则上每一施工段宜连续施工，相邻桩体施工间隔不得超过12h。如因特殊原因造成搭接时间超过12h，应对最后一根桩先进行空钻，留出榫头以待下一批桩搭接。如间隔时间太长，无法与下一根桩搭接时，须采取局部补桩或注浆措施。

2）质量检验

为确保搅拌桩施工质量，可选用下述方法进行质量检验：

(1) 施工过程中及时检查施工原始记录：根据每根桩的水泥用量、成桩时间、成桩深度等对其质量进行评价。如发现缺陷，应视其所在部位和影响程度分别采取补桩、注浆或

其他补强措施。

（2）成桩后抽检测试：抽取一定数量的搅拌桩，用轻便触探器连续钻取桩身芯样，观察其连续性和搅拌均匀程度等，并根据轻便触探击数对比判断桩身强度。也可采用静力触探法进行检验。经触探检验对桩身强度有怀疑的桩，应在龄期28d时用地质钻机钻取芯样测定强度。

### 3.4.2 高压旋喷桩施工

1. 概述

高压旋喷桩是利用带有喷嘴的注浆管的钻机钻入至土层的预定深度后，以高压设备使固化剂浆液或水以20MPa左右的高压从喷嘴中喷射出来，一边切削四周土体，一边与之搅拌混合。同时钻杆一边旋转，一边向上提升，以形成加固体。加固体的形状与喷射流的移动方向有关，根据需要可形成圆柱形的桩体或扇形断面的桩体。

高压旋喷桩的优点主要有：噪声低，振动小，适用范围广，设备简单，施工方便；加固体形状可控制，既可垂直施工也可倾斜或水平施工等。适用于淤泥、黏土、砂土、黄土等地质条件，但对于砾石直径过大、砾石含量过多的土层或有大量纤维物质的腐殖土喷射质量较差。

常用的高压旋喷法种类有单管法、二重管法和三重管法。单管法即从喷嘴中以20MPa左右的压力喷射固化剂浆液，形成加固体。二重管法通过同轴双重喷嘴，同时喷出压力在20MPa左右的浆液和压力0.7MPa左右的空气，两种介质的喷射流共同作用，切削土体的能量显著增大，可加大形成的加固体的直径。三重管法使用水、空气和浆液三种介质，以20MPa左右的高压水喷射流和0.7MPa左右的气流冲切土体，形成较大的空隙，同时注入2～5MPa的浆液填充，可进一步扩大加固体的直径。

2. 施工工艺

高压旋喷桩的施工流程如图3-32所示。

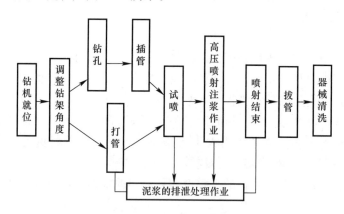

图 3-32　高压旋喷桩施工流程

钻孔是为了将喷射管插入到预定深度。单管法和二重管法中的喷射管较细，可借助喷射管本身的喷射或振动贯入，只在必要时才预先钻孔。三重管法的喷射管直径较大，因此有时需要预先钻孔再置入喷射管。

由于天然地基的土层性质沿深度变化较大，高压旋喷桩施工时，应按地质资料针对不同土层的性质，在不同深度分别选用合适的旋喷参数，才能获得均匀、密实的桩体。一般情况下，对深层硬土可采用增加压力和流量或适当降低旋转和提升速度等方法。

对土体进行第一次旋喷后，在原位进行重复旋喷，有扩大加固体直径的效果。但具体扩径率较难控制，且重复旋喷影响施工速度，因此在实际应用中不将其作为增径的主要措施，通常只在发现浆液喷射不足、影响桩体质量或工程要求较大直径时才采用重复旋喷。

根据经验，在旋喷过程中冒浆量小于注浆量的 20％ 为正常现象，超过 20％ 或完全不冒浆时则应查明原因并采取相应的措施。若是因地层中有较大空隙造成的不冒浆，可在浆液中掺加适量的速凝剂缩短凝结时间，使浆液在一定范围内较快凝固，也可在空隙部位增大注浆量，填满空隙后再继续正常旋喷。冒浆量过大一般是因为有效喷射范围与注浆量不相适应，注浆量大大超过旋喷范围内固结所需的浆液量。因此，减少冒浆量的措施有三种：提高喷射压力，适当缩小喷嘴孔径或加快提升和旋转速度。

3. 质量控制及检验

1) 质量控制

(1) 高压旋喷桩施工前应检查高压设备和管路系统，其压力和流量必须满足设计要求。注浆管及喷嘴内不得有任何杂物，注浆管接头的密封性必须良好。

(2) 垂直施工时，钻孔的倾斜度一般不得大于 1.5％。

(3) 在插管和喷射过程中注意防止喷嘴被堵塞。使用双喷嘴时，如一个喷嘴堵塞，可采用复喷方法继续施工。

(4) 喷射时应做好压力、流量和冒浆量的量测和记录。水、空气、浆液的压力和流量必须符合设计值，否则应拔管清洗后重新进行插管和旋喷。

(5) 钻杆的旋转和提升必须连续不中断。拆卸钻杆继续喷射时，应保持有 0.1m 的搭接长度，不得使加固体脱节。

2) 质量检验

开挖检查能直接观察鉴定高压旋喷桩的垂直度、形状、整体性和强度，可比较全面地反映其质量，但须在工程开挖前先作试验，工作量较大。因此，也可对已完成的旋喷桩体进行标准贯入度测试或钻取芯样测定其物理力学性质。

对高压旋喷桩止水帷幕的抗渗能力，可通过现场渗透试验测试。试验方法有钻孔压力注水和抽水观测两种，如图 3-33 所示。其中，抽水观测一般在地下水位较高的条件下较为适用。

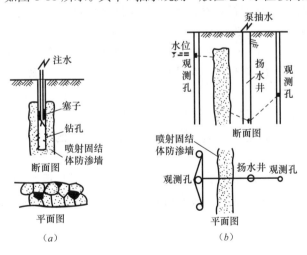

图 3-33　现场渗透试验

(a) 钻孔压力注水；(b) 抽水观测

## 3.5 板桩墙施工

### 3.5.1 钢板桩施工

#### 1. 沉桩设备及其选择

钢板桩的沉桩设备种类繁多，常用的主要有：冲击式打桩机械、振动打桩机械、振动冲击打桩机械、静力压桩机械等。施工时应综合考虑钢板桩特性、工程地质条件、场地条件、桩锤能量、锤击数、锤击应力及是否需要拔桩等因素，选择既经济又安全并能保证施工效率的沉桩机械。在正式施工前，建议用初步选定的机械及辅助设备进行试打，以证明沉桩设备适用性并确定施工参数。

1）冲击式打桩机械

冲击式打桩机械具有打桩力大、机动灵活、施工速度快等优点，但施工时易产生噪声和振动，对环境影响较大。此外，为避免钢板桩桩头受损，应选用合适的打桩锤。常用的打桩锤种类包括：柴油打桩锤、下落式打桩锤、双动式液压打桩锤和蒸汽/空气打桩锤。其中，柴油锤和蒸汽锤施工时会产生烟雾，对周围环境有一定影响。

柴油锤打击能量大，所需的辅助设备不多，因此成为常用的打桩锤。下落式打桩锤也可应用于柴油锤所适用的各种场地条件，且能得到与柴油锤同样的夯锤重量比，施工时可选择重锤低击来减小桩头损伤和降低噪声。双动式液压打桩锤因具有噪声低、无油烟、低能耗的优点，正不断被扩大使用。蒸汽/空气打桩锤需要配置锅炉及管道等辅助设备，较为麻烦，因此应用不多。

2）振动打桩机械

振动打桩机械是将机器产生的垂直振动传给桩体，使桩周围的土体结构因振动而降低强度，减小桩周及桩端的阻力，利于桩的贯入，对于一般砂土层和黏土层均适用。但在结构紧密的细砂层中，这种振动减阻效果不明显。而当细砂层本身较松散时，还会因振动而加密，更难于沉桩。

振动打桩机械施工速度较快，噪声较冲击式打桩机械小，不易损坏桩头，不产生烟雾，且当施工净空受限或需要拔桩时更具优势。但是其对 $N>50$ 的砂土或 $N>30$ 的黏土等硬土层的贯入性能较差。振动打桩锤主要有电动振动锤和液压振动锤两种。电动振动锤瞬间电流较大，耗电较多；液压振动锤则大多需要专门的液压设备。

3）振动冲击打桩机械

这种机械是在振动打桩机械的机体与夹具之间设置冲击机构，在上下振动的同时，也产生冲击力，可以明显提高施工效率，但同时也会产生较大的噪声和振动。

4）静力压桩机械

静力压桩机械的显著优点是几乎不产生噪声和振动，对环境影响小，因此目前广泛应用于居住区等环境要求较高的区域。其特别适用于黏性土地质，需在硬土层中沉桩时可采用辅助措施。

5）辅助设备

除上述沉桩机械外，钢板桩的沉桩还需要桩架、卸扣及穿引器、桩帽或桩垫、加强靴等辅助设备，以保证沉桩质量。

桩架应行走方便且结实、可靠，操作灵活、方便，其选用需要考虑桩锤、作业空间、打桩顺序、施工管理水平等因素。桩架有履带式和步履式两种，前者可以拆卸导杆；而后者较为稳固，适用于场地条件较差的情况。

卸扣及穿引器主要用于固定钢板桩接头，可以使桩头与吊车的连接在所需高度分开，更加快速、高效、安全，有地面释放和棘轮释放两种方式。卸扣利用桩头上的起吊孔剪切销来连接，避免了摩擦型连接会突然滑落的安全隐患。钢板桩起吊后通过穿引器完成板桩之间的咬合，更加安全、快捷，且可适用于恶劣的天气。

在使用冲击式沉桩机械时需要设置桩垫、桩帽，用于将锤击能量传递给桩体并保护桩头不受损坏。桩帽在锤击形心不对称或是组合型钢板桩时，也起到保证均匀传力避免偏心锤击的作用，因此桩帽与板桩的接触面应尽可能地大，且须能承受较大的锤击能量，其内部一般设置定向块以保证板桩的位置。桩垫主要起缓冲作用，一般由塑料或木材、铁块等材料构成。

加强靴可以加强桩尖强度，用以在穿越卵石、砾石、旧木桩等人为或自然障碍物时保持桩体的形状，防止变形损伤，增强穿越能力。

2. 沉桩施工

1）沉桩方法

为保证钢板桩的垂直打入和打入后板桩墙的平直，需设置导向围檩。根据实际需要和现场条件，导向围檩在平面布置上可为单面或双面，在垂直方向可单层或多层，材料可采用型钢或木材，单层双面的导向围檩如图 3-34 所示。导向围檩一般分段设置，循环使用，每段设置的长度根据施工情况确定，应考虑到循环使用的效率。

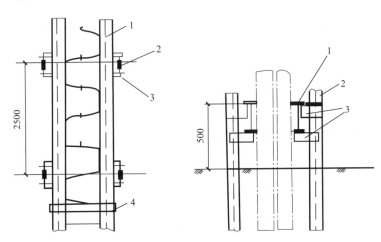

图 3-34　单层双面导向围檩
1—导梁；2—围檩桩；3—牛腿；4—卡板

沉桩时第一根桩的施工较为重要，应保证其在水平方向和竖直方向的垂直度，同时需注意后沉的钢板桩应与先沉桩的锁口可靠连接。

2）沉桩的布置方式

沉桩时的布置方式一般有插打式、屏风式和错列式三种。

插打式是最普通的施工方法，即将钢板桩逐根打入土中，其优点是施工速度快，桩架高度相对可低一些，一般适用于松软土质和短桩。但该方法板桩易倾斜，为此可在一根桩打入后，将其与前一根桩焊接，既可防止倾斜又可避免被后打的桩带入土中。采用插打式打桩法时，为有利于钢板桩的封闭，一般需从距基坑角点约五对钢板桩处开始沉桩，至距角点约五对钢板桩处停止，封闭前校正钢板桩的倾斜，封闭时通过调整墙体走向来保证尺度要求，必要时补桩封闭。

屏风式是将多根钢板桩插入土中一定深度，用桩机来回锤击，使位于两端的1～2根桩先达到要求深度，再将中间桩依次打入。这种施工方法可防止板桩发生倾斜或转动，能更好地控制沉桩长度，常用于要求闭合的围护结构。但其施工速度比插打式慢，桩架也较高。屏风式打桩法有利于钢板桩的封闭，工程规模较小时可考虑将所有钢板桩安装成板桩墙后再沉桩。

错列式是先每隔一根桩进行打入，然后再锤击中间的桩，如图 3-35 所示。这样可以改善桩列的线形，并避免板桩倾斜。对组合钢板桩的沉桩，常采用此方法，一般先打入截面模量较大的主桩，再打中间截面模量较小的桩。

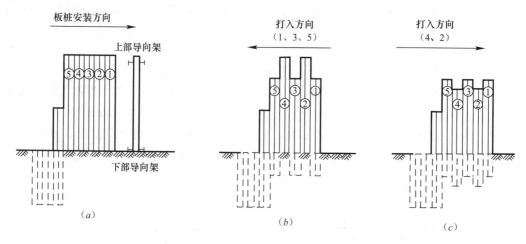

图 3-35　错列式沉桩步骤

3）辅助沉桩措施

当采用上述方法沉桩有困难时，可采取一定的辅助沉桩措施，如水冲法、预钻孔法或爆破法等。

水冲法包括空气压力法、低压水冲法、高压水冲法等，其原理是通过设置在板桩底部的喷射口喷射流体，达到使土体松散利于沉桩的目的。但是，水冲法产生的大量的水可能引起沉降等问题，高压水冲法的水量相对较小，较为有利。而低压水冲由于其可能会影响土体性质，应慎用。

预钻孔法即通过预钻孔降低土体的抗力以利于沉桩，一般钻孔直径为 150～250mm，当钻孔太大时需进行回填。这种方法甚至可用于含有硬岩层的地质中的钢板桩沉桩。

爆破法主要有常规爆破和振动爆破两种。常规爆破是将炸药放进钻孔内，覆土后引爆，可以在沉桩中心线形成 V 形沟槽。振动爆破是利用低能炸药将坚硬岩石炸成细颗粒材料，这种方法对岩石影响较小，板桩应尽快打入以利用最佳沉桩时机。

4）沉桩的质量控制

钢板桩沉桩时会遇到一些问题从而影响沉桩质量，下面对常见问题及相应对策分别进行介绍。

打桩阻力过大不易贯入。主要有两种原因：一是在硬实的砂层或砂砾层中，打桩阻力过大，对此应在施工前对地质条件进行详细分析，充分研究贯入的可能性，施工时可采用振动法或辅以高压冲水法等辅助措施，不能用锤硬打；二是钢板桩连接锁口锈蚀、变形导致钢板桩不能顺利沿锁口打下，对此应在打桩前逐根对钢板桩进行检查，还可在锁口内涂油脂以减小阻力。

板桩向桩机行进方向倾斜，是由于连接锁口处的阻力大于板桩周围土体的阻力，使板桩受力不均衡而发生倾斜。对此在施工时应尽早调整，可用钢索反向拉住桩身后再锤击或改变锤击方向。当倾斜过大采用上述方法无法纠正时，可使用特殊的楔形钢板桩，达到纠偏的目的。

沉桩将相邻板桩带入土中时，可将相邻板桩与围檩焊接或与其他已打入的板桩用型钢、夹具等连接。也可施工时不一次性将板桩打到要求深度，留一部分在地面以上，待最后再用屏风法将余下部分打入。为减小板桩间阻力，可在连接锁口内涂油脂和采用特殊塞子防止砂土进入锁口。

钢板桩以锁口为中心发生转动会影响板桩墙的平整度和后期围檩的安装，解决措施有：设置导架限制板桩的转动；在打桩行进方向用卡板锁住板桩的前锁口；在两块板桩的锁口扣搭处的两边用垫铁和木榫填实等。

当地下水位以下的砂性土层易液化时，应考虑先通过降水疏干易液化土层，避免打桩振动引起土体液化，板桩发生蠕动。

由于锁口拉伸或压缩造成的钢板桩的打伸或打缩可能使得规定长度内钢板桩数量不足，可采取修正下幅钢板桩的打击方法、更改下幅钢板桩的有效宽度、使用异形钢板桩、追打钢板桩等对策。此外，还须在钢板桩锁口内涂抹或填充止水材料，防止沉桩时锁口变形较大造成锁口分离的现象。

3. 钢板桩的拔除

钢板桩一般在基坑回填后要拔除，以便重复利用。拔除钢板桩前，应详细研究拔桩方法、拔桩顺序、拔桩时间及土孔处理等内容，控制拔桩时因振动、带土过多等因素引起的地面沉降和土体水平位移，避免对已施工的地下结构和邻近的建（构）筑物及地下管线造成影响。

根据所用机械的不同，拔桩方法可分为静力拔桩、液压拔桩、振动拔桩和冲击拔桩等。静力拔桩所用的设备主要为卷扬机或液压千斤顶，设备简单，成本较低，但受设备及能力限制，效率较低，且有时不能将桩顺利拔出。液压拔桩则采用与液压静力沉桩相反的步骤，从相邻板桩获得反力，操作简单，环境影响较小，但施工速度稍慢。

振动拔桩是利用机械激起钢板桩的强迫振动，扰动土体，降低拔桩阻力，以利于桩的拔出，其效率较高，采用大功率振动拔桩机可一次拔出多根板桩。冲击拔桩是以蒸汽、高压空气为动力，利用打桩机的原理对板桩施加向上的冲击力，同时利用卷扬机将板桩拔出，这类机械国内不多见，工程中较少运用。

钢板桩拔除的难易程度多取决于打入时顺利与否，如在硬土或密实砂土中打入的板桩拔除时也很困难，尤其当一些板桩的咬口在打入时产生变形或垂直度很差，则在拔除时会遇到很大的阻力。此外，基坑开挖时因支撑不及时使板桩变形很大，也会造成拔桩困难。在拔桩前必须对相关因素作详细调查，判断拔桩作业的难易程度，事先做好充分的准备。

基坑内的土建施工结束后，回填必须有具体要求，尽量使板桩两侧土压力平衡，有利于拔桩作业。

由于拔桩时对地基的反力以及机械设备的自重会使板桩受到侧向压力，不利于拔桩，为此需使拔桩设备与桩保持一定距离，必要时搭设临时脚手架以减小对板桩的侧向压力。由于拔桩作业时地面荷载较大，必要时还需在拔桩设备下放置路基箱或垫木，确保设备不发生倾斜。对于封闭式板桩墙，拔桩起点应与角桩保持适当距离，可根据沉桩时的情况确定拔桩起点，拔桩的顺序最好与打桩时相反，必要时也可采用跳拔（间隔拔桩）的方法。

钢板桩拔不出时可采取如下措施：用振动锤或柴油锤等将钢板桩再复打一次，可克服土的黏着力或将板桩上的铁锈等消除；由于板桩承受土压力一侧的土较密实，在其附近平行地打入另一块板桩，可使原来的板桩顺利拔出；在板桩两侧开槽放入膨润土泥浆，也可在拔桩时减少阻力。

拔桩引起的地层损失和扰动可能会使基坑内已施工的结构或管道发生沉陷，或造成邻近建筑的下沉和开裂、管道损坏等，对此应充分考虑并采取有效措施。对拔桩后留下的桩孔应及时回填密实，回填方法有振浮法、挤密法和填入法等，所用材料一般为砂子。但由于灌砂填充效果往往不佳，因此在对位移控制要求较高时，可采用膨润土浆液填充或拔桩时跟踪注入水泥浆等填充方法。

### 3.5.2 钢筋混凝土板桩施工

1. 钢筋混凝土板桩制作

钢筋混凝土板桩的制作不受场地的限制，可在现场或工厂预制，一般采用定型钢模板或木钢组合模板。无论采用自然养护或是在蒸汽养生窑中养护，桩身强度应达到设计强度的 100%，且混凝土龄期达到 28d 以上方可施工。板桩运输起吊时的桩身强度应大于设计强度的 70%。在制作场地应制作相同养护条件的混凝土试块，以便确定板桩的运输、施工条件。

由于钢筋混凝土板桩的特殊构造和用途，在制作时必须保证板桩墙的桩顶在一个水平面上、板桩墙轴线在一条直线上，且榫槽顺直、位置准确。桩身混凝土应一次性浇筑，不得留有施工缝。板桩的凸榫不得有缺角破损等缺陷。钢箍位置的混凝土表面不得出现规则裂缝。

板桩堆存时应注意采用多支垫，支垫均匀铺设。多层堆放时，各层支垫应设在同一垂直线上。现场堆存时不超过 3 层，工厂堆存不超过 7 层。板桩起吊时吊点位置偏差不宜超过 200mm，吊索与桩身轴线的夹角不得小于 45°。

转角用的角桩、调整板桩墙轴线方向倾斜的斜截面桩等异形板桩可用钢材制作或采用其他种类的桩替代，如 H 型钢桩等。角桩制作比较复杂，板桩墙转角处可不采用角桩相互咬合，而施工成相互垂直贴合的 T 形封口。

2. 沉桩设备的选择

1）锤型选用

钢筋混凝土板桩可以采用柴油打桩锤、下落式打桩锤、液压打桩锤和蒸汽/空气打桩锤等各种锤型沉桩，最适宜采用导杆式柴油锤，桩锤的大小可根据板桩设计情况选定。常用的锤型参数及适用桩长范围如表 3-6 所示。

| 常用锤型参数及适用范围 | | | 表 3-6 |
|---|---|---|---|
| 锤型 | 锤重（t） | 锤击能量（kN·m） | 适用桩长（m） |
| 双导杆式柴油锤 | 1.8 | 30～40 | 10～15 |
| | 2.5～3.2 | 65～85 | 20 |
| 筒式柴油锤 | 2.5～4.6 | 60～140 | 20～30 |

用筒式柴油锤沉桩，宜采用重锤低击。也可选用同等锤击能量的落锤或汽锤施工。近年来，有一批锤击能量在 $20～150kN·m$ 的小型液压锤，也可用于钢筋混凝土板桩沉桩，且其沉桩质量优于其他锤型。

2）辅助设备

采用锤击工艺施工钢筋混凝土板桩时，需使用桩垫（导杆式柴油锤）或桩帽（筒式柴油锤），将锤击能量传递给桩体同时又不损坏桩头。桩帽还用于确保锤与桩对中，避免偏心锤击。由于板桩的特殊构造和板桩墙的施工要求，为保证板桩墙的桩顶在同一水平面上，其桩帽与施工混凝土方桩时不同：在靠已沉桩到位的相邻板桩一侧是没有桩帽挡板的，为一侧开口；而在送桩阶段，桩帽两侧都没有挡板，为两侧开口。

由于钢筋混凝土板桩在使用中桩长受到一定限制，沉桩采用的锤击能量较低，所用的桩垫、锤垫也与施工混凝土方桩时有所不同。桩垫多采用纸箱或纤维板加工，一般为 5～10cm 厚，也可用松木加工。锤垫多采用白棕绳盘成，有时也用硬木加工。

3. 沉桩施工

1）沉桩方法

根据是否采用辅助沉桩措施及辅助措施的不同，钢筋混凝土板桩的沉桩方法包括打入法、水冲插入法和成槽插入法等。目前最常用的还是打入法。

沉桩时的布置方式包括插打式、屏风式、阶梯式等。闭合的板桩墙施工还可分为敞开式和封闭式。所谓封闭式就是先将板桩全部插入桩位，使板桩墙闭合后再将板桩沉至要求深度。这种方法有利于保证板桩墙的封闭尺寸。

2）施工流程

钢筋混凝土板桩沉桩过程如图 3-36 所示。在沉桩前，需在板桩墙设计位置的两侧设置与其平行的导向围檩，以保证板桩的正确定位、桩身的垂直和板桩墙的平整。沉桩初始可先打设定位桩，也有利于保证板桩的垂直度和正确定位，对定位桩的位置、垂直度应严格控制，定位桩一般比板桩长 2m 左右。定位桩可一次送打至导向围檩的高度，但为防止下一根桩将其带入土中，可适当提高 1m 左右。

定位桩打设完成后，即可以此为依据，依次插入其他板桩。板桩插入时采用桩锤静压，尽量不要开锤施打。插入土体的深度根据桩长、打桩架高度和地质条件等因素而定，但应留有 1/3 桩长进行送打桩。当土质较硬时可采用钢制桩尖，并在板桩上端及桩顶增加钢筋、提高混凝土强度等级，或加钢板套箍，以提高板桩抗锤击能力。

板桩插入土体形成屏风墙体，并确认拆除导向围檩装置后不会发生倾斜、晃动后，即可拆除围檩装置用于下一墙段的施工。为保证墙段间的平顺，拆除围檩装置时应保留最后一段，用以与下一段顺接。

围檩装置拆除后即可将已形成屏风墙体的板桩送打至设计深度。打桩顺序应与板桩插入时的顺序相反，即后插的桩先打，先插的桩后打。在送打过程中如发现有相邻桩体被带下或板桩出现倾斜时，应考虑分层送打桩。每一墙段的最后几根桩不送打，留作与下一施工段接口。

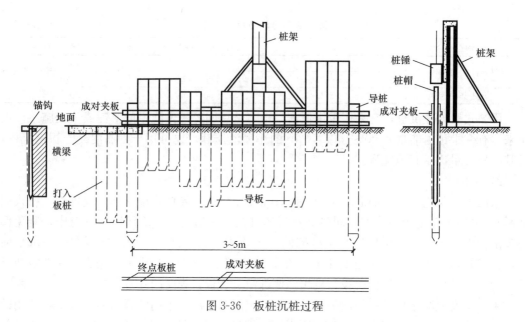

图 3-36　板桩沉桩过程

　　基坑开挖前，应用高压水枪将板桩之间的凹槽冲洗干净，将周长大于凹槽内边周长 50mm 以上、长度大于凹槽长度 0.2m 以上且有足够强度的密封塑料袋放入凹槽内，然后向袋内灌装坍落度不小于 10cm 的、与板桩桩身等强度的细石混凝土，将凹槽填充密实以起到止水防渗的作用。

　　3）沉桩的质量控制

　　钢筋混凝土板桩沉降过程中常见的质量问题主要有脱榫和倾斜。

　　发生脱榫的主要原因可分为两类。一是板桩制作时留下的缺陷，如凹凸榫的尺寸及顺直度不满足设计要求、桩尖与桩身不在同一条轴线上等，因此在施工前必须对板桩逐根进行检查，避免存在上述缺陷的板桩打入土中；二是在沉桩过程中，桩尖的一侧遇到硬物使桩身发生转动。为减少或避免这种情况，在桩尖的凸榫处不宜留有削角。发现转动趋势应尽早纠正，如发生转动的板桩无法拔出，可在两侧的导向围檩上各焊接一根用型钢制成的有足够强度的限位条，使其与板桩贴紧（接触面应光滑或采用滚动接触），然后继续缓慢小心施打该桩。对板桩脱榫处，可在沉桩完成后采用压密注浆法补强。

　　对于板桩向打桩行进方向倾斜的问题，采用屏风法施工而不采用插打法可从根本上减少发生倾斜的几率，此类措施还有：在围檩上设置限位条，插桩时在凹榫内插入一竹片减小板桩间摩擦力，每隔一段距离打设一根桩尖对称或无斜角的板桩等。为纠正倾斜，除可用钢索反向拉住桩身后再锤击、改变锤击方向、使用特殊的楔形板桩等措施外，还可将板桩下端削成斜向已打板桩的斜角，利用土压力板桩挤紧，达到纠偏的目的。

# 3.6　排桩墙施工

## 3.6.1　钻孔灌注桩施工

　　1. 干作业钻孔灌注桩施工

　　干作业钻孔灌注桩的优点有：振动小，噪声低；钻进速度快；无泥浆污染；造价低；设备简单，施工方便；混凝土灌注质量较好。但是，也存在桩端留有虚土、适用范围限制较多等缺点。

干作业钻孔适用于地下水位以上的填土层、黏性土层、粉土层、砂土层和粒径不大的砾砂层。不宜用于碎石土层、淤泥层、淤泥质土层及地下水位以下的土层。对于非均质含碎砖、混凝土块、条块石的杂填土层及大卵（砾）石层，成孔难度较大。

1）施工机械及设备

干作业成孔机械主要有螺旋钻孔机、机动洛阳铲挖孔机和旋挖钻机等。

螺旋钻孔机按成孔方法可分为长螺旋钻孔机和短螺旋钻孔机。长螺旋钻孔机切削的土块钻屑沿着带长螺旋叶片的钻杆上升，输送到出土器后能够自动排出孔外。短螺旋钻孔机切削的土块钻屑积聚在数量不多的短螺旋叶片上，需通过提钻、反转甩土将钻屑散落在孔周，一般每钻进 0.5～1.0m 就要提钻甩土一次。

长螺旋钻孔机的成孔速度主要取决于输土是否通畅。当转速较低时，钻头切削下来的土块钻屑不能自动上升，在钻屑与螺旋叶片间产生较大的摩阻力，消耗功率较大。当钻孔深度较大时，往往由于钻屑推挤阻塞形成"土塞"而不能继续钻进。而当转速较高时，土块钻屑在离心力作用下将会自动上升。因此保持适当高速能保证输土通畅。此外，还需根据土质等情况，选择相应的给进量，正常工作时给进量一般为每转 10～30mm，在砂土中取高值，在黏土中取低值。

短螺旋钻孔机因需多次提钻、甩土，升降钻具等辅助作业时间长，其钻进效率不如长螺旋钻孔机高。为缩短辅助作业时间，多采用多层伸缩式钻杆。但是，短螺旋钻孔机省去了长螺旋钻孔中输送土块钻屑引起的功率消耗，其回转阻力矩小，因此在大直径或深桩孔的情况下采用短螺旋钻孔机更合适。采用短螺旋钻孔时，应根据土质条件合理掌握每次钻进深度，一般应控制在钻头长度的 2/3 左右，对于砂层、粉土层可控制在 0.8～1.2m。

对于不同类型的土层，应选用不同形式的钻头，如图 3-37 所示。尖底钻头适用于黏性土层。如在刃口镶焊硬质合金刀头，可用于钻硬土层及冻土层。平底钻头适用于松散土层。耙式钻头适用于含有大量砖头、瓦块的杂填土层。筒式钻头适用于钻混凝土块、条石等障碍物。

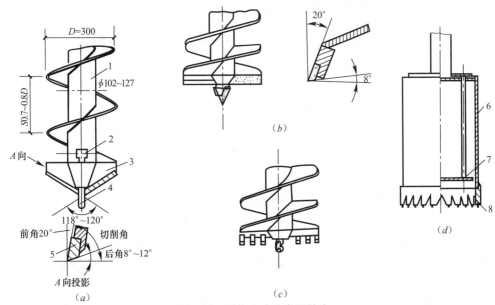

图 3-37 干作业成孔常用钻头

（a）尖底钻头；（b）平底钻头；（c）耙式钻头；（d）筒式钻头

1—螺旋钻杆；2—钻头接头；3—切削刀；4—导向尖；5—合金刀；6—筒体；7—推土盘；8—八角硬质合金刀头

机动洛阳铲挖孔机宜用于地下水位以上的一般黏性土、黄土和人工填土地基，设备简单，操作容易，北方地区应用较多。

旋挖钻机是近年引进的先进成孔机械，在土质较好的条件下可实现干作业成孔，不必采用泥浆护壁。其施工步骤为：

旋挖钻机就位→埋设护筒→钻头轻着地后旋转开钻→当钻头内装满土砂料时提升出孔外→旋挖钻机旋回，将其内的土砂料倾倒在土方车或地上→关上钻头活门，旋挖钻机旋回到原位，锁上钻机旋转体→放下钻头→钻孔完成，清孔并测定深度→放入钢筋笼和导管→进行混凝土灌注→拔出护筒并清理桩头沉淤回填，成桩。

2）施工工艺

干作业钻孔灌注桩的施工流程如图3-38所示。

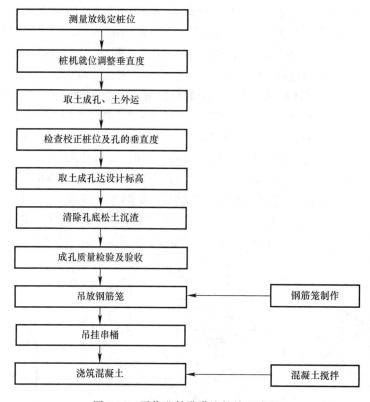

图 3-38　干作业钻孔灌注桩施工流程

钻机在开始钻进或穿越软硬土层交界面时，宜缓慢进尺，保证钻杆垂直。钻进时应尽量减少钻杆晃动，以免扩大孔径。钻进过程中如发现钻杆摇晃或难以钻进时，可能是因遇到硬土、石块或硬物等，应立即提钻，待查明原因并妥善处理后再钻，否则易导致桩孔严重倾斜、偏移，甚至造成钻杆、钻具损坏。钻进过程中应随时清除孔口积土和地面散落土，遇到孔内渗水、塌孔、缩颈等异常情况，应立即提钻并采取相应处理措施。

钻进至桩底标高后，必须在该位置进行空转清土，然后停止转动并提起钻杆。注意在空转清土时不得加深钻进，提钻时钻杆不得回转。当孔底虚土厚度超过质量标准时，应采取处理措施。钻孔完毕后应用盖板盖好孔口，并防止在盖板上行车。

钢筋笼制作时，如钢筋笼较长则需分段制作，从加工组装精度、变形控制要求及起吊等因素综合考虑，分段长度一般宜定在 8m 左右。为防止钢筋笼在运输和吊装过程中产生过大的变形，除以适当的间隔布置加强箍筋外，还可在钢筋笼内侧设置临时支撑梁，或在钢筋笼外侧或内侧沿轴线方向设置支柱，以增大钢筋笼刚度。为保证钢筋保护层混凝土的厚度，一般需在主筋外侧设置钢筋定位器，其沿桩长的间距为 2~10m，每一断面设 4~6 处。

吊放钢筋笼时要避免碰撞孔壁。若钢筋笼分段制作，则需在吊放时逐段接长，即首先将第一段钢筋笼放入孔中，利用其上部加强箍筋将其临时固定在孔口位置，并保证主筋位置正确、竖直；然后，吊起第二段钢筋笼，用绑扎或焊接等方法与第一段钢筋笼顺直连接后向下放入孔中。如此逐段接长直至钢筋笼吊放至预定位置后，确认钢筋笼顶端标高并及时固定。

灌注混凝土应随钻随灌，成孔后不要过夜。遇雨天应特别注意防止成孔后孔内灌水。灌注混凝土至桩顶时应适当超过桩顶设计标高，以保证在凿除浮浆层后桩顶标高以下的混凝土质量满足设计要求。

2. 湿作业钻孔灌注桩施工

湿作业钻孔灌注桩振动小、噪声低，若采用特殊钻头可钻挖岩石。适用于填土层、淤泥层、黏土层、粉土层、砂土层、砂砾层等地质，采用特殊钻头时，可进入软质或硬质基岩，但不适用于自重湿陷性黄土和无地下水的地层。湿作业钻孔灌注桩施工流程如图 3-39 所示。

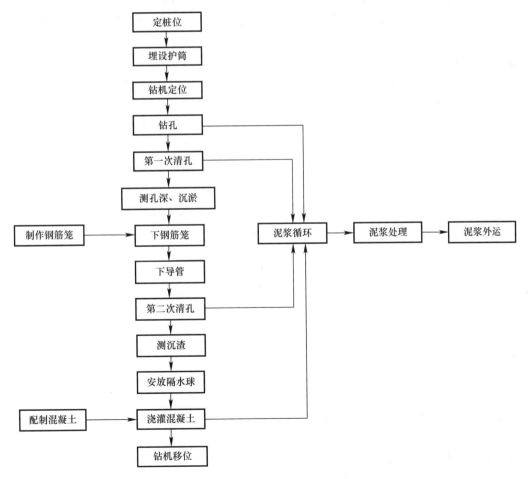

图 3-39　湿作业钻孔灌注桩施工流程

根据成孔工艺的不同，湿作业钻孔灌注桩施工有反循环施工法和正循环施工法两种。规划布置施工现场时，应首先考虑冲洗液循环、排水、清渣系统的安设，保证循环作业时冲洗液循环畅通，污水排放彻底，钻渣清除顺利。作业时应及时清除循环槽和沉淀池内沉淀的钻渣，必要时可配备机械钻渣分离装置。钻进时应根据地质条件和成孔工艺等，合理选择钻头、钻挖速度等，并调配泥浆性能，随时检查泥浆指标是否满足要求。

清孔分两次进行，第一次在成孔后立即进行，第二次在钢筋笼吊放和混凝土导管安装完毕后进行。清孔的目的是使孔底沉渣虚土厚度、冲洗液中钻渣含量和孔壁泥皮厚度符合质量标准和设计要求。常用的清孔方法有正循环清孔、泵吸反循环清孔和气举反循环清孔，都可利用相应钻孔机具直接进行，在排除钻渣的同时不断向孔内补给相对密度小的新泥浆或清水，达到清孔的效果。

灌注混凝土的过程中导管应始终埋在混凝土中，埋入深度最小不得小于 2m，导管应勤拆勤提，一次提管拆管不得超过 6m。灌注混凝土时应防止钢筋笼上拱。混凝土实际灌注高度应在设计桩顶标高上增加一定高度，以保证设计桩顶标高以下的混凝土符合设计要求。

1) 反循环施工法

反循环钻孔是在钻进过程中，冲洗液从钻杆与孔壁间的环状空间中流入孔底，并携带由钻头钻挖下来的岩土钻渣从钻杆内腔返回地面，冲洗液经沉淀后又返回孔内形成循环。除个别特殊情况外，一般不必使用稳定液，用天然泥浆护壁即可。反循环施工需在孔口设置护筒，其直径比桩径大 15% 左右，护筒内的液面要高出地下水位 2m 以上，以由此形成的压力差保护孔壁不坍塌。为保证护筒不漏浆，其端部应进入黏土层或粉土层，否则应在护筒外侧回填黏土并分层夯实。

按冲洗液的循环输送方式、动力来源和工作原理的不同，反循环钻孔可分为泵吸、气举和喷射等方法。

泵吸反循环的工作原理如图 3-40 所示。在钻杆的端部装有特殊形状的中空的反循环钻头，钻杆在注满冲洗液的钻孔内钻挖的同时，在真空泵的抽吸作用下，砂石泵及管路系统内形成一定的真空度，使钻杆内腔形成负压状态。在大气压力作用下，冲洗液携带被钻挖下来的钻渣通过钻杆内腔流到地面上的泥浆沉淀池中，经沉淀后冲洗液又流回孔内循环使用。

气举反循环的工作原理如图 3-41 所示。钻杆在注满冲洗液的钻孔内钻挖的同时，从钻杆下部的喷射嘴中喷出压缩空气，在钻杆内与冲洗液、被切削下来的砂土等形成"视比重"比水轻的泥砂水气混合物，在钻杆内外形成压力差，利用该压力差将泥砂水气混合物与冲洗液一起压升至地面的泥浆沉淀池中，经沉淀后冲洗液再流入孔内。

气举反循环在钻孔较浅时，由于钻杆内外的压力差不易建立，因而钻杆内流体上升速度慢，排渣性能差，尤其当钻孔深度小于 7m 时，压升是无效的。但当孔深增大后，只要相应增大供气量和供气压力，即可使钻杆内流体获得理想的上升速度，当孔深超过 50m 后，即能保持较高而且稳定的钻进效率。

喷射反循环是使高压水通过喷嘴高速通过钻杆上端，利用其流速在钻杆内产生负压，使处于低位的泥砂水混合物通过钻杆上升，与水一起流至地面的泥浆沉淀池，经沉淀后水流回孔内循环使用。

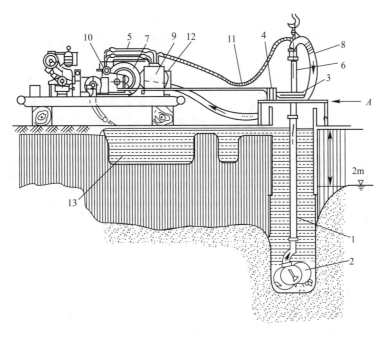

图 3-40　泵吸反循环工作原理

1—钻杆；2—钻头；3—旋转台盘；4—液压马达；5—液压泵；6—方形传动杆；

7—砂石泵；8—吸渣软管；9—真空柜；10—真空泵；11—真空软管；12—冷却水槽；13—泥浆沉淀池

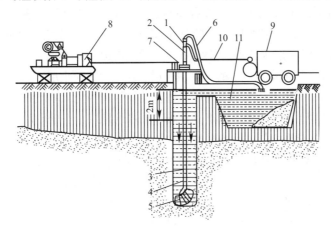

图 3-41　气举反循环工作原理

1—气密式旋转接头；2—气密式传动杆；3—气密式钻杆；4—喷射嘴；5—钻头；

6—压送软管；7—旋转台盘；8—液压泵；9—压气机；10—空气软管；11—水槽

　　泵吸反循环与喷射反循环驱动水流上升的压力一般不大于一个大气压，因此在钻孔较浅时效率较高，而当孔深大于80m时效率降低较大。施工时应根据工程实际需要选择适当的施工方法，以提高钻进效率。

　　2）正循环施工法

　　正循环钻孔是在钻进过程中，泥浆由泥浆泵输入钻杆内腔，经钻头上的出浆口射出，带动钻渣沿钻杆与孔壁之间的环状空间上升到孔口溢入沉淀池，泥浆经沉淀净化后循环使用，如图3-42所示。

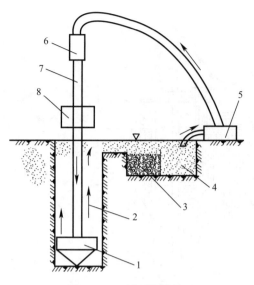

图 3-42　正循环钻孔施工
1—钻头；2—泥浆循环方向；3—沉淀池及沉渣；
4—泥浆池及泥浆；5—泥浆泵；6—水龙头；
7—钻杆；8—钻机回转装置

正循环施工法的钻机小、重量轻、场地狭窄时也能使用；设备、操作简单，故障相对较少；工程费用较低。但由于钻杆与孔壁之间的环状空间断面面积较大，泥浆上返速度低，携带泥砂颗粒直径较小，排除钻渣能力差，岩土重复破碎现象严重。因此其使用效果劣于反循环施工法。

为缓解上述问题，在正循环施工中需特别重视泥浆的作用：保持足够的泥浆量是提高正循环钻进效率的关键，同时要保证泥浆质量，适当提高泥浆相对密度和黏度，以提高泥浆悬浮钻渣的能力。

### 3.6.2　人工挖孔桩施工

**1. 概述**

人工挖孔桩成孔机具简单，无振动、无噪声、无污染。由于是人工挖孔，便于清底和检查成孔质量，可以核实地层土质情况，施工质量可靠。桩径可随使用要求变化而不受成孔设备限制，桩端可以人工扩大以提高承载力。灌注桩身混凝土时可人工入孔振捣，桩身质量较好。因国内劳动力成本低，故造价较低。但因人员在孔内作业，必须采取措施保障施工安全，否则易发生伤亡事故。且由于桩径较大，如用作支护结构时一般为 1000～1200mm，因此混凝土用量大。

人工挖孔桩适用于地下水位以上的人工填土层、黏土层、粉土层、砂土层、碎石土层和风化岩层，也可在黄土、膨胀土和冻土中应用，适应性较强。当施工场地狭窄，邻近建筑物密集或桩数较少时尤为适用。但对于地下水丰富且难以抽水的地层，有松砂层尤其是地下水位以下有松砂层，有连续的极软弱土层，孔内缺氧或含有毒气体等情况，不宜或不能采用人工挖孔桩。

人工挖孔桩施工所需的机具设备比较简单，主要包括：电动葫芦或手摇辘轳及提土桶（用于人员上下及材料和弃土的垂直运输）；扶壁钢模板或波纹模板；潜水泵（用于排除孔内积水）；鼓风机和送风管（用于向孔内强制送往新鲜空气）；镐、锹等挖土工具（若有硬土或岩石层还需准备风镐）；混凝土振捣工具以及应急软爬梯等。

**2. 施工工艺**

人工挖孔桩的施工流程如图 3-43 所示。

挖土时一般应分段开挖，分段高度取决于孔壁的自稳能力，一般 0.8～1.0m 为一个施工段。挖土顺序为先中间后周边，弃土装入提土桶内垂直运输至孔口，垂直运输机具可根据挖孔深度等实际条件选用电动或手动工具。如遇大量渗水，则在孔底一侧挖集水坑，用潜水泵排水。

采用现浇混凝土护壁时，护壁模板一般由 4～8 块活动钢模板或木模板组合而成，模板高度由施工段高度确定。在模板上方设置钢制操作平台，操作平台一般由两个半圆组成，用于浇注护壁混凝土。第一节护壁宜高出地面约 200mm，以便于挡水和定位，并防止杂物滚落孔内。开挖后应尽快灌注护壁混凝土，且必须在 24h 内一次性灌注完毕。

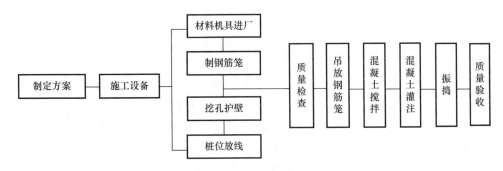

图 3-43　人工挖孔桩施工流程

护壁混凝土应振捣密实，上下两节护壁间搭接 50～75mm。护壁厚度应按地下水土压力计算确定，一般取 100～150mm。护壁可采用素混凝土，但当桩径、桩长较大或土质较差、有渗水时应配筋，配筋时上下护壁的主筋搭接应符合要求。护壁分为外齿式和内齿式两种，如图 3-44 所示。其中，外齿式抗塌孔的效果更好，便于人工用钢钎等捣实混凝土，还能增大桩侧摩阻力。

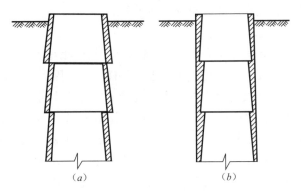

图 3-44　混凝土护壁形式
(a) 外齿式；(b) 内齿式

待护壁混凝土达到一定强度，一般为 12～24h 后，可拆除模板进行下一施工段的开挖，然后继续支模浇筑护壁混凝土，如此循环。挖至设计要求的深度后，可吊放钢筋笼，并再次检查成孔质量，测量孔底虚土厚度。孔底虚土沉渣必须清理干净，如有扰动或超挖，应在清理干净后用低强度等级混凝土垫平补齐，不允许垫土、垫砂。

灌注混凝土时应使用串桶或导管，并垂直灌入孔内，尤其是对于无护壁的情况，避免混凝土冲击孔壁造成塌孔。混凝土应分层灌注，每层高度不得超过 1.5m，灌注时应分层振捣密实，直至桩顶。

3. 注意事项

在施工图会审和桩孔挖掘前，应认真研究钻探资料，分析地质情况，对可能出现的流砂、管涌、涌水及有害气体等情况应制定有针对性的安全防护措施。

为防止孔壁坍塌，应根据桩径大小和地质条件采取可靠的护壁措施，如现浇混凝土护壁、喷射混凝土护壁或波纹钢模板工具式护壁等。土质较好时，也可不用护壁，一次性挖至设计标高后灌注桩身混凝土成桩。

当孔内有人时,孔上必须有人监督防护,不得擅离岗位。孔口四周应设置安全防护栏杆。孔口操作平台应自成稳定体系,防止在护壁下沉时被拉垮。在孔口设水平移动式活动安全盖板,提土桶卸土时应关闭活动盖板,以防土块、操作人员等掉入孔内伤人。

孔内必须设置应急软爬梯。供人员上下孔使用的电葫芦、吊笼等应安全可靠并配有自动卡紧保险装置,不得使用麻绳、尼龙绳吊扶或脚踏井壁凸缘上下。

施工场地内所有电源、电路的安装和拆除必须由持证电工规范操作。有多个桩孔时,各孔用电必须分闸,严禁一闸多用。孔上电缆必须架空 2.0m 以上,严禁拖地和埋压在土中。孔内电缆电线必须有防湿、防潮、防断等保护措施,照明应采用安全矿灯或12V 以下的安全灯。

当孔深超过 5m 时,每天开工前应进行有毒气体检测,挖孔时也应时刻注意是否有有毒气体。当孔深超过 10m 时应采取通风措施,风量不宜少于 25L/s。挖孔时加强对孔壁土层涌水情况的观察,发现异常应及时采取处理措施。

多个桩孔同时开挖时应间隔挖孔,以避免相互影响,防止土体滑移。灌注桩身混凝土时,相邻 10m 范围内的挖孔作业应停止,且人员不得留在孔内。挖出的土方应及时运走,不得堆放在孔口附近。机动车不得在桩孔附近通行。

### 3.6.3 咬合桩施工

咬合桩是由钢筋混凝土桩与素混凝土桩间隔排列,构成相互切割咬合的桩墙,如图 3-45 所示。由于桩与桩之间相互咬合,可一定程度上传递剪力,因而其整体性较分离式的排桩墙好。在桩墙受力变形时,素混凝土桩与配筋混凝土桩起到共同作用的效果。

咬合桩施工采用全套管灌注桩机,其施工顺序如图 3-46 所示,为 A1→A2→B1→A3→B2→A4→B3,以此类推,其中 A1、A2、A3 等为素混凝土桩,B1、B2、B3 等为钢筋混凝土桩。素混凝土桩采用超缓凝型混凝土先期浇筑,并在其初凝前利用套管钻机的切割能力切割掉与相邻钢筋混凝土桩相交部分,然后浇筑钢筋混凝土桩,实现相邻桩的咬合。

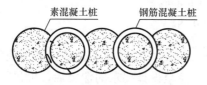

图 3-45　咬合桩构造

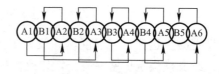

图 3-46　咬合桩施工顺序

对于全套管咬合桩的施工,需在钻孔前先施工导墙,以控制咬合桩的平面位置,确保护筒的竖直,并作为施工机具的工作平台,防止孔口坍塌,保证全套管钻机平整作业。当导墙有足够的强度后,方可定位钻机开始成孔。

单根咬合桩成孔时,先将第一节护筒压入土中 1.5～2.5m,冲抓斗随之从护筒内取土,一边抓土一边继续下压护筒。待第一节护筒全部压入(一般地面上留 1～2m 以便于接筒),经检测垂直度合格后,接第二节护筒,如此循环直至达到设计桩底标高。由于采用钢护筒,当遇到地下障碍物时,可吊放作业人员下孔清除障碍物。

由于在 B 桩成孔过程中,A 桩混凝土未完全凝固,有可能从 A、B 桩相交处涌入 B 桩孔内,形成"管涌",其防治措施有:控制 A 桩的混凝土坍落度<14cm;护筒应插入开挖面以下至少 1.5m;实时观察 A 桩混凝土顶面,若发现下陷应立即停止 B 桩开挖,并一边

尽量下压护筒一边向 B 桩孔内填土或注水，直至止住"管涌"。

浇筑混凝土时，须一边浇筑一边拔护筒，但应注意保持护筒底低于混凝土面至少 2.5m。为避免拔护筒时带起钢筋笼，可减小 B 桩混凝土骨料粒径，或在钢筋笼底部焊上一块比其自身略小的薄钢板，以增加抗浮能力。

咬合桩施工时不仅要考虑素混凝土桩混凝土的缓凝时间控制，注意相邻的素混凝土桩和钢筋混凝土桩施工时间的安排，防止因素混凝土桩强度增长过快而造成钢筋混凝土桩无法施工，还应控制好成桩的垂直度，防止因桩身垂直度偏差较大而造成搭接效果不好，甚至出现基坑围护因漏水、无法止水而失败的情况。

## 3.7 型钢水泥土搅拌墙施工

### 1. 施工机械

型钢水泥土搅拌墙（SMW 工法）是在连续套接的三轴水泥搅拌桩内插入型钢，形成复合围护结构。该种围护结构止水性能好，施工速度快，型钢可回收重复利用，成本较低，且对周围环境影响小。广泛适用于填土、淤泥质土、黏性土、粉土、砂性土、饱和黄土等地质，特别适合以黏土和粉细砂为主的松软地层，若采用预钻孔还可用于较硬的地层，但对于含砂卵石的地层要经过适当处理后方可采用。

SMW 工法施工应根据地质条件、作业环境和成桩深度等条件，选用不同形式或不同功率的三轴搅拌机、合适的钻头以及性能与三轴搅拌机的成桩深度和提升能力相匹配的桩架。三轴搅拌机有普通叶片式、螺旋式或同时具有普通叶片和螺旋叶片等几种类型，在黏性土中宜选用普通叶片式搅拌机，在砂性土中宜选用螺旋叶片式搅拌机，在砂砾土中宜选用螺旋式搅拌机。在钻头的选择上，软土中可选用鱼尾式平底钻头，硬土中可选用定心螺旋尖式钻头，如图 3-47 所示。

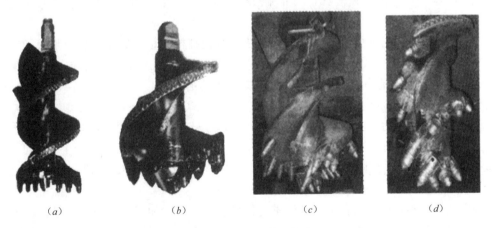

图 3-47 三轴搅拌机钻头
(a) 鱼尾式平底钻头；(b)~(d) 定心螺旋尖式钻头

### 2. 施工顺序和工艺流程

SMW 工法中，三轴水泥搅拌桩应采用套接一孔施工，施工顺序一般分为以下三种：

1）跳槽式双孔全套打复搅式连接：这是常规情况下采用的连接方式，一般适用于 $N$

值 50 以下的土层，其施工顺序如图 3-48（a）所示，依次施工第 1 单元至第 5 单元。

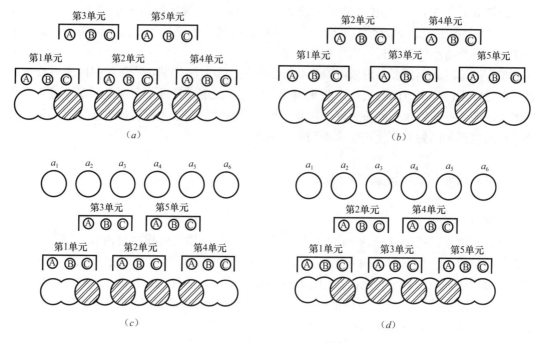

图 3-48　三轴水泥搅拌桩施工顺序

2）单侧挤压式连接：也适用于 N 值 50 以下的土层，一般在施工条件受限制时采用，如在围护结构转角处、密插型钢或施工间断等情况下，其施工顺序如图 3-48（b）所示。

3）先行钻孔套打方式，适用于 N 值 50 以上非常密实的土层以及 N 值 50 以下但混有粒径 100mm 以上石块的砂卵砾石层或软岩，其施工顺序如图 3-48（c）、（d）所示，先用螺旋钻孔机施工 $a_1$、$a_2$、$a_3$ 等孔，局部疏松和捣碎地层，然后再用三轴搅拌机按上述两种方法施工水泥搅拌桩。

SMW 工法的工艺流程如图 3-49 所示，由三轴搅拌机的钻头处喷出水泥浆液和压缩空气，并对地基土体进行原位搅拌使其混合均匀，然后在水泥土硬结之前插入 H 型钢，形成一道复合挡土止水结构。对于土质较差或周边环境复杂的工程，可在搅拌桩底部采用复搅施工，以保证搅拌桩质量。

三轴搅拌机就位后，搅拌轴正转喷浆搅拌下沉，反转喷浆复搅提升，即完成一组搅拌桩的施工。在桩底部分可适当持续搅拌注浆，对于土质较差或周边环境复杂的工程，可在桩底局部采用复搅施工。对于搅拌机不易匀速下沉的地层，可增加搅拌次数，以保证搅拌桩质量。

3. 施工参数控制

采用三轴搅拌机施工时，应保证三轴搅拌桩墙的连续性和接头的施工质量，桩体搭接长度应满足设计要求，以保证止水效果。一般无特殊情况，搅拌桩施工必须连续不间断地进行，如因特殊原因造成搅拌桩不能连续施工，间隔时间超过 24h 的，必须在其接头处外侧补做搅拌桩或旋喷桩，以保证止水效果。对地层浅部的不良地质应事先处理，以免中途停工延长工期及影响质量。如在施工中遇到地下障碍物、暗浜或其他勘察报告未述及的不良地质，应及时采取相应处理措施。

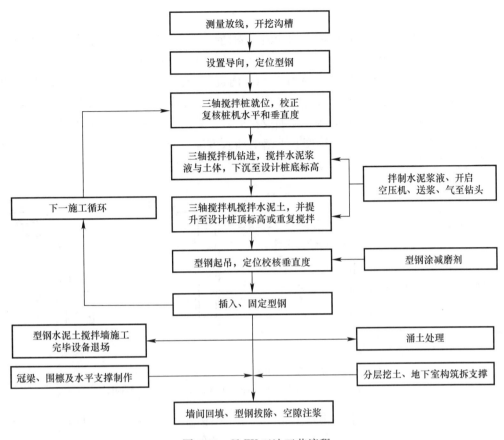

图 3-49　SMW 工法工艺流程

为保证成桩的垂直度，桩机就位后应保持底盘的水平和立柱导向架的垂直，并调整桩架垂直度，偏差应小于 1/250。具体做法是在桩架上焊接一半径为 4cm 的铁圈，从 10m 高处悬挂一铅坠，利用经纬仪校正钻杆垂直度，并使铅坠正好通过铁圈中心。每次施工前通过调节钻杆，使铅坠位于铁圈内，即可将钻杆垂直度偏差控制在 0.4% 以内。此外桩位偏差不得大于 50mm。

三轴搅拌机下沉速度应保持在 0.5～1.0m/min，提升速度应保持在 1.0～2.0m/min，并尽可能做到匀速下沉、匀速提升，使水泥浆和原地基土体充分搅拌。注浆泵流量应与三轴搅拌机的下沉和提升速度相匹配，一般下沉时喷浆量控制在总浆量的 70～80%，提升时控制在 20%～30%，并要确保每幅桩体的用浆量。施工时如因故停浆，应在恢复压浆前先将搅拌机提升或下沉 0.5m 后再注浆搅拌，以保证桩身的连续性。

水泥浆的水灰比及水泥掺入量应严格按照设计要求控制。对于黏性土特别是标贯值和黏聚力高的地层，其土体遇水湿胀，置换涌土多，螺旋钻头易形成土塞，不易匀速下沉，此时可调整搅拌机叶片的形式，增加复搅次数，适当增大送气量，水灰比控制在 1.5～2.0。对于透水性强的砂土地层，其土体湿胀性小，置换涌土少，此时宜控制下沉、提升速度和送气量，水灰比控制在 1.2～1.5，必要时在水泥浆中掺入 5% 左右的膨润土，既可堵塞漏失通道，保持孔壁稳定，又可增加水泥土的变形能力，提高围护结构抗渗性。

4. 型钢插入和拔除

为利于型钢的拔除回收，型钢表面应清灰除锈后，在干燥条件下涂抹加热融化的减摩剂。浇筑压顶梁时，型钢埋入压顶梁中的部分必须用油毡等硬质材料与混凝土隔离。

型钢的插入宜在搅拌桩施工结束后 30min 内进行，其过程如图 3-50 所示。型钢的插入必须采用牢固的定位导向架，必要时可用经纬仪校核型钢的垂直度。型钢宜依靠自重插入，也可采用带有液压钳的振动锤等辅助设备插入，采用振动锤时应注意不得影响周围环境，严禁采用重复吊起型钢后松钩使其下落的插入方法。当型钢插入到设计标高时，用吊筋将其固定，待搅拌桩硬化到一定程度后，将吊筋与槽沟定位型钢拆除。

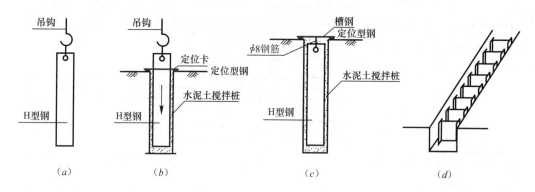

图 3-50　SMW 工法型钢插入

(a) H 型钢吊放；(b) H 型钢定位；(c) H 型钢固定；(d) H 型钢成型

型钢的拔除应在主体地下结构施工完成，地下结构外墙与搅拌桩墙之间回填密实后方可进行。型钢拔除采用液压千斤顶和吊车进行，在吊车无法到达的部位可采用塔式起重机或采取其他措施。在拔除过程中，逐渐升高的型钢需用吊车跟踪提升，直至完全拔出运离现场。根据环境保护要求，拔除时可采用跳拔、限制日拔除型钢数量等措施，并及时对型钢拔出后形成的空隙注浆填充。

## 3.8　地下连续墙施工

1. 概述

地下连续墙是在泥浆护壁的条件下，用特殊的成槽设备开挖一定长度的沟槽，在槽内放置钢筋笼后灌注混凝土，筑成一段钢筋混凝土墙体，完成一个单元墙段的施工。相邻单元的墙体之间采用特制的接头连接，即形成一条连续的地下钢筋混凝土墙，用于支护结构时同时具备挡土和止水的功能。

在地下连续墙的工程应用中，常将支护结构和主体结构相结合设计，即采取一定的结构构造措施后，在施工阶段以地下连续墙作为支护结构，而在正常使用阶段地下连续墙又作为地下结构的外墙，称为"两墙合一"。该方法能够降低工程总造价，具有良好的经济效益，配合逆作法施工时更可以缩短工期。

地下连续墙除在岩溶地区和承压水头很高的砂砾层中难以施工外，在其他各种土质中均可应用。其具有许多显著优点：施工时噪声低、振动小；墙体刚度大、整体性好，基坑开挖时变形小，对周围环境影响较小；抗渗性能好，采用基坑内降水时对坑外的影响较小。但是地下连续墙也存在一定局限性，如需对弃土和废泥浆进行处理、粉砂地层易发生槽壁坍塌及渗漏、墙面较粗糙、造价相对较高、需要专用的施工机械和专业施工人员等。

由于受施工机械的限制，地下连续墙的厚度有固定的模数，不能灵活调整，其造价通常也高于其他支护结构，只有在某些特殊情况下才能显示其经济性和技术优势，因此地下连续墙的选用必须经过认真的技术经济比较。一般对于开挖深度大于 10m 的深基坑或超深基坑，周边环境保护要求较高、对基坑本身的变形和防水要求较高的工程或采用"两墙合一"、逆作法的工程，可采用地下连续墙作围护结构。

2. 施工工艺

地下连续墙的施工流程如图 3-51 所示。其中主要工序有导墙施工、成槽施工、泥浆制备与处理、钢筋笼加工和吊放、施工接头、混凝土浇筑等。

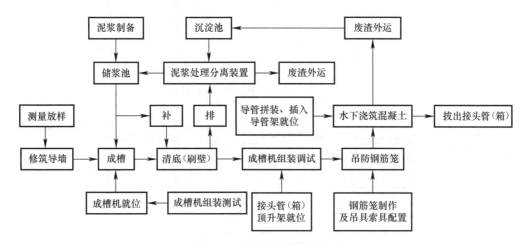

图 3-51　地下连续墙施工流程

1）导墙施工

地下连续墙成槽前应构筑导墙。导墙的作用有：作为测量基准、成槽导向；存储泥浆、稳定液位，维护槽壁稳定；稳定槽口土体，防止其坍塌；作为成槽机械、钢筋笼搁置、导管架等施工荷载的支承平台。导墙多采用现浇钢筋混凝土结构，也有钢制或预制钢筋混凝土的装配式结构，但预制式的导墙较难做到底部与土体结合良好，对防止泥浆流失不利。

常见导墙断面形式如图 3-52 所示，可根据土质条件和荷载情况等选用。其中（a）、（b）适用于土质好、荷载小的情况；（c）、（d）应用较多，一般适用于杂填土、软黏土等土层；（e）适用于导墙上有较大荷载的情况，其伸出部分的长度可根据荷载计算确定；（f）用于对有邻近建筑物的一侧加强保护；（g）适用于地下水位较高，为维持槽壁稳定需抬高泥浆液面的情况。

现浇式导墙的施工流程为：平整场地→测量定位→挖槽→绑扎钢筋→支模板→浇筑混凝土→拆模及设置横撑。导墙顶应高于地面 100mm 左右，以防止地表水流入槽内。拆模须在混凝土强度达到 70% 后方可进行，拆模后应立即设置横向支撑，防止导墙变位，直至成槽时才可拆除支撑。

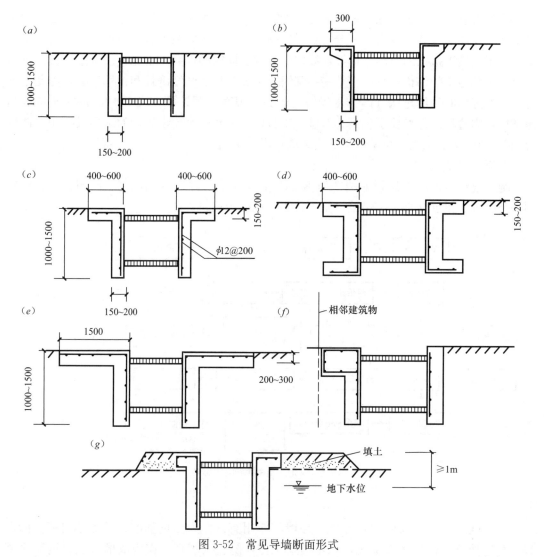

图 3-52　常见导墙断面形式

当表层土质较好，在导墙挖槽施工期间外侧土壁能保持垂直自立时，即以土壁代替外侧模板，避免拆模后回填土。当导墙外侧需使用模板时，拆模后应以黏土分层回填密实，防止地表水渗入，或泥浆掏刷土体引起槽壁坍塌。

2）成槽方法

常用的成槽机械主要分为抓斗式、冲击式和回转式三大类，相应的成槽工法也主要有抓斗式成槽工法、冲击式钻进成槽工法和回转式钻进成槽工法。

抓斗式成槽机是目前国内应用最广的成槽机械，广泛适用于 $N<40$ 的黏性土、砂性土及砾（卵）石土等，除大块的块（漂）石和基岩外，一般的地层中均可使用。工作时抓斗以斗齿切削土体并将其收纳在斗体内，从槽内提出后开斗卸土，如此循环往复挖土成槽。具有低噪声、低振动、抓斗挖槽能力强、施工高效、成槽精度高等优点，但是受掘进深度或硬质土层的限制时，会降低成槽工效，需配合其他成槽方法使用。

冲击式成槽工法施工机械简单、操作简便、成本低，但成槽效率低、成槽质量差，已不再作为主要的成槽方法。其在各种土层、砂层、砾（卵）石、块（漂）石、软岩、硬岩中都可使用，尤其在深厚漂石、孤石等复杂地质下施工时成本要远低于其他方式。国内冲击式钻进成槽工法主要有冲击钻进式和冲击反循环式。冲击钻进法是采用冲击钻机破碎岩石，然后用带活动底的收渣筒将钻渣取出而成孔；冲击反循环式是以冲击反循环机替代冲击钻机，在空心套筒式钻头中心设置排渣管或用反循环砂石泵抽吸含钻渣的泥浆，泥浆经净化后循环使用，其工效大大高于冲击钻进法。

回转式成槽机根据回转轴的方向分为垂直回转式与水平回转式。垂直回转式包括垂直单轴回转钻机和垂直多轴回转钻机，单轴钻机主要用于钻导孔，多轴钻机用于成槽。垂直多轴回转钻机成槽时通过多个钻头旋转，等钻速对称切削土体，用泵吸反循环的方式排出钻渣。适用于 $N<30$ 的黏性土、砂性土等不太坚硬的细颗粒土层。其具有无振动、无噪声、可连续进行挖槽和排渣、不需反复提钻、施工效率高、施工质量较好等优点，但在砾（卵）石层中或遇到障碍物时适应性不佳。垂直多轴回转钻机今年来正逐渐被抓斗式及水平回转式所替代。

水平多轴回转钻机即铣槽机，是目前国内外最先进的地下连续墙成槽机械，工作原理如图 3-53 所示。铣槽机对地层的适应性强，淤泥、砂、砾（卵）石、中等硬度的岩石中均可使用，配上特制的滚轮铣刀还可钻进抗压强度 200MPa 左右的坚硬岩石。其优点包括：低噪声、低振动；施工效率高，尤其在硬质地层中优势显著；成槽精度高；成槽深度大；设备自动化程度高，运转灵活，操作方便；可直接切割混凝土形成铣接头等。但不适用于存在孤石或较大卵石的地层，需配合采用冲击钻进法或爆破，对地层中掉落或存在的铁器、钢筋等也比较敏感。同时，由于设备价格昂贵、维护成本高，国内尚未广泛应用。

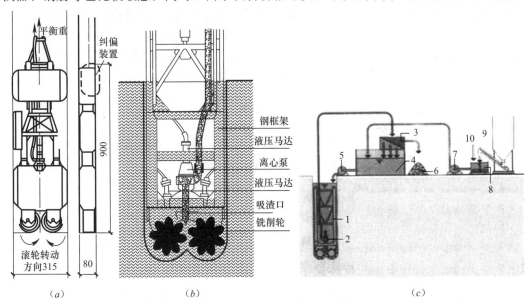

图 3-53 铣槽机工作原理

（a）铣槽机结构图；（b）切削原理图；（c）施工过程图

1—铣槽机；2—离心吸泥泵；3—除砂机；4—泥浆箱；5—供浆管；6—分离出的钻渣；

7—补浆泵；8—泥浆搅拌机；9—膨润土筒仓；10—水源

在复杂地层中施工时，还可根据相应的地质条件采用多种成槽工法的组合。

3）泥浆护壁

泥浆是成槽过程中维持槽壁稳定的关键，同时起到护壁、携渣、冷却机具和切土润滑的作用。目前工程中大量使用的主要是膨润土泥浆，泥浆的配合比需根据不同地区、不同地质水文条件和不同施工设备对泥浆的要求确定。

成槽时应严格控制泥浆液位高于地下水位 0.5m 以上，且不低于导墙顶面以下 0.3m，如液位下降应及时补浆，以防槽壁坍塌。在泥浆容易渗漏的土层施工时，应适当提高泥浆黏度并增加储备量，准备锯末、稻草末等堵漏材料，以便发生泥浆渗漏时及时补浆和堵漏。

施工过程中应定期对泥浆的质量控制指标进行检测，并及时调整。在遇到较厚的粉砂、细砂层时，可适当提高黏度指标。在地下水位较高又不宜提高导墙顶标高的情况下，可适当提高泥浆的相对密度，但不宜超过 1.25。当仅调整膨润土的用量不能满足要求时，可掺加重晶石粉等掺合物。

为减少泥浆损耗，在导墙施工中如遇到废弃管道要堵塞牢固，如遇到土层空隙大、渗透性强的地段应加深导墙。为防止泥浆被污染，挖槽完毕应仔细清理槽底土渣以减少劣质泥浆的数量，禁止在导墙沟内冲洗设备，灌注混凝土时导墙顶加盖板以防止混凝土落入槽内，不得无故提拉灌注混凝土的导管，并注意经常检查导管的水密性。

4）钢筋笼加工和吊放

钢筋笼的加工应根据地下连续墙墙体配筋图和单元槽段的划分进行，最好按单元槽段做成一个整体。如果地下连续墙深度很大或受到起重设备能力的限制，也可先分段制作，吊放时再逐段连接，接头宜采用帮条焊接。

制作钢筋笼时要确定浇筑混凝土时导管的位置。由于这部分空间要上下贯通，所以周围需增设箍筋和连接筋进行加固。纵向钢筋底端应稍向内弯折，以免吊放钢筋笼时擦伤槽壁，但向内弯折的程度亦不应影响混凝土导管的插入。加工钢筋笼时应根据其重量、尺寸、起吊方式和吊点布置，设置一定数量的纵向桁架，如图 3-54 所示。为增强整体刚度，还可设置横向桁架。

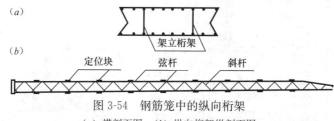

图 3-54　钢筋笼中的纵向桁架

(a) 横剖面图；(b) 纵向桁架纵剖面图

钢筋笼的起吊、运输和吊放应有周密的施工方案，避免在此过程中产生不可恢复的变形。起吊应采用横吊梁或吊架，吊点布置和起吊方式要注意防止起吊时引起钢筋笼发生过大的变形。起吊时，钢筋笼下端不得在地面上拖动以防钢筋变形，为防止钢筋笼起吊后在空中摆动，应在下端拽引绳以人力操纵。

将钢筋笼插入槽内时，要使其对准单元槽段的中心，吊点中心也应对准槽段中心，必须注意不要因起重臂摆动或其他因素影响使钢筋笼发生横向摆动，引起槽壁坍塌。钢筋笼插入槽内后，检查其顶端标高是否符合设计要求，然后将其搁置在导墙上。当钢筋笼是分段制作需要接长时，将下段钢筋笼垂直悬挂在导墙上，将上段钢筋笼垂直吊起与其形成直线连接。如果钢筋笼不能顺利插入槽内，应将其吊出，查明原因并解决后重新吊放，不能强行插放，以免引起钢筋笼变形或槽壁坍塌。

5）施工接头

施工接头应满足受力和防渗的要求，并要求施工简便、质量可靠，对下一单元槽段的成槽不会造成困难。常用的接头形式有锁口管接头、十字钢板接头、工字钢接头、"V"形接头、铣接头、接头箱接头等。

锁口管又称接头管，大多为圆形，该类接头具有构造简单；施工方便，工艺成熟；刷壁方便，易清除先期槽段侧壁泥浆；后期槽段吊放钢筋笼方便；造价较低等优点，是目前使用最广泛的接头方法。其缺点是属柔性接头，接头刚度差，整体性差；抗剪能力差，受力后易变形；接头为光滑圆弧面，无折点，易发生渗水；接头管的拔除与土体混凝土浇筑配合需十分默契，否则极易产生"埋管"或"塌槽"事故。锁口管接头的施工过程可跳格施工，如图 3-55 所示，也可逐段施工，如图 3-56 所示。

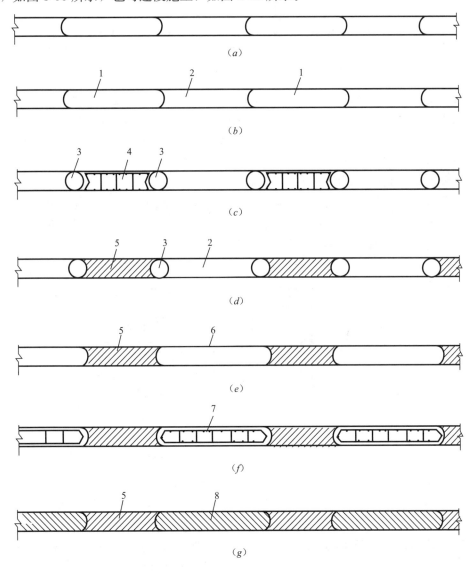

图 3-55　锁口管接头的跳格施工过程

(a) 待开挖的连续墙；(b) 开挖一期槽段；(c) 下接头管和钢筋笼；(d) 浇筑一期槽段混凝土；
(e) 拔起接头管；(f) 开挖二期槽段及下钢筋笼；(g) 浇筑二期槽段混凝土

1—已开挖的一期槽段；2—未开挖的二期槽段；3—接头管；4—一期钢筋笼；5—一期槽段混凝土；
6—拔去接头管的二期槽段；7—二期槽段钢筋笼；8—二期槽段混凝土

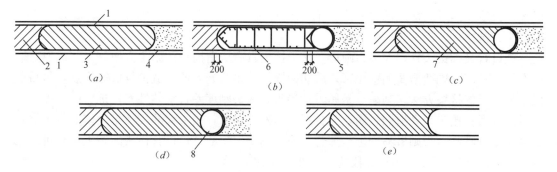

图 3-56　锁口管接头的逐段施工过程

(*a*) 开挖槽段；(*b*) 吊放接头管和钢筋笼；(*c*) 浇筑混凝土；(*d*) 拔出接头管；(*e*) 形成接头

1—导墙；2—已浇筑混凝土的单元槽段；3—开挖的槽段；4—未开挖的槽段；5—接头管；

6—钢筋笼；7—正浇筑混凝土的单元槽段；8—接头管拔出后形成的圆孔

十字钢板接头、工字钢接头和"V"形接头是目前大型地下连续墙施工中常用的三种接头，能有效地传递水、土压力和竖向力，整体性好，特别是当地下连续墙作为永久结构的一部分时，在受力和防渗方面安全性较高。该类接头钢板不需拔出，吊装比锁口管方便，也不会发生"埋管"等问题。

十字钢板接头是由十字钢板和滑板式接头箱组成，如图 3-57 所示。其优点是接头处设置了穿孔钢板，加长了渗水路径，防渗性能和抗剪性能都较好，当对地下连续墙的整体刚度或防渗有特殊要求时可采用。其缺点是工序多，施工复杂；刷壁和清除墙段侧壁泥浆较困难；抗弯性能不理想；钢板用量较多，造价较高。

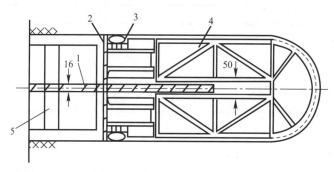

图 3-57　十字钢板接头

1—接头钢板；2—封头钢板；3—滑板式接箱；4—U 形接头管；5—钢筋笼

工字钢接头是一种隔板式接头，因工字钢接头的翼缘与钢筋骨架相焊接，增强了钢筋笼的强度和墙身刚度、整体性，接头处的泥壁容易清除，有利于保证接头质量。但这种接头在防混凝土绕流方面易出现问题，造成接头渗漏，因此在施工中应对接头处填充密实，尽量避免发生偏孔。

"V"形接头也是一种隔板式接头，如图 3-58 所示，因施工简便，多用于超深地下连续墙。为避免混凝土绕流，可将接头两侧及底部型钢适当加长，并包裹土工布或铁

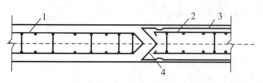

图 3-58　"V"形接头

1—在施工槽段钢筋；2—已浇筑槽段钢筋笼；

3—罩布（化纤布）；4—钢隔板

皮，使其在混凝土浇筑时与槽壁及槽底密贴。其优点有：设有隔板和罩布，能防止已施工槽段的混凝土外溢；工序较少，施工较方便；刷壁清浆方便，易保证接头质量。其缺点是刚度较差，受力后易变形，造成接头渗漏；罩布施工较困难且易破损。

铣接头即利用铣槽机可直接切削硬岩的能力，直接切削已完成槽段的混凝土，在不采用锁口管、接头箱等配套设备的情况下形成止水良好、致密的接头。该方法可节省接头钢板等材料费用，同时减轻钢筋笼重量，降低施工成本且便于施工；因不采用锁口管等设备，无须预挖区，也没有混凝土绕流问题，有利于保证施工安全和接头质量；不需要清除接头侧壁泥浆，铣掉先期槽段部分混凝土后露出新鲜粗糙的混凝土面，形成水密性良好的接头。

接头箱接头的施工方法与锁口管接头相似，只是以接头箱代替锁口管，其构造如图 3-59 所示。由于其相邻单元槽段的水平钢筋交错搭接，因此整体性好，刚度大，受力后变形小，防渗效果好。但这种接头构造复杂，施工工序多，施工麻烦；伸出的接头钢筋易碰弯，且给刷壁清浆和吊放后期槽段的钢筋笼带来一定的困难。

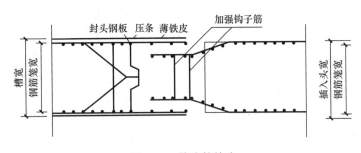

图 3-59　接头箱接头

6）混凝土浇筑

为便于混凝土灌注时向料斗供料和装卸导管，我国多用混凝土浇筑机进行地下连续墙的混凝土浇筑，机架跨在导墙上沿轨道行驶。导管在首次使用前应进行气密性试验，保证密封性能。混凝土浇筑开始时，导管应距槽底 0.5m。浇筑过程中，导管口应始终埋入混凝土 1.5m 以上，但也不宜超过 9m，否则会使混凝土在导管内流动不畅，甚至产生钢筋笼上浮。浇筑过程中导管不能作横向运动，防止将沉渣和泥浆混入混凝土内。

导管的数量与单元槽段的长度有关。如在一个单元槽段内使用两根或两根以上导管同时进行浇筑，应使各导管处的混凝土面大致处在同一标高上，混凝土面高差过大则易卷入泥浆。导管的间距取决于导管直径，一般为 3～4m，单元槽段端部易渗水，导管距端部不得超过 2m。量测混凝土面的高程时，可采用测锤或热敏电阻温度测定装置，应量测三个点取其平均值。

混凝土浇筑应连续进行，不能长时间中断，以保证墙身混凝土的均匀性。混凝土浇筑高度应超过设计标高 300～500mm，以保证在凿除浮浆后，设计标高以下的混凝土强度满足设计要求。

## 3.9　支锚体系施工

基坑工程中支撑结构的形式有多种，常用的主要有钢支撑和钢筋混凝土支撑两类，在工程应用中也可采用钢支撑与钢筋混凝土支撑组合的形式。无论何种支撑，其施工的总体原则都是相同的：土方开挖的顺序、方法必须与设计工况一致，并遵循"先撑后挖、限时支撑、分层开挖、严禁超挖"的原则进行施工，尽量减小基坑在无支撑条件下暴露的时间和空间。而支撑拆除时，必须遵循"先换撑、后拆除"的原则进行施工。

### 3.9.1 钢支撑施工

钢支撑的截面形式多采用圆钢管或大规格的 H 型钢，其具有架设和拆除速度快、架设完毕后可立即开挖下层土方、支撑材料可重复循环使用的特点，在节省工程造价和缩短工期方面有显著优势，一般适用于开挖深度一般、平面形状规则、狭长形的基坑工程。但其与钢筋混凝土支撑相比，变形较大，并且因杆件承载力较低，支撑间距相对较小，给挖土造成一定困难。为控制变形量，可根据变形发展，分阶段多次施加预应力。

钢支撑施工时，根据围护挡墙的结构形式及挖土施工方法的不同，围檩的形式有所区别。一般采用钻孔灌注桩、SMW 工法桩、钢板桩等作为挡墙时，必须设置围檩，一般首道支撑采用钢筋混凝土围檩，下道支撑采用型钢围檩。其中，混凝土围檩刚度大，承载力高，可增大支撑的间距；钢围檩施工方便，其与挡墙间的空隙宜用细石混凝土填实。当采用地下连续墙作为挡墙时，根据基坑形状和开挖工况不同，可以设置围檩，也可以不设置围檩。

无围檩体系一般用在地铁车站等狭长形基坑中。施工过程中应注意：当支撑与挡墙垂直时可采用直接连接，无须设置预埋件；当支撑与挡墙斜交时，应在挡墙施工时设置预埋件，用于支撑与挡墙间的连接。无围檩的支撑体系在施工过程中应注意防止基坑开挖发生变形后，支撑松弛、坠落，目前常用措施有两种：（1）凿开围檩处围护墙体露出钢筋，将支撑与挡墙钢筋相连接；（2）在围护墙体上设置钢牛腿，将支撑搁置在牛腿上。

钢支撑的施工流程一般包括测量定位、起吊安装、施加预应力和拆除支撑等步骤。

从受力可靠的角度考虑，纵、横向的钢支撑一般不采用重叠连接，而采用平面刚度较大的同一标高连接。第一层钢支撑施工时，因空间上无遮挡，如果支撑长度一般，可将某一方向的支撑在基坑外按设计长度拼接成整体，然后采用多点起吊的方式将其吊运至设计位置，进行整体安装。另一方向的支撑则需要分节吊装至设计位置后，采用螺栓连接或焊接等方式与已整体安装好的前一方向的支撑连接形成体系。下层钢支撑施工时，由于受已完成的第一层钢支撑限制，无法将某一方向的支撑整体吊装，因此应按"先中间、后两头"的原则进行吊装，并尽快将各节支撑连接起来，快速形成支撑体系。

预应力施加应在每根支撑安装完之后立即进行。在钢支撑安放到位后，将液压千斤顶放入活络端顶压位置，按设计要求逐级施加预应力。预应力施加到位后，再固定活络端，并烧焊牢固，防止支撑预应力损失后钢楔块掉落。因支撑长度较大，且安装误差造成难以保证其完全平直，为确保施加预应力时支撑的安全，预应力应分阶段施加，支撑上的法兰螺栓必须全部拧紧。拆除支撑前，应先解除预应力。

### 3.9.2 混凝土支撑施工

钢筋混凝土支撑的施工流程一般可分为施工测量、钢筋工程、模板工程及混凝土工程等分部工程。

1. 钢筋工程

钢筋工程的重点是粗钢筋的定位和连接，以及钢筋的下料、绑扎，确保钢筋工程质量满足相关设计和规范的要求。钢筋的加工制作方面，受力钢筋加工应平直、无弯曲，否则应进行调直。各种钢筋弯钩部分的弯曲直径、弯折角度、平直段长度都应符合设计和规范要求。箍筋加工应方正，不得有平行四边形箍筋，截面尺寸要标准，这样有利于钢筋的整体性和刚度，不易发生变形。钢筋的连接、绑扎均应按规范进行，对支撑与围檩、支撑与支撑、支撑与立柱之间的节点钢筋绑扎应引起充分注意，由于节点处的钢筋较密，钢筋的均匀摆放、穿筋合理安排将对施工质量和进度有较大的影响。

在第一道支撑施工过程中，如支撑梁钢筋与钢格构柱的缀板相遇，在征得设计同意的情况下，缀板可用氧气乙炔焰切割，但开孔面积不能大于缀板面积的30%；如支撑梁钢筋与钢格构柱的角钢相遇，可将支撑梁钢筋在角钢处断开，采用同直径的帮条钢筋同时与角钢和支撑梁钢筋焊接，焊接应满足相关规范要求。第二道支撑施工时，由于钢立柱已经处于受力状态，其角钢与缀板均不能切割，对于在实际施工中钢筋穿越难度较大的节点，应及时与设计联系协商确定处理措施，通常采用的措施即为钢筋在遇角钢处断开并用同直径的帮条钢筋同时与角钢和支撑梁钢筋焊接。

2. 模板工程

模板工程的目标为支撑混凝土表面颜色基本一致，无蜂窝、麻面、露筋、夹渣、锈斑和明显气泡存在。结构阳角部位无缺棱掉角，接头平滑、方正，模板拼缝基本无明显痕迹。混凝土表面平整，线条顺直，几何尺寸准确，外观尺寸允许偏差在规范允许范围内。

钢筋混凝土支撑的底模一般采用土模法施工，即在挖好的原状土面上浇捣厚100mm左右的素混凝土垫层作为底模。垫层施工应紧跟挖土进行，及时分段铺设，其宽度为支撑宽度两边各加100mm。为避免钢筋混凝土支撑与垫层粘在一起，施工时清除困难，应在垫层面上用一层油毛毡做隔离层，油毛毡宽度与支撑等宽，铺设时尽量减少接缝，接缝处应用胶带纸满贴，以防止漏浆。

压顶梁、围檩及支撑的模板典型做法如图3-60所示。

模板拆除时间根据同条件养护试块确定。应注意在土方开挖时必须清理掉支撑底模，防止底模附着在支撑上，在以后的施工过程中坠落。拆模时不要用力太猛，如发现有影响结构安全的问题时，应立即停止拆模，经处理或采取有效措施后方可继续拆除。拆模时严禁使用大锤，应使用撬棍等工具，模板拆除后不得随意乱放，防止模板变形或受损。

3. 混凝土工程

混凝土工程的目标为确保混凝土密实，质量优良，强度满足设计要求，特别是控制混凝土有害裂缝的发生。

混凝土浇筑时必须保证连续供应，避免出现施工冷缝，浇筑完毕后用木泥板抹平、收光，并在终凝后及时铺上草包或塑料薄膜覆盖养护，对侧面应在模板拆除后采用浇水养护，养护时间一般不少于7d，防止水分蒸发而导致混凝土表面开裂。对于基坑规模较大、单根支撑杆件长度较大的工程，由于混凝土在浇筑后会发生压缩变形、收缩变形、温度变形和徐变变形等效应，在超长的支撑杆件中负作用明显，因此需要分段浇筑以减少这些效应的影响。

支撑分段施工时，必须待施工缝处已浇筑的混凝土抗压强度达到1.2MPa以上，方可继续浇筑。继续浇筑前，应将施工缝处的混凝土表面剔毛，剔除松动石子，用水冲洗干净并充分湿润，然后刷素水泥浆一道。混凝土下料时要避免靠近缝边，机械振捣点距缝边30cm以上，缝边采用人工插捣，使新旧混凝土结合密实。

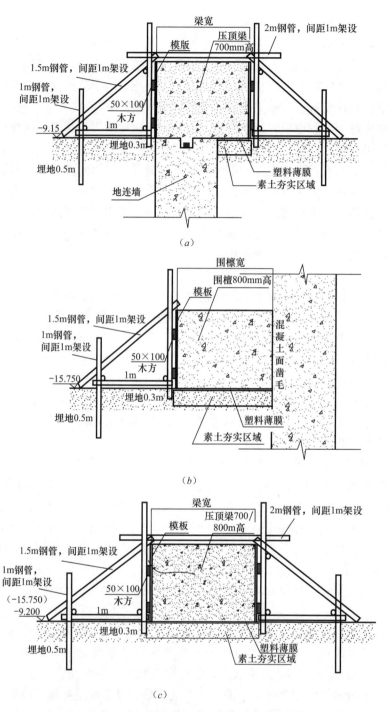

图 3-60　钢筋混凝土支撑体系模板做法

(a) 压顶梁模板；(b) 围檩模板；(c) 支撑模板

支撑结构与围护体等的连接部位也应按施工缝的处理要求进行处理，然后剥出、扳直和校正预埋的连接钢筋，冲洗混凝土接合面，使其保持清洁、润湿，即可进行混凝土浇筑。对于需要埋设止水条的部位，还须在连接面干燥时用钢钉固定延期膨胀型止水条。压顶梁上部需通长埋设刚性止水片时，应在混凝土浇筑前做好预埋工作，保证止水片埋设深度和位置的准确。

4. 支撑拆除

钢筋混凝土支撑拆除时，应严格按设计工况进行，并遵循"先换撑、后拆除"的原则。内支撑相应层的主体结构达到规定的强度等级，并可承受相应的内力时，在按规定的换撑方式将支护结构的支撑荷载传递到主体结构后，方可拆除该层内支撑。内支撑拆除应小心操作，不得损伤主体结构。在拆除下层内支撑时，支撑立柱及支护结构在一定时期内还处于工作状态，必须小心断开支撑与立柱、支撑与支护结构的节点，使其不受损伤。最后拆除立柱时，必须做好立柱穿越底板位置的加强防水措施。在拆除每层内支撑的前后，必须加强对周围环境的监测，出现异常情况应立即停止拆除并采取有效措施，确保换撑安全可靠。

目前，钢筋混凝土支撑的拆除方法一般有人工拆除法、静态膨胀剂拆除法和爆破拆除法三种。人工拆除法施工方法简单、机械设备简单、容易组织，但施工效率低，工期长，施工安全较差，且施工时噪声较大，粉尘较多，对周围环境有一定污染。静态膨胀剂拆除法施工方法较简单，静态膨胀过程噪声小、无粉尘、无飞石，其缺点是要钻的孔眼数量多，膨胀剂产生的胀力可使混凝土胀裂，但拉不断钢筋，仍需进一步破碎，工作量大，施工成本较高。爆破拆除法施工的技术含量较高，效率高，工期短，施工安全，成本介于上述两者之间，但爆破时产生的振动、声响及飞石会对周围环境有一定影响。

### 3.9.3 支撑立柱施工

支撑立柱目前用得最多的形式是角钢格构柱，即每根柱由四根等边角钢组成柱的四个主肢，四个主肢间用缀板进行连接，共同构成格构柱。格构柱可在工厂预制，考虑到运输条件的限制，一般均分段制作，单段长度一般不超过15m。

钢格构柱的现场安装一般采用"地面拼接、整体吊装"的施工方法，先将工厂预制后运至现场的分段钢立柱在地面拼接成整体，然后将其吊装至安装孔口上方，按设计要求调整好格构柱的方向，并将其与立柱桩的钢筋笼连接，调整垂直度和标高后固定，即可进行立柱桩混凝土的浇筑施工。

钢格构柱的垂直度将直接影响其竖向承载力，因此施工时必须采取措施将其各项指标的偏差度控制在设计要求的范围之内。首先，应特别注意提高立柱桩的施工精度，根据立柱桩的种类采用专门的定位措施或定位器械；其次，对钢格构柱的施工也必须采用专门的定位调垂设备对其进行定位和调垂。目前，钢立柱的调垂方法基本分为气囊法、机械调垂架法和导向套筒法三大类。其中，机械调垂法是最经济实用的，因此大量应用于立柱施工中。

### 3.9.4 土层锚杆施工

土层锚杆是将受拉杆件的一端固定在基坑外侧的稳定地层中，另一端与支护结构相连接，用于承受作用于支护结构的水平向荷载，其构造如图3-61所示。用拉杆锚固支护结构的最大优点是在基坑内部施工时，开挖土方与锚杆互不干扰，尤其是在基坑形状不规则或面积很大、支撑布置困难的条件下，以锚杆代替内支撑优势明显。且锚杆的作用部位、方向、间距、密度和施工时间可根据需要灵活调整，抗拔力可通过试验确定，以保证设计有足够的安全度。

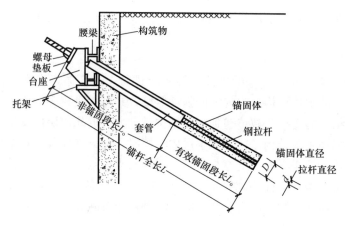

图 3-61　土层锚杆构造

### 1. 钻孔机械

锚杆施工采用的钻孔机械应根据地质条件和设备性能等合理选择，保证钻孔顺直，便于设置锚杆。钻孔机械的种类较多，国内在土层锚杆施工中常用的有回转式钻机、螺旋钻机和旋转冲击钻等。

回转式钻机是以钻头切削土体，钻渣通过循环水流排出孔外而成孔，适用于黏性土和砂性土地基。钻头可根据钻进土层的软硬不同选用。当在地下水位以下的粉质黏土、粉细砂、砂卵石及软黏土等松散土层中钻进时，应用套管保护孔壁，以避免塌孔。

螺旋钻机可使切削下来的土体沿螺旋叶片排出孔外，钻进时不需用水循环，不使用套管护壁，因此辅助作业时间少，钻进速度快，适用于在地下水位以上的黏土、粉质黏土及较密实的砂土中成孔。

旋转冲击钻又称万能钻机，可快速装卸，钻孔速度快，可钻任意角度的孔，根据地质条件可采用旋转、冲击或两者并用的方式钻进，同时打入套管，因此特别适用于砂砾石、卵石层及涌水地层。

### 2. 锚杆的制作与安装

锚杆的筋材可以采用钢筋，因承受荷载需要，拉杆由 2 根以上钢筋组成时，应将钢筋点焊成束，间隔 2～3m 点焊一点。为使拉杆钢筋能放置在钻孔的中心便于插入，宜在其下部焊船形支架，如图 3-62 所示，间隔 1.5～2.0m 一个。在孔口附近的拉杆应事先涂一层防锈漆，并用两层沥青玻璃布包扎做好防锈层，使注浆时砂浆能封住防锈层头部。

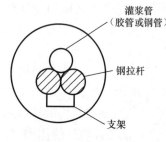

图 3-62　钻孔内的拉杆、
注浆管和支架

锚杆的筋材也可以采用钢绞线，此时也称锚索。由于锚索通常以一整盘的形式运送到现场，要在现场根据所需锚索长度切断，此时宜采用机械切割，不得使用电弧切割。钢绞线分为无粘结钢绞线和有粘结钢绞线。对无粘结钢绞线，应除去有效锚固段的保护层，并用溶剂或蒸汽清除该段的防护油脂。对有粘结钢绞线，应在锚索的自由段施作防腐层和隔离层。采用特殊形式的部件，还可加工制作压力分散型锚杆，充分发挥锚固段的锚固能力。

对于土层锚杆，要求在成孔后立即将拉杆插入孔内，避免塌孔。若钻孔时使用套管，则在插入拉杆并注浆后再将套管拔出。插入时应注意将拉杆有支架的一面向下，一般情况下注浆管应与拉杆同时插入到钻孔底部。锚杆一般由人工安装，对大型锚杆可采用吊装。如遇到锚杆推送困难的情况，宜将锚杆抽出查明原因，必要时重新清孔后再推送。

3. 注浆工艺

注浆管随拉杆同时插入钻孔内时，端部应临时包裹密封材料以免堵塞，注浆时浆液在压力作用下冲破密封材料注入孔内。注浆压力取决于注浆的目的和方法、注浆部位的上覆地层厚度等因素，通常锚杆的注浆压力不超过 2MPa。常用的注浆方式有一次注浆和二次高压注浆两种。

一次注浆即浆液通过注浆管从孔底开始向孔口灌注，直至浆液将钻孔灌满的注浆方法。随着浆液的注入，应逐步将注浆管向外拔出，但注浆过程中管口必须埋在浆液内，避免浆液内夹入空气或水等，以保证注浆质量。

二次高压注浆是在一次注浆形成的注浆体基础上，对锚杆的锚固段进行二次或多次高压劈裂注浆，使浆液向周围地层挤压渗透，形成直径较大的锚固体并提高锚杆周围地层的力学性能，大大提高锚杆承载能力，非常适用于承载力低的软弱土层。该方法需随拉杆同时插入二次注浆管，二次注浆管在注浆完成后不拔出。

4. 张拉锁定

锚杆注浆后养护 7～8 天，注浆体强度达到设计强度的 80％后，可用液压千斤顶进行预应力张拉。应注意预应力并非越大越好，当实际荷载较小时，过大的预应力作为反向荷载可能对支护结构不利。

由于高应力锚杆常由多根钢绞线组成，此时采用一次性张拉无法保证每一根钢绞线受力的一致性，可采用单根预张拉后再整体张拉的施工方法减小应力不均匀现象。使用小型千斤顶进行单根对称分级循环张拉的方法也可减小应力不均匀现象，但这种方法在张拉某一根钢绞线时会对其他钢绞线产生影响，通过增加分级循环次数可降低相互影响，一般可根据锚杆承载力的大小分为 3～5 级。

锚杆张拉应力的大小应按设计要求控制，由锚具回缩等原因造成的预应力损失通过超张拉的方法克服，超张拉值一般为设计预应力值的 5％～10％。考虑到张拉时应力向远端分布的时效性，以及施工的安全性，加载速率要平缓，并在达到每一级张拉应力的预定值后，使张拉设备稳压一定时间，确定张拉力稳定后再锁定。

## 3.10 本章小结

本章较为系统地介绍了常用的基坑支护结构设计与施工技术，具体内容包括：

1. 常用基坑支护结构的计算方法，包括土压力计算、放坡开挖稳定设计、土钉墙设计、水泥土重力式挡墙设计、桩墙式支护结构设计；

2. 常用基坑挡土结构的施工方法，包括土钉墙、钢板桩、钢筋混凝土板桩、钻孔灌注桩、人工挖孔桩、SMW 工法桩、咬合桩、水泥搅拌桩、高压旋喷桩、地下连续墙等；

3. 常用支锚结构的施工方法，包括钢支撑、混凝土支撑和预应力锚杆。

由于岩土工程的复杂性和设计依据的不确定性，如地质勘查报告不一定完全符合实际情况，支护结构的设计工况与施工工况不一定完全相符，设计计算理论不完善等，基坑工程存在一定的风险性，因此需要在施工过程中实行信息化施工和动态设计。即在施工过程中通过实时监测、分析、预测和反分析，充分利用已有的监测数据、分析理论和计算工具，分析和预测下一步施工过程中基坑位移和内力的发展趋势，优化支护设计参数和施工工艺，从而减少基坑施工对周边环境的影响，确保施工安全。

# 参 考 文 献

[1] 陈仲颐，叶书麟. 基础工程学 [M]. 北京：中国建筑工业出版社，1990.

[2] 桩基工程手册 [M]. 北京：中国建筑工业出版社，1995.

[3] 黄强. 深基坑支护工程设计技术 [M]. 北京：中国建材工业出版社，1995.

[4] 黄绍铭，高大钊. 软土地基与地下工程（第二版）[M]. 北京：中国建筑工业出版社，2005.

[5] 姚天强，石振华. 基坑降水手册 [M]. 北京：中国建筑工业出版社，2006.

[6] 刘国彬，王卫东. 基坑工程手册（第二版）[M]. 北京：中国建筑工业出版社，2009

[7] 陈中汉，程丽萍. 深基坑工程 [M]. 北京：机械工业出版社，1999.

[8] 俞建霖，龚晓南. 深基坑空间效应的有限元分析 [J]. 岩土工程学报，1999，21（1）：21-25.

[9] 李广信. 基坑支护结构上水土压力的分算与合算 [J]. 岩土工程学报，2000，22（3）：348-352.

[10] 王祥秋等. 拉锚式围护结构在深基坑工程中的应用 [J]. 建筑技术开发，2001.

[11] 杨光华. 深基坑支护结构的实用计算分析方法及其应用 [M]. 北京：地质出版社，2004.

[12] 冯俊福. 杭州地区地基土 m 值的反演分析 [硕士学位论文] [D]. 浙江大学，2004.

[13] 芦森. 分步开挖和逐级加撑的地铁车站深基坑围护结构性状研究 [硕士学位论文] [D]. 浙江大学，2005.

[14] 王先登，郝勇. 深基坑桩锚围护结构变形探讨 [J]. 中国水运，2006，（03）.

[15] 沈健. 基于"m"法的软土地区基坑工程时空效应研究 [D]. 上海交通大学，2006.

[16] 王卫东，王建华. 深基坑支护结构与主体结构相结合的设计、分析与实例 [M]. 北京：中国建筑工业出版社，2007.

[17] 曹艳霞. 深基坑土钉墙数值模拟研究 [硕士学位论文] [D]. 武汉理工大学，2008.

[18] 潘锋. 柔性围护的深基坑有限元模拟分析 [硕士学位论文] [D]. 合肥工业大学，2009.

[19] 周玲. 深基坑内支撑支护机构上的土压力分布研究 [硕士学位论文] [D]. 浙江工业大学，2009.

# 第4章　盾构法隧道设计与施工技术

　　便捷的地下交通设施是确保城市地下综合体人流快速、舒适到达和疏散的关键要素。国内外著名的城市综合体大都建设在轨道交通沿线，并结合轨道交通站点设置大型的地下综合体，涵盖地下商业、地下步行街、交通隧道、地下停车等。比较著名的如美国纽约洛克菲勒中心地下广场、日本东京六本木综合体地下广场、日本大阪地下商城、加拿大多伦多伊顿中心地下城、上海日月光中心地下综合体、北京中关村地下广场购物中心等。

　　连通城市地下交通综合体的地下交通设施和管道设施，如市政隧道、轨道交通、下水管、电力管道、共同沟等大都位于繁华的主城区。为了减少建设期对地面交通、市政管线的干扰，并创造文明整洁的施工环境，应尽量采用暗挖法施工，软土及地质条件复杂的地区一般推荐采用盾构法施工。盾构法隧道正在以其智能化操作带来的安全可靠、施工效率高、劳动强度低和环境影响小等优势，得到了越来越广泛的应用。

## 4.1　盾构法隧道概述

　　随着中国城镇化的发展和土地集约利用的要求越来越高，地下空间变成了越来越宝贵的资源。我国国民经济的快速发展，也带来土地的持续升值，城市的扩张与更新带来我国城市地下空间的开发进入了一个快速发展的新阶段。另外，交通拥挤是21世纪主要的城市问题，在高人口密度、高建设规模地区的交通地下化，将成为未来地下空间开发利用的重点。

图 4-1　城市地下空间开发示意图

　　城市的地下空间只有连成网络，才能更好发挥规模效益。如何在地下建造快速连通的通道是地下空间开发建设的重要课题。盾构法隧道就是应用于地面环境复杂、地质条件复杂、大深度、长距离、狭窄空间地下通道建设的最佳选择。

### 4.1.1 盾构法隧道原理及特点

盾构法是法国工程师布鲁奈尔（M. I. Brunel）于 1818 年提出并申请专利，1825 年用于建造横穿英国泰晤士河的水下隧道。第一条水下盾构隧道历经波折，发生了几次严重的涌水事故，并最终于 1843 年建成投入使用。之后，盾构法隧道在英国、法国、德国等欧洲国家和美国、日本等国家得到了广泛应用。中国自 1962 年在上海采用直径 4.16m 的普通敞胸盾构进行掘进试验，并于 1966 年用网格盾构建造了国内第一条水底隧道——打浦路隧道，盾构段隧道长约 1320m，外径 10m。进入 21 世纪，随着中国城市建设，特别是轨道交通建设进行高潮期，盾构技术得到了全面的发展，并基本实现了全国产化。

盾构法是暗挖隧道施工方法的一种，此法是在盾构机钢壳体的保护下，控制开挖面及周围地层不发生坍塌失稳，依靠其前部的刀盘或挖掘机开挖地层，并在盾构机壳体内完成出渣、管片拼装、推进等作业。其中"盾"即指保持开挖面稳定性的刀盘和压力舱、支护岩土体的盾构钢壳。由于盾构一般适用于以土为地层的隧道工程施工中，与岩石围岩不同，土体自稳能力较差，所以保持开挖面稳定的系统（盾）就非常重要。主要原理就是尽可能在不扰动地层的前提下完成施工，从而最大限度地减少对地面建筑物及地下设施的影响。盾构施工作业安全，环境条件好，机械化程度高，进度快；其次，盾构隧道衬砌采用预制管片，现场拼装，防水效果好、质量可靠；另外，盾构施工无需采用其他辅助措施，即能适应松散软弱地层或其他含水土层，比浅埋暗挖法更安全；同时，随着盾构施工技术的发展和普及，其工程造价也逐步降低，其优势也越来越明显。

（a）　　　　　　　　　　　　（b）

图 4-2　采用盾构法施工的隧道

盾构法是相对于明挖法和矿山法而发展的一种暗挖工法。总的来说，明挖法适用于隧道埋深不太深，且施工区域无地面建筑物、地下管线少、交通疏解容易的情况下使用；矿山法适用于地质条件好，隧道埋深大且无明挖条件的情况下使用；盾构法对除强度极高的岩层外，其余大部分地质条件均较适宜，特别对于因受地面建筑物、地下管线、交通疏解影响而无法采用明挖法的情况，其施工质量易控制，造价相比其他工法有一定优势。三种工法的优缺点比较见表 4-1。

| 项目 | 明挖法 | 矿山法 | 盾构法 |
|---|---|---|---|
| 应用情况 | 适用于交通量小，管线改移少，房屋拆迁少，可与市政工程建设相结合的工程 | 适用于地质情况较好，地下水位低，房屋、管线多，交通疏解难，结构断面复杂多变的工程 | 适用于软土、复合地层等，地下水位高，房屋、管线多，交通疏解难，对沉降控制要求严格的工程 |
| 结构形式 | 形式多样的单跨或多跨矩形结构形式 | 形式多样的单跨或多跨马蹄形结构形式 | 单圆、双圆及矩形等结构形式 |
| 对交通影响 | 影响大，需中断地面道路交通 | 无影响 | 无影响 |
| 对管线影响 | 影响最大，须改移或悬吊 | 有一定影响，需采取注浆等保护措施 | 影响较小 |
| 对环境影响 | 对环境的干扰大 | 对环境的干扰小 | 对环境的干扰最小 |
| 对邻近建筑物影响 | 基坑失水沉降对周边建筑物影响大 | 影响较大，需对邻近建筑物采取跟踪注浆等保护措施 | 影响较小，必要时可根据监测情况对邻近建筑物采取注浆等保护措施 |
| 施工难度 | 技术、工艺简单，无需大型机械 | 技术、工艺较复杂，无需大型机械 | 需要有盾构机及其配套设备，技术、工艺复杂 |
| 施工风险 | 安全性好 | 人工开挖，支护封闭前安全性差 | 安全性好 |
| 作业环境 | 好 | 恶劣 | 较好 |
| 施工质量 | 采用模筑混凝土，质量控制较好 | 挂网喷混凝土、支护质量不易控制 | 预制管片精度高，质量可靠 |
| 施工工期 | 工作面易于铺开，施工速度快 | 作业环节多，施工速度慢 | 机械化程度高，施工速度快 |
| 结构防水 | 需采用全包外防水措施，防水可靠 | 防水质量不易保证 | 单层衬砌即可，防水可靠 |
| 沉降控制 | 较好 | 一般 | 好 |
| 投资可控性 | 一般 | 较差 | 较好 |
| 工程造价 | 随隧道埋深加大，投资增加 | 岩层中造价相对较低，土层中造价较高 | 岩层中造价相对较高，土层中造价较低 |

## 4.1.2 盾构机分类及选型

### 4.1.2.1 盾构机的分类

盾构技术已有 190 多年的历史，形成了各种各样的盾构机型和盾构工法，根据盾构土仓压力平衡的手段，目前常用的盾构机大致划分为三类，即：泥水式平衡盾构、土压平衡盾构和复合式盾构。其中，土压平衡盾构和泥水盾构在我国城市地铁建设中的应用较多；而复合式盾构则由于其技术复杂、造价昂贵，其应用较少，仅在岩石或复合地层中采用。

泥水式平衡盾构的工作原理是通过向密封舱内加入泥浆来平衡开挖面的水、土压力，其特点是能精确、快速调节工作压力以保持工作面稳定，因此控制地面沉降性能较好。盾构机内部空间较大，但弃土需进行泥水分离处理后才能丢弃，且分离设备庞大，并需放置于地面，只有当盾构直径较大时，才能将部分分离设备置于盾构车架中，因而占地面积多，价格昂贵。对于城市核心区内的盾构隧道，往往由于施工场地周边可征用的土地资源有限，限制了其应用。

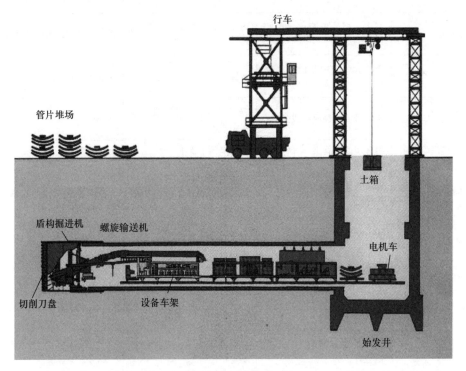

图 4-3　土压平衡盾构施工示意图

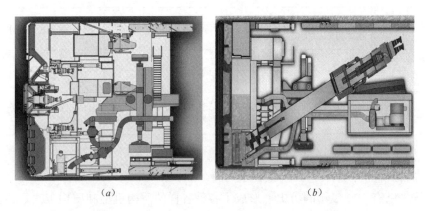

图 4-4　泥水平衡盾构与土压平衡盾构原理比较图

　　土压平衡盾构的工作原理则是向密封舱内加入塑流化改性材料，与开挖出的土体经过充分搅拌，形成具有一定塑流性和透水性低的塑流体，同时通过控制推进千斤顶速度与螺旋机向外排土的速度来调节平衡压力，实现工作面的压力平衡。由于土压平衡盾构机可以根据不同地层的地质条件，设计和配制出与之相适应的塑流化改性剂，极大地拓宽了该类机型的施工领域，且无需弃土分离设备，地面占用空间很小，非常适合经过城市内部大量成熟路段的隧道建设中使用。

加泥（加泡沫）式土压平衡盾构是在土压平衡盾构的基础上，吸收了泥水盾构的优点，特别是针对含砂性土的地层，可向土舱和开挖面加注含有土体改良成分的黏性土或泡沫，其主要目的首先是改善土体的流动性，提高土舱内压力的均匀性和压力平衡的效率，保持开挖面的稳定，加泥（加泡沫）系统不承担弃土的运输，所以弃土的量较少，且弃土可直接用车辆运输，无须进行泥水分离，方便、快捷。

复合式盾构是在土压平衡盾构基础上，吸取气压盾构和岩石掘进机的原理和优点发展起来的，主要用于岩石地区或土岩结合地层的隧道施工。复合式盾构的作业模式主要有敞开式、半敞开式和土压平衡式三种模式。敞开式盾构刀盘安装有滚刀等硬岩刀具，主要用于硬岩地层中；半敞开式盾构通过保持一定土舱储土量或充入压缩空气来平衡开挖面的水土压力，主要用于开挖面自稳能力不强的软岩地层中；土压平衡式复合盾构工作原理与一般土压平衡盾构相同。

#### 4.1.2.2 盾构机的选型

不同类型的盾构机械对地层条件有一定的适应范围，土压平衡盾构适应于细颗粒地层，切削的渣土易获得塑性、流动性和不透水性。而泥水压力平衡盾构既适应于细颗粒地层，也适应于较粗颗粒地层，在砂土地层中易形成泥膜，泥水压力作用于工作面，以防止地下水喷出，但由于其施工弃土须进行泥水分离，用地较大、造价昂贵。

（a）　　　　　　　　　　　　　　　（b）

图 4-5　泥水盾构渣土处理设备

地层渗透系数对于盾构选型是一个很重要的因素，根据施工经验：

1. 地层渗透系数 $K < 10^{-5}$ cm/s 时，宜选用土压平衡盾构；

2. 地层渗透系数 $10^{-5} < K < 10^{-2}$ cm/s 时，土压平衡盾构与泥水压力平衡盾构均适用；

3. 地层渗透系数 $10^{-2}$ cm/s $< K$ 时，宜选用泥水压力平衡盾构。

盾构的选型是否合理，是盾构施工成败的关键。选择盾构机类型时，除应考虑施工区段的地层条件、地面情况、隧道长度、隧道平面、工期和使用条件等因素外，还应结合开挖和衬砌等的施工问题，选择可以安全、经济地进行施工的盾构类型。

**盾构机选型比较表**

表 4-2

| 比较项目＼盾构类型 | 土压平衡式盾构 | 泥水平衡式盾构 |
|---|---|---|
| 地层适应性 | 适用于有一定细颗粒含量的地层，可通过调节添加材料的浓度和用量等辅助工法扩大地层适用范围 | 适合淤泥质黏土、粉土、粉细砂等各类软土地层及复合地层，特别是在渗透系数大，且水头较高的江、河、湖、海下优越性较大 |
| 地面沉降控制 | 压力控制精度相对较低，对地面沉降控制精度相对较低，更适用于中小直径的盾构掘进机 | 压力控制精度高，对地面沉降控制精度高，更适用于大直径的盾构掘进机 |
| 泥土输送方式 | 螺旋机＋皮带机＋电瓶车＋行车运至地面后弃土，输送间断不连续，施工速度慢 | 泥水管道输送，可连续输送，输送速度快而均匀；占用隧道空间小，但设备故障影响大 |
| 施工场地条件 | 所需施工场地较小 | 需泥浆制备处理场，施工场地较大 |
| 对周围环境影响 | 渣土运输对环境产生一定影响 | 泥浆处理设备噪声、振动及渣土运输对环境产生影响较大 |
| 方向控制 | 盾构周围地层压密，千斤顶推力大 | 地层与盾构之间有泥浆润滑，方向易控制，推力小，施工容易 |
| 止水性 | 通过土砂管理及加入添加剂，可防止喷发，但比泥水盾构差 | 在完全密封的条件下，故不会喷发 |
| 施工费用 | 开挖出来的原状土运至地面后可直接进行弃土作业，施工费用较泥水盾构低 | 弃土前需进行泥水分离作业，施工费用相对较高 |

综合上述分析，泥水平衡盾构由于需对泥浆进行处理而占用较大施工场地，虽然对地层扰动较小，但其泥浆处理对周边环境影响较大，且费用昂贵。泥水平衡盾构主要在高水压饱和粉细砂地层中对控制开挖工作面稳定性、地表沉降方面及保证施工进度方面优于土压平衡盾构。

土压平衡盾构具有施工占地少，排土效率高，掘进速度快，对周围环境无污染等优点。通过选择合适的盾构主体、刀具、推进系统、添加剂、辅助设备和措施，尤其适用于稳定能力较好、渗透系数小的粉质黏土、泥质粉砂岩等地层。

对于城市主城区内的富含砂性土地层，采用土压平衡盾构其开挖面稳定和弃土塑性、流动性较差，而由于地面用地条件紧张，限制了泥水平衡盾构的使用，这种情况下可优先选用加泥式土压平衡盾构，其具备以下优点：

1. 加泥式土压平衡盾构较泥水平衡盾构，地面施工占地小。

2. 加泥式土压平衡盾构能有效地控制施工对环境影响，施工噪声小，开挖土体直接由车辆运出，无泥水排放，满足环境保护要求。另外，对地层不需采取辅助措施（对土体改良在盾构机内部进行）。

3. 在盾构始发时，便于建立初始土压平衡，控制地面沉降。

4. 通过改良开挖面土体，更易控制涌气、涌水、涌砂事件的发生。

5. 加泥式土压平衡盾构在国内外应用越来越广泛，施工技术、经验较泥水平衡盾构更为成熟。

6. 盾构设备和盾构施工费用较低，经济性好。

## 4.2 盾构法隧道设计

盾构法隧道的设计依据其用途而不同，以轨道交通盾构隧道为例，其设计内容包括：隧道平面、纵断面及衬砌圆环布置设计、衬砌模板及配筋图设计、特殊衬砌结构设计、联络通道及泵房结构设计、结构防水设计、盾构工作井结构设计、盾构进出洞加固设计等。

### 4.2.1 设计原则

1. 盾构隧道设计应能满足城市规划、运营、施工、防排水、防腐蚀等要求；其结构应具有足够的强度、稳定性和耐久性，以满足使用期的需要。

2. 盾构隧道的设计，应根据沿线不同地段的具体条件，通过对技术经济、环境影响和使用效果等综合评价，选择安全、经济、合理的施工方法和结构形式。

3. 盾构隧道的净空尺寸，应满足使用建筑限界及施工工艺等要求，并应考虑施工误差、结构变形和隧道不均匀沉降的影响。

4. 盾构隧道的结构设计，应减少施工中和建成后对环境造成的不利影响，并应考虑城市规划引起周围环境的改变对隧道结构的影响。

5. 盾构隧道的覆土厚度不宜小于隧道外轮廓直径。在局部困难地段，覆土厚度允许适当减少，但应满足盾构隧道抗浮要求。过江、过河隧道确定覆土厚度时，应考虑江（河）水冲刷影响，并应满足规划航道要求和船舶锚击深度的要求。

6. 盾构隧道结构在荷载、结构、地层条件发生变化的部位或因抗震要求需设置变形缝时，应采取可靠的工程技术措施，确保变形缝两侧的结构不产生影响使用的差异沉降。变形缝的形式、宽度和间距应根据允许纵向沉降曲率、沉降差、防水和抗震要求等确定。

7. 盾构隧道衬砌宜采用接头具有一定刚度的柔性结构，应限制荷载作用下变形和接缝张开量，满足结构受力和防水要求。

8. 结构设计应按最不利地下水位情况进行抗浮稳定验算。

9. 盾构隧道结构应就其施工和正常使用阶段，进行结构强度计算，必要时也应进行刚度和稳定性计算。对于混凝土结构，尚应进行抗裂验算或裂缝宽度验算。当计入地震荷载或其他偶然荷载作用时，不需验算结构的裂缝宽度。

10. 区间隧道应进行横断面方向的受力计算，遇下列情况时，也应对其纵向强度和变形进行分析计算。

1）覆土荷载沿隧道纵向有较大变化时；

2）隧道直接承受地面建构筑物等较大局部荷载时；

3）基底地层有显著差异时；

4）地基沿纵向产生不均匀沉降时；

5）地震作用时。

11. 当隧道结构位于液化地层时，应考虑地震及其他振动源可能对地层产生的不利影响，并根据结构和地层情况采取相应的技术措施。

12. 盾构隧道结构耐火等级应根据其实际使用需要，满足相关防火规范规定。

### 4.2.2 计算模型及方法

#### 4.2.2.1 荷载

盾构隧道结构计算荷载类型和计算取值按表 4-3 采用。结构设计时根据结构类型，按结构整体和单个构件可能出现的最不利组合，依相应的规范要求进行分析，并考虑施工过程中荷载变化情况分阶段计算。

结构荷载表 表 4-3

| 荷载类型 | 荷载名称 | | 荷载计算及取值 |
|---|---|---|---|
| 永久荷载 | 结构自重 | | 按构件实际重量计算 |
| | 竖向地层压力 | | 黏性土层中的竖向地层压力宜按全部覆土压力计算，砂性土中可根据具体情况（地层性质、隧道埋深等）按卸载拱理论或全部覆土压力计算 |
| | 侧向地层压力 | | 根据结构受力过程中结构位移与地层间的相互关系，可按主动土压力理论计算 |
| | 静水压力及浮力 | | 按最不利地下水位计算水压力 |
| | 混凝土收缩及徐变影响 | | 混凝土收缩的影响按降低温度的方法计算，混凝土徐变的影响按提高温度的方法计算 |
| | 设备重量 | | 按实际设备重量考虑，对动力设备考虑动力系数 |
| | 侧向地层抗力及地层反力 | | 按结构形式及其在荷载作用下的变形、结构与地层刚度、施工方法等情况及土层性质，根据所采用的结构计算简图和计算方法加以确定 |
| | 地面建筑物荷载 | | 按建筑物实际荷载考虑 |
| 可变荷载 | 基本可变荷载 | 地面车辆荷载及其动力作用 | 一般按 20kPa 的均布荷载考虑 |
| | | 地面车辆荷载引起的侧向土压力 | 一般按 20kPa 的均布荷载作用于地层上考虑 |
| | | 隧道内车辆荷载及其动力作用 | 按车辆荷载所采用的车辆轴重、排列和制动力计算 |
| | | 人群荷载 | 按 4kPa 计算 |
| | 其他可变荷载 | 施工荷载 | 施工机具、地面材料堆载按实际情况考虑 |
| | | 温度变化影响 | 使用阶段温度变化根据所在地区实际温度情况考虑，施工期间按混凝土内部峰值考虑 |
| 偶然荷载 | 地震作用 | | 按所在地区地震区划确定的地震荷载 |
| | 人防荷载 | | 按所在地区人防主管部门确定的人防荷载 |

#### 4.2.2.2 结构计算方法

盾构隧道的结构计算可按平面问题进行，管片间的接头对衬砌内力分布有较大影响。采用通缝拼装的衬砌结构，常用的计算模式是等刚度的弹性匀质圆环或弹性铰圆环。对于错缝拼装的衬砌结构，必须考虑接头部位抗弯刚度的下降、环间剪切键等对隧道结构总体刚度的补强作用。目前，关于盾构隧道衬砌的平面计算方法常用的有惯用法、修正惯用法、多铰圆环法、错缝双环弹簧法等。

此外，还需对盾构隧道进行接头部位螺栓强度验算、接缝张开量验算、盾构千斤顶顶力作用下的局部承压验算。而对于荷载、基底地层沿隧道纵向有较大变化的地段，尚应进行结构纵向强度和变形计算。在结构空间受力作用的区段，应进行结构空间受力分析。

1. 惯用法

惯用法是将管片环作为刚度均匀的环来考虑，此方法不考虑管片接头部分的弯曲刚度下降，管片环和管片主截面具有相同的刚度，并认为全环的弯曲刚度均匀分布。

2. 修正惯用法

本计算方法首先将单环以匀质圆环计算，但考虑环向接头存在，圆环整体的弯曲刚性降低，取圆环抗弯刚度为 $\eta EI$（弯曲刚性有效率 $\eta < 1$），算出圆环水平直径处变位 $y$ 后，计入两侧抗力 $P_k = k \cdot y$（图 4-6），然后考虑错缝拼装后整体补强效果，进行弯矩的重分配。

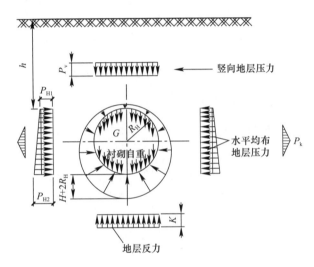

图 4-6　圆形盾构隧道结构荷载简图

接头处内力：

$$M_f = (1 - \varepsilon) \times M \tag{4-1a}$$

$$N_f = N \tag{4-1b}$$

管片：

$$M_g = (1 + \varepsilon) \times M \tag{4-2a}$$

$$N_g = N \tag{4-2b}$$

式中　$\varepsilon$——弯矩调整系数，根据国内外经验，在初步确定盾构隧道管片参数时，$\varepsilon$ 取 20%～30%；

$M$、$N$——分别为分配前的匀质圆环计算弯矩和轴力；

$M_f$、$N_f$——分别为分配后的接头弯矩和轴力；

$M_g$、$N_g$——分别为分配后管片本体弯矩和轴力。

3. 多铰圆环法

多铰圆环法将管片接头假定为铰结构，地层与管片环之间的相互作用用土层弹簧来表示。该方法计算中低估了接头处的弯矩，因此只有在围岩强度较高时可采用本方法。

### 4. 错缝双环弹簧法

该方法主要用于模拟错缝拼装的衬砌环的荷载效应。该模型将管片简化成曲梁，每一圆环均为多铰圆环，在管片块与块间纵缝内设置回转弹簧模拟，在相邻环与环间设径向剪切弹簧、切向剪切弹簧模拟管片之间错缝拼装接头，地层抗力采用地层法向弹簧模拟，该方法是一个较为接近实际情况的设计计算方法。

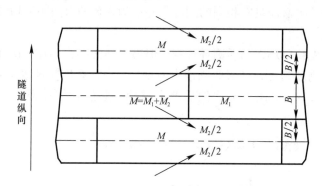

图 4-7　错缝拼装弯矩传递及分配示意图

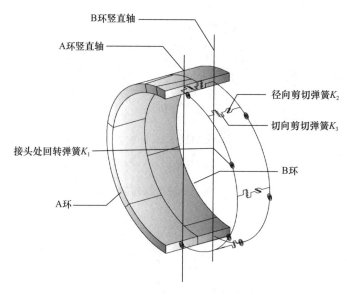

图 4-8　错缝双环弹簧模型计算简图

### 5. 几种计算方法的比较

上述几种计算方法，其自重、上覆荷载、垂直及侧向水土压力、上部垂直荷载抗计算力的设定是基本一致的，主要的区别在于水平地层抗力的假定方法上，惯用法和修正惯用法是将水平地层抗力作为一个三角形均布荷载来模拟，而多铰环法及错缝双环弹簧法是通过地层弹簧来模拟的。

经大量工程实例计算表明，修正惯用法和错缝双环弹簧法的计算弯矩较大，而且两者计算结果相近，多铰环法的计算弯矩最小，惯用法的计算弯矩居中。

由于错缝双环弹簧法计算时考虑管片环中螺栓及管片环与环之间螺栓的作用，管片和螺栓之间存在刚度差异，在受弯时管片需要承受的弯矩更大一些，所以计算弯矩比较大。

而修正惯用法是在惯用法计算弯矩的基础上，考虑螺栓的作用对弯矩乘以一个增加系数，所以计算弯矩也比较大。多铰环法把接头考虑为铰接，整个管片环的刚度较小，所以计算弯矩偏小。

错缝双环弹簧法与实际最为符合，但是其具体计算过程较为繁琐，需要编制复杂的程序。另外，管片间螺栓的旋转弹簧模量、管片环间的剪切弹簧模量的确定也会对计算结果有较大影响。修正惯用法计算方法简单，结果也比较符合实际，是一个简单实用的方法。对于一些超深埋、大直径盾构隧道应采用错缝双环弹簧法计算，而对于一般的盾构隧道可采用修正惯用法设计。有条件时，可采用错缝双环弹簧法进行校核。

根据相关计算模型得到盾构管片的内力值后，应根据压弯构件进行承载能力极限状态的强度计算，以及正常使用状态下的裂缝验算，根据计算结果设计管片尺寸及配筋。

### 4.2.3 盾构工作井设计及其加固方案

盾构工作井是为盾构机提供始发和接受条件的竖井，其设计的核心内容是根据盾构机参数确定盾构井尺寸，并根据地质条件确定其基坑围护方案、结构尺寸及端头加固方案。

1. 盾构工作井尺寸

盾构工作井净空尺寸要根据盾构机的直径、长度、后配套设备、线路埋深等确定。盾构始发工作井需考虑盾构机安装、井内运输设备布置及地面条件等，一般尺寸较大；而接收井满足盾构机吊出即可，因此尺寸较小。

1）盾构始发井纵向长度

盾构始发井纵向长度

$$L = L_1 + L_2 + L_3 + L_4 \tag{4-3}$$

式中　$L_1$——盾构机与工作井结构内壁间施工预留空隙；

　　　$L_2$——盾构机盾体长度；

　　　$L_3$——盾构始发时反力架与负环管片长度；

　　　$L_4$——盾构机后配套长度。

2）盾构接收井纵向长度

盾构接受井纵向长度

$$L = L_1 + L_2 \tag{4-4}$$

3）盾构井宽度

盾构井宽度

$$W = 2W_1 + D \tag{4-5}$$

式中　$W_1$——盾构机与工作井结构内壁间预留拼装空间；

　　　$D$——盾构机最大外轮廓直径。

盾构始发井一般结合其紧邻的明挖地下空间设置，此段地下空间可为盾构机连接桥及后配套设施提供安装操作空间。

2. 盾构工作井结构设计

盾构工作井均为明挖结构，由于盾构掘进时上方覆土一般不少于一倍洞径，基坑深度较深，且其井壁结构需提供盾构始发所需的较大的支座后反力，因此盾构井围护结构对强度和止水性能要求较高，经常采用的基坑围护方式有地下连续墙、钻孔灌注桩加止水帷幕、咬合桩等围护结构形式。

由于盾构工作井使用时间较长，特别是始发井在整个盾构掘进期间均需承担出土的功能（若无相接的明挖段），施工结束后盾构井作为地下空间继续使用，因此需在围护结构内再施做钢筋混凝土内衬结构，确保盾构井施工期间的安全及后期的使用功能。内衬结构包括内衬墙和各层板，其施工期间和使用期间所受荷载变化较大，因此需进行两个阶段的受力计算；盾构井端墙上预留盾构始发孔，其空间受力复杂，一般应进行三维空间计算，并考虑作用在侧墙和底板上的土层弹簧作用。

3. 盾构工作井端头加固方案

盾构进、出洞施工是盾构施工的关键工序，也是风险最大的环节之一。盾构始发井及接收井，一旦洞口土体受到扰动或破坏，在土体侧压力和水压力作用下，开孔部位坍塌的危险性很大，很可能造成地表塌陷或流砂，进而对邻近的地面建构筑物及地下管线产生严重破坏。因此，盾构工作井外侧必须采用土体加固措施，保证洞门外土体具备较强的自稳能力。

盾构始发井端头加固长度一般均大于盾构主机长度。否则，当盾尾尚未进入洞门圈时，盾构刀盘已经脱离加固区，加固区前方的水土可能会沿着盾壳与土体之间的空隙而进入始发井，造成地表沉降甚至地面沉陷。盾构到达井加固长度应满足拆除临时围护结构时地层能够保持稳定，加固后的土体应有一定的自立性、防水性和强度。盾构径向加固主要起止水和稳定地层的作用，其径向加固区与盾壳共同作用抵抗周围水土压力。

盾构端头井加固主要措施有搅拌桩、旋喷桩、注浆法、素混凝土桩（墙）、冻结法等。选用何种措施，主要取决于地层的工程地质、水文地质及场地条件，并满足加固后土体有较强的自稳能力和较低的渗透系数。一般对于黏性土等弱透水地层，可采用搅拌桩进行加固；对于砂性土等强透水地层，可采用搅拌桩或旋喷桩或冻结法进行加固；对于软弱岩石地层，可采用注浆进行加固。由于地层经常为含砂性土及黏性土的混合地层，因此应结合实际土层条件，联合采用几种加固方案。

### 4.2.4 衬砌结构设计

#### 4.2.4.1 隧道内径

隧道内径在建筑限界的基础上，综合考虑区间线路采用的最小曲线半径、施工误差、测量误差、线路拟合误差、不均匀沉降等诸多因素综合确定。图4-9为一典型地铁隧道的建筑限界图。

#### 4.2.4.2 管片形式

衬砌的厚度对隧道土建工程量以及工程造价有显著的影响。在结构安全、功能合理的前提下，应尽可能采用较经济的衬砌厚度。衬砌的刚度与厚度的三次方成正比，厚度的改变直接衬砌的整体刚度，以及衬砌与周围地层的刚度比，进而影响衬砌周边土体压力的分布和衬砌本身的受力大小。衬砌厚度的确定应根据隧道所处的地层条件、覆土厚度、断面大小、接头刚度等因素综合考虑确定，并应满足衬砌构造（如手孔大小等）、防水抗渗以及拼装施工（如千斤顶作用等）的要求。

衬砌结构可分为单层衬砌或单层衬砌内再浇筑整体式混凝土的双层衬砌。由于双层衬砌施工周期长、造价高，而且它的止水效果在很大程度上还是取决于外层衬砌的施工质量、渗漏情况，所以只有当隧道功能上有特殊要求才选用双层衬砌。随着高效能盾构机械的应用，衬砌防水质量的提高，施工工艺的日臻完善，国内外盾构工程的成功经验表明采用具有一定刚度的单层柔性衬砌的变形、接缝张开及混凝土裂缝开展等均能控制在预期的要求内，完全能满足隧道的设计要求；且使用单层衬砌，施工工艺简单、工程实施周期短、投资省。目前，国内外主要采用单层衬砌结构。

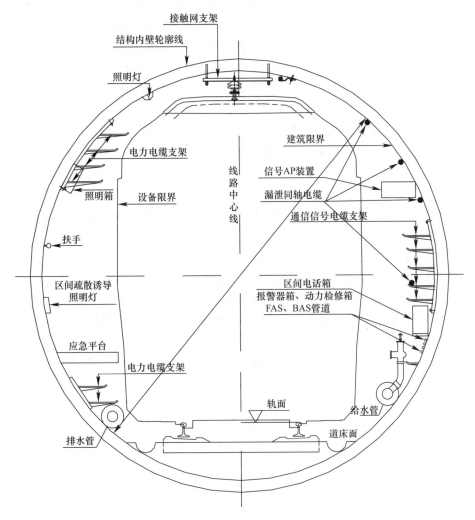

图 4-9　典型地铁盾构隧道建筑限界

### 4.2.4.3　管片的宽度及分块

衬砌环的宽度及分块主要由管片的制作、防水、运输、拼装、隧道总体线形、地质条件、结构受力性能、盾构机选型等因素确定。

根据工程经验，衬砌环宽度多采用 1000mm、1200mm 和 1500mm 三种宽度。衬砌环环宽越大，即管片宽度越宽，隧道结构的纵向刚度越大，抗变形能力增强；衬砌环节缝越少，漏水环节、螺栓数量越少；施工速度越快，费用越省；但从管片运输及拼装施工方便考虑，管片体积和重量也不宜太大，且需满足运输设备的运输能力、管片在隧道内运输空间要求、盾构机举重臂起重能力的要求。从防水的角度考虑，管片分块亦不能太多。

通常情况下，10m 左右的大直径隧道，管片可划分为 8～10 块；6m 左右的中直径隧道，可划分为6～8块，一般国内地铁区间单线隧道大多采用6块模式，即3块标准块、2块邻接块、1块封顶块。

#### 4.2.4.4 环、纵缝及连接构造

管片接缝构造包括密封垫槽、嵌缝槽及凹凸榫的设计，其中前者为通用的构造方式，而凹凸榫的设置与否在不同时期、不同区域的工程实践中有着不同的理解。凹凸榫的设置有助于提高接缝刚度、控制不均匀沉降、改善接缝防水性能，也有利于管片拼装就位，但同时增加了管片制作、拼装的难度，是拼装和后期沉降过程中管片开裂的因素之一，客观上又削弱了管片防水性能。目前，国内盾构管片设计越来越倾向于环、纵缝均采用平板设计，不设凹凸榫的形式。

管片环面外侧设有弹性密封垫槽，内侧设嵌缝槽。环与环之间以纵向螺栓连接，既能适应一定的变形，又能将隧道纵向变形控制在满足防水要求的范围内。管片的块与块之间以环向螺栓相连，能有效减小纵缝张开及结构变形。环向螺栓、纵向螺栓目前普遍采用锌基铬酸盐涂层作防腐处理。

管片之间及衬砌环间的连接方式，从力学特性来看，可分为柔性连接及刚性连接。实践证明，刚性连接不仅拼装麻烦、造价高，而且会在衬砌环中产生较大的次应力，带来不良后果。因此，目前较为通用的是柔性连接。

按螺栓连接形状又可分为直螺栓连接、斜螺栓连接、弯螺栓连接等方式。直螺栓和斜螺栓是近年来发展起来的管片连接形式，其手孔体积小，管片强度损失很小，而且容易实现机械快速安装，但安装难度较高，施工误差要求较小。直螺栓一般用于箱形管片中，斜螺栓在欧洲普遍使用，使用于地层稳定地段，一般用于大直径盾构隧道。弯螺栓连接的接头具有一定的自由度，十分方便安装。弯螺栓在德国、法国、英国、新加坡、丹麦等许多国家的地铁交通项目及国内地铁中广泛应用。

#### 4.2.4.5 衬砌环形式及拼装方式

盾构隧道线路由直线和曲线组成，为了满足盾构隧道在曲线上偏转及蛇行纠偏的需要，应设计楔形衬砌环。目前国际上通常采用的衬砌环类型有三种。

1. 楔形衬砌环与直线衬砌环的组合

盾构隧道在曲线上是以若干段折线（最短折线长度为一环衬砌环宽）来拟合设计的光滑曲线。设计和施工是采用楔形衬砌环与直线衬砌环的优选及组合进行线路拟合的。根据线路转弯方向及施工纠偏的需要，设计左转弯、右转弯楔形衬砌环及直线衬砌环。设计时根据线路条件进行全线衬砌环的排列，以使隧道设计拟合误差控制在允许范围之内。盾构推进时，依据排列图及当前施工误差，确定下一环衬砌类型。由于采用的衬砌环类型不完全确定，所以给管片供应带来一定难度。这种衬砌环类型中每种楔形环位置是固定的，灵活性较差。

2. 楔形衬砌环之间相互组合

这种管片组合形式，国内目前使用较少。它一般采用两种类型的楔形衬砌环，设计和施工是采用楔形衬砌环与楔形衬砌环的优选及组合进行线路拟合的。根据线路偏转方向及施工纠偏的需要，设计左转弯、右转弯楔形衬砌环，在直线段通过左转弯和右转弯衬砌环一一对应组合形成直线。设计时根据线路条件进行全线衬砌环的排列，以使隧道设计拟合误差控制在允许范围之内。盾构推进时，依据排列图及当前施工误差，确定下一环衬砌类

型。由于采用的衬砌环类型不完全确定，所以给管片供应带来一定难度。

3. 通用型管片

目前欧洲较为流行通用管片。它只采用一种类型的楔形衬砌环，盾构掘进时通过盾构机内环向千斤顶的传感器的信息确定下环转动的角度，以使楔形量最大处置于千斤顶行程最长处，也就是说，管片衬砌环是可以360°旋转的。由于它只需一种管片类型，可节省钢模数量，降低管模成本，不会因管片类型供应不上造成工程质量问题，但其对管片制造精度要求高，管片拼装难度较高，对拼装机械要求较高。

前两种衬砌拟合误差一般不大于10mm，衬砌环制作前，需要设计根据线路资料预先提供全线衬砌环数量及布置，才能保证管片的正常生产供应。前两种衬砌环对于平面曲线可通过组合进行拟和，竖曲线则只能通过在管片环面分段贴设不同厚度的低压石棉橡胶板来解决。

通用楔形环则改变了传统的平面二维拟合，真正实现了空间三维轴线拟合，最大程度地减小了曲线拟合误差的积累，隧道轴线偏差可控制在5mm以内。钢模形式单一，可以通用，管片生产不受钢模以及线路变化影响。

管片衬砌环拼装形式通常有通缝拼装和错缝拼装两种方式。通缝拼装具有构造简单、施工方便、衬砌环内力较小等优点，但衬砌空间刚度稍差。错缝拼装可使接缝均匀分布，在管片的整体刚度、整体均匀受力以及防水等方面有优势，国内外多数盾构隧道均采用错缝拼装。

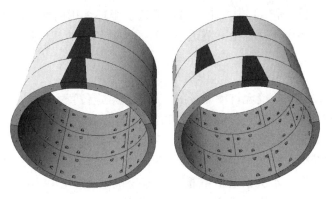

图 4-10　管片通缝拼装与错缝拼装效果图

### 4.2.5　隧道防水设计

1. 盾构隧道结构防水设计应遵循以下原则：

1）地下结构防水应遵循"以防为主、刚柔结合、多道防线、因地制宜、综合治理"的原则进行设计；

2）防水设计应根据不同的结构形式、水文地质条件、施工方法、施工环境、气候条件、使用要求等因素，采取相适应的防水措施；

3）采用高精度钢模制作高精度管片，以管片结构自防水为根本，接缝防水为重点，确保隧道整体防水；

4）选用的防水层材料种类不宜过多，并应具有环保性能，经济、实用，施工简便、对土建工法的适应性较好，适应当地的天气、环境条件，成品保护简单等优势。

2. 管片混凝土结构自防水设计

盾构管片采用自防水混凝土，防水混凝土的抗渗等级按埋深确定。

衬砌管片的氯离子扩散系数不宜大于 $3.0 \times 10^{12} \text{ m}^2/\text{s}$（RCM 法，56d 龄期）。当盾构隧道沿线有过江段或侵蚀性介质或氯离子扩散系数检测没有达到要求时，应在管片外弧面涂刷防腐涂层。防腐涂层可采用水泥基渗透结晶型防水涂料或渗透型环氧涂料。

3. 衬砌接缝防水设计

1）管片接缝采用弹性密封垫进行防水，密封垫上表面也可预留凹槽，内嵌遇水膨胀橡胶条；密封垫应符合下列要求：

密封垫沟槽截面积应不小于密封垫的截面积，其关系应满足：

$$A = 1 \sim 1.15 A_0 \tag{4-6}$$

式中　$A$——密封垫沟槽截面积；

　　　$A_0$——弹性密封垫截面积。

密封垫在长期水压作用下，当接缝张开量达到预定的张开量（3～10mm）时仍能满足止水要求；密封垫应有足够的宽度，以满足接缝错开 3～10mm 时的止水要求；纵缝间距为 0mm 时，密封垫的压缩力不应对拼装产生不良影响。变形缝部位的环形密封垫应能够适应更大的变形量，可采用在密封垫上表面增设遇水膨胀橡胶片的方法满足防水要求；在弹性密封垫的迎水面一侧设置遇水膨胀橡胶片作为挡水条。

2）所有螺栓孔均采用遇水膨胀橡胶圈进行密封处理。

3）手孔封填。隧道所有手孔均作封堵，隧道上半环采用内部充满硫铝酸盐超早强微膨胀水泥的塑料保护罩套于螺栓上。隧道下半环采用硫铝酸盐超早强微膨胀水泥直接充填手孔。

4）嵌缝设计

嵌缝的主要作用是将接缝允许渗漏量的水引导至规定位置。

盾构法隧道防水的根本在于衬砌自防水和衬砌接缝的弹性密封垫防水。若这两道防水措施出现问题，比如钢筋混凝土管片抗渗能力不足、拼装时管片碎裂或是弹性密封垫放置不当（如水膨胀橡胶提前膨胀，接缝夹浆），这时地下水就会进入隧道内部。若渗漏量较小，在嵌缝范围内的渗漏水会沿着嵌缝槽内沿流至端部排出，以保证嵌缝范围内无水渗出。若渗漏量较大超过允许值，则必须采取堵止措施。

嵌缝作业是依靠嵌缝材料的充填和粘结力达到密封防水的目的。一般要求嵌缝材料与基面有良好的粘接性（以承受衬砌外壁的静水压力），较好的弹性（以适应隧道变形），并且它的材料性能须保持稳定。

5）盾构隧道与端头井的接头防水设计

包括施工阶段的临时接头与竣工后的永久接头的防水。临时接头主要由帘布橡胶圈及其紧固装置构成，辅以井圈注浆堵水。永久接头为钢筋混凝土接头，它与井壁、管片的接缝预设全断面出浆的注浆管与遇水膨胀橡胶止水条等防水材料。

## 4.3　盾构法隧道施工

盾构法施工主要由盾构机组装及始发、稳定开挖面、掘进及排土、管片拼装及壁后注浆等几大要素组成。盾构机选型不同，其施工工艺存在一定差异，本章以目前工程上应用最多的土压平衡盾构为例进行介绍，其他类型盾构施工可参考。

### 4.3.1 盾构机组装及始发

#### 4.3.1.1 盾构机组装调试

盾构机按后配套拖车、主机依次进场组装。其组装调试过程可参照图4-11。

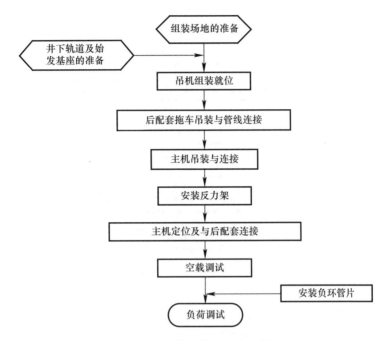

图4-11 盾构组装、调试程序图

盾构组装前必须制定详细的组装方案与计划，同时组织经过技术培训的人员组成组装班组，组装前应对始发基座进行精确定位。履带吊机工作区应铺设钢板，防止地层不均匀沉陷。大件组装时应对始发井端头墙进行严密的观测，掌握其变形与受力状态。大件吊装时必须有较大吨位的吊车辅助翻转。

盾构机调试分空载调试和负荷调试两个步骤。

1. 空载调试

盾构机组装和连接完毕后，即可进行空载调试。主要调试内容包含液压系统、润滑系统、冷却系统、配电系统、注浆系统以及各种仪表的校正，着重观测刀盘转动和端面跳动是否符合要求。

2. 负荷调试

空载调试证明盾构机具有工作能力后即可进行负荷调试。负荷调试的主要目的是检查各种管线及密封的负载能力，使盾构机的各个工作系统和辅助系统达到满足正常生产要求的工作状态。通常试掘进时间即为对设备负载调试时间。负荷调试时需采取严格的技术和管理措施保证工程安全、工程质量和隧道线型。

#### 4.3.1.2 盾构机始发及试掘进

盾构机始发是盾构施工过程中非常关键也是风险较大的一个工序，其主要内容包括：

端头地层加固、安装盾构机始发基座、盾构机组装就位和调试、安装洞门密封圈、安装反力架及洞门密封帘布橡胶板、拼装负环管片、凿除洞门结构、盾构机进入作业面加压和掘进等。盾构始发工艺流程可参照图 4-12 所示。

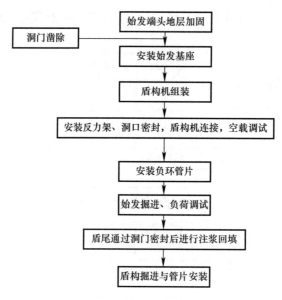

图 4-12　盾构始发工艺流程图

盾构机始发需遵循如下技术要点：

1. 严格控制始发台、反力架和负环的安装定位精度，确保盾构始发姿态与设计线路基本重合。

2. 第一环负环管片定位时，管片的后端面应与线路中线垂直，负环管片轴线与线路的轴线重合，负环管片采用通缝拼装方式。

3. 盾构机轴线与隧道设计轴线基本保持平行，盾构在始发台上向前推进时，各组推进油缸保持同步。

4. 初始掘进时，盾构机处于始发台上，需在始发台及盾构机上焊接相对的防扭转支座，为盾构机初始掘进提供反扭矩。

5. 始发阶段，设备处于磨合期。要注意推力、扭矩的控制，同时也要注意各部位油脂的有效使用。掘进总推力应控制在反力架承受能力以内，同时确保在此推力下刀具切入地层所产生的扭矩小于始发台提供的反扭矩。

6. 盾构进入洞门前把盾壳上的焊接棱角打平，防止割坏洞门防水帘布。

每台盾构始发掘进时，均需设置一定长度的试验段进行掘进参数的选择分析，通过试掘进达到以下目的：

1. 用最短的时间对新盾构机进行调试、熟悉机械性能，了解掘进地层的工程及水文地质条件。

2. 收集、整理、分析及归纳总结各地层的掘进参数，制定正常掘进各地层操作规程，实现快速、连续、高效的正常掘进。

3. 熟练管片拼装的操作工序，提高拼装质量，加快施工进度。

4. 通过试验段施工，加强对地面变形情况的监测分析，反映盾构机出洞时以及推进时对周围环境的影响，掌握盾构推进参数及同步注浆量。

5. 盾构机在完成试掘进后，结合试验结果对掘进参数进行必要调整，为后续的正常掘进提供条件，并做好施工记录。

记录内容包括：隧道掘进过程中的施工进度、油缸行程、掘进速度、盾构推力及土压力、刀盘及螺旋机转速、盾构内壁与管片外侧环形空隙；同步注浆工序中的注浆压力、数量及稠度、注浆材料配比和注浆试块强度等；测量工序中的盾构倾斜度、隧道椭圆度、推进总距离和隧道每环衬砌环轴心的确切位置等。

### 4.3.2　稳定开挖面及正常掘进

#### 4.3.2.1　稳定开挖面

土压平衡模式掘进时，是将刀具切削下来的土体充满土仓，由盾构机的推进、挤压而建立起压力，利用这种泥土压与作业面地层的土压与水压平衡。同时利用螺旋输送机进行与盾构推进量相应的排土作业，始终维持开挖土量与排土量的平衡，以保持开挖面土体的稳定。

土仓压力控制采取以下两种操作模式：

1. 通过螺旋输送机来控制排土量的模式。即通过土压传感器检测，改变螺旋输送机的转速控制排土量，以维持开挖面土压稳定的控制模式。此时盾构的推进速度人工事先给定。

2. 通过推进速度来控制进土量的模式。即通过土压传感器检测来控制盾构千斤顶的推进速度，以维持开挖面土压稳定的控制模式。此时螺旋输送机的转速人工事先给定。

掘进过程中根据需要可以不断转化控制模式，以保证开挖面的稳定。

在盾构施工中尤其在复杂地层及特殊地层盾构施工中，为了保持开挖面的稳定，根据周围岩土条件适当注入添加剂，确保渣土的流动性和止水性，同时要慎重进行土仓压力和排土量管理。

渣土改良的目的是使渣土具有良好的土压平衡效果，利于稳定开挖面，控制地表沉降；提高渣土的不透水性，使渣土具有较好的止水性，从而控制地下水流失；提高渣土的流动性，利于螺旋输送机排土；防止开挖的渣土粘结刀盘而产生泥饼；防止螺旋输送机排土时出现喷涌现象；降低刀盘扭矩和螺旋输送机的扭矩，同时减少对刀具和螺旋输送机的磨损，从而提高盾构机的掘进效率。

渣土改良一般通过盾构机配置的专用装置向刀盘面、土仓内或螺旋输送机内注入泡沫或膨润土，利用刀盘的旋转搅拌、土仓搅拌装置搅拌或螺旋输送机旋转搅拌使添加剂与土渣混合，其主要目的就是要使盾构切削下来的渣土具有好的流塑性、合适的稠度、较低的透水性和较小的摩阻力，以满足在不同地质条件下盾构掘进可达到理想的工作状况。

#### 4.3.2.2　掘进过程中姿态控制

由于隧道曲线和坡度变化以及操作等因素的影响，盾构推进会产生一定的偏差。当这种偏差超过一定界限时就会使隧道衬砌侵限、盾尾间隙变小，使管片局部受力恶化，并造成地应力损失增大而使地表沉降加大。因此盾构施工中必须采取有效技术措施控制掘进方向，及时有效纠正掘进偏差。

1. 盾构掘进方向控制

影响盾构掘进方向的因素较大，结合盾构施工经验，一般可采取以下方法控制盾构掘进方向。

1）采用自动导向系统和人工测量辅助进行盾构姿态监测

系统配置导向、自动定位、掘进程序软件和显示器等，能够全天候在盾构机主控室动态显示盾构机当前位置与隧道设计轴线的偏差以及趋势。据此调整控制盾构机掘进方向，使其始终保持在允许的偏差范围内。

2）采用分区操作盾构机推进油缸控制盾构掘进方向

根据线路条件所做的分段轴线拟合控制计划、导向系统反映的盾构姿态信息，结合隧道地层情况，通过分区操作盾构机的推进油缸来控制掘进方向。

推进油缸可按上、下、左、右分成四个组，每组油缸有一个带行程测量和推力计算的推进油缸，根据需要调节各组油缸的推进力，控制掘进方向。

在上坡段掘进时，适当加大盾构机下部油缸的推力；在下坡段掘进时则适当加大上部油缸的推力；在左转弯曲线段掘进时，则适当加大右侧油缸推力；在右转弯曲线掘进时，则适当加大左侧油缸的推力；在直线平坡段掘进时，则尽量使所有油缸的推力保持一致。

2. 盾构掘进姿态调整与纠偏

在实际施工中，由于管片选型错误、盾构机司机操作失误等原因，盾构机推进方向可能会偏离设计轴线并超过管理警戒值；在稳定地层中掘进，因地层提供的滚动阻力小，可能会产生盾体滚动偏差；在线路变坡段或急弯段掘进过程中，有可能产生较大的偏差，这时就要及时调整盾构机姿态、纠正偏差。盾构掘进姿态调整与纠偏可采取如下手段：

1）分区操作推进油缸来调整盾构机姿态，纠正偏差，将盾构机的方向控制调整到符合要求的范围内。

2）在曲线段和变坡段，必要时可利用盾构机的超挖刀进行局部超挖和在轴线允许偏差范围内提前进入曲线段掘进来纠偏。

3）当滚动超限时，就及时采用盾构刀盘反转的方法纠正滚动偏差。

在进行盾构掘进方向控制、姿态调整与纠偏时，也需注意以下事项。

1）在切换刀盘转动方向时，应保留适当的时间间隔，切换速度不宜过快，切换速度过快可能造成管片受力状态突变，而使管片损坏。

2）根据掌子面地层情况应及时调整掘进参数，调整掘进方向时应设置警戒值与限制值。达到警戒值时及时实行纠偏程序。

3）蛇行修正及纠偏时缓慢进行，如修正过程过急，蛇行反而更加明显。在直线推进的情况下，应选取盾构当前所在位置点与设计线上远方的一点作一直线，然后再以这条线为新的基准进行线形管理。在曲线推进的情况下，使盾构当前所在位置点与远方点的连线同设计曲线相切。

4）推进油缸油压的调整不宜过快、过大，否则可能造成管片局部破损甚至开裂。

5）正确进行管片选型，确保拼装质量与精度，以使管片端面尽可能与计划的掘进方向垂直。

#### 4.3.2.3 掘进中排土量的控制

排土量的控制是盾构在土压平衡模式下工作的关键技术之一。根据对渣土的观察和监测的数据，及时调整掘进参数，不能出现出渣量与理论值出入较大的情况，一旦出现，立即分析原因并采取措施。

理论上螺旋输送机的排土量 $Q_s$ 是由螺旋输送机的转速来决定的，并不得超过渣土车的体积刻度，同时 $Q_s$ 应与掘进速度决定的理论渣土量 $Q_0$ 相当。

$$Q_0 = A \times V \times n_0 \qquad (4-7)$$

式中，$A$ 为切削断面面积；$V$ 为推进速度；$n_0$ 为松散系数。

理论排土率：

$$K = Q_s / Q_0 \qquad (4-8)$$

理论上 $K$ 值应为1或接近1，这时渣土具有低的透水性且处于良好的流塑状态。但实际地层的土质不一定都具有这种性质，这时螺旋输送机的实际出土量与理论出土量不符。当渣土处于干硬状态时，因摩擦力大，渣土在螺旋输送机中输送遇到的阻力也大，同时容易造成固结堵塞现象，实际排土量将小于理论排土量，则必须依靠增大转速来增大实际排土量，以使之接近 $Q_0$，这时 $Q_0 < Q_s$，$K > 1$。当渣土柔软而富有流动性时，在土仓内高压力作用下，渣土自身有一个向外流动的能力，从而渣土的实际排土量大于螺旋输送机转速决定的理论排土量，这时 $Q_0 > Q_s$，$K < 1$。此时必须依靠降低螺旋输送机转速来降低实际出土量。当渣土的流动性非常好时，由于螺旋输送机对渣土的摩阻力减少，有时会产生渣土喷涌现象，这时转速很小就能满足出土要求。

渣土的出土量必须与掘进的挖掘量相匹配，以获得稳定而合适的支撑压力值，使掘进机的工作处于最佳状态。当通过调节螺旋输送机转速仍达不到理想的出土状态时，可以通过改良渣土的可塑状态来调整。

### 4.3.3 管片拼装及壁后注浆

#### 4.3.3.1 管片拼装

管片拼装的质量直接关系到隧道的外观和防水效果。一般情况下，管片安装采取自下而上的原则，具体的安装顺序由封顶块的位置确定。管片安装工艺流程详见图4-13。

管片经吊车按安装顺序放到管片输送平台上，掘进结束后，再由管片输送器送到管片安装器工作范围内等待安装。管片拼装应遵循以下要求：

1. 管片选型以满足隧道线型为前提，重点考虑管片安装后盾尾间隙要满足下一掘进循环限值，确保有足够的盾尾间隙，以防盾尾直接接触管片。

2. 管片安装必须从隧道底部开始，然后依次安装相邻块，最后安装封顶块。安装第一块管片时，应与上一环管片精确找平。

3. 安装邻接块时，为保证封顶块的安装净空，需测量两邻接块前后两端的距离，并保持两相邻块的内表面处在同一圆弧面上。

4. 管片块安装到位后，应及时伸出相应位置的推进油缸顶紧管片，其顶推力大于稳定管片所需力，达到规定要求，然后方可移开管片安装机。

5. 管片安装完后及时整圆，并在管片脱离盾尾后对管片连接螺栓进行二次紧固。

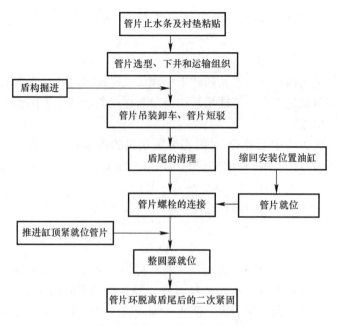

图 4-13　管片安装工艺流程图

6. 管片安装时必须运用管片安装的微调装置将待装的管片与已安装管片块的内弧面纵面调整到平顺相接以减小错台。调整时动作要平稳，避免管片碰撞破损。

#### 4.3.3.2　壁后注浆

管片的壁后注浆分为同步注浆和二次注浆。

1. 同步注浆

当管片脱离盾尾后，在土体与管片之间会形成一道环形空隙。同步注浆的目的是为了尽快填充环形间隙使管片尽早支撑地层，防止地面变形过大而危及周围环境安全，同时作为管片外防水和结构加强层。

1）注浆材料

目前盾构隧道普遍采用水泥砂浆作为同步注浆材料，该浆材具有结石率高、结石体强度高、耐久性好和能防止地下水浸析的特点。水泥可采用抗硫酸盐水泥，以提高注浆结石体的耐腐蚀性，使管片处在耐腐蚀注浆结石体的包裹内，减弱地下水对管片混凝土的腐蚀。

在施工中，根据地层条件、地下水情况及周边条件等，通过现场试验优化确定同步注浆的配比，确保其物理力学性能指标满足相关要求。

2）同步注浆主要技术参数

注浆压力应略大于该地层位置的静止水土压力，同时避免浆液进入盾构机的土仓中。最初的注浆压力是根据理论静止水土压力确定的，在实际掘进中需不断优化。如果注浆压力过大，会导致地面隆起和管片变形，还易漏浆。如果注浆压力过小，则浆液填充速度赶不上空隙形成速度，又会引起地面沉陷。

根据刀盘开挖直径和管片外径，可以按下式计算出一环管片的注浆量。

$$V = \frac{\pi}{4} \times K \times L \times (D_1^2 - D_2^2) \tag{4-9}$$

式中，$V$ 为环注浆量（$m^3$）；$L$ 为环宽（m）；$D_1$ 为开挖直径（m）；$D_2$ 为管片外径（m）；

$K$ 为扩大系数,根据经验取值。

通过控制同步注浆压力和注浆量双重标准来确定注浆时间,做到"掘进、注浆同步,不注浆、不掘进"。注浆量和注浆压力达到设定值后才停止注浆,否则仍需补浆。同步注浆速度与掘进速度匹配,按盾构完成一环掘进的时间内完成当环注浆量来确定其平均注浆速度。注浆效果检查主要采用分析法,即根据压力-注浆量-时间曲线,结合管片、地表及周围建筑物量测结果进行综合评价。对拱顶部分可采用超声波探测法通过频谱分析进行检查,对未满足要求的部位,进行补充注浆。

3)同步注浆方法、工艺

壁后注浆装置由注浆泵、清洗泵、储浆槽、管路、阀件等组成。当盾构掘进时,注浆泵将储浆槽中的浆液泵出,通过独立的输浆管道,通到盾尾壳体内的同步注浆管,对管片外表面的环形空隙进行同步注浆。在每条输浆管道上都有一个压力传感器,在每个注浆点都要有监控设备监视每环的注浆量和注浆压力;而且每条注浆管道上设有两个调整阀,当压力达到最大时,其中一个阀就会使注浆泵关闭,而当压力达到最小时,另外一个阀就会使注浆泵打开,继续注浆。

盾尾需采取可靠密封措施,确保周边水土、管片背后的注浆材料、开挖面的水和泥土从外壳内表面和管片外周部之间缝隙不会流入盾构里,确保壁后注浆的顺利进行。

2. 二次注浆

盾构机穿越后考虑到环境保护和隧道稳定因素,如发现同步注浆有不足的地方,通过管片中部的注浆孔进行二次补注浆,补充一次注浆未填充部分和体积减少部分,从而减少盾构机通过后土体的后期沉降,减轻隧道的防水压力,提高止水效果。

二次注浆使用专用的泥浆泵,注浆前凿穿管片吊装孔外侧保护层,安装专用注浆接头。二次注浆可采用水泥浆—水玻璃双液浆。

## 4.4 盾构隧道近距离穿越建构筑物风险分析及保护措施

盾构施工会引起一定范围内的土体位移和变形,对于位于开挖影响范围内的地表建(构)筑物,由于地基土体的变形,会导致其外力条件和支承状态发生变化,而外力条件的变化又将使已有建构筑物发生沉降、倾斜、断面变形等现象,因此,邻近建(构)筑物的变形从本质上而言是由于地层位移而引起的。

### 4.4.1 地层位移产生的原因及其表现形式

地层位移是由于盾构法施工而引起隧道周边土体的松动和沉陷,它直观表现为沉降或隆起,主要有以下原因。

1. 地层损失

地层损失是指盾构施工中实际开挖土体体积与理论计算排土体积之差。隧道的挖掘土量常常由于超挖或盾构与衬砌间的间隙等原因而比按隧道断面计算出的土量大得多,这样隧道与衬砌之间产生空隙,在软黏土中,空隙会被周围土壤及时填充,引起地层运动,产生施工沉降(也称瞬时沉降)。土的应力因此而发生变化,随之而形成:应变—变形—位移—地面沉降。

地层损失率以地层损失体积占盾构理论排土体积的百分比 $V_s$(%)来表示。

圆形盾构隧道理论排土体积 $V_0$ 为：

$$V_0 = \pi \cdot r_0^2 \cdot L \tag{4-10}$$

式中，$r_0$ 为盾构机外径；$L$ 为盾构机推进长度。

单位长度地层损失量的计算公式为：

$$V = V_s \cdot V_0 \tag{4-11}$$

地层损失一般可分为三类：

第一类：正常地层损失。假定排除各种主观因素的影响，施工操作安全无误，地层损失的原因全部归结于施工现场的客观条件，如施工地区的地质条件或盾构施工工艺的选择等，由此而引起的地面沉降槽体积与地层损失量是相等的，在均质的地层中，正常地层损失引起的地面沉降也比较均匀。

第二类：非正常地层损失。由于盾构施工过程中操作失误而引起的地层损失，如盾构操作过程中各类参数设置错误、盾构超挖、压浆不及时等。非正常地层损失引起的地面沉降有局部变化的特征。

第三类：灾害性地层损失。盾构开挖面土体有突发性急剧流动，甚至突然坍塌，引起灾害性的地面沉降。灾害性地层损失通常是由于盾构施工中遇到不良地质条件引起的。

2. 固结沉降

由于盾构推进过程中的挤压、超挖和盾尾的压浆作用，对地层产生扰动，使隧道周围地层产生正、负超孔隙水压力，从而引起的地层沉降称为固结沉降。固结沉降可分为主固结沉降和次固结沉降。主固结沉降为超孔隙水压力消散引起的土层压密；次固结沉降是由于土层骨架蠕动引起的剪切变形沉降。

主固结沉降与土层的厚度关系密切，土层越厚，主固结沉降占总沉降的比例越大。因此，在隧道埋深较大的工程中，施工沉降虽然很小，但主固结沉降的作用不可忽视；在孔隙比和灵敏度较大的软塑和流塑性土层中，次固结沉降往往要持续几个月，有的甚至要几年以上，它所占总沉降的比例可高达35％以上。

从理论上讲，盾构法施工引起隧道周围地表沉降是施工沉降（也称瞬时沉降）、主固结沉降及次固结沉降三者之和。次固结沉降除流塑性软黏土地层外通常都较小，一般可不考虑，总沉降主要为地层损失造成的施工沉降和由于地层扰动引起的主固结沉降之和。

盾构施工引起地层位移的分布呈三维模式，随着盾构推进，隧道上方地表的沉降量逐渐增加，沉降区域的宽度也日趋扩展，如图 4-14 所示。

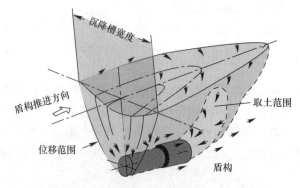

图 4-14　盾构掘进过程中地层位移示意图

### 3. 地表纵向沉降规律

盾构推进引起的地面纵向沉降变化规律可分为先行沉降、开挖面前沉降与隆起、盾尾沉降、盾尾空隙沉降和后续沉降等五个阶段，如图 4-15 所示。

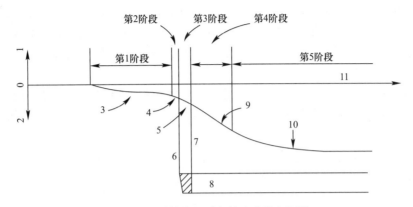

图 4-15　盾构施工引起的地表纵向沉降

1—隆起；2—沉降；3—先行沉降；4—开挖面前沉降；5—盾尾沉降；6—开挖面；
7—盾尾；8—盾构机；9—盾尾空隙沉降；10—后续沉降；11—时间轴

1）先行沉降：是指当盾构开挖面到达某一测量位置之前，在盾构推进前方的土体滑裂面以外产生的沉降。一般认为，初期沉降是由于土体固结沉降所引起的，包括盾构施工中引起的地下水（或孔隙水）的下降。

2）开挖面前沉降与隆起：是指当盾构开挖面到达某一测量位置时，在它正前方的那部分地面沉降。由于盾构推进参数（如盾构推进速度、最大推力等）的差异，开挖面的土体应力状态也截然不同。

一般采用超载系数 $OFS$ 来衡量开挖面土体的稳定性，超载系数 $OFS$ 与开挖面土体损失的关系如图 4-16 所示。

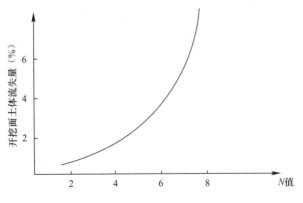

图 4-16　超载系数与土体流失的关系图

当超载系数 $OFS<1$ 时，开挖面土体为弹性变形，土体损失小于 1%；当超载系数 $1\leqslant OFS\leqslant 4$ 时，开挖面土体为弹塑性变形，土体损失在 2%～4% 之间；当超载系数 $OFS\geqslant 5$ 时，开挖面土体为塑性变形，土体损失大于 4%。当开挖面的垂直应力小于其支承力，超载系数 $OFS$ 为负值时，开挖面土体向着盾构掘进的反方向位移，地面出现隆起现象。

3）盾尾沉降：是指盾构通过时产生的地面沉降。在盾构推进过程中，受到总推力、表面摩擦阻力及正面土压力的作用。

由于盾壳表面与地层之间的摩擦阻力作用，土体中会产生一个滑动面，临近滑动面的土层中存在剪切应力，当盾构通过受剪切破坏的土体时，因剪切作用而产生的拉应力导致土体向盾构尾部的空隙移动。盾构推进过程中，为保持与隧道轴线一致，必须压缩一部分土体，松弛另一部分土体，压缩的部分抵消了盾构的偏离，而松弛的部分则引起了地面的沉降。

4）盾尾空隙沉降：它发生在盾尾通过之后。盾构机外径与隧道衬砌之间存在一定建筑空隙，这些空隙若不及时填充，会造成隧道周边土体向空隙内移动，从而造成较大地面沉降。

5）后续沉降：是指盾构通过后，在相当长一段时间内土体仍延续着的沉降。该阶段的沉降是由于土体的徐变特性，沉降值与土层本身的性质有关，一般来说，黏土地层长期延续沉降明显大于砂质地层。

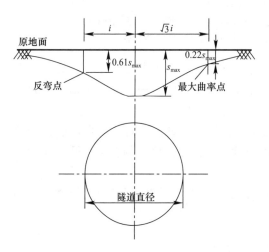

图 4-17　盾构隧道上方地表横向沉降槽

4. 地表横向沉降规律

隧道开挖引起的地表横向沉降槽近似于概率论中的正态分布曲线，可用 Peck 曲线表示，如图 4-17 所示。地表沉降值可用 Peck 公式进行计算。

### 4.4.2　盾构开挖对邻近建构筑物的影响机理

盾构隧道施工在地表形成沉降槽，当地面建筑物在沉降槽范围内时，会引起建筑物变形，这些变形参数包括：变形角 $\alpha_{max}$、建筑物的刚体倾斜角 $\theta_{max}$、挠曲率 $\omega$、最大绝对沉降 $s_{vmax}$、差异沉降 $\Delta s_{vmax}$、结构对角线的拉压应变 $DR$ 和水平应变 $\varepsilon$ 等，如图 4-18 所示。

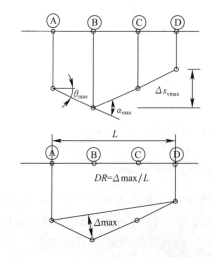
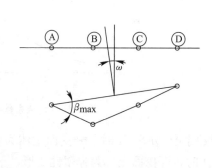

图 4-18　土体位移引起的建筑物变形参数示意图

建筑物的结构形式不同，受上述变形参数的影响效果也有所差别。对于框架结构，其刚度较大，差异沉降和挠曲率是其破坏的主要因素；对于砖石等砌体结构，差异沉降和拉伸应变是其破坏的主要因素。另外，对于盾构隧道施工，当顶推力大于静止土压力时，前方土体受挤压，形成地表隆起，造成邻近建筑物的基础上移，也会导致建筑物的不均匀变形，严重时导致裂缝产生。当然建筑物本身的一些特征，例如基础和上部结构的刚度、结构的尺寸和形式以及结构所处地表沉降槽的位置等都会对建筑物的变形和受力产生影响。

在土层变形过程中，由于变形曲率使地表形成沉降槽。建筑物处于地面沉降槽的不同位置决定了结构自身的内力与变形的响应情况，对结构的破坏形式也会产生不同的影响。对于砌体结构，在正曲率（地表相对上凸）的作用下，建筑物端部沉降大于中部，建筑物两端会造成悬空，在建筑物自重作用下，形成负弯矩和剪力，上部受拉、下部受压，拉应力使墙体形成倒八字形裂缝；在负曲率作用下，建筑物中部沉降大于端部，使建筑物中间部分悬空，形成正弯矩和剪力，上部受压，下部受拉，产生正八字形裂缝，如图 4-19 所示。建筑物的刚度越小，受地表曲率的影响越大。对于框架结构的破坏，更多的是由于地表变形在梁柱内产生的附加弯矩和轴力过大，超过了允许值，造成构件开裂，如图 4-20 所示。另外，对于由桩基来传递荷载的框架结构，除了受地表变形的影响外，还受桩周土位移的影响，具体表现为：桩周土沉降引起的负摩阻力导致桩基的附加沉降，土体侧向变形引起的桩基侧向变形，桩端土体沉降造成桩端承载力的丧失；桩基的上述反应都会引起上部框架结构产生附加内力和变形。

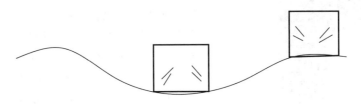

图 4-19　建筑物处于沉降槽的不同位置对其破坏形式的影响示意图

### 4.4.3　盾构开挖对框架结构影响的有限元分析

盾构施工引起土体位移，对邻近建筑物的地基产生影响，并由地基传递给基础，最后传至上部结构，引起框架结构的次生内力和变形，严重时可能导致建筑物倾斜或倒塌。同时，由于建筑物的存在，其自重和刚度也影响了隧道周围土体的位移。因此，盾构隧道-土体-建筑物是互相作用、互相制约的。由于上部结构所用材料的刚度与地基土体的刚度差异很大，所以地基的变形与

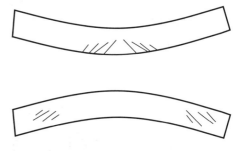

图 4-20　框架结构梁受弯和
受剪后的破坏示意图

结构的变形具有不协调性，难以建立统一的受力和变形计算方程；其次是其具有时效性和空间性，三者的共同作用随着隧道的开挖，上部结构的受力和变形也随之变化。所以很难从理论上建立此问题的计算公式，一般采取模型试验和数值模拟方法进行此类问题的研究。

1. 三维有限元计算模型

利用三维有限元软件 MIDAS/GTS 分析盾构施工对地表位移及邻近框架结构的互相

作用。假定框架结构高三层，纵横向均为三跨，采用一柱一桩的形式。平行和垂直于隧道水平轴线方向的框架跨度均为6m，层高为3.6m，柱子、梁和桩的截面尺寸均为0.6m×0.6m，桩长为6m。由于框架结构的墙体不是主要的承重结构，且为了建模方便和尽量减少单元数，在有限元模型中用荷载代替墙体和楼面板的自重，即在梁上施加竖向均布荷载，第一、二、三层梁上分别施加均布荷载70kN/m²、60kN/m²、30kN/m²。土层自上而下分别为杂填土层、砾质黏土层和全风化花岗岩层，层厚分别为2m、20m和30m，土体采用Mohr-Coulomb模型。盾构隧道轴线埋深12m，外径6.2m，衬砌厚度0.35m。计算分析中所采用的土体和框架结构的物理力学参数见表4-4。

材料的物理力学参数　　　　　　　　　　　　　　　　　　　　　表4-4

| 材料 | $E(\text{MPa})$ | $\nu$ | $\gamma(\text{kNm}^{-3})$ | $c(\text{kPa})$ | $\varphi(°)$ |
| --- | --- | --- | --- | --- | --- |
| 杂填土 | 12.0 | 0.35 | 18 | 10 | 14 |
| 砾质黏土 | 17.7 | 0.23 | 19 | 15 | 20 |
| 全风化花岗岩 | 25.0 | 0.2 | 19 | 18 | 25 |
| 柱和梁 | 36000 | 0.2 | 24 | | |
| 桩 | 20000 | 0.2 | 24 | | |

隧道-土体-框架结构互相作用的有限元模型如图4-21所示。通过激活和钝化开挖区的土体单元、衬砌单元模拟隧道施工引起的土体位移及其对建筑物的影响。

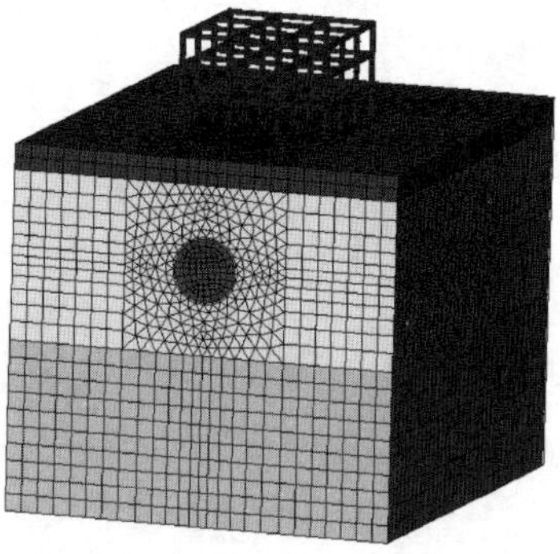

2. 盾构施工引起的地表位移分析

土体位移是引起地面建筑物损害的主要因素之一，下面分析盾构开挖过程中土体竖向和侧向位移的变化。盾构从距建筑物20m处开始向前开挖（指从盾构开挖面至最前面一榀框架的水平距离），逐渐开挖至距最前面一榀框架的距离为6m，2m，0m，−4m，−8m，−12m，−16m，−20m。当距离为6m时，地表的沉降如图4-22所示。从图中看出，隧道开挖引起地表沉降，由于建筑物的自重作用，加剧了所在位置处的地表沉降。

图4-21　隧道与框架结构
互相作用的三维模型

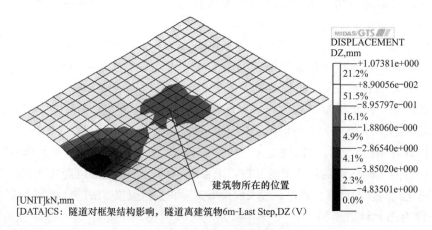

DISPLACEMENT
DZ,mm
+1.07381e+000
21.2%
+8.90056e-002
51.5%
−8.95797e-001
16.1%
−1.88060e-000
4.9%
−2.86540e+000
4.1%
−3.85020e+000
2.3%
−4.83501e+000
0.0%

建筑物所在的位置

[UNIT]kN,mm
[DATA]CS：隧道对框架结构影响，隧道离建筑物6m-Last Step,DZ（V）

图4-22　地表的沉降形状

当隧道开挖至最前面一榀框架的正下方时，垂直于隧道轴线方向的地表侧向位移等值线如图4-23所示。从图中标注结果看出，第一榀桁架最左端柱所在位置处地表的侧向位移为0.91mm，距其左边5m处的位移为1.22mm；第三榀框架最右边柱所在位置处的位移为−0.28mm，而其右方5m处的位移为−0.71mm，即柱和桩所在位置处的土体侧向位移较小。由于框架结构的抗侧向变形能力较强，所以认为框架结构的刚度限制了土体的侧向位移。

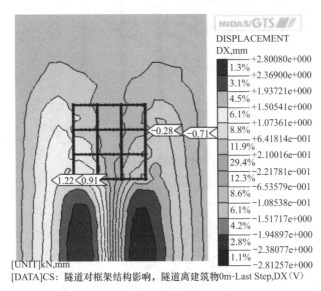

图4-23　地表的侧向位移等值线图

为进一步明确隧道下穿既有建筑物时引起的地表沉降规律，选取最前面一榀框架所在位置的地表，此处随隧道开挖产生的沉降如图4-24所示。

从图中看出，随着隧道开挖的推进，地表沉降逐渐增大；桩和柱子分别在 $x=\pm 3m$，$x=\pm 9m$ 处，此处的地表沉降较无桩、柱的情况大，所以导致沉降曲线不规则。

3. 框架结构的变形分析

当隧道开挖至最前面一榀框架的正下方时，框架结构的梁、柱和桩体的竖向和侧向变形分别如图4-25、图4-26所示。从图中结果可知：

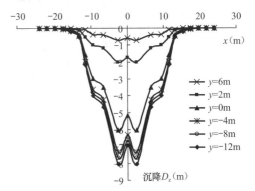

图4-24　地表沉降随隧道开挖过程的变化图

1）所有柱子和桩均发生沉降，且带动与柱子刚性连接的梁产生向下的位移。第一榀框架中间的柱子和桩沉降最大，最大值约为6.2mm，最外侧的柱子和桩沉降最小，最小值约为2.7mm，则最大差异沉降为3.5mm。

2）隧道施工引起两侧土体向隧道内部发生侧向位移，导致桩和柱子也发生相应的侧向位移。第一榀框架下的桩发生明显的侧向位移，最大值约为1.1mm，从而带动第一层框架柱发生少量的侧向位移，其他梁和柱子的侧向位移接近于零，这与框架结构的侧向刚度很大有关。

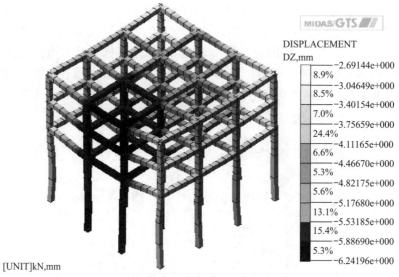

[UNIT]kN,mm

[DATA]CS：隧道对框架结构影响，隧道离建筑物0m-Last Step,DZ（V）

图 4-25　框架结构和桩体的竖向位移图

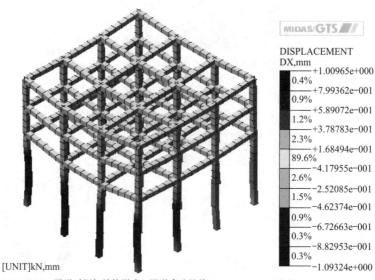

[UNIT]kN,mm

[DATA]CS：隧道对框架结构影响，隧道离建筑物0m-Last Step,DX（V）

图 4-26　框架结构和桩体的侧向位移图

因此，盾构施工对框架结构沉降的影响较大；对垂直于隧道轴线方向的框架侧向变形影响较小。

4.框架结构的受力分析

框架结构的初始受力是由梁、柱和墙体的自重作用产生的，当盾构开挖引起框架周围土体位移时，框架的梁和柱内产生附加作用力。以第一榀框架为例，其初始弯矩、轴力和剪力在表 4-5～表 4-8 中列出，当盾构开挖至其正下方时，框架结构的弯矩、轴力和剪力如图 4-27～图 4-29 所示，框架结构受力变化的比较如表 4-5～表 4-8 所示。

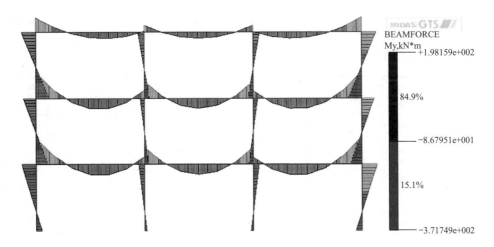

图 4-27　隧道施工引起的框架弯矩图

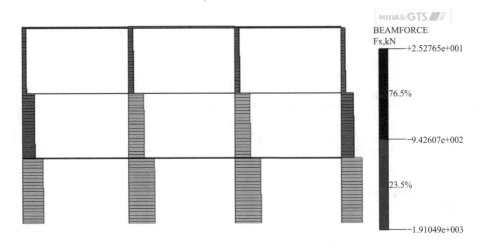

图 4-28　隧道施工引起的框架轴力图

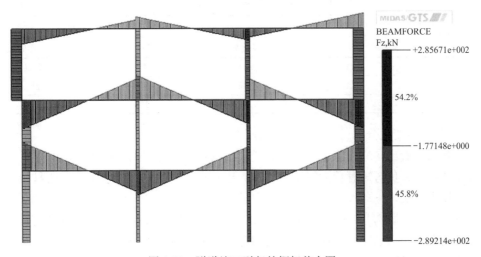

图 4-29　隧道施工引起的框架剪力图

第一榀框架梁的最大正负弯矩变化表（单位：kN·m）　　表 4-5

| 结构部位 | 最大弯矩 | 中梁 | | 边梁 | |
|---|---|---|---|---|---|
| | | 初始 | 变化后 | 初始 | 变化后 |
| 第一层 | 正弯矩 | 127 | 133 | 133 | 135 |
| | 负弯矩 | −236 | −233 | −303 | −372 |
| 第二层 | 正弯矩 | 129 | 134 | 135 | 136 |
| | 负弯矩 | −235 | −231 | −298 | −352 |
| 第三层 | 正弯矩 | 72 | 82 | 71 | 83 |
| | 负弯矩 | −102 | −95 | −158 | −197 |

第一榀框架柱的最大正负弯矩变化表（单位：kN·m）　　表 4-6

| 结构部位 | 最大弯矩 | 中梁 | | 边柱 | |
|---|---|---|---|---|---|
| | | 初始 | 变化后 | 初始 | 变化后 |
| 第一层 | 正弯矩 | 45 | 67 | 106 | 148 |
| | 负弯矩 | — | — | — | — |
| 第二层 | 正弯矩 | 35 | 45 | 97 | 111 |
| | 负弯矩 | −28 | −42 | −93 | −101 |
| 第三层 | 正弯矩 | 50 | 74 | 105 | 137 |
| | 负弯矩 | −39 | −57 | −98 | −121 |

第一榀框架柱的最大轴力变化表（单位：kN）　　表 4-7

| 结构部位 | 中柱 | | 边柱 | |
|---|---|---|---|---|
| | 初始 | 变化后 | 初始 | 变化后 |
| 第一层 | −1927 | −1910 | −1428 | −1523 |
| 第二层 | −1156 | −1128 | −862 | −922 |
| 第三层 | −388 | −365 | −300 | −325 |

第一榀框架梁的最大剪力变化表（单位：kN）　　表 4-8

| 结构部位 | 中梁（绝对值） | | 边梁（绝对值） | |
|---|---|---|---|---|
| | 初始 | 变化后 | 初始 | 变化后 |
| 第一层 | 243 | 244 | 267 | 289 |
| 第二层 | 243 | 245 | 267 | 286 |
| 第三层 | 117 | 118 | 135 | 148 |

1）框架弯矩变化分析

从计算结果看出，盾构施工对中梁的弯矩影响较小，边梁的跨中最大正弯矩变化较小，支座处的最大负弯矩有较大幅度的增加。边柱弯矩较中柱大，且中柱和边柱最大正负弯矩均有较大增长。

这主要是由于盾构开挖引起柱子较大沉降，柱与梁刚性连接，柱子下沉必定带动与之相连的梁端下沉，导致在梁、柱内产生附加弯矩。由于盾构从框架结构的正下方穿过，中梁两端的柱子沉降基本一致，所以中梁的弯矩变化较小，而与边梁两端连接的边柱和中柱发生较大的差异沉降，导致边梁产生较大的附加弯矩。

2）框架轴力变化分析

从计算结果看出，中柱的轴向压力降低，边柱的轴向压力增加。这主要是由于盾构开挖引起中柱沉降较边柱大，导致边柱承担更多的荷载。

3）框架剪力变化分析

从计算看出，中梁剪力基本不变，边梁的剪力有小幅增加。这主要是由于隧道施工引起的边梁两端的中柱和边柱产生了较大的差异沉降，导致边梁内产生附加剪力。

通过上述案例中盾构施工对框架结构影响的有限元分析，主要得到以下结论：

（1）由于建筑物的自重作用，加剧了所在位置处的地表沉降，但建筑物的刚度也限制了地表的侧向位移。计算盾构施工引起的地表沉降时，采用不考虑建筑物存在的传统计算方法是偏不安全的。

（2）盾构施工对框架结构沉降的影响较大；对垂直于盾构轴线方向的框架侧向变形影响较小。若施工中发现地表发生较大的沉降，可通过加固建筑物的地基或是进行桩基托换以减少其沉降，特别是差异沉降。

（3）当盾构从建筑物正下方穿过时，盾构施工引起的土体位移对框架结构的中梁弯矩影响较小，边梁的最大负弯矩有较大幅度的增加。中柱的轴向压力降低，边柱的轴向压力增加。此时，需要对边梁弯矩和边柱轴力进行监控，并根据实际需要采取相应的加固措施，提高边梁和边柱的刚度，例如外包混凝土或是外包钢板或是粘贴碳纤维等。

### 4.4.4　盾构开挖对砌体结构影响的有限元分析

盾构施工对邻近砌体结构影响的现有研究方法通常首先计算地表位移，然后将地表位移施加于建筑物模型上，忽略了建筑物自重和刚度的影响，没有系统分析盾构隧道－土－砌体结构互相作用等。因此建立三者互相作用的有限元计算模型是分析此类问题的合理方法。

1. 三维有限元计算模型

利用三维有限元软件 MIDAS/GTS 分析盾构施工对地表位移及邻近砌体结构的影响。砌体结构的尺寸为：高 8m，长 20m，宽 10m，包括前后两面承重墙和左右两面承重墙，前后两面墙体开有门窗，左右两面墙是完整的。由于砖混结构的屋顶和内部的非承重墙对结构本身变形和受力的影响不大，所以模型中不予考虑。墙体的弹性模量取为 10000MPa，厚度取为 0.6m。

土层区域为 70m×40m×40m（$X×Y×Z$），自上而下分别为杂填土、砾质黏土和砂土，层厚分别为 2m、20m 和 30m，土体采用 Mohr-Coulomb 模型。计算分析中所采用的土体物理力学参数见表 4-9。

土体的物理力学参数

表 4-9

| 材料 | $E$（MPa） | $\nu$ | $\gamma(kNm^{-3})$ | $c(kPa)$ | $\varphi(°)$ |
| --- | --- | --- | --- | --- | --- |
| 杂填土 | 7.0 | 0.35 | 18 | 8 | 11 |
| 砾质黏土 | 7.7 | 0.23 | 19 | 14 | 20 |
| 砂土 | 25.0 | 0.2 | 19 | 18 | 25 |

由于砌体主要承受平面内的力，平面外的刚度较小，所以不能用板单元模拟，而平面

应力单元完全不能承受平面外作用力，且平面应力单元与没有旋转自由度的实体单元连接时容易产生奇异，导致计算不通过。所以本文采用实体单元模拟墙体，在墙体底部和土体交界面处设置 Goodman 接触单元。

由于建筑物处在地表变形曲线的不同位置对其受力和变形有较大影响，因此建立两种模型：对称模型是盾构从房屋中心轴线下方穿过；非对称模型是盾构从右半幅房屋下面穿过，盾构水平轴线距房屋中心轴线的水平距离为 5m。两种模型中盾构隧道轴线埋深 12m，外径 6.2m，衬砌厚度 0.35m。两个有限元模型如图 4-30 所示。盾构从距建筑物 5m 处开始向前开挖（指从盾构开挖面至最前面墙体的水平距离），逐渐开挖至距最前面墙体的距离为 2m，0m，−5m，−10m，−12m，−15m。

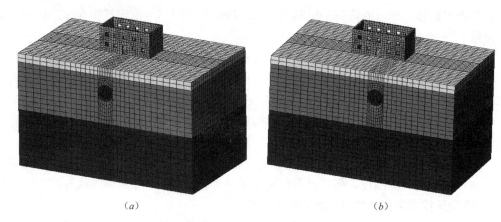

（a）                        （b）

图 4-30 盾构下穿砌体结构有限元模型

（a）对称模型；（b）非对称模型

2. 盾构施工引起的地表位移分析

砌体结构主要受差异沉降的影响，当地表的差异沉降很大时，会在砌体内部产生很大的拉应力，而砌体结构的抗拉能力较低，会导致结构开裂甚至破坏。下面分别对两个模型中盾构施工引起的地表位移进行分析。

分析盾构开挖引起的砌体结构位置处的地表位移。当盾构开挖至最前面墙体正下方时，两个模型的地表竖向位移分别如图 4-31、图 4-32 所示。这里对地面有无房屋两种情况下的地表位移进行对比。从图中看出，隧道开挖引起地表发生沉降，由于建筑物的自重作用，加剧了所在位置处的地表沉降，但其刚度也减少了所在位置的地表差异沉降；在墙

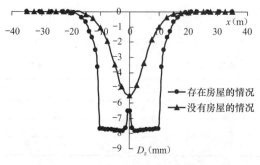

图 4-31 对称模型的地表沉降

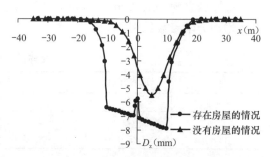

图 4-32 非对称模型的地表沉降

体左右两端附近，沉降发生突变，所以此处任何小的结构物都会受到较大的损害。由于墙体中心位置处有一宽度为 2m 的门，即此处土体所受的房屋自重荷载较小，导致此处的沉降较两侧的沉降小。对称模型的结构对称性决定了地表沉降曲线的对称性；非对称模型中，盾构从右半幅墙体下通过，引起右半幅土体的沉降较左半幅大。两种情况下引起的地表最大沉降值较接近。但是，当盾构从右半幅墙体下穿过时，会引起墙体较大的差异沉降，从而引起墙体产生裂缝。

3. 砌体结构的变形分析

针对建筑物受盾构施工影响的研究，目前普遍采用两阶段方法。首先，基于经验法或是理论方法预估不考虑建筑物存在时的地表位移值，然后，假定建筑物随地表一起变形，将地表的位移施加于建筑物上，计算得到建筑物的变形和受力情况，其中对建筑物影响最大的是地表差异沉降。但从图 4-31 和图 4-32 看出，若采用两阶段方法，宽度为 20m 的墙体受到的最大差异沉降是 4.5mm，而实际上由于房屋存在导致对称模型中墙体受到的最大差异沉降是 1.2mm，所以房屋的存在大大减小了所在位置处的差异沉降。非对称模型中，墙体左右两端的差异沉降是 1.6mm，墙体的最大差异沉降是 2mm。由于门的存在，导致墙体中间位置处的沉降大幅减少，若不考虑门窗的影响，墙体的差异沉降会进一步降低。可见，采用两阶段方法会高估墙体受损的程度，从而导致采取更加保守的控制或治理措施。

限于篇幅，下面仅对非对称模型中最前面墙体的变形进行分析。当盾构开挖至最前面墙体的正下方时，最前面墙体的竖向变形如图 4-33 所示。从图中看出，盾构从右半幅墙体下穿过，引起此处的墙体沉降最大，沿墙体向左，沉降逐渐减少。窗、门的拐角处由于应力集中，导致此处的沉降较大；墙体的沉降自下而上逐渐增加，最大沉降发生在墙体的右上部，而不是右下部，这是由于墙体开窗导致上部产生额外的变形。

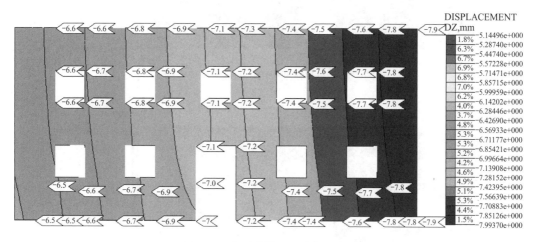

图 4-33 非对称模型的墙体沉降图

随着盾构不断向前推进，地表沉降引起的最前面墙体的最大和最小沉降变化规律如图 4-34 所示。从图中看出，最大沉降的变化梯度较大，而由于发生最小沉降的墙体左端距盾构较远，所以最小沉降的变化梯度较小；随着盾构开挖面距墙体的距离越来越远，最大和最小沉降的增加速率逐渐减慢。

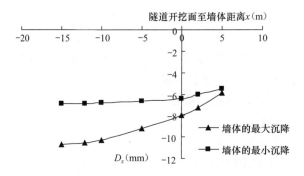

图 4-34　最前面墙体的最大和最小沉降变化规律

### 4．砌体应变与损害程度分析

砌体结构一般是砖、石或砌块用砂浆砌筑的结构。砌体结构中的单个块体实际上处于受压、受弯、受剪和受拉等的复杂应力状态下，而块体的抗剪、抗弯和抗拉强度远低于抗压强度，所以砌体结构的裂缝或是破坏一般是由于剪应变或拉应变超过其允许值引起的。由于纵墙的长度较横墙大，刚度相对较小，且纵墙上开有门窗，所以裂缝大部分发生在纵墙上，较少发生在横墙上，所以本章只对最前面的一堵纵墙进行应变和损害程度的分析。

图 4-35　对称模型中墙体的最大剪应变图

图 4-36　非对称模型中墙体的最大剪应变图

Burland 和 Worth、Boscarding 和 Cording 研究了最大主拉应变与结构损害程度的关系，他们提出的二者之间的关系如表 4-10 所示。本章采取类似的分析方法，并用最大剪应变判断结构损害的程度。对称模型和非对称模型的剪应变如图 4-35，图 4-36 所示。从图中看出，最大剪应变发生在差异沉降最大的地方，即门的两侧和墙体左右两端，而不是发生在沉降最大的位置；由于窗户位置容易引起应力集中，所以窗户处也可能出现较大剪应变，这说明最大剪应变不是由绝对沉降控制的，而是由差异沉降决定的。从图中也可看出，墙体中部会发生正八字形裂缝；墙体端部会发生接近倒八字形裂缝。对称模型的最大剪应变值为 0.01%，非对称模型的最大剪应变为 0.011%，即盾构从砌体右下方穿越时引起的墙体的损害程度较大。

拉应变与结构损害程度的关系表　　　　　　　　　　　　　　表 4-10

| 最大主拉应变（%） | 建筑物的损害程度 |
| --- | --- |
| 0～0.05 | 可忽略 |
| 0.05～0.15 | 轻微 |
| 0.15～0.3 | 中等 |
| >0.3 | 严重 |

通过上述案例中盾构施工对砌体结构影响的有限元分析，主要得到以下结论：

（1）砌体结构-土体-盾构的互相作用较复杂，砌体结构的自重会加剧所在位置处的地表沉降值及其范围，其刚度会减小地表的差异沉降。门洞位置处会发生较大的差异沉降。

（2）可用砌体结构的最大拉应变或最大剪应变判别结构的损害程度。最大剪应变发生在门的两侧和墙体左右两端，由于窗户位置容易引起应力集中，所以窗户处也可能出现较大剪应变；即最大剪应变不是由绝对沉降控制的，而是由差异沉降决定的。盾构从砌体下方侧穿引起的砌体损害程度较大。

### 4.4.5　盾构穿越建构筑物的安全保护措施

对建构筑物的安全保护措施分为主动保护措施和被动保护措施。主动保护措施主要是事先采用先进的施工方法，尽量减少地表沉降；被动保护措施主要是对建构筑物周围的土体进行加固，或是对建构筑物本身进行加固。保护措施以"控制盾构施工变形为主、地基和房屋加固为辅"为原则。

#### 4.4.5.1　主动控制措施

主动控制措施是指从盾构施工工艺出发，对其进行优化，控制地面沉降，主要包括以下几方面内容：

1. 盾构试验段施工参数优化

在盾构试验段根据现场地质和水文条件、盾构隧道埋深等因素及以往工程经验，初步制定一套盾构施工工艺参数，盾构开挖后，进行现场监控量测，根据监测数据对盾构施工参数进行修正和优化。

2. 保持盾构开挖面稳定

根据不同的工程地质条件，选择合理的盾构推进速度和出土量，对土仓压力进行控制，保证其与开挖面水土压力的平衡，进而保持盾构开挖面稳定。

3. 及时进行壁后同步注浆和二次注浆

注浆是盾构法施工中控制地表沉降的关键工序，盾构掘进过程中应及时进行壁后同步注浆，盾构穿越后及时进行二次注浆。根据不同地质条件，选择单液或双液注浆、合理的注浆压力、注浆量及注入时间，严格检查浆液配比及质量，保证注浆效果。

4. 保持良好的盾构姿态，纠偏幅度不宜过大

盾构邻近建筑物曲线掘进时，应根据盾构姿态，合理使用仿形刀和千斤顶编组顶进，纠偏幅度不宜过大，尽量保持盾构机平稳推进，减少盾构扰动周围土体或超挖引起的地层损失量。

5. 保证管片拼装质量，防止衬砌结构渗漏

隧道衬砌渗漏对地表沉降的影响较大，盾构施工中要保证管片拼装质量。在盾构曲线施工时，应利用尾间隙自动测量系统，准确掌握衬砌管片在盾构机内的位置，根据盾构行驶姿态正确拼装管片，保证衬砌结构质量。

6. 针对不同土质，调整增加泡沫和泥浆的比例，并监测盾构出土量

盾构掘进时，土质的变化可能会导致出土不畅，进而引起土仓压力的波动。针对不同的土质，应及时调整增加泡沫和泥浆的比例，使刀盘切削下的土体与其混合后具有良好的流塑性，以便及时地排出；同时，应对盾构的出土量进行监测，避免因出土量过大而引起的地层损失。

7. 保持施工的持续性，避免盾构停机

盾构在邻近建筑物施工时，应保持掘进的连续性，避免因盾构停机引起的地层损失。

8. 保证盾尾密封效果良好

盾构掘进时，在盾尾连续压注密封油脂，防止盾尾漏水漏浆，避免因地下水或浆液流失而导致的地面沉降。

9. 实施信息化监测施工

在盾构施工时，应对地表沉降及邻近建筑物的位移进行监测，根据监测结果，对盾构掘进参数和注浆参数随时进行调整和修正，控制地表沉降和邻近建筑物的变形。

**4.4.5.2 被动控制措施**

被动控制措施主要指盾构施工时，通过土体加固、隔断、桩基托换等方法来保护邻近建构筑物。一些重要建筑物对于地层变形较敏感且破坏后果严重，仅通过优化盾构施工参数不足以满足其安全保护要求，还需要采取其他有效安全保护措施，常见的保护措施有：

1. 注浆加固地基

跟踪注浆法是一种治理土体移动的常用方法，利用土体损失影响地面沉降的滞后现象，在盾构开挖影响范围与被控制的基础之间设置补偿注浆层，即在土层沉降处注入适量的水泥或化学浆，以起到补偿土体的作用，然后通过施工过程中的监测数据，不断控制各注浆管的注浆量，实现盾构开挖与基础沉降的同步控制，从而减小土体的沉降。跟踪注浆根据盾构施工可能发生过大位移或在已经发生了部分位移后，通过注浆局部增大隧道外侧的荷载和改善土质，迫使其停止移动甚至产生反向位移，总体而言，是一种位移已经产生后的补偿措施。这种方法能够非常有效的弥补土体损失，使得建（构）筑物受隧道开挖的影响降低到最低限度，因此在盾构开挖措施无法满足地表沉降要求时，跟踪注浆法无疑是一种十分可行的方法。

当地面具备施工条件时，可采用从地面进行注浆或喷射搅拌的方式进行施工；当地面不具备施工条件或不便从地面施工时，可以采用洞内处理的方式，主要是洞内注浆。上海市的下水道主干线工程中，采用外径为 4.43m 的土压平衡盾构，通过洞内注浆的处理方

式顺利通过了邻近桥台的基础桩，且把最终沉降成功地控制在要求的10mm以内。

2. 桩基托换

一般在下列情况下需要进行桩基托换：（1）盾构开挖通过桩基附近，从而削弱了桩的侧向约束，降低了桩的承载能力；（2）盾构开挖从距离桩端很近的地方穿过，使桩端承载力受到严重损失；（3）盾构开挖穿过桩体本身，导致桩的承载力大幅下降或消失。

桩基托换就是将建筑物对桩基的载荷，通过托换的方式转移到新建的桩体上去，与原有地基形成多元化桩基并共同分担上部荷载，或是拆除原有的桩，以达到缓解和改善原有地基的应力应变状态，直至取得控制沉降与差异沉降的预期效果。托换处理主要有门式桩梁、片筏基础、顶升及树根桩等方法。如广州地铁二号线隧道从广园西路一栋6层的宿舍大楼下方穿越而过。隧道施工采用盾构法，楼房基础为挖孔灌注桩，为了确保楼房的安全，采用由托换桩和托换梁组成的托换结构体系，对部分楼房桩基分别进行托换和加固，使楼房在原有基础被破坏的情况下，继续保持正常使用和安全状态。

3. 设置隔断墙

在建（构）筑物附近进行地下工程施工时，通过在盾构隧道和建（构）筑物间设置隔断墙等措施，阻断盾构机掘进造成的地基变位，以减少对建筑物的影响，避免建（构）筑物产生破坏的工程保护法，称为隔断法。该法需要建（构）筑物基础和盾构隧道之间有一定的施工空间。隔断墙墙体可由钢板桩、地下连续墙、树根桩、深层搅拌桩和挖孔桩等构成，主要用于承受由地下工程施工引起的侧向土压力和由地基差异沉降产生的负摩阻力，使之减小建（构）筑物靠盾构隧道侧的土体变形。为防止隔断墙侧向位移，还可以在墙体顶部构筑联系梁，并以地锚支撑。另外还需注意，隔断墙本身的施工也是近邻施工，故施工中要注意控制对周围土体的影响。

4. 建（构）筑物本体加固措施

建（构）筑物本体加固即对建筑物结构补强，提高结构刚度，以抵抗或适应由地表沉降引起的变形和附加内力。具体的加固措施有：

1）增大截面法，该方法通过外包混凝土或增设混凝土面层加固混凝土梁、板、柱，通过增设砖扶壁柱加固砖墙；增大截面法可增大构件刚度，提高构件的承载能力，从而提高构件的抗变形能力。

2）外包钢法，该方法通过在混凝土构件或砌体构件四周包以型钢、钢板从而提高构件性能；该方法可在基本不增大构件截面尺寸的情况下提高构件的承载力，提高结构的刚度和延度。

3）外包混凝土法，该方法通过外包钢筋混凝土加固独立柱和壁柱，增设钢筋混凝土扶壁柱加固砖墙，增设钢筋网混凝土或钢筋网水泥砂浆（俗称夹板墙）加固砖墙；与外包钢法相比，这种方法可更好地实现新旧材料的共同工作。

4）粘钢法和粘贴碳纤维法，该方法通过粘结剂将钢板或碳纤维粘贴于构件表面从而提高构件性能；该方法可在不改变构件外形和不影响建筑物使用空间的条件下提高构件的承载力和适用性能。

## 4.5 本章小结

随着我国各大城市大规模建设城市轨道交通、地下交通综合体、城市地下管沟等市政交通基础设施，盾构隧道因其对周围环境影响小等优点得到了广泛应用。

本章首先简要回顾了盾构法隧道的起源、发展历程、原理及其特点，并简要介绍了盾构机的分类，泥水式平衡盾构、土压平衡盾构和复合式盾构的原理、适用范围及各自优缺点。

盾构隧道设计是工程实施的前提和基础条件。本章重点介绍了盾构法隧道设计方面的知识，总结了盾构法隧道的设计原则、荷载类型及结构计算模型和方法，详细介绍了盾构工作井结构设计、进出洞加固设计、衬砌圆环布置、衬砌结构设计、隧道防水设计等方面的内容。

盾构隧道施工是工程实施的主体。本章以土压平衡盾构为例，介绍了盾构机的下井组装、调试、始发及试掘进的相关工序及技术要点；重点介绍了盾构掘进过程中开挖面稳定的措施，盾构掘进方向控制、姿态调整与纠偏的相关控制手段；从理论上分析了盾构掘进排土量的实际工程意义；总结了管片拼装的工艺流程，介绍了同步注浆和二次注浆的相关技术要求。

盾构隧道施工引起的环境效应问题是目前工程界关注的焦点，也是研究的热点和难点。本章总结了地层位移产生的原因及其表现形式，分析了盾构隧道施工对邻近建（构）筑物的影响机理；在此基础上，结合两个具体工程案例，应用三维有限元计算，详细分析了盾构隧道施工对上方框架结构和砌体结构房屋产生的附加内力和变形的影响，并对其损害程度进行了分析；介绍了盾构穿越建筑物的主动和被动保护措施，提出保护措施应以"控制盾构施工变形为主、地基和房屋加固为辅"的原则。

# 参 考 文 献

[1] 张凤祥，朱合华，傅德明. 盾构隧道 [M]. 北京：人民交通出版社，2004
[2] 周文波. 盾构法隧道施工技术及应用 [M]. 北京：中国建筑工业出版社，2004
[3] 国家标准. 地铁设计规范 GB 50157—2013 [S]. 北京：中国计划出版社，2013
[4] 国家标准. 盾构掘进隧道工程施工及验收规范 GB 50446—2008 [S]. 北京：中国建筑工业出版社，2008
[5] 朱伟译. 隧道标准规范（盾构篇）及解说 [M]. 北京：中国建筑工业出版社，2001
[6] 朱合华，崔茂玉，杨金松. 盾构衬砌管片的设计模型与荷载分布的研究 [J]. 岩土工程学报，2000，22（2）：190-194
[7] 朱伟，黄正荣，梁精华. 盾构衬砌管片的壳-弹簧设计模型研究 [J]. 岩土工程学报，2006，28（8）：940-947
[8] 王涛. 盾构隧道施工的环境效应研究 [D]. 浙江大学，2007

# 第5章 顶管法管道设计与施工技术

## 5.1 概述

### 5.1.1 顶管的定义与历史

顶管施工是继盾构施工之后，发展起来的一种非开挖的铺设地下管道施工方法，它不需要开挖面层，并且能够穿越公路、铁道、河川、地面建筑物、地下构筑物以及各种地下管线等。顶管法是借助于主顶油缸及中继间等的顶推力，把掘进机从工作井内穿过土层一直推到接收井内吊起，与此同时也就把紧随掘进机后的管道埋设在工作井与接收井之间。

顶管施工最早应用于1896年美国的北太平洋铁路铺设工程中，其采用的是铸铁管。之后随着顶管掘进机性能的改进，顶管设计和施工技术理论也在不断完善。1920年以后，钢筋混凝土管顶管和钢管顶管取代了铸铁管顶管。1980年以来，发达国家的玻璃钢夹砂管顶管发展较快，顶管多采用离心浇筑玻璃钢夹砂管，其中德国在技术方面比较成熟，日本在小口径顶管方面比较先进，美国在顶管发展方面尤为显著。据统计，自1989年以来，平均每年有38%的中小型顶管采用离心浇铸玻璃钢夹砂管。1995年以来，日本着重于提高抗震性能、长距离顶进、曲线顶进等顶管技术层面的发展。2000年，英国牛津大学对混凝土顶管管道进行了改进设计，在室内对管道进行测试，目的是为了确定在单边荷载作用下标准管的强度和研究新接头的几种设计方案。

我国的顶管施工虽然起步很晚，但发展速度较快。20世纪50年代，我国北京（1953年）和上海（1956年）就有了顶管施工的先例，北京首次顶管施工应用在京包铁路路基下，采用的是钢筋混凝土管顶管施工；上海首次顶管施工应用于穿越黄浦江江堤，采用的是钢管顶管施工。60年代，北京和上海计划性地开发和推广顶管施工，取得了一定的成绩。70年代，工业大口径水下长距离顶管技术在上海首先取得成功。1978年前后，上海研制了人不必进入管道的小口径遥控土压式机械顶管机，口径约有700~1050mm多种规格。80年代，第一次应用中继间获得成功并在小口径顶管上取得突破。之后引进了计算机控制、激光指向、陀螺仪定向等先进技术，顶管施工技术日趋成熟。1989年，上海研制了我国第一台小刀盘土压平衡式顶管机。1997年，在上海穿越黄浦江的引水工程中，将3.5m直径的钢管单向独头顶进1743m。1999年在西安首次应用玻璃钢夹砂管顶管技术。2003年，上海首创开发研制成功了第一台大断面偏心多轴多刀盘土压平衡式矩形顶管机。2005年，在新疆采用了DN3100mm玻璃钢夹砂管顶管。2007年，南通狼山水厂取水输水工程采用了DN2200mm预应力钢筒混凝土顶管。2008年，汕头市第二过海水管续建工程采用管径2m钢管，顶进长度达到2080m。

到目前为止，顶管施工随着城市建设的发展已经越来越普及，应用的领域也越来越宽。近年来已应用到地下通道、污水管、自来水管、煤气管、动力电缆、通信电缆和发电厂循环水冷却系统等许多管道的施工中。

### 5.1.2 顶管施工方法的优越性、局限性及适用范围

顶管法施工是一种现代化的埋设地下管线的施工方法,它在不扰动管外土层结构条件下,利用顶进、压挤等多种手段,自控、自支护、自平衡土压力,使管壁与原土层紧密结合,不会形成开槽埋管回填土中的积水带及浮力区,可改变顶管沿线地下水的渗流方向及渗透作用,使顶管管线成为土体中的加筋体,与土体产生相互作用,改善了沿线土层的形变性质。

顶管施工技术在对土层的适应性、对周边环境的保护、对周围设施的无干扰破坏、施工安全可靠性、施工质量保证以及施工经济效益等方面都具有较大的优越性,并显现其无限生命力。下面将顶管法与相应的开槽埋管法及盾构法进行比较,阐明其优越性及不足之处。

#### 5.1.2.1 对土层的适应性

顶管施工技术因为机头掘进的先进性,可广泛应用于绝大部分地层条件,包括地下水位较高和极不稳定的淤泥层、淤泥质土层、粉细砂层及混合状千层饼土层,也包括含砾石的砾砂层及软质岩层等。但是,对于在顶管沿线含有较多的大块孤石及漂石的黏土层或砾砂层,施工较为困难,显现出施工的局限性,进度很慢。尤其是在施工人员不能进入的小型管道施工中,甚至无法实现正常顶进作业。具体表现为:

1. 与开槽埋管法相比:它不用开挖支护、降水及稳定槽壁土体等处理措施。随着施工深度和难度加大,显现出越来越大的优越性。特别是在地下水位较高的复杂地层中施工,开槽埋管法难度很大,费工费时,且有时易产生施工安全事故,影响极大。

2. 与直径相同的盾构法相比:顶管法在对地层的适应能力方面没有明显的区别,采用的掘进机和施工技术也非常接近。只是顶管施工因不用拼接管片,显示出施工的简便性及对土层更好的适应能力,施工速度也快些。只有遇到过于黏稠的膨胀性黏土地层时,地层的高摩擦阻力将影响施工的进度以及一次顶进长度,此时具有管片拼装式的盾构法将显现出较好的优越性。

#### 5.1.2.2 对地上或地下环境的保护

顶管施工因仅占有少量工作井和接收井的地面,并对地面破坏干扰较小;同时,它在地下穿越中占地更小,且能自支护防水,故对地下环境的破坏干扰也极小。这是一种环保型的施工方法,同时由于它能快速施工,对地上地下的环境干扰破坏很小。但是,它在软土层中施工易发生偏差以及使管道产生不均匀沉降,施工难度较大,技术条件要求高。具体表现为:

1. 与开槽埋管法相比:顶管法能使地面场地干净,且保持地面繁华市区及交通人流通畅,显然它是一种最有利于环境保护的施工选择。开槽埋管法易造成泥水污染环境,中断交通,影响商业运营,其破坏干扰性较大。尤其是改造下水道及污水管道,因深埋较大,且多施工成直线,可能是最具破坏性的施工方法。它造成的延误交通及商业损失等总的损失费用往往是施工工程费用的好几倍,如遇开槽槽壁的坍塌等安全事故,其损失就更大了。

2. 与盾构法相比:它的地面施工仅限定在少量作业竖井位置,对地面破坏干扰很小。如对该竖井位置进行精心设计,还能减小对施工带来的不利影响。盾构法因采用管片拼

装、地面占用场地要稍大一些，且施工人员也要稍多一些。它与盾构法在浅埋管道时相比，却显得很经济，但须在方案选择时进行认真比较，加以利弊权衡才能做到合理选择。

**5.1.2.3 对地上或地下设施的干扰破坏**

如上所述，顶管法的施工干扰最小，施工亦最安全，地面变形也很小，即使是浅埋式地下顶管也不破坏地面道路等建筑工程设施，更能保障繁华市区的活动以及三流（人流、车流与物流）通畅。对地下设施来说，顶管法更易做到避开施工，其干扰破坏甚至可以完全避免。具体表现为：

1. 与开槽埋管法相比：顶管施工在减少地面沉降以及对周围道路等环境设施方面的损失将显示出极大的优越性。特别是开槽埋管施工在开挖降水处理，临时槽壁支护与拆除以及基槽回填等，将不可避免地引起地层变形等位移，其施工成本将会大幅度增加。当然，当埋管施工在很浅的覆土层时，其成本应作细致的对比分析，以作为方案的选择依据。

2. 与盾构法相比：顶管法在管道外侧间隙较小，而盾构法的隧道和衬砌之间将会存在一个环状间隙，在稳定地层中施工，采用注浆填充效果可得到保证；但在不稳定地层中施工，在进行注浆填充作业之前，地层的移动和变形可能已经发生，其施工质量将会受到不同程度的影响，这是盾构法施工往往难以控制的弊端。盾构法施工时的地层变形必然干扰甚至破坏地上或地下工程设施，它往往会造成施工完成后的二次修复工序。对此，顶管法就优越得多。

**5.1.2.4 施工安全可靠性**

顶管法施工，其施工人员仅在工作井和接收井中进行施工，并可在地面上操纵及室内进行遥控控制，施工安全可靠性很好。又由于顶管法的作业面小，对施工环境造成的干扰破坏也小，其施工的安全可靠性还会大大提高。具体表现为：

1. 与开槽埋管法相比：顶管法施工更能保护工作面上的人工安全，不会造成因开槽出现的地层坍塌伤害事故。当采用机械开挖时，只需1～2人在盾尾对设备加以控制即可；对于小管径的微型顶管施工，没有工人也不允许操作人员进入管道内施工，所有掘进作业均被限制在工作井中，这就更加安全了。

2. 与盾构法相比：因该法施工人员须进入隧道内进行管片拼装，土壁坍塌及地层涌水还可能造成施工人员的人身伤亡事故，其安全可靠性不容忽视，故顶管法的安全可靠性更优越。另外，对于同直径的地下埋管安全作业来讲，采用顶管法的施工效率也是较快的，甚至还高于开槽埋管法。

**5.1.2.5 施工质量保证**

顶管法施工，无论从大、中、小管径或深、浅埋深来说，其施工精度、顶进区间长度、管道曲率半径大小以及多管径配合来说，施工质量都可以保证整个工程实施要求。特别是对不同材料管道的选择，也能满足承包商提出的技术要求。具体表现为：

1. 与开槽埋管法相比：顶管法施工不存在开槽挖土、降水处理、护壁稳定和回填压实等质量问题，它是利用机械作业和操作控制，施工质量保证较好，比开槽埋管施工少出事故，甚至可以避免质量或安全事故的发生。

2. 与盾构法相比：顶管法与盾构法的施工质量均较好，较少出现不良事故，工程质量有保证。但盾构法管片接缝较多，容易出现漏水漏泥现象。特别是随着隧道直径增大，管片拼接数量的加多，顶管施工的工程质量保证将更加显现出极大的优越性。

当然，顶管法施工要求作业人员具有良好的施工技能和丰富的施工经验；而盾构法施工，其相应要求也不会降低；但开槽埋管法施工，这方面的要求就可放松一些，也能保证工程质量要求。顶管法施工，可以达到开槽埋管法的同等施工精度要求，其垂直和水平轴线方向上的施工偏差可控制在±35mm以内。随着对控制和导向技术的不断改进，其施工精确性还将达到更高标准。

目前所采用的顶管法，其工作井与接收井之间的管道顶进长度还有一定局限性。这不是技术上的原因，而主要是地层对管道的摩阻力与中继间施加后的顶力匹配之间的矛盾所引起的。对于小管径的微型顶管施工，其一次顶进长度限制更为严格，因为其顶进长度还受管道端部所能承受的最大顶力的限制。总之，顶管的管道直径越大，管道壁越厚，其承载的最大顶力也越大，顶进的长度也就越长。但对小曲率的曲线顶管来说，可能开槽埋管法更具有优势。在欧洲，顶管技术的最小曲率半径一般限制在100m范围内。

**5.1.2.6　施工经济效益**

顶管法施工仅需开挖少量工作井和接收井，开挖土方量少，而且安全，对环境及其他设施的干扰破坏小，施工速度较快，文明施工程度高，是一种经济效益和社会效益均较好的施工方法。具体表现为：

1. 与开槽埋管法相比：顶管法施工仅开挖管道断面处的土，比开槽挖土量少许多，施工作业人员也相应少许多；另外，它不用回填覆土，其施工工期一般比开槽埋管短；而且，顶管法施工的公害少，能保护地上和地下环境及其工程设施，其文明施工程度比开槽施工高。因此，在覆土深度较大的情况下，它比开槽埋管法施工经济。

当然顶管法与开槽埋管法施工比较，也存在一些不足之处：当管道的曲率半径小且多条曲线管道组合，顶管法施工较为困难；另外，顶进过程如遇到砾石或孤石等障碍物时，处理施工也较为困难；特别在软土层中顶进时易发生"抬头"及"磕头"现象，纠正偏差及处理不均匀沉降有一定技术难度；对于覆土浅的浅埋顶管条件有时显得不很经济。

2. 与盾构法相比：顶管法施工的挖掘断面小，其渣土处理量少；工作井和接收井的占地面积小，无须按规格堆放管片场地，建设公害也少；顶进施工完成无须进行衬砌，节省材料，且可缩短工期；地面沉降小，作业人员也少，工程造价也低。

当然顶管法与盾构法施工比较，也存在一些不足之处：超长距离顶进比较困难；且曲率半径变化大时施工也较困难；对于大于5m直径的大口径顶管几乎不太可能；在转折多或曲线组合多的复杂条件下施工，要增加一些工作井和接收井，施工工期和费用亦将相应增加。

鉴于以上情况分析，地下管线工程施工可以优选顶管法施工方案。其优越性及经济性是不言而喻的。但是即使是大型地下管网敷设及管网改造工程，在选择顶管法施工方案时也可有机配合其他一种或两种施工方法。有主有次，扬长避短，将是一种最优化的施工方案选择。

## 5.2　顶管工程设计

### 5.2.1　顶管掘进机选型

顶管机主要由两部分组成，一是切削工具管（顶管机前面部分），二是尾部。这两部分通常都为圆柱形的管道，并通过铰链相互连接在一起。目前市场上顶管机类型多样，主要区别在于土压力和地下水压力的平衡方式以及工作面的掘进方式不同。

进行顶管机选型时，必须对施工环境及条件、土质状况做充分的调查，然后从可行性、经济性和安全性这三个方面来取舍。具体的选择原则大致如下。

1. 管材的适应性

首先要考虑的是采用什么材料的管道，是钢管、钢筋混凝土管、还是玻璃钢管，这些管道又是采用什么样的接头，是刚性的焊接接头，还是柔性的套环接头。其次，还要考虑各种管道的寿命、可承受最大的顶力以及管道的用途等。

2. 工作井和顶进长度

应从现场施工的环境出发决定工作井可能的大小，从而选取不同施工方法和施工设备。同时，还必须与一次顶进的最大长度结合起来考虑。

3. 经济性与安全性

要考虑采用哪一种施工方法既经济又安全，风险少。经济性主要从其适用性和可靠性这两个角度加以考虑。如果该施工方法的适用性强，就经济，也就不需要采用其他的辅助施工方法。如果可靠性好，已被许多施工业绩和类似的工程证明，就可以避免以后出现各种麻烦，否则施工费用就有可能上升。安全性与经济性具有不可分割的联系，安全性好，经济性也就好，不出事故，也就减少了各种赔偿的可能。

4. 土质条件

必须根据土质条件来选用不同的机型。如果是砾石，就不能选用只适用于黏性土和砂性土的机型来施工。如果地下水位比较高，就不能选只适用于地下水位低的机型来施工。

### 5.2.2 顶管线路设计

#### 5.2.2.1 顶管管位设计

1. 选用顶管的目的

通常在地面上有建筑、道路、大堤等障碍，管道开槽埋设有困难时，才采用顶管。顶管的轴线一般是从始发地到预订的终点拉直线。在决定管位时，应采用物探和钻探，如果所定管位遇到地下障碍物，应另选管位，或者采用曲线顶管绕过障碍物到达目的地。当然顶管施工遇到障碍物时，可以采取排障措施，但技术要求高、施工期长及费用大。

2. 顶管穿越断裂带

顶管管线较长时就可能穿过断裂带，已经稳定的断裂带对工程没有影响。若经过有关部门鉴定，断裂带仍处活动期，顶管通过后管道的受力状态将改变。如果顶管是钢管，钢管应力会增加；如果是预制管节，则可能接头拉拖而不能满足使用要求。因此顶管管位不能布置在横穿活动性的断裂带上。

3. 顶管穿越河道

从管道的安全考虑，顶管穿越河道，宜将管道布置在微冲不淤的河段，不宜布置在河流激烈冲刷段，要既能满足取水功能，又不会被冲垮。

4. 顶管穿越大堤

顶管穿越大堤有两个方案：（1）在大堤下用顶管穿过；（2）在大堤顶面上通过。

水管过大堤的方案需要通过专家论证，并须取得大堤所属管理部门同意。管道在大堤上面通过，可以采用开槽埋管，但开槽埋管风险较大，如果填土不密实，止水构造不合理，会发生漏水。开槽埋管很难求得大堤管理部门同意。

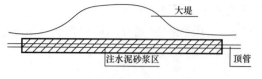

图 5-1 顶管穿大堤止水方案

水管在地面以下穿越必须采用顶管施工。为保证大堤的正常使用，顶管施工时要采取减小大堤沉降措施，并且在顶管完成后，向管周注入水泥砂浆，防止堤外的水通过顶管外壁向堤内渗漏。如图 5-1 所示。

给水管与其他管线及建（构）筑物之间的最小水平净距（m）　　　表 5-1

| 建（构）筑物或管线名称 | | | 与给水管线的最小水平净距 $D$ | |
|---|---|---|---|---|
| | | | $D \leqslant 1500$mm | $D > 1500$mm |
| 污水、雨水排水管 | | | 1.0 | 1.5 |
| 燃气管<br>中低压 $P$ | 中低压 | $P \leqslant 0.4$MPa | 0.5 | |
| | 高压 | $0.4$MPa$< P \leqslant 0.8$MPa | 1.0 | |
| | | $0.8$MPa$< P \leqslant 1.6$MPa | 1.5 | |
| 热力管 | | | 1.5 | |
| 电力电缆 | | | 0.5 | |
| 电信电缆 | | | 1.0 | |
| 乔木（中心） | | | 1.5 | |
| 灌木 | | | | |
| 地上杆柱 | | 通信照明 $<10$kV | 0.5 | |
| | | 高压铁塔基础边 | 3.0 | |
| 道路侧石边缘 | | | 1.5 | |
| 铁路钢轨（或坡脚） | | | 5.0 | |

**5.2.2.2　顶管间距**

1. 水平间距

顶管与其他管道及建筑物之间的水平间距要满足下列要求：

1）顶管施工时不能相互干扰，如果有数根管道平行顶进，已有试验证明顶管净距不应小于 1 倍顶管外径；

2）给水管道考虑管道敷设和损坏影响的最小水平间距见表 5-1。

3）排水管考虑破坏和污染的影响最小水平间距见表 5-2。

排水管考虑破坏和污染的影响最小水平间距（m）　　　表 5-2

| 名称 | | | 水平净距（m） |
|---|---|---|---|
| 给水管 | | $D \leqslant 200$mm | 1.0 |
| | | $D > 200$mm | 1.5 |
| 再生水管 | | | 0.5 |
| 燃气管 | 低压 | $P \leqslant 0.05$MPa | 1.0 |
| | 中压 | $0.05$MPa$< P \leqslant 0.4$MPa | 1.2 |
| | 高压 | $0.4$MPa$< P \leqslant 0.8$MPa | 1.5 |
| | | $0.8$MPa$< P \leqslant 1.6$MPa | 2.0 |
| 热力管线 | | | 1.5 |
| 电力管线 | | | 0.5 |

| 名称 | | 水平净距（m） |
|---|---|---|
| 电信管线 | | 1.0 |
| 乔木 | | 1.5 |
| 地上柱杆 | 通信照明＜10kV | 0.5 |
| | 高压铁塔基础边 | 1.5 |
| 道路侧石边缘 | | 1.5 |
| 铁路钢轨（或坡脚） | | 5.0 |
| 电车路轨 | | 2.0 |
| 架空管架基础 | | 2.0 |
| 油管 | | 1.5 |
| 压缩空气管 | | 1.5 |
| 氧气管 | | 1.5 |
| 乙炔管 | | 1.5 |

顶管选位时，上述 3 点要求都应满足。另外，当顶管底与建筑物基础底面相平时，直径小于 1.5m 的管道宜保持 2 倍管径净距；直径大于等于 1.5m 的管道宜保持 3m 的净距。顶管底低于建筑物基础底标高时，顶管间距除应满足上述要求外，尚应考虑基底土体稳定，防止建筑物基础失稳。

2. 垂直交叉的间距

顶管可用于给水管道，也可用于其他用途的管道。

污水管道、合流管道与生活给水管道交叉时，应敷设在生活给水管道的下面，避免污染生活用水。

再生水管道与生活给水管道、合流管道和污水管道相交，应敷设在生活给水管道下面，宜敷设在合流管道和污水管道的上面，以避免污染。

空间交叉管道的净距应考虑管道过大变形和损坏，钢管不宜小于 0.5 倍管道外径，且不应小于 1.0m；钢筋混凝土管和玻璃纤维增强塑料夹砂管不宜小于 1 倍管道外径，且不应小于 2m。如果管道交叉处土质较软或者较松散，或者管节的接头正处于管道交叉处，应考虑对土体加固。

### 5.2.2.3 顶进土层选择

选择顶管在什么土层中顶进，可以通过调整工作井深度的方法实现。根据当今的顶管技术水平，从淤泥到岩石各类土层都可以顶进。只是哪类土层更适合于顶进，在哪类土层顶进需要采用一定技术措施，在哪类土层顶进施工进度快，在哪类土层顶进施工进度慢的问题。

设计顶管，首先要根据地质勘察的坡面图选定土层。淤泥质黏土、黏土、粉质黏土、黏质粉土、砂质粉土及渗透系数小于 $10^{-3}$ cm/s 的砂土比较适合顶管。淤泥土、松填土和沼泽地基强度特别低，不均匀性特别大，顶管轴线不易控制，纠偏也很困难，在这样的土层顶管可能造成工作面坍塌和顶管轴线失稳，属于不宜顶管施工的土层。

受压强度大于 15MPa 的弱风化及中等风化的岩石，不宜选用为顶管穿过土层，特别是岩石的分布范围较大时，宜尽量避开。岩石不是不可穿越，使用特制的硬刀盘顶管机也可顶进，但是顶进速度较慢。

卵石层和渗透系数大于 $10^{-3}$ cm/s 的砂层，减阻泥浆不能形成泥膜，也不宜选为顶进土层。在卵石层和砂砾层顶进可以采用二次注浆技术和在管节外表面熔蜡减阻等措施。

由于顶管顶进时，不断发生轴线变偏移，需要不断地进行纠偏。为此，在选定顶进土层时，最好不要让顶管在软硬明显的土层界面上顶进，以避免造成导致顶进偏心的不利条件。

在无地下水或地下水位偏低的地区，可以选用敞口式（即手工掘进）顶管机。选定顶进土层时，一般应选在稳定的土层，因为在不稳定土层中顶进，顶管机的迎土面容易塌方而发生叩头现象。

#### 5.2.2.4 管道顶部覆盖层厚度

顶管的施工要求，管顶覆土层厚度（不计淤泥层厚度）宜大于管外径的 1.5 倍，并不小于 1.5m。管道穿越河底时，因为有淤泥层，覆盖层还要厚些，否则顶管时机头会向上漂移。这是顶管轴线设计必须考虑的内容，如果局部管线的覆土厚度不能够满足这一要求，可以采用下述措施满足施工要求：（1）在管顶上抛土，满足施工要求，顶管结束后再挖除；（2）在管内铺设钢锭，加大管道的重量，顶管机穿过此段后，即可移除钢锭。

在有地下水地区及穿越河道时，顶管的覆土厚度需满足管道抗浮要求和冲刷要求。顶管在主航道下穿越，尚须考虑船舶抛锚的可能性。在严寒地带顶管，管道全线都必须埋置在冰冻线以下。

### 5.2.3 管道结构设计

顶管用的管道材质应根据管道用途、管材特性及当地具体情况确定。给水工程管道宜选用钢管或玻璃纤维增强塑料夹砂管。排水工程管道宜选用玻璃纤维增强塑料夹砂管或钢筋混凝土管。输送腐蚀性水体及管外水土有腐蚀性时，应优先选用玻璃纤维增强塑料夹砂管。

#### 5.2.3.1 设计规定

1. 管道结构采用以概率理论为基础的极限状态设计方法，以可靠指标度量管道结构的可靠度，除管道的稳定验算外，均应采用分项系数的设计表达式进行设计。

2. 钢管及玻璃纤维增强塑料夹砂管应按柔性管计算；钢筋混凝土管应按刚性管计算。

3. 管道结构设计应计算下列两种极限状态：

1）承载能力极限状态：顶管结构纵向超过最大顶力破坏，管壁因材料强度被超过而破坏；柔性管道管壁截面丧失稳定；管道的管段接头因顶力超过材料强度破坏。

2）正常使用极限状态：柔性管道的竖向变形超过规定限值；钢筋混凝土管道裂缝宽度超过规定限制。

4. 管道结构的内力分析，均应按弹性体系计算，不考虑由非弹性变形所引起的塑性内力重分布。

#### 5.2.3.2 作用效应的组合设计值

作用效应的组合设计值，按下式确定：

$$S = \gamma_{G1}C_{G1}G_{1k} + \gamma_{G,sv}C_{sv}F_{sv,k} + \gamma_{Gh}C_hF_{h,k} + \gamma_{Gw}C_{Gw}G_{wk} + \varphi_c\gamma_Q(C_{Q,wd}F_{wd,k} + C_{Qv}Q_{vk} + C_{Qm}Q_{mk} + C_{Qt}F_{tk}) \tag{5-1}$$

式中　　　　　$\gamma_{G1}$——管道结构自重作用分项系数，可取 $\gamma_{G1}=1.2$；

　　　　　　　$\gamma_{G,sv}$——竖向水土压力作用分项系数，可取 $\gamma_{G,sv}=1.27$；

$\gamma_{Gh}$——侧向水土压力作用分项系数，可取 $\gamma_{Gh}=1.27$；

$\gamma_{Gw}$——管内水重作用分项系数，可取 $\gamma_{Gw}=1.2$；

$\gamma_Q$——可变作用的分项系数，可取 $\gamma_Q=1.4$；

$C_{G1}$、$C_{sv}$、$C_h$、$C_{Gw}$——分别为管道结构自重、竖向和侧向水土压力及管内水重的作用效应系数；

$C_{Q,wd}$、$C_{Qv}$、$C_{Qm}$、$C_{Qt}$——分别为设计内水压力、地面车辆荷载、地面堆积荷载、温度变化的作用效应系数；

$G_{1k}$——管道结构自重标准值；

$F_{sv,k}$——竖向水土压力标准值；

$F_{h,k}$——侧向水土压力标准值；

$G_{wk}$——管内水重标准值；

$F_{wd,k}$——管内设计内水压力标准值；

$Q_{vk}$——车行荷载产生的竖向压力标准值；

$Q_{mk}$——地面堆积荷载作用标准值；

$F_{tk}$——温度变化作用标准值；

$\varphi_c$——可变荷载组合系数，对柔性管道取 $\varphi_c=0.9$；对其他管道取 $\varphi_c=1.0$。

### 5.2.3.3 各种工况的作用组合

承载能力极限状态强度计算的作用组合，应根据顶管实际条件，按表5-3的规定采用。

**承载能力极限状态强度计算的作用组合表**　　　　表5-3

| 管材 | 计算工况 | 永久作用 | | | 可变作用 | | |
|---|---|---|---|---|---|---|---|
| | | 管自重 $G_1$ | 竖向和水平土压力 $F_{sv}$ | 管内水重 $G_w$ | 管内水压 $F_{wd}$ | 地面车辆荷载或堆载 $Q_v$、$Q_m$ | 温度作用 $F_t$ |
| 钢管 | 空管期间 | √ | √ | | | √ | √ |
| | 管内满水 | √ | √ | √ | | √ | √ |
| | 使用期间 | √ | √ | √ | √ | √ | √ |
| 混凝土管 | 空管期间 | √ | √ | | | √ | |
| | 管内满水 | √ | √ | √ | | √ | |
| | 使用期间 | √ | √ | √ | √* | √ | |

注：1. 玻璃纤维增强塑料夹砂管可参照钢管组合；
　　2. *指压力管。

### 5.2.3.4 柔性管道稳定验算

对柔性钢管管壁截面进行稳定验算时，各种作用应取标准值，并应满足稳定系数不低于2.0，作用组合按表5-4规定采用。

**管壁稳定验算作用组合表**　　　　表5-4

| 永久作用 | 可变作用 | | |
|---|---|---|---|
| 竖向土压力 | 地面车辆或堆积荷载 | 真空压力 | 地下水 |
| √ | √ | √ | √ |

### 5.2.3.5 钢筋混凝土管道

验算钢筋混凝土管道构件截面的最大裂缝开展宽度时，应按准永久组合作用计算。作用效应的组合设计值按下式确定：

$$S = \sum_{i=1}^{m} C_{Gi}G_{ik} + \sum_{j=1}^{n} \psi_{qj}C_{qj}Q_{jk} \tag{5-2}$$

式中　$\psi_{qj}$——第 $j$ 个可变作用的准永久值系数，按《给水排水工程顶管技术规程》第 6.3 节的有关规定采用；

$C_{Gi}$、$C_{qi}$——永久荷载和可变荷载作用效应系数；

$G_{ik}$、$Q_{jk}$——永久荷载和可变荷载标准值。

钢筋混凝土管道在准永久组合作用下，最大裂缝宽度不应大于 0.2mm。当输送腐蚀性液体及管周水土有腐蚀性时须有防腐措施。

### 5.2.3.6 柔性管道在准永久组合作用下长期竖向变形允许值

应符合下列要求：

1. 内防腐为水泥砂浆的钢管，先抹水泥砂浆后顶管时，最大竖向变形不应超过 $0.02D_0$（$D_0$ 为管道外径）；顶管后再抹水泥砂浆时，最大竖向变形不应超过 $0.03D_0$。如果在水泥砂浆中适当掺入抗裂纤维，变形限值可以放宽。

2. 内防腐为延性良好的涂料的钢管，其最大竖向变形不应超过 $0.03D_0$。

3. 玻璃纤维增强塑料夹砂管最大竖向变形不应超过 $0.05D_0$。

## 5.2.4 工作井和接收井的设计

顶管施工方法不需要开挖地面槽口，但必须在所敷设地下管道的两端开挖若干个工作井。工作井又可分为顶进工作井和接收井。顶进工作井是安放所有顶进设备的场所，也是顶管掘进机或工具管的始发地，还是承受主顶油缸反作用力的构筑物。接收井则是接收顶管掘进机或工具管的场所。顶进工作井一般要比接收井坚固、可靠，尺寸也较大。

工作井形状一般有矩形、圆形、椭圆形、多边形等几种，其中矩形和圆形工作井最为常见。在直线顶管或两段交角接近 180°的折线顶管施工中，常采用矩形工作井，优点是后座墙布置方便，井内空间能充分利用。如果在两段管道交角较小或者是在一个工作井中需要向几个不同方向顶进时，则往往采用圆形工作井，另外较深的工作井也往往采用圆形，其优点是占地面积小，受力较合理，但需适当加强后座墙。

### 5.2.4.1 工作井基本尺度要求及设计原则

工作井的尺度是指工作井的平面尺寸和深度，取决于施工管道直径的大小、管节长度、覆土厚度、顶进形式和施工方法等因素，并受土层的性质、地下水位等条件影响。在确定工作井尺寸时，还需考虑各种设备的布置、操作空间、工期长短和挖掘泥土的运输方式和设备等因素。

矩形工作井底部尺寸可采用下列公式计算：

$$B = D_1 + S \tag{5-3}$$

$$L = L_1 + L_2 + L_3 + L_4 + L_5 \tag{5-4}$$

式中　$B$——矩形工作井的底部宽度（m）；

$D_1$——顶进管道外径（m）；

$S$——操作宽度，可取 2.4～3.2m；

$L$——矩形工作井的底部长度（m）；

$L_1$——工具管长度（m），当采用管道第一节管作为工具管时，应不小于工具管长；

$L_2$——管节长度（m）；

$L_3$——输土工作间长度（m）；

$L_4$——千斤顶长度（m）；

$L_5$——后座墙的厚度（m）。

工作井深度应符合下列公式要求：

$$H_1 = h_1 + h_2 + h_3 \tag{5-5}$$

$$H_2 = h_1 + h_3 \tag{5-6}$$

式中　$H_1$——顶进工作井地面至井底的深度（m）；

$H_2$——接收井地面至井底的深度（m）；

$h_1$——地面至管道底部外缘的深度（m）；

$h_2$——管道外缘底部至导轨底面的高度（m）；

$h_3$——基础及其垫层的厚度（不应小于该处井室的基础及垫层厚度）（m）。

根据规范 GB 50268—2008 第 6.2 节的规定，应按照下列条件选择顶管工作井的位置：

1. 宜选择在管道井室位置；

2. 便于排水、排泥、出土和运输；

3. 尽量避开现有构（建）筑物，减小施工扰动对周围环境的影响；

4. 顶管单向顶进时宜设在下游一侧。

除了上述工作井选址原则以外，还应注意以下几个问题：

1. 尽可能减少工作井的数量。顶进过程中要力求长距离顶进，少挖工作井。直线顶管工作井最好设在管道附属构筑物处，竣工后在工作井地点修建永久性管道附属构筑物。长距离顶进直线管道时，在检查井处设工作井，在工作井内可以调头顶进。在管道拐弯处或转向检查井处，应尽量双向顶进，提高工作井的利用率。多排顶进或多向顶进时，应尽可能利用一个工作井。

2. 地下水位以下顶进时，工作井要设在管线下游，逆管道坡度方向顶进，这样有利于管道排水。

3. 工作井的选址应尽量避开房屋、地下管线、池塘、架空电线等不利于顶管施工的场所。尤其是顶进工作井，井内布置有大量设备，地面上又要堆放管道、注浆材料和泥浆分离及渣土的运输设备等，如工作井、接收井太靠近房屋或地下管线，可能会给施工带来麻烦。为确保房屋或地下管线安全，采用保护措施后则会增加施工成本，延误工期。

工作井设在河塘边，会给施工造成危险，使顶管施工的难度增大，并且会增加中继站的数量，使顶管施工成本上升。在架空线尤其是在高压架空线下作业时，常常会发生触电事故或停电事故，不可取。

在覆土较薄时，工作井后座墙的被动土抗力也较小，一次顶进长度受到限制；不然，后座墙就有可能遭破坏。在设置顶距时，需全面考虑好有利及不利因素。

在土质较软，且地下水又较丰富的条件下，应优先选用沉井法施工工作井。在渗透系数约为 $10^{-6}$ m/s 的砂性土中，可选择沉井法施工工作井，也可选钢板桩井作为工作井。在选用钢板桩工作井时，应有井点降水的辅助措施加以配合。在土质条件较好，地下水少的条件下，应选用钢板桩工作井。在覆土较厚的条件下，可采用多次浇筑和多次下沉的沉井工作井或地下连续墙工作井。

在一些特殊条件下，如离房屋很近，则应采用特殊方法施工工作井。

### 5.2.4.2 后座墙设计

后座墙的主要功能是在顶管过程中自始至终地承担主顶工作站顶进施工时的后座力。后座墙的最低强度应保证在设计顶进力的作用下不被破坏，要求其本身的压缩回弹量为最小，以利于充分发挥主顶工作站的顶进效率。在设计和安装后座墙时，应满足如下要求：

（1）要有充分的强度

在顶管顶进施工中，能承受主顶工作站千斤顶的最大反作用力而不会破坏。

（2）要有足够的刚度

当受到主顶工作站的反作用力时，后座墙材料受压缩而产生变形，卸荷后要及时恢复原状。如压缩回弹量大，会导致大量行程消耗在后座墙压缩变形上，从而大大降低千斤顶的有效冲程，使顶进效率较低，故后座墙必须具有足够的刚度。

（3）后座墙表面要平直

后座墙表面应平直，并垂直于顶进管道轴线，以免产生偏心受压，使顶力损失导致效率降低，甚至引发安全事故。

（4）材质要均匀

后座墙材料的材质要均匀一致，以免承受较大后座力时造成后座墙材料压缩不匀，出现倾斜现象。

（5）结构简单、装拆方便

（6）装配式或临时性后座墙都要求采用普通材料，以方便装拆。

我国规范 GB 50268—2008 规定，顶管的顶进工作井后背墙应符合下列规定：

① 后背墙结构强度与刚度必须满足顶管最大允许顶力和设计要求；

② 后背墙平面与掘进轴线应保持垂直，表面应坚实平整，能有效地传递作用力；

③ 施工前必须对后背土体进行允许抗力的验算，验算通不过时应对后背土体加固，以满足施工安全、周围环境保护要求；

④ 上、下游两段管道有折角时，还应对后背墙结构及布置进行设计；

⑤ 装配式后背墙宜采用方木、型钢或钢板等组装，底端宜在工作井底以下且不小于500mm；组装构件应规格一致、紧贴固定，后背土体壁面应与后背墙贴紧，有孔隙时应采用砂石料填塞密实；

⑥ 无原土作后背墙时，宜就地取材设计结构简单、稳定可靠、拆除方便的人工后背墙；

⑦ 利用已顶进完毕的管道作后背时，待顶管道的最大允许顶力应小于已顶管道的外壁摩擦阻力，后背钢板与管口端面之间应衬垫缓冲材料，并应采取措施保护已顶入管道的接口不受损伤。

1. 后座墙设计原则

1）强度要求

后座墙的强度取决于千斤顶在顶进过程中施加给后座墙的最大后座力，后座力的大小与最大顶力相等。影响顶力的因素众多，可分为客观因素和主观因素两大类。客观因素包括管材种类、管径大小、顶距长短、覆土厚度、土的种类、地下水位、管节重量等；主观因素包括操作误差、顶进方法、中途停工与否、是否采用润滑剂等。

下面主要讨论影响后座墙强度的主观因素。

（1）顶进误差。在顶进过程中，由于土质、设备和操作等原因，导致管道的方向或高程出现偏差，这种偏差称为顶进误差，简称误差。这种误差将导致顶力增加。技术熟练的工人既能采取措施防止误差的出现，又能及时发现误差的趋势而加以校正，并控制住误差发展。

（2）中途停工。顶进施工一开始，就不能中途停顿。如果停止一段时间后再顶进，其起始顶力要大大超过停工前的顶力。这主要是由于停工时间过长，使管顶土层塌落的缘故。在地下水位以下顶进时，因停顶而使液化的细砂将管道周围包裹起来，顶力也会大大增加。

（3）挖土方法。在工作面上挖土时，对管道顶部超挖或管前先挖成土洞后再顶进，可减小施工中的顶进力，但仅对一定的土质条件下才能实现操作。如先顶入管节后再挖土顶进，将增加迎面阻力，顶力也将比挖土后顶进管节的方法增加很多。

另外，顶进过程中是否采用注浆润滑措施，对顶力影响甚大。如采用注浆润滑，施工中的顶进阻力将减小很多。

由于主观因素对顶力的影响是人在操作过程中造成的，只能加强施工管理。因此，将计算所得顶力并适当增加安全系数，作为防止主观影响因素的储备力量，并严格遵守操作规程，就能确保后座墙不致受超负荷顶力的影响而导致破坏。

2）刚度要求

顶管施工时要求后座墙具有足够的刚度，以避免往复回弹和消耗能量。必须确保受最大顶力时不变形，或只有少数残余变形。后座墙应尽量采用弹性小的材料。如果后座墙弹性过大，顶进的后座力先压缩后座墙，直到后座墙被压紧而不能再压缩时，顶力才能向前发挥作用将管段顶推前进。当千斤顶卸荷及后座力解除后，后座墙仅有少量残余变形，甚至可恢复到未受荷载状态。

可是，下一次顶进时，仍要先压缩后座墙，因而每次顶进都要浪费一段千斤顶行程于压缩后座墙。用短行程千斤顶，行程约200mm，而后座墙压缩量约20～30mm，则千斤顶行程在顶管前进时的作用率只有70%～80%。每顶进2m长的管节，需12～14个行程。若再考虑到传力工具的压缩，需要的行程数还将增加。所以，要提高顶管的顶进效率，除采用长行程千斤顶外，必须设法增加后座墙的刚度。

2. 后座墙形式分类

后座墙按结构分类，通常分为整体式和装配式两类。整体式后座墙多采用现浇混凝土，我国除在钢筋混凝土井筒中使用外，一般很少使用。因后座墙是临时设施，装配式后座墙是常用的形式，具有结构简单、安装和拆卸方便、经济适用性较好。

后座墙按所使用的材料分类，分为人工后座墙和天然后座墙两类。天然后座墙主要利用原状土，临时安装方木和顶铁，做成装配式后座墙。该后座墙强度取决于土体抗力。当顶进方向对侧无原状土可利用时，就需用建筑材料构筑临时的人工后座墙，应尽量选用现场储存的材料，如钢筋混凝土管、型钢、木材和块石等。

后座墙按土的性能利用分类，可分为压缩式、拖拉式和重力式三种。压缩式后座墙一般采用土作为材料，主要是利用土体抗力。由于对土体反复加、卸荷，当土体压缩到一定限度后，就不再继续压缩，土体抗力达到最大值。当千斤顶后座力大于土抗力时，后座墙则破坏。拖拉式后座墙除利用土体抗力外，还利用土与基础间的摩阻力和抗剪力。重力式后座墙除利用土体抗力、摩阻力与抗剪力外，还采用块石砌筑后座墙。由于块石砌体的重量增加了土压力，使基底下层摩阻力随之增加，这样就能承受千斤顶较大的后座力。

虽然有多种多样的后座墙形式，但就其使用条件来讲，基本上仍是以下三种：

1）覆土较薄或穿过高填方路基的顶管工程，无土体抗力可利用时修建的人工后座墙；

2）覆土较厚时可充分利用土体抗力的天然后座墙；

3）在混凝土或钢筋混凝土竖井内建造的现浇钢筋混凝土后座墙。

顶管工作井及装配式后座墙的墙面应与管道轴线垂直，其施工允许偏差应符合表5-5中的规定。

**工作井及装配式后座墙的施工允许误差（mm）** 表 5-5

| 项目 | | 允许偏差 | 项目 | | 允许偏差 |
|---|---|---|---|---|---|
| 工作井每侧 | 宽度 | 不小于施工设计规定 | 装配式后座墙 | 垂直度 | 0.1%H |
| | 长度 | | | 水平扭转度 | 0.1%L |

注：H 为装配式后座墙的高度（mm）；L 为装配式后座墙的长度（mm）。

3. 后座墙设计

1）基本要求

通常，顶管工作井后座墙承受的最大顶力取决于顶进管道所能承受的最大顶力。在最大顶力确定之后，即可据此进行后座墙的结构设计。后座墙的尺寸主要取决于管径大小和后座土体的被动土压力，即土抗力。计算土抗力的目的是确保在最大顶力条件下后座土体不被破坏，以期在顶进过程中充分利用天然的后座土体强度。

由于最大顶力常在顶进段接近完成时出现，所以在设计后座墙时应充分利用土体抗力，而且在顶进中应严密监测后背土体的压缩变形值，将残余变形值控制在20mm左右。当发现变形过大时，应及时采取辅助措施，可对后背土体进行加固，以提高土体抗力。

国内常用计算方法

（1）第一种方法

假定主顶油缸施加的顶进力是通过后座墙均匀地作用在工作井后的土体上。在计算后座墙反力过程中，忽略了钢制后座的影响。为确保后座在顶进过程中的安全，后座反力或土抗力 R 应为总顶进力 P 的 1.2～1.6 倍。该后座反力 R 可采用下述公式计算：

$$R = \alpha B \left( \gamma H^2 \frac{K_p}{2} + 2cH \sqrt{K_p} + \gamma h H K_p \right) \tag{5-7}$$

式中　$R$——总推力的后座反力（kN）；

　　　$\alpha$——系数，取 $\alpha=1.5\sim2.5$；

　　　$B$——后座墙的宽度（m）；

　　　$\gamma$——土的天然重度（kN/m³）；

　　　$H$——后座墙的高度（m）；

　　　$K_p$——被动土压系数，可参见表5-6取值；

　　　$c$——土的黏聚力（kPa）；

$h$——地面到后座墙顶部土体的高度（m）。

主动土压力及被动土压力系数　　　　　　　　　　表 5-6

| 土的名称 | 土的内摩擦角 $\varphi$（°） | 被动土压系数 $K_p$ | 主动土压系数 $K_a$ | $K_p/K_a$ |
|---|---|---|---|---|
| 软土 | 10 | 1.42 | 0.70 | 2.03 |
| 黏土 | 20 | 2.04 | 0.49 | 4.16 |
| 砂黏土 | 25 | 2.46 | 0.41 | 6.00 |
| 粉土 | 27 | 2.66 | 0.38 | 7.00 |
| 砂土 | 30 | 3.00 | 0.33 | 9.09 |
| 砂砾土 | 35 | 3.69 | 0.27 | 13.67 |

在计算后座墙受力时，应该注意几点：①油缸总推力的作用点低于后座被动土压力的合力点时，后座所能承受的推力为最大；②油缸总推力的作用点与后座被动土压力的合力点相同时，后座所承受的推力略大些；③当油缸总推力的作用点高于后座被动土压力的合力点时，后座的承载能力最小。因此，为使后座承受较大推力，工作井应尽可能深埋，后座墙也尽可能入土深一些。

（2）第二种方法

在计算后背土体承受能力时，引入了土抗力系数 $K_r$。此时后背土体的承载能力可按下面公式进行计算：

$$R_c = K_r BH\left(h + \frac{H}{2}\right)\gamma K_p \tag{5-8}$$

式中　$R_c$——后背土体承载能力（kN）；

　　　$K_r$——后座墙的土抗力系数（由图 5-2 查得）；

其他参数的意义同式（5-7）。

后座墙的结构形式不同，土体受力状况也不一样。为保证后座墙安全，应根据不同后座形式，采用不同的土抗力系数值。覆土厚度 $h$ 值越小，土抗力系数 $K_r$ 值也越小。有板桩支撑时，应考虑在板桩联合作用下，土体上顶力分布范围扩大导致集中应力减少，因而土抗力系数 $K_r$ 增加。图 5-2 是土抗力系数曲线，表示在不同后座板桩支撑高度 $h$ 值与后座高度 $H$ 的比值下，相应的土抗力系数 $K_r$ 值。

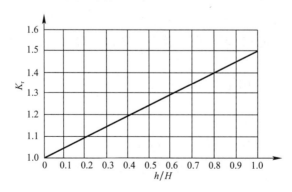

图 5-2　土抗力系数 $K_r$ 曲线

（3）目前国外设计计算方法

德国在设计后座墙时，将后座板桩对土抗力支撑的联合作用影响加以考虑，水平顶进力通过后座墙传递到土体上，近似于弹性荷载曲线（图 5-3），因而能将顶力分散传递，扩大了支撑面。为简化计算，将弹性载荷曲线简化为一梯形力系（图 5-4）。此时作用在后座土体上的应力可由下式进行计算：

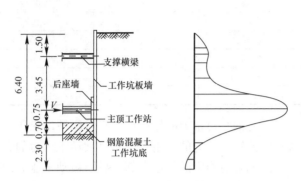

图 5-3 考虑支撑荷载时土体的荷载曲线（单位：m）　　图 5-4　简化的后座墙受力模型

$$P_{red} = \frac{2h_2}{h_1 + 2h_2 + h_3} P \tag{5-9}$$

$$P = \frac{V}{bh_2} \tag{5-10}$$

式中　$P_{red}$——作用在后座土体上的应力（kN/m²）；

　　　$V$——顶进力（kN）；

　　　$b$——后座宽度（m）；

　　　$h_2$——后座高度（m）；$h_1$ 和 $h_3$ 高度如图 5-4 所示。

从图 5-4 中可以看出，为保证后座的稳定，必须满足下列关系式：

$$e_p > \eta P_{red} \tag{5-11}$$

$$e_p = K_p \gamma h \tag{5-12}$$

式中　$e_p$——被动土压力；

　　　$\eta$——安全系数，通常取 $\eta \geqslant 1.5$；

　　　$h$——工作井的深度（m）。

所以，由上述公式经过整理可得，后座的结构形状和允许施加顶进力 $V_{allow}$ 有如下关系：

当不考虑后背支撑时，则允许施加顶进力为：

$$V_{allow} = \frac{K_p \gamma h}{\eta} bh_2 \tag{5-13}$$

当考虑后背支撑时，则允许施加顶进力为：

$$V_{allow} = \frac{K_p \gamma bh}{2\eta} (h_1 + 2h_2 + h_3) \tag{5-14}$$

式中　$V_{allow}$——许用顶力（kN）；

　　　$b$——后背宽度（m）；

　　　$\gamma$——土的重度（kN/m³）；

$E$——后座区域的压缩模量；

$\varphi'$——有效内摩擦角。

图 5-5 是在给定条件下后座允许施加顶进力的计算结果。从图中可以看出，该允许顶进力可由后座的施工深度及特殊的边界条件决定。

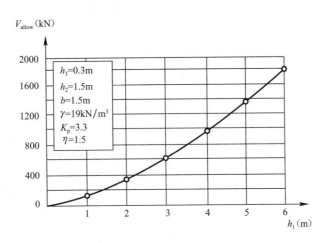

图 5-5　容许顶进力和后座深度及边界条件关系

日本在计算后座土体的土抗力时，通常取土抗力等于后座部分土的被动土压力的 2 倍。其计算公式如下：

$$R_{c} = 2B\gamma K_{p}\left(\frac{H^2}{2} + hH\right)$$

(5-15)

式中　$R_c$——后座土抗力（kN）；

$B$——后背宽度（m）；

$\gamma$——土的天然重度（kN/m³）；

$H$——后座墙高度（m）；

$K_p$——被动土压系数；

$h$——地面到后座墙底部土体的高度（m）。

另外，瑞士标准 SIA 195 中给出了利用图表法确定后座承载能力的方法（图 5-6），图中曲线 A 以承载力为主，曲线 B 以变形为主。该关系图是通过对相关的施工经验进行总结分析得出的，同时考虑了力的平衡和顶进力作用下后座水平方向上的位移情况。如要控制顶进中后座不发生大的位移，则必须减小施工中的顶进力。

为使后座承受较大推力，工作井应尽可能深一些，后座墙也尽可能深埋。

## 5.3　顶管工程施工

### 5.3.1　顶管施工的基本原理

顶管法是一种非开挖的敷设地下管道的施工方法，如图 5-7 所示，基本原理就是借助于主顶千斤顶（油缸）及管道间中继间等的推力，把工具管或掘进机从工作井内穿过土层一直推到接收井内吊起。与此同时，也就把紧随工具管或掘进机后的管道埋设在两井之间。

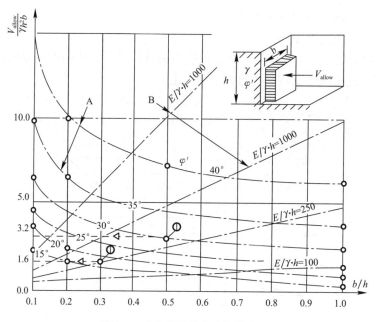

图 5-6　后座墙承载能力评估方法

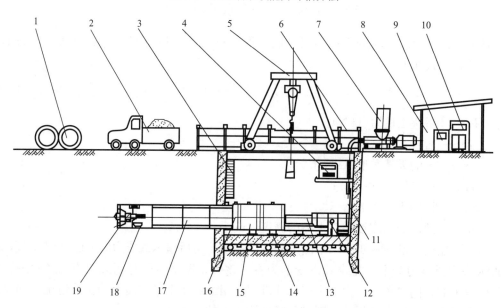

图 5-7　顶管施工示意图

1—混凝土管；2—运输车；3—扶梯；4—主顶油泵；5—起重行车；6—安全扶栏；

7—润滑注浆系统；8—操纵房；9—配电系统；10—操纵系统；11—后座；

12—测量系统；13—主顶油缸；14—导航；15—弧形顶铁；16—环形顶铁；

17—混凝土管；18—运土车；19—机头

顶管施工前要对地质和周围环境情况调查清楚，这也是保证顶管顺利施工的关键之一。

1. 施工内容

比较完整的顶管施工包括以下 16 大部分内容。

1）工作井

顶管施工虽然不需要开挖地面，但在工作井处则必须开挖。根据顶管施工的需要有顶进和接收两种形式的工作井。顶进工作井是顶进的起点，也是顶管的操作基地，还是承受主顶油缸推力的反作用力的构筑物；接收工作井则是顶进管道的终点，供顶管工具管进并和拆卸用的接收井。

工作井的形状主要有圆形和矩形两种。圆形工作井较深，一般采用沉井法施工。圆形使下沉顺利、筒壁受力好、占地面积小，但需另筑后座墙。沉井材料采用钢筋混凝土，竣工后沉井就成为管道的附属构筑物。最常用的工作井形式还是矩形工作井，短边和长边之比一般为2：3时井内空间能充分利用，覆土深浅都可采用，布置后座墙方便。若短边和长边之比较小，为条形工作井，多用于顶进小口径钢管。根据顶进方向，工作井的顶进形式又可分为单向顶进、对头顶进、调头顶进和多向顶进。

工作井围护结构应根据工程水文地质条件、邻近建（构）筑物、地下与地上管线情况，以及结构受力、施工安全等要求，经技术经济比较后确定。为了降低施工的费用、较早完工，在工作井的选址上应尽量避开房屋、地下管线、河塘、架空电线等不利于顶管施工作业的场所。如果工作井太靠近房屋和地下管线，在其施工过程中可能使它们损坏，给施工带来麻烦。有时不得不采用一些特殊的施工方法或保护措施，以保房屋或地下管线的安全，但这样会增加成本，延长施工的期限。

2）洞口止水圈

洞口止水圈是安装在顶进工作井的出洞洞口和接收井的进洞洞口，具有制止地下水和泥砂流到工作井和接收井的功能。在洞圈与管节间的建筑空隙，在顶管出洞过程中极易造成外部土体涌入工作井内的严重事故。为此，施工前在洞圈上采取安装环形帘布橡胶板等措施，以密封洞圈，达到止水的功能。

3）掘进机

掘进机是顶管用的机器，它总是安放在所顶管道的最前端，它有各种形式，是决定顶管成败的关键所在。在手掘式顶管施工中是不用掘进机而只用一只工具管。不管哪种形式，掘进机的功能都是取土和确保管道顶进方向的正确性。

4）主顶装置

主顶装置由主顶油缸、主顶油泵、操纵台和油管等四部分构成。主顶油缸是管子推进的动力，它多呈对称状布置在管壁周边。在大多数情况下都成双数，且左右对称。主顶油缸的压力油由主顶油泵通过高压油管供给。常用的压力在 32～42MPa 之间，高的可达50MPa。主顶油缸的推进和回缩是通过操纵台控制的。操纵方式有电动和手动两种，前者使用电磁阀或电液阀，后者使用手动换向阀。

千斤顶宜固定在支架上，并与管道中心的垂线对称，其合力的作用点应在管道中心的垂线上；千斤顶对称布置且规格应相同。千斤顶的油路应并联，每台千斤顶应有进油、回油的控制系统；油泵应与千斤顶相匹配，并应有备用油泵；高压油管应顺直、转角少。千斤顶、油泵、换向阀及连接高压油管等安装完毕，应进行试运转；整个系统应满足耐压、无泄漏要求，千斤顶推进速度、行程和各千斤顶同步性应符合施工要求。初始顶进应缓慢进行，待各接触部位密合后，再按正常顶进速度顶进；顶进中若发现油压突然增高，应立即停止顶进，检查原因并经处理后方可继续顶进。千斤顶活塞退回时，油压不得过大，速度不得过快。

5）顶铁

顶铁有环形顶铁和弧形或马蹄形顶铁之分。环形顶铁的主要作用是把主顶油缸的推力较均匀地分布在所顶管子的端面上。弧形或马蹄形顶铁是为了弥补主顶油缸行程与管节长度之间的不足。弧形顶铁用于手掘式、土压平衡式等许多方式的顶管中，它的开口是向上的，便于管道内出土。而马蹄形顶铁则是倒扣在基坑导轨上的，开口方向与弧形顶铁相反，只用于泥水平衡式顶管中。

顶铁的强度、刚度应满足最大允许顶力要求；安装轴线应与管道轴线平行、对称，顶铁在导轨上滑动平稳且无阻滞现象，以使传力均匀和受力稳定。顶铁与管端面之间应采用缓冲材料衬垫，并宜采用与管端面吻合的 U 形或环形顶铁。顶进作业时，作业人员不得在顶铁上方及侧面停留，并应随时观察顶铁有无异常现象。

6）基坑导轨

基坑导轨是由两根平行的箱形钢结构焊接在轨枕上制成的。它的作用主要有两点：一是使推进管在工作井中有一个稳定的导向，并使推进管沿该导向进入土中；二是让环形、弧形顶铁工作时能有一个可靠的托架。

7）后座墙

后座墙是把主顶油缸推力的反力传递到工作井后部土体中去的墙体。它的构造会因工作井的构筑方式不同而不同。在沉井工作井中后座墙一般就是工作井的后方井壁。在钢板桩工作井中，必须在工作井内的后方与钢板桩之间浇筑一座与工作井宽度相等的厚度为 0.5～1m 的钢筋混凝土墙，目的是使推力的反力能比较均匀地作用到土体中去，尽可能地使主顶油缸的总推力的作用面积大些。

由于主顶油缸较细，对于后座墙的混凝土结构来讲只相当于几个点，如果把主顶油缸直接抵在后座墙上，则后座墙极容易损坏。为了防止此类事情发生，在后座墙与主顶油缸之间，需再垫上一块厚度在 200～300mm 的钢结构件，称之为后靠背。通过它把油缸的反力较均匀地传递到后座墙上，这样后座墙也就不太容易损坏。

8）推进用管及接口

推进用管分为多管节和单一管节两大类。多管节的推进管大多为钢筋混凝土管，管节长度有 2～3m 不等、直径覆盖 600～3500mm。这类管都必须采用可靠的管接口，该接口必须在施工时和施工完成以后的使用中都不渗漏。这种管接口形式有企口形、T 形和 F 形等多种形式。

单一管节是钢管，它的接口都是焊接成的，施工完工以后变成刚性较大的管子。它的优点是焊接接口不易渗漏，缺点是只能用于直线顶管，而不能用于曲线顶管。

除此之外，也有些 PVC 管可用于顶管，但一般顶距都比较短。铸铁管在经过改造后也可用于顶管。

9）输土装置

输土装置会因不同的推进方式而不同。在手掘式顶管中，大多采用人力劳动车出土；在土压平衡式顶管中，有蓄电池拖车、土砂泵等方式出土；在泥水平衡式顶管中，都采用泥浆泵和管道输送泥水。

10）地面起吊设备

地面起吊设备最常用的是门式行车，它操作简便、工作可靠，不同口径的管子应配不同吨位的行车。它的缺点是转移过程中拆装比较困难。

汽车式起重机和履带式起重机也是常用的地面起吊设备，它们的优点是转移方便、灵活。

11）测量装置

通常用得最普遍的测量装置就是置于工作井后部的经纬仪和水准仪。使用经纬仪来测量管子的左右偏差，使用水准仪来测量管子的高低偏差。有时所顶管子的距离比较短，也可只用上述两种仪器的任何一种。

在机械式顶管中，大多使用激光经纬仪。它是在普通的经纬仪上加装一个激光发射器而构成的。激光束打在掘进机的光靶上，观察光靶上光点的位置就可判断管子顶进的高低和左右偏差。

12）注浆系统

注浆系统由拌浆、注浆和管道三部分组成。拌浆是把注浆材料兑水以后再搅拌成所需的浆液。注浆是通过注浆泵来进行的，它可以控制注浆的压力和注浆量。管道分为总管和支管，总管安装在管道内的一侧。支管则把总管内压送过来的浆液输送到每个注浆孔去。

13）中继间

一次顶进距离大于100m时，应采用中继间技术。中继间是长距离顶管中不可缺少的设备。中继间内均匀地安装有许多台油缸，这些油缸把它们前面的一段管子推进一定长度以后，然后再让它后面的中继间或主顶油缸把该中继间油缸缩回。这样一只连一只，一次连一次就可以把很长的一段管子分几段顶。最终依次把由前到后的中继间油缸拆除，一个个中继间合拢即可。

14）辅助施工

顶管施工有时离不开一些辅助的施工方法，如手掘式顶管中常用的井点降水、注浆等。又如进出洞口加固时常用的高压旋喷桩施工和搅拌桩施工等。不同的顶管方式以及不同的土质条件应采用不同的辅助施工方法。顶管常用的辅助施工方法有井点降水、高压旋喷、注浆、搅拌桩、冻结法等多种，都要因地制宜地使用才能达到事半功倍的效果。

15）供电及照明

顶管施工中常用的供电方式有两种：在距离较短和口径较小的顶管中以及在用电量不大的手掘式顶管中，都采用直接供电。如动力电用380V，则由电缆直接把380V电输送到掘进机的电源箱。另一种是在口径比较大而且顶进距离又比较长的情况下，都是把高压电如1000V的高压电输送到掘进机后的管子中，然后由管子中的变压器进行降压，降至380V后再把380V的电送到掘进机的电源箱中去。高压供电的好处是途中损耗少且所用电缆可细些，但高压供电危险性大，要慎重，更要做好用电安全工作和采取各种有效的防触电、漏电措施。

照明通常也有低压和高压两种：手掘式顶管施工中的行灯应选用12~24V低压电源。若管径大的，照明灯固定的则可采用220V电源，同时，也必须采取安全用电措施来加以保护。

16）通风与换气

通风与换气是长距离顶管中不可缺少的一环，不然的话，则可能发生缺氧或气体中毒现象，千万不能大意。

顶管中的换气应采用专用的抽风机或者采用鼓风机。通风管道一直通到掘进机内,把混浊的空气抽离工作井,然后让新鲜空气自然地补充。或者使用鼓风机,使工作井内的空气强制流通。

2. 施工程序

顶管具体施工过程如下:先在管道设计线路上施工一定数量的小基坑作为顶管工作井(大多采用沉井),也可作为一段顶管施工的起点与终点工作井。根据需要,工作井的一面或两面侧壁设有圆孔作为预制管节的出口与入口。顶管出口后面侧墙为承压壁,其上安装液压千斤顶和承压垫板。千斤顶将带有切口和支护开挖装置的工具管顶出工作井出口孔壁,然后以工具管为先导,将预制管节按设计轴线逐节顶入土层中直至工具管后第一节管段的前端进入接收工作井的进口孔壁,这样就施工完了一段管道,不断继续上一施工过程,直至一条管线施工完成。

顶管施工的流程如图 5-8 所示。

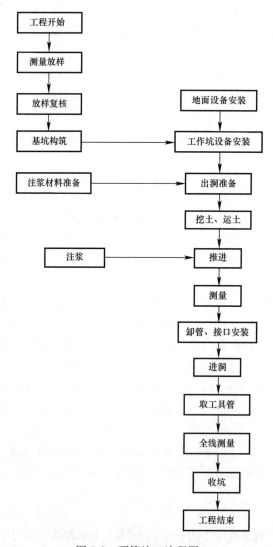

图 5-8　顶管施工流程图

186

### 5.3.2 顶管管道施工工艺

目前常用的顶管工具管有手掘式、挤压式、泥水平衡式、土压平衡式等几种。

#### 5.3.2.1 手掘式顶管施工技术

1. 施工工艺

手掘式顶管属于掘进顶管的一种，是最早发展起来的一种顶管施工技术，由于它在特定的土质条件下以及采用一定的辅助施工措施后便具有施工操作简便，设备少，施工成本低和施工进度快等一些优点，所以至今仍被许多施工单位采用。不过，现在的手掘式顶管施工技术，无论是设备上还是工艺上都较原始的手掘式顶管有很大的不同。

手掘式顶管施工技术基本工法见图 5-9。

图 5-9　手掘式顶管工法

1）用主顶油缸把手掘式工具管放在安装牢靠的基坑导轨上。为了使工具管比较稳定地进入土中，最好将其与第一节管道等后续管连在一起。当工具管进入洞口止水圈以后，就可以从工具管内破洞。破洞时，应根据封闭洞口的材料不同而采用不同的破洞方法。一般洞口多以砖砌而成，这时就需把洞口的砖一块块取出或用风镐敲碎。

2）用主顶油缸慢慢地把工具管切入土中。由于工具管尚未完全出洞，可以用水平尺在工具管的顶部检测一下工具管的水平状态是否与基坑导轨保持一致。如果土不是特别软，这时工具管会与基坑导轨保持一致的坡度。如果相差太多，必须把工具管退出来，重新再顶，并检查不一致的原因；如果工具管偏低了，则检查一下延伸的导轨是否设置太低；如果偏高了，则检查一下土是否坍塌得很厉害。总之，一定要找出原因并将工具管校正后方可再次顶进。另外，当工具管在导轨上时，不可以用纠偏油缸来校正工具管的方向。出洞是一项很重要的工作，如果出洞成功了，顶管差不多就成功了一半。大多数情况下左右偏差和高低偏差在出洞时就已形成了，务必要小心操作。通常把出洞后的5～10cm以内的顶进，称作为初始顶进。初始顶进过程中，应尽量在少用纠偏油缸校正的情况下保持高低和左右的准确性。

187

3）初始顶进过程中要特别加强测量工作。如果发现误差，应尽量采用挖土来校正。同时可以用多种方法来测量，把测得的数据综合起来加以分析。

4）如果在出洞时就出现大量坍土或涌土，则说明要么辅助施工方法没有奏效，要么选用的手掘式顶管施工方法不适用于该土质条件。当管内产生坍土以后，挖掘面上会形成一个斜坡，其上部将不存在土压力。这时如果采取"闷顶"，工具管一定会沿着土的斜坡往上爬，就不可能使管道在高低方向得到稳定。严重时会使所有顶管道报废，更严重的则会使工具管一直爬到地面上来。除此之外，还会使地下公用管线损坏，后果不堪设想。

5）手掘式顶管在注浆时第一环注浆孔应在工具管后的管道上。工具管内不能设注浆孔。而且第一环注浆孔中应设有截止阀，可以关闭。因为手掘式工具管前端是敞开的，如果注浆压力过高或注浆孔离工具管太近，都有可能使工具管前端的挖掘面上产生浆液渗漏现象，从而使注浆管效果遭到破坏。

6）手掘式顶管施工是一种敞开式的顶管施工工艺，因此要防止发生因有毒、有害气体而产生的中毒现象。另外，还要防止涌水现象，因为这些都会酿成重大事故。

2. 挖掘面的稳定及其计算

一般情况下，顶管施工的覆土深度都比较浅，而且往往又是在铁路、公路、河流、房屋以及各种地下管线下施工，如果挖掘面不稳定产生坍方或由于覆土深度不够而产生塌陷就很容易造成事故。这在全封闭机械式的各种顶管中是不容易发生的，但在敞开的手掘式顶管中往往是不可避免的，必须引起大家的高度重视。

为方便起见，本书只对砂性土和黏性土两类土进行研究。但是，实际情况远比本书分析的复杂，这就需要结合工程实例或依靠施工经验认真处理。挖掘面的稳定问题主要包括挖掘面自身是否稳定和覆土层厚度是否足够两种情况。

在砂性土中，挖掘面的不稳定往往是由两方面原因造成的：1）由于地下水向挖掘面渗透而产生管涌现象；2）由于挖掘面上的应力被释放后失去平衡产生剪切应力，这种剪切应力若大于土的抗剪程度，挖掘面就产生坍方。

由于地下水渗透而产生的挖掘面不稳定现象，可以采用降水措施加以解决。而剪切应力和土的抗剪强度之间的关系是否危及挖掘面的稳定，则必须通过计算来判断。首先推导砂性土的挖掘面可以保持稳定的条件。任意深度 $h$ 处的主动土压应力 $\sigma_a$ 是垂直于挖掘面的，大小为：

$$\sigma_a = \gamma_t h K_a - 2c \cdot \tan\left(45° - \frac{\varphi}{2}\right) \tag{5-16}$$

那么，全高 $h$ 断面上的主动土压力 $p_a$ 应为

$$p_a = \int_0^h \sigma_a \cdot \mathrm{d}h = \frac{1}{2}\gamma_t h^2 K_a - 2c \cdot h \cdot \tan\left(45° - \frac{\varphi}{2}\right) \tag{5-17}$$

若要断面能自立，则需使 $p_a \leqslant 0$。设 $p_a = 0$ 时的自立高度为 $h_0$，则有

$$h_0 = \frac{1}{2}\gamma_t h^2 K_a - 2c \cdot h \cdot \tan\left(45° - \frac{\varphi}{2}\right) = \frac{4c}{\gamma_t K_a}\tan\left(45° - \frac{\varphi}{2}\right) \tag{5-18}$$

因为 $K_a = \tan^2\left(45° - \frac{\varphi}{2}\right)$，把它代入上式并整理，则有

$$h_0 = \frac{4c}{\gamma_t}\tan\left(45° + \frac{\varphi}{2}\right) \tag{5-19}$$

**188**

式中　$K_a$——主动土压力系数；

　　　$h_0$——自立高度（m）；

　　　$c$——土的黏聚力（kPa）；

　　　$\gamma_t$——土的重度（kN/m³）；

　　　$\varphi$——土的内摩擦力（°）。

由上式可知，当工具管的外径小于 $h_0$ 时，挖掘面就可以保持稳定。

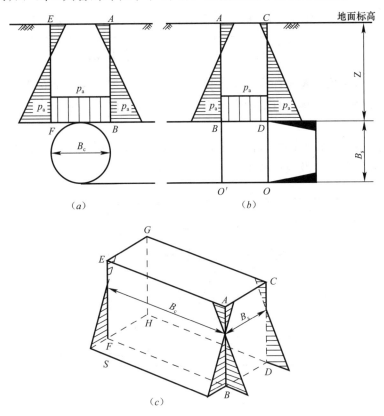

图 5-10　能自立的砂性土最小覆土深度的计算

　　下面介绍一下如何计算最小覆土深度。在图 5-10 中，图 5-10（a）是从工具管的横断面出发研究工具管上方土的受力情况。暂时先不考虑地面动荷载对覆土深度的影响。要使断面 EABF 上的土保持稳定，就必须使其水平方向的夹紧力大于高度为 Z 的土的重力。这个水平夹紧力就是主动土压 $p_a$。图 5-10（b）是从工具管的纵剖面出发研究工具管上方土的受力情况，并且从工具管的刃口向前垂直挖出去一段长度 $B_s$。要使断面 ACDB 上的土保持稳定，也必须使其水平方向的夹紧力大于高度为 Z 的土的重力。图 5-10（c）为以上两个断面的立体图，ABDCEFHG 这块土同时受到纵向和横向两个方向土的主动土压力的作用。将该土块的重力看成是一个假定的土的剪力可知，只有当两方向土的主动土压力的合力大于或等于该垂直剪力时，工具管上方的土才能保持稳定。

　　主动土压力是随覆土深度 Z 的增大而增加的，而土块 ABDCEFHG 的重力也是随覆土深度 Z 的增大而增加。当达到某一深度 Z 时，根据二力平衡关系，于是就有：

$$\gamma_t B_s B_c Z = 2p_a(B_s + B_c)\tan\varphi + 2cZ(B_s + B_c) \tag{5-20}$$

因为 $p_a = \dfrac{1}{2}\gamma_t Z^2 \tan^2\left(45° - \dfrac{\varphi}{2}\right) - 2cZ\tan\left(45° - \dfrac{\varphi}{2}\right)$，把它代入上式，所以

$$\gamma_t B_s B_c Z = 2 \times \left[\dfrac{1}{2}\gamma_t Z^2 \tan^2\left(45° - \dfrac{\varphi}{2}\right) - 2cZ\tan\left(45° - \dfrac{\varphi}{2}\right)\right] \times$$

$$(B_s + B_c)\tan\varphi + 2cZ(B_s + B_c)$$

整理后得：

$$Z = \frac{\gamma_t B_s B_c + 4c\tan\left(45° - \dfrac{\varphi}{2}\right)\tan\varphi(B_s + B_c) - 2c(B_s + B_c)}{(B_s + B_c)\gamma_t \tan^2\left(45° - \dfrac{\varphi}{2}\right)\tan\varphi} \tag{5-21}$$

通过计算，如果实际覆土深度大于计算值 $Z$，表明该覆土深度是安全的；反之，则不安全。以上仅仅考虑了土体自身的稳定与否，没有考虑地面动、静荷载的影响，实际施工时，这一点不能忽视。

以上是能自立的砂性土的挖掘面稳定及最小覆土深度问题的探讨。下面研究不能自立的砂性土的挖掘面的稳定及最小覆土深度的计算问题。

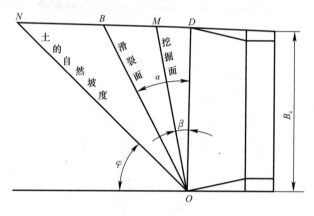

图 5-11　不垂直的挖掘面

如果工具管的直径 $B_c$ 比土的自立高度 $h_0$ 大时，在向前垂直挖掘时，挖掘面肯定是不稳定的，土一定会沿一定的角度坍下来。但如果挖掘面不是垂直的，而是如图 5-11 所示的那样，以一个大于 $\beta$ 角的斜坡挖掘时，工具管前方的土就不会产生坍方，就能保持挖掘面的稳定了。下面解释这种稳定的原因和前提条件。

图 5-12 中，假设 $ON$ 为土的自然坡度，在该坡度以下的土是稳定的。其中，$\varphi$ 角为土的内摩擦角，$OB$ 为土的滑裂面，也即最大剪应力所在的平面，$OM$ 为挖掘斜面。

如果挖掘面不稳定，就会产生坍方，$OBM$ 土块就会沿滑裂面 $OB$ 坍落下来，这时 $OB$ 面的剪应力一定大于土的抗剪强度。反之，若 $OB$ 面的剪应力小于土的抗剪强度，挖掘面就会稳定，才有可能安全地进行挖掘。若将 $OM$ 上方土的黏聚力忽略不计，则可从以下各式中分别求出黏聚力 $c$、挖掘角 $\beta$ 及滑裂角 $\alpha$ 为：

$$c = \gamma_t(\sin\alpha - \cos\alpha\tan\beta)(\cos\alpha - \sin\alpha\tan\varphi) \tag{5-22}$$

$$\alpha = 45° - \dfrac{\varphi}{2} + \dfrac{\beta}{2} \tag{5-23}$$

如果黏聚力 $c$ 很小，为了保持挖掘面的稳定，$\beta$ 值就应大一些，亦即挖掘面应该倾斜

一些，如果在无黏聚力的情况下，即 $c=0$ 时，$\beta=90°-\varphi$，挖掘面与自然坡度的倾斜相一致。这便是设计网格式工具管的理论依据。

不能自立土的最小覆土深度的计算与可自立土的最小覆土深度的计算相似，参见图 5-12，所不同的就是若从工具管向前挖 0.4m 出去，这时的纵向长度绝不是 0.4m，而是：

$$B_s = B_c \cdot \tan\alpha + 0.4 \tag{5-24}$$

这时，因为土会沿滑裂面下滑，其计算长度 $B_s$ 要比挖掘长度大许多。因此，工具管顶部的覆土深度也应比可自立的土的深度大许多，只有这样，才不至于产生剪切破坏，引起顶部塌陷。

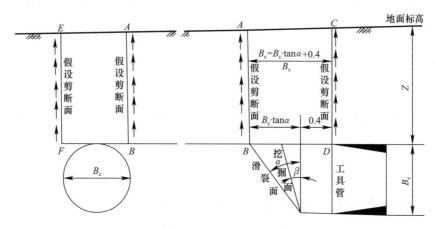

图 5-12　不能自立砂性土的最小覆土深度的计算

以上研究的都是砂性土的情况，对于黏土，尤其软黏土的情况是施工方非常关心的问题。在图 5-13 中，如果忽略地面上的动、静荷载，就会使问题大大简化。作用在 $cd$ 横断面上的压力 $P_v$ 为土块 $abdc$ 的重力与假设剪切面 $ac$ 和 $bd$ 这两个面上土的黏聚力 $c$ 值之差，即：

$$P_v = W_1 - 2cZ \tag{5-25}$$

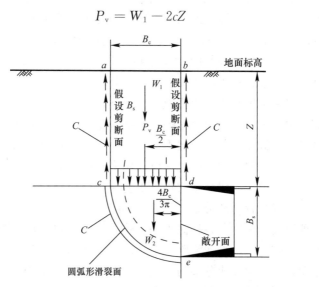

图 5-13　不能自立黏土的最小覆土深度的计算

191

在挖掘面前部，以工具管外径为半径的 1/4 圆 $cde$ 土块的重力为：

$$W_2 = \gamma_t \frac{\pi(2B_c)^2}{4 \times 4} = \frac{\gamma_t \pi B_c^2}{4} \tag{5-26}$$

而挖掘面前部 $cde$ 圆弧形滑裂面 $ce$ 圆弧上的黏性阻力为：

$$\frac{2\pi B_c c}{4} = \frac{\pi B_c c}{2} \tag{5-27}$$

软黏土中，当挖掘面不稳定产生坍方时，土体将沿着图 5-13 中虚线箭头的滑裂面向工具管内涌土。这时地面 $ab$ 势必下沉。

若将 1/4 圆弧 $cde$ 土块以 $d$ 点为圆心向下转动，则土块的重力所产生的转矩 $M_1$ 为：

$$M_1 = W_2 \frac{4B_c}{3\pi} + \frac{P_v B_c}{2} \tag{5-28}$$

而由黏聚力产生的阻力力矩 $M_2$ 为：

$$M_2 = \frac{\pi B_c c}{2} B_c = \frac{\pi B_c^2 c}{2} \tag{5-29}$$

为安全起见，可认为土的阻力力矩与土的重力转矩之比大于或等于 1.5 时是安全的，即：

$$F_s = \frac{M_2}{M_1} \geqslant 1.5 \tag{5-30}$$

这时，如果覆土深度 $Z \geqslant \dfrac{5.67}{\pi c - \gamma_t B_c} - 0.1$，可以视为安全。

#### 5.3.2.2　泥水平衡式顶管施工技术

1. 概述

在顶管施工分类中，通常把用水力切削泥土以及虽然采用机械切削泥土而实际采用水力输送弃土，同时有的利用泥水压力来平衡地下水压力和土压力的这一类顶管形式都称为泥水平衡式顶管施工。一般从有无平衡的角度来讲，可以把它细分为具有泥水平衡功能和不具有泥水平衡功能的两大类。如常用的网格式水力切割土体的，就属于没有泥水平衡功能的一类。另外，如果从输入泥浆的浓度来区分，又可把泥水平衡式顶管分为普通泥水顶管、浓泥水顶管和泥浆式顶管三种。普通泥水顶管的输土泥水密度在 1.03～1.30 之间，而且完全呈液体状态。浓泥水顶管的泥水密度在 1.30～1.80，多呈泥浆状态，流动性好。泥浆式顶管则是介于泥水式和土压式顶管施工之间，是由泥水式向土压式过渡的一种顶管施工。又由于它大多采用螺旋输送机排土，多被列入土压平衡式顶管施工的范畴。

在泥水平衡式顶管施工中，要使挖掘面上保持稳定，就必须在泥水仓中充满一定压力的泥水，泥水可以在挖掘面上形成一层不透水的泥膜，以阻止泥水向挖掘面里面渗透。同时，该泥水本身又有一定的压力，因此它可以用来平衡地下水压力和土压力。这就是泥水平衡式顶管最基本的原理。泥水平衡式顶管工艺流程见图 5-14。

完整的泥水平衡式顶管系统分 8 个部分，如图 5-15 所示。第 1 部分是泥水平衡式顶管掘进机，它有各种形式，是区分各种泥水平衡式顶管施工的主要依据。第 2 部分为进排泥管路。普通泥水顶管施工的进排泥管路大体相同。第 3 部分是泥水处理装置，不同成分的泥水有不同的处理方式：含砂成分多的可以用自然沉淀法；含黏土成分多的泥水处理比较困难。第 4 部分是主顶系统，包括主顶油泵、油缸、顶铁等。

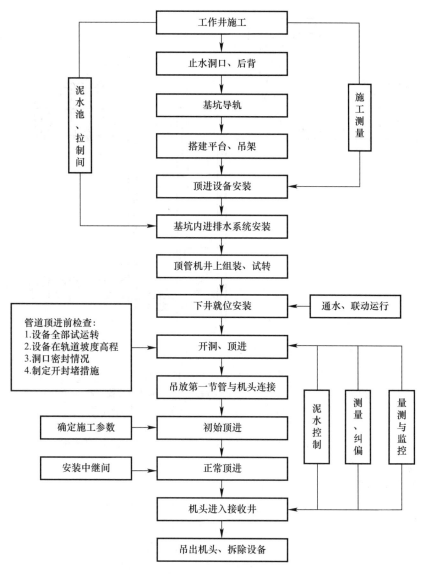

图 5-14 泥水平衡式顶管工艺流程图

泥水平衡式顶管施工的主要优点有：

1）适用土质范围较广，在地下水压力很高以及变化范围较大的条件下也能适用。

2）可有效地保持挖掘面的稳定，对所顶管道周围的土体扰动比较小，因此采用泥水平衡式顶管施工引起的地面沉降也比较小。

3）所需的总顶进力较小，尤其是在黏土层，适宜于长距离顶管。

4）作业环境比较好，也比较安全。由于它采用泥水管道输送弃土，因此不存在吊土、搬运土方等容易发生危险的作业。又由于是在大气常压下作业，因此也不存在采用气压顶管带来的各种问题以及危及作业人员健康等问题。

5）弃土输送连续不断，顶进速度比较快。

但是，泥水平衡式顶管也存在一定的缺点：

1）弃土的运输和存放都比较困难。如果采用泥浆式运输，则运输成本高，用水量也

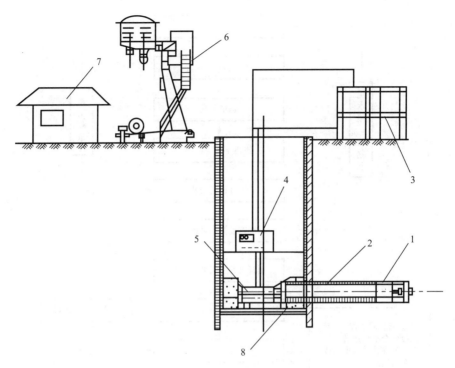

图 5-15　泥水平衡式顶管系统

1—泥水平衡式顶管掘进机；2—进排泥管路；3—泥水处理装置；4—主顶系统；

5—激光经纬仪；6—行车；7—配电间；8—洞口止水圈

会增加。如果采用二次处理方法把泥水分离，或让其自然沉淀、晾晒等，则处理起来不仅麻烦，处理周期也比较长。

2）所需的作业场地大，设备成本高。

3）管道口径越大，泥水处理量也就越多。因此，在闹市区进行大口径的泥水平衡式顶管施工是件非常困难的事。而且泥水一旦流入下水道，极易造成下水道堵塞。

4）泥水处理设备噪声很大，会对环境产生一定影响。

5）设备较复杂，一旦某个部位出现故障，整个施工就得停止。

6）遇到覆土层过薄或者渗透系数特别大的砂砾、卵石层时，施工会受阻。因为在这些土层中，泥水要么溢到地面上，要么很快渗透到地下水中去，致使泥水压力无法建立起来。

7）大部分渗透系数大的土质要加黏土、膨润土和 CMC 等稳定剂，稍有不慎，容易塌方。

前面已强调过，泥水的相对密度必须大于 1.03，即必须是含有一定黏土成分的泥浆。但是，在泥水平衡式顶管施工过程中，应针对各种不同的土质条件来控制不同的泥水，具体情况见表 5-7。

不同土质条件下的泥水相对密度　　　　　　表 5-7

| 土质名称 | 渗透系数（cm/s） | 颗粒含量（%） | 相对密度 |
| --- | --- | --- | --- |
| 黏土及粉土 | $1 \times 10^{-9} \sim 1 \times 10^{-7}$ | 5～15 | 1.025～1.075 |
| 粉砂及细砂 | $1 \times 10^{-7} \sim 1 \times 10^{-5}$ | 15～25 | 1.075～1.125 |
| 砂 | $1 \times 10^{-5} \sim 1 \times 10^{-3}$ | 25～35 | 1.125～1.175 |

| 土质名称 | 渗透系数（cm/s） | 颗粒含量（%） | 相对密度 |
|---|---|---|---|
| 粗砂及砂砾 | $1×10^{-3}～1×10^{-1}$ | 35～～45 | 1.175～1.225 |
| 砾石 | $1×10^{-1}$以上 | 45以上 | 1.225以上 |

在黏土层中，由于其渗透系数极小，无论采用的是泥水还是清水，在较短时间内，都不会产生不良状况，这时在顶进中应考虑以土压力作为基础。在较硬的黏土层中，土层相当稳定，这时即使采用清水而不用泥水也不会造成挖掘面失稳现象。然而，在较软的黏土层中，泥水压力大于其主动土压力，从理论上讲是可以防止挖掘面失稳的。但实际上，即使在静止土压力的范围内，顶进停止时间过长时，也会使挖掘面失稳，从而导致地面下陷。这时，应把泥水压力适当提高些。

在渗透系数较小，如 $K<1×10^{-3}$ cm/s 的砂土中，应适当增加泥浆密度。这样，挖掘面上的泥膜可在较短时间内形成，从而有效地控制挖掘面的失稳状态。

在渗透系数适中，如 $1×10^{-3}$ cm/s$<K<1×10^{-2}$ cm/s 的砂土中，挖掘面容易失稳，必须保持泥水的稳定，即进入掘进机泥水仓的泥水中必须含有一定比例的黏土，并保持足够的密度。为此，除在泥水中加入一定的黏土外，还须再加入一定比例的膨润土及 CMC 作增粘剂，以保持泥水性质的稳定，从而达到保持挖掘面稳定的目的。

在砂砾层中施工，泥水管理尤为重要，稍有不慎，就可能使挖掘面失稳。由于这种土层中一般自身的黏土成分含量极少，所以泥水的反复循环利用中就会不断地损失一些黏土，这就需要不断地向循环用泥水中加入一些黏土，才能保证泥水较高的黏度和较大的密度，只有这样，挖掘面才不会产生失稳现象。

在泥水平衡式顶管施工过程中，还应注意以下几个问题：

1）掘进机停止工作时，一定要防止泥水从土层或洞口以及其他地方流失。否则，挖掘面就会失稳，尤其是在出洞这一段时间内更应防止洞口止水圈漏水。

2）顶进过程中，应注意观察地下水压力的变化。若水压力变化过大，应及时采取相应的措施和对策，以保持挖掘面的稳定。

3）顶进过程中，要随时注意挖掘面是否稳定，不时检查泥水的浓度和相对密度是否正常，以及进、排泥浆的流量和压力是否正常。除此之外，还应防止因排泥泵的排量过小而造成排泥管的淤积和堵塞现象。

2. 泥水平衡式顶管施工的基本原理

泥水平衡式顶管掘进机有两种形式：一种是单一的泥水平衡式，即以泥水压力来平衡地下水压力，同时也平衡掘进机所处土层的土压力；另一种是泥水仅起到平衡地下水的作用，而土压力则用机械方式来平衡。

单一的泥水平衡式顶管掘进机在施工过程中的基本原理如图 5-16 所示。当掘进机正常工作时，阀门 1 和 2 均打开，而阀门 3 则关闭。这时，泥水从进泥管经阀门 1 进入顶管掘进机的泥水仓。泥水仓中的泥水则通过阀门 2 由排泥管排出。只要调节好进、排泥水的流量，就可以在顶管掘进机的泥水仓中建立起一定的压力。图中，$p_1$ 为顶管掘进机上部的地下水压力，$p_3$ 为掘进机底部的地下水压力，$p_2$ 为掘进机上部的泥水压力，$p_5$ 为掘进机底的泥水压力。由于泥水平衡式顶管掘进机在施工过程中泥水仓的泥水压力必须比地下水高出一个 $\Delta p$，即在图中高出的 $\Delta h$ 水头部分，这个 $\Delta p$ 一般取 $10～20$kPa 之间。这时，在顶管掘进机底部增加一个 $\Delta p$ 后的地下水压力应为 $p_4$，上部压力的大小均为 $p_2$。因为增加的这个 $\Delta p$ 是泥水压力，所以它同地下水有不同的密度，因而当顶管掘进机上部的压力相同时，顶管掘进机底部的压力是不同的。此时，掘进机底部的泥水压力为 $p_5$。

令 $\gamma_w$ 为水的密度，$\gamma_m$ 为泥水的密度，则：

$p_1 = \gamma_w h_2$

$p_2 = \gamma_w (h_2 + \Delta h)$

$p_3 = \gamma_w h_1$

$p_4 = \gamma_w (h_1 + \Delta h)$

$p_5 = p_4 + \gamma_w h_3 = \gamma_w (h_1 + \Delta h) + \gamma_m h_3$

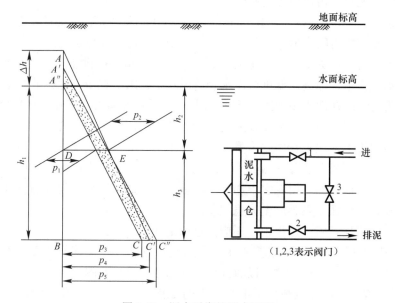

图 5-16　泥水平衡的基本原理

实际上，泥水平衡式顶管掘进机泥水仓内是在 $BDEC''$ 这个梯形压力区内工作的。如果把 $BD$ 作为理想的挖掘面，那么泥膜就在该面上形成。这层泥膜可防止泥水仓内的泥水向地下渗透，同时也阻隔了地下水向泥水仓内渗透。而泥水仓内的 $BDEC''$ 梯形压力同时也平衡了土压力，从而保持了挖掘面的稳定。

因此，当停止顶进时，不仅要关闭阀门 1 和 2，同时还要保持 $BDEC''$ 这个压力梯度。如果在停止顶进过程中，由于渗漏或其他原因使该压力梯度发生变化，那么挖掘面就会失稳。

通常，在设定泥水压力 $p_m$ 时，一般取其中间值，即 $p_m = (p_2 + p_5)/2$。

另一种泥水平衡式顶管掘进机是以泥水压力来平衡地下水压力，以机械方式平衡土压力的具有双重平衡功能的顶管机。它的泥水平衡原理与前述相同，机械平衡土压力的方式也非常简单，可参照图 5-17。

刀盘的主轴是一个带油缸的活塞杆，可通过调节油缸后腔的油压使活塞杆产生一定的压力 $p'$。当土压力 $p > p'$ 时，主轴就往回缩；当 $p = p'$ 时，主轴处于平衡状态；当 $p < p'$

时，主轴就会向前伸。因此，只要把油缸的压力调到与土压力处于平衡状态时，就能使其达到平衡土压力的作用。

土压力的大小可以通过下述两种方法计算。

第一种方法，假设在一个有效高度以内的土对刀盘起作用，超过这个高度，由于土拱的作用，土压力就不会直接对刀盘起作用。这个有效高度可以用 $h$ 表示为：

$$h = \frac{1}{\dfrac{2K\mu}{B_e}} \left[ 1 - e^{-\left(\frac{2K\mu}{B_e}H\right)} \right] \quad (5\text{-}31)$$

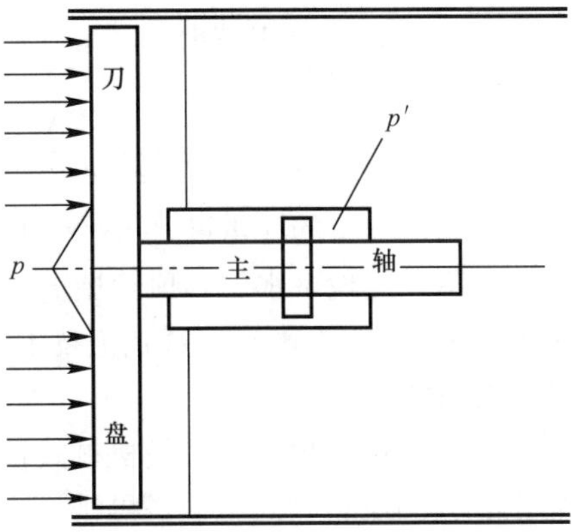

图 5-17　机械平衡土压力的原理

式中　$h$——土拱高度（m）；

　　　$K$——太沙基侧向土压系数，一般为 1；

　　　$\mu$——土的摩擦系数，$u = \tan\varphi$；

　　　$\varphi$——土的内摩擦角（°）；

　　　$B_e$——管顶土的扰动宽度（m）；

　　　$H$——顶管掘进机的覆土深度（m）。

而：

$$B_t = B_c \left[ \frac{1 + \sin\left(45° - \dfrac{\varphi}{2}\right)}{\cos\left(45° - \dfrac{\varphi}{2}\right)} \right] \quad (5\text{-}32)$$

式中　$B_t$——隧洞的直径（m），一般取 $B_t = B_c + 0.1\text{m}$；

　　　$B_c$——管道或顶管掘进机的外径（m）。

土压力 $p$ 可由下式求出：

$$p = K_0 \gamma_t h \quad (5\text{-}33)$$

式中　$K_0$——静止土压系数；

　　　$\gamma_t$——土的重度（kN/m³）。

第二种方法，是以全部覆土深度的垂直土压力作为控制目标，这时：

$$p = p_1 + p_2 \quad (5\text{-}34)$$

式中　$p$——垂直土压力（kPa）；

　　　$p_1$——地下水位以上的土压力（kPa）；

　　　$p_2$——地下水位以下的土压力（kPa）。

$$p_1 = \frac{B_e\left(\gamma_t - \dfrac{2c}{B_e}\right)}{2K_a \tan\varphi}\left(1 - e^{-2K_a \frac{Z_1}{B_e}\tan\varphi}\right) \quad (5\text{-}35)$$

式中　$c$——土的黏聚力（kPa）；

　　　$K_a$——主动土压系数；

　　　$Z_1$——地面至地下水位间的深度（m）；

其余同前。

$$p_2 = \frac{B_e\left(\gamma_s - \frac{2K_a p_1 \tan\varphi}{B_e}\right)}{2K_a \tan\varphi}(1 - e^{-2K_a \tan\varphi \frac{Z_2}{B_e}})$$ (5-36)

式中　$\gamma_s$——土的浮重度（$kN/m^3$）；

　　　$Z_2$——地下水位到顶管掘进机中心的高度（m）。

### 5.3.2.3　土压平衡式顶管施工技术

#### 1. 概述

土压平衡式顶管施工是机械式顶管施工中的一种。它的主要特征是在顶进过程中，利用土仓内的压力和螺旋输送机排土来平衡地下水压力和土压力，排出的土可以是含水量很少的干土或含水量较多的泥浆。与泥水平衡式顶管施工相比，它最大的特点是排出的土或泥浆一般都不需要再进行泥水分离等二次处理。与手掘式顶管及其他形式的顶管施工相比，它又具有适应土质范围广和不需要采用其他任何辅助施工手段的优点。土压平衡式顶管系统可以分为掘进机、排土机构、输土系统、土质改良系统、操纵控制系统和主顶系统等六大部分。土压平衡式施工技术的基本工法见图5-18。

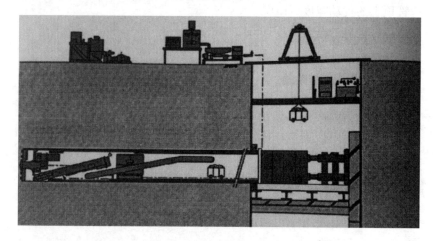

图5-18　土压平衡式顶管工法

土压平衡式顶管掘进机的分类方法主要有四种。

1）按土仓中所充的泥土类型可以分为泥土式、泥浆式和混合式三种。其中，泥土式又可以分为压力保持式和泥土加压式两种。压力保持式就是使泥土仓内保持有一定压力以阻止挖掘面产生塌方或受到压力过高的破坏。泥土加压式就是使泥土仓内的压力比掘进机所处的土层的主动土压力大 $\Delta p$，以防止挖掘面产生塌方。泥浆式排出的土中含水量相当大，可能是由于地下水丰富，也可能是人为地加入添加剂造成的。泥土式顶管挖掘机采用螺旋输送机排土，而泥浆式采用管道和泵排送泥浆。混合式则是指以上两种方式都有，具有代表性的是气泡法顶管。

2）按照掘进机的刀盘形式分有面板刀盘和无面板刀盘。有面板的掘进机土仓内的土压力与面板前挖掘面上的土压力之间存在一定的压力差。该压力差的大小与刀盘开口率成反比，即面板面积越大，开口率越小，则压力差也就越大；反之亦然。无面板刀盘不存在上述问题，土仓内的土压力等于挖掘面上的土压力。

3）根据有无加泥功能可分为普通土压式和加泥式掘进机两种。所谓加泥式掘进机就是具有改善土质功能的一种顶管掘进机。它通过设置掘进机刀盘及面板上的加泥孔，把黏土及其他添加剂的浆液加到挖掘面上，与切削下来的土一起搅拌，可改善土的流动性、塑性和止水性等。这样，土压式顶管机适用的土质范围也扩大了。

4）按照刀盘的机械传动方式分为中心传动式、中间传动式和周边传动式。中心传动式如图 5-19 所示。刀盘安装在主轴上，主轴用轴承和轴承座安装在壳体的中心。驱动刀盘可以是单台电动机和减速器，也可以是多台电动机和减速器，或者采用液压马达驱动。中心传动式的优点是传动形式结构简单、可靠、造价低，主轴密封比较容易解决；缺点是掘进机口径越大，主轴须相应加粗。但是，主轴太粗后会给其加工、连接等带来一定的麻烦。因此，这种传动方式适宜在中小口径和一部分刀盘转矩较小的大口径顶管掘进机中使用。

中间传动式如图 5-20 所示，它把原来安装在中心的主轴换成由多根连接梁组成的连接支承架，把动力输出的转盘与刀盘连接成一体，以改变中心传动时主轴的强度无法满足刀盘转矩要求的状况。该传动方式可传递比中心传动式更大的转矩。但是，它的结构形式比较复杂，密封形式也较复杂，造价较高，主要适用于大、中口径中刀盘转矩较大的顶管掘进机中。

周边传动式如图 5-21 所示，它的结构与中间传动式基本相同，只不过它的动力输出转盘更大，已贴近壳体。因此，它的优点是传递转矩最大，缺点是结构更为复杂，造价也十分昂贵。另外，它还必须将螺旋输送机安装部位提高，才能正常出土。在设计周边传动形式时，壳体必须具有足够的刚度和强度。

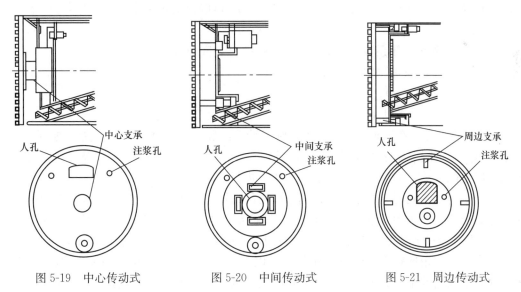

图 5-19　中心传动式　　　图 5-20　中间传动式　　　图 5-21　周边传动式

以上三种传动式既可以采用电动机驱动也可以采用液压马达驱动，但是电动机驱动方式要更好些，主要原因如下：

1）普通的顶管掘进机口径一般不超过 4m，驱动功率也不会很大，电动机驱动足以满足要求；

2）电动机驱动效率高、噪声小、体积小、起动方便，机内环境比较好；

3) 液压传动效率低、噪声大、体积庞大。由于机内传动效率低而产生的热量大，大量发热又使液压油易蒸发，污染机内操作环境。虽然它起动方便、可靠的优点，但也不足以抵消它的缺点。因此，应尽量少用液压传动的方式来驱动刀盘和螺旋输送机。

2. 土压平衡式顶管施工的基本原理

土压平衡式顶管施工的基本原理就是通过机头前方的刀盘切削土体并搅拌，同时由螺旋输土机输出挖掘的土体。土压平衡式顶管掘进机的机头前方面板上装有压力感应装置，操作者可以通过控制螺旋输土机的出土量和顶进速度，使顶进面的压力和前方土体静止土压力保持一致，从而避免地面沉降和隆起。土压平衡式顶管施工有两方面的基本内容：

1) 顶管掘进机在顶进过程中与它所处土层的地下水压力和土压力处于一种平衡状态；

2) 它的排土量与掘进机推进所占去的土的体积也处于一种平衡状态。只有同时满足以上两个条件，才能算是真正的土压平衡。

从理论上讲，掘进机在顶进过程中，其土仓的压力 $p$ 如果小于掘进机所处土层的主动土压力 $p_a$ 时，即 $p<p_a$，地面就会产生沉降。反之，如果在掘进机顶进过程中，其土仓的压力大于掘进机所处土层的被动土压力 $p_p$ 时，即 $p>p_p$，地面就会产生隆起。并且，上述施工过程的沉降是一个逐渐演变的过程，尤其是在黏性土要达到最终的沉降所经历的时间会比较长。然而，隆起却是一个立即会反映出来的迅速变化的过程。隆起的最高点沿土体的滑裂面上升，最终反映到距离掘进机前方一定距离的地面上。裂缝自最高点呈放射状延伸。如果把土压力控制在 $p_a<p<p_p$ 这样一个范围内，就能达到土压平衡。

当覆土比较深时，由于土压力 $p$ 从 $p_a$ 变化到 $p_p$ 这一范围比较大，再加上理论计算与实际操作之间有一定误差，所以必须进一步限定控制土压力的范围。一般常把控制土压力 $p$ 设置在静止土压力 $p_0 \pm 20\text{kPa}$ 范围内。其中，$p_0$ 可以由下式计算：

$$p_0 = K_0 \gamma h \tag{5-37}$$

式中 $K_0$——静止土压系数，一般可在 0.33～0.7 之间取值；

$\gamma$——土的重度（$\text{kN/m}^3$）；

$h$——深度（m）。

土压平衡的一个最大特点是能在覆土比较浅的状态下正常工作。最浅覆土深度仅为 0.8 倍工具管外径。在这种施工条件下，除了计算出静止土压力 $p_0$ 外，还需将控制土压力的上限 $p_{max}$ 和下限 $p_{min}$ 分别与 $p_p$ 和 $p_a$ 比较，只要 $p_{max}>p_p$ 或 $p_{min}<p_a$，就必须调整。如果觉得以上的计算可靠度不高，还须对土压力进行实测。

另外，对于不同的土质条件，控制土压力的计算方法也不尽相同。例如，在黏性软土中，若黏土成分比较大（占 50%左右），内摩擦角很小（有时接近于 0），N 值也很小（在 2～3 之间），土的孔隙比又比较大，且重度比较小时，水压力的影响比较小，可以忽略。但如果在内摩擦角比较大，砾石成分占 50%以上时，控制土压力可以用地下水压力代替。因为这时土仓内的土还必须加黏土等进行改良，以增加其止水性。对土仓内起决定性作用的压力是地下水压力。以上情况对于含砂量大于 80%的粗砂层也是适用的。

如果是在河流下顶进，可以分三步计算控制土压力。首先计算出水压力，然后计算出河床至管道中心的土压力，最后把两者相加即得到控制土压力。

顶管掘进机的土压力管理完全依据土压力的理论计算。有时在一节顶管中也会出现几种不同的土质条件。最典型的是在河流下顶进，它有岸上和河下之分。这时应采取分段土压力管理的方式，把岸上顶管的控制土压力和水下顶管的控制土压力分开来管理。因此，顶进一定距离后还应改变控制土压力。

掘进机土压力大小的控制与以下几个运转条件有关。

1）顶进速度。如果螺旋输送机输土量不变，则顶进速度与土压力成正比。因此，要保持机内控制土压力不变就必须把顶进速度调整到一个合适的范围之内。

2）螺旋输送机的排土量。如果顶进速度恒定，那么控制土压力与螺旋输送机的排土量成反比。

3）顶进速度和排土量同时改变，也可以保持控制土压力在规定的范围内。当顶进速度提高时，同时也提高螺旋输送机的排土量即可。

土压平衡式顶管施工技术具有以下优点：

1）适用土质范围广，适用土质为软黏土、粉质黏土以及部分黏质粉土，增加添加剂后，可适用于砂性土、小粒径的砾石层，但施工成本有所提高。

2）能保持挖掘面的稳定，地层损失小，从而减小了地面沉降，可用于地面沉降较小的场合。

3）可以在较薄的覆土层下施工，最小覆盖层厚度为 0.8 倍的工具管外径。这是其他任何形式的顶管施工所无法做到的。手掘式顶管覆土太浅时地面易塌陷，泥水和气压式顶管易冒顶、跑气。

4）弃土为干土，运输、处理都比较方便。

5）作业环境好，即没有气压式那样的压力环境，没有泥水式那样的泥水处理装置等。如果采用土砂泵输土，则作业环境更好。

6）操作方便、安全，即没有气压式的压缩空气系统，也不需要泥水式的泥水循环系统。

但是，这种施工技术也有如下缺点：

1）在黏土颗粒含量较少的土层和砂砾层中施工，必须添加黏土或土体改良剂，从而增加施工成本。另外，砾石的粒径必须小于螺旋输送机内径的 1/3；

2）当开挖面遇到较大的障碍物时处理极困难，因此在施工前须要作详细的地质调查；

3）在地下水位较高的砂性土层中施工时，要防止螺旋输送机出泥口喷发，否则会给施工带来危险。

### 5.3.3 顶管施工组织设计

顶管施工前应编制专项施工组织设计。专项施工组织设计应包括以下主要内容：（1）工程概况；（2）工程地质、水文条件；（3）施工现场总平面布置图；（4）顶管掘进机的选型；（5）管节的连接与防水；（6）中继间的布置；（7）顶力计算及后座布置；（8）测量、纠偏方法；（9）顶管施工参数的选定；（10）减阻泥浆的配制及注浆方法；（11）顶管的通风、供电措施；（12）进出洞措施；（13）施工进度计划、机械设备计划及劳动力安排计划；（14）安全、质量、环境保护措施；（15）应急预案。

在编制专项施工组织设计之前，应对施工沿线进行踏勘，了解建（构）筑物、地下管线和地下障碍物的状况。应根据地下水文地质条件和周边环境选择顶管掘进机。对邻近建（构）筑物、地下管线要制定监测和技术保护措施。

顶进作业应符合下列规定：（1）应根据土质条件、周围环境控制要求、顶进方法、各项顶进参数和监控数据、顶管机工作性能等，确定顶进、开挖、出土的作业顺序和调整顶进参数；（2）掘进过程中应严格量测监控，实施信息化施工，确保开挖掘进工作面的土体稳定和土（泥水）压力平衡；并控制顶进速度、挖土和出土量，减少土体扰动和地层变形；（3）采用敞口式（手工掘进）顶管机，在允许超挖的稳定土层中正常顶进时，管下部135°范围内不得超挖；管顶以上超挖量不得大于15mm；（4）管道顶进过程中，应遵循"勤测量、勤纠偏、微纠偏"的原则，控制顶管机前进方向和姿态，并应根据测量结果分析偏差产生的原因和发展趋势，确定纠偏的措施；（5）开始顶进阶段，应严格控制顶进的速度和方向；（6）收工作井前应提前进行顶管机位置和姿态测量，并根据进口位置提前进行调整；（7）层中顶进混凝土管时，为防止管节飘移，宜将前3～5节管体与顶管机联成一体；（8）混凝土管接口应保证橡胶圈正确就位；钢管接口焊接完成后，应进行防腐层补口施工，焊接及防腐层检验合格后方可顶进；（9）控制管道线形，对于柔性接口管道，其相邻管间转角不得大于该管材的允许转角。

顶进应连续作业，顶进过程中遇下列情况之一时，应暂停顶进，及时处理，并应采取防止顶管机前方塌方的措施：（1）前方遇到障碍；（2）变形严重；（3）发生扭曲现象；（4）偏差过大且纠偏无效；（5）超过管材的允许顶力；（6）油路发生异常现象；（7）缝、中继间渗漏泥水、泥浆；（8）邻近建（构）筑物、管线等周围环境的变形量超出控制允许值。

顶管管道贯通后应做好下列工作：1）工作井中的管端应按下列规定处理：（1）进入接收工作井的顶管机和管端下部应设枕垫；（2）管道两端露在工作井中的长度不小于0.5m，且不得有接口；（3）工作井中露出的混凝土管道端部应及时浇筑混凝土基础；2）顶管结束后进行触变泥浆置换时，应采取下列措施：（1）采用水泥砂浆、粉煤灰水泥砂浆等易于固结或稳定性较好的浆液置换泥浆填充管外侧超挖、塌落等原因造成的空隙；（2）拆除注浆管路后，将管道上的注浆孔封闭严密；（3）将全部注浆设备清洗干净；3）钢筋混凝土管顶进结束后，管道内的管节接口间隙应按设计要求处理；设计无要求时，可采用弹性密封膏密封，其表面应抹平、不得凸入管内。

### 5.3.4 顶管施工顶推力研究

#### 5.3.4.1 国内外的顶力计算公式

顶力计算是顶管施工中所必须做的工作，顶力的大小与管节强度和后背强度的确定直接相关，是顶管工程规模大小的设计根据，直接关系到整个工程造价，同时，又是确定最大顶推长度的依据。后背的设计和中继间的使用，都是依据顶力的大小来确定的。各种新工艺、新技术的推广、长距离顶管的发展都需顶力预估准确。顶力过大，将会使管节因强度不够而开裂、后背顶弯；中继间设置过多，将会造成巨大的经济损失。

所以，在顶管工程施工前准确计算顶力的大小，不仅有利于合理确定千斤顶的数量和吨位，而且对后背墙体的设计也是至关重要的。顶力的计算是整个顶管设计中相当重要的一个环节。

随着顶管施工技术的不断成熟，顶管顶力设计理论的研究也取得了很大的进展，并且在工程建设中发挥了很大的指导作用。但现有的顶力计算理论还存在一些缺陷，尚需进一步进行研究，加以完善。

1. 顶力计算的理论公式

1)《给水排水管道工程施工及验收规范》GB 50268—2008 中提出顶进阻力计算应按当地的经验公式，或按下式计算：

$$F_p = \pi D_0 L f_k + N_F \tag{5-38}$$

式中    $F_p$——顶进阻力（kN）；

$N_F$——顶管机的迎面阻力（kN），不同类型顶管机的迎面阻力宜按表 5-8 选择计算式；

$D_0$——管道的外径（m）；

$L$——管道设计顶进长度（m）；

$f_k$——管道外壁与土的单位面积平均摩阻力（kN/m²），通过试验确定，对于采用触变泥浆减阻技术的宜按表 5-9 选用。

**顶管机迎面阻力（$N_F$）的计算公式**　　　　表 5-8

| 顶进方式 | 迎面阻力（kN） | 式中符号 |
|---|---|---|
| 敞开式 | $N_F = \pi(D_g - t)tR$ | $t$—工具管刃脚厚度（m） |
| 挤压式 | $N_F = \pi/4 D_g^2(1-e)R$ | $e$—开口率 |
| 网格挤压 | $N_F = \pi/4 D_g^2 \alpha R$ | $\alpha$—网格截面参数，取 $\alpha=0.6\sim1.0$ |
| 气压平衡式 | $N_F = \pi/4 D_g^2(\alpha R + P_n)$ | $P_n$—气压强度（kN/m²） |
| 土压平衡和泥水平衡 | $N_F = \pi/4 D_g^2 P$ | $P$—控制土压力 |

注：$D_g$—顶管机外径（m）；$R$—挤压阻力（kN/m²），取 $R=300\sim500$ kN/m²。

**采用触变泥浆的管外壁单位面积平均摩擦阻力 $f$（kN/m²）**　　　　表 5-9

| 管材＼土类 | 黏性土 | 粉土 | 粉、细砂土 | 中、粗砂土 |
|---|---|---|---|---|
| 钢筋混凝土管 | 3.0～5.0 | 5.0～8.0 | 8.0～11.0 | 11.0～16.0 |
| 钢管 | 3.0～4.0 | 4.0～7.0 | 7.0～10.0 | 10.0～13.0 |

注：当触变泥浆技术成熟可靠、管外壁能形成和保持稳定、连续的泥浆套时，$f$ 值可直接取 3.0～5.0kN/m²。

2）日本的顶力计算公式中，顶进阻力由三部分组成：即管前刃脚的贯入阻力、管壁与土体间的摩阻力和管壁与土层之间的粘结力：

$$P = N_F + f(\pi q D_0 + w)L + \pi D_0 Cl \tag{5-39}$$

式中    $q$——管壁上作用的垂直荷载（kN/m²）；

$c$——土的黏聚力（kN/m²）；

$w$——管道单位长度的自重（kN/m）；

公式其他符号同公式（5-38）。

3）德国的顶力计算公式中，考虑顶管在顶进过程中管道顶上的土层将形成土拱，即考虑土体的拱效应：

$$P = \pi D_0 L f_k + \pi D_0^2 B/4 \tag{5-40}$$

式中    $B$——工作面上的平均迎面阻力（kN/m²）；

公式其他符号同公式（5-38）。

4）美国的太沙基公式，原来是求基础桩支撑力的公式，用其计算顶力是有问题的，但计算简便，误差约 10% 左右：

$$P = (\alpha \cdot c \cdot N_C + \beta \cdot \gamma \cdot D_0 N_\gamma + \gamma \cdot L \cdot N_p)A_p + f_k \cdot A_s \tag{5-41}$$

式中    $\alpha$——形状系数（圆断面时为 1.3）；

$\beta$——形状系数（圆断面时为 0.3）；

$c$——土的黏聚力（kN/m²）；

$A_p$——工具管刃脚前段面积（$m^2$）；

$A_s$——管道总表面积（$m^2$）；

$N_c$、$N_\gamma$、$N_p$——支撑力系数（与土的内摩擦角 $\varphi$ 有关）；

其他符号同公式（5-38）。

2. 顶力计算的经验公式

1）北京市的经验公式

北京市稳定土层中采用手工掘进法顶进钢筋混凝土管道，管底高程以上的土层为稳定土层，考虑土体的拱效应，允许超挖时，其顶力可按下列条件分别进行计算。

在粉质黏土和黏土土层中顶管，管道外径为 $1164\sim2100$mm，管道长度为 $34\sim99$m；当土体为硬塑状态，且其覆盖土层的深度不小于 $1.42D_0$；或土体为可塑状态，且其覆盖层深度不小于 $1.8D_0$ 时，其顶力可按下式计算：

$$P = K_黏(22D_0 - 10)L \tag{5-42}$$

在粉砂、细砂、中砂、粗砂土层中顶管，管外径为 $1278\sim1870$mm，管道长度为 $40\sim75$m，且覆盖土层的深度不小于 $2.62D_0$ 时，其顶力可按下式计算：

$$P = K_砂(34D_0 - 21)L \tag{5-43}$$

式中　$K_黏$——黏性土系数；

$K_砂$——砂类土系数；

$D_0$ 和 $L$ 两个符号意义同公式（5-38）。

2）上海市的经验公式

采用触变泥浆顶管顶力计算的经验公式：

$$P = F(8 \sim 12) \tag{5-44}$$

式中，$F$ 为管道外侧表面积（$m^2$），即顶力可按每平方米的管道外侧表面积乘上 $8\sim12$kN 进行计算（具体区分土质条件确定）。

3）日本的经验公式

日本下水道协会给出的经验公式：

$$P = S \cdot q^r + (\pi D_0 Lf + W \cdot f_1)L \tag{5-45}$$

式中　$P$——计算的总顶力（t）；

$S$——工具管刃脚的外周长（m）；

$q^r$——机头顶进端的阻力（t/m）；

$f_1$——管道自重的摩擦系数；

$f$——土层和管道间的摩擦力（$t/m^2$）；

其他符号同公式（5-38）。

3. 顶力计算公式分析

根据以上所列，现有的顶力公式分为理论公式和经验公式。理论公式大多建立在经典的土力学基础上，其中引入了很多简化假定，未考虑设置触变泥浆润滑、中继间的使用引起的折减系数，所计算的结果较实测值往往偏大。

经验公式是根据实际工程一些测试资料所得到的，较符合实际情况，但因影响顶推力的因素很多，不同地区顶力的变化情况也不相同，即使在同一地区同一区段的顶管顶力，有时也会相差很大。所以，对经验公式的应用范围应认真地进行分析研究。

在上述各个顶推力计算公式中，为了得到简洁的计算公式，忽略了很多影响顶推力的因素：

管道与周围土体的摩擦系数是按恒值进行计算的，而在实际工程中，特别当考虑触变泥浆减阻的时候，此系数并不是不变的；

在高地下水位的地区，地下水位对管节自重和管周所受土压力有很大的影响，上述公式未考虑此因素；

未考虑顶管沿线土体的土质变化因素，忽略了顶管沿线土性偏差的影响。另外，对顶管顶进中出现顶管轴线弯曲时的顶力如何变化，还需做大量的研究工作。

### 5.3.4.2 顶管施工过程中影响顶推力的因素

1. 顶管的受力计算

目前，对地下结构的设计方法有以下几类：1）经验类比法；2）荷载结构法；3）地层结构法；4）收敛限制法。其中，常用的计算方法是荷载结构法和地层结构法。

荷载结构法认为地层对结构的作用只是产生作用在地下结构上的荷载，并用它来计算结构在荷载作用下产生的内力和变形。地层结构法则认为结构与地层一起构成受力体系，按连续介质力学原理来计算结构和周边地层的内力和变形。

地层结构法可同时计算结构和周围地层的内力和变形。但由于它还处于发展阶段，现在计算的模型仍取为荷载结构法。对于地下结构施工法的一种，顶管的受力分析也是基于以上思想考虑的。

由于顶进施工中，顶管是靠后背千斤顶的推力压入土层，顶管管节不仅在竖向受到土体荷载和地面超载的作用，而且在管轴向也要承受荷载。因此，作用于顶管上的荷载可从这两方面加以权衡考虑。

顶管在竖向承受的荷载主要有：自重、土体荷载、地面交通荷载和其他附加荷载。

顶管在轴向承受的荷载：管节前端贯入阻力、管道与土体的摩擦力、千斤顶和中继间的顶推力。

对于作用于顶管上的上述各种荷载中，土体荷载和地面荷载占总作用力的60%左右，因此，对这些土压力的性质和作用机理进行认真研究将显得十分重要。

顶管在顶进施工过程中会对周围土层产生扰动。对坚硬、硬塑的黏性土层和不饱和的砂土层等稳定土层，在顶管施工中会在顶进管道上部形成卸荷拱，因而作用于管顶的土压力将小于管顶土柱重。在卸荷拱高度以上的土体重由土拱两侧土体的抗剪强度来承担，如图5-22所示。当土层为不稳定土时，其抗剪强度很小，一般可采用土柱公式进行计算，即管道上的竖向土压力等于其宽度为外径范围内的土柱重。

对于水平侧土压力，可按垂直土压力乘以土侧压力系数来计算。当土层为非黏性土层时，可采用主动土压力系数计算；当土层为黏性土层时，由于水平土压力的产生缓慢，土侧压力系数可按施工状态以低于主动土压力系数取值。

当顶管在顶进的过程中需纠偏时，由于此过程相当于增加土压力，亦即增加顶力。当顶管管线在水平面或垂直面弯曲很大或控制运动剧烈时，管节在顶推力的作用下会压向土层，产生了很大的被动土压力，以至出现被动土压力系数 $K_p > 1$ 的情况。此时，在管侧高度上会出现拉应力，使之产生纵向裂缝。这种情况应特别对待，认真细致分析。

侧压力系数 $K$ 的取值应以理论分析和正常顶管施工条件下的实际经验为依据。主动

土压力系数 $K_a = \tan^2(45° - \varphi/2)$，式中 $\varphi$ 为土的内摩擦角。实际管道顶进过程中，侧压力系数变化较大，一般在 0.73～1.2 之间。

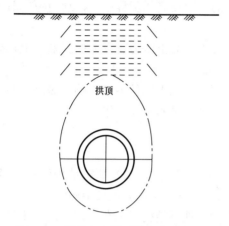

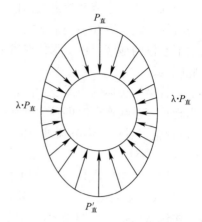

图 5-22　管节上方拱顶效应的形成过程　　　图 5-23　作用于管道断面上的土压力荷载分布

在顶管工程中，管周受有土压力的作用。假设垂直土压力到水平土压力的变化是一个连续均匀的过程，则产生的荷载分布如图 5-23 所示，其作用方向均为指向管轴轴心的向心力。

埋置于地下的管道除了受土体的土压力作用外，还受到地面各种荷载传递作用到管道上的压力，称为附加压力。它随着管道埋深逐渐减少，当地下管线经过上面行车地段时，还要考虑到汽车行走荷载的情况。

2. 顶管施工中的顶力分析

在顶管顶进施工中，总顶力由两部分组成，即管节前端贯入阻力和管道摩阻力。其中，管道摩阻力是顶力的重要组成部分，其大小直接影响顶力大小。它与土层的土性参数、管道埋深、管径大小以及管道与土体之间的接触应力等因素有关。

当管道周围土层是松土层时，顶进中土层会紧贴着管体四周，开始管上方会形成土拱，一定时间后全部覆土重才作用在管体上。对于黏性土体，当对管道进行纠偏操作时，会对土体产生很大的局部接触应力，使摩阻力急剧增加。

管节在顶进施工中，管道与土体的摩擦有 3 种形式：（1）粘附摩擦；（2）滑动摩擦；（3）滚动摩擦。其中，发生滚动摩擦（最明显的是土颗粒进入管节接头处）的现象一般很少，在顶力计算公式中的安全系数取值方面会考虑到这种形式影响。故只需分析粘附摩擦和滑动摩擦的情形。在这种情况下，都有相同的计算关系式：

$$T = N \cdot \mu \tag{5-46}$$

式中　$T$——切向力（kN）；

　　　$N$——法向力（kN）；

　　　$\mu$——摩擦系数，与滑动面和滑动物体的表面性质有关，与接触面积的大小无关。

减小摩阻力的大小，最主要的是降低摩擦系数 $\mu$。通常在管体周围加入触变泥浆来降低摩擦系数，以达到降低摩阻力。所注入的膨润土悬浮液要有一定的厚度和支撑力，使顶进管道在整个圆周上被膨润土悬浮液所包围，又因浮力的作用将使管壁摩阻力减小。

顶进施工中，作用在管道上的迎面阻力与土压力的大小有关，一般贯入阻力在 300～600kPa 之间变化。随着顶进距离的加长，迎面阻力占总顶力的百分比会减小，对整个顶力的影响不大。

## 5.4 顶管法施工若干关键技术问题

顶管施工的关键技术问题有：管道的穿墙出井、测量与纠偏、管段接口处理、触变泥浆减阻、中继间、曲线顶管、方向控制、顶推力、承压壁的后靠结构及土体稳定等。下面就这些问题分别作出阐述。

### 5.4.1 穿墙管与止水

穿墙止水是顶管施工最为重要的工序之一。穿墙后工具管的方向的准确程度将会给管道轴线方向的控制以及管道的拼装、顶进带来很大的影响。

从打开封门，将掘进机顶出工作井外，这一过程称为穿墙。穿墙是顶管施工中的一道重要工序，因为穿墙后掘进机方向的准确与否将会给以后管道的方向控制和井内管节的拼装工作带来影响。穿墙时，首先要防止井外的泥水大量涌入井内，严防塌方和流砂。其次要使管道不偏离轴线，顶进方向要准确。由于顶管出洞是制约顶管顶进的关键工序，一旦顶管出洞技术措施采取不当，就有可能造成顶管在顶进过程中停顿。而顶管在顶进途中的停顿将会引起一系列不良后果（如：顶力增大、设备损坏等），严重影响顶管顶进的速度和质量，甚至造成施工失败。顶管出洞关键应做好以下几个方面的工作：管线放线、后座墙附加层制作、导轨铺设、洞口止水和穿墙等几个方面的工作。

穿墙管的构造要求有：满足结构的强度和刚度要求；管道穿墙施工方便快捷、止水可靠。穿墙止水主要由挡环、盘根、轧兰组成，轧兰将盘根压紧后起止水挡土作用（见图5-24）。

为避免地下水和泥土大量涌入工作井，一般应在穿墙管内事先填埋经夯实的黄黏土。打开穿墙板闷板后，应立即将工作管顶进。此时穿墙管内的黄黏土受挤压，堵住穿墙管与工具管之间的环缝，起临时止水作用。同时还必须注意将工作井周围的建筑垃圾等杂物清理干净，避免掘进机出洞时，钢筋等杂物将进入绞笼，损坏绞刀，致使顶管不能正常顶进。

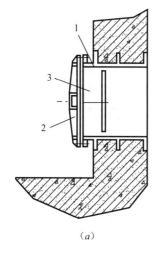
（a）

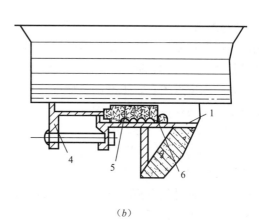
（b）

图 5-24　穿墙管

（a）穿墙管构造；（b）止水

1—穿墙管；2—闷板；3—黏土；4—轧兰；5—盘根；6—挡环

### 5.4.2 测量与纠偏

顶管施工时，在顶进前要求按设计的高程和方向精确地安装导轨、修筑后背及布置顶铁，目的是使管节按规定的方向前进。因此在顶进中必须不断地观测管节前进的轨迹。当发现前段管节前进的方向或高程偏离原设计位置后，就要采取各种纠偏方法迫使管节回到原设计位置上。

#### 1. 测量

1) 初顶测量

在顶第一节管（工具管）时，应不断地对管节的高程、方向及转角进行测量，测量间隔不应超过30cm；当发现误差进行校正偏差过程中，测量间隔也不应超过30cm，保证管道入土位置正确；在管道进入土层后的正常顶进时，每隔60～80cm测量一次。

2) 中心测量

为观察首节管在顶进过程中与设计中心线的偏离度，并预计其发展趋势，应在首节管两端各设一固定点，以便检查首节管实际位置与设计位置的偏差。

顶进长度在60mm范围内，可采用垂球拉线的方法进行测量，如图5-25所示。一次顶进超过60m时，应采用经纬仪或激光导向仪测量（即用激光束定位）。

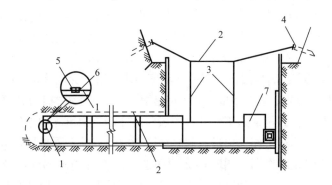

图5-25  用小线球延长线法测量中心
1—中心尺；2—小线；3—垂线；4—中心桩；5—水准仪；6—刻度；7—顶镐

3) 高程测量

用水准仪及特制高程尺（比管节内径小的标尺）根据工作井内设置的水准点标高（设两个），测量第一节管前端与后端管内底高程，以掌握第一节管子的走向趋势。测量后应与工作井另一水准点闭合。水准测量最远测距数十米，而长距离顶距时，可用连通管观测两端水位刻度定高程，简单而方便。

4) 激光测量

如图5-26所示，激光测量时，将激光经纬仪（激光发射器）安装在工作井内，并按管线设计的坡度和方向将发射器调整好，同时在管内装上接受靶（激光接收装置），靶上刻有尺度线，当顶进的管道与设计位置一致时，激光点即可射到靶心，说明顶进无偏差，否则根据偏差量进行校正。

5) 顶后测量

全段顶完后，应在每个管节接口处测量其水平轴线和高程，有错口时，应测出相对高差。

208

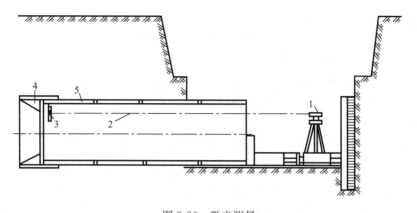

图 5-26 激光测量

1—激光经纬仪；2—激光束；3—激光接受靶；4—刃角；5—管节

2. 纠偏

当顶进偏差超过表 5-10 所示的允许偏差时，应该进行纠偏处理，防止因偏心度过大而使管节接头压损或管节中部出现环向裂缝。

顶管允许偏差

表 5-10

| 序号 | 项目 | 允许偏差（mm） | | 检验频率 | 检验方法 |
| --- | --- | --- | --- | --- | --- |
| | | 距离<100m | 距离≥100m | 范围点数 | |
| 1 | 中线位移 | 50 | 100 | 每段 1 点 | 经纬仪测量 |
| 2 | 管内底高程 <1500mm | +30  −40 | +60  −80 | 每段 1 点 | 水准仪测量管 |
| | 内底高程 ≥1500mm | +40  −50 | +80  −100 | 每段 1 点 | 水准仪测量 |
| 3 | 相邻管节错口 | ≤15，无碎裂 | | 每段 1 点 | 钢尺量 |
| 4 | 管内腰箍 | 不渗漏 | | 每段 1 点 | 外观检查 |
| 5 | 橡胶止水圈 | 不脱出 | | 每段 1 点 | 外观检查 |

顶管的误差校正是逐步进行的，形成误差后不可立即将已顶好的管节校正到位，应缓慢进行，使管节逐渐复位。常用的方法有以下三种：

1）超挖纠偏法

这种纠偏法的效果比较缓慢，当偏差为 1～2cm 时，可采用此法，即在管节偏向的反侧适当超挖，而在偏向侧不超挖甚至留坎，形成阻力，使管节在顶进中向阻力小的超挖侧偏向。例如管头误差为正值时，应在管底部位超挖土方（但不能过量），在管节继续顶进后借助管节本身重量而沉降，逐渐回到设计位置。

2）顶木纠偏法

偏差大于 2cm 时，在超挖纠偏不起作用的情况下可用此法。用圆木或方木的一端顶在管子偏向的另一侧内壁上，另一端斜撑在垫有钢板或木板的管前土壤上，支顶牢固后，即可顶进，在顶进中配合超挖纠偏法，边顶边支。利用顶进时斜支撑分力产生的阻力，使顶管向阻力小的一侧校正。

3）千斤顶纠偏法

当顶距较短时（在 15m 范围内），可用此法。该方法基本同顶木纠偏法，只是在顶木上用小千斤顶强行将管节慢慢移位校正。

纠偏应符合下列规定：①顶管过程中应绘制顶管机水平与高程轨迹图、顶力变化曲线图、管节编号图，随时掌握顶进方向和趋势；②在顶进中及时纠偏；③采用小角度纠偏方式；④纠偏时开挖面土体应保持稳定；采用挖土纠偏方式，超挖量应符合地层变形控制和施工设计要求；⑤刀盘式顶管机应有纠正顶管机旋转措施。

### 5.4.3 管段接口处理

顶管工程中，需要不断地校正管节的高程和方向。管段不同的接口处理，使接口强度和性能不同，会直接影响施工进度和工程质量。管道接口按性能可分为刚性接口和柔性接口。一般刚性接口有：钢管所采用焊接口、铸铁管采用的承插口、钢筋混凝土管采用的外套环对接（F型）接口，柔性接口是指钢筋混凝土管所采用的平口和企口接口。按管道使用要求分为密闭性接口和非密闭性接口。在地下水位下顶进或需要灌注润滑材料时要求管道接口具有良好的密闭性，所以要根据现场施工条件、管道使用要求等选择管道接口形式，以保证施工方便和竣工后管道的质量。

钢管在顶进施工中的连接，主要采用永久性的焊接，并在顶进前在工作井内进行。焊接口的优点是接口强度高、节约金属和劳动力，但应防止焊接后管材产生变形。为减少焊接残余应力、残余变形及节约工时，应对焊缝进行合理的设计和施工，合理考虑焊接顺序、焊缝位置、选用合适的焊条。

平接口是钢筋混凝土管最常用的接口形式。平接口最常用的做法是：在两管的接口处加衬垫，一般是垫 25~30mm 直径的麻辫或 3~4 层油毡，应将其在偏于管缝外侧放置，这样使顶紧后管的内缝有 1~2cm 的深度，以便顶进完成后进行填缝。

### 5.4.4 触变泥浆减阻

在长距离大直径管道的顶进过程中，有效降低顶进阻力是施工中必须解决的关键问题。顶进阻力主要由迎面阻力和管壁外周摩阻力两部分组成。在超长距离顶管工程中，迎面阻力占顶进总阻力的比例较小。对于一定的土层和管径，其迎面阻力为定值，而沿程摩阻力则随着顶进长度延长而增加。为了充分发挥顶力的作用，达到尽可能长的顶进距离，除了在中间设置若干个中继间外，更为重要的是尽可能降低顶进过程中的管壁外周摩阻力。顶管工程中主要采用触变泥浆改变管节与土间的界面性质。这种泥浆除起润滑作用外，静置一定时间后，泥浆便会固结、产生强度。顶进时，通过工具管及混凝土管节上预留的注浆孔，向管道外壁压入一定量的减阻泥浆，在管道外围形成一个泥浆套，使管道在泥浆套中前进，能使管外壁和土层间摩阻力大大降低，从而顶力值降低 50%~70%。

另外在顶管顶进过程中，为使管壁外周形成的泥浆环始终起到支承土体和减阻的作用，在中继间和管道的适当点位还必须进行跟踪补浆，以补充在顶进过程中的触变泥浆损失量。一般压浆量为管道外周环形空隙的 1.5~2.0 倍。泥浆在输送和灌注过程中具有流动性、可泵性。施工过程中，泥浆主要从顶管前端进行灌注，顶进一定距离后可从后端及中间进行补浆。

触变泥浆注浆工艺应符合下列规定：

1. 注浆工艺方案应包括下列内容：1）泥浆配比、注浆量及压力的确定；2）制备和输送泥浆的设备及其安装；3）注浆工艺、注浆系统及注浆孔的布置；

2. 确保顶进时管外壁和土体之间的间隙能形成稳定、连续的泥浆套；

3. 泥浆材料的选择、组成和技术指标要求，应经现场试验确定；顶管机尾部同步注浆宜选择黏度较高、失水量小、稳定性好的材料；补浆的材料宜黏滞小、流动性好；

4. 触变泥浆应搅拌均匀，并具有下列性能：1）在输送和注浆过程中应呈胶状液体，具有相应的流动性；2）注浆后经一定的静置时间应呈胶凝状，具有一定的固结强度；3）管道顶进时，触变泥浆被扰动后胶凝结构破坏，但应呈胶状液体；4）触变泥浆材料对环境无危害；

5. 顶管机尾部的后续几节管节应连续设置注浆孔；

6. 应遵循"同步注浆与补浆相结合"和"先注后顶、随顶随注、及时补浆"的原则，制定合理的注浆工艺；

7. 施工中应对触变泥浆的黏度、重度、pH 值、注浆压力、注浆量等进行检测。

触变泥浆注浆系统应符合下列规定：1）制浆装置容积应满足形成泥浆套的需要；2）注浆泵宜选用液压泵、活塞泵或螺杆泵；3）注浆管应根据顶管长度和注浆孔位置设置，管接头拆卸方便、密封可靠；4）注浆孔的布置按管道直径大小确定，每个断面可设置 3~5 个；相邻断面上的注浆孔可平行布置或交错布置；每个注浆孔宜安装球阀，在顶管机尾部和其他适当位置的注浆孔管道上应设置压力表；5）注浆前，应检查注浆装置水密性；注浆时压力应逐步升至控制压力；注浆遇有机械故障、管路堵塞、接头渗漏等情况时，经处理后方可继续顶进。

### 5.4.5 中继间

在长距离顶进中，应用中继间实施分段顶进是顶管施工采取的重要技术措施。

中继间，也称中继站或中继环，是在顶进管段中间安装的接力顶进工作室，此工作室内部有中继千斤顶，从而把这段一次顶进的管道分成若干个推进区间。从工具管到工作井将中继间依次编序号：1、2…如图 5-27 所示管道分成了 3 段，设置了两个中继间。工作时，首先启动 1 号中继间，其后面管段为顶推后座，顶进前面管节，当达到允许行程后停止 1 号中继间，启动 2 号中继间工作，直到最后启动工作井主顶千斤顶，使整个管段向前顶进了一段长度。如此循环作业直到全部管节顶完为止。从图中可以看出，除了中继间以外，其他的均与普通顶管相同。当置于管道中继间的数量有 5 个，应用中继间自动控制程序，则 1 号的第二循环可与 4 号的第一循环同步进行，2 号中继间的第二循环可与 5 号的第一循环同步进行，以此类推。只有前两个中继间的工作周期占用实际的顶进时间，其余中继间的动作不再影响顶管速度。

中继间必须具有足够的强度、刚度、良好的密封性，而且要方便安装。因管体结构及中继间工作状态不同，中继间的构造也有所不同。如图 5-28 所示的是中继间的一种形式。它主要由前特殊管、后特殊管和壳体油缸、均压环等组成。在前特殊管的尾部，有一个与 T 形套环相类似的密封圈和接口。中继间壳体的前端与 T 形套环的一半相似，利用它把中继间壳体与混凝土管连接起来。中继间的后特殊管外则设有两环止水密封圈，使壳体虽在其上来回抽动而不会产生渗漏。

采用中继间顶进时，其设计顶力、设置数量和位置应符合施工方案，并应符合下列规定：（1）设计顶力严禁超过管材允许顶力；（2）第一个中继间的设计顶力，应保证其允许最大顶力能克服前方管道的外壁摩擦阻力及顶管机的迎面阻力之和；而后续中继间设计顶力应克服两个中继间之间的管道外壁摩擦阻力；（3）确定中继间位置时，应留有足够的顶力

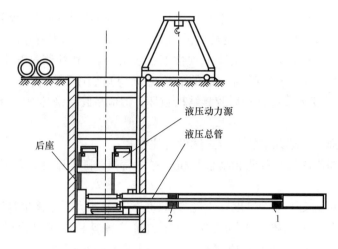

图 5-27　中继间的顶进示意图

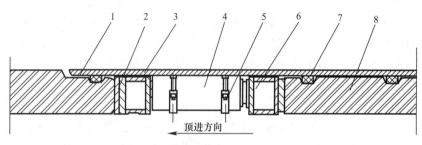

图 5-28　中继间的一种形式

1—中继管壳体；2—木垫环；3—均压钢环；4—中继间油缸；5—油缸固定装置；
6—均压钢环；7—止水圈；8—特殊管

安全系数，第一个中继间位置应根据经验确定并提前安装，同时考虑正面阻力反弹，防止地面沉降；（4）中继间密封装置宜采用径向可调形式，密封配合面的加工精度和密封材料的质量应满足要求；（5）超深、超长距离顶管工程，中继间应具有可更换密封止水圈的功能。

中继间的安装、运行、拆除应符合下列规定：（1）中继间壳体应有足够的刚度；其千斤顶的数量应根据该段施工长度的顶力计算确定，并沿周长均匀分布安装；其伸缩行程应满足施工和中继间结构受力的要求；（2）中继间外壳在伸缩时，滑动部分应具有止水性能和耐磨性，且滑动时无阻滞；（3）中继间安装前应检查各部件，确认正常后方可安装；安装完毕应通过试运转检验后方可使用；（4）中继间的启动和拆除应由前向后依次进行；（5）拆除中继间时，应具有对接接头的措施；中继间的外壳若不拆除，应在安装前进行防腐处理。

### 5.4.6　顶管法施工的其他主要技术

#### 1. 曲线顶管

曲线顶管分为普通曲线顶管和预调式曲线顶管。普通曲线顶管就是利用顶管机在顶进过程中人为地向某一个方向造成轴线偏差，并使这个偏差符合设计的曲线要求。这样，每一节管子的轴线都偏差一点，所顶管子多了，就成为一条折线，用这条折线来代替设计所需的曲线。所谓预调式曲线顶管，就是在每一个管接口中都安装有间隙调整器，然后人为地调整管子的张角，使之符合设计曲线要求，再进行推进的一种推进工艺。

曲线顶管与直线顶管主要有三个不同点：1）曲线顶进采用的施工方法比直线顶进复

杂；2）曲线顶进时管节的排列形状与直线顶管不同；3）曲线顶进时阻力与顶进管的强度要求比直线顶管高。

曲线的形成和保持是技术的关键，它对管道的曲率半径、曲线的起弯和反弯、管节的尺寸、压浆工艺以及设备性能等都有严格的要求。曲线顶管的测量最为重要，也最为复杂。另外，在曲线段的内侧，管节的顶端会产生应力集中现象，容易产生裂缝及损坏。

2. 方向控制

要有一套能准确控制管道顶进方向的导向机构。管道能否按设计轴线顶进，是长距离顶管成败的关键因素之一。顶管方向失去控制会导致管道弯曲，顶力急剧增加，工程无法正常进行。高精度的方向控制也是保证中继间正常工作的必要条件。

3. 顶推力

顶管的顶推力是随着顶进长度的增加而增大的，但因受到顶推动力和管道强度的限制，顶推力不能无限度增大。尤其是在长距离顶管施工中，仅采用管尾推进方式，管道顶进距离必受限制。一般采用中继间接力技术加以解决。另外，顶力的偏心距控制也相当关键，能否保证顶推合力的方向与管道轴线方向一致是控制管道方向的关键。

4. 承压壁的后靠结构及土体稳定

顶管工作井一般采用沉井结构或钢板桩支护结构，除需验算结构的强度和刚度外，还应确保后靠土体的稳定性。工程中可以采取注浆、增加后靠土体地面超载等方式限制后靠土体的滑动。若后靠土体产生滑动，不仅会引起地面较大的位移，严重影响周围环境，还会影响顶管的正常施工，导致顶管顶进方向失去控制。

## 5.5　本章小结

本章主要介绍了顶管法的历史及其优缺点，从顶管工程设计和顶管工程施工这两个方面做了详细的介绍。由于顶管工程是地下的隐蔽性工程，地下情况的复杂程度难以预料，因此具有其特殊的复杂性和多变性，施工必然存在一定的风险。地下顶进的安全隐患危险程度大于开挖作业，一旦失败，带来的经济损失是巨大的。作为非开挖技术的一员，顶管技术尚存在一些不足和缺点。顶管技术未来的发展方向不外乎顶进工艺和顶进设备，其中顶进工艺集中在长距离和曲线顶进等方向，同时新型管材、注浆材料以及适合不同土层的顶管机也在进一步的研发中。

# 参 考 文 献

[1] 余彬泉，陈传灿. 顶管施工技术（第一版）[M]. 北京：人民交通出版社，1998.

[2] GB 50268—2008，给水排水管道工程施工及验收规范 [S]. 北京：中国建筑工业出版社，2008.

[3] CECS 246—2008，给水排水工程顶管技术规程 [S]. 北京：中国计划出版社，2008.

[4] 吴学伟. 定长缠绕玻璃钢夹砂管顶管施工技术与应用 [M]. 北京：科学出版社，2007.

[5] 周传波，陈建平，罗学东，王晓梅. 地下建筑工程施工技术 [M]. 北京：人民交通出版社，2008.

[6] 韩选江. 大型地下顶管施工技术 [M]. 北京：中国建筑工业出版社，2008.

[7] 葛金科，沈水龙，许烨霜. 现代顶管施工技术及工程实例 [M]. 北京：中国建筑工业出版社，2009.

[8] 魏纲，魏新江，徐日庆. 顶管工程技术 [M]. 北京：化学工业出版社，2011.

[9] Brud H，陈志斌译. 混凝土顶管管道的改进设计 [J]. 岩土钻凿工程，2000，（2）：107-110.

# 第6章　暗挖法通道设计与施工技术

## 6.1　暗挖法通道概述

随着我国社会和经济的持续发展，各大中城市市区原有老旧基础设施多需要升级改造。伴随市政交通设施的优化升级，将新增大量的地下人行通道之类的地下工程。以杭州市为例，截至 2013 年底，杭州全市常住人口和机动车保有量分别达到 870.04 万人和254.3 万辆，城市的人口、汽车迅速增加给市区道路交通系统造成相当大的压力。为满足杭州市不断增长的交通需求，减少行人与车辆的冲突、改善行人环境，杭州市政府委托相关部门编制出了《杭州市主城主要道路人行、非机动车过街设施规划》。根据该规划，杭城除现状人行过街设施外，规划建设的人行天桥为 5 座，地道为 17 座，形式需要进一步深入明确的人行过街设施为 61 处，与轨道站点结合的过街设施为 19 处，共规划人行过街设施 102 处。其中列入一期规划实施的人行、非机动车过街设施中，人行天桥为 1 座，人行地道为 12 座，形式待定的人行过街设施为 5 座，共 18 座。这些地下通道的建成将有效解决主城区居民过街和车辆通行的矛盾，保证居民和游客的交通安全。

目前，国内对于城市地下通道常采用明挖法、盖挖法和暗挖法等工法施工。

1. 明挖法

首先自上而下开挖土石方至设计标高后，然后自基底由下向上顺序施工，完成地道主体结构，最后回填基坑或恢复地面。该法施工简单、快捷、经济、安全，是城市地下隧道工程发展初期首选的施工方法。但明挖法施工须中断地面交通，迁移开挖范围内的地下管线，对地面交通和地下管线影响较大，并且施工过程中产生的噪声与振动对周边环境影响较大，因此该法不适用于城市繁华地段的地下通道施工。

2. 盖挖法

由地面向下开挖至一定深度后，封闭顶部，然后开展剩余的下部工程施工。与明挖法不同，盖挖法的主体结构可以顺作，也可以逆作，故盖挖法又可分为盖挖顺作法和盖挖逆作法。在城市繁忙地带修建地下通道时，往往需要占用道路而影响交通正常运行。当地下通道设在主干道上，而交通不能中断且需要确保一定交通流量要求时，可选用盖挖法。但由于空间限制采用该法时无法使用大型机具，柱子安装就位比较困难，需采用特殊的小型、高效机具和精心组织施工。

3. 暗挖法

为克服明挖法和盖挖法施工中阻碍交通的缺陷，人们设计了一种全部在地下进行开挖和修筑衬砌结构的施工方法，即暗挖法。随着施工工艺的不断改进，该法逐渐成为城市地下通道施工中的首选工法。根据地下工程的结构特征及上覆地层的地质条件，暗挖法又可分为盾构法、矿山法、浅埋暗挖法、顶管法、辅助施工方法（冻结法等）。城市地下通道作为城市交通中行人穿越城市主次干道的过街设施，其长度通常不会超过 200m，而盾构法和顶管法所需设备针对性比较强、结构庞大、施工成本高。地下过街通道通常工程量不大，隧道断面轮廓及大小往往沿纵向不一致，隧道短或穿越地层地质变化大，因此盾构法和顶管法显然不适用。因此本章主要对矿山法、浅埋暗挖法以及软土地层通道冻结法设计与施工进行详细介绍。

## 6.2 矿山法通道设计与施工

矿山法是指主要采用钻爆法开挖和钢木构件支撑的施工方法。该法通常用于城市深部地下工程的暗挖施工，施工过程中不影响地面正常交通与生产，且地表下沉量小。

本节主要介绍矿山法施工的基本原则，开挖、支撑、衬砌施工要点及临时支撑的设计原则。

### 6.2.1 施工程序及基本原则

1. 矿山法施工程序

矿山法的一般施工程序见图 6-1。

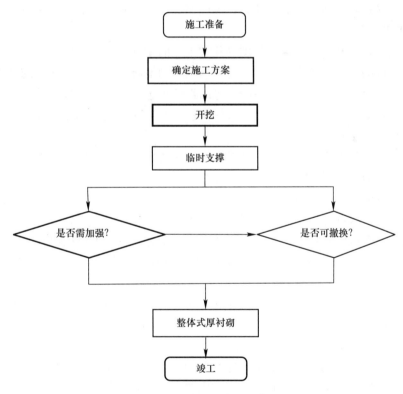

图 6-1 矿山法施工程序

2. 矿山法施工基本原则

矿山法施工的基本原则通常可以归纳为"少扰动、早支撑、慎撤换、快衬砌"。

1）少扰动

与新奥法施工的要求一致，在开挖隧道时，要尽量减少对围岩的扰动（包括扰动次数、扰动强度、扰动范围和扰动持续时间）。采用钢支撑时，可以增大一次开挖断面跨度，减少分部次数，从而减少对围岩的扰动次数。

2）早支撑

开挖后应及时施加临时构件支撑，使围岩不致因产生过度松弛变形而坍塌失稳，并承受围岩松弛变形产生的压力（早期松弛荷载）。因此，应定期检查支撑的工作状况，若发现过大变形或出现损坏征兆，应及时增设支撑予以加强。作用在临时支撑上的早期松弛荷载大小可根据设计永久衬砌的计算围岩压力大小来确定。临时支撑的结构设计亦采用类似于永久衬砌的设计方法。

3）慎撤换

拆除临时支撑而代之以永久性模筑混凝土衬砌时要慎重，要防止撤换过程中围岩坍塌失稳。每次撤换的范围、顺序和时间要视围岩稳定性及支撑的受力状况而定。若预计到不能拆除，则应在确定开挖断面大小及选择支撑材料时就予以研究解决。为避免拆除支撑的麻烦和危险，可以选择使用钢支撑作为临时支撑。

4）快衬砌

拆除临时支撑后要及时修筑永久性混凝土衬砌，并使之尽早承载参与工作。若采用的是钢支撑又不必拆除，或无临时支撑时，也应该尽早施作永久性混凝土衬砌。

### 6.2.2 施工工序展开

矿山法施工，其开挖、支撑、衬砌等几大工序的相互联系十分紧密，因此，在选择开挖、支撑、衬砌的方法和顺序的同时，应根据围岩的地质条件、地下通道的断面大小、支撑形式、工区长度、工期要求、设备能力等因素慎重选择。并应充分估计到隧道前方可能遇到的各种条件变化，尤其是对于地质条件比较差的工况，应选择能很容易适应变化的开挖、支撑、衬砌方法和顺序。

根据衬砌的施作顺序矿山法施工可以分为：先墙后拱法和先拱后墙法。

1. 先墙后拱法（顺序法）

在隧道开挖成形后，再由下至上施作模筑混凝土衬砌。开挖可以采用全断面法、台阶法或导坑超前法。这种施工顺序通常用于围岩条件较为稳定的工况。若围岩稳定性较差或隧道断面较大，则可以先将墙部开挖成形并施作边墙衬砌后，再将拱部开挖成形并完成拱部衬砌，如侧壁导坑法及洞柱法等。该法也可用于围岩更为软弱、破碎、松散的浅埋隧道中。

先墙后拱法的施工速度较快，施工各工序及各工作面之间的相互干扰较小，衬砌的整体性好，受力状态较好。

2. 先拱后墙法（逆作法）

先将隧道上部开挖成形并施作拱部衬砌后，再开挖下部并施作边墙衬砌。

先拱后墙法施工速度较慢，上部施工较困难。但上部完成后，下部施工就比较安全、快捷。由于先拱后墙，使得衬砌的整体性较差，受力状态比较复杂。且拱部衬砌沉降量较大，要求的预留沉落量较大，增加了开挖工作量。

3. 常用的开挖、支撑、衬砌施工顺序见图 6-2。

4. 采用矿山法施工还应注意以下几点：

1）临时支撑易受爆破的影响，因此在采用爆破法掘进时，除应注意控制爆破对围岩

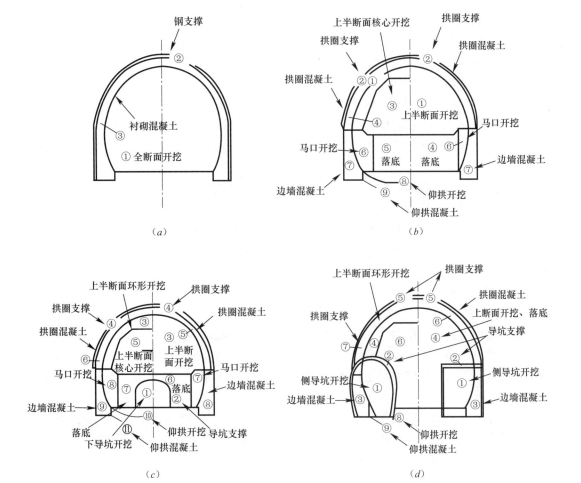

图 6-2 矿山法施工顺序

(a) 全断面法；(b) 上半断面超前法；

(c) 下导坑超前上半断面施工法；(d) 侧导坑超前上半断面施工法

的扰动外，还应尽量减少爆破对支撑的冲击破坏。若采用臂式自由断面挖掘机掘进，亦应注意不得严重影响临时支撑的稳定。

2）考虑到隧道开挖后，围岩的松弛变形、衬砌的承载变形、立模时放线和就位误差的存在，为了保证衬砌厚度及其净空不侵入建筑界限，在隧道开挖及衬砌立模时均应预留沉落量。

衬砌立模预留沉落量应根据围岩类别、衬砌施工顺序及施工技术水平来确定，并根据实测资料予以调整，见表 6-1。

衬砌立模预留沉落量 表 6-1

| 围岩类别 | | I | II | III | IV、V、VI |
|---|---|---|---|---|---|
| 预留衬砌沉落量 | 先墙后拱 | ≤5cm | | | |
| | 先拱后墙 | 15~20cm | 10~15cm | 5~10cm | 0~5cm |
| 预留拱架模板放线就位误差 | | 在预留沉落量的基础上，将衬砌轮廓加大5cm | | | |

开挖预留沉落量应根据支撑类型和刚度、是否拆除、围岩类别等条件来确定，可参照表 6-1 适当加大，并据实测资料予以调整。如有超挖时，应一并考虑。

3）采用先拱后墙法施工时，为减少拱部衬砌下沉和防止掉拱，边墙马口的开挖应注意：

（1）左右边墙马口应交错开挖，不得对开；

（2）同侧马口宜跳段开挖，不宜顺开；

（3）先开马口应待相邻边墙刹肩（即墙顶雨拱脚封口）混凝土达到一定强度后方可开挖；

（4）马口开挖顺序还应与拱部衬砌施工缝、衬砌变形缝、辅助洞室位置统一考虑，合理确定。

此外，在马口开挖时，应严格控制爆破，以防炸裂拱圈。

矿山法施工各工序相互联系较密切，干扰较大。因此，应注意统一组织和协调，处理好上步开挖与下步开挖、开挖与支撑、支撑与衬砌、开挖与衬砌之间的相互关系。如围岩较稳定或支撑条件较好，则应尽量将各工序沿隧道纵向展开，以减少相互干扰，保证施工安全和施工进度。

### 6.2.3 临时支撑

1. 材料与结构形式

临时支撑材料，可用圆木或钢材（以工字钢、旧钢轨较为常用）。

木支撑可以构成矩形或扇形支撑，但木支撑对隧道断面形状的适应性较差，易损坏且耐久性较差，需要在模筑混凝土衬砌时予以拆除。这种拆除工作既麻烦又不安全，目前已逐渐淘汰。

钢支撑主要适用型钢或钢筋加工成拱形支撑，它可以较好地适应隧道断面形状的要求，且具有较大的承载能力和很好的耐久性，可以留在混凝土衬砌背后或浇筑在其中。因此，施工变得既简便又安全，目前已在实际工程中得到广泛应用。也常与其他支护方式合并应用在特殊地质条件的隧道工程中。常用钢支撑的结构形式见图 6-3。

2. 临时支撑的构造

1）接头：为便于架设和拆除，木支撑构件接头常用凹口接或简易企口接。钢支撑每榀分为 2 节～6 节，节数应与开挖分部方法相适应。为保证接头刚度，钢支撑的接头常用端板栓接或夹板栓接（图 6-4）。

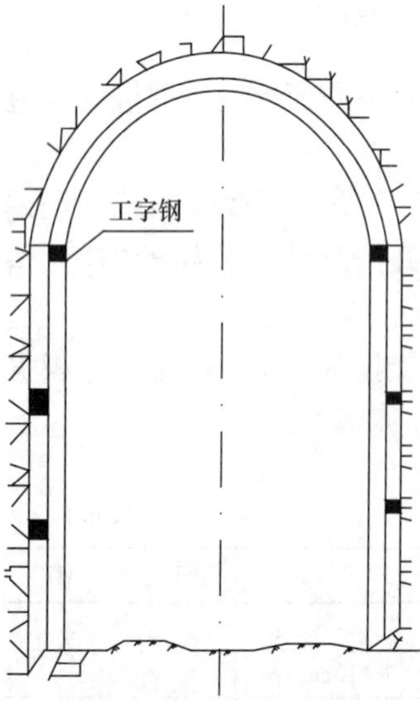

2）楔块：为了阻止围岩松弛变形和承受早期松弛荷载，要求支撑及时有效地参与工作。因此，应在支撑与围岩之间尽快尽多地打入楔块，以增加支撑与围岩的接触点（传力点）。

3）垫板：钢支撑构件下端断面面积较小，应设底板，以增加支承面积。若围岩软弱承载力不足，为防止支撑下沉，应在其下加设钢板、木板、片石铺垫，在必要时设混凝土基座或纵向托梁。

4）纵向联系：为保证支撑的纵向稳定性，各榀支撑之间应设有足够的纵向联系。当有纵向荷载（包括爆破冲击荷载）时，则应设置纵向斜撑。

图 6-3 钢支撑结构

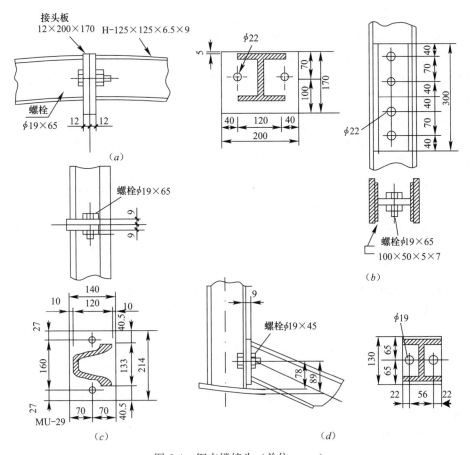

图 6-4 钢支撑接头（单位：mm）

（a）拱顶接头；（b）上部和下部构件的接头（加强板）；（c）上部和下部构件的接对（接头板）；（d）与仰拱的接头

5）背板：对于软弱破碎围岩，为阻止各榀支撑之间围岩的掉块、坍塌，一方面可以考虑适当减小支撑间距，另一方面可在支撑之间加设纵向背板。

背板有两种方法：一种是先开挖后安设背板，称为铺板法，常用于工作面尚能稳定的围岩条件下。另一种是沿开挖轮廓线先向工作面前方打入背板，其尾端支承在钢拱上，形成超前支撑后，再进行开挖，该法又称为插板法。插板法常用于松散土质围岩条件下，有水时则可满铺封闭，可防止流砂。插板板材宜采用硬木或钢板、钢管。

3. 临时支撑的架设与加强

1）开挖轮廓要尽量平顺，开挖后要及时架设支撑。架设支撑前应清除周边危石，防止落石伤人。

2）支撑应按要求的中线、高程和断面尺寸架设在隧道横断面内。支撑构件的接头应连接牢固，基脚铺垫应坚实稳固。各支撑之间应加设足够的联系，以构成整体。支撑于围岩之间的楔块应对称打设紧密。

3）对所架设支撑应经常检查，发现支撑变形严重、倾斜、沉降及楔块松脱时，必须立即予以加强或顶替。支撑的顶替应先顶后拆，以免引起围岩的进一步松弛甚至坍塌。

### 6.2.4 整体式衬砌的施工及回填压浆

按松弛荷载理论设计的隧道永久性模筑混凝土衬砌，其厚度较厚，刚度较大，故相对于复合式衬砌称为整体式衬砌，其施工应注意以下几点：

1. 在模筑混凝土衬砌时，若须拆除临时支撑应慎重进行，以免造成围岩坍塌失稳。每次拆除的范围、顺序和时间要视围岩稳定性及支撑的受力状况而定。若不必拆除或不能拆除临时支撑，则可将其留在衬砌背后或浇筑在混凝土中。但原则上只允许钢构件留在混凝土中。

2. 在整体式衬砌的设计中一般并未计入钢支撑的承载作用。事实上，当钢支撑不必拆除或不能拆除时，其支承作用是存在的。这种不计入就造成一定的浪费，因此在整体式衬砌设计时，可适当计入钢支撑的永久承载作用，并相应地适当减薄衬砌厚度。

3. 当采用先拱后墙法施工时，应注意处理好墙顶和拱脚连接处的封口，以保证其整体刚度不严重降低。马口开挖应遵循马口开挖原则进行。

4. 矿山法施工，其衬砌背后空隙较多，尤其是当拱部有较多背板未拆除时，这对于衬砌的受力状态是不利的。因此，应在衬砌混凝土达到一定强度后进行压浆处理。浆液材料多采用单液水泥浆，钻压浆孔时应注意避开未被拆除的钢支撑。

5. 为保证不会因拆模而导致衬砌变形开裂，整体式衬砌混凝土的拆模时间，应根据衬砌的受力条件、自重大小及混凝土的强度增长情况由现场试验确定，并应符合下列要求：

1）不承受外荷载的拱、墙，应在混凝土强度达到 5.0MPa 或拆模时混凝土表面和棱角不致被损坏并能承受自重时，方可拆模。

2）承受围岩压力较大的拱、墙，应在封口或刹肩混凝土强度达到设计强度的 100％时方可拆模。

3）承受围岩压力较小的拱、墙，应在封口混凝土强度达到设计强度的 70％时方可拆模。

# 6.3 浅埋暗挖法通道设计与施工

浅埋暗挖法（国外多称软土隧道新奥法或浅埋隧道新奥法）是基于岩石隧道新奥法的基本原理，针对城市地下工程的特点发展起来的。城市浅埋地下工程的主要特点是：覆土浅、地质条件差、自稳能力差、承载力小、变形快，特别是初期增长快，稍有不慎极易产生坍塌或过大的下沉，而且在隧道附近往往有重要的地面建筑物或地下管网，增加了施工难度。浅埋暗挖法是以超前加固、处理软弱地层为前提，参照足够刚性的复合衬砌为基本支护结构的一种用于软土地层近地表隧道的暗挖施工方法。它以施工监测为手段，并以此来指导设计与施工，保证施工安全，控制地表沉降。在应用范围上，不仅可用于区间、大跨度过渡线段、通风道主出入口和竖井修建，而且可用于多跨、多层大型主站的修建；在结构形式上，不仅有圆拱曲墙、大跨度平拱直墙，还有平顶直墙等形式；在与其他施工方法的结合上，有浅埋暗挖法与盖挖法的结合，还有与半断面插刀盾构的结合。

与其他施工方法相比，浅埋暗挖法具有以下特点：

1. 地下通道暗挖成型，初支和衬砌均在地下空间内完成，不必中断城市交通。

2. 具有适合各种断面形式和变化断面的灵活性。

3. 机械化程度低，主要靠人工施工，对地下管线影响较小。

4. 与盾构法相比较，在较短的开挖地段使用也很经济。

5. 与明挖法相比较，可以极大地减轻对地面交通的干扰和对商业活动的影响，避免大量的拆迁。

6. 不必使用大型机械设备，无噪声，施工对环境的干扰相对较小。

但浅埋暗挖法仍存在对地层适应性有限、安全性不高、质量不易控制以及施工进度慢等缺陷。

### 6.3.1 浅埋暗挖法施工原则

根据国内外的工程实践，浅埋暗挖法的施工应贯彻如下原则：

1. 管超前

采用超前管棚或小导管注浆等措施先行支护，实际上就是采用超前支护的各种手段提高掌子面的稳定性，防止围岩松动和坍塌。

2. 严注浆

在导管超前支护后，立即进行压注水泥浆或其他化学浆液，填充围岩空隙，使隧道周围形成一个具有一定强度的壳体，以增强围岩的自稳能力。

3. 短开挖

一次注浆，多次开挖，即限制一次进尺的长度，减少围岩的松动。

4. 强支护

在松软的地层中施工，初期支护必须十分牢固，具有较大的刚度，以控制开挖初期的变形。

5. 快封闭

在台阶法施工中，如上台阶过长，变形增加较快时，为及时控制围岩松动，必须采用临时仰拱封闭，开挖一环，提高初期支护的承载能力。

6. 勤量测

对隧道施工过程进行经常性的量测，掌握施工动态，并及时反馈以指导设计和施工，它是浅埋暗挖法施工成败的关键。

### 6.3.2 地层预加固和预支护技术

#### 6.3.2.1 超前锚杆

1. 构造组成

超前锚杆是指沿开挖轮廓线，以一定的外插角向开挖面前方钻孔安装锚杆，形成对前方围岩的预锚固，在提前形成的围岩锚固圈的保护下进行开挖等作业（图 6-5）。

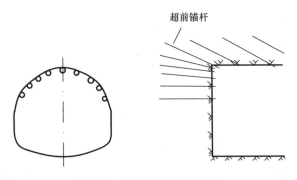

图 6-5 超前锚杆预锚固围岩

2. 性能特点及适用条件

锚杆超前支护的柔性较大，整体刚度较小。它主要适用于地下水较少的破碎、软弱围岩的隧道工程中，如裂隙发育的岩体、断层破碎带、浅埋无显著偏压的隧道。采用风枪、凿岩机或专用的锚杆台车钻孔，锚固剂或砂浆锚固，其工艺简单，工效高。

3. 设计、施工要点

1）超前锚杆的长度、环向间距、外插角等参数，应视围岩地质条件、施工断面大小、开挖循环进尺和施工条件而定。一般超前长度为循环进尺的 3～5 倍，环向间距采用 0.3～1.0m；外插角宜用 10°～30°；搭接长度宜为超前长度的 40％～60％，即大致形成双层或双排锚杆。

2）超前锚杆宜用早强砂浆全黏结式锚杆，锚杆材料可用不小于 $\phi22$mm 的螺纹钢筋。

3）超前锚杆的安装误差，一般要求孔位偏差不超过 10cm，外插角不超过 1°～2°，锚入长度不小于设计长度的 96％。

4）在开挖时应注意保留前方有一定长度的锚固区，以使超前锚杆的前端有一个稳定的支点。其尾端应尽可能多地与系统锚杆及钢筋网焊连。若掌子面出现滑拥现象，则应及时喷射混凝土封闭开挖面，并尽快打入下一排超前锚杆，然后才能继续开挖。

5）开挖后应及时喷射混凝土，并尽快封闭环形初期支护。

6）在开挖过程中应密切注意观察锚杆变形及喷射混凝土层的开裂、起鼓等情况，以掌握围岩动态，及时调整开挖及支护参数。

#### 6.3.2.2 管棚

1. 构造组成

管棚是指利用钢拱架沿开挖轮廓线以较小的外插角向开挖面前方打入钢管构成的棚架来形成对开挖面前方围岩的预支护（图 6-6）。

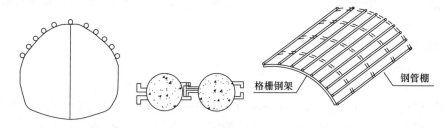

图 6-6 管棚预支护围岩

2. 性能特点和适用条件

管棚因采用钢管或钢插板作纵向预支撑，又采用钢拱架作环向支撑，其整体刚度较大，对围岩变形的限制能力较强，且能提前承受早期围岩压力。因此，管棚主要适用于对围岩变形及地表下沉有较严格要求的软弱、破碎围岩隧道工程中。

短管棚（采用长度小于 10m 的钢管）一次超前量少，基本上与开挖作业交替进行，占用循环时间较多，但钻孔安装或顶入安装较容易。

长管棚（采用长度为 10～45m 且较粗的钢管）一次超前量大，虽然增加了单次钻孔或打入长钢管的作业时间，但减少了安装钢管的次数，减少了与开挖作业之间的干扰。在长钢管的有效超前区段内，基本上可以进行连续开挖，也更适于采用大中型机械进行大断

222

面开挖。

3. 设计和施工要点

1）管棚的各项技术参数要视围岩地质条件和施工条件而定。长管棚长度不宜小于 10m，一般为 10~45m；管径为 70~180mm，孔径比管径大 20~30mm，环向间距为 0.2~ 0.8m；外插角为 1°~2°。

2）两组管棚间的纵向搭接长度不小于 1.5m；钢拱架常采用工字钢拱架或格栅钢架。

3）钢拱架应安装稳固，其垂直度允许误差为 ±2°，中线及高程允许误差为 ±5cm。

4）钻孔平面误差不大于 15cm，角度误差不大于 0.5°，钢管不得侵入开挖轮廓线。

5）第一节钢管前端要加工成尖锥状，以利导向插入。要打一眼，装一管，自上而下顺序安装。

6）长钢管应用 4~6m 的管节逐段接长，打入一节，再连接后一节，连接头应采用厚壁管箍，上满丝扣，丝扣长度不应小于 15cm；为保证受力的均匀性，钢管接头应纵向错开。

7）当需增加管棚刚度时，可在安装好的钢管内注入水泥砂浆，一般在第一节管的前段管壁交错钻 10~15mm 孔若干，以利排气和出浆，或在管内安装出气导管，浆注满后方可停止压注。

8）在钻孔时如出现卡钻或明孔，应注浆后再钻，有些土质地层则可直接将钢管顶入。

#### 6.3.2.3 超前注浆小导管

1. 构造组成

超前注浆小导管是指在开挖前沿坑道周边向前方围岩内打入带孔小导管，并通过小导管向围岩压注起胶结作用的浆液，待浆液硬化后，坑道周围岩体就形成了有一定厚度的加固圈。在此加固圈的保护下即可安全地进行开挖等作业（图 6-7）。若小导管前端焊一个简易钻头，则可钻孔、插管一次完成，称为自进式注浆锚杆。

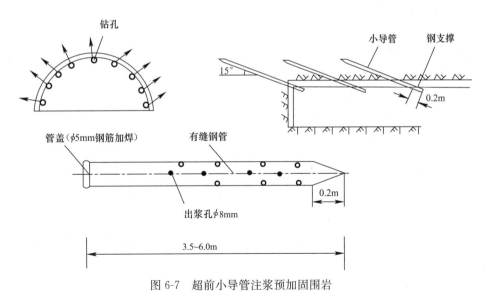

图 6-7　超前小导管注浆预加固围岩

2. 特点和适用条件

浆液被压注到岩体裂隙中并硬化后，一方面起到了"加固作用"（将岩块或颗粒胶结为整体），另一方面起到了"堵水作用"（填塞了裂隙，阻隔了地下水向坑道渗流的通道）。因此，超前注浆小导管不仅适用于一般软弱破碎围岩，也适用于含水的软弱破碎围岩。

3. 小导管布置和安装

1）小导管钻孔安装前，应对开挖面及 5m 范围内的坑道喷射 5～10cm 厚的混凝土封闭。

2）小导管一般采用 $\phi$32mm 的焊接管或 $\phi$40mm 的无缝钢管制作，长度宜为 3～6m，前端做成尖锥形，前段管壁上每隔 10～20cm 交错钻眼，眼孔直径宜为 6～8mm。

3）钻孔直径应较管径大 20mm 以上，环向间距应根据地层条件而定，一般采用 20～50cm；外插角应控制在 10°～30°（一般采用 15°）。

4）极破碎围岩或处理坍方或大断面或注浆效果差时可采用双排管；地下水丰富的松软层，可采用双排以上的多排管。

5）小导管插入后应外露一定长度，以便连接注浆管，并用塑胶泥将导管周围孔隙封堵密实。

4. 注浆材料

1）注浆材料种类和适用条件

（1）在断层破碎带及砂卵石地层等强渗透性地层中，应采用料源广且价格便宜的注浆材料。一般对于无水的松散地层，宜优先选用单液水泥浆；对于有水的强渗透地层，则宜选用水泥-水玻璃双浆液，以控制注浆范围。

（2）断层带，当裂隙宽度（或粒径）<1m 时，注浆材料宜优先选用水泥浆或水泥-水玻璃浆液。

（3）在细、粉砂层，细小裂隙岩层及断层地段等弱渗透地层中，宜选用渗透性好、低毒及遇水膨胀的化学浆液，如聚胶酶类或超细水泥浆。

（4）对于不透水的黏土层，则宜采用高压劈裂注浆。

2）注浆材料的配比

注浆材料的配比应根据地层情况和胶凝时间要求，并经过试验而定：

（1）采用水泥浆液时，水灰比可采用 0.5：1～1：1；须缩短凝结时间时，可加入氯盐、三乙醇胺速凝剂。

（2）采用水泥-水玻璃浆液时，水泥浆的水灰比可用 0.5：1～1：1；水玻璃浓度为 25～40％，水泥浆与水玻璃的体积比宜为 1：1～1：0.3。

（3）注浆

① 注浆设备应性能良好，工作压力应满足注浆压力要求，并应进行现场试验运转。

② 小导管注浆的孔口最高压力应严格控制在允许范围内，以防压裂开挖面，注浆压力一般为 0.5～1.0MPa，止浆塞应能经受注浆压力。注浆压力与地层条件及注浆范围要求有关，一般要求单管注浆能扩散到管周 0.5～1.0m 的半径范围内。

③ 要控制注浆量，即每根导管内已达到规定注入量时就可结束。若孔口压力已达到规定压力值，但注入量仍不足时，亦应停止注浆。

④ 在注浆结束后，应做一定数量的钻孔检查或用声波探测仪检查注浆效果，如未达到要求，应进行补注浆。

⑤ 注浆后应视浆液种类，等待 4（水泥-水玻璃浆）～8h（水泥浆）方可开挖，开挖长

度不宜太长，以保留一定长度的止浆墙（亦即超前注浆的最短超前量）。

**6.3.2.4　超前深孔帷幕注浆**

上述超前注浆小导管，对围岩加固的范围和止水的效果是有限的，作为软弱破碎围岩隧道施工的一项主要辅助措施，它占用的时间和循环次数较多。超前深孔帷幕注浆较好地解决了这些问题。注浆后即可形成较大范围的筒状封闭加固区，称为帷幕注浆。

1. 注浆机理和适用条件

注浆机理可以分成如下四种。

1）渗透注浆

对于破碎岩层、砂卵石层、中细砂层、粉砂层等有一定渗透性的地层，采用中低压力将浆液压注到地层中的空穴、裂缝、孔隙里，凝固后将岩土或土颗粒胶结为整体，以提高地层的稳定性和强度。

2）劈裂注浆

对于颗粒更细的不透水（浆）地层，采用高压浆液强行挤压孔周，在注浆压力的作用下，浆液作用的周围土体被劈裂并形成裂缝，通过土体中形成的浆液脉状固结作用对黏土层起到挤压加固和增加高强夹层加固作用，以提高其强度和稳定性。

3）压密注浆

即用浓稠的浆液注入土层中，使土体形成浆泡，向周围土层加压使土层得到加固。

4）高压喷灌注浆

通过灌浆管在高压作用下，从管底部的特殊喷嘴中喷射出高速浆液射流，促使土粒在冲击力、离心力及重力作用下被切割破碎，随注浆管的向上抽出与浆液混合形成柱状固结体，以达到加固的目的。

深孔预注浆一般可超前开挖面 30~50m，可以形成有相当厚度和较长区段的筒状加固区，从而使得堵水的效果更好，也使得注浆作业次数减少，它更适用于有压地下水及地下水丰富的地层中，也更适用于采用大中型机械化施工，见图 6-8。

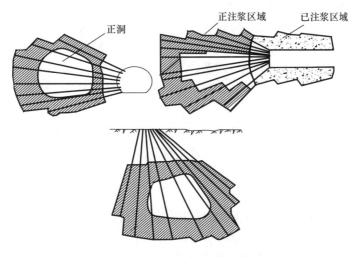

图 6-8　超前深孔帷幕注浆

如果隧道埋深较浅，则注浆作业可在地面进行；对于深埋长大隧道，可利用辅助平行导坑对正洞进行预注浆，这样可以避免与正洞施工的干扰，缩短施工工期。

2. 注浆范围

图 6-8 中已示意出对围岩进行注浆加固的大致范围，形成筒状加固区。要确定加固区的大小，即确定围岩塑性破坏区的大小，可以按岩体力学和弹塑性理论计算出开挖坑道后围岩的压力重分布结果，并确定其塑性破坏区的大小（即为应加固范围）。

3. 施工要点

1）注浆管和孔口套管。

深孔注浆一次式注浆时，孔内可用注浆管或不用；分段式注浆时需用注浆管。注浆管一般采用带孔眼的钢管或塑料管。常用的止浆塞有两种，一种是橡胶式，一种是套管式。安装时，将止浆塞固定在注浆管上的设计位置，一起放入钻孔，然后用压缩空气或注浆压力使其膨胀而堵塞注浆管与钻孔之间的间隙，此法主要用于深孔注浆。

另外，若采用全孔注浆，因浆液流速慢，易造成"死管"，因此，多采用前进或后退式分段注浆。

2）钻孔

钻孔可用冲击式钻机或旋转式钻机，应根据地层条件及成孔效果选择。

3）注浆顺序

应按先上方后下方，或先内圈后外圈，先无水孔后有水孔，先上游（地下水）后下游的顺序进行。应利用止浆阀保持孔内压力直至浆液完全凝固。

4）结束条件

应根据注浆压力和单孔注浆量两个指标来判断确定。单孔结束条件为：注浆压力达到设计终压；浆液注入量已达到计算值的 80% 以上。全段结束条件为：所有注浆孔均已符合单孔结束条件，无漏注。在注浆结束后必须对注浆效果进行检查，如未达到设计要求，应进行补浆。

### 6.3.3 开挖

浅埋暗挖法施工地下通道工程时，其开挖方式有全断面开挖法、台阶法、分步开挖法以及施作大型地下空间的中洞法、侧洞法、柱洞法等几种方法。开挖方式对于保护围岩的天然承载力、保证支护系统的稳定和控制路面与周边建筑物沉降等方面都有影响，因此在选择开挖方式时，应考虑到以下几个问题：

（1）地下通道的埋深、围岩类别、地下含水层的分布及水位变化范围等有关地下通道围岩自稳性；

（2）地下通道的长度、线型、断面形状和尺寸等有关工程规模；

（3）地表设施状况，对地表沉降量和周边建筑物和管线变形位移的容许值等有关环境要求；

（4）机械设备、工期等施工条件。

由于地下工程在勘测阶段很难对地质做出精确的判断，所以应根据工程特点、围岩情况、环境要求以及施工单位的自身条件等，选择适宜的开挖方法及掘进方式，必要时尚需通过试验进行验证。目前常用的开挖方式有以下 4 种：

1. 全断面开挖

如图 6-9（a）所示：全断面开挖法施工操作比较简单，全断面一次钻孔，并进行装药连线，再起一次爆破成型，同时施作初期支护，铺设防水隔离层，进行二次筑模衬砌。全断面法主要适用于Ⅳ～Ⅵ类围岩。这种开挖的优点是具有较大的作业空间，有利于采用大型配套机械化作业，提高施工速度，且工序少，便于施工组织的管理。缺点是由于开挖面较大，围岩稳定性降低，且每个循环工作量较大；另外深孔爆破引起的震动较大，因此要求进行精心的钻爆设计，并严格控制爆破作业。

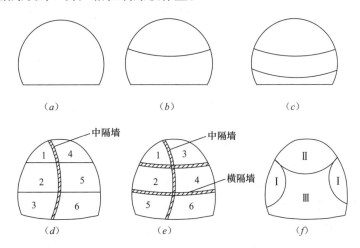

图 6-9　浅埋暗挖法的开挖方式

(a) 全断面开挖法；(b) 正台阶开挖法；(c) 多台阶开挖法；
(d) CD工法；(e) CRD工法；(f) 双侧壁导坑超前中间台阶法

2. 台阶法开挖

如图 6-9 (b) 所示：台阶法施工就是将结构断面分成两个或几个部分，分步开挖。根据地层条件和机械配套情况，台阶法又可分为正台阶法、多台阶法等。台阶法能较早地使支护闭合，有利于控制其结构变形及由此引起的地面沉降。上台阶长度（$L$）一般控制在 $1～1.5$ 倍洞径（$D$），根据地层情况，可选择两步或多步开挖法。必须在地层失去自稳能力之前尽快开挖下台阶，支护后形成封闭结构。台阶法开挖的优点是灵活多变，适用性强，具有足够的作业空间和较快的施工速度。缺点是上下部作业互相干扰，应注意下部作业时对上部稳定性的影响，还应注意台阶开挖会增加围岩扰动的次数等。

3. 分步开挖法

分布开挖法主要适用于地层较差的地下工程，尤其是限制地面沉降的城市地下工程，包括单侧壁导坑超前台阶法、中隔墙法（CD、CRD工法）、双侧壁导坑超前中间台阶法（也称眼镜工法）等多种形式（图 6-9c～f）。其中中隔墙法是目前城市内人行地道施工最常用的一种方法。

中隔墙法也称 CD 工法，主要适用于地层较差和不稳定岩体，且地面沉降要求严格的地下工程施工。当 CD 工法仍不能满足要求时，可在 CD 工法的基础上加设临时仰拱，即交叉中隔墙法（也称 CRD 工法）。CRD 工法的最大特点是将大断面施工化成小断面施工，各个局部封闭成环的时间短，控制早期沉降好，每个步序受力体系完整。因此，结构受力均匀，变形小。另外，由于支护刚度大，施工时隧道整体下沉微弱，地层沉降量不大，而且容易控制。大量施工实例资料的统计结果表明：CRD 工法优于 CD 工法（前者比后者减少地面沉降近 50%），而 CD 工法优于眼镜工法。但 CRD 工法施工工序复杂，隔墙拆除困难，成本较高，进度较慢，因此一般适用于地质条件较差的第四纪地层且地面沉降要求严格的地下工程。

4. 特大断面施工

当城市地下通道的施工连通地下仓库、地下商业街及地铁车站时，经常出现地下大空间的施工问题。这些构筑物若在埋深较浅、软弱不稳定的Ⅲ～Ⅴ级围岩中，一般用浅埋暗挖法施工。

当地层条件差、断面特大时，一般设计成多跨结构，跨与跨之间由梁、柱连接。比如常见的三跨两柱大型地铁站、地下商业街、地下停车场等，一般采用中洞法、侧洞法、柱洞法及洞桩墙法（地下盖挖法）等方法施工，其核心思想是变大断面为中小断面，提高施工安全度。

对于埋深往往处在围岩软弱、沉积欠固结的第四纪土层中的人行地下通道，通常采用正台阶法中的分步开挖留核心土法或分步开挖法中的中隔墙法（CD、CRD 工法），以严格控制通道上方的地面沉降和邻近建筑物管线的变形位移。

### 6.3.4　浅埋暗挖法的初期支护

在软弱破碎、松散、不稳定的地层中采用浅埋暗挖法施工时，除需对地层进行预加固和预支护外，隧道初期支护施作的及时性和支护的刚度与强度，对保证开挖后隧道的稳定性、减少地层扰动和地表沉降，都具有决定性的影响。在诸多支护形式中，钢架锚喷混凝土支护是满足上述要求的最佳支护形式。这类支护的特点如下：（1）开挖后能及时施作，并且施作后能尽快承受荷载；（2）施工简便，不需要大型施工场地及大型施工机械；（3）支护与周围地层之间密贴不留空隙，减少地层扰动；（4）适用于不同断面形式和断面尺寸；（5）支护的强度和刚度便于调整，便于后期补强；（6）工程造价相对比较便宜。

1. 喷射混凝土

喷射混凝土是借助喷射机械，利用压缩空气或其他动力，将按照一定配合比的拌和料通过管道输送并高速喷射到受碰面上，凝结硬化而成的一种混凝土。

喷射混凝土在高速喷射时（速度可达到 70m/s），水泥和集料反复连续撞击而使混凝土密实，故水灰比可采用 0.4～0.5，以获得较高的强度和良好的耐久性。特别是与受喷面之间具有一定的黏结强度，可以在结合面上传递拉应力和剪应力。对于任何形状的受喷面都可以良好的接合，不留空隙。在喷射混凝土拌和料中加入速凝剂后，可使水泥在 10min 内终凝，并很快获得强度，承受外界荷载，约束周围土体变形。

2. 锚杆

目前，锚杆的种类很多。浅埋暗挖法中常用的锚杆是有预应力或无预应力的砂浆锚杆或树脂锚杆。锚杆杆体由热轧钢筋制成，锚杆灌注的水泥砂浆，其胶骨比为 1:1～1:2，水灰比为 0.38～0.45，属富水泥砂浆。对水泥品种的要求与喷射混凝土相同，宜采用不低于 32.5 级的新鲜普通硅酸盐水泥。砂子宜用中砂，采用后灌浆工艺时最大粒径应控制在 1mm 以内，采用先灌浆工艺时为 3mm。锚杆杆体的抗拉力不应小于 150kN。锚杆用的水泥砂浆强度不低于 M20，应密实灌满。锚杆必须安装垫板，垫板应与喷混凝土面密贴。

3. 钢拱架

在土层中采用浅埋暗挖法，由于地层开挖后的自稳时间短，而且对地表沉降控制要求严格，故在锚喷支护中钢拱架支撑是必要的。

钢架支撑的主要作用是在喷射混凝土尚未达到设计强度以前，承担地层压力及约束地层变形。钢拱架支撑既是临时支撑也是永久支护的一部分。

钢拱架支撑按照材料可分为两大类：第一类是型钢拱架支撑，包括钢管支撑、H 型钢支撑、U 型钢支撑等；第二类是格栅拱架支撑。型钢拱架支撑的截面大、刚度大，能承受比较大的荷载。但是型钢与混凝土的热膨胀系数不同，当温度变化时，经常沿钢拱架产生纵向收缩裂缝，而且，钢拱架背后的喷射混凝土很难充填密实，这将影响支护效果和钢拱架寿命。型钢拱架重量大，制作安装比较困难。格栅拱架，又称为格构钢拱架，由 3～4 根 $\phi$18～22mm 的热轧钢筋焊接而成，本身重量轻，便于制作、运输和安装。钢筋组成的格栅钢拱架具有足够的支撑刚度和强度，而且与混凝土接触面大，结合好，能够共同变形、共同受力，不会出现型钢拱架那样的收缩裂缝。格栅拱架中间空隙大，不会出现背后混凝土不密实的现象，而且造价相对低廉。目前，在浅埋暗挖法施工中，较多使用的是格栅钢拱架。

### 6.3.5 浅埋暗挖法的二次衬砌

1. 基本要求

在浅埋暗挖法施工中，在一般情况下，二次衬砌可在围岩和初期支护变形基本稳定后施作，但在松散地层浅埋地段，宜及时施作二次衬砌。通过监控量测，掌握初期支护及工作面动态，提供信息，指导二次衬砌施作时机，这是浅埋暗挖法施工与一般隧道衬砌施工的主要区别。其他灌注工艺和机械设备与一般隧道衬砌施工基本相同。

二次衬砌施工前应做好以下几点工作：

1）核对中线、水平和断面尺寸，所有检测数据均应符合设计要求。

2）为确保衬砌不侵入限界，允许放样时将设计外轮廓线尺寸扩大 5cm，作为施工误差及模板拱架的预留沉落量。

3）在隧道断面和地质条件变化的交界处，应设沉降缝；洞口附近应设伸缩缝，对变形缝及施工缝均应作防水处理。

4）钢筋混凝土衬砌的钢筋保护层厚度应符合设计要求。

2. 衬砌模板

二次衬砌模板可采用临时木模板或金属定型模板，更多情况则使用衬砌台车，因为区间隧道的断面尺寸基本不变，便于使用衬砌台车，加快立模及拆模的速度。

衬砌所使用的模板、墙架、拱架均应式样简单，拆装方便，表面光滑，接缝严密。使用前应在样板台车上校核。当重复使用时，应随时检查并整修。

3. 混凝土的浇筑与捣固

在混凝土浇筑以前，应做好地下水引排工作，将基础部位的浮渣、积水清除干净，不允许带水作业。

在浇筑混凝土时，自由落高不得超过 2m，应按搅拌能力、运输距离、浇筑速度、振捣等因素确定一次浇筑厚度、次序、方向，分层施工。一般情况应保持连续浇筑。

捣固所用振捣器的振幅、频率、振动速度等参数，应视混凝土的坍落度及骨料粒径而定。

4. 浇筑施工的工艺要求

1）浇筑二次衬砌混凝土应尽可能采用混凝土输送泵。

2）应尽可能采用整环灌注的施工安排。当混凝土浇筑至墙拱交界处时，应间隙约 1h，以便于边墙混凝土沉实。当拱圈封顶时，应随拱圈浇筑及时捣实。

3）所有施工缝应凿毛，按设计要求埋设遇水膨胀止水橡胶条进行防水。

4）振捣时，振捣器不得接触防水层及模板，且每次移动距离不宜大于振捣器作用半径的一半。

5）混凝土的拆模强度应符合设计要求。

6）养护方式应经济合理，如表面定期浇水、铺塑料薄膜或喷涂有机树脂等养护剂。

7）隧道拱、墙背后空隙必须回填密实，如达不到要求，可采用背后压浆回填。

### 6.3.6　浅埋暗挖法通道施工监控

地下通道是修建在存在应力场天然岩土体中的构筑物，靠围岩和支护系统共同作用保持其稳定。因此工程的安全性很大程度上取决于围岩本身的自稳能力和支护系统的工作状态。任何地下工程的开挖施工，无论其埋深大小，均将对地下土体产生扰动，引起初始开挖断面的变形和初期支护的挠曲位移，进而地表路面邻近管线也将发生或大或小的沉降。因此为避免这些沉降变形位移过大而危及道路管线及周边建筑物的正常使用，必须对围岩和初支的应力状态及地面沉降进行全面的监控量测，并将监测信息及时反馈到设计和施工中去，确保工程安全。在浅埋暗挖法施工中应将现场监控量测作为一道重要工序来进行，使施工现场每时每刻均处于监控之中，以确保工程安全及控制沉陷变形。

浅埋暗挖法施工的监控量内容主要包括：

1. 掌握施工过程中围岩和支护的动态信息并及时反馈，指导施工作业；

2. 通过对围岩和支护的监测，对施工方案进行合理的优化；

3. 通过对量测数据分析处理，掌握地层稳定性变化规律，预见事故和险情，作为调整和修正支护设计和施工方法的依据，提供土层和支护衬砌最终稳定的信息；

4. 提供判断围岩和支护系统基本稳定的依据，确定二次衬砌施工时间；

5. 验证预先对施工影响范围内的地表沉降进行的评估和施工方案的合理性，为今后类似工程施工提供参考。

## 6.4　软土地层通道冻结法设计与施工

当遇到涌水、流砂和淤泥等复杂不稳定地质条件时，通过技术经济分析比较，可以采用技术可靠的冻结法进行施工，以保证安全穿过该段地层。人工地层冻结技术（Artificially Ground Freezing Method）源于天然冻结现象。德国采矿工程师 F. H. Poetsch 探索不稳定地层凿井技术，于 1880 年提出了冻结法凿井原理，并于 1883 年在德国阿尔巴里煤矿成功地采用冻结工法建造井筒。我国 1955 年开始采用冻结法施工井筒，20 世纪 90 年代开始向城市地下工程中推广应用，北京、上海、广州、南京等地铁施工都应用了人工冻结技术，已经取得了良好效果。作为地下工程施工中的一种辅助方法，目前人工地层冻结技术已被广泛应用于隧道施工、地铁区间旁通道施工、盾构进出洞、隧道抢险及其他抢险工程中。

在国外，水平地层冻结与暗挖施工技术已广泛应用于复杂地层条件下的各种地下工程中。尤其是处理城市地下工程的局部施工问题，如地铁联络道、顶管和盾构的出入口、地下过街通道、过江隧道、地铁车站、地下库房、基坑围护以及铁路、水电和矿山隧道等。作为含水软土地层加固的特殊解决方案，实践证明地层冻结是目前最为可靠的施工方法之一。在我国，大部分经济发达城市所处地层松软含水，随着地铁等地下工程的迅速发展，水平地层冻结与暗挖施工技术的应用也将越来越广泛。

### 6.4.1 冻结法原理和特点

冻结法是利用人工制冷技术，在地下开挖体周围需加固的含水软弱地层中钻孔铺管，安装冻结器，然后利用制冷压缩机提供冷气，通过低温盐水在冻结器中循环，带走地层热量，使地层中的水结冰，将天然岩土变成冻土，形成完整性好、强度高、不透水的临时加固体，从而达到加固地层、隔绝地下水与地下工程联系的目的。然后，在冻结体的保护下进行竖井或隧道等地下工程的开挖施工，待衬砌支护完成后，冻结地层逐步解冻，最终恢复到原始状态。目前常用的人工制冷介质主要包括盐水、液氨以及干冰等。

与其他地下通道施工方法相比，地层冻结技术具有冻结加固的地层强度高、封水效果好、适应性强、安全性好、整体性好以及环保等特点。

### 6.4.2 软土地层冻结设计

#### 6.4.2.1 确定冻结类型和冻结方法

冻结法施工首先要确定施工类型，即在掌握详细的地质水文资料和总体设计资料的基础上，根据工程要求，进行技术和经济分析，选择合理的冻结类型。

冻结法可采用的类型主要有 3 种，即水平、垂直和倾斜。城市地下通道多位于建筑物或道路、桥梁之下，地面场地受到限制，而且通道多采用暗挖法施工，因此冻结类型以水平冻结为主。工作竖井出入口的施工，可采用垂直或倾斜冻结（图 6-10）。冻结类型确定后，就要选择合适的局部冻结方法，表 6-2 列出了几种典型的局部冻结方法。

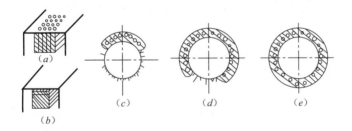

图 6-10 地下通道施工中常用的冻结类型

(*a*) 垂直冻结孔；(*b*) 水平冻结孔；(*c*) 顶部冻结；(*d*) 环形冻结；(*e*) 封闭式冻结

几种典型的局部冻结方式      表 6-2

| 方法 | 填充压气法 | 隔板法 | 填充盐水法 | 套管法 |
|---|---|---|---|---|
| 具体要求 | 压气要符合规范，否则会降低使用效果 | — | 结构和施工工艺简单，易实现 | — |
| 适用条件 | 下部冻结而上部不冻结的井筒 | | 下部冻结而上部不冻结的井筒 | 上、下部冻结，而中部不冻结的井筒 |

#### 6.4.2.2 冻结参数的设计

主要参数的设计包括冻结体平均温度、冻结厚度、冻结孔布孔间距、冻结时间、冷冻系统设计和冻结方式等。

1. 冻结体平均温度

由于冻结壁是一个不稳定的温度场，冻土边界可能随时变化，冻土结构物的温度状况决定冻结壁的强度性能。为了从整体上评估冻结壁的性能，在工程应用中常取沿冻结壁截面上的平均温度作为评估标准，一般取 $-7 \sim 10℃$。

2. 冻结厚度

冻结体作为临时支护，其厚度主要取决于地压大小和冻土强度。对于浅埋隧道，目前还没有可靠的冻结体厚度计算公式，但可借鉴矿山立井筒冻结壁厚度的计算方法。

立井井筒冻结体属于厚壁圆筒形垂直冻结壁，其冻结厚度一般在 $2 \sim 6m$ 之间。由于冻结体内温度分布的差异，冻土体也属于非均质和流变体。立井井筒冻结壁厚度的计算，目前尚无较为合理的流变理论公式，仍采用弹塑性理论计算。例如，对于埋深较浅（$<100m$）的立井，其冻结厚度设计计算公式和能量公式如下：

冻结厚度公式

$$l_{\mathrm{d}} = R_{\mathrm{n}} \left( \sqrt{\frac{[\sigma]}{[\sigma] - 2P}} - 1 \right) \tag{6-1}$$

能量公式

$$E_{\mathrm{d}} = R_{\mathrm{n}} \left[ \sqrt{\frac{[\sigma]}{[\sigma] - \sqrt{3}P}} - 1 \right] \tag{6-2}$$

式中，$R_{\mathrm{n}}$ 为冻结体内半径（m）；$[\sigma]$ 为冻土的容许应力（MPa）；$P$ 为地压压力（MPa）。

对于埋深更深的立井圆筒冻结壁，采用以弹塑性理论为基础的多姆克公式。

初选出冻结壁厚度后，需根据地压和冻结体强度的要求对冻结厚度进行验算，若冻结厚度达不到要求，则需要调整冻结参数，直到达到技术可靠、节省资金、工期最短的优化目标为止。

对于非圆形水平冻结体的厚度计算，则要把冻结体作为拱、梁等受弯结构体进行强度计算，其厚度一般在 $1.0 \sim 1.5m$ 之间。

3. 冻结孔布孔间距

在取得冻结体设计厚度的基础上进行冻结孔布置设计，确定冻结孔间距时需要考虑以下因素：

1）需要冻结的地层的地质水文情况；

2）设计冻结厚度和冻结体形状；

3）考虑钻孔偏斜度，控制终孔的孔间距。

立井冻结工程中，冻结孔开孔间距一般为 $1.0 \sim 1.3m$；隧道水平冻结，冻结孔开孔间距一般以 $0.5 \sim 1.0m$ 为宜。

4. 冻结时间

冻结时间是冻结孔交圈所需的时间，需要根据盐水温度和冻土扩展速度来确定。

5. 冷冻系统的设计

1）制冷系统

根据冻结管吸收的热量确定冷冻站需要提供的实际冷量选择冷冻机型。

2）盐水循环系统

盐水是将冷冻站提供的冷量传递给地层的冷媒剂。盐水循环系统设计需要根据冷冻机组实际制冷能力来确定盐水泵型号和盐水管路。

3）冷却水循环系统

冷却水循环作用是吸收压缩机排出的过热蒸汽所携带的热量，然后释放至大气中。冷却水由水泵驱动，通过热交换后进入冷却塔和冷却池冷却，补充新鲜水后，重新参与循环。

冻结方式有间接冻结和直接冻结两种，如图 6-11 所示。

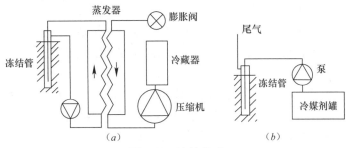

图 6-11　冻结方式
（a）间接冻结方式；（b）直接冻结方式

## 6.4.3　主要施工技术

冻结法在软土地层通道中的应用已积累了相当多的经验和研究成果。下面仅介绍浅埋地下通道冻结施工技术。冻结法施工技术的主要工序：钻孔→冻结器铺设→冷冻系统安装→冻结制冷→地下通道开挖和衬砌。

### 6.4.3.1　水平成孔

根据冻结设计，冻结孔分成垂直孔、水平孔和斜向孔。垂直孔的钻孔与一般地质钻孔相同，但钻孔精度要求较高，一般要求偏斜率小于 0.3%。水平冻结孔施工首先要根据冻结设计要求的冻结孔布孔直径、坐标位置和冻结孔间距进行布孔，选择合适的钻机、钻头和钻具组合，以及适合施工要求的泥浆循环系统。施工要点如下：

1. 钻机

浅埋隧道冻结孔大多在隧道内施工，施工场地和空间受到限制，要求钻机尺寸小、占用空间小，并且要求钻机操作方便、重量轻、移动灵活、扭矩和推力尽量大。目前，国内水平冻结孔施工多采用 20 世纪 70 年代技术制造的常规钻机，如煤科总院北京建井所在北京和上海地铁施工的两个冻结工程，采用的是常规的水平坑道钻机。

2. 钻头和钻具

冻结孔钻进一般采取跟管钻进，一边钻孔一边铺设冻结管，即采用将冻结管兼做钻杆的工艺方法，钻孔完毕后，钻杆留在钻孔内作为冻结管，这样可防止发生钻孔塌孔。

跟管钻进要求钻头和钻杆连接部位密封，确保在钻进过程中钻杆内的泥浆通畅，达到泥浆护壁的目的。待钻孔完成后，对钻杆进行加压试漏，测试合格后作为冻结管使用。

3. 泥浆循环系统

泥浆泵量和泵压均应根据钻孔穿越的地层情况和钻孔的倾斜情况适时进行调整，以达到控制钻孔偏斜、泥浆护壁、防止塌孔的目的。

4. 测斜

1）测斜的目的　计算钻孔偏斜率，根据钻孔偏斜情况及时处理。

2）测斜的内容　钻孔深度、钻孔倾角和方位。

3）测斜技术　冻结技术中常用的测斜技术有灯光测斜和陀螺测斜，当水平冻结长度较大（超过 30m）时，可采用压电陀螺测斜技术。

5. 钻孔偏斜控制

钻孔偏斜的原因很多，大致分两类：

1）客观原因，即地层软硬不均，倾角不同，地层中存在裂隙、空洞或薄弱带。

2）主观原因，即操作技术不正确、导向管安装不正、钻孔开孔角度设定不准确、钻压太大、泥浆质量不好等。

钻孔偏斜控制主要包括防偏和纠偏两个方面。水平冻结钻孔通过安设在孔口的导向装置和在钻孔过程中调整钻机位置、角度和钻孔工艺来控制钻孔偏斜。

### 6.4.3.2　冻结器的铺设

冻结器的铺设包括冻结管和供液管的下放和安装。冻结管一般用无缝钢管，通过焊接与螺纹连接。供液管一般采用聚乙烯塑料管或钢管。冻结器安装完毕后要进行打压试漏，以保证达到设计要求。冻结管有并联和串联两种方式，见图 6-12。

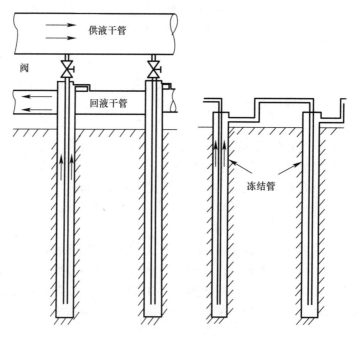

图 6-12　冻结管并联和串联冻结原理

### 6.4.3.3　冷冻系统安装

1. 冷冻站位置

在浅埋隧道冻结施工中，冷冻站设在地下或地面均可。冷冻站设在地下，由于靠近工作面，冷量损耗低，管路和保温工程量小，便于集中管理，而且噪声对地面环境影响小，但供电线路损耗较大。相反，冷冻站设在地面，如果冻结施工现场出现问题，则不便及时采取解决的措施。

2. 冷冻系统的安装和调试

冷冻系统安装包括冷冻机组、盐水与清水系统、供电与控制线路的安装等，通过冷冻系统的整体调试，使冷冻系统的各种设备达到正常运转所要求的指标。

**6.4.3.4 冻结制冷**

冻结制冷分积极冻结期和维护冻结期，在积极冻结期要保证冷冻系统按设计制冷量运转，在设计的冻结时间内使冻结孔周围的冻土实现交圈，形成完整的冻结体。隧道施工期间要进行维持冻结，根据隧道施工情况，调整维护冻结工艺参数，包括冻结间歇时间、盐水温度、盐水流量等。

冻结时，冻土结构不断扩大冻结圈半径，如图 6-13 所示。

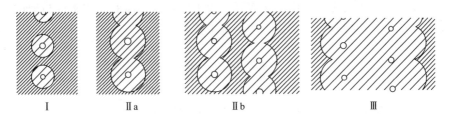

图 6-13　冻结结构不同的发展阶段

**6.4.3.5 隧道开挖和支护**

由于冻结技术独特的优越性，给浅埋隧道掘进和支护带来极大的安全和方便，可实现冻结施工和隧道施工的平行作业，而且不改变原有的隧道施工工艺。

1. 隧道开挖

隧道开挖采用隧道分层分段推进的工艺过程，隧道工作面在冻结体掩护下无水作业，开挖步距可增大至 1.5m，而且可减少核心土的范围，从而大大加快了施工进度。

2. 初期支护的结构形式

目前，在浅埋法隧道施工中往往采用复合式支护结构。初期支护结构形式：钢拱架＋钢筋网＋喷射混凝土。厚度在 200～300mm，混凝土标号为 C20。钢筋格栅与冻结体之间填充密实，不留空隙。

3. 初期支护的喷射混凝土强度特性

冻结体的表面温度一般为 0～5℃。通过改变混凝土配比，在混凝土的配料中掺加速凝剂和防冻剂，使喷射混凝土满足初期支护的强度要求。在冻结体广喷射混凝土，3d 强度即可达到 28d 强度的 66％以上，28d 强度可达到标准养护条件下的 85％以上。

**6.4.3.6 施工监测**

1. 冷冻系统监测

1）去回路盐水温差监测

根据去回路的盐水温差，可判断冻结体的发展情况。

2）去回路盐水流量监测

观察冻结系统盐水循环情况，应在去回路盐水干管、供液管处安装流量计。

2. 地层温度监测

冻结过程中应定时定人监测孔内不同位置的温度，根据测温结果，计算冻结峰面的发展位置，预测冻结体的扩展情况。

3. 地层变化监测

为了全面掌握水平冻结过程中隧道暗挖施工的地层变化情况，应在原有施工监测的基础上加密测点和观测次数，监测项目包括地面升降以及拱顶与拱脚变位。

## 6.5　本章小结

经过多年的不断改进和完善，暗挖法现已在城市地铁、市政工程、城市热力与电力管道、城市地下过街道等工程中得到了广泛应用，形成了一套完整施工技术，本章分析和总结了地下通道各种施工技术的优缺点，详细介绍了矿山法、浅埋暗挖法以及软土地层通道冻结法的主要工艺流程与主要工序。在实际工程中应结合具体的水文条件与地质条件以及城市的交通状况等，选择合适的暗挖方法与施工技术。

# 参 考 文 献

[1]　杭州市主城主要道路人行、非机动车过街设施规划. 杭州市规划局，2005.

[2]　卢刚. 隧道构造与施工 [M]. 成都：西南交通大学出版社，2010.

[3]　王梦恕. 地下工程浅埋暗挖施工技术通论 [M]. 合肥：安徽教育出版社，2004.

[4]　高谦，罗旭，吴顺川，等. 现代岩土施工技术 [M]. 北京：中国建材工业出版社，2006.

[5]　王志达. 城市人行地道浅埋暗挖施工技术及其环境效应研究 [D]. 杭州：浙江大学博士学位论文，2009.

[6]　周志峰. 杭州城区人行地道浅埋暗挖法施工工艺及监控技术研究 [D]. 杭州：浙江大学硕士学位论文，2008.

# 第7章　地下工程地下水控制技术

## 7.1　概述

随着城市地下空间开发利用的发展，高层建筑深基坑、地下商场、地下停车场、地下储藏库、地铁、隧道等地下工程日益增多，且规模和深度不断加大加深。地下工程的施工往往会遇到地下水，特别是沿海地区，地基处于深厚的海相沉积层上，分布深厚不等的松散沉积层，地下水比较丰富，地下水的作用会给工程带来危害。在土层或岩石中进行地下工程建设与水有着密切的联系，无论是设计还是施工或使用维护均考虑水的影响。因此防治水在地下建设工程中是十分重要的问题，也是地下工程、特别是隧道工程中的重大疑难问题之一。水的问题如果处理不好，不仅会给工程建设带来诸多困难，而且在使用过程中后患无穷，即给养修带来了麻烦，又影响到使用效果、安全及服务年限，有些渗漏水严重的地下工程不得不多次返修，甚至改建。

明挖基坑的降水成为很多工程重点解决的问题。基坑降水会对周围建筑物的基础产生负面影响，因此，基坑降水选用哪一种方法尤为重要，且降水法的布置、防护措施要满足要求，否则，降水过程中，可能发生意想不到工程事故，造成严重的不良后果。有些城市由于工程降水引起的地面沉降与地下水超采引起地面沉降叠加，加剧了沉降速度，导致了地面大面积的下降、开裂。如上海在"八五"期间市政工程建设及各种建筑施工时，统计发现 1991～1996 年间由施工引起的平均地面沉降量约 7.5mm，年均沉降约 1.3mm，占总沉降量的 13.2%。因此，在降水的设计中，不仅要考虑施工作业本身所要达到的要求，而且要考虑对周边环境的影响控制。

目前基坑地下水控制措施主要是从排降、阻隔和回灌三个方面对基坑开挖影响范围内的上层滞水、潜水、微承压水、承压水和裂隙水进行控制。地下水排降是指疏排和降水，即利用专用机具在基坑周边内外设置管、沟、井等设施及其组合，再利用抽水设备把地下水排到基坑以外，并将地下水降至基坑坑底以下一定深度，以保证基坑开挖和地下结构施工能在无水的环境下正常进行。地下水阻隔是指利用某些地基处理或支护方法在基坑侧壁四周或地下结构体周围形成封闭的防水帷幕，将地下水阻隔在基坑或地下结构体之外，保证基坑开挖和地下结构施工能在无水的环境下正常进行。地下水回灌是指在基坑外侧设置回灌井将坑内抽出的地下水进行回灌，使基坑周边建（构）筑物的沉降控制在允许范围内，避免降水对周围环境的破坏影响。

随着地下工程的增多，特别是大型地下工程越来越多，而且因电气化、自动化程度的提高，地下水的防治问题显得越来越突出。这就要求在工程的勘察、设计、施工和治理各个环节要考虑地下水的控制措施。根据工程所在地的工程地质、水文地质条件、施工技术水平、工程防水等级，材料来源、经济合理地选择适宜的措施进行防水和治水，使工程达到防水要求。

目前地下建筑物的防水技术按其构造主要分为两大类，即结构构件自身防水和采用不同材料的防水层防水。自身防水是指依靠建筑构件（顶、底板、墙体等）材料自身的密实性及构造措施（坡度、伸缩缝等）达到防水的目的；防水层防水是指另外附加由防水材料做的防水层（如在建筑构件的迎水面、背水面、接缝处等）。

## 7.2 地下工程降水设计与施工

### 7.2.1 地下工程降水设计

#### 7.2.1.1 水文地质参数确定

水文地质参数是表征含水介质水文地质性能的数量指标，是进行各种水文地质计算时不可缺少的数据。与工程降水有关的水文地质参数主要包括含水层的渗透系数、给水度和影响半径。采用的降水参数是否正确直接影响到降水方案的合理性和可靠程度，参数的选取可根据设计的不同阶段通过抽水试验来测求或采取经验值。

1. 水文地质参数经验值

**岩土层的渗透系数经验值** 表 7-1

| 岩性 | 渗透系数（m/d） | 岩性 | 渗透系数（m/d） |
|---|---|---|---|
| 黏土 | <0.005 | 细砂 | 6.0～10.0 |
| 粉质黏土 | 0.005～0.10 | 中砂 | 10.0～20.0 |
| 黏质粉土 | 0.10～0.25 | 粗砂 | 20.0～50.0 |
| 砂质粉土 | 0.25～0.50 | 砾砂 | 40.0～50.0 |
| 黄土 | 0.25～1.0 | 圆砾 | 50.0～100.0 |
| 粉砂 | 1.0～5.0 | 卵石 | 100.0～500.0 |
| 粉细砂 | 5.0～8.0 | 圆砾大漂石 | 500.0～1000.0 |

**岩土层的给水度经验值** 表 7-2

| 岩性 | 给水度 | 岩性 | 给水度 |
|---|---|---|---|
| 黏质粉土 | 0.04～0.07 | 中砂 | 0.20～0.25 |
| 砂质粉土 | 0.07～0.10 | 粗砂及砾石砂 | 0.25～0.35 |
| 粉砂 | 0.10～0.15 | 黏土胶结的砂岩 | 0.02～0.03 |
| 细砂 | 0.15～0.20 | 裂隙灰岩 | 0.008～0.10 |

**岩土层的影响半径经验值** 表 7-3

| 岩性 | 影响半径（m） | 岩性 | 影响半径（m） |
|---|---|---|---|
| 粉砂 | 25～50 | 砾砂 | 400～500 |
| 细砂 | 50～100 | 圆砾 | 500～600 |
| 中砂 | 100～200 | 砾石 | 600～1500 |
| 粗砂 | 300～400 | 卵石 | 1500～3000 |

2. 水文地质参数计算

1）岩土层渗透系数的计算

渗透系数计算的方法和公式很多，主要分为利用水位下降资料或利用水位恢复资料计算。利用水位下降资料计算又分为稳定流抽水试验和非稳定流抽水试验；根据地下水和井的类型进一步分为承压水和潜水、单孔和群孔、完整孔和非完整孔、有界和无界等。

（1）利用单孔抽水试验资料计算 $K$ 值

当 $Q$-$s$（或 $\Delta h^2$）关系曲线呈直线时，地下水运动为平面流，可采用下式计算 $K$ 值。

① 承压水完整孔

$$K = \frac{0.366Q}{MS_w} \lg \frac{R}{r_w} \tag{7-1}$$

② 承压水非完整孔

$$K = \frac{0.366Q}{MS_w} \left( \lg \frac{R}{r_w} + \frac{M-L}{l} \lg \frac{1.12M}{\pi r_w} \right) \tag{7-2}$$

上式适用于过滤器位于含水层上部或下部。

式中　$K$——含水层渗透系数（m/d）；

　　　$Q$——钻孔出水量（m³/d）；

　　　$M$——承压含水层厚度（m）；

　　　$S_w$——抽水孔水位降深（m）；

　　　$R$——含水层半径，即应用补给半径（m）；

　　　$r_w$——抽水孔的半径（m）。

（2）利用群孔抽水试验资料计算 $K$ 值

通过调整观测孔的位置，使得满足 $1.6M \leqslant r \leqslant 0.178R$，可采用下式计算 $K$ 值。

① 承压水完整孔

有一个观测孔时

$$K = \frac{0.366Q(\lg r_1 - \lg r_w)}{M(S_w - S_1)} \tag{7-3}$$

有两个观测孔时

$$K = \frac{0.366Q(\lg r_2 - \lg r_1)}{M(S_1 - S_2)} \tag{7-4}$$

② 潜水完整孔

有一个观测孔时

$$K = \frac{0.73Q(\lg r_1 - \lg r_w)}{(2H - S_w - S_1)(S_w - S_1)} \tag{7-5}$$

有两个观测孔时

$$K = \frac{0.73Q(\lg r_2 - \lg r_w)}{(2H - S_w - S_1)(S_1 - S_2)} \tag{7-6}$$

式中　$S_1$、$S_2$——1、2 号观测孔的水位降深（m）；

　　　$r_1$、$r_2$——1、2 号观测孔距抽水孔的水平距离（m）；

　　　$H$——天然情况下潜水含水层厚度（m）；

其余同上。

2）岩土层给水度的计算

给水度是指单位面积的潜水含水层柱体中，当潜水水位降低一个单位深度时，所排出的重力水的体积。潜水含水层的给水度，可利用单孔非稳定流抽水试验观测孔的水位下降资料计算确定。目前主要采用纽曼公式计算潜水含水层给水度，纽曼公式又分为双对数法和半对数法。

　　3) 岩土层影响半径的计算

　　(1) 稳定流抽水计算岩土层影响半径

　　① 潜水 1 个观测孔

$$\lg R = \frac{S_w(2H_0 - S_w)\lg r_1 - S_1(2H_0 - S_1)\lg r_w}{(2H_0 - S_w - S_1)(S_w - S_1)} \tag{7-7}$$

　　② 潜水 2 个观测孔

$$\lg R = \frac{S_1(2H_0 - S_1)\lg r_2 - S_2(2H_0 - S_2)\lg r_1}{(2H_0 - S_1 - S_2)(S_1 - S_2)} \tag{7-8}$$

　　③ 承压水 1 个观测孔

$$\lg R = \frac{S_w \lg r_1 - S_1 \lg r_w}{S_w - S_1} \tag{7-9}$$

　　④ 承压水 2 个观测孔

$$\lg R = \frac{S_1 \lg r_2 - S_2 \lg r_1}{S_1 - S_2} \tag{7-10}$$

式中　$R$——影响半径（m）；

　　　$r_w$——井过滤器半径（m）；

　　　$H_0$——潜水含水层厚度（m）。

　　　$s_w$——抽水井井内水位降深（m），当井水位降深小于 10m 时，取 10m；

　$S_1$、$S_2$——观测孔内之水位降深（m）；

　$r_1$、$r_2$——抽水井至观测孔之距离（m）。

　　(2) 缺少试验资料时，可按下列公式计算并结合当地经验值取值：

　　① 潜水含水层

$$R = 2S_0 \sqrt{kH_0} \tag{7-11}$$

　　② 承压含水层

$$R = 10S_0 \sqrt{k} \tag{7-12}$$

式中　$R$——影响半径（m）；

　　　$S_0$——井水位设计降深（m）；

　　　$k$——含水层的渗透系数（m/d）；

　　　$H_0$——潜水含水层厚度（m）。

### 7.2.1.2　轻型井点降水设计

　　1. 轻型井点降水适用范围及特点

　　1) 适用范围

　　当含水层的渗透系数为 2～50m/d、需要降低水位高度在 4～8m 时，可选用轻型井点，如降深要求大于 4.5m 时，可选用二级或多级轻型井点。

　　2) 轻型井点降水施工特点

　　(1) 机具设备简单、易于操作、便于管理。

（2）可减少基坑开挖边坡坡率，降低基坑开挖土方量。

（3）开挖好的基坑施工环境好，各项工序施工方便，大大提高了基坑施工效率。

（4）开挖好的基坑内无水，相应地提高了基底的承载力。

（5）在软土路基，地下水较为丰富的地段应用，有明显的施工效果。

2. 轻型井点降水原理

轻型井点降水是按设计沿基坑四周每隔一定间距布设井点管，一般井点管距离基坑边
0.8～1.0m，井点管底部设置滤水管插入透水层，上部接软管与集水总管进行连接，集水
总管一般为 $\phi150$ 钢管，周身设置与井点管间距相同的吸水管口，一般为 $\phi40$ 软管。启动
真空泵后，在井点管、集水总管以及储水箱内形成一定真空度，管路系统外部地下水受大
气压力的作用，由高压区向低压区方向流动，地下水被压入井点管，经集水总管流至储水
箱，然后被水泵抽走或自流，从而达到降低基坑四周地下水位的效果，保证了基底的干燥
无水。

目前，抽水装置产生的真空度不可能达到绝对真空（0.1MPa），一般吸水高度可按下
式计算：

$$H = \frac{H_c}{0.1\text{MPa}} \times 10.3 - \Delta h \tag{7-13}$$

式中　$H_c$——抽水装置产生的真空度（MPa）；

　　　$\Delta h$——管路水头损失（一般取 0.3～0.5m）；

　0.1MPa——为绝对真空度，相当于一个大气压（换算水柱高为10.3m）。

轻型井点系统是由井点管、连接管、集水总管、抽水泵、真空泵和储水箱等组成，如
图 7-1 和图 7-2 所示。

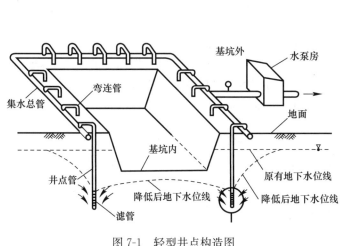

图 7-1　轻型井点构造图

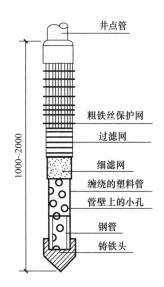

图 7-2　轻型井点滤管构造图

3. 轻型井点的设计计算

1) 井点的平面布置

根据基坑（槽）形状，轻型井点可采用单排布置（图 7-3a）、双排布置（图 7-3b）、环

形布置（图 7-3c），当土方施工机械需进出基坑时，也可采用 U 形布置（图 7-3d）。

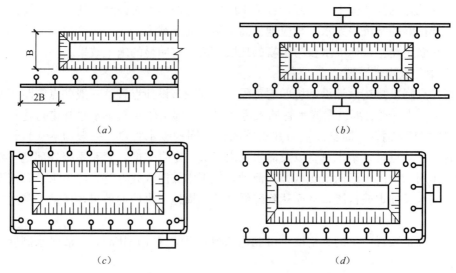

图 7-3　轻型井点的平面布置类型

单排布置适用于基坑、槽宽度小于 6m，且降水深度不超过 5m 的情况，井点管应布置在地下水的上游一侧，两端的延伸长度不宜小于坑槽的宽度。坑槽两端部宜加密井点间距，以利降深。

双排布置适用于基坑宽度大于 6m 或土质不良的情况。

环形布置适用于大面积基坑，当环形井点系统的宽度大于 40m 是应在基坑中央加设一排井点；当环圈总长度超过 100～200m 时，须布设 2 套泵吸系统。

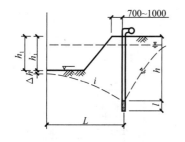

图 7-4　轻型井点的立面布置示意图

如 U 形布置，应将两侧井点适当延长，延长部分长度为 $B/2$，且井点管不封闭的一段应在地下水的下游方向。

2）井点的立面布置

井点立面布置系确定井点管埋深，即滤管上口至总管埋设面的距离，可按下式计算（图 7-4）：

$$h \geqslant h_1 + \Delta h + iL \tag{7-14}$$

式中　$h$——井点管埋深（m）；

　　$h_1$——总管埋设面至基底的距离（m）；

　　$\Delta h$——降深（m），一般 $\Delta h = 0.5 \sim 1.0m$；

　　$i$——水力坡度，单排井点，$i = 1/3 \sim 1/5$，双排或环形井点 $i = 1/10$；

　　$L$——井点管至水井中心的水平距离（m），当井点管为单排布置时，$L$ 为井点管至对边坡角的水平距离（m）。

3）井点的设计计算

（1）基坑降水井群等效半径 $r_0$

① 井点按不规则近似圆状布置

$$r_0 = 0.565 \sqrt{F} \tag{7-15}$$

242

式中，$F$ 为基坑面积（$m^2$）；

② 井点按不规则多边形布置

$$r_0 = \sqrt[n]{r_1 r_2 \cdots r_n} \tag{7-16}$$

式中，$r_1$、$r_2 \cdots r_n$ 为各井点中心至多边形中心点的距离（m），$n$ 为井点数。

（2）井点系统的影响半径 $R_0$

$$R_0 = R + r_0 \tag{7-17}$$

（3）设计降深 $S$

$$S_0 = (H_d - d_w) + S_w \tag{7-18}$$

式中　$S_0$——基坑中心处地下水位降深（m）；

　　$H_d$——基坑开挖深度（m）；

　　$d_w$——地下水静止水位埋深（m）；

　　$S_w$——基坑中心处降落后的水位与基坑设计开挖面的距离（m）；

（4）基坑总出水量 $Q$

①大井法计算承压水完整井：

$$Q = 2\pi k \frac{MS_0}{\ln(1 + R/r_0)} \tag{7-19}$$

式中　$M$——承压含水层厚度（m）；

　　$S_0$——基坑中心处地下水位降深（m）；

　　$R$——降水影响半径（m）；

　　$r_0$——基坑降水井群等效半径（m）。

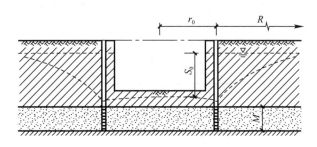

图 7-5　承压水完整井基坑涌水量计算简图

② 大井法计算承压水非完整井：

$$Q = 2\pi k \frac{MS_0}{\ln(1 + R/r_0) + (M/l - 1)\ln(1 + 0.2M/r_0)} \tag{7-20}$$

式中　$l$——过滤管有效进水段长度（m）。

③ 大井法计算潜水完整井：

$$Q = \pi k \frac{(2H_0 - S_0)S_0}{\ln(1 + R/r_0)} \tag{7-21}$$

式中　$H_0$——潜水含水层厚度（m）。

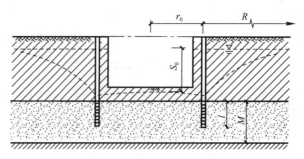

图 7-6　承压水非完整井基坑涌水量计算简图

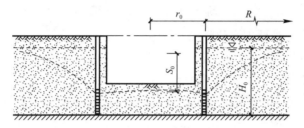

图 7-7　潜水完整井基坑涌水量计算简图

④ 大井法计算潜水非完整井：

$$Q = \pi k \frac{H_0^2 - h_m^2}{\ln(1 + R/r_0) + (h_m/l - 1)\ln(1 + 0.2h_m/r_0)} \quad (7\text{-}22)$$

$$h_m = 0.5(H_0 + h) \quad (7\text{-}23)$$

式中　$h$——基坑动水位至潜水含水层底面的深度（m）。

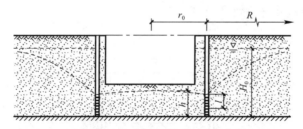

图 7-8　潜水非完整井基坑涌水量计算简图

⑤ 大井法计算潜水-承压非完整井：

$$Q = \pi k \frac{(2H_0 - M)M - h^2}{\ln(1 + R/r_0)} \quad (7\text{-}24)$$

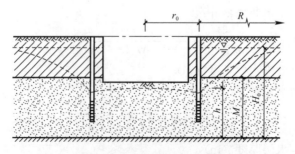

图 7-9　承压-潜水非完整井基坑涌水量计算简图

**244**

（5）单井出水能力计算

$$q_0 = 120\pi r_w l \sqrt[3]{k} \tag{7-25}$$

（6）井点数量的确定

$$n = 1.1Q/q_0 \tag{7-26}$$

（7）降水井深度 $H_w$

$$H_w = H_d + S_w + 0.1r_0 + l + \Delta S + l_s \tag{7-27}$$

式中　$H_d$——基坑深度（m）；

　　　$r_0$——基坑降水井群等效半径（m）；

　　　$S_w$——基坑中心处降落后的水位与基坑设计开挖面的距离（m）；

　　　$l$——过滤管有效进水段长度（m）；

　　　$\Delta S$——基坑降水期间的地下水位变幅（m）；

　　　$l_s$——沉砂管长度（m）。

（8）井点间距 $a$

$$a = L/n \tag{7-28}$$

式中　$L$——沿基坑周边布置降水井的长度（m）；

井点间距除根据上述计算结果外，井点间距应大于 15 倍的井点管直径，且应参考地区经验值，如上海轻型井点间距为 0.8～1.2m，北京轻型井点间距为 0.8～2.0m。

4. 井点管路系统设计

1）井点管设计

（1）井点管直径设计

$$D_w = 2\sqrt{q_s/(\pi v)} \tag{7-29}$$

式中　$q_s$——单井抽水量（m³/h）；

　　　$v$——允许流速（一般为 0.3～0.5m/s）。

目前国内轻型井点采用管径 $\phi$38mm、$\phi$50mm 为常见；弱透水层也可能为 $\phi$25mm。

（2）井点过滤器设计

当滤孔按正三角形排列时，滤孔间距 $a$ 与孔隙率 $n$ 和滤水孔直径 $d$ 之间的关系为：

$$a = 0.95d/\sqrt{n} \tag{7-30}$$

滤孔间距一般为（2.5～3.5）$d$；

孔隙率 $n$ 一般取 15%～25%。

滤网孔隙 $d_c$ 和滤料粒直径 $D_{50}$ 分别应满足：

$$d_c < 2d_{50} \tag{7-31}$$

$$D_{50} = 6 \sim 7d_{50} \tag{7-32}$$

式中　$d_{50}$——含水层颗粒组成中过筛质量累计为 50% 时的最大颗粒直径；

　　　$D_{50}$——滤料颗粒组成中过筛质量累计为 50% 时的最大颗粒直径。

2）总管与连接管设计

（1）总管设计

$$D_z = 2\beta\sqrt{Q_z/\pi v} \tag{7-33}$$

式中 $v$——允许流速（一般为 0.5～2m/s）；

　　$\beta$——沉淀系数，1.2～1.5；

　　$Q_z$——总管抽水量（$m^3/h$）。

轻型井点总管直径一般为 $\phi100mm～\phi150mm$。

（2）连接管

井点管是指井点管与总管之间的连接，常见的连接形式有：钢管连接和胶管连接。

5. 轻型井点主要设备的选择

一般水泵的流量、扬程和吸程根据基坑涌水量、含水层渗透系数、井点管设计数量与间距、降水深度及水泵需用功率等综合数据来选择。

目前，常用的轻型井点降水设备种类有：真空泵式、射流泵式、隔膜泵式和空压机式四种类型。

真空泵式抽水设备系统主要由真空泵、离心水泵和水气分离器等组成。常见的真空泵式抽水泵系统见表 7-4。

真空泵型轻型井点降水系统设备规格和技术性能　　　　表 7-4

| 设备名称 | 规格与技术性能 | 数量 | 备注 |
| --- | --- | --- | --- |
| 往复式真空泵 | V5（W8）型或 V6 型，抽气速率 $4.4m^3/min$，抽吸真空度 100kPa，电动机功率 5.5kW，转速 1450 转/min | 1 台 | 造成真空抽吸地下水 |
| 离心式水泵 | B 型或 BA 型，抽气速率 $20m^3/h$，扬程 25m，抽吸真空度 70kPa，电动机功率 2.8kW，转速 2900 转/min | 2 台 | 抽吸地下水，备用一台 |
| 水泵机组配件 | 井点管 100 根，集水总管直径 75～100mm，每节长 1.6～4.0m，每套 29 节，接头弯管 100 根；机组外形尺寸 2600mm× 1300mm×1600mm，机组重 1500kg | 1 套 | 地下水位降深为 55.5～6.5m |

### 7.2.1.3　喷射井点降水设计

1. 喷射井点降水适用范围及特点

1）适用范围

喷射井点降水法主要适用于渗透系数较小（0.1～20m/d）的含水层和降水深度较大（8～20m）的降水工程。

2）喷射井点降水施工特点

本方法设备较简单，排水深度大，单由于井点管为双层管，喷射器设在井孔底部，有二根总管与各井管相连，地面管网敷设复杂，工作效率低，维护成本高。

2. 喷射井点降水原理

喷射井点降水是在井点管内部装设特制的喷射器，用高压水泵或空气压缩机通过井点管中的内管（供水管）向喷射器输入高压水（喷水井点）或压缩空气（喷气井点），由于喷射嘴截面突然减小，喷射水流加快（一般流速达 30m/s 以上），高速水（气）射流喷射后，在水柱周围形成负压，从而将地下水和土中的空气吸入并带入混合室。此时吸入的地下水流速得以加快，而工作水流流速逐渐变缓，二者在混合室末端流速基本混合均匀。混合均匀后的水流射向扩散管，扩散管截面是逐渐扩大的，其目的是减少摩擦损失。当喷嘴不断喷射水流时，推动着混合水流沿内管不断上升，由井点进入回水总管至循环水箱。部分水作为循环用水，多余部分溢流出场地外，如此循环以达到降水的目的。

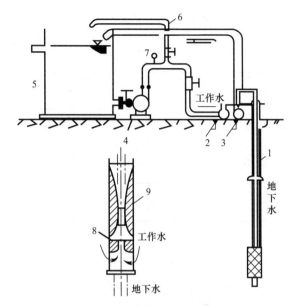

图 7-10　喷射井点降水示意图

1—井点管；2—供水总管；3—排水总管；4—高压水系；5—循环水箱；

6—调压水管；7—压力表；8—喷嘴；9—混合室

3. 喷射井点的设计计算

1）井点的平面布置

（1）根据基坑平面形状与大小、土质和地下水的流向、降低水位深度而定。

（2）当基坑宽度小于 6m，可采用单排线型布置。

（3）基坑面积较大时，宜采用环形布置。

（4）井点间距一般为 3～5m。井点管距坑壁不小于 1.5～2m。

（5）井点深度应视降水深度而定，一般应低于基坑底下 3～5m。

2）井点的设计计算

喷射井点的涌水量计算及确定井点管数量和间距、抽水设备等都与轻型井点相同。因喷射井点降水深度较大，单级可提升地面以下 30m 深度范围的地下水，一般只需单级降水即可。每套井点的总管数应控制在 30 根左右为宜。

4. 喷射器的设计计算

（1）工作水压力与扬程压力的关系

$$P = P_0/\alpha \tag{7-34}$$

式中　$P$——水泵工作水压力（m）；

$P_0$——扬程高度，即水箱至井管顶部的总高度（m）；

$\alpha$——压力系数，取经验值 0.2～0.4。

（2）工作水压力与真空度的关系

喷射井点所形成的真空度表示其吸水能力的大小。真空度越高对土中造成真空帷幕越有利，但不能片面追求过高的真空度，否则会加剧喷嘴、水泵叶轮的磨损。常用喷射泵工作水压力与真空度间的关系见表 7-5。从表 7-5 可以看出，当工作水压力达到一定值时，真空度急剧增加，再增加工作水压力时，真空度增加甚微，所以选择合理的工作水压力尤为重要。

| 工作水压力 (kPa) | 喷射井点真空度 (kPa) | | |
|---|---|---|---|
| | 2.5 型 | 4 型 | 6 型 |
| 98.0 | 54.5 | 21.3 | 16.9 |
| 196.0 | 86.5 | 39.9 | 42.8 |
| 294.0 | 87.9 | 88.3 | 90.2 |
| 392.0 | 88.7 | 88.3 | 90.2 |
| 490.0 | 89.2 | 87.9 | 90.2 |
| 588.0 | 88.7 | 88.3 | 90.2 |
| 686.0 | 89.1 | 87.2 | 90.2 |
| 784.0 | 92.4 | 88.8 | 90.2 |

（3）喷嘴直径计算

$$d = \sqrt{\frac{4Q}{\pi\mu\sqrt{2gP}}} \tag{7-35}$$

式中　$Q$——注入喷射器的工作水流量（m³/s）；

　　　$P$——工作水压力（m）；

　　　$\mu$——引射系数，取 0.98；

　　　$g$——重力加速度，取 9.8m/s²。

（4）混合室直径计算

$$D = \sqrt{\frac{Q_d}{\varphi Q} + 1} \tag{7-36}$$

$$\varphi = v_h / v_p \tag{7-37}$$

式中　$Q_d$——地下水吸水量（m³/s）；

　　　$Q$——注入喷射器的工作水流量（m³/s）；

　　　$\varphi$——流速系数；

　　　$v_p$——喷嘴出口处流速（m/s）；

　　　$v_h$——工作水引射地下水后在混合室末端均匀水流流速（m/s）。

（5）混合室长度计算

$$L = 6D \tag{7-38}$$

5. 喷射井点主要设备的选择

目前国内喷射井点的类型和技术性能如表 7-6 所示。喷射井点的实际设计过程中，根据场地的水文地质条件和降水要求选择合适的喷射井点类型是关键。当含水层渗透系数为 0.1~5.0m/d 时可选 1.5 型或 2.5 型喷射井点；当含水层渗透系数为 8.0~10.0m/d 时可选 4.0 型或 2.5 型喷射井点；当含水层渗透系数为 20~50m/d 时可选 1.5 型或 6.0 型喷射井点。

**喷射井点类型及其技术性能　　　表 7-6**

| 型号 | 安装形式 | 外管直径 (mm) | 内管直径 (mm) | 喷嘴直径 (mm) | 混合室直径 (mm) | 工作水压力 (kPa) | 工作水流量 (m³/h) | 吸入水流量 (m³/h) |
|---|---|---|---|---|---|---|---|---|
| 1.5 型 | 并列式 | 38 | | 7 | 14 | 588~784 | 4.5~6.8 | 4.0~5.8 |

| 型号 | 安装形式 | 外管直径<br>（mm） | 内管直径<br>（mm） | 喷嘴直径<br>（mm） | 混合室直径<br>（mm） | 工作水压力<br>（kPa） | 工作水流量<br>（m³/h） | 吸入水流量<br>（m³/h） |
|---|---|---|---|---|---|---|---|---|
| 2.5型 | 同心式 | 68 | 38 | 6.5 | 14 | 588～784 | 4.0～6.0 | 4.30～5.8 |
| 4.0型 | 同心式 | 100 | 68 | 10 | 20 | 588～784 | 9.6 | 10.8～16.2 |
| 6.0型 | 同心式 | 152 | 100 | 19 | 40 | 588～784 | 30 | 25～30 |

#### 7.2.1.4 电渗井点降水设计

**1. 电渗井点降水适用范围及特点**

在渗透系数小于 0.1m/d 饱和黏土中，特别是淤泥和淤泥质黏土中，由于土的透水性较差，持水性较强。用一般喷射井点和轻型井点降水效果较差，此时宜增加电渗井点来配合轻型或喷射井点降水，以便对透水性较差的土起疏干作用，使水排出。

**2. 电渗井点降水原理**

电渗井点排水是利用井点管（轻型或喷射井点管）本身作为阴极，沿基坑外围布置，以钢管（φ50～75mm）或钢筋（φ25mm 以上）作阳极，垂直埋设在井点内侧，阴阳极分别用电线连接成通路，并对阳极施加强直流电电流。应用电压比降使带负电的土粒向阳极移动（即电泳作用），带正电荷的孔隙水则向阴极方向集中产生电渗现象。在电渗与真空的双重作用下，强制黏土中的水在井点管附近积集，由井点管快速排出，使井点管连续抽水，地下水位逐渐降低。而电极间的土层，则形成电帷幕，由于电场作用，从而阻止地下水从四面流入坑内。

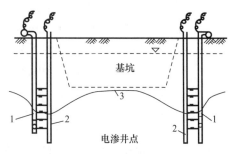

图 7-11 电渗井点降水示意图

1—井点管；2—金属棒；3—地下水降落曲线

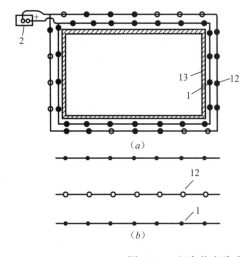

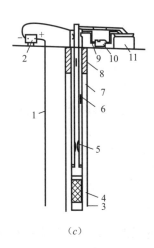

图 7-12 电渗井点降水系统示意图

(a) 基坑外侧阳、阴极比为 1∶1 布置；(b) 阳、阴比为 2∶1 布置；(c) 阳、阴极剖面结构

1—阳极金属棒；2—直流电源；3—沉淀管；4—过滤器；5—喷射器；6—井管内管；7—井管外管；
8—封口黏土；9—进水管；10—高压水泵；11—水箱；12—抽水井点；13—支护工程

3. 电渗井点降水的设计计算

电渗井点降水系统设计包括井点抽水装置及电渗系统装置的设计，井点抽水装置设计与前述轻型井点和喷射井点相同。

电渗系统装置设计主要包括：导电体（埋入土中的角钢、钢管、钢棒等）的平面布置、埋深、用电功率、导线截面以及其他设备等的设计。

1）电极间距的计算

井点管（阴极）和阳极的布置一般采用对称平行布置或错开 2 种布置形式。电极列是指井点管（阴极）和阳极的距离，可按下式计算：

$$L = \frac{U \cdot 100}{I\rho\varphi} \tag{7-39}$$

式中　$L$——电极列间距（m）；

$U$——工作电压，一般为 40～110（V）；

$I$——在电极有效深度内被疏干土体单位面积上的电流，一般为 1～2（A/m²）；

$\rho$——土的比电阻（$\Omega \cdot cm$），宜根据实际土层测定；

$\varphi$——与电极布置有关的系数；若同列中电极间距小于电极列间距时，$\varphi$ 取 2；若同列中电极间距小于电极列间距时，$\varphi$ 取 3。

2）阳极极限电流的计算

$$I_0 = k \frac{\sqrt{\lambda \times 10^3}}{1 - \lg r_0} \tag{7-40}$$

式中　$I_0$——单位电极长度上的电流值（A）；

$\lambda$——土的导电率（$\Omega \cdot cm$）；

$r_0$——电极半径（cm）；

$k$——系数，一般取 1.6（A/m）。

3）电渗功率的计算

$$N = \frac{U \cdot I \cdot F}{1000} \tag{7-41}$$

$$F = L_0 h \tag{7-42}$$

式中　$N$——设备功率（kW）；

$U$——工作电压，取 40～60（V）；

$F$——电渗幕面积，在电极列平面内被疏干土体的断面面积（m²）；

$L_0$——井点系统周长（m）；

$h$——阳极有效深度（m）。

4）阳极埋深的设计

由于阳极处水位降深比井点管处稍深，一般将阳极埋深大于井点管 1.0m。

5）导线的设计

导线的长度为井点管和阳极布置周长。

导线的截面积按一般电力设计计算，导线材质宜选用导电良好的铜铝线。

6）电渗井点降水主要设备的选择

（1）阴极

利用轻型井点或喷射井点管本身作为阴极。

（2）阳极

采用 $\phi 50 \sim 70 mm$ 的钢管或 $\phi 20 \sim 25 mm$ 的钢筋或铝棒，埋设在井点管内侧 $1.2 \sim 1.5 m$ 处成平行交错排列。

### 7.2.1.5　自渗井点降水设计

1. 自渗井点降水适用范围及特点

1）适用范围

采用自渗井降水，需要具备下列自然降水条件：

（1）下部含水层水位低于上部含水层水位，并低于基坑施工要求降低的地下水位；

（2）下部含水层的吸水能力大于上部含水层的泄水量；

（3）上部含水层无污染。

如果上、下水位差较大，下部含水层渗透性较好、厚度较大、埋深适宜，沟通上下含水层以后，混合水位能够满足降水设计要求，而上部含水层以黏质粉土为主，则可采用全充料式自渗降水小井（$\phi < 300 mm$）；如果上部含水层是砂类土，则可采用全充料式自渗降水大井（$\phi > 300 mm$）。

如果上下水位差较小，沟通上下含水层后，混合水位满足不了降水设计水位要求时，则应适当增加布设抽水井，抽取下层水，以加大上下水位差。

2）自渗井点施工特点

（1）施工工序简单　采用自渗井点施工中只有冲孔、填料、封孔三道工序。

（2）节省费用　节省了井点管、管汇及抽水设备的投资费用。

（3）施工工期短　减少了井点管下管、洗井、管汇及泵的安装、抽水、拔管等工序，同时施工时间和故障率相应减少。

（4）占用场地空间小　由于充填料自渗井只有滤料，不影响基坑开挖，因此可在基坑开挖范围内布孔，加快降水速度、降水深度大、节省工期。

2. 自渗井点降水原理

自渗井点降水是利用上下含水层天然水头差，在基坑内（或周围）布设若干渗井（或管井）通过渗井将上部含水层的地下水疏导入下部含水层，以降低基坑内地下水位。必要时可配合其他井点共同作用使地下水位达到设计要求。采用此方法必须准确掌握水文地质条件，而且在工程结束后应及时止水封闭两含水层的通道，避免引起环境水文地质条件改变。

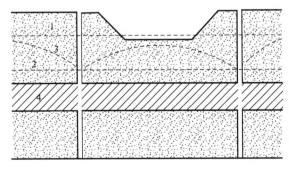

图 7-13　自渗井点降水原理图

1—上部含水层静止水位；2—下部含水层静止水位；3—降水后动水位；4—隔水层

3. 自渗井点降水的设计计算

1）井点的设计计算

（1）基坑总渗水量 $Q$

大井法计算潜水完整井：

$$Q = \pi k \frac{(2H_0 - S_0)S_0}{\ln(1 + R/r_0)} \qquad (7\text{-}43)$$

（2）单井自渗地下水能力计算

$$q_0 = 2\alpha \pi r_w \sum k_i l_i \qquad (7\text{-}44)$$

式中　$q_0$——单井自渗水量（$m^3/d$）；

　　　$d_w$——自渗井点直径（m）；

　　　$l$——过滤器淹没段长度（m）；

　　　$\alpha$——与含水层渗透性相关的经验系数，一般取 $0.2\sim0.5$。

（3）自渗井点数量的确定

$$n = 1.1Q/q_0 \qquad (7\text{-}45)$$

（4）自渗井间距的确定

$$a = L/n \qquad (7\text{-}46)$$

（5）引渗层抬高地下水位值计算

$$\Delta h = \frac{Q_y(\lg R_y - \lg r_w)}{2.73 K_y M_y} \qquad (7\text{-}47)$$

式中　$Q_y$——引渗地下水总量（m）；

　　　$r_w$——自渗井半径（m）；

　　　$K_y$——引渗层渗透系数（m/d）；

　　　$M_y$——引渗含水层厚度（m）。

（6）井点间距 $a$

$$a = L/n \qquad (7\text{-}48)$$

### 7.2.1.6　辐射井点降水设计

1. 辐射井点降水适用范围及特点

1）适用范围

（1）可适用于解决粉土、粉砂、细砂等细颗粒含水层以及中粗砂层、砂砾石层、卵石层的降水问题；

（2）在含水层分层较多且含水层较薄的地层，管井开发一般水量不大，辐射井出水量是管井的 $8\sim10$ 倍；

（3）传统的基础工程降水是用管井、轻型井点等方法，但是一遇到大型基础工程降水，或地层中存在上层滞水层，或跨越铁路、高速公路、繁华市区、群房施工地下管线需要降水时，传统的降水方法就很困难了，而用辐射井降水便可解决。

2）辐射井点施工特点

（1）出水量大。辐射井是将进水滤管水平方向伸入含水层中，显然，水平滤管使辐射井进水断面增大，即会增大出水量，扩大降水范围。能在极薄的含水层中打进数根辐射管，影响范围大，与相同深度的管井比较，一般相当于 $8\sim10$ 个管井的出水量。

（2）占用施工场地较小。边长小于100m的深基坑，一般只在四个角上，各设一个竖井，即可以满足整个基坑的降水要求，任何地面障碍物一般都不影响其工程布置，地铁在城内暗挖施工，由于地面建筑甚多，难以布置降水井，所以辐射井成为重要的布井选择方案。

（3）随着设备和工艺方法的改进，垂直大井可采用机械施工，成井效率大大提高。水平辐射井钻机长度可缩小至2～3m，放置于竖井施工平台上具备了很大的灵活性，任何降水效果不好的地方，均可重新布设水平井和斜井，可保证降水效果达到设计要求。

（4）井的寿命长。地下水进入辐射管比进入管井滤水管渗径短，水跃值小，不易淤堵。另外，辐射管安装采用的是高压水冲，而不是泥浆护壁钻进，含水层的原有渗透性未受泥浆的扰动影响。轻型井点法的寿命不长，而且需要长期安泵抽水，运行费用较高，辐射井技术便不存在此类问题。随着运行时间的增加，滤水管周围的泥质和粉粒被排走逐渐形成以滤水管为中心，厚约50cm的天然反滤层，使得辐射井的出水量随着时间的增加而不会衰减，而且还会有增加的趋势。

（5）管理方便，运行费用低。辐射井降水施工费用比管井降水施工费用约高14％，但辐射井降水维护费用比管井降水维护费用约低30％，如考虑，减少地面拆迁占地费用，减少管线费用，辐射井综合成本将是较低的。

2. 辐射井点降水原理

辐射井由一口大直径的钢筋混凝土管竖井和自竖井内的任一高程水平方向向含水层打进具有一定长度的多层、数根至数十根水平辐射管组成。其作用是使地下水沿辐射管汇集至竖井内。竖井是辐射管施工、集水和安装抽水泵将水排至井外的场所。

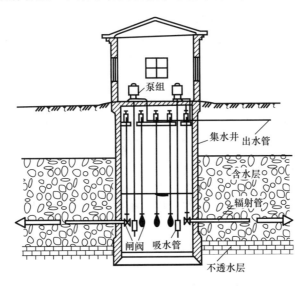

图 7-14　辐射井构造示意图

3. 辐射井点降水的设计计算

1）井点的设计计算

（1）基坑总排水量 $Q$

$$Q = \pi k \frac{(2H_0 - S_0)S_0}{\ln(1 + R/r_0)} \tag{7-49}$$

$$R = 10S_0 \sqrt{K} \qquad (7\text{-}50)$$

式中　$Q$——基坑总排水量（$m^3/d$）；

　　　$R$——降深为 $S_0$ 时基坑等效大口井的影响半径（m）；

　　　$r_0$——大口井的等效半径（m）；

　　　$k$——含水层综合渗透系数（m/d）；

　　　$H_0$——地下水面至不透水层顶面距离（m）。

（2）辐射单井出水量计算

$$q_0 = \pi k \frac{(2H_0 - S_0)S_0}{\ln(1 + R_f/r_f)} \qquad (7\text{-}51)$$

① 等长辐射管

$$r_f = 0.25^{\frac{1}{n}} L \qquad (7\text{-}52)$$

② 不等长辐射管

$$r_f = \frac{2\sum L_i}{3n} \qquad (7\text{-}53)$$

$$R_f = 10S_0 \sqrt{K} + L \qquad (7\text{-}54)$$

式中　$q_0$——辐射单井自出水量（$m^3/d$）；

　　　$H_0$——含水层厚度（m）；

　　　$S_0$——井壁外侧水位降深值（m）；

　　　$R_f$——降深为 $S_0$ 时辐射单井的影响半径（m）；

　　　$r_f$——大口井的等效半径（m）；

　　　$h_r$——动水位以下潜水含水层厚度（m）；

　　　$n$——单井水平辐射管的数量；

　　　$L$——水平辐射管长度（m）。

（3）辐射井点数量的确定

$$n = Q/\alpha q_0 \qquad (7\text{-}55)$$

式中　$n$——辐射井点数量；

　　　$\alpha$——干扰系数，一般为 $0.3\sim0.5$。

（4）水平辐射管的布置

辐射井的个数取决于水平辐射管的长度，根据施工经验辐射管的长度一般为 $50\sim 80m$，辐射井间距为 $100\sim160m$。

4. 辐射井点结构及其主要材料的选择

1）竖井结构及材料

竖井一般采用钢筋混凝土浇筑，外径可达到 3.0m 以上，厚度一般为 0.5m 左右，可采用沉井施工工艺。井深比基坑坑底深 $2\sim3m$。在浇筑竖井时，在井壁预埋辐射管穿墙套管，其直径比辐射管直径大 $50\sim100mm$。

2）水平辐射管结构及材料

辐射管多采用钢管，当采用套管法或水平钻机施工时，也可采用铸铁管、PVC 管或塑料管等。

采用人工锤打法施工时，可采用加厚的焊接钢管，其直径为 $50\sim75mm$，管长一般不超过 10m；用机械法施工时，可采用直径为 100～150mm 的管，适宜管长为 10～30m，对于细颗粒含水层，辐射管可加长到 50～150m。辐射管每节长度一般为 1.5～2.0m，丝扣连接或焊接。

辐射管进水部分由渗水管骨架和缠丝（或包网）组成，进水孔有圆孔和条孔两种。

当辐射管集取承压水时，辐射管宜采用少而长的布置方式；而集取潜水时则采用多而短的布置方式。

### 7.2.1.7 管井井点降水设计

1. 管井井点降水适用范围及特点

管井井点具有设备较为简单，排水量大，可代替多组轻型井点作用，水泵设在地面，易于维护等特点。本工艺标准适用于渗透系数较大（20～200m/d），降水深在 5m 以内，地下水丰富的土层、砂层，或明沟排水法易造成土粒大量流失，引起边坡坍方及用轻型井点难以满足降水要求的情况下，可采用本工艺标准。

2. 管井井点降水原理

管井井点由滤水井管、吸水管和抽水机组成。管井埋设的深度和距离根据需降水面积、深度及渗透系数确定，一般间距 10～50m，最大埋深可达 10m。管井井点系沿基坑每隔一定距离设置一个管井，每个管井单独用一台水泵不断抽水降低地下水位。

3. 管井井点降水的设计计算

1）基坑降水井群等效半径 $r_0$

（1）井点按不规则近似圆状布置

$$r_0 = 0.565 \sqrt{F} \tag{7-56}$$

式中，$F$ 为基坑面积（$m^2$）。

（2）井点按不规则多边形布置

$$r_0 = \sqrt[n]{r_1 r_2 \cdots r_n} \tag{7-57}$$

$r_1$、$r_2 \cdots r_n$ 为各井点中心至多边形中心点的距离（m），$n$ 为井点数。

2）井点系统的影响半径 $R_0$

$$R_0 = R + r_0 \tag{7-58}$$

3）设计降深 $S$

$$S_0 = (H_d - d_w) + S_w \tag{7-59}$$

式中 $S_0$——基坑中心处地下水位降深（m）；

$H_d$——基坑开挖深度（m）；

$d_w$——地下水静止水位埋深（m）；

$S_w$——基坑中心处降落后的水位与基坑设计开挖面的距离（m）。

4）基坑总出水量 $Q$

（1）大井法计算承压水完整井

$$Q = 2\pi k \frac{MS_0}{\ln(1 + R/r_0)} \tag{7-60}$$

式中 $M$——承压含水层厚度（m）；

$S_0$——基坑中心处地下水位降深（m）；

$R$——降水影响半径（m）；

$r_0$——基坑降水井群等效半径（m）。

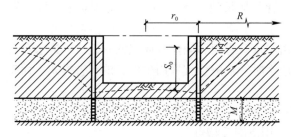

图 7-15 承压水完整井基坑涌水量计算简图

（2）大井法计算承压水非完整井

$$Q = 2\pi k \frac{MS_0}{\ln(1+R/r_0) + (M/l-1)\ln(1+0.2M/r_0)} \tag{7-61}$$

式中 $l$——过滤管有效进水段长度（m）。

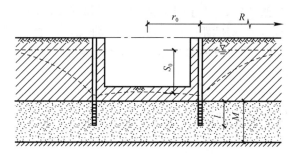

图 7-16 承压水非完整井基坑涌水量计算简图

（3）大井法计算潜水完整井

$$Q = \pi k \frac{(2H_0 - S_0)S_0}{\ln(1+R/r_0)} \tag{7-62}$$

式中 $H_0$——潜水含水层厚度（m）。

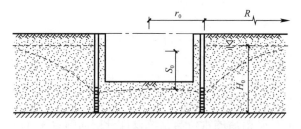

图 7-17 潜水完整井基坑涌水量计算简图

（4）大井法计算潜水非完整井

$$Q = \pi k \frac{H_0{}^2 - h_m^2}{\ln(1+R/r_0) + (h_m/l-1)\ln(1+0.2h_m/r_0)} \tag{7-63}$$

$$h_m = 0.5(H_0 + h) \tag{7-64}$$

式中 $h$——基坑动水位至潜水含水层底面的深度（m）。

**256**

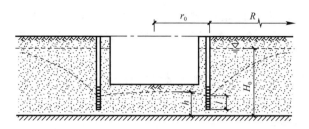

图 7-18　潜水非完整井基坑涌水量计算简图

（5）大井法计算潜水-承压非完整井

$$Q = \pi k \frac{H_0{}^2 - h_{\mathrm{m}}^2}{\ln(1 + R/r_0) + (h_{\mathrm{m}}/l - 1)\ln(1 + 0.2 h_{\mathrm{m}}/r_0)} \tag{7-65}$$

$$h_{\mathrm{m}} = 0.5(H_0 + h) \tag{7-66}$$

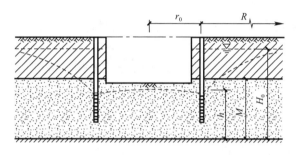

图 7-19　承压-潜水非完整井基坑涌水量计算简图

5）单井出水能力计算

$$q_0 = 120 \pi r_{\mathrm{w}} l \sqrt[3]{k} \tag{7-67}$$

6）井点数量的确定

$$n = 1.1 Q / q_0 \tag{7-68}$$

7）降水井深度 $H_{\mathrm{w}}$

$$H_{\mathrm{w}} = H_{\mathrm{d}} + S_{\mathrm{w}} + 0.1 r_0 + l + \Delta S + l_{\mathrm{s}} \tag{7-69}$$

式中　$H_{\mathrm{d}}$——基坑深度（m）；

　　　$r_0$——基坑降水井群等效半径（m）；

　　　$S_{\mathrm{w}}$——基坑中心处降落后的水位与基坑设计开挖面的距离（m）；

　　　$l$——过滤管有效进水段长度（m）；

　　　$\Delta S$——基坑降水期间的地下水位变幅（m）；

　　　$l_{\mathrm{s}}$——沉砂管长度（m）。

8）井点间距 $a$

$$a = L/n \tag{7-70}$$

式中　$L$——沿基坑周边布置降水井的长度（m）。

4. 管井点降水主要设备

管井井点由滤水井管、吸水管和抽水机械等组成。

1）滤水井管。下部滤水井管过滤部分用钢筋焊接骨架，外包孔限为 1～2mm 滤网，长 2～3m，上部井管部分用直径 200mm 以上的钢管或塑料管。

2）吸水管。用直径 50～100mm 的钢管或胶皮管，插入滤水井管内，其底端应沉到管井吸水时的最低水位以下，并装逆止阀，上端装设带法兰盘的短钢管一节。

3）水泵。采用 BA 型或 B 型、流量 10～25m³/h 离心式水泵或自吸泵。每个井管装置一台，当水泵排水量大于单孔滤水井涌水量数倍时，可另加设集水总管，将相邻的相应数量的吸水管连成一体，共用一台水泵。

### 7.2.2 地下工程降水施工

#### 7.2.2.1 轻型井点降水施工

1. 施工准备

1）主要使用材料及要求

（1）井点管：用直径 38～55mm 钢管，长 5～7m，下端 1.0～1.8m 的同直径钻有 φ10mm 梅花形孔（6 排）的滤管，外缠 8 号铁丝、间距 20mm，外包尼龙窗纱二层，棕皮三层，缠 10 号铁丝，间距 40mm。

（2）连接管：用直径 38～55mm 的胶皮管、塑料透明管或钢管，每个管上宜装设阀门，以便检查井点。

（3）集水总管：用直径 75～127mm 的钢管分节连接，每节长 4m，每隔 0.8～1.6m 设一个连接井点管的接头。

（4）滤料：中、粒砂，含泥量小于 3%。

2. 主要施工机具

1）真空泵型轻型井点系统设备

（1）往复式真空泵：$V_5$ 型（$W_6$ 型）或 $V_6$ 型；生产率 4.4m³/min；真空度 100kPa；电动机功率 5.5kW；转 1450r/min。

（2）离心式水泵：B 型或 BA 型；生产率 20m³/h；扬程 25m，抽吸真空高度 7m；吸口直径 50mm；电动机功率 2.8kW；转速 2900r/min。

2）射流泵轻型井点系统设备

（1）电动机：型号为 $JO_2$-42-2；功率 7.5kW。

（2）离心泵：型号为 3BL-9；流量为 45m³/h；扬程为 32.5m。

（3）射流泵：喷嘴 450mm；空载真空度 100kPa，工作水压 0.15～0.3MPa，工作水流量 45m³/h。

（4）水箱：1450×960×760（长×宽×高）。

3. 作业条件

1）具有施工所需资料，主要资料包括：施工场地平面图、岩土工程勘察报告、基坑的设计资料等。

2）已编制施工方案，确定基坑放坡系数、井点布置、数量、观测井位置、泵房位置等。

3）井点设备、动力、水源及必要的材料准备完毕。

4）排水沟开挖（或接排水管），附近建筑物的标高观测及防止附近建筑物沉降措施的实施。

5）夜间施工作业时，施工场地应安装照明设施，在基坑（槽）上部危险地段应设置明显安全标志。

4. 施工工艺

1）工艺流程

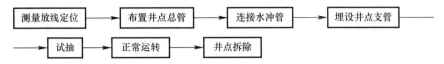

2）操作工艺

（1）井点布置

①井点管距坑壁不应小于 1.0～1.5m，间距一般为 0.8～1.2m，入土深度应达到储水层，且比基坑底深 0.9～1.2m。

②集水总管标高应尽量接近地下水位线并且沿抽水水流方向有 0.25％～0.5％的上仰坡度，一套抽水设备的总管长度一般不大于 60～80m。

③当一级轻型井点不能满足降水深度要求时，可采用明沟排水与井点相结合，将总管安装在原地下水位线以下或采用二级轻型井点，以增加降水深度。

（2）井点管埋设

①成孔方法：可采用射水法冲孔，或采用钻孔法或套管法成孔。

②井点管埋设后要接通总管与抽水设备进行试抽水，检查有无漏水、漏气、淤塞等情况，出水是否正常，如有异常情况应及时检修。

（3）井点运行

①井点运行后要连续抽水，一般在抽水 2～5d 后，水位漏斗基本稳定。

②正常出水规律为"先大后小，先混后清"，否则进行检查，找出原因，及时纠正。

（4）井点拆除

①地下构筑物竣工并进行回填、夯实后，方可拆除井点系统。

②拔出井点管可借助于倒链或 8t 汽车起重机，所留孔洞，下部用砂，上部 1～2m 用黏土填实。

### 7.2.2.2 喷射井点降水施工

1. 主要使用材料及要求

1）井点管：用直径 38～55mm 钢管，长 5～7m，下端 1.0～1.8m 的同直径钻有 $\phi$10mm 梅花形孔（6 排）的滤管，外缠 8 号铁丝、间距 20mm，外包尼龙窗纱二层，棕皮三层，缠 10 号铁丝，间距 40mm。

2）连接管：用直径 38～55mm 的胶皮管、塑料透明管或钢管，每个管上宜装设阀门，以便检查井点。

3）集水总管：用直径 75～127mm 的钢管分节连接，每节长 4m，每隔 0.8～1.6m 设一个连接井点管的接头。

4）滤料：中、粒砂，含泥量小于 3％。

2. 主要施工机具

1）高压水泵：用 6SH6 型或 150S75 型高压水泵（流量为 140～150m³/h，扬程 78m）或多级高压水泵（流量为 50～80m³/h，压力为 0.7～0.8MPa）1～2 台，每台可带动 25～30 根喷射井点管。

2）循环水箱：钢板制，尺寸为 2500×1450×1200。

3）管路系统：包括进水、排水总管（直径150mm，每套长60m）、接头、阀门、水表、溢流管、调压管等管件、零件及仪表。

4）喷射井管：喷射井管分外管、内管两部分，内管下端装有喷射器与滤管相接。高压水或压缩空气（压力为0.4～0.7MPa）经进水（气）管压入喷嘴，形成水气射流，此时地下水在大气压力作用下经滤管上升与高速水流汇合，流经扩散管时，由于截面逐步扩大，流速降低遂转化为高压，沿喷射井管的内管上升，经排水总管排出。喷射器由喷嘴、混合室、扩散室等组成。

3. 施工作业条件

1）具有施工所需资料，主要资料包括：施工场地平面图、水文地质勘察资料、基坑的设计资料等。

2）已编制施工方案，确定基坑放坡系数、井点布置、数量、观测井位置、泵房位置等。

3）井点设备、动力、水源及必要的材料准备完毕。

4）排水沟开挖（或接排水管），附近建筑物的标高观测及防止附近建筑物沉降措施的实施。

5）夜间施工作业时，施工场地应安装照明设施，在基坑（槽）上部危险地段应设置明显安全标志。

6）对喷射井管逐根冲洗。

4. 施工工艺

1）工艺流程

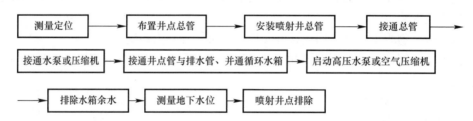

2）操作工艺

（1）井点管埋设

成孔宜采用套管冲枪冲孔，加水及压缩空气排泥，当套管内含泥量测定小于5％时，才下井管及灌砂，然后再将套管拔起。冲孔直径为400～600mm，深度应比滤管底深1m以上。下管时，水泵应先开始运转，以便每下好一根井管，立即与总管接通（不接回水管）后及时进行单根试抽排泥，并测定真空度，待井管出水变清后为止，地面测定真空度不宜小于93.3kPa。全部井点管沉设完毕后，再接通回水总管，全面试抽，然后让工作水循环进行正式工作。

（2）井点运行

各套进水总管均应用阀门隔开，各套回水管应分开。开泵时压力要小于0.3MPa，然后逐步开足压力。如发现井点管周围有翻砂、冒水现象，应立即关闭井管检修。工作水应保持清洁，试抽两天后应更换清水，此后视水质污浊程度定期更换清水，以便减轻工作水对喷嘴及水泵叶轮等的磨损。

（3）井点拆除

地下建筑物竣工并进行回填、夯实至地下水位线以上时，方可拆除井点系统。拔出井点管可借助于倒链或杠杆式起重机。所留孔洞，下部用砂，上部1～2m用黏土填实。

#### 7.2.2.3 电渗井点降水施工

1. 主要使用材料及要求

1）井点管：用直径38～55mm钢管，长5～7m，下端1.0～1.8m的同直径钻有φ10mm梅花形孔（6排）的滤管，外缠8号铁丝、间距20mm，外包尼龙窗纱二层，棕皮三层，缠10号铁丝，间距40mm。

2）连接管：用直径38～55mm的胶皮管、塑料透明管或钢管，每根管上宜装设阀门，以便检查井点。

3）集水总管：用直径75～127mm的钢管分节连接，每节长4m，每隔0.8～1.6m设一个连接井点管的接头。

4）滤料：中、粒砂，含泥量小于3%。

2. 主要施工机具

1）阳极宜选用直径50～75mm钢管（或直径20～25mm的钢筋）。

2）电动钻机：选用75mm或76.2mm的旋叶式电动钻机。

3）配套机具设备

4）当采用轻型井点时，机具设备同"轻型井点降水"相关规定。

5）当采用喷射井点时，机具设备同"喷射井点降水"相关规定。

3. 施工作业条件

1）具有施工所需资料，主要资料包括：施工场地平面图、水文地质勘察资料、基坑的设计资料等。

2）确定基坑放坡系数、井点布置、数量、观测井位置、泵房位置等。

3）井点设备、动力、水源及必要的材料准备完毕。

4）排水沟开挖（或接排水管），附近建筑物的标高观测及防止附近建筑物沉降措施的实施。

5）夜间施工作业时，施工场地应安装照明设施，在基坑（槽）上部危险地段应设置明显安全标志。

4. 施工工艺

1）电渗井点埋设程序一般是先埋设轻型井点或喷射井点管，预留出布置电渗井点阳极的位置，待轻型井点降水不能满足降水要求时，再埋设电渗阴极，以改善降水性能。电渗井点阴极埋设与轻型井点、喷射井点相同，阳极埋设可用75mm旋叶式电钻钻孔埋设，钻进时加水和高压空气循环排泥，阳极就位后，利用下一钻孔排出泥浆倒灌填孔，使阳极与土接触良好，减少电阻，以利电渗。如深度不大，亦可用锤击法打入。钢筋埋设必须垂直，严禁与相邻阴极相碰，以免造成短路，损坏设备。

2）渗井钻孔（井）采用长螺旋钻机，滞水量大，塌孔严重时采用门式正循环钻机。

3）成孔（井）后立即填滤料，防止塌孔，缩径，影响渗水效果。

4）大型机械难以就位的地段，可采用套管法成孔。

5）阳极用φ50～70mm的钢管或φ20～25mm的钢筋或铝棒，埋设在井点管内侧1.2～

261

1.5m 处成平行交错排列。阴阳极的数量宜相等，必要时阳极数量可多于阴极数量。

6）井点管与金属棒即阴阳极之间的距离，当采用轻型井点时，为 0.8～1.0m；当采用喷射井点时，为 1.2～1.5m。用 75mm 旋叶或电动钻机成孔埋设，阳极外露在地面上约 200～400mm，入土深度比井点管深 500mm，以保证水位能降到要求深度。

7）阴阳极分别用 BX 型铜芯橡皮线、扁钢、$\phi 10$ 钢筋或电线连成通路，接到直流发电机或直流电焊机的相应电极上。

8）通电时，工作电压不宜大于 60V。通电时，为消除由于电解作用产生的气体积聚于电极附近，使土体电阻增大，而增加电能的消耗，宜采用间隔通电法。每通电 24h，停电 2～3h。

9）水位观测孔采用 SH30 地质钻套管法成孔。

10）降水井和减压井的水泵要保持昼夜连续运转，防止因停泵使水位上升，造成"涌槽"事故，为此采取以下措施：每面分电闸箱，接水泵不多于 3 台，每台水泵用一个电插销；现场准备 300kW 柴油发电机组。

### 7.2.2.4 自渗井点降水施工

#### 1. 自渗井成孔方式

为了保证含水层的原有结构及其渗透性能，要求采用清水喷射钻进，或清水回转钻进，目的是尽可能减少泥浆渗入含水层形成泥浆壁，堵塞含水层孔隙。

为了保证投砾后滤层的透水性良好，终孔后必须进行换浆，新浆密度不大于 1.02kg/L，换浆直至换出的浆液密度不大于 1.02kg/L。

#### 2. 孔内填料

填料时要边注清水、边填滤料。滤料要求过筛的砾石，不应采用人工破碎的碎石。

### 7.2.2.5 辐射井点降水施工

#### 1. 竖井施工

竖井成井的方法主要 3 种：沉井法、锚喷倒挂壁法、机械成孔法。在场地条件允许时，应优先选择沉井法及锚喷倒挂壁法成井工艺，在施工过程中能有效地确定含水层的实际顶底板标高，为水平井的开孔位置提供依据。

1）沉井法

施工具有安全性高、场地占用小、施工场地整洁等优点。但井壁管在下沉过程中，地层摩擦力较大，所以施工深度较小。北京地区所施工沉井都在 20m 以内，而辐射井竖井一般都在 20m 以上，最深的达到 30m，为此在施工工艺方面做了较大改进，现已成功施工辐射井竖井 28.5m。沉井采取的主要改进措施有：

（1）泥浆套润滑：泥浆套厚度 5cm，泥浆相对密度 1.15～1.30，采用优质钠膨润土加碱和 CMC 配制。

（2）高压射水：在井壁中预埋设水管至刃角上部。当沉井底部下沉遇到困难时可高压射水，一般射水压力为 1.0～2.5MPa。

（3）压缩空气扰动减阻：在每节沉井管预留 4 个通气或射水孔，当下沉困难时，利用通气孔注入 0.5～0.7MPa 的压缩空气，可大幅度降低侧壁摩阻力。

（4）压重助沉：在井顶均匀放置铁轨或钢管、铺钢板、对称均匀压沙袋或配重。最大压重可达到 60t。

2）锚喷倒挂壁法

采用人工挖土，机械吊运渣土，由上至下边开挖边支护的施工方法。开挖每循环进尺为 10m 以上为 0.8m，10m 以下为 0.6m。

竖井支护：采用网构钢架、竖井连接筋、钢筋网联合支护，格栅竖向间距 10m 以上为 0.8m，10m 以下为 0.6m。连接筋采用 $\phi18$ 钢筋连接。接头采用单面搭接焊接，搭接长度为 $10d$。井径（内径）$\phi3.1m$，井壁喷射厚 25cm 的 C20 混凝土，井底采用钢筋格栅＋20 喷射混凝土封底。

2. 水平辐射管井施工

水平井成井的方法很多，主要有高压水冲顶进法、双壁反循环法、跟套管潜孔锤钻进法等。目前，为了有效控制成孔超径、流砂层塌陷等原因引起的地表沉降，水平井施工常采用双壁钻杆水力反循环施工工艺。

双壁反循环施工水平井工艺流程如图 7-20 所示。循环水经钻杆双壁间隙通过钻头特殊装置后，携带岩屑从钻杆中排出，钻进达到设计孔深后，水平滤水管从钻杆中心下入，最后拔出钻杆，用水泥封孔口。此工艺适宜黏土、粉土、砂层和粒径小于 50mm 的卵石地层的水平井施工，反循环排渣干净，施工效率高，下管方便。另外，对地层没有冲刷或干扰，施工避免了形成地下空洞。

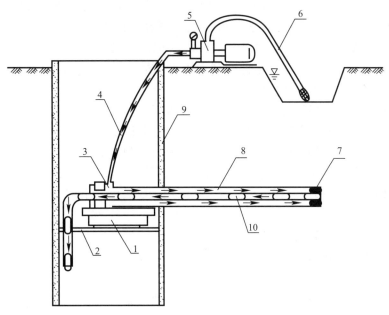

图 7-20　双壁反循环法施工水平辐射井示意图

1—水平钻机；2—工作平台；3—双通道水龙头；4—高压水管；5—清水泵；
6—吸水管；7—合金钻头；8—双壁钻杆；9—竖井护壁管；10—岩屑

双壁反循环法施工水平辐射井具体施工步骤如下：

1）在水平钻机上安装硬质合金钻头，在竖井井管壁水平井标高位置处开孔；

2）开孔完成后，迅速卸掉开孔钻头，换上双壁钻杆及钻头钻进，此间速度一定要快，否则容易流砂，酿成事故；

3）打开高压水，开动钻机旋转钻杆，利用钻机的推力、扭力和高压水力将第一根钻杆钻进含水层，再接上下一根钻杆，如此循环操作，直至达到设计孔深；

4）将滤水管从钻杆中插进，一直插到钻头部位，滤水管接口部位要连接平整牢固，避免剐蹭钻杆；

5）从滤水管中间插入顶杆，将滤水管顶住，以防拔钻杆时将滤水管带出；

6）用油缸逐段拔出钻杆，将滤水管留在含水层中；

7）钻杆拨出后，必须迅速用蛇皮袋、棕树皮等材料封住滤管外的空隙，让水从滤水管中自动流出，防止砂子从未封严的孔壁流出；

8）每眼水平辐射管孔必须连续施工，如发生故障必须停钻时，则把钻杆全部拔出，以免埋钻。

#### 7.2.2.6 管井井点降水施工

1. 采取沿基坑外围四周呈环形布置，或沿基坑（或沟槽）两例或单侧呈直线形布置。井中心距基坑（槽）边缘的距离，当用冲击钻时为 0.5～1.5m；当用钻孔法成孔时不小于 3m。管井埋设的深度，一般为 8～15m，间距 10～15m，降水深 3～5m。

2. 管井埋设可采用泥浆护壁冲击钻成孔或泥浆护壁钻孔方法成孔。钻孔孔径比管外径大 200mm。钻孔底部应比滤水井管深 200mm 以上。井管下沉前应进行清洗滤井，冲除沉渣，可灌入稀泥浆用吸水泵抽出置换，或用空压机洗井法，将泥渣清出井外，并保持滤网的畅通，然后下管。滤水井管应置于孔中心，下端用圆木堵塞管口，井管与孔壁之间用 3～15mm 砾石填充作过滤层，地面以下 0.5m 内用黏土填充夯实。

3. 水泵的设置标高应根据降水深度和选用水泵最大真空吸水高度而定，一般为 5～7m，当吸程不够时，可将水泵设在基坑内。

4. 管井使用时，应经试抽水，检查出水是否正常，有无淤塞等现象，如情况异常，应检修好后方可转入正常使用。抽水过程中，应经常对抽水设备的电动机、传动机械、电流、电压等进行检查，并对井内水位下降和流量进行观测和记录。

5. 井管使用完毕，可用人字桅杆上的钢丝绳、倒链借助绞磨或卷扬机将井管徐徐拔出，将滤水井管洗去泥砂后储存备用，所留孔洞用砂砾填实，上部 50cm 深用黏性土填充夯实。

### 7.2.3 地下工程降水工程实例

#### 7.2.3.1 基坑无隔水帷幕

1. 工程概况

武汉某大厦位于汉口建设大道与新华路交汇处西南侧，主楼 50 层，高 194.5m，钢筋混凝土筒中筒结构，总建筑面积 12.05 万 m²，地下室 2 层，基坑开挖面积约 5000m²，主楼大面积挖深−15.7m，电梯井挖深−16.8m。

本工程场区处于汉口典型的长江一级阶地上，上部松散层为第四系全新统河流相冲积层，厚约 48m，以下为基岩，具二元结构。在松散层中，自上而下的土层为：人工填土厚 1.5m，黏土厚 3.0m，淤泥质黏土厚 7.2m，粉土厚 2.0m，粉细砂厚约 30m，卵石夹砂厚 2.0m。

地下水分为两层：上层滞水层和承压水层，混合水位在地表下 0.7m 左右，承压水层以粉细砂层为主，水量丰富，与长江有水力联系，且呈互补关系。承压水静止水位高达

$-3.0\sim-4.0\mathrm{m}$，渗透系数从上到下随砂粒逐渐变粗而逐渐增大（$k=0.5\sim50.0\mathrm{mm/d}$）。

本工程采用放坡＋悬臂桩支护，桩径为 1000mm，间距为 1200mm，基坑东侧放坡 3m，悬臂长度为 12.7m。基坑四周未做帷幕，采取管井降水方案。

2. 降水方案设计

降水施工范围为基坑四周，降水井采用 600mm 管井降水，井管布置在基坑外侧，降水井深度 42～45m，可按完整井考虑。

1）基坑总涌水量计算

根据场地水文地质条件，采用大井法承压完整井计算公式计算其总涌水量。

$$Q = 2\pi k \frac{M S_0}{\ln(1 + R/r_0)} \tag{7-71}$$

式中，$Q$ 为基坑降水范围内总涌水量（$\mathrm{m^3/d}$）；$k$ 为砂层平均含水层渗透系数（$k=8\mathrm{m/d}$）；$M$ 为承压水含水层厚度（$M=34.0\mathrm{m}$）；$S_0$ 为水位降深（$S=13.5\mathrm{m}-3.0\mathrm{m}=10.5\mathrm{m}$）；$r_0$ 为降水基坑等效半径；$R$ 为基坑降水影响半径，$F$ 为基坑面积（$\mathrm{m^2}$）。

由式（7-71）计算得 $Q$ 为 $31624\mathrm{m^3/d}$。

2）单井涌水量计算

根据《工程地质手册》计算每口井点允许最大进水量，按公式和参数计算单井涌水量：

$$q = 120\pi r L K^{1/3} = 1583\mathrm{m^3/d} \tag{7-72}$$

式中，$q$ 为降水井单井出水量（$\mathrm{m^3/d}$）；$r$ 为降水井半径（$r=0.3\mathrm{m}$）；$L$ 为降水井滤水管长度（按降深最大滤水长度考虑，取 $L=7.0\mathrm{m}$）；$K$ 为砂卵石含水层渗透系数（$K=8.0\mathrm{m/d}$）。

3）降水井数量计算

$$n = 1.1(Q/q) = 21.0(\square) \tag{7-73}$$

式中，$n$ 为降水管井数量（口）；$Q$ 为基坑降水范围内估算总涌水量（$\mathrm{m^3/d}$）；$q$ 为降水井单井出水量（$\mathrm{m^3/d}$）。

4）降水井布置方案

根据上述涌水量计算后，仅需布井 21 口。其布置原则是采用基坑内外结合的布井方法，意图是使降水漏斗尽量与基坑中心相重合，共布井 21 口，其中坑内 8 口，坑边 11 口，井距 20m 左右。

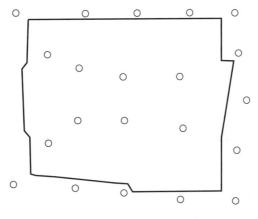

图 7-21　降水井平面布置示意图

3. 降水效果评价

本工程利用基坑内外管井降水，配合基坑围护结构，有效地达到了无水作业条件，保证了地下结构的顺利实施。由于降水引起的沉降，导致坑边局部道路产生裂缝现象。总之，本工程采用管井降水的方案是成功的。

### 7.2.3.2　基坑采用落地式隔水帷幕

1. 工程概况

1）落地式止水帷幕特点

落地式止水帷幕直接插入隔水层，基坑内外地下水无水力联系，基坑内降水时坑外地下水不受影响。

2）工程特点

深圳平安金融中心是以甲级写字楼为主的综合性大型超高层建筑，占地面积18931.0m²，总建筑面积46万m²。超高层办公塔楼118层（660m高），采用"巨型框架-核心筒-外伸臂"的抗侧力体系；11层商业裙房（55m高）；5层整体地下室，主要用于商业、车库、机电用房、人防、辅助用房等。

工程地处深圳市福田中心区1号地块，由益田路、福华路、中心二路、福华三路围成。场地周边市政道路下管线密布，紧邻基坑东侧分布有燃气管道、水泥给水管道；益田路地下规划有广深港高铁，拟用单洞双线、泥水平衡盾构法施工，管片外径12.8m。南侧分布有燃气管道；西侧分布有电缆管沟等众多管线且埋深较浅；特别是基坑北侧为正在运营的地铁1号线，其通风竖井距离基坑边缘最近处不足2.0m。工地周边高楼林立，北侧隔福华路为信息枢纽大厦（其主楼48层、高240m）；东侧隔益田路为卓越大厦（52层、高218m）和国际商会中心（58层、高216m）；东南侧隔福华路为深圳市会展中心；西南侧隔福华路为星河国际花园住宅小区；西侧隔中心二路为星河COCO PARK高档商场。周边环境异常复杂；给基坑周边环境的变形控制提出了非常严格的要求，施工难度大。基坑开挖深度33.5m，开挖面积17150m²，土方量约50万m³。

3）场地工程地质条件

岩土工程勘察报告显示，场地内分布的地层主要有人工填土层、第四系全新统冲积层、上更新统冲洪积层及中更新统残积层，下伏基岩为燕山晚期花岗岩。地层岩性特征参数如下：①人工填土，褐灰、褐红色等，层厚2.10～8.80m，平均厚度3.76m，松散—稍密，标准贯入击数11.2击；②粉质黏土，褐灰色，层厚0.60～2.20m，平均厚度1.32m，软塑—可塑，标准贯入击数4.8击；③$_1$黏土，褐黄、浅灰、褐红色，层厚0.40～5.60m，平均厚度2.28m，呈湿、可塑状，标准贯入击数9.2击；③$_2$中粗砂，褐黄、灰白色，层厚0.50～4.10m，平均厚度1.91m，呈湿—饱和，稍密—中密，标准贯入击数12.5击；③$_3$粉细砂，浅灰色，层厚0.50～2.30m，平均厚度1.04m，呈湿，稍密状态，标准贯入击数9.0击；③$_4$粉质黏土，褐黄、褐红色，杂灰白色斑纹，层厚0.50～5.80m，平均厚度2.19m，呈稍湿—湿，可塑—硬塑，标准贯入击数17.4击；③$_5$粉质黏土，褐灰、深灰色，层厚0.50～4.30m，平均厚度1.16m，呈湿、可塑状，标准贯入击数7.9击；③$_6$粗砾砂，灰白、浅黄色，层厚0.50～5.00m，平均厚度1.90m，饱和、稍密—中密，标准贯入击数16.8击；④砾质黏性土，浅灰、肉红色，层厚1.70～12.40m，平均厚度6.52m，湿—稍湿、可塑—硬塑，标准贯入击数21.5击；⑤$_1$全风化花岗岩，褐黄、褐红、灰黄色，层厚 0.80～10.90m，平均厚度 4.43m，岩芯呈土状，标准贯入击数 35.5 击；⑤$_2$ 全风化花岗岩，褐黄、灰黄色，层厚 1.10～11.40m，平均厚度 4.58m，岩芯呈土柱状，标准贯入击数 45.6 击；⑥$_1$ 强风化花岗岩，褐黄、灰黄色，层厚 2.90～26.20m，平均厚度 13.66m，岩芯呈坚硬土柱状，标准贯入击数 62.8 击；⑥$_2$ 强风化花岗岩，褐黄、灰黄色，层厚 1.00～19.90m，平均厚度 5.59m，岩芯呈砂砾状及土夹碎块状；⑦$_1$ 中风化花岗岩，肉红、灰白色，层厚 0.50～12.00m，岩芯多呈块状，岩体破碎；该地层花岗岩物理力学性质为：块体密度为 2.55g/cm$^3$；颗粒密度为 2.67g/cm$^3$；天然抗压强度为 26.8MPa；饱和抗压强度为 23.3MPa；⑦$_2$ 中风化花岗岩，肉红、灰白色，层厚 0.60～17.90m，岩芯多呈块状及短柱状，岩体较破碎；该地层花岗岩物理力学性质为：块体密度为 2.54g/cm$^3$；颗粒密度为 2.66g/cm$^3$；天然抗压强度为 36.6MPa；饱和抗压强度为 33MPa；⑧$_1$ 微风化花岗岩，肉红色为主、夹灰白色，层厚 0.30～19.60m，局部未揭露，岩芯呈短柱状，局部呈块状，岩体破碎；其中花岗岩物理力学性质为：块体密度为 2.63g/cm$^3$；颗粒密度为 2.68g/cm$^3$；天然抗压强度为 59.4MPa；饱和抗压强度为 55.6MPa；⑧$_2$ 微风化花岗岩，灰白色为主、夹肉红色，层厚 0.50～20.24m，局部未揭露，岩芯呈完整长柱状，岩体较完整。其中花岗岩物理力学性质为：块体密度为 2.67g/cm$^3$；颗粒密度为 2.68g/cm$^3$；天然抗压强度为 88.2MPa；饱和抗压强度为 74.2MPa。

4）场地水文地质条件

场区位于深圳湾东北部，场地地势平坦，雨季时，场地内积水通过分散汇集后流入场地市政雨水管道中，并最终注入深圳湾内。勘察期间，各钻孔均遇见地下水，赋存、运移于人工填土、第四系冲洪积③$_2$ 中粗砂、③$_3$ 粉细砂、③$_6$ 粗砾砂层、残积层及花岗岩各风化带的孔隙、裂隙中，地下水类型属上层滞水、承压水和基岩裂隙水。上层滞水主要赋存于①人工填土中，承压水主要赋存于③$_2$ 中粗砂、③$_3$ 粉细砂、③$_6$ 粗砾砂中，水量较大，承压水头高度为 1.50～3.50m。均受大气降水及地表水补给，水位随季节性变化。其中③$_2$ 中粗砂、③$_3$ 粉细砂、③$_6$ 粗砾砂为本地区主要的透水性地层，赋存丰富的地下水，是场地内地下水运移的主要通道。花岗岩各风化带内所赋存的地下水属基岩裂隙水，受节理裂隙控制，未形成连续、稳定的水位面。地下水初见水位埋深为 2.20～4.71m，相当于标高 2.26～4.77m；承压水水位埋深为 3.00～4.60m，相当于标高 2.450～3.610m，混合水稳定水位埋深为 2.80～4.90m，相当于标高 2.12～3.81m。场地承压水对基坑施工影响相对较大。

2. 基坑降水方案设计

基坑支护整体采用护坡桩＋4 道钢筋混凝土内支撑＋2 道锚索，结合高压喷射注浆和袖阀管注浆止水帷幕的形式。为达到深圳市地铁"城市轨道交通安全保护区施工管理办法（暂行）"中对地铁的保护要求，尽最大可能减少基坑开挖对周边环境的变形影响。设计采取 1.60m 大直径护坡桩密排阵列，加大嵌固深度（槽底以下 12m），局部区域设置 5 道内支撑等综合措施以控制重点保护区域的变形量。

1）支护桩

基坑北侧及东北侧距地铁结构较近，环境变形控制要求严格，采用 1.6m@1.8m 钻孔桩（108 根）；其他区域 1.4m@1.6m 钻孔桩（216 根）。桩身混凝土强度等级 C35。桩底落在强风化—中风化花岗岩中。支护结构典型横断面图见图 7-22。

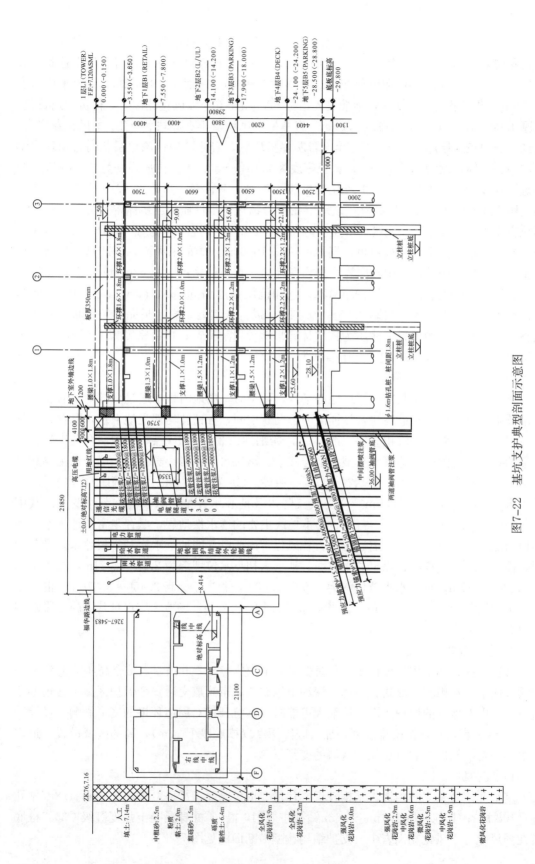

图7-22 基坑支护典型剖面示意图

268

2）旋（摆）喷桩

基坑北部靠近地铁一侧，采用摆喷角度为180°，摆喷半径0.65m的高压摆喷墙（206根）；基坑周边其余侧，采用桩径为1200mm，桩间距为1600mm的高压旋喷桩（217根）。施工时采用XY-100型地质钻机带动小型组合牙轮钻破碎砂、砾石地层和风化岩进行预导孔。人配置优质泥浆护壁。采用GS400高喷台车（高压泵PB-90）通过调整摆角完成旋/摆喷桩的施工，旋（摆）喷桩深度与支护桩相同，均进入相对不透水层中风化—微风化花岗岩层。

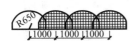
图7-23 基坑北侧高压摆喷墙示意图

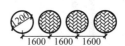
图7-24 基坑其他侧边高压摆喷墙示意图

3）袖阀管注浆

内侧袖阀管注浆孔间距1.60m、距旋喷桩350mm、扩散半径650mm。外侧袖阀管注浆孔间距1m、排距600mm、扩散半径650mm，袖阀管注浆深度与支护桩相同，均进入相对不透水层中风化—微风化花岗岩层。

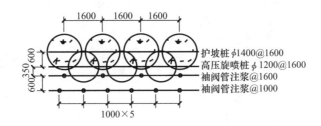
图7-25 袖阀管注浆止水平面布置示意图

袖阀管施工在高压旋喷桩施工完毕后进行。前期通过围井抽水试验表明：袖阀管注浆在本工程场地内扩散半径满足相邻两桩的搭接要求，注浆扩散体的止水效果良好，扩散体的渗透系数达到$10^{-6}$cm/s。通过钻孔、浇注套壳料、插入袖阀管、注浆等工序完成一次袖阀注浆。地质钻机采用XY-100型，泥浆护壁。成孔以合金钻头钻进为主，当遇块石或风化岩层则采用金刚石钻头钻进。套壳料配比（水泥∶黏土∶水＝1∶1.5∶1.88）。采用快速法开环，自下而上分段进行注浆。

4）坑内疏干井和排水沟

基坑内部共布设32口疏干井，疏干井井管采用无砂水泥管或钢管，井管直径400mm，井管周围填充砾料，直径5～10mm，疏干井底标高为基底标高以下5m。排水沟在坑底贴支护桩设置，每隔50～100m设置一集水坑。排水沟在基坑顶部设置在冠梁外侧。

3. 基坑降（止）水效果评价

本项目采用高压旋/摆喷工艺与袖阀注浆加固止水联合处理，形成落地式止水帷幕结合坑内疏干井的地下控制措施是成功的，解决了深大深基坑地下水问题。

### 7.2.3.3 基坑采用悬挂式隔水帷幕

1. 工程概况

1）悬挂式止水帷幕特点

悬挂式止水帷幕未插入到隔水层，基坑内外地下水有水力联系，坑内降水时地下水会绕过帷幕底端涌入基坑，导致基坑周边环境受到一定影响。在强透水层中进行基坑开挖，必须设置止水帷幕辅助降水，以避免周边土体因地下水位下降而产生自重固结沉降。但是当透水层厚度很大时，不管是从技术上还是经济上都不适合采用落地式止水帷幕，只能采用悬挂式止水帷幕。

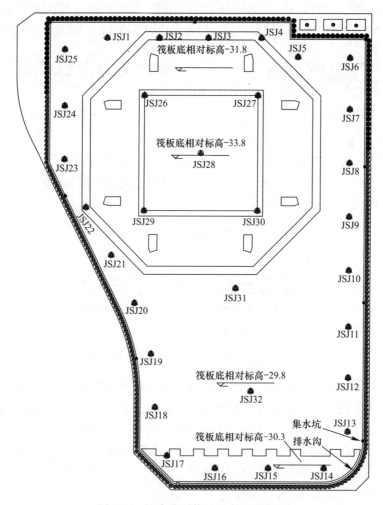

图 7-26　坑内疏干井平面布置示意图

2）基坑特点

某基坑工程位于龙海市石码锦江大道西南侧（锦江大道另一侧即为九龙江）。拟建场地（B 地块）北侧为规划道路，南侧为已建道路，西侧为既有民房，详（图 7-26）。本工程设一层地下室，地下室建筑面积约 11000m² 。基坑周长约 450m，地下室±0.00 为黄海高程 4.70m，现地面按设计标高－0.50 整平。地下室底板、基础及筏板顶标高均为－5.25，挖深考虑到底板、承台或筏板垫层底，设计挖深为 5.15m、6.25m 及 6.85m。

3）场地工程地质条件

根据地质勘察资料，拟建场地岩土体分布较为复杂，其分布、厚度及岩性变化大，自上而下划分如下：①杂填土，揭露厚度 3.00～7.90m；②中细砂夹淤泥，揭露厚度 0.60～8.70m；③中砂，揭露厚度 1.650～20.40m；④砾卵石，揭露厚度 8.20～36.60m；⑤中砂，揭露厚度 2.90～10.60m；⑥残积砂质黏性土，顶板埋深 56.90～61.70m。

4）场地水文地质条件

场地地下水类型以潜水为主。钻孔结束后选择高平潮期测得地下水混合稳定水位埋深为 0.90～4.80m，相应黄海标高－0.61～2.45m。根据区域水文地质资料及入海口水文特征推测，场地地下水稳定水位全年变化幅度约 2.0～3.0m。场地临近九龙江，地下水在高潮时主要接受九龙江潮汐补给，其次为大气降水下渗补给；而低潮时则主要接受外侧含水层侧向补给及大气降水下渗补给，并向九龙江方向渗流、排泄。

根据地勘资料，在勘察期间对地下水位进行了涨退潮周期性观测，地下水与九龙江潮水存在较为密切的水力联系，地下水水位随九龙江潮水的涨落呈规律性上下波动，高平潮与低平潮的地下水水位变化幅度为 0.40～0.80m，地下水位峰值与低值较相应潮位滞后1.50 小时。另据勘察报告，该场地天文大潮时，地下水水位距道路路面仅 0.20m。

2. 基坑降水方案选择

降水设计选型对整个地下室施工工程有着重大的意义，在特殊的地质条件及周边的环境，降水设计应满足技术可行性及经济可行性，同时应兼顾安全、高效。

1）技术可行性比较

由于本工程场地存在很厚的中、强—极强透水层（约有 60.0m 深），且存在砾卵石层，仅设一层地下室，若采用落地式止水帷幕进行全封闭止水，必须穿透砾卵石层，只能采用地下连续墙或咬合桩作为止水帷幕，造价高，工期长，费效比很低。因此，综合考虑采用悬挂式止水帷幕的控制方法存在可能性。

考虑到基坑大面积开挖深度仅为 5.15m，局部承台、筏板的开挖深度为 6.25m、6.85m，而且挖深范围内岩土层主要为杂填土①及中细砂夹淤泥②，渗透系数较小，地层分布比较均匀，并且基坑周边除了一侧分布有 1～2 层的民宅外，均为空地，悬挂式止水帷幕存在可能性。结合基坑支护结构设计，拟采用搅拌桩重力式挡土结构＋喷锚支护，搅拌桩兼作止水帷幕，坑内设置大口径（外径 550mm，内径 350mm）的管井降水井。既解决基坑降水的难题，又满足基坑支护结构设计要求。

根据地质勘察资料，建筑物的周边环境，以及现有的施工技术条件，采用水泥搅拌桩进行基坑支护兼做止水帷幕施工技术简便，只要在地下室工程施工过程加强管理控制，并辅以基坑周边回灌措施，可以将基坑降水对周边影响降至最低。

2）经济可行性比较

（1）若本工程采用悬挂式止水帷幕的设计方案，基坑平均周长为 460m，根据福建省预算定额，直径 600mm 的水泥搅拌桩综合单价为 53 元/m，一台水泥搅拌桩桩机正常工作每台班能完成约 200m，根据现场实际情况计划安排两台搅拌桩机并按两台班进行组织施工。其搅拌桩根数为 460÷0.5＝920 根，三排，深度 8m，其总长度为 920×3×3＝22080m，造价：22080×0.0053＝117.02 万元；工期：22080÷（200×2×2）＝28d。

降水费用：本地下室工程计划施工工期为 60d，每口降水井每天平均按 2 个台班考虑，每台班降水费用按该地区本阶段的市场参考价约为 100 元，其悬挂式水泥搅拌桩需降水费用为：56×2×100×60＝67.2 万元。

采用水泥搅拌桩支护兼悬挂式止水帷幕方案总造价不足 200 万，工期约一个月。

（2）若采用落地式止水帷幕进行全封闭止水，须采用地连墙或咬合桩，深度约为

60.0m，基坑工程投资及工期业主均难以接受。

通过上述比较，悬挂式止水帷幕的设计方案若能顺利实施，必将节约工程造价、缩短施工工期，并取得显著经济效益。

3. 基坑降水方案设计

对悬挂式止水帷幕可近似认为处理范围内岩土层的水平渗透系数为零，其他岩土层的渗透系数取值不变。

降水设计计算时，在支护结构设计基础上，根据支护结构（搅拌桩）的嵌固深度（偏安全考虑，取最小值）重新划分渗透系数在垂直方向上的分布情况，再按干扰井群稳定水位降深的方法进行降水设计计算，再按规范的相关公式进行复核。

根据计算结果（水位降深约为 6.0m，坑内设计水位降至坑底标高以下 1.0m），需设置 52 口降水井。考虑到局部电梯井等超深的水位降深较大，实际共设置 57 口降水井，其中主楼承台及筏板等超深位置加密布置，降水井间距 15～20m。降水井的外径 550mm，内径 350mm，降水井深度（从地面以下）不小于 18.0m。

另外，为了减少基坑降水引起的地面沉降量，在民宅与基坑之间的道路邻基坑一侧设置了若干回灌井。

4. 基坑降水效果评价

基坑于 2010 年 3 月下旬开始土方开挖，6 月初开始启动基坑降水系统，至 11 月初基坑全部开挖至坑底设计标高，12 月底基坑开始回填。基坑土方开挖时，在每一皮土方开挖前一个星期开始降水至设计开挖面标高以下 0.5～1.0m。

基坑监测结果显示：1）南侧既有民宅地面的累计沉降量为 5.0～10.0cm，大致呈中间大两边小的分布趋势；2）周边道路沉降 3.0～8.5cm 不等，北侧道路最大沉降约 3.0cm，西侧道路最大沉降约 5.2cm，南侧道路最大沉降约 8.5cm，东侧道路最大沉降约 4.5cm。经现场检查，除了南侧道路与民房之间的下水道局部出现开裂外，其他市政设施和道路未发现损坏现象，民宅亦未发现明显开裂。

综上所述，本工程采用悬挂式止水帷幕进行基坑降水的设计方案是成功的。

## 7.3 地下工程排水设计与施工

排水法是利用疏导的方法使地下水有组织地顺着预设的各种管、沟、排水系统被排到基坑外，降低地下水位，削弱它对地下结构的压力以及减少对地下工程的渗透作用，从而辅助地下工程达到防水目的。

### 7.3.1 明挖基坑开挖阶段的排水设计与施工

#### 7.3.1.1 概述

对于许多浅埋的地下工程，施工阶段需要进行基坑开挖，当场地地下水丰富时，为了满足干槽施工的要求，往往需要进行基坑排水，即设置排水沟和集水井用抽水设备不断将基坑中的渗水排除，疏干开挖土方及基础施工的作业面。明挖排水适用于密砂、粗砂、级配砂、硬的裂隙岩石和表面径流来自黏土时较好，但若在松散砂、软黏质土、软岩石时，则将遇到边坡稳定问题。

#### 7.3.1.2 常用的明挖排水方法

**1. 普通明沟和集水井排水法**

适用于一般基础及中等面积基础群和建筑物、构筑物基坑（槽）排水。施工方便，设备简单，成本低，管理较易，应用最广。

**1) 分层开挖排水**

在开挖基坑的一侧或两侧，或基坑中部逐层设置排水明沟，每隔 20.0～30.0m 设一集水井，使地下水汇流于集水井内，再用水泵排出基坑外。边挖土边加深排水沟和集水井，保持沟底低于基坑底 0.30～0.50m，使水畅通，排水沟应设在地下水的上游。一般排水沟断面为梯形，沟深 0.30～0.60m，底宽大于等于 0.40m，排水沟侧面坡率为 1：1～1：1.5，沟底纵坡率为 0.2%～0.5%。集水井的截面尺寸宜为 0.60m×0.60m～0.80m×0.80m，井底低于沟底 0.40～1.00m。抽水应连续进行，直到基础完成，回填土后停止。

**2) 土井排水法**

利用直径为 $\phi80～100cm$ 的水泥混凝土管，分节沉入土中；以离心泵抽汲土井中的水，以降低基坑外侧和坑下水位。管节最下面一节滤水管带有 15～20cm 的梅花孔，以利进水。

**3) 基坑中央集水井法**

当在基坑侧开沟容易导致坡脚塌陷或土层流失刷空的条件下，采用在基坑中央设置渗水井的方法，在整个施工过程中都适用，一直持续到基础浇筑完成，最后快速封孔。

**2. 分层明沟排水法**

在基坑（槽）边坡上设置 2～3 层明沟及相应集水坑，分层阻截上部土体中的地下水。排水沟和集水井设置方法和尺寸基本与普通明沟和集水井排水法相同，应注意防止上层排水沟地下水流向下层排水沟冲坏边坡造成塌方。

本排水法适用于基坑深度较大，地下水位较高以及多层土中上部有透水性较强的土。

**3. 深沟降排水法**

本方法适用于深度较大的基坑降水工程，分多次排水为集中排水，可解决大面积深基坑降水的问题。

在建筑物内或附近适当部位或地下水上游开挖纵长深沟作为主沟，自流或用泵将地下水排走。在建筑物、构筑物四周或内部设支沟与主沟连通，将水流引至主沟排出，排水主沟的沟底比较深基坑底低 1.0～2.0m。支沟比主沟浅 0.5～0.7m，通过基础部位用碎石及砂子作盲沟，以后在基坑回填前分段回填黏土截断，以免地下水在沟内流动破坏地基土体。

**4. 综合降排水法**

本方法适用于土质不均，基坑较深，涌水量较大的大面积基坑排水。排水效果较好，单费用较高。在深沟集水的基础上，再辅以分层明沟排水，或在上部设置轻型井点分层截水等方法同时使用，以达到综合排除大量地下水的作用。

**5. 利用工程集水和降排水设施降排法**

本方法适用于较大型地下设施（如基础、地下室、油库等）工程的基础群及柱基排水。本方法利用永久性设施降水，省去大量挖沟工程和排水设施，费用最省。

选择厂房内深基础先施工，作为工程施工排水的总集水设施，或先施工建筑物周围或内部的正式渗排水工程或下水道工程，利用其作为排水设施，在基坑（槽）一侧或两侧设排水明沟或渗水盲沟，将水流引入渗排水系统或下水道排走。

#### 7.3.1.3 明挖基坑排水设计计算

1. 排水量计算

1) 窄长式基坑

所谓窄长式基坑是指基坑的长度 B 与基坑的宽度 C 的比值大于 10 的基坑。

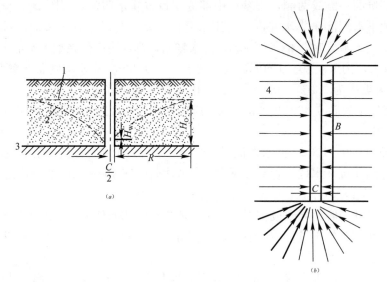

图 7-27 窄长式基坑排水情况示意图

(a) 剖面图；(b) 平面图

1—原始水位；2—漏斗曲线；3—隔水层；4—地下水流线

(1) 潜水

$$Q = \pi k \frac{H_0^2 - H_w^2}{\ln R - \ln(C/2)} + kB \frac{H_0^2 - H_w^2}{R} \qquad (7\text{-}74)$$

(2) 承压水

$$Q = 2kBM \frac{H_0 - H_w}{R} + 2\pi kM \frac{H_0 - H_w}{\ln R - \ln(C/2)} \qquad (7\text{-}75)$$

式中　$Q$——排水量（$m^3/d$）；

　　　$k$——渗透系数（m/d）；

　　$H_0$——初始地下水位（m）；

　　$H_w$——集水井内水位（m）；

　　　$R$——降水影响半径（m）；

　　　$M$——承压含水层厚度（m）；

　　　$B$——基坑长度（m）；

　　　$C$——基坑宽度（m）。

2) 基坑两侧补给条件不同

潜水

$$Q_1 = kB \frac{H_1^2 - H_{w1}^2}{2l_1} \qquad (7\text{-}76)$$

274

$$Q_2 = kB \frac{H_2^2 - H_{w2}^2}{2l_2} \qquad (7\text{-}77)$$

$$Q = Q_1 + Q_2 \qquad (7\text{-}78)$$

式中　　$Q$——排水量（$m^3/d$）；

　$Q_1$、$Q_2$——两侧排水量（$m^3/d$）；

　$l_1$、$l_2$——两侧补给边界到基坑的距离（m）；

　$H_1$、$H_2$——两侧初始地下水位（m）；

$H_{w1}$、$H_{w2}$——两侧集水井内水位（m）。

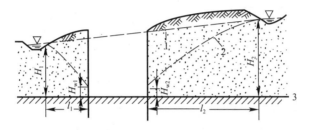

图 7-28　窄长式基坑两侧补给条件不同时排水情况示意图
1—原始水位；2—降落曲线；3—隔水底板

3）两条平行的完整排水沟渠

潜水

$$Q_1 = kB \frac{H_1^2 - H_w^2}{2l_1} \qquad (7\text{-}79)$$

$$Q_2 = kB \frac{H_2^2 - H_w^2}{2l_2} \qquad (7\text{-}80)$$

$$Q = Q_1 + Q_2 \qquad (7\text{-}81)$$

式中　$Q$——排水量（$m^3/d$）；

　$Q_1$、$Q_2$——两侧排水量（$m^3/d$）；

　$l_1$、$l_2$——两侧补给边界到基坑的距离（m）；

$H_1$、$H_2$——两侧初始地下水位（m）。

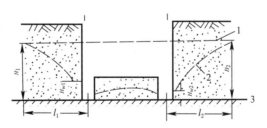

图 7-29　窄长式基坑排水情况示意图
1—原始水位；2—降落曲线；3—隔水底板

2. 排水沟断面设计

基坑（槽）排水沟常用截面积如表 7-7 所示。

| 基坑面积（m²） | 排水沟尺寸（m） | 粉质黏土 | | | 黏土 | | |
| --- | --- | --- | --- | --- | --- | --- | --- |
| | | 地下水水位以下的深度（m） | | | | | |
| | | 4 | 4~8 | 8~12 | 4 | 4~8 | 8~12 |
| 1000 以下 | 沟口宽 a | 0.5 | 0.7 | 0.9 | 0.4 | 0.5 | 0.6 |
| | 沟深 b | 0.5 | 0.7 | 0.9 | 0.4 | 0.5 | 0.6 |
| | 沟底宽 c | 0.3 | 0.3 | 0.3 | 0.2 | 0.3 | 0.3 |
| 5000~10000 | 沟口宽 a | 0.8 | 1.0 | 1.2 | 0.5 | 0.7 | 0.9 |
| | 沟深 b | 0.8 | 1.0 | 1.2 | 0.5 | 0.7 | 0.9 |
| | 沟底宽 c | 0.3 | 0.4 | 0.4 | 0.2 | 0.3 | 0.3 |
| 10000 以上 | 沟口宽 a | 1.0 | 1.2 | 1.5 | 0.6 | 0.8 | 1.0 |
| | 沟深 b | 1.0 | 1.5 | 1.5 | 0.6 | 0.8 | 1.0 |
| | 沟底宽 c | 0.4 | 0.4 | 0.5 | 0.3 | 0.3 | 0.4 |

**7.3.1.4　明挖基坑排水工程实例**

1. 工程概况

黄岛出入境检验检疫局综合楼工程位于青岛市经济技术开发区黄岛长江路和庐山路的交汇处，建筑面积 16982m²，为现浇钢筋混凝土框架结构，地上 21 层，地下 1 层，裙房为 2 层，主楼平面为 30.6m×30.6m，总高度为 82.5m，集办公、化验、检疫、医疗为一体的综合楼。

本工程主楼采用筏板基础，筏板厚度 1.5m，基底标高为 -6.5m，其中电梯基坑和消防水池基底标高分别为 -8.2m 和 -7.5m。裙房为独立基础，基底标高为 -5.5m。

根据地质勘察报告，本工程地下水位施工期间在 -2.30m，基础施工过程中需采取降水措施，将地下水位降至基底标高下 3~4m，现场采用深井降水，在基坑四周布置 8 口深井，井深为 -12m 左右，降水方案已经专家进行论证和审批，但在实施过程中发现地下水位已降至基础底标高下 3~4m 时（即 -11.5m），地下水还是从基坑四周和基坑底部向坑内缓慢地渗漏，虽然水流量不大，可对垫层和防水层施工带来很不利的影响，影响到基础结构的施工。

2. 原因分析

根据对现场情况进行调查，基坑渗水的原因如下：

1）在 -2.80~7.50m 之间存在厚 0.5m 流砂层，而地质勘察报告中未提供流砂层的位置，制定降水方案是时未考虑流砂层的影响；

2）同时该工程位于海滩边，渗水速度较快，降水方案未考虑海边渗水的影响。

3. 排水方案

根据现场实际情况并查阅资料，发现基坑四周和基坑中部的渗水主要是从个别岩缝中外渗，也就是说相对集中或在个别明显处渗水，为此采取了盲沟排水技术，即通过设置盲沟对水流进行引导，将流水朝某一特定的方向集中，然后抽出基坑，保证施工正常进行，而不是采用传统的截流堵漏的方法。

1）盲沟及集水坑设置

在基坑四周和基坑中明显渗水处的混凝土垫层设置一条排水盲沟，排水盲沟高

100mm，宽 150mm，沟中填满 20～40mm 的石子。在电梯井和消防水池两处基底标高最低的地方各挖一个 1000mm×1000mm×1200mm 深的集水坑，坑四周砌砖，并将基础四周和中部的填石子的排水沟与集水坑相连，使基坑内的渗水通过排水沟引到集水坑中。

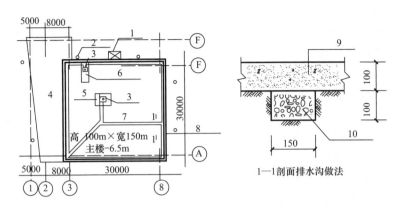

图 7-30　集水坑及排水沟平面布置示意图

1—塔吊基础；2—深井降水；3—集水坑；4—裙房；5—电梯井基坑；6—消防水池基坑；

7—填石子排水沟；8—基坑底开挖线；9—厚 100mm 混凝土垫层；10—填充碎石排水沟

2）集水坑抽水措施

在集水坑内各放置 1 台质量较好的 2.5kW 的小型潜水泵，在集水坑上口（垫层底标高）加盖厚 20mm 的钢盖板，在钢盖板上开一个 $\phi$100mm 的孔洞，焊接长 1700mm $\phi$100 的钢管（钢管长度不小于基础底板厚垫层及防水保护层厚度之和），让潜水泵的排水管和防水导线从钢管中通过，为防止地下水沿钢管外侧渗漏，底板中间部位焊接 260 环形止水片。集水坑做法见图 7-31。

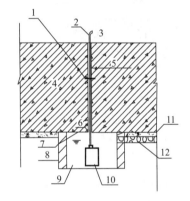

图 7-31　集水坑做法示意图

1—环型 $\phi$260 止水片；2—防水电线；3—排水胶管；

4—基础底板厚；5—$\phi$100 钢管；6—焊接；

7—厚 20mm 钢板；8—120 砖墙；9—集水坑；

10—潜水泵；11—厚 100mm 混凝土垫层；

12—填石子排水沟

用填石子排水沟和集水坑上口浇筑 C15 混凝土垫层，派专人 24h 进行抽水，同时要观察基坑排水情况和涌水现象。

3）集水坑抽水口封堵

在地下室基坑外围土方回填完毕后，在系统降水停止前，先停"盲沟"排水，对集水坑进行封堵处理。处理措施如下：

1 抽干坑中的集水，切断潜水泵电源，在钢管顶上口处，剪断电缆线和水泵排水管，立即用木棒将切口下的部分塞回集水坑中，用掺加 5%～8% 膨胀剂的干水泥从盖板上钢管口放入，边放边用 80 的木棒夯实。在集水坑中填干水泥的目的：一是吸收操作过程中渗入集水坑中的水，使之不上翻冒；二是为了填实集水坑。

2 在集水坑中填满干水泥后，用干硬性的同样掺加 5%～8% 膨胀剂的纯干硬性水泥浆分层填实填紧钢管，要求每填高 300mm 用木棒夯实，必要时用锤夯木棒保证其密实性。填完后观察 1h，未从管口处漏水，说明已填实，最后用 5mm 厚钢板焊封管口即可。

### 7.3.2 地下工程运行阶段的排水设计与施工

#### 7.3.2.1 概述

地下工程运营阶段的排水设计时应根据工程所处的地理位置，埋设深度等条件有选择地采取不同的排水措施。

有自流排水条件的地下工程，应采用自流排水法，即汇入排水沟内的地下水或地面水，在水重力作用下自流排入下一级排水沟或排水容泄区的排水方式。

无自流排水条件且防水要求较高的地下工程，可采用渗排水、盲沟排水、盲管排水、塑料排水板排水或机械抽水等排水方法。

#### 7.3.2.2 渗排水与盲沟排水

渗排水、盲沟排水适用于无自流排水条件的地下工程。对地下水较丰富，土层属于透水性砂质土的地基应设置渗排水层；地下水位常年低于地下建筑物底板，只有丰水期内水位较高，土层为弱透水性的地基可考虑盲沟排水设计。

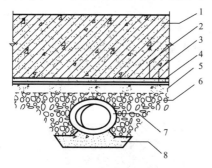

图 7-32 渗排水层构造
1—结构底板；2—细石混凝土；3—底板防水层；
4—混凝土垫层；5—隔浆层；6—粗砂过滤层；
7—集水管；8—集水管座

1. 渗排水

渗排水法适用于无自流排水条件、防水要求较高且有抗浮要求的地下工程。渗排水是将排水层渗出的水，通过集水管流入集水井内，然后采用专用水泵机械排水。渗排水的集水管根据排水量大小、造价等因素可选用无砂混凝土管或软塑盲管等。

渗排水层应设置在结构底板的下部，其构造形式见图 7-32。

渗排水层的粗砂过滤层厚度一般为 300mm，如较厚时应分层铺填，过滤层与基坑土层接触处，要用厚度 100～150mm，粒径 5～10mm 的石子铺填；过滤层顶面与结构底面之间，要铺一层卷材或 30～50mm 厚的 1∶3 水泥砂浆作隔浆层。

集水管设置在粗砂过滤层下部，坡度一般小于 1‰，且不得有倒坡现象。集水管之间的距离为 5～10m。渗入集水管的地下水导入集水井后应用泵排走。

渗排水管应在转角处和直线段每隔一定距离设置检查井，井底距渗排水管底应留设 200～300mm 的沉淀部分，井盖应采取密封措施。

2. 盲沟排水

盲沟排水宜用于地基为弱透水性土层、地下水量不大或排水面积较小，地下水位在建筑底板以下或在丰水期地下水位高于建筑底板的地下工程，也可用于贴壁式衬砌的边墙及结构底部排水。

盲沟排水应设计为自流排水形式，当不具备自流排水条件时，应采取机械排水措施。

盲沟一般设在地下建筑物周围，由砂和卵石组成。永久盲沟与基坑开挖时的施工临时排水明沟应尽量结合，盲沟构筑类型与基础的最小距离等应根据工程地质情况灵活确定，盲沟设置构造见图 7-33（a）和图 7-33（b）。

盲沟反滤层的层次和粒径组成应符合表 7-8 的规定。

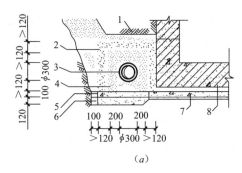

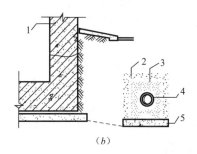

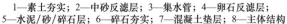

（a）　　　　　　　　　　　　　　　　（b）

1—素土夯实；2—中砂反滤层；3—集水管；4—卵石反滤层；
5—水泥/砂/碎石层；6—碎石夯实；7—混凝土垫层；8—主体结构

1—主体结构；2—中砂反滤层；3—卵石反滤层；
4—集水管；5—水泥/砂/碎石层

图 7-33　盲沟构造

（a）贴墙盲沟构造；（b）离墙盲沟构造

**盲沟反滤层的层次和粒径组成**　　　　　　　　　　　表 7-8

| 反滤层的层次 | 地下工程所在场地地层为砂性土时（塑性指数 $I_p < 3$） | 地下工程所在场地地层为黏性土时（塑性指数 $I_p > 3$） |
| --- | --- | --- |
| 第一层（贴天然土） | 由 1～3mm 粒径砂子组成 | 由 2～5mm 粒径砂子组成 |
| 第二层 | 由 3～10mm 粒径小卵石组成 | 由 5～10mm 粒径小卵石组成 |

### 7.3.2.3　盲管排水

盲管排水适用于隧道结构贴壁式衬砌、复合式衬砌结构的排水，排水体系应由环向排水盲管、纵向排水盲管或明沟等组成。

1. 环向排水盲管

环向排水盲管沿隧道、坑道的周边固定于围岩或初期支护表面，纵向间距一般为 5～20m，在水量较大或集中出水点加密布置。环向排水盲管与纵向排水盲管相连，盲管与混凝土衬砌接触部位外包无纺布形成隔浆层。

2. 纵向排水盲管

纵向盲管设置在隧道（坑道）两侧边墙下部或底部中间，与环向盲管和导水管相连接，纵向盲管管径根据围岩或初期支护的渗水量确定，且不小于 100mm，纵向排水坡度应与隧道或坑道坡度一致。

3. 横向导水管

横向导水管采用带孔混凝土管或硬质塑料管，与纵向盲管、排水明沟或中心排水盲沟（管）相连，间距为 5～25m，坡度宜为 2%；横向导水管的直径根据排水量大小确定，内径不小于 50mm。

4. 排水明沟

排水明沟的纵向坡度与隧道或坑道坡度一致，且不小于 0.2%；排水明沟顶设置盖板和检查井；对于寒冷及严寒地区需采取防冻措施。

5. 中心排水盲沟（管）

中心排水盲沟（管）设置在隧道底板以下，其坡度和埋设深度需符合设计要求。隧道底板下与围岩接触的中心盲沟（管）采用无砂混凝土或渗水盲管，并设置反滤层；仰拱以上的中心盲管采用混凝土管或硬质塑料管。中心排水盲管的直径根据渗排水量大小确定，且不小于 250mm。

1）贴壁式衬砌排水

贴壁式衬砌在隧道、坑道中应用较多，多数有自流排水条件，在做好衬砌本身防水的同时，要充分利用自流排水条件做好排水设计，形成完整的防排水体系。但同时要考虑排水对周围生态环境及对结构本身的影响，如排水对上述有较大影响时，应考虑采取其他的防水措施。

贴壁式衬砌盲沟、盲管排水系统有二部分，一是将围岩的渗漏水从拱顶，侧墙引至基底；二是将水引至底部排水系统。这种排水方法有盲沟、中心排水沟、横向排水管、排水明沟等组成，见图 7-34。

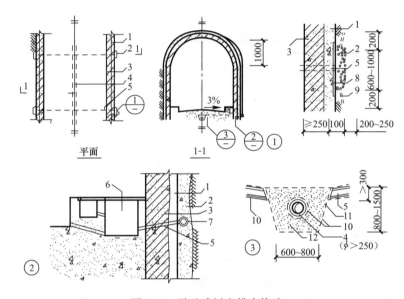

图 7-34 贴壁式衬砌排水构造

1—初期支护；2—盲沟；3—主体结构；4—中心排水盲管；5—横向排水管；6—排水明沟；7—纵向集水盲管；8—隔浆层；9—引流孔；10—无纺布；11—无砂混凝土；12—管座混凝土

盲沟设置在贴壁式衬砌与围岩之间，由于这个位置施工不便，不易检修，因此构造必须耐久可靠，简便，并力求与开挖、混凝土浇灌等工艺配合一次做好。常用方法是根据围岩渗漏程度，在衬砌背后沿洞室的纵轴方向，每隔一定距离设置盲沟排水环（多水地段 5~10m，少水地段 10~15m），并使其与纵向外排水沟连通，以使附近的裂隙水先流到排水环和外排水沟内，再流入洞内排水沟排出。

盲沟排水环做法有两种：一是盲沟排水，二是盲管排水。盲沟式排水环用块石、卵石干砌成排水通路，盲沟断面尺寸根据渗水量及洞室超挖情况确定，一般为 20mm×50mm。盲沟排水环应保证在浇筑混凝土结构时水泥浆不能漏入。

盲沟排水环施工时先设反滤层，后铺石料，石料粒径由围岩向衬砌方向逐渐减小。石料要洁净、无杂质，含泥量小于 2%。在出水口位置设置滤水篦子或反滤层。

采用弹簧管（盲管）或塑料管制作盲沟时，将弹簧或塑料盲管沿隧道、坑道的周边固定于围岩表面，间距 5～20m。围岩裂隙水较大时，可在水量较大时增设 1～2 道，与混凝土衬砌接触部位外包无纺布作隔浆层。

暗沟式排水管用塑料管或塑料排水带制作，一般设置在混凝土衬砌内，随混凝土浇筑时埋设。排水环也可做在边墙上，结合施工缝的位置，将衬砌分段浇筑，其间留出排水槽，并按需要在岩壁上钻孔引水。然后用预制板封堵，在外部进行防水抹面，这种方法排水空间大，排水孔不易堵塞，便于检修，是一种较好的。

纵向排水沟布置在衬砌边墙的外侧，其做法也有盲沟式和暗沟式两种，使裂隙水汇集后能流入排水沟内。

纵向集水盲管用外包加强无纺布的渗水盲管制作，管径根据围岩渗水量大小确定。施工时要与盲沟（导水管）连接畅通，并做成大于 0.2% 的坡度。

横向排水管的作用是将衬砌外盲沟或盲管里的水导向工程内部中心排水沟。横向排水管用渗水盲管或混凝土暗槽制作，铺设间距一般为 5～15m，为使排水通畅，横向排水管应设计成 2% 以上的坡度。

排水明沟一般设在结构内部靠边墙的位置，当隧、坑道长度大于 200m 时，双侧都要设置排水沟。排水明沟坡度与线路坡度一致，并大于 0.1%，断面尺寸视排水量大小按表 7-9 选用。

排水明沟断面尺寸 表 7-9

| 排水能力（m³/h） | 排水明沟断面尺寸（mm） | |
| --- | --- | --- |
| | 沟宽 | 沟深 |
| 50 以下 | 300 | 250 |
| 50～100 | 350 | 350 |
| 100～150 | 350 | 400 |
| 150～200 | 400 | 400 |
| 200～250 | 400 | 450 |
| 250～300 | 400 | 500 |

排水明沟施工时要在直线段每 50～200m，交叉转弯及变坡处设置检查井、井口设置活动盖板，其他位置也应设盖板，如果排出的是污水还应有密闭措施。

贴壁衬砌中心排水盲管的作用是将盲沟里的水集中排出，由无砂混凝土管或渗水盲管构成，其内径一般大于 250mm，施工时纵向坡度和埋设深度以工程开挖情况而定。

2）钻孔引排水

钻孔引排是在衬砌混凝土硬化后，在衬砌上钻孔将水汇集到排水沟内。这种方法的优点是省去外排水沟和排水盲沟（排水环），施工方便，缺点是混凝土衬砌的毛细管渗透散湿严重，表面不够美观。因此当工程内部温、湿度和内部装饰要求较高时，要配合衬套使用。

钻孔引排的具体做法一般有槽内钻孔与直接钻孔两种：

（1）槽内钻孔引排即在混凝土衬砌内表面留一道排水槽（纵向间距按围岩渗漏情况而定，一般为 5～10m），槽表面抹光并设防水措施（如防水涂料）。在槽内每隔 1～2m 钻孔，直接钻入岩石中，用一空心橡胶条或其他防水材料塞紧形成一个导水槽管，裂隙水从钻孔流入导水槽管而排到洞室内的排水沟内，见图 7-35。

（2）直接钻孔引排在衬砌上直接打排水孔，然后用钢管或塑料管（弹簧管）接出，将

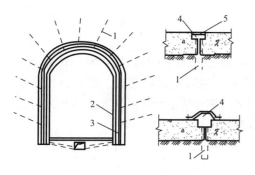

图 7-35　钻孔引流排水

水引至洞室内排水沟中（排水管穿过混凝土衬砌和超挖部分直接插入岩石内）。如果为了洞内美观，可将管子嵌入混凝土衬砌的凹槽内，待管子安装好后用水泥砂浆抹平，这种方案管子堵塞后检修困难。

钻孔引排时钻孔的孔向、孔径和孔距，应根据围岩裂隙渗水情况及岩层产状而定。孔向应尽量垂直岩层层面及主要节理，以便多穿过几层透水的岩石。

边墙上的排水孔坡向排水方向，与水平面夹角为 10～15°，如夹角太小，地下水排除不通畅。孔向与边墙垂直夹角要大于 30°；在拱顶，孔向应与拱顶曲线径向相同。孔径取决于钻头直径，在条件许可时应尽量大些；孔的深度一般为 3m 左右。孔距一般在洞口段和岩石破碎或含水率大时多布置一些，排距 3～5m，孔距 1～2m；岩石较硬，施工期间地下水很少的岩层地段，排距可放宽到 10～15m，或按具体情况而定。

钻孔引排时，钻孔要避开钢筋位置，否则将影响受力。

#### 7.3.2.4　地下工程排水工程实例

**1. 工程概况**

厦门翔安海底隧道位于厦门岛东部，连接岛内五通和对岸翔安大陆架，隧道长 6.05km，跨越海域宽约 4.2km。设计采用三孔隧道方式，两侧为行车隧道，各设 3 车道，中孔为服务隧道。行车隧道建筑内轮廓净宽约 14m，净高约 11m，隧道最大纵坡为 3%，最深处位于海平面下约 70m，海域最大水深约 30m。

工程场区以燕山早期花岗岩及中粗粒黑云母花岗闪长岩为主，穿插辉绿岩、二长岩、闪长玢岩等喜山期岩脉，隧道海域段需穿越四处全强风化深槽破碎带。场区内地下水可分为陆域地下水和海域地下水，陆域地下水赋存于风化残积土层中，接受大气降水的补给，属于潜水。海域地下水主要受海水垂直入渗补给，水量受构造控制，浅滩段透水砂层和海底段风化槽破碎带与海水有直接水力联系。

**2. 隧道排水设计**

海底隧道与山岭隧道最大的区别之一就是排水问题。由于海底隧道纵向为"V"字形坡度，不论施工期间还是运营期间，水都将沿隧道向洞内最低点汇集，因此需要完善的排水系统。

**1）施工期排水**

施工期间，首先应在洞口设置集水池及完善的排水系统，保证雨水不流入隧道内。洞内各工作面尤其是渗水量大的海底风化槽施工地段，都必须配备足够容量的排水设备，且应沿着施工开挖的长度，分级排放。对于海底风化深槽特殊地段，一旦出现突发大涌水，排水能力不足，后果是不可想象的，因此一方面要有较好的排水措施和充足的抢险物资，另一方面还要有极端情况下的防水闸门。防水闸门选择在地质条件较好的地段，采用内置型钢骨架、外贴钢板的可拆卸重复利用结构，可循环使用。一旦掌子面地段发生不可控涌水、涌泥险情，施工人员应迅速、有序撤离到安全地段，同时迅速清除防水闸门处各种障碍物，关闭防水闸门。施工过程中各开挖掌子面均需保证良好的通信联络，并有专门的报警设施。在施工中应经常演练疏散逃生过程，避免紧急情况下出现无序状态。

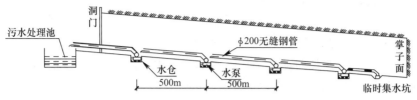

图 7-36　施工期间洞内排水系统示意图

2) 排导衬砌的排水系统

排导衬砌排水量的大小直接影响到二次衬砌上水压力的大小，考虑隧道所处水文地质条件的复杂性和随机性，难以建立确定的数学模型进行计算分析，因此，设计阶段有关单位通过模型试验研究了同排导系统相应的阻尼，以及稳定水头排水的情况下衬砌承受水压力的大小及分布规律，最后得出排水量大小与水压的关系曲线。该研究认为采用排导系统能有效卸载，对于围岩渗透系数较小地段，采用 $\phi10$cm 的盲管，出水口两侧分别为 $\phi10$cm 尺寸，环向布置间距小于 10m，基本上可以不计算水压力；采用 $\phi5$cm 盲管排水、环向布置间距 10m，出水口两侧分别为 $\phi10$cm，水压力折减系数可取 0.4。设计时对于排导衬砌，二次衬砌水压力按折减系数 0.4 考虑，并要求在防水板后面加铺 $\phi5$cm 软式透水管，环向间距 10m，并将软式透水管与主洞两侧设的 $\phi11$cm HDPE 透水管连接接入路面下的侧排水沟内。

3) 永久抽水系统布置

(1) 洞口排水系统

由于隧道纵坡为倒"人"字坡，洞口两端都有较长的引道段路堑，为避免洞外雨水流入洞内，路基设计时根据地形情况尽量将边坡水或路面水截流出洞外，其余的水通过在隧道两端洞口设置截水沟，截流进洞口处集水池，并设泵站将雨水排出隧道。

(2) 洞内排水系统

在隧道海底最低标高处设一集水通道和排水泵房，其容量按服务隧道所通 $\phi1000$ 供水管破裂 (2000m 长管中水流出) 或检修时需要存储的水容积量考虑，即 1500m³，该容量也满足隧道渗水、清洁用水、消防流水等其他意外水量。该水量首先抽排到洞口集水池，再由洞口集水池泵排出洞外。

(3) 隧道防排水效果

现场初步施工经验表明，翔安隧道防排水系统的设计和施工效果比较好，可供类似工程参考。

# 7.4　地下工程防水设计与施工

## 7.4.1　城市建筑地下室防水设计与施工

### 7.4.1.1　概述

城市高层建筑地下室的外墙和底板一般都埋设在地下水中，地下室外墙受到地下水侧向压力的影响，底板受到地下水浮力的影响，这时必须对地下室的外墙作垂直防水和底板作水平防水处理。高层建筑地下室的防水工程具有自身的复杂性与特殊性。

建筑地下室的防水工程相对于一般的防水工程，难度更大、造价更高，且更重要，主要有如下四个特点：

1. 耐久性。高层建筑一般为一级耐久年限，寿命在百年以上，所以必须选用优良的防水材料，制定完善的防水方案，力争防水耐用年限与建筑物寿命同步。

2. 复杂性。地下建筑长期在潮湿或浸水的环境中，墙体或防水材料都受到侵害。地下水含有多种物质，有的防水材料过早被腐蚀失效。施工时有沉降缝、后浇带、外防、内防等很复杂。

3. 修补困难。高层建筑地下室的防水层隐蔽较深，一旦发生渗漏，无法把建筑抬起来修补防水层，也不能把建筑周围回填土挖开，只好在室内补漏。背水面修补渗漏困难大、造价高、效果也不好。

4. 渗漏后危害大。防水层被破坏，地下水会对外墙造成结构损害，钢筋锈蚀，混凝土酥溃，影响建筑的使用寿命。另外，高层建筑的重要设备一般设置在地下室，有些还有商场、库房等，地下水侵入将直接影响设备的运行安全，造成物品的损害。

### 7.4.1.2 地下室防水设计与施工

地下室防水设计的内容，可粗略分为概念设计及构造设计。概念设计是设计的基本原则，是很重要的防水设计内容，但常为设计人员所忽略。构造设计包括主体防水及节点防水。

主体防水又分为结构自防水和附加防水，也称防水混凝土和其他防水层。附加防水以柔性外防水为主，底板及侧壁的柔性外防水要加保护层，地下室顶板要注意考虑其他构造层与防水层的关系，地下水池则应在做好外防水的同时做好内防水。构造设计也就是防水设防的要求，可按有关规范，根据防水等级选用。

1. 概念设计

1）排水设计

地下工程中具有自流排水条件且允许做自流排水的工程，应积极采用自流排水系统以降低地下水的压力，使防水设防做到简单、省钱、效果好。建筑物地下室虽也设机械排水，但与地铁和隧道有很大区别。前者主要考虑偶有地表水涌入，如地下车库车道入口雨后进水，或火灾时消防扑救后的积水排除；而地铁设机械排水是地铁常设运行所必须的。地下建筑工程在设置自流排水时，还应考虑因流动而加剧侵蚀性地下水对混凝土的影响。地下室无论使用性质如何，其底板一般均应设计保护层。对于地下车库、设备用房，保护层建议按100～200mm厚C20混凝土设计，该保护层兼找坡作沟。如前所述，建筑物地下室排水并非常设运行，因此只需按100mm×150mm的截面尺寸设计周边排水明沟，不必在钢筋混凝土底板上做文章，以利于底板的完整简单，更能保证混凝土自防水施工质量。进出地下室的外开口部分，如地下车库出入口处，应设计排水明沟及反坡，入口上方建议设置玻璃棚罩，以减小雨水汇集面积，减少地下室排水系统运行次数。

2）简化平剖面设计

地下室平剖面设计应尽量简化，即所谓"简、并、避、离、升"。地下室，特别是多层地下室的窗井、风井的设计也应遵循简并的原则。除半地下室外，建议不要随意设置窗井、风井。因窗井、风井可能破坏地下室侧壁外防水的连续性，窗井、风井底部土体不易密实，加之与主体结构相连处有时易因沉降不均产生裂缝，不利防水。风井断面尺寸若不是很大，可在局部做些处理，会使上述问题得到改善。

如有可能，窗井、风井宜在室内设置，一层地下室从上部空间开始，多层地下室可能要穿越楼板，但都应在室外地坪以上标高（至少＋0.50m）处由侧壁挑出。这样做可简化地下室地下外墙的平剖面，有利于防水构造的设计与施工。

3）回填土要求

地下室回填土历来要求采用黏土或原土，按每层300mm分层夯实。近年一些工程为赶工期而采用石渣回填，使地下室长年浸泡在地下水中，对防水大为不利，建筑物周边地面在经过雨水的沉实作用下，有下沉开裂的可能。周边回填物的下沉，也容易引起侧壁柔性附加防水层的破坏，因此回填土是防水设计的组成部分之一，不可忽视。

4）分期建设要求

分期建设的地下工程，无论分期实施的具体方案如何，只要是连接成片的地下室，设计都应一次完成。有条件时，地上分期施工，地下一次施工。设计要充分考虑分期衔接的防水问题。对先施工者要考虑防水层的预留与保护，后接时要考虑衔接严密，特别是先后建设可能产生的变形对防水构造的影响。分期范围按变形缝自然划分最合理。

5）变形缝的设计

地下室一般不考虑设置温度变形缝，防震缝一般也不设在地下室。实际上，地下室设置的变形缝主要是沉降缝。因建筑物各部分刚度变化较大而设置的防震缝并不多。

此外，建筑专业在方案或初步设计阶段就应注意避免在多层地下室的多层部分设置变形缝，或与结构专业密切配合采取必要的措施，如控制设计沉降量，避免在平剖面复杂处设置沉降缝。

在面积很大且进深也较大的地下室设置变形缝，应将平剖面在缝处设计成葫芦腰状，以便只在细腰处设缝，亦即在缝两侧设置双墙，只在必要的通道处设置变形缝。要做到这一点是可行的，因为尽管在拟设缝处的平剖面尺寸很大，但缝两侧必须贯通的部分总是有限的，这就给我们提供了这种可能。

因工艺要求，工业建筑不可能将平剖面设计成葫芦腰状，但仍应尽量避免设置大尺寸的柔性变形缝。实践中常采用一系列后浇带或加强带的办法来解决变形问题。所有地下防水设计的节点中，变形缝是最复杂的，失败率也是最高的。为此，建议在地下室排水系统设计时，尽可能考虑在变形缝附近设置集水坑或排水明沟，万一渗水后可采取导流措施，不影响正常使用，也有利于堵漏注浆等补救工作的开展。

2. 混凝土自防水

混凝土自防水的主要措施是采用骨料的合理级配以及掺加减水剂和膨胀剂。与设计有直接关系的是膨胀剂，应选用膨胀率≥0.35％的高效膨胀剂。非高效膨胀剂掺量较大，使总含碱量难以控制，并会导致混凝土其他品质的下降（如坍落度损失较大甚至抗压强度降低），所以膨胀剂使用成功或失败至关重要，而正确使用高效膨胀剂主要是管理问题，不是技术问题。高效减水剂和高效膨胀剂不应取代合理的骨料级配，掺加一定比例的合乎质量要求的粉煤灰，对减少裂缝也是有效的。

在设计方面，若有条件，可采用混凝土56d强度作为设计强度，并采用减小配筋直径，同时增加配筋密度的措施以减少混凝土裂缝。使用纤维混凝土也可改善混凝土的抗裂性能。

### 7.4.1.3　地下室防水工程实例

#### 1. 工程概况

深圳滨海医院位于深圳市南山区滨海路，是深圳市的重点工程，项目总投资为 24.79 亿元，占地面积 19 万 $m^2$，总建筑面积 35.24 万 $m^2$，其中地下室防水面积达到 12 万 $m^2$。

#### 2. 防水设计方案

本工程的地下室防水等级为一级。地下室底板和外墙除设计一道自防水钢筋混凝土外，均选用了 3mm+3mm 双面自粘聚合物改性沥青聚酯胎防水卷材作柔性防水层，外防外贴法施工。该地下室底板设有大量桩基础，桩头处采用水泥基渗透结晶型防水涂料进行处理。

SAM-950 双面自粘聚合物改性沥青防水卷材，是以聚酯长纤无纺布为胎基，以弹性体改性沥青做浸渍和涂盖材料，上、下表面涂自粘橡胶沥青并附可剥离的涂硅隔离膜或涂硅隔离纸作为隔离材料而制成的一种双面自粘防水卷材。

#### 3. 地下室底板防水施工工艺

##### 1）施工工艺流程

施工准备→基层处理→涂刷基层处理剂→细部附加层防水层施工→弹线→第 1 层自粘卷材大面铺贴→排气压实→搭接缝压实和边缘密封→立面卷材收头固定和卷材密封胶密封→质检→第 2 层自粘卷材大面铺贴（与第 1 层工序同）→保护隔离层→成品保护。

##### 2）施工要点

（1）涂刷基层处理剂

基层处理符合要求后，在铺贴卷材前，基层表面先涂刷 BSP-201 基层处理剂，做到涂刷均匀并完全覆盖所有待粘贴卷材部位，不得漏刷和堆积，用量约为 0.20kg/$m^2$。

（2）细部节点附加防水层施工

基层处理剂干燥后，及时对需做附加防水层的部位进行处理。对卷材不易粘贴的细部用喷灯烘烤，一般部位附加层卷材应满粘于基层，应力集中部位应根据规范空铺。

（3）接缝处理

用喷灯充分烘烤搭接边上层卷材底面和下层卷材上表面的沥青涂盖层，保证搭接处卷材间的沥青密实融合，且有熔融沥青从边端挤出，形成匀质沥青条，达到封闭接缝口的目的。

（4）大面防水层自粘卷材铺贴

① 水平面：基层处理剂干燥后，应及时弹线并铺贴卷材。铺贴时，先将起端固定后逐渐展开，展开的同时揭开隔离材料，铺设时由低往高。注意上下两层卷材不得相互垂直铺贴，上下两层卷材之间的搭接缝应相互错开 1/3～1/2 幅宽。

② 垂直立面：卷材与基层和卷材与卷材采用满粘法施工。

③ 卷材搭接和密封：相邻卷材搭接缝应精心处理，气温偏低时应用喷灯轻烤辅助粘贴，再用手辊自里向外排气压实，边缘用卷材密封胶进行密封处理。

（5）立面卷材收头与固定

立面卷材收头先用金属压条固定，然后用卷材密封胶进行密封处理。

（6）保护隔离层施工

卷材铺贴完成并经检查合格后，将防水层表面清扫干净，对防水层采取保护措施，并及时进行防水保护层的施工。卷材防水层与刚性保护层之间设隔离层，隔离层材料可选用低质沥青卷材、塑料膜等。

4. 地下室外墙防水施工工艺

1) 施工工艺流程

地下室外墙防水施工流程与底板类似。

2) 施工要点

(1) 基层处理

将基层浮浆、污垢等清除并清扫干净，做到平整、清洁、干燥。

(2) 一般细部附加增强处理

用专用附加层卷材及标准预制件在两面转角、三面阴阳角等部位进行附加增强处理。方法是先按细部形状将卷材剪好，在细部贴一下，视尺寸、形状合适后，再将卷材的底面用喷灯烘烤，待其底面呈熔融状态，即可立即粘贴在已涂刷一道基层处理剂的基层上。附加层要求无空鼓，并压实铺牢。

(3) 弹线

在已处理好并干燥的基层表面，按照所选卷材的宽度，留出搭接缝尺寸（长短边均为100mm），将铺贴卷材的基准线弹好，以便按此基准线进行卷材铺贴施工。

(4) 卷材大面铺贴

卷材由下往上进行熔粘铺贴，将起始端卷材粘牢后，由一人推滚卷材进行粘铺，后随一人及时排气压实。

(5) 接缝处理，同底板防水施工接缝处理。

(6) 检查验收

边铺卷材边检查，用螺丝刀检查搭接口，发现熔焊不实之处及时修补，不得留任何隐患，特别要注意平立面交接处、转角处、阴阳角部位的处理是否到位。检查全部合格后方可进入下一道工序施工。

5. 细部节点防水处理

1) 底板与外墙交接处防水处理

平立面交接处施工专用附加层卷材，一期工程卷材与砖砌永久保护墙之间卷材收口部位采用固定件临时固定，待二期施工时拆除临时保护墙及拆掉临时固定件，与二期卷材接茬宽度为150mm，见图7-37。

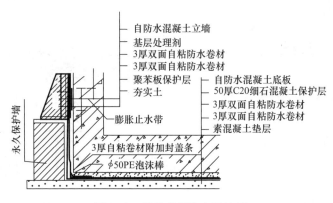

图 7-37  基础底板防水层处理

2）立墙卷材收头防水处理

立墙卷材收头部位，必须使用与卷材相配套的压条进行辅助机械固定，收头处采用沥青密封胶密封，见图7-38。

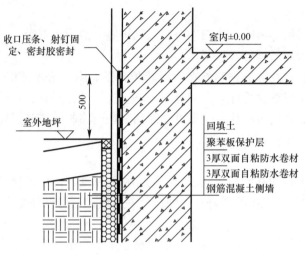

图 7-38　立墙防水层收口处理

3）穿墙管套防水处理

穿墙管套根部按图7-39所示施工卷材增强层。

4）诱导缝防水处理

在诱导缝处设置中埋式止水带，在外侧设置镀锌承压板，并增加1层卷材附加层，外贴双层自粘防水卷材，并设置排水保护板，具体做法见图7-40。

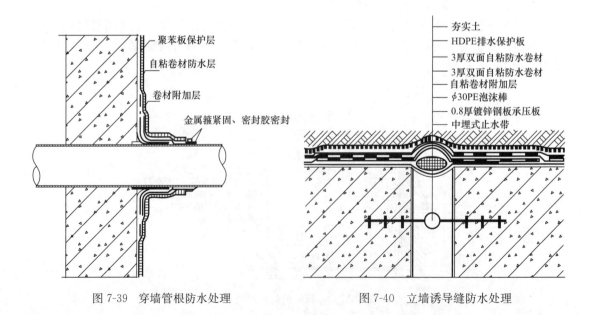

图 7-39　穿墙管根防水处理　　　　图 7-40　立墙诱导缝防水处理

5）后浇带处防水处理

在后浇带位置增铺与大面同材质自粘卷材作附加增强层，见图7-41。

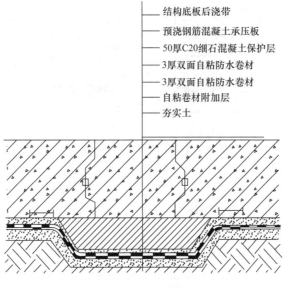

图7-41 后浇带防水处理

6）锚杆防水处理见图7-42。

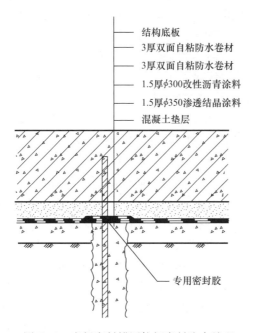

图7-42 底板密封锚固拉杆密封防水处理

7）桩头防水处理

整个地下底板桩头选用了水泥基渗透结晶型防水涂料、高强聚合物防水砂浆、改性沥青防水涂料、遇水膨胀止水条以及自粘卷材作复合增强防水处理，见图7-43。

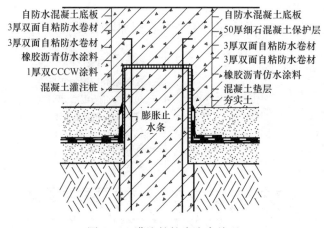

图 7-43 灌注桩桩头防水处理

## 7.4.2 地下隧道工程的防水设计与施工

### 7.4.2.1 明挖法隧道防水设计与施工

在软土地区，明挖修建隧道是常用的方法之一，主要有放坡明挖法和设置围护结构明挖法。明挖法隧道防水设计遵循"以防为主"的原则。明挖法隧道常用的防水措施有：隧道混凝土结构自防水、隧道接缝防水和隧道防水层防水。

**1. 隧道混凝土结构自防水**

以混凝土自身的密实性而具有一定防水能力的混凝土或钢筋混凝土结构形式称之为混凝土结构自防水。它兼具承重、围护功能，且可满足一定的耐冻融和耐侵蚀要求。混凝土结构自防水可采用的混凝土品种有：普通防水混凝土、外加剂防水混凝土、纤维抗裂防水混凝土、自密实高性能防水混凝土和聚合物水泥防水混凝土。

混凝土的抗渗性以抗渗等级来表示，抗渗等级是以 28d 龄期的标准抗渗试件，按规定方法试验，以不渗水时所能承受的最大水压力来表示，划分为 P2、P4、P6、P8、P12 等等级，它们分别表示能抵抗 0.2、0.4、0.6、0.8、1.2 MPa 的水压力而不渗透。地下工程结构主体的抗渗混凝土抗渗等级一般不低于 P6 级的混凝土。

隧道混凝土结构自防水主要涉及两种结构形式：叠合衬砌结构、复合衬砌结构。

叠合衬砌结构的设计理念是充分发挥围护结构地下墙的结构能力，作为主体结构的一部分，参与永久工作，从而节约工程投资。一般叠合衬砌结构内衬墙厚度约 400～600mm，其特点是将地下墙与内衬结构叠合共同承受水、土压力及抗浮力，利用混凝土的自防水能力，不设防水层，因此较大地节省工程投资和结构占地，也减少施工阶段的风险，叠合衬砌结构在隧道运营过程中的防水效果要逊于复合衬砌结构的防水。

复合衬砌结构的设计理念是分离围护结构与内衬结构，以便设置防水层，力图达到内衬结构的永久防水目的。该防水层客观上也起到了内外结构的隔离作用。一般复合衬砌结构内衬墙厚度约 600～800mm，其特点是采用全包防水，内衬结构因此独立承受水压力，围护结构承受土压力及抗浮力。

**2. 隧道接缝防水**

隧道衬砌变形缝是为了满足隧道纵向发生不均匀变形的要求，隧道衬砌受外界荷载、温度和应力的影响，隧道衬砌将发生变形，这种变形沿隧道纵向是不均匀的，为适应隧道衬砌变形的要求，区间变形缝间距一般为 60m，同时在结构形式变化较大处或地质条件变化较大的部位以及区间与车站接口处，根据具体情况设置变形缝，变形缝宽度为 20mm。变形缝处没有混凝土填充，失去结构自防水的能力。因此衬砌变形缝是隧道防水的薄弱环节之一。

隧道衬砌变形缝防水一般设置三道各自成环的止水线：1）变形缝外侧设置外贴式中孔型止水带；2）变形缝中部设置带注浆管的中置式橡胶止水带（中心带气孔型），形成一道封闭的防水线；3）变形缝处拱部及边墙内侧设置不锈钢接水槽，将少量渗水有组织地引入区间排水沟车站车沟并排入区间废水泵房，变形缝的内侧嵌填密封胶。常用的设施有止水带、带注浆花管中置式止水带、低发泡闭孔聚乙烯填缝板、PE 泡沫板、聚硫建筑密封胶等。

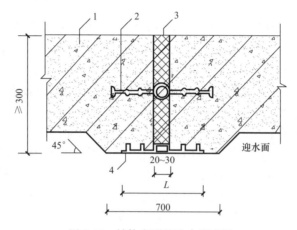

图 7-44　结构变形缝防水示意图

隧道衬砌施工缝包括环向施工缝和纵向施工缝，主要是由于衬砌施工过程中混凝土不能一次性连续浇筑过长或必须分部施工而设置的施工接缝，这种接缝是结构自防水的薄弱环节，施工缝处理的好坏将会直接影响隧道的防水质量和使用寿命。目前，隧道衬砌施工缝防水环向和纵向施工缝在混凝土初凝后，应用钢丝刷将其表面浮浆和杂物清除，浇注混凝土前，先铺净浆，再涂刷优质水泥基渗透结晶型涂料。常用的设施有钢边橡胶止水带和水泥基渗透结晶材料等。钢边橡胶止水带的放置方式一般分为埋入式，采用铁丝固定在钢筋结构上，间距 40cm。要求牢固可靠，避免混凝土浇筑过程中脱落导致止水带扭曲影响防水效果。预埋在衬砌混凝土中可以阻止渗水透过衬砌进入隧道；水泥基渗透结晶可以很好地将混凝土之间的缝隙粘结，阻止外界水侵入。

**7.4.2.2　盾构法隧道防水设计与施工**

盾构工法施工的隧道的防水是一项相当复杂而又有一定难度的工作。据统计，有一半以上的地下工程都存在不同程度的渗漏水，有的还相当严重，影响了建筑物的正常使用。

盾构法隧道防水原则为"以防为主、多道设防、因地制宜、综合治理"。盾构法隧道防水等级分为一～四级，防水设计中针对不同的防水等级提出与之相应的可靠措施。

盾构法隧道防水设计主要包括衬砌自防水设计、衬砌外防水设计、衬砌接缝防水设计、内衬结构防水设计和阴极保护设计。

1. 衬砌自防水设计

盾构管片是盾构施工的主要装配构件，是隧道的最内层屏障，承担着抵抗土层压力、地下水压力以及一些特殊荷载的作用。盾构管片是盾构法隧道的永久衬砌结构，盾构管片质量直接关系到隧道的整体质量和安全，影响隧道的防水性能及耐久性能。地铁盾构隧道设计的抗渗等级不得低于 P8，检测浇筑衬砌用的混凝土浇筑试块的抗渗性。

提高管片混凝土的耐久性的措施有：在管片混凝土中添加水泥掺量 10％的硅粉，降低管片混凝土中的氧扩散；增加管片混凝土中钢筋的保护层厚度，直接对钢筋做涂层处理；清洗管片内侧裂缝表面的盐分。

钢筋混凝土管片拼装形成最终供使用的隧道，这就要求采用高精度的模具制作管片，从而保证管片尺寸精度。一般精度要求为：钢模±0.5mm，管片±1.0mm。

由此可见，衬砌自防水是通过提高管片精度和管片密实性两方面的措施来实现的。

2. 衬砌外防水设计

由于在软土中含水地层中常含有 $Cl^-$、$SO_4^{2-}$ 等侵蚀性物质，它们通过毛细管作用渗入混凝土结构内部，并积聚在外排钢筋周围，其浓度高至钢筋钝化层破坏，锈蚀发生与加剧。而在管片渗漏的裂缝处，随着侵蚀介质的水漏入，水分蒸发，靠近内壁虎面漏点区钢筋周围的盐分最多，从而在有氧条件下形成钢筋锈蚀膨胀，裂缝扩大，表面混凝土受膨胀剥离。

因此，在提高混凝土结构自防水能力的前提下，根据地层中侵蚀介质的情况及隧道埋深，对防腐蚀、防迷流等要求高的隧道衬砌应考虑外防水涂层。

管片外防水涂层需根据管片材质而定，凡有较深裂纹的管片一般都要增加外防水涂层。对钢筋混凝土管片而言，一般要求：1）涂层应能在盾尾密封钢丝刷与钢板的挤压摩擦下仍保持完好；2）当管片弧面的裂缝宽度达 0.3mm 时，仍能抗 0.8MPa 的水压，长期不渗漏；3）涂层应具有防迷流的功能，其体积电阻率、表面电阻率要高；4）涂层应具有良好的抗化学腐蚀、抗微生物侵蚀能力和足够的耐久性；5）涂层要有良好的施工季节适应性，施工简便，成本低廉。

因盾构施工的特点，在衬砌管片与天然土体之间存在环形空隙，通过同步注浆与二次注浆充填空隙，形成一道外围防水层，有利于区间隧道的防水。

同步注浆采用水泥砂浆，在管片拼装完成后进行；二次注浆主要采用水泥浆，但在隧道开挖对地表建筑物或管线影响较大地段，为即时回填空隙，减小地面沉降，可选择速凝型的双液浆（水泥—水玻璃浆液）。为避免浆材硬化收缩，从防水角度考虑，所有的注浆材料皆宜掺加一定量的微膨胀剂。

注浆压力一般为 1.1～1.2 倍的静止土压力，施工中应根据地层特征进行调整，但需满足以下要求：应大于开挖面的水压力；不能使地面有较大隆起（<10mm），也不能使地面有较大沉降（<30mm）；不能使管片因受压而错位变形；不能使浆液经常或大量从管片间或盾构机与管片间渗漏；另外注浆时应采取合理措施保证注浆量。

3. 衬砌接缝防水设计

盾构隧道是埋于地下的结构物，处于地下水的包围之中，不可避免地会受到地下水压力的作用，地下水的侵入会导致结构破坏，设备腐蚀，危害行车安全，影响外观等一系列问题，严重的甚至会影响到地铁的运营和降低隧道的使用寿命。盾构隧道的接缝特别多，其渗水通道会远远大于其他的地下结构物，所以做好其接缝的密封工作可以很大程度上抑制地下水的侵入危害。

管片接缝防水的设计有很多种，主要是接缝密封垫防水、灌注密封剂防水和嵌缝防水，采用比较合理的防水方案可以取得较好的防水效果。非膨胀合成橡胶，靠弹性压密，以接触面压应力来止水，以耐久性与止水性见长；水膨胀橡胶，靠其遇水膨胀后的膨胀压止水，它的特点是可使密封材料变薄、施工方便，但耐久性尚待验证；国内已研究开发了水膨胀类材料与密封垫两者的复合型。灌注密封剂防水使用效果好但是费用较高。而嵌缝防水作为接缝防水施工的最后一道防线，形式多样，可选择材料的范围也比较广。

1）弹性密封防水

弹性密封防水具有以下特点：

在设计水压下不漏水，能承受千斤顶压力、压浆压力、由拧紧螺栓引起的预紧力以及衬砌使用阶段的截面内力；有相当的弹性，在承受往复压力后复原能力强；有足够的粘结力、耐久性、稳定性、抗老化性及对压浆浆液的耐腐蚀性；施工方便，不会影响管片拼装的精度，安装后能立即承受荷载等。

弹性密封防水主要包括接头密封条和非膨胀性弹性密封垫。

接头密封条是在受压后形成的，粘结在接头表面上的，通常使用在无螺栓的钢筋混凝土管片衬砌之中。因为广泛使用无螺栓衬砌，接头面为凹凸圆弧面，接头密封条就尤其适用于这种接头，一般使用橡胶沥青密封条，靠加热粘结在管片上。此外还有以硅、环氧树脂等的聚合物为材料的。

非膨胀性弹性密封垫是预制的成形品，嵌置在接头面上专设的密封垫沟槽内，无论有无螺栓都可以使用。它在地层条件恶劣，地下水压高的情况下也显现出了很好的防水效果。在欧洲，密封材料的主体就是非膨胀合成橡胶，在我国的盾构法隧道中它也是最常用的防水形式。

2）遇水膨胀橡胶密封垫

遇水膨胀橡胶密封垫是 20 世纪 80 年代开发应用的隧道衬砌接缝防水材料。与传统的橡胶止水材料相比较，施工时它所需受压程度小，只要压缩 7％即可（传统的橡胶受压型密封材料需要 35％），能够消除压缩应力引起的破坏。当接缝两侧的距离大于防水材料的弹性恢复率时，由其遇水膨胀的特点，在其膨胀范围以内还能够起止水作用。遇水膨胀橡胶密封垫以其造价低廉（可节省 50％以上）、施工简便、效率高，节省材料（大大减少了密封垫的厚度），止水能力强等优点，近年来已成为国内外隧道衬砌接缝防水中运用最广的一种防水材料。它工作状态下的材料性能，也类似于高粘体系，具有把压力传递到其接触面的特性。

还有一种组合应用是把遇水膨胀橡胶和普通非膨胀橡胶密封垫结合起来使用，通过嵌入或者是模压的方式将水膨胀橡胶与非膨胀橡胶结合构成复合型弹性橡胶密封垫。这样，弹性橡胶密封垫拥有了弹性止水、膨胀止水双重功效，使得弹性橡胶密封垫即使在管片之间产生较大接缝张开量，依靠橡胶回弹无法完全止水（包括长期压缩下的密封垫应力松弛）的情况下，膨胀橡胶遇水产生体积膨胀，达到止水的目的。这样一来，盾构隧道短期的防水靠密封垫压密解决，而长期防水依靠水膨胀橡胶的水膨胀性，尤其是限制侧向膨胀，靠高度方向的单向膨胀予以解决。

3）灌注密封剂

灌注密封剂就是用喷枪、泵等器具将聚氨酯或树脂类密封剂等材料，沿着管片的预留灌浆孔压注入预留沟槽孔道里，密封剂聚合固化后，依靠它与孔壁的粘结力密封接缝，就能起到止水作用。显然，它需要有良好的可灌性和有水存在下的固化性，与混凝土有良好的粘结力，并有良好的强度、弹性及化学稳定性。通常把它和弹性密封垫配合起来使用，作为加强防水的措施。

4）嵌缝填料

在管片拼装完成以后过一段时间即进行嵌缝作业，一般需要等到隧道变形稳定以后，且最好是在枯水期，但主要用在渗漏水的接缝和进出洞一定范围内的接缝上。它不是靠弹性压密防水，而是用嵌缝材料的填嵌密实来达到防水目的。嵌缝填料几乎不受接头形状的限制，嵌缝沟槽位于接头的内缘，其开口有方形的，也有喇叭形的，要根据所选用材料等具体情况确定。嵌缝填料要求具有良好的不透水性、粘结性、耐久性、延伸性、耐药性、抗老化性，收缩小，适应一定变形的弹性，特别要能与潮湿的混凝土结合好，具有不流坠的抗下垂性，以便于在湿润状态下施工。目前采用的嵌缝填料有环氧树脂系列、聚硫橡胶系列、聚氨酯、水泥和橡胶泡沫条、石棉化合物等。由于嵌缝填料的独特作用，国外几乎各种管片都考虑嵌缝防水，甚至有的铸铁管片、钢管片衬砌去掉接缝密封垫，单靠嵌缝防水就能达到理想的防水效果。

近年来，日本、比利时等地生产商开发出新型的嵌缝用单组分密封胶类遇水膨胀腻子产品，其主要成分多为聚氯酯型，可在潮湿面施工。在采用嵌缝枪将其注入嵌缝槽后，腻子与空气中的潮气接触变为软橡胶般的弹性体材料，然后用增韧型环氧胶泥或氯丁胶乳水泥砂浆封闭嵌缝槽口。若地下水沿管片接缝渗入嵌缝槽内，腻子遇水会迅速膨胀，封闭渗水通道，从而保证嵌缝槽无渗漏，即为以水止水。由于可以采用嵌缝枪灌注作业，此材料尤其适用于外形构造复杂、作业困难的场合，替代膨润土止水条作为施工缝防水材料。另外，特别是对于那些尺寸不规范的接缝，现场使用时仅需要根据接缝大小，用手将其搓成一定的尺寸填塞入接缝即可，施工十分方便。但是在施工过程中，施工界面因水冲刷后的积水会导致遇水膨胀腻子条在混凝土还未浇捣前就预先膨胀，失去了其后期的膨胀止水功能，所以如何防止遇水膨胀腻子条的预膨胀是此种材料应用的关键。现在通常采用两种方法来达到此目的，一是腻子条表面涂刷缓膨胀剂；二是在生产制作遇水膨胀腻子条的过程中，加入缓膨胀成分，制成具有缓膨胀功能的止水条。

4. 内衬结构防水设计

在外层装配式衬砌趋于基本稳定时，再在隧道内部进行素混凝土或钢筋混凝土内衬浇捣，构成双层衬砌。不论在装配式衬砌内直接浇捣混凝土，还是衬防水卷材后浇内衬混凝土都有加强防水的意义。通常双层衬砌防水可达到1～2级。设计时宜对装配式衬砌隧道浇内衬施工前后分别提出防水等级。对双层衬砌提出的防水标准是第一层和第二层衬砌分别完成后的各自渗漏量或渗漏状态。

两次浇筑混凝土时，由于衬砌内外侧温度、龄期等不相同，后浇混凝土不能自由收缩，而要受到偏心拉力作用，易发生裂缝，而防水板的衬入：尤其是土工织物和防水板复合材料的衬入，起到减少装配式衬砌与二次衬砌模注混凝土之间的约束应力的作用，改善了内衬的开裂。夹层防水层一般来说都是封闭型的，即构成完全防水的连续封闭体系，这与夹层排水板构成泄水型体系不同。

PVC板或带键的PVC板作为盾构法隧道衬砌夹层防水层的做法在日本、澳大利亚有实例，但在国内实例尚少，而 HDPE、LDPE、EVA 等防水板在隧道复合衬砌中应用越来越多，在盾构法隧道复合衬砌中也有尝试。

双层衬砌中内衬变形缝应与装配式衬砌的变形缝相对应，变形前后都应能防水。至于变形缝设置的密度主要视地层情况。如日本东京港铁路盾构法隧道通过极软弱的灵敏度很高的淤泥质黏土地层（灵敏度达 4～60，含水率 60％以上），为防止纵向变形引起环缝开裂漏入泥水，在 430m 中设置 86 条变形缝，且采用特殊的、适应大变形量的橡胶带。

5. 联络通道、风道与盾构隧道连接处防水

联络通道施工时，设置支撑并切割相应位置的玻璃纤维混凝土管片，采用矿山法施工联络通道及泵房。联络通道防水采用混凝土自防水与防水卷材相结合的防水体系。

1）预注浆：在联络通道开挖前及开挖中，在联络通道外侧土体中进行注浆加固及止水；

2）混凝土自防水：初支采用 C25 早强喷射混凝土、二衬采用 C30，P10 钢筋混凝土；

3）防水卷材防水：在初支与二衬之间铺设无纺布及 1.5mm 厚 PVC 防水卷材。防水卷材在铺设时采用自封闭，并在管片外缘粘贴水膨胀橡胶条，设置二道防水。

风道与盾构隧道接口防水措施可参照联络通道与盾构隧道接口的处理方式。

### 7.4.2.3 沉管法隧道防水设计与施工

沉管隧道的防水是目前国内外隧道建造的关键环节之一，也是沉管隧道建设中的难点和重点。其防水效果与防水设计措施、施工工艺技术水平密切相关。对钢筋混凝土沉管隧道而言，要做到内部滴水不漏和不渗漏，并非易事，究其原因为：大部分沉管管段是在干坞内或船台上制作，要经过舾装、浮运、沉放对接及基础压砂和覆土回填等复杂的水下作业过程，力系转换变化多；沉管管段结构尺寸大，且顶板、底板及侧墙墙体厚，混凝土量大，属于大体积混凝土结构，防裂面积大；沉管对接接头防水长度长，且在水下施工处理，工序多且复杂，难度大；地下水头高，渗透性好，直接作用在结构上。如果沉管隧道防水失败，其修复是非常困难的，后果非常严重。

本节以沈家门港海底隧道为例，采用管段自防水、管段接头防水、管段外防水构成的防水体系，具有双重防水措施，能满足海底复杂的环境下的防水抗渗要求，给沉管隧道内不渗漏奠定了基础。

沈家门港海底隧道为越海通道，位于舟山市普陀区沈家门港，连接沈家门与鲁家峙岛。隧道由沈家门侧出入口段及明挖暗埋段、沉管段、鲁家峙侧明挖暗埋段及出入口段组成。工程场地主要地层从上向下为淤泥、淤泥质粉质黏土、粉质黏土、含黏性土圆砾、粉质黏土、含黏性土角砾等。地表水及浅层孔隙潜水为海水，对混凝土结构无腐蚀性，对混凝土中的钢筋长期浸水时具有弱腐蚀性、干湿交替时具有强腐蚀性，对钢结构具有中等腐蚀性。

根据混凝土沉管隧道特点，其防水设计内容由三部分构成：管段结构自防水、管段接头防水和结构外防水层。

1. 防水设计原则及标准

沉管隧道防水遵循"以结构自防水为主，外防水层为辅，接头防水为重点，多道防水，综合治理"的原则。其防水等级为二级，即顶部不允许滴漏，其他部分不允许漏水，

结构表面可有少量湿渍，总湿渍面积不应大于总防水面积的 2‰；任意 $100m^2$ 防水面积上的湿渍不超过 3 处，单个湿渍的最大面积 $\leq 0.2m^2$，平均漏水量 $\leq 0.05L/m^2 \cdot d$，任意 $100m^2$ 防水面积上的渗漏量 $\leq 0.15L/m^2 \cdot d$。

2. 结构混凝土设计

1) 结构混凝土设计

沉管结构采用强度等级为 C50 高性能防水混凝土，防水抗渗等级为 P10。为保证隧道 100 年使用期要求，必须控制好混凝土的耐久性设计要求。根据沉管隧道工程的特点和设计标准，认真分析了影响结构混凝土耐久性质量的因素，设计采用高性能混凝土，以保证混凝土的密实性，预防混凝土表面裂缝的产生，提高混凝土的防水、防腐能力和耐久性。

混凝土全部采用高性能商品混凝土，配合比选用水泥品种要适应舟山地区，要有一定的耐侵蚀性，做到防水与防腐相结合。混凝土氯离子扩散系数 $\leq 4 \times 10^{-12}/m^2/s$（氯离子浓度 $\leq 0.3kg/m^3$）。

2) 混凝土施工措施

（1）混凝土采用双掺技术，严格控制凝胶材料最小用量，应不小于 $360kg/m^3$。配制混凝土所用水泥采用硅酸盐水泥、普通硅酸盐水泥或矿渣硅酸盐水泥，水泥强度等级不低于 42.5 号，水泥中的 $C_3A$ 的含量 $\leq 5\%$。严格控制水灰比，水胶比 $\leq 0.36$。宜采用非碱活性骨料；当使用碱活性骨料时，混凝土中的最大碱含量为 $2.0kg/m^3$，且不超过水泥重的 $0.6\%$。

（2）严格控制混凝土的坍落度。结构防水混凝土的入模坍落度控制在 $12 \sim 16cm$，入模前坍落度损失每小时应 $<30mm$，坍落度总损失值应 $<60mm$。混凝土浇筑时除使拌合物充满整个模型外，还应注意拌合物入模的均匀性，保证不离析。

（3）混凝土施工时，应振捣密实，保证混凝土的匀质性和密实度，提高混凝土本身的抗裂能力。混凝土拟采用插入式振捣器振捣，其层厚不超过振动棒长的 1.25 倍，并插入下层 $\geq 5cm$，振捣时间为 $10 \sim 30s$，视振捣中的混凝土表面下沉、气泡、灰浆形态来判断。施工缝、变形缝处有专人指挥、检查振捣质量。

（4）保证钢筋混凝土钢筋的保护层厚度。

3) 混凝土防裂措施

（1）在水泥品种选择时，采用中低水化热水泥。

（2）管段结构分段分块浇筑，以减少混凝土的一次浇筑量，控制入模温度 $\leq 28℃$。

（3）管段混凝土采用保温保湿养护。混凝土表面养护在混凝土浇筑完毕后 $12 \sim 18h$ 内进行，如在炎热与干燥气候情况应提前到浇筑完毕后 $8 \sim 12h$ 内进行。严格控制混凝土入模后的内部最高温度 $\leq 70℃$，内部最高温度与外表面温度之差 $\leq 25℃$，混凝土浇筑温度 $\leq 28℃$。管段混凝土结构内外裂缝宽度 $\leq 0.2mm$（其中水化热产生的干缩裂缝 $\leq 0.1mm$），混凝土养护时间 $\geq 42d$。底板混凝土蓄水养护，拆模时混凝土表面与环境温度差 $\leq 15℃$。

（4）利用测温技术进行大体积混凝土信息化施工。全面掌握混凝土在强度发展过程中内部温度场分布状况，根据温度梯度变化，定性定量指导施工，控制温差，延缓降温速率，达到控制裂缝产生的目的。

4) 结构施工缝防水

管段混凝土分部分段施工，存在施工缝，并设置后浇带。对施工缝处采取必要的构造措施，确保接缝不漏水。水平施工缝设在底板以上 1000mm 部位，避开矩距较大区域，采用钢板止水带和遇水膨胀橡胶止水条防水。后浇带混凝土采用微膨胀混凝土（其性能要求：14d竖向自由膨胀率0.1%），6个月干缩后剩余竖向自由膨胀率＞0.05%。

本工程施工缝的防水处理措施有：

（1）施工缝位置设置合理，且减少施工缝。每个管节设置一道水平施工缝，纵向按16～18m设置一个后浇带，共设三个后浇带，即六道竖向施工缝。

（2）施工缝混凝土表面凿毛，预埋钢板止水带。镀锌钢板止水带燕尾在顶、底板朝上，侧墙水平施工缝朝迎水侧，竖向施工缝朝迎水侧。

（3）加强施工缝处混凝土的施工质量控制。

3. 管段外防水层设计

1）外防水设计

管段结构外防水层设计就是选用合理的防水材料，在防水结构表面形成一薄层防水层，能适应微小变形以及抵抗酸碱介质的侵蚀而达到防水防腐的要求。

因本隧道沉管断面较小，结构自重对沉管起浮影响较大，为了减少起浮时结构自重和因预埋大面积钢板产生的附加应力应变影响底板防水效果，没有设置底钢板。在侧墙、顶板表面采用涂刷水泥基渗透结晶型防水涂料，其外再抹防水砂浆保护层。水泥基渗透结晶型防水涂料属于无机材料，渗透入混凝土结构内部，与混凝土同寿命，且性能稳定，具有防腐、耐老化、保护钢筋的作用，且环保、施工简便、经济。管段端钢壳顶板、侧墙处和管段混凝土结构交接处和管段施工缝处涂刷防水涂料，作为加强层防水。

2）防水涂料施工工艺

（1）基面处理。去除基面的污物油渍和浮浆，找出结构中需要加强的部位，对需要加强的部位进行清理，并用高于原结构混凝土一个等级的混凝土将已处理完的蜂窝麻面处补平，保证新、旧混凝土结合牢固，用钢丝刷将顶板、侧墙刷一遍，如遇特别光滑部位，需要进行毛化处理。用压力水冲洗，使基面干净。基面经验收合格后才能进行下一道工序。

（2）湿润基面。用干净水反复淋湿基面，但不要使积水过多。

（3）涂刷水泥基渗透结晶型防水涂料。基面处理好并湿润后，将水泥基渗透结晶型防水涂料粉剂与水按比例倒入容器中混合搅拌。搅拌混合后的材料应从拌料起30min内用完，使用过程中禁止再加水。施工时应使用硬毛刷子沾料涂刷，涂刷时用力将材料均匀涂刷到潮湿的混凝土基面上。

（4）养护。一般情况下涂刷完12h后开始养护作业，每天在水泥基渗透结晶型防水涂料表面喷洒清水三次，养护3～5d。如果水分蒸发过快，则需要每天多喷洒几次水或表面覆盖草帘或麻袋片加以保护。

4. 管段接头防水设计

管段接头处设置两道防水，即采用吉那（GINA）止水带和奥密加（OMEGA）止水带，构成可靠的两道柔性防水。GINA止水带是施工阶段的临时止水措施，在施工完成以后又是接头永久防水的第一道防水。采用OMEGA止水带是防备GINA止水带一旦发生渗漏可起第二道防水作用。

1）GINA型橡胶止水带

（1）GINA型橡胶止水带选型

GINA橡胶止水带一般由尖肋、本体、底翼缘、底肋等部分组成。GINA橡胶止水带的横断面形状选用 VREDESTEIN GINA 橡胶止水带，其断面形状根据受力和变形分析结果确定。因为渔港海水每天有两次潮涨潮落，在高潮位时对接后，接头没有处理完就到潮落之时，这时压接水压力最小，GINA 止水带的压缩量最小。为安全考虑，GINA 止水带选型按设计低水位计算。各个接头 GINA 橡胶止水带压缩量必须保证低压力下的水密性并足以克服应力松弛、施工误差和位移容许误差。

（2）GINA 型橡胶止水带安装工艺

① 进行 GINA 止水带和钢端壳的质量检查。

② 一次性预安装 GINA 止水带的各块压板螺栓；正式安装时，用一根与管段断面同宽度的扁担梁将 GINA 止水带分许多吊点（间距＜1.5m）固定在扁担梁上（固定方法应确保 GINA 止水带不产生塑性变形或损坏），使 GINA 止水带全部展开成需安装断面形状，用吊机吊起扁担梁平移到钢端壳的端面上，此时即可进行正式安装。

③ 止水带上螺孔位置在工地按实际丈量的尺寸开孔，采用热接工艺形成封闭的环形。

④ 扣上压板并用螺栓初步锁定，静停 24h，待 GINA 止水带自行调整各部分松紧度后，检查并调整各部位位置，使各部位 GINA 止水带平顺后进行全面栓紧。各螺栓预紧力≥20kN。

⑤ 为避免 GINA 止水带在浮运中受碰撞，在 GINA 止水带上半部罩上防护罩，并将防护罩与钢端壳螺栓连接。

2）OMEGA 橡胶止水带

（1）OMEGA 橡胶止水带的选型

OMEGA 橡胶止水带是接头柔性防水的第二道防水。它是在管节沉放对接后，抽掉两端封板之间的存水，实现水下压接形成水密性后在隧管内安装的。其主要承受隧道长期运营所产生的轴向、垂直、横向位移量。OMEGA 橡胶止水带可拆卸、修复、更换。根据接头处相应水深情况，就可初选出 OMEGA 橡胶止水带的型号，并经过位移验算可以确定型号，经过计算分析选用 B300-701 型 OMEGA 止水带。

（2）OMEGA 止水带安装工艺

① 管段沉放时，在由 GINA 止水带初步止水且管节安装到位后，在管段内部将 OMEGA 橡胶止水带安装在端头钢连接件上，通过预埋在钢端壳上螺栓与特制的压板锁紧。

② 安装时先将 OMEGA 止水带两端头的四个螺栓孔初步固定，调整四个角的位置，待其他部位平整后进行全面安装。各螺栓预紧力应大体一致，且不小于设计规定的预紧力。

③ OMEGA 止水带安装后进行压水试验，在 OMEGA 止水带和 GINA 止水带间压入高压水，当水压达到设计压力时，关闭进水闸并进行保压。如发现压力下降，则必须全面检查处理好渗漏点后重新做压水试验，直至经 2～3h 保压时间压力不降低方为合格。此时可抽出压入的水。

④ 将预埋的螺栓突出部分进行涂油防锈处理，并对管底部位的接缝用预制的钢板保护罩盖上，在顶板及侧墙处覆盖防水材料，对安装的 OMEGA 橡胶止水带进行保护。

3）接头张开量控制

沉管接头钢端壳两侧面板设计是铅垂的，即面板是平行的。如果管节对接时有误差或钢端壳面板安装有倾角误差，将影响两侧面板之间的相对位置，即形成一定张开角，当张开角超过 GINA 止水带变形允许范围时，就漏水了。

因基底地层力学性能差，为高压缩性土层，故基槽开挖时应控制其精度和基础处理质量。否则基底基础不同位置的厚度不一样，或基础压砂的密实度不一样，其在结构自重和覆盖荷载作用下的沉降量不一致，容易造成不均匀沉降，影响接头压缩量（张开量）。确保对接精度和基础处理质量，严格控制沉管对接误差和钢端壳安装误差，如其误差超出范围，将直接影响 GINA 止水带的压缩富余量和承受荷载。另应防止因对接误差和基础发生不均匀沉降引起 GINA 止水带压缩量不足，超出允许要求而漏水。

#### 7.4.2.4　矿山法隧道防水设计与施工

矿山法隧道是暗挖法的一种，主要用钻眼爆破方法开挖断面而修筑隧道及地下工程的施工方法。因借鉴矿山开拓巷道的方法，故名。用矿山法施工时，将整个断面分部开挖至设计轮廓，并随之修筑衬砌。当地层松软时，则可采用简便挖掘机具进行，并根据围岩稳定程度，在需要时应边开挖边支护。分部开挖时，断面上最先开挖导坑，再由导坑向断面设计轮廓进行扩大开挖。分部开挖主要是为了减少对围岩的扰动，分部的大小和多少视地质条件、隧道断面尺寸、支护类型而定。在坚实、整体的岩层中，对中、小断面的隧道，可不分部而将全断面一次开挖。如遇松软、破碎地层，须分部开挖，并配合开挖及时设置临时支撑，以防止土石坍塌。喷锚支护的出现，使分部数目得以减少，并进而发展成新奥法。

矿山法隧道施工技术在北京地铁、广州地铁一号线中被广泛应用，它具有施工工艺简单、应用灵活、减少拆迁和交通疏解、造价合理等优点，深圳地铁一期工程中就有九个区间采用矿山法施工，可见矿山法隧道施工技术具有较强的适应性。

1. 防水等级和设防要求

城市暗挖隧道（矿山法）一般属常水位下的隧道工程，防水等级一般为一级防水或者二级防水，防水要求很高，因此隧道结构防水设计与施工质量的好坏是矿山法隧道应用于地铁工程成败的关键。矿山法隧道的防水等级和设防要求依据《地下工程防水技术规范》GB 50108—2008 中暗挖法地下工程的设防要求。

目前，我国多数矿山法地铁区间隧道采用多种防水方式结合来进行防水处理，从地层、围岩到结构防水一般设三道防水措施：第一道是隔离地下水的初期支护加背后注浆，第二道是设置复合防水层，第三道是二次衬砌，并对施工缝、变形缝等做专门处理。

2. 初期支护衬砌防水

锚喷支护作为复合式衬砌的一部分时，应用于防水等级为一、二级工程的初期支护；锚喷支护、塑料防水板、防水混凝土内衬的复合式衬砌，应根据工程情况选用，也可将锚喷支护和离壁式衬砌、衬套结合使用。

3. 注浆防水

注浆是利用压力将具有充填和凝胶性能的注浆材料通过钻孔压入，并扩散到围岩裂隙或衬砌背后空隙，把裂隙中的水挤走，堵住地下水的通路，减少或阻止涌水流入工作面，达到固结破碎岩层、堵塞裂缝、增强防水能力，提高围岩强度和自稳能力的目的。

注浆防水在国内许多地下工程中早已得到了广泛应用，铁路隧道工程应用也较多（如沈丹线福全岭隧道、渝怀线的歌乐山隧道、圆梁山隧道、宜万线的野三关隧道、马鹿箐隧道和齐岳山隧道等），已成为隧道工程防水最有效的措施之一。选择注浆方案时应根据工程的地质条件和特点、要求，注浆目的等，以满足安全施工、保护环境为原则作充分的研究和比较，以期取得较好的效果。

1）注浆防水方案的选择

（1）掌子面前方存在较高水压的富水区，具有较大可能、较大规模的涌水、突水且围岩结构软弱，自稳能力差，开挖后极可能导致掌子面失稳而诱发突水、突泥者，宜采用超前帷幕注浆或超前周边注浆；

（2）掌子面前方围岩基本稳定，但局部存在一定的水流，开挖后极可能导致掌子面大量渗漏水而无法施作初期支护时，宜采用超前局部注浆；

（3）水压和水量较小、围岩有一定自稳能力，开挖后洞壁出水没达到允许排放标准时，宜采用径向注浆；

（4）初期支护完成后仍有较大面积的渗漏水或支护结构变形较大时，宜采用初期支护背后回填注浆；

（5）充填拱部防水板和二次衬砌之间的空隙时，宜采用二衬背后回填注浆。

超前帷幕注浆、超前周边注浆及超前局部注浆主要是通过在掌子面设置止浆墙，经注浆在高水压、富水段落隧道开挖轮廓周边（及前方）一定范围形成一定厚度的注浆固结体，达到保证施工安全的目的。

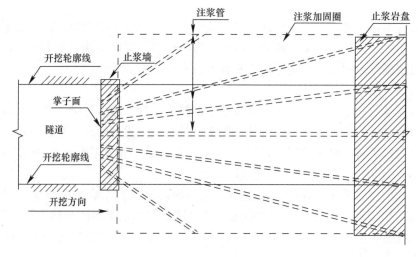

图 7-45　超前帷幕注浆示意图

径向注浆是为了控制涌水量在允许排放标准以内，保证初期支护的质量，确保开挖顺利进行；初期支护背后回填注浆是为了充填围岩与支护之间的空隙，控制渗漏水量，为二次衬砌的施工创造有利的环境；二衬背后回填注浆是充填防水板和二次衬砌之间的空隙，保证衬砌背后回填的密实度，达到进一步防水的目的。

2）注浆材料的选择

注浆材料的种类很多，一种材料难以满足所有条件，因此必须结合浆液本身的性能，根据工程地质和水文地质情况、注浆目的、注浆工艺、成本和设备等因素综合考虑，合理选择一种或几种注浆材料。

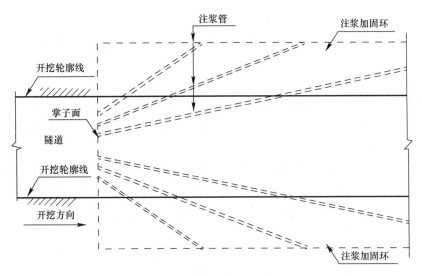

图 7-46　超前周边注浆示意图

**按注浆的目的选择浆液材料**　　　　　　　　　　　　　　　　　　表 7-9

| 注浆目的 | 工艺技术 | 浆液类别 |
|---|---|---|
| 基岩防渗 | 渗透及脉状注浆 | 水泥浆、聚氨酯浆、丙凝、水凝砂浆 |
| 回填注浆 | 渗透、挤密注浆 | 水泥浆、水泥砂浆 |
| 堵水注浆 | 渗透及脉状注浆 | 水泥—水玻璃浆、水玻璃浆、聚氨酯浆、丙凝 |
| 预注浆 | 渗透及脉状注浆 | 水泥浆、水泥—水玻璃浆 |

**按地质条件及施工对象选择注浆材料**　　　　　　　　　　　　　　表 7-10

| 地质条件 | 施工对象 | 堵水 | 充填 | 防渗 | 备注 |
|---|---|---|---|---|---|
| 岩层 | >0.1mm 裂隙 | 单液水泥浆、水泥—水玻璃浆 | | | |
| | <0.1mm 裂隙 | 丙凝 | | | |
| 特殊地质条件（破碎带、断层、溶洞等） | | 骨料＋单液水泥浆、骨料＋水泥—水玻璃浆、单液水泥浆、水泥黏土浆、水泥—水玻璃浆 | | | 根据地层内有无充填及空洞大小选择骨料 |
| 混凝土二次衬砌 | 壁内 | 丙凝、聚氨酯类（如裂隙较大，亦可用水泥—水玻璃浆） | | 丙凝 | 大裂缝用水泥浆 |
| | 壁后 | 单液水泥浆、水泥—水玻璃浆等 | | | 小裂缝用化学浆 |

水泥基浆液宜选用强度等级不低于 425R 的水泥，使用水泥-水玻璃浆液时应掺入增加耐久性的外加剂，以提高浆液的后期强度，其他浆液材料应符合有关规定。当地下水为动水且流速较大时，为防止浆液被水冲稀，影响注浆效果，应选用胶凝时间较短的浆液，如水泥-水玻璃浆液、聚氨酯系浆液，注浆材料还应满足抗分散性好、早期强度高、凝胶时间可调、结石体抗冲刷性能好等要求；在遇有溶洞、大的断层破碎带时，在注入水泥浆前可先注入一些惰性材料，如中、粗砂或岩粉等，浆液应越级加浓或采用间歇注浆。

3）注浆方式的选择

岩石破碎、裂隙发育宜采用前进式注浆，即钻孔一段注浆一段，清孔钻进后再注浆，这样循环反复至注浆孔终深；裂隙不够发育、岩层稍好时宜采用后退式注浆，即一次钻孔至注浆孔终深，再从孔底利用止浆塞分段止浆后后退至孔口；在岩层裂隙不发育时可全孔一次注浆。

4）注浆压力的选择

注浆压力的选择应结合地下水的状态、注浆材料的类型及浓度，并考虑避免围岩或支护结构发生较大变形，或堵塞排水系统、串（跑）浆、危及地表安全等异常情况，同时应加强隧道的监控量测。

注浆压力是浆液在裂隙中扩散、充填、压实的动力，注浆压力太低，浆液扩散范围有限，不能充填裂隙；注浆压力太高，会引起裂隙扩大，浆液易扩散到预定注浆范围以外，造成浪费。特别是隧道埋深较浅时，会引起地表隆起，破坏地面设施，造成事故。因此合理选择注浆压力是注浆成败的关键之一。

注浆前应在地质条件类似的岩层中进行压水或注浆试验，初步掌握浆液充填率、注浆压力、浆液配合比、凝胶时间、浆液扩散半径等指标。

5）超前帷幕注浆、超前周边注浆

超前帷幕注浆、超前周边注浆应根据隧道的超前地质预报成果、掌子面超前探水结果，掌子面前方富水区的规模、水压大小、围岩结构节理、裂隙情况及自稳能力等，通过计算确定加固圈及止浆墙厚度、浆液扩散半径及每循环的注浆段落及其搭接长度等参数。一般情况下可参考以下原则确定：

（1）注浆孔数、布孔方式及钻孔角度应根据岩层裂隙状态、地下水情况、加固范围、设备性能、浆液扩散半径和对注浆效果的要求等综合分析确定；

（2）注浆段的长度应视具体情况合理确定，宜为15～50m；掘进时必须保留止水岩盘的厚度，一般为3～6m；

（3）岩石地层的注浆设计压力应根据围岩水文地质条件合理确定，宜比静水压力大0.5～1.5MPa；当静水压力较大时，宜为静水压力的2～3倍；

（4）注浆方法应根据水文地质情况、机械设备等综合因素选择。

注浆加固范围是指隧道周边经注浆后使围岩力学指标得到改善的有效范围。如注浆范围过大，将成倍增加注浆量，影响工期和成本；相反则达不到注浆加固的目的，甚至可能使整个注浆工程失败。因此，确定合理的加固范围在注浆设计中十分重要。

超前帷幕注浆、超前周边注浆加固圈厚度和止浆墙厚度应根据围岩的水文地质特性、地下水情况及限排标准确定。高水压、富水区修建的隧道工程，围岩和支护结构一方面要受到岩体构造应力及自重应力的作用，另一方面还要受到高压水作用。注浆加固圈的基本作用包括两个方面：一是可以承受部分外部荷载，以减小隧道衬砌结构的受力；另一作用是减小围岩的渗透系数，以降低对隧道衬砌结构的水压力。

（1）注浆加固圈厚度 $E$ 计算

$$Q = \frac{2\pi H}{\dfrac{\ln r_3 - \ln r_2}{K_1} + \dfrac{\ln r_4 - \ln r_3}{K_2}} \tag{7-82}$$

渗透理论分析计算模式：

$$E = r_3 - r_2 \tag{7-83}$$

厚壁圆筒理论分析计算模式：

$$E = r_2 \left[ \sqrt{\delta/(\delta - \sqrt{3}P)} - 1 \right] \tag{7-84}$$

式中　$Q$——允许的排水量标准（m³/m·d）；

$E$——注浆加固圈厚度（m）；

$H$——衬砌中心的水头高度（m）；

$r_2$——隧道开挖轮廓的当量半径（m）；

$r_3$——注浆加固圈的外缘半径（m）；

$r_4$——隧道外水头的计算当量半径（m）；

$K_1$——注浆加固圈渗透系数（m/d）；

$K_2$——岩体渗透系数（m/d）；

$P$——最大静水压力值（MPa），$P = \gamma \cdot r_4$；

$\delta$——注浆加固体的抗压强度（MPa）。

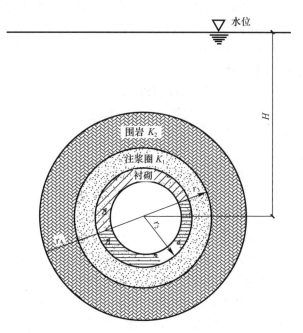

图 7-47　多种介质下地下水渗流模型

（2）止浆岩盘厚度 $d$ 计算

$$d = \frac{P_z \cdot r_2}{4[\tau]} \tag{7-85}$$

式中　$d$——止浆岩盘厚度（m）；

$P_z$——注浆最大压力（MPa）；

$[\tau]$——岩石或混凝土的允许抗剪强度（MPa）。

（3）止浆墙厚度 $B$ 计算

按抗剪强度理论计算：

$$B = 0.3r_2 + \frac{P_z \cdot r_2}{[\sigma]} \tag{7-86}$$

按抗压强度理论计算：

$$B = \frac{r_2}{\tan\alpha}\sqrt{\frac{R_\sigma}{R_\sigma - P_z} - 1} \tag{7-87}$$

式中　$B$——止浆墙厚度（m）；

　　$[\sigma]$——混凝土允许抗压强度（MPa）；

　　　$\alpha$——止浆墙墙面与垂直面的夹角；

　　$R_\sigma$——混凝土的计算强度（MPa）。

6）径向注浆

径向注浆应根据岩层裂隙状态、地下水情况、加固范围、浆液扩散半径和对注浆效果的要求等。

（1）注浆孔一般沿掌子面开挖轮廓线钻设，注浆孔间距一般为 0.4～0.6m；

（2）钻孔深度应视具体情况合理确定，注浆孔深度一般为 3～5m；

（3）注浆材料宜以水泥基浆材为主，水量较大时可采用快凝早强的水泥系浆材；

（4）注浆设计压力一般为 0.5～1.0MPa，并根据施工实际情况合理确定；

（5）注浆速度一般为 10～50L/min；

（6）单孔注浆量 $Q$ 按下式计算：

$$Q = \pi R^2 H n \alpha (1 + \beta) \tag{7-88}$$

式中　$Q$——注浆量（m³）；

　　$R$——扩散半径（m）；

　　$H$——注浆段长（m）；

　　$n$——地层裂隙度或空隙率；

　　$\alpha$——浆液填充率；

　　$\beta$——浆液损失率。

7）初期支护背后回填注浆

采用钻爆法进行隧道开挖时，由于围岩的各向异性及钻爆工艺的限制，开挖壁面出现超挖情况一般都难以避免，开挖后即进行打锚杆、挂网、喷射混凝土等支护，围岩较差的地段还需及时架立钢架等。当超挖较大、钢架的间距较小时，采用喷射混凝土也难以填充初期支护与围岩间存在的全部空隙，严重时可能会诱发地表的变形或沉陷，寒冷地区还可能造成初期支护与围岩之间积水，在冬季产生冻融破坏，这时就应进行初期支护背后回填注浆。

初期支护背后回填注浆孔的孔径不宜小于 40mm，间距宜为 2～4m，深入围岩不应小于 30cm，可按梅花形排列。

8）二衬背后回填注浆

新建和已竣工的隧道拱部衬砌可能存在不密实或月牙状的空腔、空穴较多，其原因是二衬拱顶部位混凝土若采用大压力泵送，容易造成模板台车的损伤、变形，而压力较小时拱部（特别是高的一端）造成了空穴。这既削弱了衬砌的承载能力，也为地下水的渗透创造了通道，恶化了衬砌的工作环境，采用在模板台车拱尖处设锥形堵头或预留注浆孔等措施都能达到在衬砌背后注浆的目的。注浆压力太大时，结构强度往往承受不了，而二衬背后的回填注浆一般是在隧道贯通且二衬完成后才进行的，注浆应在衬砌混凝土达到设计强度后方可进行。

二衬背后回填注浆孔的孔径不宜小于 40mm，间距宜为 3~5m，注浆压力一般为 0.3~0.5MPa。回填注浆完成后应对注浆孔作良好的封闭处理，防止注浆孔封闭体脱落，并作好周边结构的防水处理，以策安全。

4. 防水层防水

1）防水板防水层

（1）防水板防水层设计要求

复合式衬砌初期支护与二次衬砌之间一般设置防水板防水层。防水板防水层由塑料防水板与缓冲层组成，铺设前必须先铺设缓冲层，这样一方面有利于无钉铺设工艺的实施，另一方面防止防水板被刺穿。塑料防水板可选用乙烯—醋酸乙烯共聚物（EVA）、乙烯—共聚物沥青（ECB）、聚氯乙烯（PVC）、高密度聚乙烯（HDPE）、低密度聚乙烯（LDPE）类或其他性能相近的材料。防水板幅宽一般为 2~4m，厚度不小于 1.5mm，耐穿刺性好；缓冲层材料宜采用土工布，其单位面积质量不宜小于 350g/m²M。防水板防水层可根据工程地质、水文地质条件和工程防水要求，采用全封闭、半封闭铺设。地下水发育或环境要求较高、排水限制严格的隧道地段，防水板防水层采用衬砌全环铺设；其余地段则应在衬砌拱部和边墙范围铺设。

（2）防水板防水层施工要求

防水板防水层铺设时先进行缓冲层铺设，再铺设防水板。基面应平整、无空鼓、裂缝、松酥，表面平整度应符合 $D/L \leqslant 1/10$ 的要求，否则应进行喷射混凝土或抹水泥砂浆找平处理（$D$ 为初期支护基面相邻两凸面凹进去的深度；$L$ 为基层相邻两凸面间的距离，且 $L \leqslant 1$m）。防水板防水层应牢固地固定在基层上（用射钉或膨胀螺栓将热塑性垫圈和缓冲层固定在基面上），其固定点的间距应根据基层平整情况确定，拱部宜为 0.5~0.8m、边墙宜为 0.8~1.0m、隧底宜为 1.0~1.5m。局部凹凸较大时，应在凹处加密固定点，使缓冲层与基面密贴。缓冲层接缝搭接宽度不应小于 5cm。两幅防水板的搭接宽度不应小于 15cm，分段铺设的防水板的边缘部位应预留至少 20cm 的搭接余量。防水板的焊接应采用双焊缝，单条焊缝的有效焊接宽度不应小于 15mm；防水板搭接缝应与施工缝错开不小于 50cm。防水板的固定应松紧适度并留有余量，以保证混凝土浇筑后与初期支护表面密贴。

防水板的铺设应超前内衬混凝土的施工，其距离宜为 5~20m，并设临时挡板防止机械损伤和电火花灼伤防水板。内衬混凝土施工时振捣棒不得直接接触防水板，浇筑拱顶时应防止防水板绷紧。局部设置防水板防水层时，其两侧应采取封闭措施。

2）涂料防水层

涂料防水层应包括无机防水涂料和有机防水涂料。无机防水层宜用于结构主体的背水面，有机防水涂料宜用于隧道工程的迎水面，用于背水面的有机涂料应具有较高的抗渗性，且与基层有较好的粘结性。

无机涂料主要是水泥类无机活性涂料，由于其凝固快，与基面有较强的黏结力，最宜用于背水面混凝土基层上做防水层。水泥基防水涂料中可掺入外加剂、防水剂、掺合料等；水泥基渗透结晶型防水涂料是一种以石英砂、水泥等为基材，掺入活性化学物质配置的一种新型刚性防水涂料，该材料借助其中的载体可不断向混凝土内部渗透，并与混凝土中某些组分形成不溶于水的结晶体充填毛细孔道，大大提高混凝土的密实性和防水性。

（1）防水涂料品种的选择

潮湿基层宜选用与潮湿基面粘结力强的无机防水涂料或有机防水涂料，或采用先涂无机防水涂料而后再涂有机防水涂料的复合防水涂层；冬期施工宜选用反应型涂料，如用水乳型涂料，温度不得低于5℃；埋置深度较深的重要工程、有振动或有较大变形的工程宜选用高弹性防水涂料；有腐蚀性的地下环境宜选用耐腐蚀性较好的有机防水涂料，并做刚性保护层。

（2）防水涂料的厚度要求呢

防水涂料必须具有一定厚度才能保证其防水功能。掺外加剂、掺合料的水泥基防水涂料厚度不得小于 3.0mm；水泥基渗透结晶型防水涂料的厚度不应小于 1.0mm，用量不得小于 $1.5kg/m^2$；有机防水涂料的厚度不得小于 1.5mm。

5. 二次衬砌防水混凝土

1）防水混凝土特点

防水混凝土是根据工程抗渗要求，通过调整混凝土配合比或掺加外加剂、掺和料等措施配制，以提高自身密实度和抗渗性的一种混凝土。根据配置防水混凝土材料的不同，一般分为普通防水混凝土、外加剂或掺和料防水混凝土两类；普通防水混凝土是以调整配合比，提高混凝土自身的密实性和抗渗性；外加剂或掺和料防水混凝土是在混凝土拌和物中加入少量外加剂或矿物无机掺和料，以增加混凝土密实性和抗渗性。当防水混凝土用于具有一定温度的工作环境时，其抗渗性随着温度提高而降低，温度越高则降低越显著，当温度超过250℃时，混凝土几乎失去抗渗能力，一般最高工作温度不得超过80℃。由于地下工程的环境比较复杂，每个工程的水文地质条件不尽相同，侵蚀破坏途径也不一样，为提高混凝土结构的耐久性，处于侵蚀性介质中的防水混凝土耐侵蚀性要求应根据介质的性质参照有关标准确定。

防水混凝土应满足抗渗等级要求，并应根据地下工程所处的环境条件和工作条件，满足抗压、抗冻和抗侵蚀性等要求。

2）防水混凝土配比

经大量试验研究和工程实践，配置防水混凝土时水泥用量不应小于 $260kg/m^3$ 或胶凝材料的总用量不宜小于 $320kg/m^3$，当地下水有侵蚀性介质和对耐久性有较高要求时，水泥和胶凝材料用量可适当调整。

防水混凝土一般采用较高的砂率，以保证混凝土中水泥砂浆的数量和质量，减小或改变混凝土孔隙率，增加密实性，提高抗渗性，因此砂率宜控制在35％～40％，泵送时可增至45％；灰砂比得当，可获得密实度较高的防水混凝土，试验证明防水混凝土灰砂比应不小于1：2.5，宜为1：1.5～1：2.5。

水胶比的大小对防水混凝土的防水性能影响较大，水胶比越大、混凝土硬化后的密实性越差，孔隙率越大，因而混凝土的抗渗性下降越明显，但水胶比过小会造成混凝土过于干稠，施工操作时不易振捣密实，对混凝土抗渗性不利。根据目前外加剂的开发利用情况，经工程实践，防水混凝土水胶比不得大于0.50，有侵蚀性介质时水胶比不宜大于0.45。

近年来一般工程特别是防水工程，混凝土主要采用硅酸盐水泥或普通硅酸盐水泥，掺入矿物掺合料进行配制，工程中已很少采用火山灰硅酸盐、矿渣硅酸盐和粉煤灰硅酸盐等水泥，故采用上述三种水泥时，应通过试验确定其配合比，以确保防水混凝土的质量。在受侵蚀性介质或冻融作用时，可以根据侵蚀介质的不同，选择相应的水泥品种或矿物掺合料。

混凝土在硬化过程中，石子不收缩，石子周围的水泥砂浆则收缩，两者变形不一致。石子越大，周长越大，与砂浆收缩的差值越大，使砂浆与石子间产生微细裂缝。这些缝隙的存在使混凝土的石子粒径不宜过大，以不超过 40mm 为宜。泵送防水混凝土的石子最大粒径应根据输送管的管径决定，其石子最大粒径不应大于管径的 1/4，否则将影响泵送。

由于防水混凝土水泥用量相对较高，使用粉细砂更容易产生裂缝，因此应优先选用中砂。砂、石子含泥量对混凝土抗渗性影响很大，黏土降低水泥与骨料的黏结力，尤其是颗粒黏土，体积不稳定，干燥时收缩，潮湿时膨胀，对混凝土有很大的破坏作用。因此防水混凝土施工时，对骨料含泥量应严格控制。

粉煤灰可以有效地改善混凝土的抗化学侵蚀性（如氯化物侵蚀、碱-骨料反应、硫酸盐侵蚀等），其最佳掺量一般应在 20% 以上。但掺粉煤灰后混凝土的强度发展较慢，掺量不宜过多，以 20%～30% 为宜。粉煤灰对水胶比非常敏感，在低水胶比（0.40～0.45）时，粉煤灰的作用才能发挥得较充分。粉煤灰在混凝土中主要发挥三种作用：形状效应、活性效应和微集料效应。这些效应可使混凝土结构密实性提高，改善混凝土和易性，在硬化混凝土中结合容易被浸析的氢氧化钙以及可溶性碱，堵塞孔隙和毛细孔，提高混凝土抗渗性。但粉煤灰的掺量不同，其抗渗性能有所不同，这说明粉煤灰有一个最佳掺量问题，只有这时，混凝土的抗渗性能较好。掺入硅粉可明显提高混凝土强度及抗化学腐蚀性，但随着硅粉掺量的增加其需水量随之增加，混凝土的收缩也明显加大，当掺量大于 8% 时强度会降低，因此硅灰掺量不宜过高，以 2%～5% 为宜。

防水混凝土根据工程需要掺入的减水剂、膨胀剂、防水剂、密实剂、引气剂、复合型外加剂等其品种和用量应经试验确定，所用外加剂的技术性能应符合国家现行有关标准的质量要求。

含钢筋的防水混凝土中水泥、矿物掺和料、骨料、外加剂和用水等引入的氯离子总含量不应大于胶凝材料总量的 10%，钢筋混凝土中不宜掺氯化铁防水剂。

3）隧道二次衬砌防水

防水等级二级及以上的隧道应优先采用复合式衬砌，二次衬砌应具有一定承载能力，并作为结构防水的关键。二次衬砌除应具有足够的强度外，还应具有相应的防水能力。地下水以裂隙水为主、固体物质不易流失且建立了完善有效的排水系统的隧道，可按围岩状况选择适宜的衬砌。隧道修建对环境影响小，但围岩破碎软弱地段或地下水发育且水环境变化较大的特殊地段，须在建立完善的隧道排水系统的基础上，对运营期间隧道地下水作用环境及其演变进行预测、评价。衬砌结构除适应围岩条件外，还应结合排水效果和排水设施的可靠性及其地下水环境可能的变化，选择适宜的加强衬砌。当隧道净水头不超过50m，且地面生态和社会环境敏感时，宜采用不排水的全封闭防水型衬砌，衬砌结构应承受全部水压力；隧道地下水位高，且环境条件敏感的地段，设计应在保护环境的前提下采取限量排放的措施。除选用注浆防水外，还应采用适应一定水压作用的抗水压衬砌结构；抗水压衬砌段应向普通衬砌段延伸不少于 30m，并应考虑分区防水措施。

6. 施工缝、变形缝防水

1）施工缝防水

施工缝是在施工过程中，由于混凝土一次性连续浇筑不能过长或必须分部施工而设置的施工接缝，这种接缝是结构自防水的薄弱环节，处理得好坏将会直接影响建筑物的防水质量和使用寿命。

隧道墙体纵向施工缝不应留设在剪力与弯矩最大处或底板与边墙的交接处，应留在高出底板顶面不小于30cm的墙体上，且宜在隧道侧沟盖板底面以下的墙体上；墙体有预留孔洞时，施工缝距孔洞边缘不应小于30cm。

目前施工缝的设置多位平口式，其防水措施一般采用中埋式止水带、外贴式止水带、防水密缝材料、遇水膨胀橡胶止水条、预埋注浆管等，防水效果较好，投资需要增加；而采用特殊类型的施工缝，在一定程度上也可达到施工缝防水的目的，如L形施工缝、企口式施工缝等，虽然可不再需要设置其他的防水措施，但其施工较复杂。基于此对于防水要求低、工期压力小但资金紧张的工程，可以考虑选用特殊的施工缝形式，以达到防水目的。三级防水的施工缝，在条件许可时可选用特殊的施工缝如L形或企口式施工缝以满足防水需要。L形施工缝：适用于水压不高的衬砌，衬砌厚度小于40cm地段；企口式施工缝：适用于水压不高的衬砌，衬砌厚度大于或等于40cm地段。

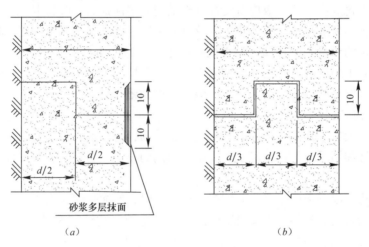

图7-48　施工缝防水
（*a*）L型施工缝；（*b*）企口式施工缝

施工缝的常见构造形式有：中埋式止水带、外贴式止水带、中埋式止水带和外贴式止水带复合防水、中埋式止水带和防水密封材料复合防水、中埋式止水带和遇水膨胀橡胶止水条复合防水、遇水膨胀橡胶止水条和外贴式止水带复合防水。

2）变形缝防水

变形缝是由于结构两侧不同刚度、不均匀受力及考虑到混凝土结构胀缩而设置的允许变形的结构缝隙，它的防水处理也是结构自防水中的关键环节之一。

变形缝的防水措施常见的有中埋式止水带、外贴式止水带、防水密缝材料、遇水膨胀橡胶止水条等，应根据防水等级的要求组合使用：

（1）特级防水的隧道工程变形缝应采用三种防水措施组成的复合构造形式；其复合构造应以中埋式止水带为基础，并辅以外贴式止水带、防水密缝材料、遇水膨胀橡胶止水条等防水措施中的两种构成。

（2）一、二级防水地段变形缝应采用由不少于两种防水措施组成的复合防水构造，地下水发育地段或有特殊要求地段可采用由三种防水措施组成的复合构造形式；组成复合构

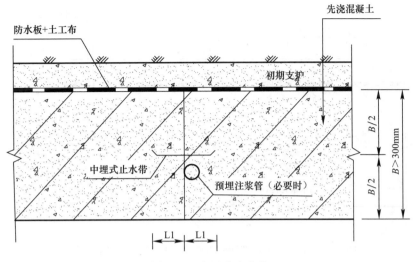

图 7-49　中埋式止水带

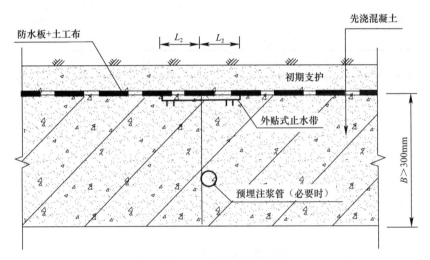

图 7-50　外贴式止水带

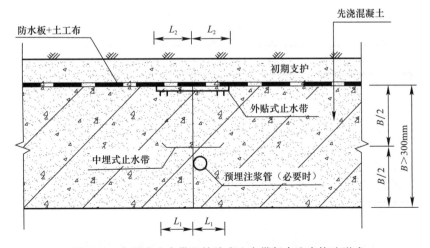

图 7-51　中埋式止水带和外贴式止水带复合防水构造形式

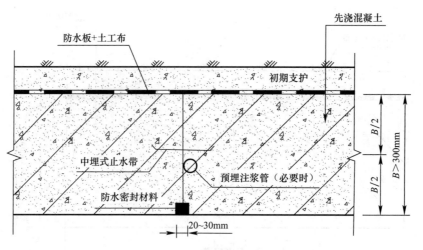

图 7-52  中埋式止水带和防水密封材料复合防水构造形式

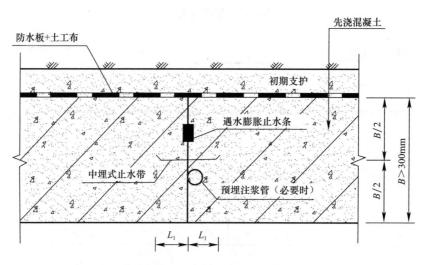

图 7-53  中埋式止水带和遇水膨胀橡胶止水条复合防水构造形式

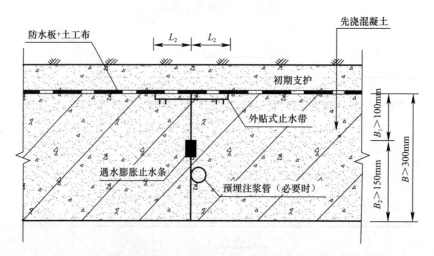

图 7-54  遇水膨胀橡胶止水条和外贴式止水带复合防水构造形式

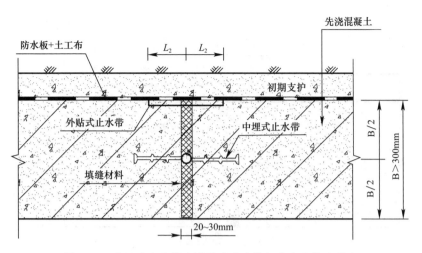

图 7-55  中埋式止水带和外贴式止水带复合防水构造形式

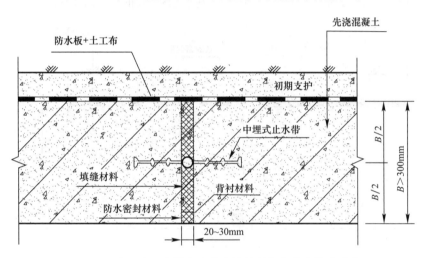

图 7-56  中埋式止水带和防水密缝材料复合防水构造形式

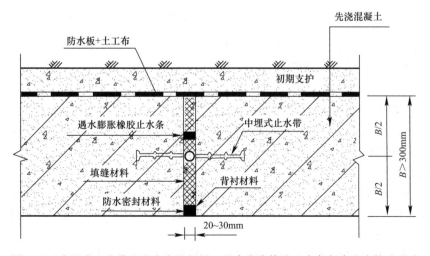

图 7-57  中埋式止水带和防水密缝材料、遇水膨胀橡胶止水条复合防水构造形式

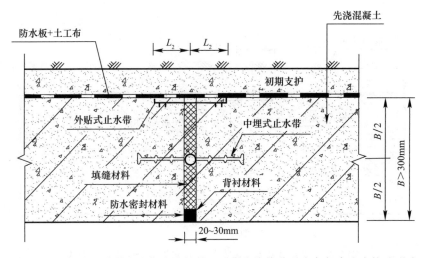

图 7-58　中埋式止水带和防水密缝材料、遇水膨胀橡胶止水条复合防水构造形式

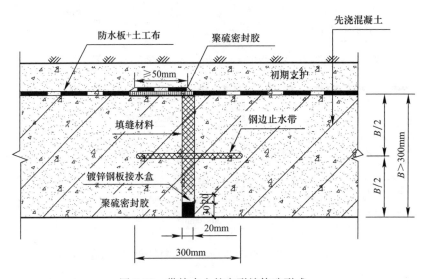

图 7-59　带接水盒的变形缝构造形式

造形式的防水措施应优先选用中埋式止水带。

（3）三级防水地段变形缝可采用中埋式止水带防水措施，当地下水发育且有特殊要求时，宜增设一道其他防水措施以组成复合防水构造。

（4）对环境温度高于50℃或高水压地段的变形缝，中埋式止水带可采用2mm厚的紫铜片或3mm厚的不锈钢等金属止水带，其中间呈圆弧形。

**7.4.2.5　隧道防水设计工程实例**

1. 工程概况

北京地铁10号线光华路车站为单跨三洞地下局部双层分离岛式车站台车站，车站总长169.2m，总宽度46.7m（中间洞宽14.4m、两侧洞宽10.81m）。整个车站主体采用浅埋暗挖法施工，车站剖面如图7-60所示。

车站主体结构埋置深度在25.0m左右，均处于第四系的黏性土、粉质黏土、砂及卵砾石层中，该地层中赋存上层滞水、潜水及承压水。上层滞水主要赋存于上部粉土层、粉

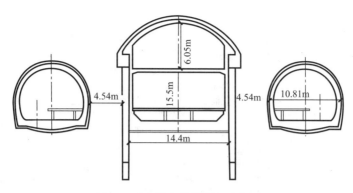

图 7-60　车站主体横断面示意图

细砂层，水位埋深 0.70～7.40m；潜水主要赋存于圆砾卵石层、中粗砂层、粉细砂层、粉土层、卵石圆砾层及局部细中砂层，水位埋深为 11.92～14.78m；承压水主要赋存于粉土层、卵石圆砾层、中粗砂层、粉细砂层及以下粗粒土层，水位埋深为 25.40～17.52m。

2. 防水原则与防水系统

光华路车站采用浅埋暗挖法施工，其防水方式为复合式衬砌防水，即：以混凝土结构自防水为主、辅以柔性外包防水层加强防水。

1) 城市地铁车站结构防水标准与原则

城市地铁车站的防水设计标准为一级，即：结构不允许出现渗水、内衬表面不得有湿渍。其设计和施工原则为：（1）以防为主、刚柔结合、多道设防、因地制宜、综合治理；（2）坚持以混凝土结构自防水为主，柔性附加防水为辅；（3）结构自防水为根本，采取措施控制混凝土结构裂缝的产生，增强混凝土的抗渗性能；（4）以变形缝、施工缝、穿墙管等特殊部位的接缝防水为重点；（5）选择具有良好的物理和化学性能、抗渗性和无毒性、耐刺穿性的防水材料，防水材料的寿命应尽量与结构混凝土寿命相匹配；（6）搞好降水与堵水，确保防水层（必须）在无明水条件下施做。

2) 复合式衬砌防水系统

复合式衬砌防水系统由 3 道防水防线构成：初期支护结构（钢筋格栅＋喷射混凝土）、防水层（柔性外包防水）和二次衬砌结构（钢筋骨架＋模筑防水混凝土）。三者相辅相成，共同形成了城市地铁车站工程的防水体系。复合式衬砌防水结构设计如图 7-61～图 7-63所示。

3. 初期支护结构的设计与施工

1) 初期支护结构设计

初期支护结构是在洞室开挖过程中形成的、与围岩良好结合并保证围岩稳定的钢筋格栅喷射混凝土结构。它是由钢筋格栅、钢筋网片和喷射混凝土构成。

初期支护结构混凝土，本身具有一定（较弱）的阻水能力；再加上一次或多次初支背后的注浆，不仅可以及时填充初期支护结构背后的空隙，以此控制地表和既有管线、建（构）筑物的沉降与稳定，也同时具有了一定的止水作用。

初期支护结构的防水作用，在暗挖施工过程中，对降水后的地层残存水起到了绝对的阻止作用，也为后续防水板和二衬钢筋混凝土施工提供了无水的作业环境；同时，在车站整体防水结构中，充当第 1 道阻水屏障，也就是城市地铁车站防水系统的"第 1 道防线"。

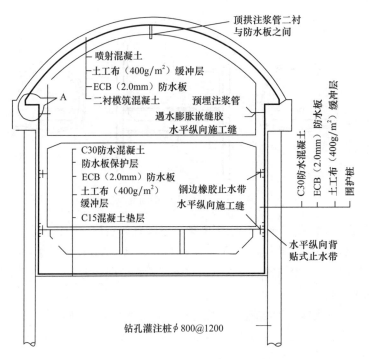

图 7-61　车站主体中洞复合式衬砌防水系统

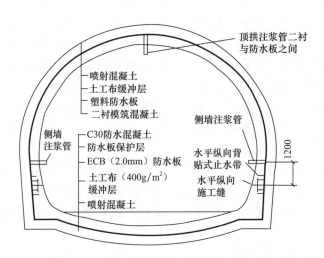

图 7-62　车站主体侧洞复合式衬砌防水系统

2）初期支护结构施工

（1）施工工艺流程

超前探测→打设超前小导管并注浆加固围岩→土方开挖→钢格栅与钢筋网片安装、预埋注浆管→现场拌制与喷射混凝土→初支背后充填注浆。

（2）初期支护结构施工

车站洞室开挖必须坚持"管超前、严注浆、短开挖、强支护、快封闭、勤量测"的十八字原则，严格控制初支结构和上方地下管线及地面建（构）筑物的沉降。初期支护喷射的混凝土为现场拌制的普通早强型混凝土，强度等级 C25，喷层厚度 300mm。随着初支结

**314**

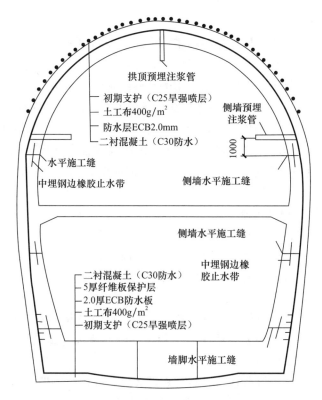

图 7-63　车站风道复合式衬砌防水系统

构的完成，及时跟进逐段进行初支结构背后充填或止水注浆。

4. 柔性外包防水设计与施工

柔性外包防水层，作为地下车站结构的"辅助防水层"，设置在初期支护结构内表面、包裹在二次衬砌结构的外表面。

柔性外包防水层不仅起到防水作用，而且对初期支护喷射混凝土和二次衬砌的模筑混凝土来说，起到隔离和润滑作用，可以改善模筑混凝土的施工条件、有利于保证模筑混凝土的施工质量，可以避免或减缓混凝土硬化过程中的应力效应、减少防水混凝土产生裂缝的概率，可以保护和发挥二次衬砌结构的防水作用、有利于延长二次衬砌结构的使用寿命。

光华路站的柔性外包防水设计为：在初支混凝土表面铺设土工布（400g/m²）缓冲层，再施作 ECB（乙烯聚合物-醋酸乙烯与沥青共混）防水板。ECB 防水板厚度 20mm、宽幅 2m。ECB 防水板具有抗拉强度高、断裂伸长率大、具有一定抗刺穿能力。

5. 二次衬砌结构混凝土设计与施工

在柔性外包防水施工完成后，即进行二次衬砌（防水钢筋混凝土）施工。二次衬砌结构是地铁车站工程的永久性的钢筋混凝土结构，其自防水作用来源于高性能补偿收缩防水混凝土。它是地铁车站结构防水的"第 3 道防线"；而且经过多年施工总结，这"第 3 道防线"也是地铁车站结构最为主要的防水防线。

1) 二次衬砌结构混凝土设计

二次衬砌结构混凝土采用高性能补偿收缩防水混凝土，混凝土强度等级 C30，混凝土抗渗等级 P10。

2）二次衬砌结构混凝土的试配与拌制

试配和配制过程中，应严格控制各项指标，严格控制混凝土的碱集料反应，以提高混凝土的耐久性。城市地铁施工中，这种大型的、高标准的用于市政基础设施建设的混凝土，一般均采用商品混凝土，光华路站采用的高性能补偿收缩防水混凝土强度的若干技术控制指标：（1）抗渗等级为 P10、混凝土强度等级为 C30；（2）单位水泥（PO42.5）用量≥290且≤320kg/m³，水胶比 0.46；（3）砂率 41%；（4）最大氯离子含量 0.06%，碱含量≤3.0kg/m³；（5）掺加优质引气剂；（6）采用双掺技术（掺高效减水剂、优质粉煤灰或磨细矿渣），避免使用高水化热水泥；（7）初凝时间控制在 8～12h；（8）坍落度应控制在 200～220mm；（9）控制混凝土和易性。

6. 特殊部位的防水设计与施工

城市地铁车站二次衬砌结构，是整体工程防水的第 3 道防线，是防水最为关键的部分。是，除了上述阐述的内容外，还有二次衬砌混凝土施工缝、变形缝等特殊部位，也是二次衬砌结构防水的关键和薄弱环节，更需要予以高度重视。

1）施工缝

一般来说，防水混凝土应尽量连续浇筑，但由于施工技术及施工组织等原因，结构混凝土不可能一次整体浇筑，需要在结构中设置施工缝。施工缝是结构防水的最薄弱环节，因此，必须认真做好施工缝的防水设计与施工。

（1）水平纵向施工缝不得留在剪力与弯矩最大处，底板与侧墙交接处的施工缝应设在高出底板表面≥300mm 的边墙上。其防水处理方式为：B 型 ECB 背贴式止水带＋中埋式钢边止水带。如图 7-64 所示。

（2）环向施工缝间距不宜过大，通常为 6～8m，特殊施工工艺的特殊部位也不宜大于21m。一是考虑暗挖施工工艺情况下临时初支结构的拆除长度与初支结构的变形及施工安全，二是考虑连续浇筑混凝土过长易产生混凝土收缩裂缝。其防水处理方式为：B 型 ECB背贴式止水带＋双道遇水膨胀嵌缝胶和注浆管。如图 7-65 所示。

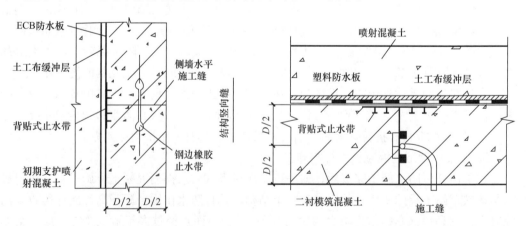

图 7-64　二次初砌结构水平纵向施工缝防水示意图　　图 7-65　二次初砌结构环向施工缝防水示意图

2）变形缝

由于不同刚度结构的受力状态和周边地质环境不同，在整体结构出现不均匀沉降时，为确保结构整体的完整性和完好性，而在结构的相应位置设置的结构缝隙，它是地铁车站结构混凝土自防水和外包防水的又一薄弱和关键环节。

地铁车站结构变形缝，一般设计在不同结构的相交处。如：车站主体结构与风道结构之间、与出入口结构之间，以及风道与区间结构之间，明挖段结构与暗挖段结构之间等。地铁车站的结构变形缝，可采用30～35cm宽中埋式注浆PVC止水带＋30～35cm宽的背贴式止水带，加强防水处理。同时，在侧墙结构内表面预留凹槽，设置1mm厚不锈钢板接水盒。底板和侧墙部位，当变形缝两侧的结构厚度不同时，需距变形缝≥30cm以外的部位进行变断面处理，使其在变形缝两侧等厚，确保变形缝部位的防水效果。如图7-66和图7-67所示。

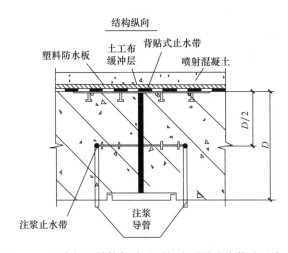

图7-66 二次初砌结构侧墙及顶板变形缝防水构造示意图

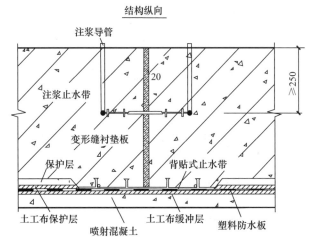

图7-67 二次初砌结构底板变形缝防水构造示意图

# 7.5 地下工程渗漏治理技术

### 7.5.1 概述

渗漏是地下工程的常见病害之一，在地下工程（包括地下车库、地铁隧道等）中普遍存在不同程度的渗漏水问题，因受到地下水的侵蚀和渗透，致使工程常年闲置，得不到充分利用，无法发挥他们的经济效益和社会效益，且降低了强度，影响使用年限。地下工程渗漏处理及防水，其技术复杂，难度大，要求高。长期以来，人们对地下工程防水技术的复杂性、综合性认识不足，在设计、选材、施工中的方法不当，加之其他自然因素，如基础不均匀沉陷、地震、结构变形、膨胀等原因，使得已竣工的地下工程出现不同程度的渗漏水问题。

地下工程渗漏治理是指通过修复或重建地下结构的防（排）水功能，减轻或消除渗漏水对地下工程不利影响的过程。新建工程的防水重视"防、排、截、堵"等措施相结合。为了避免渗漏水对建（构）筑物的使用功能造成负面影响，地下工程渗漏治理的设计与施工应遵循"以堵为主，堵排结合，因地制宜，多道设防，综合治理"的原则。

### 7.5.2 城市建筑地下室渗漏治理技术

#### 7.5.2.1 城市建筑地下室渗漏类型

1. 按地下室工程渗漏水部位划分

1）顶板渗漏

2）侧墙渗漏

3）底板渗漏

4）变形缝渗漏

5）施工缝渗漏

6）穿防水层管根及埋设件处渗漏

2. 按地下室工程渗漏水形式划分

1）点的渗漏　渗漏部位较小，各点相对独立，彼此之间未连成线状或面状。大多数出现在钢筋头外露处、固定模板螺栓孔、结构混凝土不密实等部位，一般点的渗漏面积不大于 $1m^2$。

2）缝的渗漏

缝的渗漏多指施工缝、变形缝、结构混凝土的裂缝处出现的渗漏。渗漏部位清晰，渗漏水比较集中。

3）面的渗漏

渗漏部位面积较大，渗漏比较普遍，渗漏点、线之间有内在的必然联系，此表面渗漏水彼此连成一片。

3. 按地下室工程渗漏水量来划分

1）慢渗

渗漏部位有湿渍，表面可见明水，但无线流。

2）快渗

渗漏部位有明水，并可见水的移动。

3）漏水

渗漏部位有积水，可见线流或听到滴水声音。

4）涌水

严重渗漏，水压较大，可见水头、水柱或漏泥砂。

#### 7.5.2.2　城市建筑地下室渗漏原因

由于地下空间工程比较复杂，完成后的防水层基本都处于隐蔽部位，造成地下工程渗漏原因也比较复杂，概括起来主要原因有：建筑物投入使用较长，防水层防水性能减弱，防水材料自然老化，需要进行正常维修与更换；自然灾害，诸如地震、暴雨等不可抗力因素引起的建筑物损坏及防水层的损坏；但大量的渗漏主要是工程质量问题，是人为因素引起的渗漏。由工程质量问题引起的渗漏原因也是多方面的。

1. 设计方面的原因

1）结构设计不合理

（1）结构混凝土未采用抗渗混凝土。按照《地下工程防水技术规范》GB 50108 的要求，地下工程的主体应为抗渗混凝土，防水混凝土应通过调整配合比，掺加外加剂、掺合料配制而成，抗渗等级不得小于 P6。防水混凝土的施工配合比应通过试验确定，抗渗等级应比设计要求提高一级。

（2）变形缝留置不合理。变形缝留置不合理有三种情况，一是超长结构不设变形缝，也未采取防裂和适应变形措施。二是变形缝留置位置不合理，在北京有两个小区，将变形缝设置在水池、喷泉的底板上，渗漏后维修难度很大。三是地下空间工程顶板平面变形缝两侧无挡水墙，结构无中埋式止水带，外贴式止水带无特殊做法要求。

2）防水设防不当

（1）设防措施不合理。一是防水设防级别不够。地下工程防水等级分为四级，其中一、二级工程要求多道设防，但一些设计人员对重要工程的防水按一般工程防水设计，使防水能力薄弱。二是单建式的地下工程，未采用连续、全封闭防水设防措施，出现防水不交圈现象。三是特殊工程的特殊部位，未采取特殊的、符合工程特点的防水措施。四是地下工程防水设防高度不符合《地下工程防水技术规范》GB 50108 中规定的"应高出室外地坪高程 50mm 以上"的要求，出现低于 50mm 甚至在散水以下的防水设防高度。

（2）选材不当。在多道设防中，涂料与涂料、涂料与卷材、卷材与卷材搭接未考虑相容性；在地下工程中选用耐水性、抗掺性差的防水材料。在突出基面构造较多、变截面多的地下工程中，选用卷材作防水材料；在长期处于振动状态下的工程，选用刚性防水材料。

（3）细部构造设防不明确。有些图纸对防水工程只标明所用防水材料，但无性能指标要求；对涂料只提涂刷几道，无厚度要求；对地下工程的细部构造，如变形缝、后浇带、穿墙管（盒）、埋设件、预留通道接头、柱头、孔口、坑池等无节点图，无细部做法要求，施工时依据不准确，出现问题的较多。

2. 材料方面的原因

1）对地下空间工程防水的重要性认识不足，工程选用耐水性差、吸水率高、使用寿命短和建设部及有关规范、标准等技术法规明文规定禁止或限制使用的防水材料。

2）配套材料与配件不过关。许多防水材料中所需用的基层处理剂、胶粘剂、稀释剂、胎体增强材料、密封材料及管根、阴阳角等所需配件，未有过关的配套材料与配件，使防水材料在地下空间工程中难以形成整体全外包的防水系统。

3. 施工方面的原因

1）结构混凝土不符合设计要求，防水混凝土不防渗

（1）水泥用量少于规定值，按照有关规定，地下工程的防水混凝土，水泥用量不得少

于 320kg/m³，掺有活性掺合料时，水泥用量不得小于 280kg/m³，有些工程低于上述规定，使混凝土难以达到抗渗等级要求。

（2）水灰比大于 0.55。

（3）混凝土振捣不密实，尤其是钢筋比较密集的部位，常常是振捣的薄弱环节。

（4）施工缝留置不合理，在许多地下空间渗漏工程案例中，发现墙体水平施工缝留置在剪力与弯矩最大处或底板与侧墙的交接处，出现渗漏后，维修难度很大。

（5）混凝土养护不够。按照有关规定，混凝土采取保湿养护时间不应少于 14d，但是立墙养护，很少采用保湿措施。有些地下工程的混凝土裂缝多，表面出现粉化现象，其中与不能进行及时地、有效地养护有密切的关系。

### 7.5.2.3 城市建筑地下室渗漏治理方案设计

1. 渗漏治理基本原则

1）地下空间工程渗漏治理应防、排、堵相结合，因地制宜，刚柔相济，综合治理，重在治本。在一般情况下可在背水面治理，条件允许时，也可在迎水面与背水面同时治理；

（1）在室外加强排水措施，一是建筑物室外排水要顺畅，减少向地下工程渗漏的影响，二是对渗漏部位辅助疏、排的措施，解除或缓解渗漏部位的水压。

（2）地下空间工程渗漏治理不能千篇一律，照抄照搬，应根据不同地区、不同环境、不同工程、不同用途、不同的渗漏部位，采取不同的有针对性的治理方法。

（3）根据迎水面与背水面不同的部位、不同的基面及细部构造，采用刚柔相济的做法，发挥优势互补的作用。

（4）从设计、选材、施工、维护管理综合考虑，对渗漏工程的混凝土主体防水及建筑物周围的排水、回填土、散水、市政管线等与防水工程有关方面进行逐一分析排查，凡与渗漏有关的项目均进行治理。

2）在治理渗漏时，应尽量少破坏原有完好的防水层；

3）任何工程的渗漏治理，均不得影响现有建（构）筑物的使用安全；

4）治理渗漏所选用的材料应技术性能可靠，符合环保要求，可操作性强。

2. 渗漏治理依据

地下工程渗漏治理方案，是工程渗漏治理的基础，应通过调查、考察、查阅资料，综合分析、研讨，制定出符合规范要求、符合工程特点、材料可靠、便于施工的科学合理的方案。

1）查勘渗漏水工程现场调查资料

（1）渗漏水的现状，查清渗漏水的部位、渗漏形式、渗漏水量。

（2）渗漏水的变化规律：是否有周期性、季节性、阶段性、长期稳定性。

（3）水源：分析水的来源是地下水、上层滞水、市政管网水、雨雪水，还是绿地用水、生活用水。

2）工程原始资料

（1）工程类别、结构形式、主体混凝土的强度等级，抗渗等级，混凝土浇筑振捣、养护情况，施工缝、变形缝设置情况。

（2）原防水设计、防水构造、防水等级、洽商变更、工程防（排）水系统。

（3）原防水施工方案，质量控制过程资料。

（4）原防水材料说明书，性能试验报告和进场取样复验报告。

（5）环境影响。

工程所在位置周围环境状况及对工程的影响。

（6）运营条件

工程在使用中运营条件、季节变化、自然灾害对工程的影响。

3）确定治理方案

（1）确定渗漏治理的范围，明确是局部治理还是整体翻修。

（2）确定渗漏治理的方式，是背水面治理，还是迎水面、背水面同时治理。

3. 渗漏治理材料的选择

背水面治理宜选用刚性防水材料、灌浆材料及水泥基复合材料。易活动部位应选用延展性能好的柔性材料。潮湿基面应选用亲水性或水泥基类防水材料，多道设防时，不同的防水材料应具有相容性。用于地下工程渗漏治理的各种材料均需有耐水性、耐久性、耐腐蚀性和耐霉菌性。选用材料时应考虑工程类别、施工部位、渗漏原因、施工环境、施工条件等因素，选择适合工程使用的最佳材料。地下工程渗漏治理，所选用的材料应无毒，对施工和使用过程中对人员无伤害，对环境友好。

4. 室内顶板、侧墙、底板渗漏治理方法

1）排水

室内渗漏治理的排水方法，主要是为了解决以下三个方面的问题：一是为了利于施工。室内渗漏治理为背水面的被动防水、堵漏，应尽量在无水状态下施工，如果带水作业，尽量是在无压状态下进行或水的压力尽量小的情况下进行。通过排水措施，可以满足上述要求。二是有些部位不具备防水、堵漏的作业条件，只能靠排水、引水来解决渗漏，如管线密布的顶板、通气管道背面的渗漏。三为了防止次生影响。室内渗漏部位采取防、堵后，防止将水逼到其他部位，引起蹿水、渗水，应采取排水措施，将水引流排除。

（1）引水管

引水管主要用于顶、墙需要引水的部位，明装或暗埋。宜选用不锈钢、铜管、镀锌管、PVC塑料管等管材。渗漏部位安装引水管时，先将拟埋管处剔凿成与管径稍大的凹槽，可直接将引水管埋入。用于缝、面渗漏部位引水，应将引水管做成半圆或蜂管暗埋。引水管应用机件固定，安装牢固，暗埋管用速凝防水抗渗刚性材料封堵塞填，再与其他部位一起进行防水层施工。

（2）引水槽

引水槽主要用于顶（拱）板变形缝等渗漏部位的引水。宜选用镀锌板、铝合金板、不锈钢板等材料。根据渗漏部位的范围和渗水量，确定引水槽的规格尺寸，引水槽应固定牢固。

（3）排水沟

排水沟多用于平面引水、疏水，根据渗漏部位和环境，排水沟可采用明沟、暗沟、盲沟等不同形式。排水沟应有排水坡度，排水沟应设置在相对隐蔽且便于检查维修的部位，不宜穿过变形缝，排水沟内不应埋置电气管线。排水沟应选用耐水性好、不易损坏的防水材料做防水处理。

（4）集水井

集水井为引水管、引水槽、排水沟的配套工程，当引水管、引水槽、排水沟的水不能直接引入市政管网或不能通过其他途径集散时，应设置集水井。集水井应设在标高较低、便于集水的位置。集水井的容量应根据集水量确定。集水井应选用耐水性好的防水材料做好防水处理，并应做刚性保护层。集水井宜安装两台自动控制抽水泵，以保证至少有一台处于正常的良好状态，抽水泵随时可以工作。

2）堵漏

堵漏是治理渗漏工作中经常使用的一种方法，既可作为独立的治漏方法，又可作为大面积防水的前期工作。

表面渗漏可采用刚性材料封堵，结构性的渗漏，宜选用灌注水泥浆、化学浆或两者的复合浆的方式封堵，在实际工程中，也可采用刚性材料堵漏与注浆堵漏结合使用。堵漏施工时宜先易后难，先高后低。

（1）刚性材料堵漏

刚性材料应选用防渗抗裂、凝结速度可调、与基层易于粘接、可带水作业的堵漏材料，常用的有水不漏、堵漏灵、确保时、益胶泥、防水宝、水玻璃水泥等。

查找渗漏点与渗漏水源，切断水源或通过引水、疏水减压，尽量使堵漏施工在无水或低水压状态下进行。基面清理，剔凿渗漏点、渗漏缝，将不密实的、疏松的混凝土或水泥砂浆尽量剔除，剔凿深度不宜小于20mm，渗漏缝宜剔成U形凹槽。按堵漏材料的凝结速度和使用量调配用料，塞填在需堵漏的孔、洞、缝隙里。带压施工时，堵漏材料嵌填后应采用外抗压措施。对堵漏后的部位进行修平处理，再按面层防水的要求进行后道工序的施工。

（2）化学灌浆

注浆材料根据渗漏部位的状况注浆用途选用，快速止水可选用水溶性或油溶性聚氨酯浆液，结构堵漏与补强可选用KH-3高渗透改性环氧浆液、超细水泥浆等注浆材料。在结构后面注浆可选用非固化橡化沥青等材料。

化学灌浆的基本施工方法：①打孔，埋置注浆针头，深度根据混凝土结构厚度、混凝土质量确定。②注浆针头间距200～300mm。③注浆范围渗漏区域向外延伸500mm。④注浆针头埋置后，拧紧螺栓使橡胶膨胀与孔壁封严。⑤注浆压力应根据工程埋置深度和渗漏水的压力以及渗漏水量确定。⑥注浆应饱满，由下至上进行。⑦注浆完成72小时后，对注浆部位进行表面处理，清除溢出的浆料，拆除注浆针头。⑧非固化橡胶沥青注浆，采用特制配套钻头，打穿结构层至外防水层，采用专用灌浆设备，将非固化橡胶沥青注入孔内挤到结构外墙的外侧，形成具有一定厚度的新的涂膜防水层，从迎水面封堵渗漏通道。

3）防水层施工

（1）基面处理。铲除涂浆层露出混凝土面层或水泥砂浆层；剔凿拆除空鼓、松动、不密实的混凝土面层或水泥砂浆层。

（2）涂层防水。

涂层材料宜选用与基层粘结力强、耐水、耐霉变、抗渗、抗压性能好和可在潮湿基面施工的刚韧性材料，如高渗透改性环氧涂料、水泥基渗透结晶型材料、水性多组分增韧性环氧树脂材料等。

施工基本做法为：①单组分液态涂料，小面积施工可直接涂刷，大面积可采用喷涂法，分两至三次完成，在前一遍表干后，开始后一遍施工。②双组分液态涂料，应按配比进行现场配制。双组分粉、液涂料及单组分粉料配水的涂料，小面积施工可直接涂刷，大面积可喷涂施工的，应尽量采用机械喷涂法施工。涂层与基层应粘结牢固，不空鼓、不开裂。③质量要求：涂层的遮盖率应为10%，厚度应符合设计和相关规范要求。④养护：水泥基类刚性防水涂料在表干后应进行保湿养护，养护时间宜不小于72h。

(3) 聚合物水泥防水砂浆。①聚合物水泥防水砂浆基层，应湿润无明水。②聚合物水泥防水砂浆施工前，应按配比现场调配、搅拌均匀。③聚合物水泥防水砂浆涂层厚度不宜小于3mm，超过6mm时应分层抹压。④为防止聚合物水泥防水砂浆裂缝，大面积施工时，抹灰层应留置临时分格缝，分格缝间距宜为1m，分格缝宜在72h后抹平。⑤聚合物水泥防水砂浆在表干后，应进行保湿养护，养护时间不宜小于7d。⑥聚合物水泥砂浆防水层的质量要求：聚合物水泥防水砂浆铺抹应密实，与基层粘结牢固，不空鼓、不开裂、厚度符合设计要求。

5. 变形缝渗漏治理方法

地下工程变形缝渗漏，以室内治理为主。采用防、堵结合，堵漏、注浆、密封、防水等多种材料复合做法，形成一条有效止水、又适应变形的防水密封。变形缝渗漏治理的基本方法如下：

1）拆除变形缝的盖板，将渗漏水采用临时引水管排出；

2）对中埋式止水带进行检查，修整，使止水带与变形缝两侧混凝土紧密连接；

3）检查变形缝两侧的混凝土，不密实、有蜂窝的混凝土，采用KH-2高渗透改性环氧材料补强；

4）预埋注浆管；

5）嵌填交联、闭孔、不吸水的聚乙烯发泡体作填充料与背衬材料；

6）嵌填20mm单组分聚氨酯或聚硫密封胶；

7）化学注浆堵漏。

8）外贴1.5mm改性三元乙丙（TPV）或PVC防水卷材止水带。搭接缝焊接，两侧采用嵌入式方法锚固或压条机械固定、密封；

9）地面加防滑钢板作保护层，其他部位盖板宜用企口式安装。

6. 施工缝渗漏治理方法

1）刚、韧性材料堵漏

(1) 将施工缝剔成20mm×20mm的凹槽；

(2) 速凝刚性材料封堵漏点；

(3) 涂刷KH-2高渗透改性环氧防水涂料；

(4) 环氧腻子嵌填、涂刮，分二至三次完成。

2）化学注浆堵漏

7. 穿防水层管线根部渗漏治理方法

1）管件周围根部剔成20mm×20mm的凹槽；

2）渗漏点刚性速凝材料堵漏止水；

3）涂刷 KH-2 高渗透改性环氧防水涂料；

4）嵌填聚硫或聚氨醋密封胶。

**7.5.2.4 城市建筑地下室渗漏治理工程实例**

**1. 工程概况**

平煤集团经调大厦是一座集金融（含营业与办公）和写字楼于一体的综合性建筑，总建筑面积为 18280m²，框支筒结构，总高 88.888m。建筑物由主楼和裙房组成，两者之间设有 100mm 宽建筑缝贯穿上下。主楼地上二十二层，地下二层，框剪结构，箱形基础，基底标高－12.12m；裙房地上三层，地下一层，框架结构，片筏基础，基底标高－5.32m。地下室底板和外墙均采用 C30 集料级配混凝土，抗渗等级为 P8，内外墙面均抹 3～5mm 厚 CIA 水泥砂浆，基础回填采用 3：7 灰土分层夯实。地下防水工程完成后，发现存在渗漏问题。

**2. 工程渗漏部位及渗漏原因分析**

1）主楼和裙房的变形缝处渗漏

变形缝是防水的薄弱环节，存在"十缝九漏"之说，因此变形缝的渗漏已成为地下工程的通病之一。究其原因，除变形缝施工难度较大外，原来的防水措施考虑不周也是原因之一。如在此原设计选用的可卸式钢板伸缩片变形缝施工完成后，出现漏水呈喷涌状，较严重，经实际检查和查阅相关资料，原来的防水措施只考虑一道防线过于单薄，应考虑采用多道防线、刚柔结合的复合防水构造形式，才能达到密封防水、适应变形的要求。且变形缝渗漏，也是由于主楼和裙房高差和荷载差异较大，易产生不均匀沉降，使处理变形缝的材料在同一水头情况下承受的压力增加，也对防水不利。施工时，混凝土龄期不断增长，产生收缩，角钢膨胀系数与混凝土又不同，使角钢与混凝土之间产生收缩裂缝，也加速了渗水通道的形成。此外，埋设角钢处混凝土振捣不密实，产生缝隙，也导致变形缝漏水。

2）外墙处渗漏

地下室外墙渗漏部位主要在主楼地下层水池，裙房地下一层通风口等防水混凝土振捣不密实，少振、漏振、超振，造成蜂窝、麻面、沟洞处漏水，模板接缝不严密，跑浆、漏浆处漏水，防水砂浆抹面处理层未清理好，未分层压实，使面层与基层私贴不牢固，空鼓、裂纹处漏水。

3）穿墙管处渗漏

裙房地下一层北墙有一穿墙管由于未事先预埋，直待混凝土浇筑完毕后，才发现漏设，重新凿洞埋管，破坏了原防水层，造成了渗漏。裙房地下一层西墙有一穿墙管因固定不牢，松动变形，使管外壁与混凝土之间产生缝隙，造成渗漏。

4）施工缝处渗漏

由于浇筑主楼地下二层西北角底板混凝土时，突降暴雨，工程被迫暂停，施工队伍只好采取紧急处理措施，用塑料薄膜覆盖混凝土表面，待雨停后，把施工缝处混凝土表面凿毛，清除泛粒与杂物，然后再铺一层与原混凝土配合比相同的水泥砂浆，再继续浇筑混凝土，但由于原混凝土表面被雨水冲刷跑浆严重，仅留下砂石和少量水泥浆，形成新旧混凝土不能紧密紧密结合，产生缝隙，造成渗漏。

**3. 渗漏治理方案**

针对目前工程渗漏情况，本着"防、排、截、堵相结合，刚柔相济，因地制宜，综合治理”原则，经业主、设计、施工、监理等共同研究制定以下治理方案：

1）主楼和裙房的变形缝处渗漏治理方案

将变形缝内的原嵌缝材料清除，深度约 10cm，在漏水较大部位处理设引水管，把缝内主要漏水引出缝外，然后打注浆眼，采用 0.3MPa 压力化学注浆，将高分子注浆材料 TB 型聚氨酯堵漏剂注入混凝土裂缝，再用快速堵漏灵做 5～10mm 防水层，粉刷 2～3mmJS 型聚合物-水泥基复合防水涂料，用 5～10mmTE 型复合防水密封胶封口，粉刷 2～3mmAT 型防水胶。

2）外墙处渗漏治理方案

将外墙渗漏处剔凿清理，寻找较大漏水点，打注浆眼，采用 0.3MPa 压力化学注浆堵水，将防水砂浆空鼓处进行剔凿清理，重新分层抹 2～3mm 防水素浆（水泥：防水剂＝1：0.5～0.8）、10～15mm 防水砂浆（水泥：中砂：防水剂＝1：2.5：0.8）各两遍，防水剂采用 TJ 型脂肪酸防水液。

3）穿墙管处渗漏治理方案

将穿墙管四周松动的混凝土凿开，清理干净后，用防水嵌缝油膏热灌注冷凝作防水层，再分层抹 2～3mm 防水素浆、10～15mm 防水砂浆两遍。

4）施工缝处渗漏治理方案

将施工缝渗漏处沿缝凿槽，清理干净后，在漏水较大部位处理设引水管理，把缝内主要漏水引出缝外，然后打注浆眼，进行 0.3MPa 压力化学注浆，用快速堵漏灵做 5～10mm 防水层，再分层抹 2～3mm 防水素浆、10～15mm 防水砂浆两遍。

4. 渗漏治理效果

针对上述不同的渗漏部位和渗漏情况，采取相应的综合治理措施，经业主、设计、施工、监理为期 3 个月的积极组织、精心施工和严格管理，经现场对渗漏部位再次观测和检查，渗漏情况基本解除，已达到治理的预期目的，取得了较好的效果。

### 7.5.3 盾构法隧道渗漏治理技术

#### 7.5.3.1 盾构法隧道渗漏特点及原因

盾构法隧道衬砌在饱和土体中，受静止水压力作用，管片接缝是渗漏水薄弱的部位。虽然采用橡胶止水带等措施，由于施工不规范，材料性质缺陷，常常因渗漏造成运营使用障碍。因此，盾构隧道渗漏水原因可以从管片、止水带及管片间的缝隙等几个方面来分析。

1. 管片

地铁区间隧道一般采用无外防水层的钢筋混凝土管片，制作时采用高精度钢模成型，混凝土为 C50 级，抗渗等级 P8。在正常情况下，管片能做到结构自防水。但有时由于在制作过程中选定混凝土的配合比、水泥用量、入模温度、浇捣顺序、养护时间等环节上出现失误，表面收缩开裂。在吊装、运输、拼装过程中的操作不当，造成管片丢角、损边，甚至出现贯穿性裂缝，拼装成隧道后，管片自防水达不到设计要求的抗渗等级。管片后注浆的质量差、充填不密实，不能使围岩和衬砌整体协调受力，造成受力不均，局部变形过大，首道防水层失去作用而引起渗漏水。

2. 止水带

实践证明，密封垫材料性能极大影响接缝防水效果，因此对它要有严格的控制要求。

尤其是对防水功能的耐久性要严格控制，使得密封垫能长时间保持接触面应力不松弛。它的主要物理力学性能指标为：耐水性、耐动力疲劳性、耐干湿疲劳性、耐化学腐蚀性等，对水膨胀橡胶还要求能长期保持其膨胀压力。这些性能指标要与隧道施工和运营情况、沉降变形、接缝开张度相适应。

3. 管片间的缝隙

衬砌的构造形式不可避免使管片间存在缝隙，管片间的缝隙主要靠相邻管片间的橡胶止水带相互挤密压实，阻止地下水从管片外侧进入隧道内，达到止水效果。当管片间的缝隙超出允许范围，使得橡胶止水带之间以及止水带与管片之间应有的压力不够，就会引起漏水。

**7.5.3.2 盾构法隧道渗漏治理方法**

对营运地铁隧道渗漏水的防治工作，应根据具体隧道情况采取洞内与洞外不同的整治方案以及堵排结合的方法。对于埋深大，漏水区段小，行车密度不是很大的隧道，可采用在洞内堵排结合的方法，有针对性地对漏水地段进行堵漏，而辅以"排"措施，达到防水目的。如果隧道埋深浅，漏水区段长，行车密度大，可采用将洞外水通道堵住的方法，达到永久整治的目的。根据渗水的不同形式和漏水原因，盾构法隧道的主要的渗漏治理方法有：壁后注浆、注浆嘴注浆和钻孔埋管注浆。

1. 壁后注浆

对于进出洞口连续几环集中漏水且漏水量较大的区段，采取壁后注浆。在钻穿管片压浆孔后压入水泥和粉煤灰浆液，使浆液在管片外形成外防水层。浆液量一次性要压足，压力也要控制在一定的幅度范围内。

2. 注浆嘴注浆

对于环缝、螺孔处渗漏、点漏、线漏，在漏水处埋入注浆嘴（用速凝水泥封缝），其周围环缝采用工字型水膨胀腻子条加封氯丁胶乳砂浆作整环嵌缝处理，或者采用快凝水泥抽管封缝处理后，压入防水浆材，使浆液充满整个环缝，浆液遇水发生反应凝固或自身反应凝固，堵住渗水通道而达到止水效果。对于螺孔还应先将螺帽拧下，将水放掉后，重新换上新的密封圈。部分渗水量不大的环向缝隙，也可以采取抽管封缝处理的方法，将水引导到底部，流入排水沟。抽管的作用是在环缝内形成一条通道，使水顺着通道向下流淌，达到引流的目的。

3. 钻孔埋管注浆

对管片碎裂、边角缺损部位，可清除碎裂部分，清洗干净，采用高强、快凝、粘接良好的材料（如环氧树脂）修补。必要时也要采取钻孔埋管注入环氧树脂的办法堵漏。当管片出现潮湿或微渗漏时，说明裂缝很小，可以采用无机水性高渗透密封剂涂刷封闭处理。

**7.5.3.3 盾构法隧道渗漏治理方案设计**

1. 管片环、纵接缝渗漏治理设计

1）对于有渗漏明水的环、纵缝可采取注浆止水。注浆止水前，先在渗漏部位周围无明水渗出的纵、环缝部位骑缝垂直钻孔至遇水膨胀止水条处或弹性密封垫处，并在孔内形成由聚氨酯灌浆材料或其他密封材料形成浆液阻断点。随后在浆液阻断点围成的区域内部，用速凝型聚合物砂浆等骑缝埋设注浆嘴并封堵接缝，并注入可在潮湿环境下固化、固结体有弹性的改性环氧树脂灌浆材料；注浆嘴间距不大于1000mm，注浆压力不大于

0.6MPa，治理范围以渗漏接缝为中心，前后各 1 环。

2）对于有明水渗出但施工现场不具备预先设置浆液阻断点的接缝的渗漏，先用速凝型聚合物砂浆骑缝埋置注浆嘴，并封堵渗漏接缝两侧各 3～5 环内管片的环、纵缝。注浆嘴间距不小于 1000mm。注浆材料采用可在潮湿环境下固化，固结体有一定弹性的环氧树脂灌浆材料，注浆压力不大于 0.2MPa。

3）对于潮湿而无明水的接缝，采取嵌填密封处理，并符合下列规定：

（1）对于影响混凝土管片密封防水性能的边、角破损部位，先进行修补，修补材料的强度不小于管片混凝土的强度；

（2）拱顶及侧壁采取在嵌缝沟槽中依次涂刷基层处理剂、设置背衬材料、嵌填柔性密封材料的治理工艺。

（3）背衬材料性能应符合密封材料固化要求，直径大于嵌缝沟槽宽度 20％～50％，且不与密封材料相粘结；

（4）轨道交通盾构法隧道拱顶环向嵌缝范围为隧道竖向轴线顶部两侧各 22.50°，拱底嵌缝范围为隧道竖向轴线底部两侧各 43.0°；变形缝处整环嵌缝。特殊功能的隧道可采取整环嵌缝或按设计要求进行；

（5）嵌缝范围以渗漏接缝为中心，沿隧道推进方向前后各不小于 2 环。

4）当隧道下沉或偏移量超过设计允许值并发生渗漏时，以渗漏部位为中心在其前后各 2 环的范围内进行壁后注浆。壁后注浆完成后，若仍有渗漏可在接缝间注浆止水，对潮湿而无明水的接缝进行嵌填密封处理。壁后注浆应符合下列规定：

（1）注浆前需查明待注区域衬砌外回填的现状；

（2）注浆时需按设计要求布孔，并优先使用管片的预留注浆孔进行壁后注浆。注浆孔应设置在邻接块和标准块上；隧道下沉量大时，尚应在底部拱底块上增设注浆孔；

（3）根据隧道外部土体的性质选择注浆材料，黏土地层采用水泥水玻璃双液灌浆材料，砂性地层采用聚氨酯灌浆材料或丙烯酸盐灌浆材料；

（4）根据浆液性质及回填现状选择合适的注浆压力及单孔注浆量；

（5）注浆过程中，采取措施实时监测隧道形变量。

5）速凝型聚合物砂浆需具有一定的柔韧性、良好的潮湿基层粘结强度，各项性能应符合设计要求。

2. 隧道进出洞口段渗漏治理方案设计

隧道进出洞口段渗漏的治理宜采取注浆止水及嵌填密封等技术措施，并宜符合下列规定：

1）隧道与端头井后浇混凝土环梁接缝的渗漏，钻斜孔注入聚氨酯灌浆材料止水；

2）隧道进出洞口段对 25 环内管片接缝渗漏进行治理及壁后注浆。

3. 隧道与连接通道相交部位渗漏治理方案设计

1）接缝的渗漏同样可采取钻斜孔注入聚氨酯灌浆材料止水；

2）连接通道两侧对 25 环内管片接缝渗漏进行治理及壁后注浆。

4. 道床以下管片接头渗漏治理方案设计

采取壁后注浆及注浆止水等技术措施进行治理，注浆范围为渗漏部位两侧各 5 环以内的隧道邻接块、标准块及拱底块。拱底块预留注浆孔已被覆盖的，应在道床两侧重新设置注浆孔再进行壁后注浆。

5. 隧道管片螺孔渗漏治理方案设计

1) 未安装密封圈或密封圈已失效的螺孔, 应重新安装或更换符合设计要求的螺孔密封圈, 并应紧回螺栓。螺孔密封圈的性能应符合现行国家标准《地下工程防水技术规范》GB 50108 的规定;

2) 螺孔内渗水时, 钻斜孔至螺孔注入聚氨酯灌浆材料止水, 并密封紧固螺栓。

### 7.5.3.4 盾构法隧道渗漏治理施工

1. 钻孔注浆止水的施工

1) 钻孔注浆设置浆液阻断点时, 使用带走位装置的钻孔设备, 钻孔直径宜小, 钻双孔注浆形成宽度不宜小于 100mm 的阻断点;

2) 注浆嘴垂直于接缝中心并埋设牢固, 在用速凝型聚合物砂浆封闭接缝前, 应清除接缝中已失效的嵌缝材料及杂物等;

3) 注浆按照从拱底到拱顶、从渗漏水接缝向两侧的顺序进行, 当观察到邻近注浆嘴出浆时, 可终止从该注浆嘴注浆并封闭注浆嘴, 并从下一注浆嘴开始注浆, 注浆结束后, 按要求拆除注浆嘴并封孔。

2. 嵌填密封施工

1) 嵌缝作业在无明水条件下进行;

2) 嵌缝作业前先清理待嵌缝沟槽, 做到缝内两侧基层坚实、平整、干净, 并涂刷与密封材料相容的基层处理剂;

3) 背衬材料应铺设到位, 预留深度符合设计要求, 不得有遗漏;

4) 密封材料一般采用机械工具嵌填, 并做到连续、均匀、密实、饱满, 与基层粘结牢固;

5) 速凝型聚合物砂浆需按要求进行养护。

3. 壁后注浆施工

1) 注浆按确定孔位、通(开)孔、安装注浆嘴、配浆、注浆、拔管、封孔的顺序进行;

2) 注浆嘴应配备防喷装置;

3) 按照从上部邻接块向下部标准块的方向进行注浆, 注浆过程中应按设计要求控制注浆压力和单孔注浆量;

4) 注浆结束后, 按设计要求做好注浆孔的封闭。

4. 管片螺孔渗漏的嵌填密封及注浆止水施工

1) 重新安装螺孔密封圈时, 密封圈需定位准确, 并能够被正确挤入密封沟槽内;

2) 从手孔钻孔至螺孔时, 定位需准确, 并采用直径较小的钻杆成孔。

### 7.5.3.5 盾构法隧道渗漏治理工程实例

1. 工程概况

广州至佛山地铁某标段隧道, 全长 3700m, 采用盾构法, 在地下 35.0m 左右施工。该标段所在位置为珠江三角洲地带, 地下水丰富、淤泥层厚、地质构造复杂多变, 在施工过程中出现了管片拼装缝、管片连接螺栓、吊装孔、洞门和联络通道与隧道管片连接部位等多处渗漏, 部分渗漏缝隙渗流的水压较大, 影响了工程施工, 需要进行防水堵漏。

2. 渗漏原因分析

在隧道盾构施工中，管片的拼装是盾构施工的重要环节，管片拼装难免会出现拼装缝渗漏，加上地质沉降不均匀、嵌缝不严、止水带密封失效、洞门和联络通道与隧道管片连接部位松动，以及壁后注浆、混凝土浇筑不密实、新老混凝土界面处理措施不当等原因，隧道出现了不同程度的渗漏。

3. 堵漏方案及防水材料

1）堵漏方案

为确保最终防水堵漏效果，在比较多种方案的基础上，制定了沿渗漏部位设置灌浆管进行压注超细水泥浆或改性环氧树脂化学浆，使混凝土与超细水泥浆或改性环氧树脂化学浆相结合的方案。

其主要施工顺序如下：（1）清理板面渗漏部位，沿渗漏部位设置灌浆管；（2）使用薄钢板往缝内快速压入双快水泥，压入的水泥越多越好，拼装缝的外表面要做成圆弧形，及时清除两边多余的封堵材料，并涂刷亲水性环氧涂料及普通水泥浆；（3）压注超细水泥浆或改性环氧树脂化学浆；（4）涂层初凝后喷洒水养护不少于48h，使主体混凝土与超细水泥浆或改性环氧树脂化学浆结合。

2）防水材料

本工程使用的防水堵漏材料主要有：速硬水泥（堵漏灵）、超细水泥、TS系列改性环氧化学灌浆液、TS界面处理剂、丙烯酸丁腈胶乳及水泥基渗透结晶防水材料。

4. 施工工艺

1）一般管片拼装缝渗漏治理

（1）钻孔截水

在管片渗漏水部位的端头，沿缝向里钻 $\phi$12mm 的孔，孔深以从表面到内侧的止水条位置为准，严禁钻过止水条，防止破坏管片整体的防水效果；用压力水冲洗截水孔后，再用简易工具往孔内灌入微膨胀水泥浆，边灌边捣，直到灌满为止，以截断渗漏水的扩散通道。如渗漏水较大，可适当添加速凝剂。

（2）钻注浆孔

沿渗漏缝向里钻注浆孔，孔径 $\phi$10mm，孔深 20cm，孔间距视具体情况而定。拼装缝较宽时，两孔之间的距离可适当远些，但最多不超过 0.5m；接缝较窄，注浆孔间距不超过 0.3m。用压力水及简易工具（细钢丝绳刷和薄钢板条）冲洗注浆孔及拼装缝，尽量冲净孔内的泥屑及缝内的污浊物，以确保嵌缝和灌浆的质量。

（3）埋注浆管及嵌缝

用S型双快水泥，将插入孔内 $\phi$8mm 的铝管埋实压紧，铝管埋入和留出的长度均为7cm左右；嵌缝时，使用薄钢板往缝内快速压入双快水泥，压入的水泥越多越好。拼装缝的外表面要做成圆弧形。及时清除两边多余的封堵材料，并涂刷亲水性环氧涂料及普通水泥浆，以保持色差一致。

（4）灌浆

先做压水试验，观察封闭效果和浆液通道质量，如无问题，即可压注超细水泥浆或MU化学浆，以达到止水的目的。注浆顺序由下往上进行，注浆压力保持在 0.3MPa，且稳压时间不少于5min，然后封管。止水7d后可将铝管切除，但不得用锤子敲掉铝管，以免引起新的渗漏。若堵水失败再重新埋管注浆。

2）管片拼装缝大面积渗漏及淋水治理

管片拼装缝大面积渗漏或淋水时，只能进行壁后二次注浆，灌注水泥水玻璃浆，先堵住大水，再按上述办法埋管灌注化学浆，彻底堵住渗漏水。具体施工方法是：在渗漏处的适当位置，将吊装螺栓孔钻穿管壁，安设注浆管，灌注水泥水玻璃浆液，注浆压力达到0.3～0.4MPa时封孔。

3）管片吊装螺栓孔渗漏水治理

（1）少量渗漏时，可先将螺栓孔中的污浊物清洗干净，在其中堵满双快水泥，并迅速拧紧堵头。

（2）渗漏水较大时，可埋设铝管，用手动泵压注超细水泥浆，然后再按上述办法旋紧堵头。

4）管片连接螺栓孔渗漏水治理

在盾构隧道中，有的连接螺栓孔出现渗漏，这实际上也是接缝漏水引起的，治理的办法是：先将螺栓的两头用双快水泥封堵，然后在相关的接缝处埋设铝管及嵌缝，并向接缝中压注超细水泥浆或改性环氧树脂化学浆，浆液充满螺栓孔即可达到止水的目的。

5）洞门、联络通道与隧道管片连接部位渗漏水治理

洞门、联络通道与隧道管片连接部位等处，往往因为混凝土浇筑不密实、新老混凝土界面处理措施不当等原因造成渗漏。治理的办法是：根据渗漏水的大小，酌情埋管，采用电动注浆泵壁后注浆；洞门渗漏较大时，应在洞门的五环管片，由远至近依次设置灌浆孔用超细水泥进行壁后注浆，加固壁后侧壁，再对洞门渗漏部位压注超细水泥浆或改性环氧树脂化学浆进行治理。

6）破损管片的修补与堵漏

破损管片的修补、堵漏必须兼顾补强加固、防水堵漏两个目的。凡能注浆的部位，采用侧缝灌浆技术，一定要压注改性环氧浆液或改性环氧树脂化学浆液，其表面再涂刷渗透结晶型防水材料。缺边少角部位采用双快微膨胀水泥修补即可满足要求，其表面要打磨圆滑，使其外形与设计尺寸相符，色差一致。

7）堵漏注意事项

管片只准钻孔，不得凿槽埋管；管片表面如被化学浆液污染，要及时清除干净，因为其固化后难以清除，影响外观质量和交验；严禁将管片内的止水条钻穿。

5. 渗漏治理效果

经过精心施工，广州至佛山项目某标段隧道工程顺利完成，完工后，隧道墙面无渗漏，隧道内干燥。

### 7.5.4 矿山法隧道渗漏治理技术

#### 7.5.4.1 矿山法隧道渗漏特点及原因

1. 矿山法隧道渗漏的特点

目前，城市矿山法隧道一般采用复合式衬砌结构，初期支护一般采用格栅钢架＋钢筋网＋喷混凝土，大多数工程二次衬砌为防水的钢筋混凝土结构，少量工程二次衬砌采用防水的素混凝土结构，初期支护结构与二次衬砌结构之间设全封闭的柔性防水层。施工缝一般采用遇水膨胀橡胶止水条、钢板腻子止水带、中埋式止水带、外贴式止水带等防水材料

防水，变形缝一般采用中埋式止水带、防水嵌缝材料等防水材料防水。

当二次衬砌为素混凝土结构时，结构渗漏水一般发生在施工缝和变形缝处。如果不出现大于规范要求的结构裂缝，衬砌表面一般不会出现渗漏水现象。当出现较大的结构裂缝时，渗漏水一般表现为线状，主要发生在结构裂缝处，其他部位很少有渗漏水现象。原因是素混凝土结构中没有钢筋，混凝土容易振捣，容易保证混凝土的密实性和抗渗性，衬砌结构只要不出现裂缝，在裂缝之外的地方一般不会出现渗漏水现象。当二次衬砌为钢筋混凝土结构时，结构渗漏水除了发生在施工缝和变形缝处以外，则往往呈网状渗漏水现象，其发生的主要部位是衬砌结构内钢筋的位置。由于混凝土结构中钢筋密度较大，振捣一般很难到位，混凝土密实性和抗渗性很难保证，再加上部分结构钢筋的内外保护层厚度不够，致使地下水沿着钢筋渗漏至混凝土表面，从而形成网状渗漏水现象。

2. 矿山法隧道渗漏的主要原因

由于矿山法隧道的作业环境比较差，工程地质和水文地质条件多变，施工人员的素质参差不齐，防水层幅间的结合与环间的结合、二次衬砌混凝土结构都不能实现工厂化生产，难以保证防水层铺设质量和二次衬砌混凝土的结构质量。

1）初期支护结构渗漏水严重，防水层施工环境条件差

城市矿山法隧道工程一般具有地质条件复杂、地下水位高等特点，一些地段的地层含水量大，地层渗透系数高，而往往对初期支护的防水都重视不够，不能把初期支护结构的防水作为隧道结构防水的一道重要工序来抓。加上工期紧等客观原因，在隧道二次衬砌前对初期支护渗漏水的处理不够，甚至没有采取处理措施，而造成防水层和混凝土在有水环境下施工，难以保证防水层和混凝土的施工质量。

2）防水层质量、防水层施工质量与防水层保护不好

防水层的施工工艺决定了防水层的防水存在缺陷，一般情况下防水板可以采用机械焊接，但是，防水板焊缝也存在一些机械无法焊接或难以保证焊接质量的死角部位，如十字交叉部位、结构变截面部位和一些破损部位。有时，机械焊接也难以保证焊缝的焊接质量。在防水层的保护方面，由于施工人员的素质参差不齐，部分施工人员对防水层保护意识薄弱，再加上目前防水层保护手段低下，这些都决定了不能在施工过程中有效地保护防水层。同时，隧道结构处于常水位下，防水层只要一个地方有破损，最终将导致地下水在隧道二次衬砌与防水层之间的连通，不能真正地起到防水层的防水作用。

3）钢筋混凝土施工质量达不到要求

矿山法隧道二次衬砌钢筋混凝土施工质量包括钢筋的保护层厚度和混凝土的密实性、强度、抗渗性能以及拱部灌满程度等。矿山法隧道二次衬砌一般采用钢筋混凝土，很难保证钢筋的保护层厚度都满足设计和规范要求，局部的钢筋内外保护层厚度也可能不够。目前大多数工程都采用模板台车衬砌，部分工程采用组合钢模板衬砌。当采用组合钢模板衬砌时，由于混凝土振捣条件较好，容易保证混凝土的密实性和抗渗性。当采用模板台车衬砌时，由于模板台车灌注孔有限，钢筋密度较大，插入式振捣器难以振捣到位，不容易保证混凝土的密实性和抗渗性。而附着式振捣器一方面对模板台车的强度、刚度提出了较高的要求，另一方面，反复的振动容易使先灌注的、已凝固的混凝土发生离析现象，同样不能保证混凝土的质量，而且由于目前衬砌工艺方面的原因，隧道衬砌结构的拱部混凝土往往不能灌满，容易在拱部形成一纵向积水通道。

4）混凝土产生了大于规范要求的结构裂缝

混凝土结构完成后，有可能在结构上会出现大于规范要求的裂缝，按照混凝土结构裂缝产生的机理，一般分为受力裂缝和收缩裂缝两种类型。受力裂缝的产生主要是因为二次衬砌施工的时机选择不对，没有在初期支护结构变形基本完成之后进行二次衬砌；收缩裂缝的产生主要是因为混凝土施工配合比不合理、原材料不满足要求、施工环境差、养护方法不合适或者根本没有进行有效的养护等。这些裂缝使混凝土的抗渗性能急剧下降，导致混凝土结构渗漏水现象的发生。

5）结构施工缝、变形缝未处理好

施工缝和变形缝是隧道防水的薄弱环节，如果处理不好，往往会成为隧道渗漏水的通道。对此，工程界就有"十缝九漏"的说法。主要原因有：一是施工缝或变形缝设置的位置不合适，没有避开剪力与弯矩最大处或侧墙与底板交接处；二是操作工人技术水平不齐，施工时不能保证中埋式止水带或嵌入式止水条等止水材料位置准确、固定牢固、接缝严密，不能保证将施工缝表面的杂物、积水处理干净，特别是水平施工缝处的积水，容易导致遇水膨胀橡胶止水条在混凝土浇筑前先期完成膨胀而失效。

### 7.5.4.2　矿山法隧道渗漏治理方法

地铁矿山法区间隧道的渗漏主要为点渗、面渗、施工缝渗漏、裂缝渗漏和变形缝渗漏。不同的渗漏情况有不同的处理方法。一般采用干抹布拭干面，稍等片刻即可直观地观察到渗水点，确定渗漏部位。如湿面不易看出，可采用热风吹干后观察。面渗、施工缝、裂缝和变形缝的渗漏水虽然需全面处理，但仍需通过上述办法了解渗漏情况，如：渗漏速度、渗水量、渗水点分布和渗水压力等。

1. 点渗漏处理方法

点渗漏的现象可分为点或小于 5cm 的裂缝。在该点或裂缝中心钻孔，孔径为 10mm、深 6cm，用高压清水冲洗后注浆。注浆管嘴离孔底要留有一定的间隙，孔口与注浆管采用堵漏粉固定，两侧裂缝也同样采用堵漏粉封堵，若效果不佳再进行凿槽处理。

2. 面渗漏处理方法

面渗由点渗密集而成。如直径小于 5cm 的面积，首道工序可按点渗处理，然后在渗水面内凿深 3cm，清洗后涂刷堵漏粉，使基面干燥并涂刷双组分聚氨酯涂料，最后用防水砂浆封闭。

如面渗面积大于 5cm，则深凿基面 6cm，清刷暴露钢筋，环向稍加深 2cm，以利止水。

1）基面涂刷 3 道堵漏粉。堵漏粉的调配稠度因基面湿度而定，以操作感官效果为准。若个别点效果不佳，可采用堵漏粉后补，厚度 5~15mm 即可。

2）涂刷双组分聚氨酯 1mm。涂刷前基面需风干，双组分聚氨酯的涂刷宜预留出 2cm 作为砂浆结合部位。

3）防水砂浆封闭。

3. 裂缝及施工缝渗漏处理方法

裂缝及施工缝渗漏处理工艺流程：钻注浆孔→凿 U 形槽→清理基面→冲洗注浆孔→嵌入注浆管→堵漏粉封面→注浆→封闭注浆管→基面恢复。

### 7.5.4.3 矿山法隧道渗漏治理方案设计

1. 结构裂缝渗漏治理设计

1）水压或渗漏量大的裂缝宜采取钻孔注浆止水

（1）对无补强要求的裂缝，注浆孔宜交叉布置在裂缝两侧，钻孔应斜穿裂缝，垂直深度为混凝土结构厚度 $h$ 的 $1/3\sim1/2$，钻孔与裂缝水平距离为 $100\sim250mm$，孔间距为 $300\sim500mm$，孔径不大于 $20mm$，斜孔倾角为 $45°\sim60°$。当需要预先封缝时，封缝的宽度宜为 $50mm$。

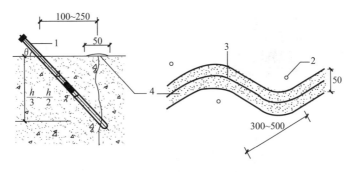

图 7-68　钻孔注浆布孔示意图

1—注浆嘴；2—钻孔；3—裂缝；4—封缝材料

（2）对有补强要求的裂缝，先钻斜孔并注入聚氨酯灌浆材料止水，钻孔垂直深度不小于结构厚度 $h$ 的 $1/3$；再二次钻斜孔，注入可在潮湿环境下固化的环氧树脂灌浆材料或水泥基灌浆材料，钻孔垂直深度不小于结构厚度 $h$ 的 $1/2$。

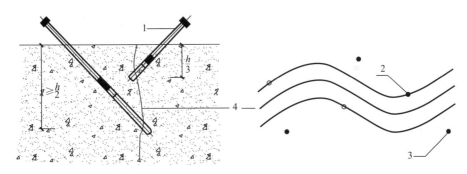

图 7-69　钻孔注浆止水及补强的布孔示意图

1—注浆嘴；2—注浆止水钻孔；3—注浆补强钻孔；4—裂缝

（3）注浆嘴深入钻孔的深度不大于钻孔长度的 $1/2$。

（4）对于厚度不足 $200mm$ 的混凝土结构，垂直于裂缝钻孔，钻孔深度为结构厚度 $1/2$。

2）对水压与渗漏量小的裂缝，可按上述方法注浆止水，也可用速凝型无机防水堵漏材料快速封堵止水。当采取快速封堵时，沿裂缝走向在基层表团切割出深度为 $40\sim50mm$，宽度为 $40mm$ 的 U 形凹槽，然后在凹槽中嵌填速凝型无机防水堵漏材料止水，并预留深度不小于 $20mm$ 的凹槽，再用含水泥基渗透结晶型防水材料的聚合物水泥防水砂浆找平。

3）对于潮湿而无明水的裂缝，采用贴嘴注浆注入可在潮湿环境下固化的环氧树脂灌浆材料，注浆嘴底座带有贯通的小孔，注浆嘴布置在裂缝较宽的位置及其交叉部位，间距为200～300mm，裂缝封闭宽度为50mm。

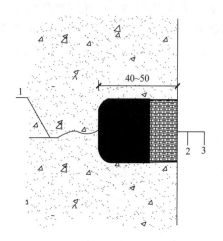 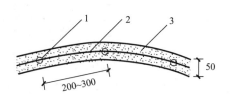

图7-70 裂缝快速封堵止水示意图
1—裂缝；2—速凝型无机防水堵漏材料；3—聚合物水泥防水砂浆

图7-71 贴嘴注浆止水示意图
1—注浆嘴；2—裂缝；3—封缝材料

4）设置刚性防水层时，沿裂缝走向在两侧各200mm范围内的基层表面先涂布水泥基渗透结晶型防水涂料，再单层抹压聚合物水泥防水砂浆。对于裂缝分布较密的基层，大面积抹压聚合物水泥防水砂浆。

2. 施工缝渗漏治理设计

1）对于预埋注浆系统完好的施工缝，先使用预埋注浆系统注入超细水泥或水溶性灌浆材料止水；

2）采取钻孔注浆止水或嵌填速凝塑无机防水堵漏材料快速封堵止水；

3）设置刚性防水层时，先沿施工缝走向在两侧各200mm范围内的基层表面涂布水泥基渗透结晶型防水涂料，再单层抹压聚合物水泥防水砂浆。

**7.5.4.4 矿山法隧道渗漏治理施工**

1. 结构裂缝的止水施工

1）钻孔注浆时应严格控制注浆压力等参数，并沿裂缝方向自下而上依次进行。

2）使用速凝型无机防水堵漏材料快速封堵止水时应在材料初凝前用力将拌合料紧压在待封墙区域直至材料完全硬化；按照从上到下的顺序进行施工；快速封堵止水时，沿凹槽走向分段嵌填速凝型无机防水堵漏材料止水，并间隔留置引水孔，引水孔间距为500～1000mm；最后再用速凝型无机防堵漏材料封闭引水孔。

3）对于潮湿而无明水的裂缝采取贴嘴注浆，在粘贴注浆嘴和封缝前，先将裂缝两侧待封闭区域内的基层打磨平整并清理干净，再用配套的材料粘贴注浆嘴并封缝；粘贴注浆嘴时，先用定位针穿过注浆嘴、对准裂缝插入，将注浆嘴骑缝粘贴在基层表面，以拔出定位针时不粘附胶粘剂为合格。不合格时，应清理缝口，重新贴嘴，直至合格。粘贴注浆嘴后可不拔出定位针。立面上沿裂缝走向自下而上依次进行注浆。当观察到临近注浆嘴出浆时，可停止从该注浆嘴注浆，并从下一注浆嘴重新开始注浆；注浆全部结束且孔内灌浆材料固化，并经检查无湿渍、无明水后，按工程要求拆除注浆嘴、封孔、清理基层。

2. 施工缝渗漏的止水施工

利用预埋注浆系统注浆止水时，采取较低的注浆压力从一端向另一端、由低到高进行注浆；当浆液不再流入并且压力损失很小时，应维持该压力并保持 2min 以上，然后终止注浆；需要重复注浆时，应在浆液固化前清洗注浆通道。

**7.5.4.5　矿山法隧道渗漏治理工程实例**

1. 工程概况

重庆轨道交通 6 号线支线张家溪大桥—会展中心站的区间隧道（简称"张会区间隧道"）全长 740m。隧道二衬于 2011 年 4 月完工，验收时未发现有裂缝及渗漏。同年 11 月底，隧道拱顶出现较多无规则裂纹和施工缝的渗漏现象。经分析，其主要原因是：

1) 与地面同期施工的爆破作业有关，特别是会展大道靠近隧道一侧排水沟的爆破开挖，使隧道衬砌处于不利的受力状态；

2) 从隧道裂纹形态及分布情况判断，部分破裂严重区域应该是较大的外部冲击荷载所引起，不排除受到水沟爆破开挖的影响。

根据在地表工程施工后荷载工况下的隧道二衬计算的结果，隧道二衬承载能力满足正常使用要求，裂缝宽度满足耐久性要求。因此，隧道二衬局部出现少量纵向裂缝应该是在偶然荷载冲击下造成的；而较多的环向裂缝大都出现在施工缝位置，应该是本来就相对薄弱的二衬施工缝在偶然荷载冲击下出现的裂缝。考虑到隧道二衬耐久性和隧道内使用环境的要求，应尽快封闭隧道内裂缝并实施渗漏治理。

2. 地表的治理

1) 尽快疏排地表积水，对已开挖的排水沟槽及靠近隧道一侧的下穿人行通道基坑采用混凝土回填。

2) 严格禁止地表再进行爆破作业，对地表明水进行有组织的引排，及时封闭地表的开挖面。

3. 渗漏治理方案

1) 渗漏治理总体方案

（1）清理现场淤泥，对渗漏部位混凝土表面进行清理；详细了解渗漏位置、裂缝大小、渗漏状况及渗漏量。

（2）对不明涌水部位进行雷达探测，以了解结构与初支后面泥土被水带走掏空以及空洞相互连通等情况。

（3）对有空洞的渗漏部位应用复合灌浆技术进行灌浆处理。先灌水泥浆充填空洞并堵水，当出水量变得较小时再进行裂缝化学灌浆止水补强。施灌时应遵循从下而上的程序，以利排堵结合。

（4）整个区间渗漏治理顺序为：先堵背后有空洞的涌水量大的部位→环向施工缝渗漏治理（允许局部涌水点引排）→不规则结构裂缝渗漏治理补强→混凝土表面修复→表面渗漏治理。

2) 施工缝渗漏治理方案

（1）对有涌水或裂缝宽度＞0.5mm、整环均渗漏的施工缝采取复合灌浆。

①封填空洞：先灌水泥浓浆，灌浆压力控制在 2MPa 以内。在接近最大灌浆压力时，

当进浆量减少应换稀浆继续施灌至不进浆为止，再上移至下一序号孔施灌，水泥灌浆后渗漏量必然大大减少（出现跑浆现象时，可掺入一定量的速凝剂或水玻璃）。

②注浆孔布设：在施工缝两侧 350mm 左右位置（或等同结构厚度）布孔，孔距 150～200mm，两边孔应错位布置。

③化学灌浆：灌注橡化沥青非固化防水注浆液。

④清理施工面：将需注浆区域的基层表面清理至露出坚实的混凝土表面。

⑤钻孔：钻孔前应确定注浆孔角度，孔必须打到裂缝处并尽量往深处打，钻孔时避开结构主筋。

⑥安装注浆管：在清理干净的孔中安装专用注浆管。

⑦注浆：将注浆管连接注浆泵，开动注浆泵，使注浆料徐徐进入注浆孔内。当相邻孔流出浆液后停止注浆，卸下注浆管，随即将准备好的封孔材料（无纺布）用工具压入孔内，堵住浆液，注浆压力控制在 0.3～0.5MPa 之间。

⑧封闭注浆孔：待注浆工作全部完成并观察 12h 无变化时，用防水砂浆将注浆孔逐个填塞。

⑨以裂缝为中心开槽，槽深不小于 30mm，槽宽为 5mm 左右，并放置一段时间直至槽壁无明水，采用聚合物防水砂浆将槽内空间填充密实。

（2）对涌水压力较大的渗漏点，可采用堵漏灵封闭和预埋引水管导水，再重复以上注浆操作。若不采用开槽措施，可骑缝再注高渗透改性环氧树脂修复裂缝。

3）结构不规则裂缝修复及渗漏治理

（1）清理基面，对裂缝周边渗漏湿渍表面凿毛，使裂缝清晰。

（2）当裂缝不小于 0.4mm、漏水量较小时，可直接使用高渗透改性环氧树脂快、慢浆材（按固化时间分）施灌。先灌固化快浆，在保持灌浆压力的情况下，当进浆量减少时变换固化慢的浆液施灌，不进浆时循环 10min 关闭浆液。8～10h 后再用固化慢浆复灌一次，以补充因浆液往裂缝壁内渗透后缝内浆液充填不满的间隙。布孔视裂缝宽度与结构厚度而定，裂缝宽的，结构厚度＞60cm，可在裂缝两边布斜孔；裂缝窄的，结构厚度＜50cm 的可骑缝布孔；灌浆压力：0.4～0.8MPa。

（3）对非贯穿性的相对稳定的较细裂缝（0.2mm 以内）或网状裂缝，应将其表面凿毛约深 5mm，凿毛表面涂刷高渗透改性环氧涂料两遍（用量 0.2kg/m²），然后采用高渗透改性环氧掺合型涂料与水泥按 1：1 调匀涂刷 1 遍；

（4）裂缝混凝土表面修复，对注浆堵漏完成的混凝土表面，然后再进行修复；

（5）对宽度大于 0.2mm 无渗漏裂缝的修理，需进行骑缝环氧注浆补强。

4）表面渗漏（无明显渗漏点）及蜂窝麻面治理

（1）基面凿毛，涂刷水泥基渗透结晶防水涂料两遍，用量 1.2kg/m；

（2）采用水泥基渗透结晶防水砂浆抹面。

## 7.6 本章小结

本章首先对城市建设过程中涉及的地下工程的降水、排水和防水等问题作一概述，以便对地下工程中的地下水工程控制有一全面了解。而后分别介绍了地下工程降水设计与施工、地下工程排水设计与施工、地下工程防水设计与施工和地下工程渗漏治理技术。

### 7.6.1　地下工程降水设计与施工

1. 根据工程场地的水文地质参数特征、工程降水深度要求等可分别选择轻型井点降水、喷射井点降水、电渗井点降水、自渗井点降水、辐射井点降水等方法。

2. 介绍了不同降水方法的适用范围、特点、降水原理和其设计理论，以便将其更好地应用于工程实践中。

3. 从采用的材料、施工机具、施工作业条件、施工工艺等方面分别介绍了上述各种降水方法的施工特点。

4. 选取三个典型的实例分析了基坑分别在无隔水帷幕、落地式隔水帷幕和悬挂式隔水帷幕条件下的降（疏）水方案设计，并评价了其应用效果。

### 7.6.2　地下工程排水设计与施工

1. 明挖基坑开挖阶段的常用排水主要包括：普通明沟和集水井排水法、分层明沟排水法、深沟降排水法、综合降排水法、利用工程集水和降排水设施降排法等。同时介绍了不同排水方法所对应的排水原理、设计方法及其适用条件，最后通过一基坑工程案例分析了明挖基坑的排水方案设计和施工方法。

2. 地下工程运营阶段的排水方法主要分为自流排水法和无自流排水法。无自流排水法又包括：渗排水、盲沟排水、盲管排水、塑料排水板排水或机械抽水等。

3. 从适用条件、构造形式、结构设置位置等方面介绍了不同排水方法的特点，并结合一工程案例进一步介绍了排水系统在隧道工程中的设计和运行原理。

### 7.6.3　地下工程防水设计与施工

1. 地下工程防水主要包括建筑地下室工程防水和地下隧道工程的防水。根据隧道施工工法的不同，地下隧道工程的防水又包括明挖法隧道防水、盾构法隧道防水、沉管法隧道防水、矿山法隧道防水等。

2. 从适用条件、构造形式、结构设置位置等方面介绍了不同防水方法的特点，并结合工程案例进一步介绍了防水系统在建筑地下室工程和隧道工程中的设计和运行原理。

### 7.6.4　地下工程渗漏治理技术

1. 从城市建筑地下室工程发生渗漏的类型、渗漏原因分析、渗漏治理原则、渗漏治理依据、渗漏治理方法等角度介绍了城市建筑地下室工程渗漏治理技术，并结合工程案例进一步介绍了渗漏治理综合技术在建筑地下室工程中的设计和施工特点。

2. 从隧道工程发生渗漏的特点、渗漏原因、渗漏治理方法等角度介绍了明挖法隧道防水、盾构法隧道防水、沉管法隧道防水、矿山法隧道防水等工程渗漏的治理技术，并分别结合工程案例进一步介绍了渗漏治理技术在城市隧道工程中的设计和施工特点。

# 参 考 文 献

[1]　郭志业等. 岩土工程中地下水危害防治 [M]. 北京：人民交通出版社，2009.

[2]　吴林高等. 基坑工程降水案例 [M]. 北京：人民交通出版社，2009.

[3]　陈幼熊. 井点降水设计与施工 [M]. 上海：上海科学普及出版社，2004.

[4]　刘国彬等. 基坑工程手册 [M]. 北京：中国建筑工业出版社，2010.

[5]　吴林高. 工程降水设计施工与基坑渗流理论 [M]. 北京：人民交通出版社，2003.

[6] 薛绍祖. 地下建筑工程防水技术［M］. 北京：中国建筑工业出版社，2003.

[7] 朱祖熹. 隧道工程防水设计与施工［M］. 北京：中国建筑工业出版社，2012.

[8] 吕康成. 隧道与地下工程防排水指南［M］. 北京：人民交通出版社，2012.

[9] 中华人民共和国行业标准. JGJ 212—2010 地下工程渗漏治理技术规程［S］. 北京：中国建筑工业出版社，2010.

[10] 中华人民共和国国家标准. GB 50108—2008 地下工程防水技术规范［S］. 北京：中国建筑工业出版社，2010.

[11] 中华人民共和国行业标准. JGJ/T 111—1998 建筑与市政降水工程技术规范［S］. 北京：中国建筑工业出版社，1999.

[12] 北京市地方标准. DB11/1115—2014 城市建设工程地下水控制技术规范［S］. 北京：中国建筑工业出版社，2015.

[13] 中华人民共和国行业标准. JGJ 120—2012 建筑基坑支护技术规程［S］. 北京：中国建筑工业出版社，2012.

[14] 中国工程建设协会标准. CECS 370：2014 隧道工程防水技术规范［S］. 北京：中国计划出版社，2014.

[15] 任红林，杨敏. 基坑工程井点降水分析计算［J］. 水文地质工程地质，2000，01：31-35.

[16] 任国家. 粉土地基真空井点降水现场试验与理论分析［D］. 北京交通大学，2011.

[17] 蹇广珍. 井点降水及其应用实例［J］. 建筑结构，2011，S1：1501-1503.

[18] 王生力，刘九功. 井点降水在基坑开挖过程中的作用及影响［J］. 北京地质，2001，01：26-30.

[19] 徐接武. 管井井点降水技术及工程实例［J］. 山西建筑，2007，22：137-138.

[20] 贺细坤，唐毅辉. 基坑工程中管井井点降水的应用实例［J］. 水文地质工程地质，2003，02：80-82.

[21] 陆云涌. 辐射井降水方法在地铁施工中的应用研究［D］. 吉林大学，2004.

[22] 张治晖，伍军，赵华，徐景东. 辐射井降水技术在市政工程中的应用［J］. 中国市政工程，1999，03：39-44.

[23] 陈锡云. 北京地铁四号线隧道辐射井降水施工实践［J］. 路基工程，2010，05：159-161.

[24] 何运晏，张志林，夏孟. 辐射井降水技术在浅埋暗挖地铁中的应用［A］//第十三届全国探矿工程（岩土钻掘工程）学术研讨会论文专辑［C］. 中国地质学会：2005：4.

[25] 何运晏，张志林，夏孟. 辐射井技术在北京地铁五号线降水中的应用［J］. 水文地质工程地质，2006，01：80-83.

[26] 陈新国. 悬挂式止水帷幕对基坑降水影响的定量研究［D］. 中国地质大学，2007.

[27] 冯晓腊，李栋广. 落底式止水帷幕条件下基坑涌漏量计算［J］. 水文地质工程地质，2013，05：16-21.

[28] 卢智强，冯晓腊，王超峰. 悬挂式止水帷幕对基坑降水的影响［J］. 隧道建设，2006，05：5-7，20.

[29] 王明敏. 武汉地区某地铁车站非落底式止水帷幕深基坑降水设计［J］. 工程质量，2014，07：24-27.

[30] 唐军. 临海复杂砂层的基坑支护隔水帷幕设计与实践［J］. 岩土工程学报，2012，S1：548-551.

[31] 杨玉杰. 旋喷桩止水帷幕在地铁基坑中的应用［J］. 市政技术，2009，02：144-147.

[32] 祝和意. 广州地铁车站暗挖隧道防水施工技术［J］. 铁道工程学报，2011，01：80-85.

[33] 陆明，张勇，陈心茹，邵臻，朱祖熹. 上海外环沉管隧道防水设计［A］//大直径隧道与城市轨道交通工程技术——2005上海国际隧道工程研讨会文集［C］. 上海隧道工程股份有限公司，2005.

[34] 程波，姜波. 隧道施工缝及变形缝防水技术［J］. 市政技术，2009，04：388-390.

[35] 罗建军. 隧道防水防渗漏方法及技术研究［J］. 湘潭师范学院学报（自然科学版），2007，02：59-63.

[36] 刘建军. 地铁隧道施工防水处理方法［J］. 低碳世界，2014，13：264-265.

[37] 张勇，姚宪平，贾逸. 无锡太湖大道隧道防水设计及结构设计与施工探讨［J］. 中国建筑防水，2012，05：13-19.

[38] 宁茂权. 海底沉管隧道的防水设计［J］. 铁道建筑，2008，10：58-61.

[39] 胡顺华. 南京地铁隧道渗漏水治理方法［J］. 山西建筑，2010，28：312-313.

[40] 杨亮，张新，王惟坤. 南京玄武湖隧道防水关键技术研究综述［J］. 中国建筑防水，2003，10：16-18.

[41] 李铁辉. 轻型井点降水在基坑开挖工程中的应用［J］. 探矿工程，2003，6.

[42] 何克文. 深圳地铁一期工程防水设计论述［J］. 地下工程与隧道，2005年 S1.

[43] 于群力. 高层建筑地下室防水设计［J］. 地下空间，2003，20（1）.

[44] 朱海军. 深圳市滨海医院地下工程防水设计与施工［J］. 中国建筑防水，2009.9.

[45] 张道真. 地下室防水概念设计与混凝土自防水［J］. 建筑技术，2002.7.

[46] 张进联，等. 城市地铁车站防水设计与施工［J］. 施工技术，2007.1.

[47] 李红旺. 青岛地铁 3 号线工程防水设计［J］. 中国建筑防水，2013.1.

**338**

［48］ 李红旺. 沈阳地铁 1、2 号线工程防水设计 ［J］. 中国建筑防水，2010. 8.

［49］ 谭志文. 青岛胶州湾海底隧道防排水设计 ［J］. 隧道建设，2008. 2.

［50］ 温竹茵. 上海轨道交通 6 号线盾构区间隧道防水设计 ［J］. 地下工程与隧道，2005. 2.

［51］ 李芹峰. 轨交隧道结构变形与渗漏治理新技术 ［J］. 中国建筑防水，2014，06：37-39＋47.

［52］ 钟坤城，邓思荣. 深圳地铁某区间隧道堵漏治理技术 ［J］. 中国建筑防水，2011，14：14-17.

［53］ 陈宁威. 南京地铁 1 号线明挖区间隧道渗漏治理技术 ［J］. 中国建筑防水，2011，24：22-24.

［54］ 刘玉琦，李养平，王宝来，刘凯利，闻宝联. 天津地铁 1 号线隧道渗漏治理 ［J］. 中国建筑防水，2004，09：23-25.

［55］ 夏吉安. 东港隧道渗漏水综合治理 ［J］. 施工技术，1996，04：19-21＋18.

［56］ 吕联亚. 混凝土渗漏综合治理技术 ［J］. 浙江建筑，1996，06：31-33.

［57］ 陈太林，陈磊. 隧道缝渗漏的治理与施工 ［J］. 施工技术，2005，01：59-60.

［58］ 邓思荣，江运鸿. 某盾构隧道防水堵漏工程施工技术 ［J］. 中国建筑防水，2012，04：24-26.

［59］ 陆明. 哈尔滨市轨道交通一号线车站与区间隧道渗漏水治理措施 ［J］. 中国建筑防水，2013，18：15-19.

［60］ 刘鹏. 天津地铁 1 号线区间隧道结构病害治理 ［J］. 中国建筑防水，2015，12：18-20.

［61］ 胡海英，张玉成，刘惠康，饶彩琴，骆以道，刘小斌. 深圳平安国际金融中心超深基坑工程实例分析 ［J］. 岩土工程学报，2014，S1：31-38.

［62］ 周予启，杨耀辉，李文军，舒宪清，刘卫未. 深圳平安金融中心基坑设计与施工监测 ［J］. 施工技术，2013，09：24-28＋44.

［63］ 焦建，栗衍报，武海波，王敏昌. 国内常用的井点降水法综述 ［J］. 科技信息，2013，13：430＋457.

［64］ 袁勇，姜孝谟，周欣，周家明，李祖伟. 隧道防水技术综述 ［A］//第八届全国结构工程学术会议论文集（第Ⅲ卷）［C］. 中国力学学会结构工程专业委员会、中国力学学会《工程力学》编委会、云南工业大学、清华大学土木工程系，1999：7.

# 第8章 综合体开发的监测技术

## 8.1 概论

基坑开挖工程是一项临时性工程，过于考虑安全问题，会导致投资过多而造成浪费；相反地，过于强调经济利益，可能导致基坑失稳破坏，在这两方面已有不少的经验教训。毕竟基坑开挖工程是地下工程，诸多的不确定性因素影响工程的成败，在设计时不可能考虑到所有因素。因此，为了基坑开挖工程能安全顺利地进行，通常进行监控量测，与此同时，利用量测信息反演基坑开挖体系力学参数，实施动态预报，以便采取安全控制措施。

在基坑开挖过程中，土体变形的监测与控制是确保安全施工的关键问题。在施工过程中，土体的变形包括：基坑坑底面的隆起，基坑周边支护结构和地面的沉降和侧向位移以及基坑周边邻近建筑物和管线的位移和沉降等。不管是哪种位移或变形，如果超出其容许范围，都将对基坑工程造成危害。尤其当基坑周围邻近有建筑物和地下管线时，将可能危及这些建筑物和管线的正常运用，甚至造成结构和设施的破坏；一旦引起供水、供气和电信、电缆管线的破坏，后果不堪设想。因此，在基坑工程中，必须对基坑支护结构，基坑周围的土体和相邻的建筑物进行综合、系统的监测和控制，才能对工程情况有全面的监控，以确保工程安全顺利地进行。

除了传统的监测设备和方法外，当今无线技术的飞速发展，如无线射频（RFID）、Zigbee、超宽频（Ultra Wideband，UWB）和全球定位系统（GPS）等，为地下工程的自动化连续远程实时监测创造了有利条件。目前已有的技术基本能实现连续观测、自动采集、数据管理等功能。由于其自动化程度高，可提供全天候连续观测，并有省时、省力、安全、易于安装的特点，是当前及今后地下工程安全监测发展的方向。

本章除介绍常用的监测技术，还将介绍无线传感器网络在综合体开发全生命周期安全监测的应用。

### 8.1.1 监测与控制的内容

基坑的开挖与支护结构的监测与控制，可根据具体情况，采用以下部分或全部内容：

支护结构和被支护土体的侧向位移的监测与控制；

基坑坑底隆起的监测与控制；

支护结构内侧和外侧土压力的监测与控制；

支护结构内侧和外侧孔隙水压力的监测与控制；

支护结构内力的监测与控制；

地下水位变化的监测与控制；

基坑邻近建筑物和管线的监测与控制。

### 8.1.2 监测的基本要求

观测工程必须是有计划的，应严格按照有关的技术文件执行。这类技术文件的内容，至少应该包括监测方法和使用的仪器、监测精度、测点的布置、观测周期等。计划性是观测数据完整性的保证。

监测数据必须是可靠的。数据的可靠性由监测仪器的精度、可靠性以及观测人员的素质来保证。

观测必须是及时的。因为基坑开挖是一个动态的施工过程，只有保证及时的观测才能有利于发现隐患，及时采取措施。

对于观测的项目，应按照工程具体情况预先设定警戒值。一般可将与允许位移量（或应力值）的80％相应的监控值设为警戒值。警戒值应包括变形值、内力值及其变化速率。当观测发现超过警戒值的异常情况，要立即考虑采取应急补救措施。

每个工程的基坑支护监测，应该有完整的观测记录，形象的图表、曲线和观测报告。

## 8.2 支护结构的安全监测与控制

### 8.2.1 支护结构的位移监测

基坑施工现场变形观测的目的，就是通过对设置在场地的观测点进行周期性的重复观测，求得各观测点的坐标和高程变化量，为监测基坑边墙的稳定和相关建筑物及设施的安全运用提供可靠的技术参数。

位移观测的一般要求：

1. 位移观测的测量点

一般分为基准点、工作基点和观测点三类。

1）基准点为确定测量基准的控制点，是测定和检验工作基点稳定性，或者直接测量变形观测点的依据。基准点应设定在变形影响范围之外，并便于长期保存的稳定位置。每个工程至少应有三个稳定可靠的点作为基准点。

2）工作基点是观测中起联系作用的点，是直接测定变形观测点的依据，应设在靠近观测目标。

2. 位移测量的观测周期

测量的观测周期应根据变形的速率及其变化过程，观测精度要求，不同的施工阶段和外界有关因素等综合考虑。

3. 水平位移监测网

1）水平位移监测网的布置

水平位移监测网的形式可采用三角网、导线网、边角网等。宜按两级布设，由控制点组成首级网，由观测点和控制点组成扩展网。

2）平面控制点标识及标志

对于一、二级有需要的三级控制点宜采用有强制对中装置的观测墩。其对中误差不应超过0.1mm。控制点便于长期保存、加密、扩展和寻找，相邻点之间应通视良好，不受旁折光影响。

4. 垂直位移监测网

1）垂直位移监测网的布设

垂直位移监测网，可布设成闭合环、节点或复合水准线等形式。起算点高程宜采用国家或测区原有的高程系统，也可采用假设的相对高程。

2）高程控制点标识及标志

水准基准点，应埋设在变形区以外的基岩或原状土层上，亦可利用稳固的建筑物、构筑物，设立墙上水准点。当受条件限制时，亦可在变形区内埋设深层金属管水准基准点。

3）垂直位移监测网的主要技术要求

垂直位移监测网的主要技术要求，应符合《工程测量规范》的规定。

### 8.2.2 支护结构的倾斜监测

倾斜监测仪器除常用的经纬仪、水准仪外，主要是测斜仪。

测斜仪是一种测量仪器轴线与沿垂线之间夹角的变化量，进行测量围护墙或土层各点水平位移的仪器（图8-1）。使用时，沿挡墙或土层深度方向埋设测斜管（导管），让测斜仪在测斜管内一定位置上滑动，就能测得该位置处的倾角，沿深度各个位置上滑动，就能测得围护墙或土层各标高位置处的水平位移。

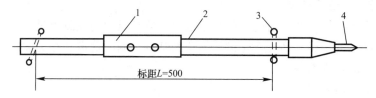

图 8-1　测斜仪

1—敏感部件；2—壳体；3—导向轮；4—引出电缆

测斜仪最常用者为伺服加速度式和电阻应变片式。伺服加速度式测斜仪精度较高，但造价亦高；电阻应变片式测斜仪造价较低，精度亦能满足工程的实际需要。BC型电阻应变片式测斜仪的性能如表8-1所示。

BC型电阻应变片式测斜仪的性能　　　　表 8-1

| 规格 | | BC-5 | BC-10 |
|---|---|---|---|
| 尺寸参数 | 连杆直径（mm） | 36 | 36 |
| | 标距（mm） | 500 | 500 |
| | 总长（mm） | 650 | 650 |
| 量程 | | ±5° | ±10° |
| 输出灵敏度（1/$\mu$v） | | ≈±1000 | ≈±1000 |
| 率定常数（1/$\mu\epsilon$） | | ≈9″ | ≈18″ |
| 线性误差（FS） | | ≤±1% | ≤±1% |
| 绝缘电阻（m$\Omega$） | | ≥100 | ≥100 |

测斜管可用工程塑料、聚乙烯塑料或铝质圆管。内壁有两个对互成90°的导槽，如图8-2所示。

测斜管的埋设视测试目的而定。测试土层位移时，是在土层中预钻 $\phi$139 的孔，再利用钻机向钻孔内逐节加长测斜管，直至所需深度。然后，在测斜管与钻孔之间的空隙中回填水泥和膨润土拌合的灰浆；测试支护结构挡墙的位移时，则需与围护墙紧贴固定。

### 8.2.3 支护结构的主筋应力监测

主筋应力检测方法，常用的有下列几种：

1. 应力传感器

应力传感器有油压式、钢弦式、电阻应变片式等多种。多用于型钢或钢管支撑。使用时把应力传感器作为一个部件直接固定在钢支撑上即可。

2. 电阻应变片

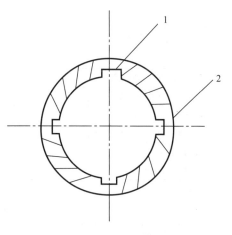

图 8-2 测斜管断面
1—导向槽；2—管壁

亦多用于测量钢支撑的内力。选用能耐一定高温、性能良好的箔式应变片，将其贴于钢支撑表面，然后进行防水、防潮处理并做好保护装置，支撑受力后产生应变，由电阻应变仪测得其应变值进而可求得支撑的内力。应变片的温度补偿宜用单点补偿法。电阻应变仪宜用抗干扰、稳定性好的应变仪，如 YJ-18 型、YJD-17 型等电阻应变仪。

3. 千分表位移量测装置

量测装置如图 8-3 所示。量测原理是：当支撑受力后产生变形，根据千分表测得的一定标距内支撑的变形量和支撑材料的弹性模量等参数，即可算出支撑的内力。

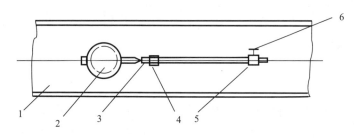

图 8-3 千分表量测装置
1—钢支撑；2—千分表；3—标杆；4、5—支座；6—紧固螺丝

4. 应力、应变传感器

该法用于量测钢筋混凝土支撑系统中的内力。对一般以承受轴力为主的杆件，可在杆件混凝土中埋入混凝土计，以量测杆件的内力。对兼有轴力和弯矩的支撑杆件，则需要同时埋入混凝土计和钢筋计，才能获得所需的内力数据。为便于长期量测，多用钢弦式传感器，其技术性能如表 8-2、表 8-3 所示。

应力、应变传感器的埋设方法：钢筋计应直接与钢筋固定，可焊接或用接驳器连接；混凝土计则直接埋设在要测试的截面内。

JXG-1 型钢筋计的技术性能 表 8-2

| 规格 | $\phi12$ | $\phi14$ | $\phi16$ | $\phi18$ | $\phi20$ | $\phi22$ | $\phi25$ | $\phi28$ | $\phi30$ | $\phi32$ | $\phi36$ |
|---|---|---|---|---|---|---|---|---|---|---|---|
| 最大外径（mm） | $\phi32$ | $\phi32$ | $\phi32$ | $\phi32$ | $\phi34$ | $\phi35$ | $\phi38$ | $\phi42$ | $\phi44$ | $\phi47$ | $\phi55$ |
| 总长（mm） | 783 | 783 | 783 | 785 | 785 | 785 | 785 | 795 | 795 | 795 | 795 |

| 最大拉力（kN） | 22 | 30 | 40 | 50 | 60 | 80 | 100 | 120 | 140 | 160 | 200 |
|---|---|---|---|---|---|---|---|---|---|---|---|
| 最大压力（kN） | 11 | 15 | 20 | 25 | 30 | 40 | 50 | 60 | 70 | 80 | 100 |
| 最大拉应力（MPa） | 200 | | | | | | | | | | |
| 最大压应力（MPa） | 100 | | | | | | | | | | |
| 分辨率（%FS） | ≤0.2 | | | | | | | | | | |
| 零漂（Hz/3个月） | 3～5 | | | | | | | | | | |
| 温度漂移（Hz/10℃） | 3～4 | | | | | | | | | | |
| 使用环境温度（℃） | －10～+50 | | | | | | | | | | |

**JXH-2 型混凝土应变计的技术性能**　　　　表 8-3

| 规格（MPa） | 10 | 20 | 30 | 40 |
|---|---|---|---|---|
| 等效弹性模量（MPa） | $1.5×10^4$ | $3.0×10^4$ | $4.5×10^4$ | $6.0×10^4$ |
| 总应变（$\mu\varepsilon$） | 800～1000 | | | |
| 分辨率（%FS） | ≤0.2 | | | |
| 零漂（Hz/3个月） | 3～5 | | | |
| 总长（mm） | 150 | | | |
| 最大外径（mm） | $\phi$35.68 | | | |
| 承压面积（mm²） | 1000 | | | |
| 温度漂移（Hz/10℃） | 3～4 | | | |
| 使用环境温度（℃） | －10～+50 | | | |

### 8.2.4 土压力监测

1. 观测目的内容

1）观测目的

土压力是挡土构筑物周围土体介质传递给挡土构筑物的水平力，它包括土体自重应力、附加水平应力和水压力等。土压力大小直接决定着挡土构筑物及被挡土体的稳定和安全。影响土压力的因素很多，如土体介质的物理力学介质及结构组成，附加应力和地震力的作用，水位变化及波浪作用，挡土构筑物的类型及施工工艺，被挡土体的回填工艺等。这些影响因素给理论分析带来一定的困难，使得土压力的研究在土力学地基基础学科中成为一个比较薄弱的课题。因此，一般理论分析的土压力大小及沿深度分布规律难以准确表达土压力实际情况。对于重要的挡土构筑物，为了挡土构筑物的安全和经济合理性，虽有比较完善的理论计算，还是要进行必要的现场原型观测，通过现场土压力原型观测达到以下主要目的：

（1）验证挡土构筑物各特征部位的土压力理论分析值及沿深度分布规律；

（2）为验证挡土构筑物和建筑基础的稳定和安全提供依据；

（3）积累各种条件下的土压力大小及变化规律，为提高理论分析水平，积累资料。

2）观测内容

土压力是挡土构筑物周围土体介质、附加应力等外力与挡土构筑物位移共同作用的综合指标，而且受挡土构筑物的形式和施工方法的影响。因此，为全面掌握挡土构筑物承受土压力大小及变化规律，应进行如下观测：

（1）静止、主动和被动土压力；

（2）挡土构筑物的位移，主要为转动和水平位移；

（3）拉锚的拉力和顶撑的压力；

（4）水压力，包括静水压力，孔隙水压力等。

2. 土压力观测设计

1）基本资料

土压力观测设计前应收集下列资料：

（1）挡土构筑物类型及结构特点；

（2）周围土层性质及作用条件；

（3）附加荷载的大小及作用条件；

（4）施工荷载的大小及作用条件；

（5）与挡土构筑物有关的回填及开挖工艺；

（6）施工及运用期间水位变化及波浪作用特征；

（7）挡土构筑物设计理论、方法及有关内容。

2）观测点及观测断面设计

土压力现场原型观测设计应符合荷载与挡土构筑物的相互作用关系，应反映各特征部位（拉锚或顶撑点，土层分界面，滑体破裂面底部，反弯点及最大变形点等等）及挡土构筑物沿深度变化规律。

（1）挡土构筑物土压力

主、被动土压力与土体介质特性、特征点位置、滑体底部摩擦力及挡土构筑物的变形紧密相关。因此，观测点布置应按设计原则进行全深多点观测。

（2）拉锚拉力和顶撑压力

拉锚和顶撑支护结构，受力点明确，属单点观测，应根据其各自布置和受力特点选择有代表性位置，确定观测点的总数量。

（3）挡土构筑物位移、转动和变形

刚性及柔性挡土构筑物变形特点各异，应对应选择其观测项目；

对于刚性挡土构筑物，主要进行位移和转动观测；

对于柔性构筑物，应进行全深连续观测。

3. 观测仪器和传感器

观测仪器和各种用途的传感器应配套使用，应严格选用标准合格产品。

1）传感器性能

（1）量程与精度

传感器量程除必须满足正常量程要求外，还必须充分估计到由于施工引起的附加增量要求。

拉锚及顶撑传感器分辨率应小于或等于 1.0%，土压力传感器精度应小于 0.5%。

（2）稳定性

传感器的稳定性是标志传感器好坏的重要性能，具体反映在温漂、时漂及重复性三个特性上，应选择线性及重复性较好的传感器进行时漂和温漂率定，最后选择线性和重复性好，时漂及温漂稳定的传感器。

（3）抗震和抗冲击性能

在对打入型或回填型挡土构筑物进行原型观测时，传感器都在不同程度地受到间接震动和冲击，可能产生节点的松动、位移，电元件及导线脱落，密封失效等现象，此时应选用具有一定抗震和冲击性能的传感器。

（4）水密性

多数挡土构筑物，绝大部分处于地下水位以下，而传感器多采用电转换原理，对绝缘性能要求较高。为保证传感器在水下的正常工作状态，对选用的传感器（包括导线）应进行严格水密性检查，使传感器在300kPa水压力下保持良好的电稳定性。

2）观测仪器和传感器的选用

（1）压力传感器

挡土构筑物现场原型观测，在我国已进行多年，积累了丰富经验，同时也促进了各类传感器和量测仪器的发展。目前我国生产的不同原理和型号多样的系列土压力、拉力、位移传感器，可满足原型观测需求。其中钢弦式压力传感器长期稳定性高，对绝缘性要求较低，抗干扰能力强，受温度影响小，较适于作土压力的长期观测。

当压力盒的量测薄膜上受有压力时，薄膜将发生挠曲，使得其上的两个钢弦支架张开，将钢弦拉得更紧。弦拉得愈紧，它的振动频率也愈高。当电磁线圈内有电流（电脉冲）通过时将产生磁通，使铁芯带磁性，因而激起钢弦振动。电流中断时（脉冲间歇），电磁线圈的铁芯上留有剩磁，钢弦的振动使得线圈中的磁通发生变化，因而感应出电动势，用频率计测出感应电动势的频率就可以测出钢弦的振动频率。为了确定钢弦的振动频率与作用在薄膜上的压力之间的关系，需要对压力盒进行标定。为此可以在实验室内用油泵装置对压力盒施加压力，并用频率接收器量测出对应不同压力的钢弦振动频率。这样就可以绘出每个压力盒的标定曲线。

当现场观测时，通过接收量测钢弦的频率，根据标定曲线就可以查出该压力盒此时所受压力的大小。

（2）位移传感器

挡土构筑物的位移测量，可分直接测量（工程测量）和间接测量两种方法。间接测量通常选用定向专用导管加测斜仪，测斜仪由测斜传感器和测斜仪组成。

3）压力传感器的检验和标定

无论是哪一种型号的压力传感器，在埋设之前必须进行稳定性、水密性的检验和压力标定、温度标定等工作。

（1）稳定性检验：传感器的稳定性是指在一定工作条件下，传感器性能在规定的时间内保持不变的能力。包括时漂、温漂、零漂。装配好的压力传感器经低温时效、疲劳试验处理后静放1~3个月，从中选择无温漂、稳定性好的压力传感器再进行密封性检验。

（2）密封性检验：压力传感器在工作状态下均承受一定的水压力，因此，防水密封的好坏，关系到其能否正常工作问题。密封的关键是装配时压力传感器本身的密封和传感器与电缆接头的密封。密封检验方法是将传感器放在300kPa水压力罐中进行防水密封试验；

（3）压力标定：将压力传感器放在特制的标定设备上，一般有油压标定，也有用水标定和用砂标定。根据压力传感器量程的大小，按20kPa或50kPa分级加压和退压，反复进行两次，测定电阻和频率值。然后将压力-电阻或压力-频率曲线绘制在坐标纸上，绘出相

346

关曲线，或将压力-频率值输入计算机，用最小二乘法求出压力标定系数；

（4）温度标定：将压力传感器浸入不同温度的恒温水中，改变水温测定压力传感器电阻和频率值，将测定值绘在电阻-频率坐标纸上，得出电阻修正系数；

（5）确定压力传感器的初始值：传感器的初始值是很重要的，在埋设前要先进行多次测量，埋设后在传感器受力前日仍需进行测量，根据多次测量确定压力初始值。

4）压力传感器的现场安装

传感器的现场安装，是原型测量的重要环节，其与挡土构筑物施工紧密相连，通过现场精心安装，使传感器处受力条件与其他部位相同，保证各类传感器正常工作，避免或减少由于施工过程发生的碰撞、振动而引起的损坏。

土压力是作用在挡土构筑物表面的作用力。因此，土压力传感器需镶嵌在挡土构筑物内，使其应力膜与构筑物表面齐平，土压力传感器后面，应具有良好的刚性反力，在土压力作用下不产生任何微小的相对位移，以保证测量的可靠性。

土压力传感器现场安装程序及安装工艺，应保证传感器处于正常工作状态，一旦出现不正常现象，应及时调整排除更换测试断面。

（1）土压力传感器现场安装

① 刚性挡土构筑物

刚性挡土构筑物，系指现浇混凝土墙体，墙体基本无变形，土压力传感器安装一般采用预留孔后安装方式。

② 柔性挡土构筑物

柔性挡土构筑物特点：墙身薄而且变形大，墙身为预制结构或为喷锚支护，其施工多为打入或振动方式，土压力传感器及导线受振动或受冲击比较严重，保护措施至关重要，钢筋混凝土柔性板桩参照刚性构筑物安装方法，钢板桩一般以安装结构进行土压力传感器安装。

（2）压力膜施工保护

如前所述，通常采用的土压力传感器，压力膜面积小而且薄，仅能满足细粒土的正常静力作用，而回填型挡土构筑物（刚性挡墙、双排钢板桩围堤等）为减小主动力土压力（或增大被动土压力），需回填粗颗粒土。为避免回填粗颗粒土对压力膜的直接冲击，常用的最好措施为沥青囊间接传力结构，既防冲击，又能扩大压力膜的受力面积，效果好，所测结果更具有代表性。

沥青囊大小，视挡土构筑物的结构特点、回填土的组成及回填工艺确定。当土压力传感器压力膜直径为 100mm 时，采用 $4\sim5d$ 为宜，如宽度不足时，取最大承受面相当的宽度。对于刚性挡土构筑物，间接传力膜设置，可采取边回填边做细颗粒间接传力介质膜。无论采用哪种材料的间接传力介质，都必须密实，在测量过程中，不允许挤出或流失。

4. 土压力原型观测

观测是取得各项基本数据的最后阶段，通过观测取得土压力、位移及变化规律。根据挡土构筑物结构特点及原型观测设计程序，现场原型观测一般分为四个阶段，每个阶段均有观测侧重点。为保证观测数据的可靠性，需进行一定次数的观测。

观测方法如下：

将埋设的土压力传感器按要求定时观测，观测时分别将电缆与接收器接通，将观测读数记录于表中。弦式土压力传感器一般采用数字显示的频率接收器，电阻值的测量采用比例电桥，将测得电阻和观测频率填入表中，观测时需认真检查观测仪器是否正常工作。如发现观测值与前次观测值相差很大时，应中止观测，进行检查。

需要整理资料有：

1）理论计算

挡土构筑物所受土压力的形状与许多因素有关，在分析土压力观测资料前应根据构筑物的不同情况进行理论计算。由观测结果分析理论计算，改进计算方法。理论计算应注意以下几方面的问题：

（1）许多试验已证明，挡土构筑物所受侧压力的总值随着其位移量而变化，侧压力的分布图形随着结构物的柔性变形和施工程序的不同而变化。因此土压力的计算必须针对各种挡土构筑物的不同特点采用不同的方法；

（2）理论计算是采用构筑物处于极限平衡状态，而实际构筑物的受力状态一般不是极限平衡状态；

（3）土质和回填工艺不同对构筑物的土压力的影响很大；

（4）此外还有许多因素影响构筑物所受土压力的状态，如墙后回填黏性土的蠕变作用等。

2）土压力

现场观测的土压力值为总压力值，即作用在挡土构筑物上的土压力、水压力、波浪压力、孔隙水压力等力的总和。将总压力的规律及压力盒电阻值填到总压力测量记录中，并将各压力盒的率定系数及电阻修正系数填入表，计算得出总压力。再用总压力减去由水位管或孔隙压力仪等观测的水压力、孔隙水压力等即为实测土压力值。然后根据观测计算出的压力值，沿观测断面绘制土压力分布图，以土压力值为纵坐标，时间为横坐标绘制土压力变化过程线。

3）位移和变形

在土压力作用下，挡土构筑物的位移和变形是随着各施工阶段变化的。为分析构筑物土压力与变形的相互关系、构筑物位移及变形规律，需绘制不同时间沿深度变化曲线，并绘制由各施工阶段的位移变形时间过程线。

### 8.2.5　孔隙水压力监测

1. 观测目的、特点及适用范围

地基土中孔隙水压力的变化与地基土所受到的应力变化和地下水的排水条件密切相关。

其目的是监测孔隙水压力在施工过程中的变化情况，作为施工控制的依据；其特点是可以直观、快速得到孔隙水压力的变化情况，及时地为施工提供可靠的依据，从而达到为安全施工服务的目的；其适用范围是主要用于低级的振冲挤密、强夯和强夯置换、排水固结加密以及各种打入桩的施工监测。

2. 仪器设备

目前国内外所使用的孔隙水压力传感器的种类很多，但在我国常用的孔隙水压力传感器及其工作原理主要为钢弦式、电感调频式、差动电阻式和电阻应变片式。

孔隙水压力观测的仪器设备主要是两个部分组成，即传感器与测读器。

传感器是受压的部分，由锥头，滤水石、承压部件、传压（管）线组成。钢弦式和电感调频式传感器的测读器是由数字显示频率仪测得频率值，经换算求得孔隙水压力值。

1）孔隙水压力传感器的率定

每个孔隙水压力传感器在埋设之前均应进行传感器的率定，以求得传感器的标定系数（$k$）及零点压力下的频率值（$f_0$）；有些传感器在出厂时提供标定系数（$k$）及零点压力下的频率值（$f_0$）。由于在埋设现场的气压气温等环境条件与率定现场不同，零点压力的频率值（$f_0$）可能会出现漂移现象，故在传感器埋设之前，需重新测得零点压力下的频率值（$f_0$）。

2）孔隙水压力传感器的选用

钢弦式和电感高频式操作较为简单，其中钢弦式长期稳定性高，对绝缘要求低，抗干扰能力强，较适于孔隙水压力的长期观测。

3. 传感器的埋设

1）埋设之前的准备工作

首先要根据埋设传感器的深度，孔隙水压力的变化幅度，以及大气降水可能会对孔隙水压力造成的影响等因素，确定孔隙水压力传感器的量程，以免造成孔隙水压力超出量程的范围，或是量程选用过大，影响测量精度。将滤水石洗净、排气，避免由于气体造成所测的孔隙水压力值错误。备足直径约为 1~2cm 的干燥黏土球，其黏土的塑性指数 $I_P$ 不得小于 17，最好采用膨润土，以供封孔使用。备足纯净的砂，作为传感器周围的过滤层。计算所需的管长度或电缆长度。

2）成孔工艺要求

孔径原则上要求大小应与传感器的直径相同，一般则采用 $\phi 91$ 或 $\phi 108$ 直径的钻具成孔。原则上不得采用泥浆护壁工艺成孔，如采用泥浆护壁的工艺，在钻孔完成之后，须用清水洗孔，直至泥浆全部清除方可。

3）埋设要点

孔隙水压力传感器的安装与埋设均须在水中作业，滤水石不得与大气接触，一旦与大气接触，滤水石须重新排气。孔隙水压力传感器的埋设方法一般为三种：

（1）压入法

如果土质较软，可将传感器缓缓压入埋设深度。若有困难时，可先成孔至埋设深度以上 1cm 处，再将传感器压入土中，上部用黏土球将孔封好。

（2）钻孔埋设法

在埋设处用钻机成孔，达到埋设深度之后，先在孔内填入少许纯净砂，将传感器送入埋设位置，再在周围填入部分纯净砂，然后上部用黏土球封孔。

（3）设置法

采用其他的方法将传感器设置于预定的深度，此方法主要用于在探井或填土内设置孔隙水压力传感器。

采用以上三种方法中的任何一种都不可避免地改变地基土中的孔隙水压力。为了减小对所测的孔隙水压力值的精度影响，最好在施工前较早地埋好传感器。

4）封孔要求

封孔要求使用干燥黏土球。封孔时应从传感器埋设处一直封至孔口；如在同一钻孔中埋设多个探头，则封至下一个传感器埋设的深度。须注意的是，每个传感器之间的间距不得小于1m，且一定要保证封孔质量，避免水压力的贯通；在地层的分界处也应注意封孔的质量，避免上下层水压力的贯通。

5）埋设后的保护

孔隙水压力传感器引出的管接头或电缆应做好保护工作，避免在施工中被损坏。

4. 孔隙水压力的观测

由于观测的目的不同，故观测周期也不相同，原则上应控制孔隙水压力的变化，当孔隙水压力变化较大时，应缩短观测周期；当孔隙水压力变化不大时，可以适当延长观测周期。

观测时应注意周围环境对孔隙水压力的影响，对于影响孔隙水压力变化的因素应记录在册，以备分析时使用。在测读观测值时，一定要注意观测值的变化情况，对于钢弦式孔隙水压力传感器和电感式孔隙水压力传感器，一般只有在测读时，方通电使用，原则上，应通电一定时间待观测值稳定后方可读数，如果通电后观测值十分稳定，可立即读数。

5. 观测资料的整理、分析与应用

孔隙水压力在不同的施工方法中，所表现的形式也不相同，所以应综合考虑各种因素进行分析，为施工控制、稳定分析提供可靠的依据。

振冲挤密施工中，在振冲器的重复水平振动的侧向挤压作用下，砂土结构逐渐破坏，孔隙水压力迅速上升，由于结构的破坏，砂土颗粒向低势能位置转移，使砂土由松散变为密实。

但是当孔隙水压力上升到一定程度时，土体开始液化为流体，这样土体加密的可能性将会减少。

在地基浅层处理施工与打入桩的施工中，由于土体的挤密，从而提高了孔隙水压力，当孔隙水压力消散情况不好，其上升到一定程度时可能会造成土体结构的破坏。强夯时可能会形成"橡皮土"；打入桩可能会出现桩尖的偏移，造成歪桩。

在排水固结施工时，土体中孔隙水排出，土体逐渐固结，地基土发生沉降，从而达到提高强度的作用，通过对孔隙水压力的观测，可以检验施工的效果，并根据下式求得土体在不同时间的固结度。

$$U_t = (\mu_0 - \mu_t)/\mu_0 \tag{8-1}$$

式中  $U_t$——土层在 $t$ 时的平均固结度；

$\mu_0$——土层在排水之前的孔隙水压力（kPa）；

$\mu_t$——土层在 $t$ 时的孔隙水压力（kPa）。

在开挖基坑边坡和滑坡稳定性过程中，可以根据水压力的变化情况进行稳定性综合评价。一般当基坑和滑坡处于稳定状态时，其孔隙水压力值的变化应处于一种相对稳定的状态，当孔隙水压力值发生突变时，可能是基坑边坡或滑坡失稳迹象。

当利用孔隙水压力观测于施工监测或开挖基坑和滑坡稳定时，一定要考虑综合评价，因为孔隙水压力的变化是受到多种因素影响的。

可以根据孔隙水压力与荷载、观测时间等关系，绘制各种孔隙水压力曲线，判定孔隙水压力变化情况。如绘制孔隙水压力与荷载的关系曲线（以孔隙水压力为纵坐标，荷载为横坐标进行绘制），根据此曲线可判断施工期间土体中孔隙水压力的变化，以便控制施工加荷大小。孔隙水压力开始一般随土体上部荷载的增加而增大，当荷载达到某一限度时，孔隙水压力突然增加，曲线上形成突变点，此时表明土体产生了剪切破坏，荷载已超过土体强度；绘制孔隙水压力随时间的变化曲线（以孔隙水压力为纵坐标，时间为横坐标进行绘制），根据此曲线可控制加荷速率，并可计算土的固结系数，推算土体在加荷过程中不同时间的固结度。也可以绘制孔隙水压力等值线图，判定孔隙水压力的分布状态。

### 8.2.6 支护结构的安全控制

支护结构的变形控制值应根据周围环境保护要求和坑内永久性结构变形允许条件等因素进行确定。另外，变形控制标准还与地区性、基坑暴露时间等因素有关，不能盲目地搬用具体的标准，表 8-4～表 8-6 所示的变形控制标准仅供参考，在使用时应根据工程所在地区的环境和工程本身的实际条件，进行适当的调整和修正。

基坑变形控制标准　　　　　　　　　表 8-4

（取自上海市的《软土地下工程施工技术手册》）

| 量测项目 | 安全或危险的判别内容 | 判别法 | | | |
|---|---|---|---|---|---|
| | | 适应环境条件 | 危险 | 注意 | 安全 |
| 侧压（水压、土压） | $F_1=$设计用侧压÷实测侧压（或预测值） | — | $F_1<0.8$ | $0.8\leqslant F_1\leqslant1.2$ | $F_1>1.2$ |
| 墙体变位 | $F_2=$墙体实测（或预测）变位÷开挖深度（%） | 基坑近旁无建（构）筑物、地下设施<br>基坑近旁有建（构）筑物、地下设施 | $F_2>1.2\%$<br>$F_2>0.7\%$ | $0.4\%\leqslant F_2\leqslant1.2\%$<br>$0.2\%\leqslant F_2\leqslant0.7\%$ | $F_2<0.4\%$<br>$F_2<0.2\%$ |
| 墙体应力 | $F_3=$钢筋抗拉强度÷实测（或预测）拉应力 | — | $F_3<0.8$ | $0.8\leqslant F_3\leqslant1.0$ | $F_3>1.0$ |
| | $F_4=$墙体容许弯矩÷实测（或预测）弯矩 | — | $F_4<0.8$ | $0.8\leqslant F_4\leqslant1.0$ | $F_4>1.0$ |
| 支撑轴力 | $F_5=$容许轴力÷实测（或预测）轴力 | — | $F_5<0.8$ | $0.8\leqslant F_5\leqslant1.0$ | $F_5>1.0$ |
| 基底隆起 | $F_6=$实测（或预测）隆起÷开挖深度（%） | 基坑近旁无建（构）筑物、地下设施<br>基坑近旁有建（构）筑物、地下设施环境要求特别严格 | $F_6>1.0\%$<br>$F_6>0.5\%$<br>$F_6>0.2\%$ | $0.4\%\leqslant F_6\leqslant1.0\%$<br>$0.2\%\leqslant F_6\leqslant0.5\%$<br>$0.04\%\leqslant F_6\leqslant0.2\%$ | $F_6<0.4\%$<br>$F_6<0.2\%$<br>$F_6<0.04\%$ |
| 地表沉降 | $F_7=$实测（或预测）沉降÷开挖深度（%） | 基坑近旁无建（构）筑物、地下设施<br>基坑近旁有建（构）筑物、地下设施环境要求特别严格 | $F_7>1.2\%$<br>$F_7>0.7\%$<br>$F_7>0.2\%$ | $0.4\%\leqslant F_7\leqslant1.2\%$<br>$0.2\%\leqslant F_7\leqslant0.7\%$<br>$0.04\%\leqslant F_7\leqslant0.2\%$ | $F_7<0.4\%$<br>$F_7<0.2\%$<br>$F_7<0.04\%$ |

注：① 其中"注意"一栏中数值的下限即为监测项目的警戒值；
　　② 周围地层中设有地铁隧道或光缆等有特殊保护要求的建（构）筑物时，应注意按有关要求做出判断。对于地铁区间隧道，尤其应注意使其满足水平位移和沉降均小于 20mm 的要求。

基坑变形控制标准（取自史佩栋）　　　　　　　　表 8-5

| 项目 | 控制标准 | | |
|---|---|---|---|
| | 安全 | 警戒 | 危险 |
| 支护结构主体水平位移 $\delta$（mm）（典型位置、局部特殊位置、平面位置） | $\leqslant30$ | $30\sim50$ | $>50$ |
| 支护结构主体变位速率 $\gamma$（mm/d） | $\leqslant0.1$ | $0.1\sim0.5$ | $>0.5$ |
| 相邻建（构）筑物相对倾斜 | $\leqslant1/150$ 非结构性破坏 | $>/150$ 结构性破坏 | $>1/300$ 墙面开裂 |

（取自上海地铁总公司工程经验资料）

| 保护等级 | 地面最大沉降量 | 支挡墙最大水平位移 | 抗隆起安全系数 | 环境保护要求 |
|---|---|---|---|---|
| 特级 | ≤0.1%H | ≤0.14%H | ≥2.2 | 离基坑 10m 周围有地铁、共同沟、煤气管、大型压力总水管等重要建筑及设施必须确保安全 |
| Ⅰ级 | ≤0.2%H | ≤0.3%H | ≥2.0 | 离基坑 H 范围内设有重要干线、水管、大型正在使用的构筑物、建筑物 |
| Ⅱ级 | ≤0.5%H | ≤0.7%H | ≥1.5 | 离基坑 H 范围内设有较重要专线管道，即一般建筑、设施 |
| Ⅲ级 | ≤1%H | ≤1.4%H | ≥1.2 | 离基坑 30m 周围有需要保护建筑设施和管线、建筑物 |

# 8.3　周围环境的安全监测与控制

## 8.3.1　邻近建筑物道路管线沉降

1. 沉降观测的实施

1）工作基点和观测点标志的布设

工作基点（以下简称基点）是沉降观测的基准点，应根据工程的沉降观测方案和布网原则的要求建立，而沉降观测方案应根据工程的布局特点、现场的环境条件制订。依据工作经验，一般高层建筑物周围要布设三个基点，且与建筑物相距 50～100m 间的范围为宜。基点可利用已有的、稳定性好的埋石点和墙脚水准点，也可以在该区域内基础稳定、修建时间长的建筑物上设置墙脚水准点。若区域内不具备上述条件，则可按相应要求，选在隐蔽性好且通视良好、确保安全的地方埋设基点。所布设的基点，在未确定其稳定性前，严禁使用。因此，每次都要测定基点间的高差，以判定它们之间是否相对稳定，并且基点要定期与远离建筑物的高等级水准点联测，以检核其本身的稳定性。

沉降观测点应依据建筑物的形状、结构、地质条件、桩形等因素综合考虑，布设在最能敏感反映建筑物沉降变化的地点。一般布设在建筑物四角、差异沉降量大的位置、地质条件有明显不同的区段以及沉降裂缝的两侧。埋设时注意观测点与建筑物的联结要牢靠，使得观测点的变化能真正反映建筑物的变化情况。并根据建筑物的平面设计图纸绘制沉降观测点布点图，以确定沉降观测点的位置。在工作点与沉降观测点之间要建立固定的观测路线，并在架设仪器站点与转点处做好标记桩，保证各次观测均沿统一路线。

2）沉降观测的周期及施测过程

沉降观测的周期应能反映出建筑物的沉降变形规律，建（构）筑物的沉降观测对时间有严格的限制条件，特别是首次观测必须按时进行，否则沉降观测得不到原始数据，从而使整个观测得不到完整的观测结果。其他各阶段的复测，根据工程进展情况必须定时进行，不得漏测或补测，只有这样，才能得到准确的沉降情况或规律。一般认为建筑在砂类土层上的建筑物，其沉降在施工期间已大部分完成，而建筑在黏土类土层上的建筑物，其沉降在施工期间只是整个沉降量的一部分，因而，沉降周期是变化的。根据工作经验，在施工阶段，观测的频率要大些，一般按 3 天、7 天、15 天确定观测周期，或按层数、荷载的增加确定观测周期，观测周期具体应视施工过程中地基与加荷而定。测点稳固好，方可进行首次观测。首次观测的沉降观测点高程值是以后各次观测用以比较的基础，其精度要求非常高，施测时一般用 N2 级精密水准仪，并且要求每个观测点首次高程应在同期观测两次，比较观测结果，若同一观测点间的高差不超过 ±0.5mm 时，我们即可认为首次观测的数据是可靠的。随着结构每升高一层，临时观测点移上一层并进行观测，直到 +0.00 再按规定埋设永久观测点（为便于观测可将永久观测点设于 +500mm），然后每施工一层就复测一次，直至竣工。

在施工打桩、基坑开挖以及基础完工后，上部不断加层的阶段进行沉降观测时，必须记载每次观测的施工进度、增加荷载量、仓库进（出）货吨位、建筑物倾斜裂缝等各种影响沉降变化和异常的情况。每次观测后，应及时对观测资料进行整理，计算出观测点的沉降量、沉降差以及本周期平均沉降量和沉降速度。若出现变化量异常时，应立即通知委托方，为其采取防患措施提供依据，同时适当增加观测次数。

另者，不同周期的观测应遵循"五定"原则。所谓"五定"，即通常所说的沉降观测依据的基准点、基点和被观测物上沉降观测点，点位要稳定；所用仪器、设备要稳定；观测人员要稳定；观测时的环境条件基本上要一致；观测路线、镜位、程序和方法要固定。以上措施在客观上能保证尽量减少观测误差的主观不确定性，使所测的结果具有统一的趋向性；能保证各次复测结果与首次观测结果的可比性一致，使所观测的沉降量更真实。

2. 沉降观测的精度要求

根据建筑物的特性和建设、设计单位的要求选择沉降观测精度的等级。在没有特别要求的情况下，在一般性的高层建（构）筑物施工过程中，采用二等水准测量的观测方法就能满足沉降观测的要求。各项观测指标要求如下：

第一，往返差、附和或环线闭合差：$\Delta h = \sum a - \sum b \leqslant 1.0$；

第二，前后视距 ≤30m；

第三，前后视距差 ≤1.0m；

第四，前后视距累积差 ≤3.0m；

第五，沉降观测点相对于后视点的高差容差 ≤1.0mm。

3. 周围建筑物和地下管线的安全性控制

1）周围建筑物的安全控制

各类建筑物的允许倾斜和允许相对弯曲都有明确的规定，如表 8-7 所示。这类规定是用于约束对新建建筑进行工程设计的管理标准，将其用于控制基坑开挖阶段周围建筑物的安全性判别时应进行适当的调整。因为：一是建筑物建成后通常都已经发生了相对沉降和相对弯曲，由基坑开挖引起的变形是这些已经变形的建筑物在原有变形的基础上发生的继续变形；二是建筑物有的已年代久远，其结构强度已经降低，承受相对变形的能力已经减弱，不宜再以设计建造时的建筑结构强度作为制定管理标准的依据。

在考虑以上因素的基础上，对一般建筑物将管理标准值取为原有规定的 80%，对建筑布置在高度上参差较大或年代已较久远的建筑物约取为 50%，并将据此确定的允许倾斜量和相对弯曲量的 80% 取为警戒标准值。

**各种建筑物的允许倾斜量和允许相对弯曲量**　　　　　表 8-7

| 控制标准类型 | | 使用要求 | | | | | | 高层钢结构 | | |
|---|---|---|---|---|---|---|---|---|---|---|
| | | 生产设备正常运转 | 砖砌建筑不出现裂缝（无圈梁） | 砖砌建筑允许轻微裂缝（无圈梁） | 框架及排架有严重裂缝 | 桥式吊车正常运行 | 砖石建筑结构性破坏 | 外观显著倾斜 | 晴天 | 阴天 |
| 两点间差异沉降/两点间距离（倾斜） | 缓慢变化 | 1/1000 | 1/250 | 1/150 | 1/1000 | 1/3000 | 1/50 | 1/250 | 1/1000 | 1/2000 |
| | 瞬时变化 | 1/1000 | 1/500 | 1/300 | 1/2000 | 1/3000 | 1/100 | 1/250 | 1/1000 | 1/2000 |
| 墙、梁的跨中挠度/墙、梁的跨度（相对弯曲） | 缓慢变化 | 1/2000 | 1/500 | 1/300 | — | — | 1/100 | — | — | — |
| | 瞬时变化 | 1/2000 | 1/1000 | 1/600 | — | — | 1/200 | — | — | — |

2）周围地下管线的安全控制

地下管线对地层沉降和水平位移都比较敏感，因为二者都可引起管线扰曲，影响其正常使用。

地下管线允许最小曲率半径常由以下三者控制：

（1）管道接缝的允许张开值 $\delta$（如煤气管道 $\delta \leqslant 0.5mm$，市话管道 $\delta \leqslant 1mm$）；

（2）管道结构的纵向强度；

（3）管道结构在横断面上的强度。

对于地铁隧道，一般要求曲率半径>15000m，最大水平位移及沉降量均为≤2cm。

**各类管线的位移许可值**　　　　　表 8-8

| 管线名称 | 容许垂直位移值（mm） | 容许水平位移值（mm） |
|---|---|---|
| 下水管 | ≤50 | ≤50 |
| 上水管 | ≤30 | ≤30 |
| 煤气管 | ≤10 | ≤10 |

在安全性动态控制中，目前对地下管线的允许位移量（表 8-8）及位移速率有如下规定：

① 对于上水管道，规定沉降或水平位移均不超过 30mm，每天发展不超过 5mm；

② 对于下水管道，规定沉降或水平位移不超过 50mm，每天发展不超过 5mm；

③ 对于煤气管道，规定沉降或水平位移均不超过 10mm，每天发展不超过 2mm。

### 8.3.2 边坡土体的位移和沉降监测与控制

1. 边坡土体的稳定性监测

1）监测内容

（1）整体稳定性监测。主要针对有潜在不稳定因素的部位、松弛带和塑性破坏区发育较深的部位、强风化夹层和风化卸荷最发育的部位、双面临空的部位。

（2）局部稳定性监测。包括对确定性块体、半确定性块体和随机块体的监测以及对层内错动带密集发育部位、表部松弛带、地下水等的监测。

（3）锚固效果监测。锚固工程属于隐蔽性工程，影响锚固效果的因素很多，设计时很难做到情况完全清楚，必须对系统锚杆，块体锚杆和预应力锚索对边坡的控制效果进行监测。

（4）爆破影响监测。为了控制爆破规模、优化爆破工艺、减小爆破动力作用对边坡岩土体的不利影响，避免超挖和确保高边坡的稳定，必须进行施工开挖过程中的爆破影响监测。按照监测对象或监测项目，监测的主要内容有：①地表变形监测；②深部变形监测；③松弛范围监测；④地应力监测；⑤地下水及渗流渗压监测；⑥锚杆锚索应力监测；⑦爆破振动监测。

2）监测方法

根据监测项目的不同分述各种监测项目采用的监测方法：

（1）地表变形监测方法

采用大地测量法、GPS（全球定位系统）测量法监测边坡表面的三维位移。大地测量法技术成熟，精度较高，监控面广，成果资料可靠，便于灵活地设站观测等，但它也受到地形通视条件限制和气象条件的影响，工作量大，周期长，连续观测能力较差。GPS测量法是利用GPS卫星发送的导航定位信号进行空间后方交会测量，从而确定地面待测点的三维坐标，其精度目前已经达到了毫米级。由于GPS监测不受天气条件的限制，可以进行全天候的监测，同时，观测点之间无需通视，且操作简单，定位精度高，因此，它与大地测量法联合使用可以方便地对边坡表部位移实施动态监测。采用测缝计等对边坡表部的裂缝，包括断层、错动带、裂隙等，进行相对位移监测。

（2）深部变形监测方法

深部位移监测通常在钻孔中进行，既可监测边坡岩土体不同深度的水平位移，也可监测不同深度的垂直位移或倾斜钻孔的轴向位移。这种监测对于发现边坡的潜在滑动面并监测其发展变化具有重要意义，同时也可确定边坡的松弛深度。一般采用钻孔测斜仪监测边坡的深部水平位移；采用钻孔多点位移计监测边坡深部的垂直位移或钻孔轴向位移。

（3）松弛范围监测方法

采用声波仪并配置换能器或地震仪监测由于开挖爆破振动和地应力释放引起岩体扩容而在边坡表层形成的松弛带的范围。主要用于边坡局部稳定性评价和作为锚杆锚索优化设计的科学依据。

（4）地应力监测方法

为了了解边坡地应力及其在开挖后的变化，采用应力解除法三维地应力测量和应力计监测岩体地应力及其变化。

（5）地下水及渗流渗压监测方法

地下水是边坡失稳的重要触发因素。因此利用勘探阶段的钻孔或平硐内的钻孔用电测水位计进行地下水位监测；采用量水堰法监测地下水的渗流情况；采用渗压计法监测地下水的渗流压力。其他与地下水位有关的参数，如降雨量、降水位等直接采用附近水文站的观测资料。

（6）锚杆锚索应力监测方法

为了了解锚杆锚索的加固效果，为优化设计提供科学依据，采用锚杆应力计和锚索测力计分别监测锚杆和锚索的受力情况。

（7）爆破振动监测方法

采用速度计、加速度计和动应变计监测爆破时边坡岩土体中一定部位质点的运动参数和动力参数。其中主要监测质点振动速度，使其满足前述爆破控制的要求，保证边坡岩土体受爆破影响最小。此外，光纤传感技术正在尝试应用于深基坑工程的监测中。

2. 边坡土体位移和沉降的控制

1）深基坑本身加固法

（1）施工中采取的主要变形控制技术。为考虑时空效应的支撑与开挖技术，制定适宜的基坑开挖与支撑施工参数。

（2）连续墙墙趾注浆，控制连续墙垂直沉降。连续墙顶部做一道现浇钢筋混凝土圈梁，通过圈梁将单幅连续墙连接为一个整体。

（3）加强深基坑围护结构的强度和刚度。

（4）对基坑内被动区土体进行加固处理，如被动区注浆加固用格栅形水泥搅拌桩加固等。

（5）深基坑采用逆作法施工。逆作法施工时墙体变位、地表沉降约为明挖法的60%。

2）深基坑周围建筑物加固法

（1）直接注浆加固建筑物地基

对地基注入适当的注浆材料，通过填实孔隙加固土体，以控制由施工引起的土体松散坍塌及地基变形和不均匀沉降，从而使地面建筑物免遭破坏。注浆法宜用于保护独立或条形基础的多层建筑，将独立基础或条形基础用现浇的钢筋混凝土底板连成筏式基础，基底留有压浆孔，在基坑开挖过程中，根据建筑物倾斜和沉降的监测值，以适量的压力和流量向底板下及时进行双液分层快凝注浆，以调整不均匀沉降。

（2）基础托换法

对建筑物基础用钻孔灌注桩、树根桩或锚杆静压桩进行加固，将建筑物荷载传至刚度较大深处的地层，以减少基础沉降幅度。

（3）建筑物本身加固

对建筑物本身进行加固，加强其结构刚度，以适应由地表沉降引起的变形。

3）切断影响途径法

所谓切断影响途径法，主要有循迹补偿法和隔断法两种方法。

（1）循迹补偿法

一般基坑近旁建筑物和构筑物的保护中，多采用前述基坑本身加固保护法和周围建筑物加固保护法，这两种方法虽可达到保护目的，但造价很高且施工工期较长，尤其是基坑内的地基加固方法工期很长，直接影响整个基坑的施工安排。循迹补偿法就是利用围护结构变形和建筑物位置处相应变形的时间差，在基坑变形传递到建筑物前将由围护结构变形造成的土体损失，通过注浆补充进去，从而有效地减小周围地层位移，达到保护周边环境的目的，与前述两类方法相比，既可达到保护目的，又可节省资金，缩短工期。循迹补偿法施工多采用塑料阀管注浆，注浆管在施工开挖前预先埋置，再根据基坑内的施工阶段进行注浆，每层注1.2m浆，位置位于该层支撑点以上。随基坑开挖深度加大，注浆位置也逐渐下移，一般注浆施工根据设计注浆量及提升速度等进行，循迹补偿法与要保护建筑物的形式、基坑与建筑物的相对位置有关，一般在基坑与所要保护的建筑物之间布置1排（也可2排），距基坑2～3m。围护结构，孔距根据支撑情况调整，一般为4～10m。布孔范围为建筑物两侧各左右的区域，即基坑开挖影响显著区域，每层注浆为该层支撑到上层支撑之间的深度，对最下道支撑下面土体开挖后注浆与否，可根据受保护建筑物的等级及开挖土体的深度大小决定。

（2）隔断法

在进行基坑施工时，应于施工面与附近建筑物（或构筑物）间设置隔断墙，以减少土体的水平位移与沉降量，避免因工程施工导致建筑物（或构筑物）破坏。隔断墙墙体可由钢板桩、地下连续墙、树根桩、深层搅拌桩和对地层进行注浆加固等构成，承受由基坑工程施工引起的侧向土压力和由地基差异沉降产生的负摩阻力，减少靠建筑物一侧的土体变形。

4）综合法

综合法就是根据各深基坑的具体情况及监测信息反馈，综合运用上述三种方法。需要指出的是，目前趋向于将深基坑开挖的环境保护分为消极保护法和积极保护法。消极保护法就是事先对基坑内满堂加固或加密集支撑等，达到很高的安全度后再开挖，以此来保护环境。这种保护方法优点在于安全度高，对施工监控水平要求相对较低，但工期长、代价大。而积极保护法是在设计基坑支护结构并准确预测基坑周围地层位移的基础上，以精心施工和监控来保护基坑及其周围环境的安全，虽对设计和施工水平要求较高，但和消极保护法相比，可大量节省工程造价并缩短工期。

### 8.3.3 降排水和地下水位的控制

基坑工程中的降低地下水亦称地下水控制，即在基坑工程施工过程中，地下水要满足支护结构和挖土施工的要求，并且不因地下水位的变化，对基坑周围的环境和设施带来危害。

1. 地下水控制方法选择

在软土地区基坑开挖深度超过 3m，一般就要用井点降水。开挖深度浅时，亦可边开挖边用排水沟和集水井进行集水明排。地下水控制方法有多种，其适用条件大致如表 8-9 所示，选择时根据土层情况、降水深度、周围环境、支护结构种类等综合考虑后优选。当因降水而危及基坑及周边环境安全时，宜采用截水或回灌方法。

地下水控制方法适用条件 表 8-9

| 方法名称 | | 土类 | 渗透系数（m/d） | 降水深度（m） | 水文地质特征 |
|---|---|---|---|---|---|
| 集水明排 | | | 7~20.0 | <5 | 上层滞水或水量不大的潜水 |
| 降水 | 真空井点 | 填土、粉土、黏性土、砂土 | 0.1~20.0 | 单级<6 多级<20 | |
| | 喷射井点 | | 0.1~20.0 | <20 | |
| | 管井 | 粉土、砂土、碎石土、可溶岩、破碎带 | 1.0~200.0 | >5 | 含水丰富的潜水、承压水、裂隙水 |
| 截水 | | 黏性土、粉土、砂土、碎石土、岩溶土 | 不限 | 不限 | |
| 回灌 | | 填土、粉土、砂土、碎石土 | 0.1~200.0 | 不限 | |

当基坑底为隔水层且层底作用有承压水时，应进行坑底突涌验算，必要时可采取水平封

底隔渗或钻孔减压措施，保证坑底土层稳定。否则一旦发生突涌，将给施工带来极大麻烦。

2. 基坑涌水量计算

根据水井理论，水井分为潜水（无压）完整井、潜水（无压）非完整井、承压完整井和承压非完整井。这几种井的涌水量计算公式不同。

1）均质含水层潜水完整井基坑涌水量计算

根据基坑是否邻近水源，分别计算如下：

（1）这离地面水源时（图 8-4a）

$$Q = 1.366K \frac{(2H-S)S}{\lg\left(1+\dfrac{R}{r_0}\right)} \tag{8-2}$$

式中　$Q$——基坑涌水量；

　　　$K$——土壤的渗透系数；

　　　$H$——潜水含水层厚度；

　　　$S$——基坑水位降深；

　　　$R$——降水影响半径；宜通过试验或根据当地经验确定，当基坑安全等级为二、三级时，对潜水含水层按下式计算：

$$R = 2S\sqrt{kH} \tag{8-3}$$

对承压含水层按下式计算：

$$R = 10S\sqrt{k} \tag{8-4}$$

式中　$k$——土的渗透系数；

　　　$r_0$——基坑等效半径；当基坑为圆形时，基坑等效半径取圆半径。当基坑非圆形时，对矩形基坑的等效半径按下式计算：

$$r_0 = 0.29(a+b) \tag{8-5}$$

式中　$a$、$b$——分别为基坑的长、短边。

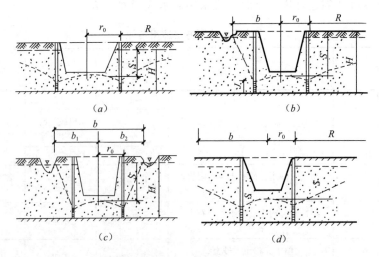

图 8-4　均质含水层潜水完整井基坑涌水量计算简图

（$a$）基坑远离地面水源；（$b$）基坑近河岩；（$c$）基坑位于两地表水体之间；（$d$）基坑靠近隔水边界

对不规则形状的基坑，其等效半径按下式计算：

$$r_0 = \sqrt{\frac{A}{\pi}} \qquad (8-6)$$

式中　$A$——基坑面积。

（2）基坑近河岸时（图 8-4b）

$$Q = 1.366k \frac{(2H-S)S}{\lg \dfrac{2b}{r_0}} \quad (b < 0.5R) \qquad (8-7)$$

（3）基坑位于两地表水体之间或位于补给区与排泄区之间时（图 8-4c）

$$Q = 1.366k \frac{(2H-S)S}{\lg\left[\dfrac{2(b_1+b_2)}{\pi r_0}\cos\dfrac{\pi}{2}\dfrac{(b_1-b_2)}{(b_1+b_2)}\right]} \qquad (8-8)$$

（4）当基坑靠近隔水边界时（图 8-4d）

$$Q = 1.366k \frac{(2H-S)S}{2\lg(R+r_0) - \lg r_0(2b+r_0)} \qquad (8-9)$$

2）均质含水层潜水非完整井基坑涌水量计算

（1）基坑远离地面水源（图 8-5a）

$$Q = 1.366k \frac{H^2 - h_{\mathrm{m}}^2}{\lg\left(1+\dfrac{R}{r_0}\right) + \dfrac{h_{\mathrm{m}}-l}{l}\lg\left(1+0.2\dfrac{h_{\mathrm{m}}}{r_0}\right)} \left(h_{\mathrm{m}} = \dfrac{H+h}{2}\right) \qquad (8-10)$$

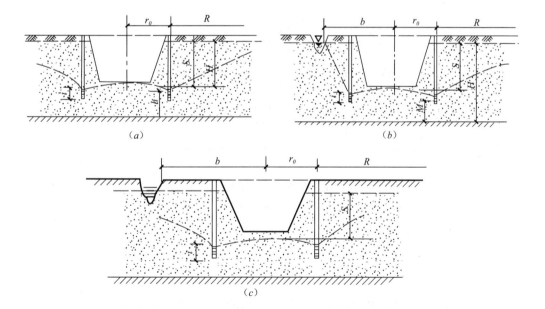

图 8-5　均质含水层潜水非完整井涌水量计算简图

（a）基坑远离地面水源；（b）基坑近河岸，含水层厚度不大；（c）基坑近河岸，含水层厚度很大

（2）基坑近河岸，含水层厚度不大时（图 8-5b）

$$Q = 1.366kS\left[\frac{l+S}{\lg\dfrac{2b}{r_0}} + \frac{l}{\lg\dfrac{0.66l}{r_0} + 0.25\dfrac{l}{M}\lg\dfrac{b^2}{M^2 - 0.14l^2}}\right] \quad (b > M/2) \qquad (8-11)$$

式中 $M$——由含水层底板到滤头有效工作部分中点的长度。

（3）基坑近河岸（含水层厚度很大时）见图8-5（c）。

$$Q = 1.366kS \left[ \frac{l+S}{\lg\frac{2b}{r_0}} + \frac{l}{\lg\frac{0.66l}{r_0} - 0.22\text{arsh}\frac{0.44l}{b}} \right] \quad (b > l) \tag{8-12}$$

$$Q = 1.366kS \left[ \frac{l+S}{\lg\frac{2b}{r_0}} + \frac{l}{\lg\frac{0.66l}{r_0} - 0.11\frac{l}{b}} \right] \quad (b < l) \tag{8-13}$$

3）均质含水层承压水完整井基坑涌水量计算

（1）基坑远离地面水源（图8-6$a$）

$$Q = 2.73k \frac{MS}{\lg\left(1 + \frac{R}{r_0}\right)} \tag{8-14}$$

式中 $M$——承压含水层厚度。

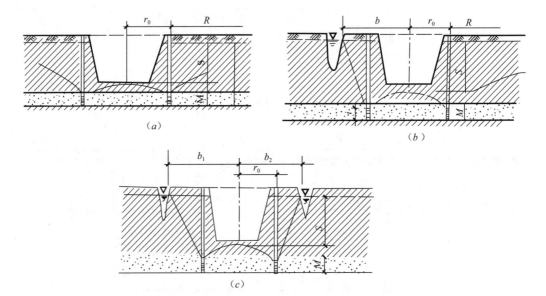

图 8-6　均质含水层承压水完整井涌水量计算简图
（$a$）基坑远离地面水源；（$b$）基坑近河岸；（$c$）基坑位于两地表水体之间

（2）基坑近河岸（图8-6$b$）

$$Q = 2.73k \frac{MS}{\lg\left(\frac{2b}{r_0}\right)} \quad (b < 0.5r_0) \tag{8-15}$$

（3）基坑位于两地表水体之间或位于补给区与排泄区之间（图8-6$c$）

$$Q = 2.73k \frac{(2H-S)S}{\lg\left[\frac{2(b_1+b_2)}{\pi r_0}\cos\frac{\pi}{2}\frac{(b_1+b_2)}{(b_1+b_2)}\right]} \tag{8-16}$$

4）均质含水层承压水非完整井基坑涌水量计算（图8-7）

$$Q = 2.73k \frac{MS}{\lg\left(1 + \frac{R}{r_0}\right) + \frac{M-l}{l}\lg\left(1 + 0.2\frac{M}{r_0}\right)} \tag{8-17}$$

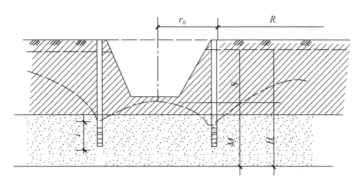

图 8-7　均质含水层承压水非完整井涌水量计算简图

5）均质含水层承压-潜水非完整井基坑涌水量计算（图 8-8）

$$Q = 1.366k \frac{(2H-M)M-h^2}{\lg\left(1+\dfrac{R}{r_0}\right)} \tag{8-18}$$

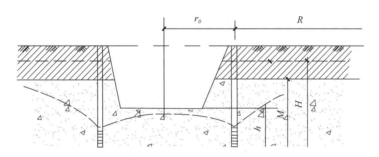

图 8-8　均质含水层承压-潜水非完整井基坑涌水量计算简图

3. 集水明排法

在地下水位较高地区开挖基坑，会遇到地下水问题。如涌入基坑内的地下水不能及时排出，不但土方开挖困难，边坡易于塌方，而且会使地基被水浸泡，扰动地基土，造成竣工后的建筑物产生不均匀沉降。为此，在基坑开挖时要及时排出涌入的地下水。当基坑开挖深度不很大，基坑涌水量不大时，集水明排法是应用最广泛，亦是最简单、经济的方法。

1）明沟、集水井排水

明沟、集水井排水多是在基坑的两侧或四周设置排水明沟，在基坑四角或每隔 30～40m 设置集水井，使基坑渗出的地下水通过排水明沟汇集于集水井内，然后用水泵将其排出基坑外（图 8-9）。

排水明沟宜布置在拟建建筑基础边 0.4m 以外，沟边缘离开边坡坡脚应不小于 0.3m。排水明沟的底面应比挖土面低 0.3～0.4m。集水井底面应比沟底面低 0.5m 以上，并随基坑的挖深而加深，以保持水流畅通。

沟、井的截面应根据排水量确定，基坑排水量 $V$ 应满足下列要求：

$$V \geqslant 1.5Q \tag{8-19}$$

式中　$Q$——基坑总涌水量。

明沟、集水井排水，视水量多少连续或间断抽水，直至基础施工完毕、回填土为止。

当基坑开挖的土层由多种土组成，中部夹有透水性能的砂类土，基坑侧壁出现分层渗

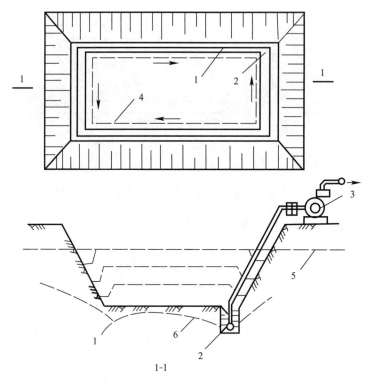

图 8-9　明沟、集水井排水方法

1—排水明沟；2—集水井；3—离心式水泵；4—设备基础或建筑物基础边线；

5—原地下水位线；6—降低后地下水位线

水时，可在基坑边坡上按不同高程分层设置明沟和集水井构成明排水系统，分层阻截和排除上部土层中的地下水，避免上层地下水冲刷基坑下部边坡造成塌方（图 8-10）。

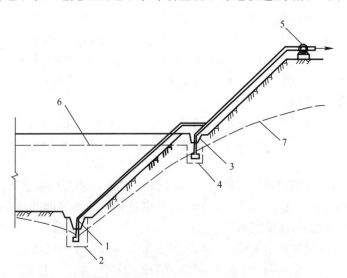

图 8-10　分层明沟、集水井排水法

1—底层排水沟；2—底层集水井；3—二层排水沟；4—二层集水井；

5—水泵；6—原地下水位线；7—降低后地下水位线

潜水泵技术性能

表 8-10

| 型号 | 流量（m³/h） | 扬程（m） | 电机功率（kW） | 转速（r/min） | 电流（A） | 电压（V） |
|---|---|---|---|---|---|---|
| QY-3.5 | 100 | 3.5 | 2.2 | 2800 | 6.5 | 380 |
| QY-7 | 65 | 7 | 2.2 | 2800 | 6.5 | 380 |
| QY-15 | 25 | 15 | 2.2 | 2800 | 6.5 | 380 |
| QY-25 | 15 | 25 | 2.2 | 2800 | 6.5 | 380 |
| JQB-1.5-6 | 10～22.5 | 28～20 | 2.2 | 2800 | 5.7 | 380 |
| JQB-2-10 | 15～32.5 | 21～12 | 2.2 | 2800 | 5.7 | 380 |
| JQB-4-31 | 50～90 | 8.2～4.7 | 2.2 | 2800 | 5.7 | 380 |
| JQB-5-69 | 80～120 | 5.1～3.1 | 2.2 | 2800 | 5.7 | 380 |
| 7.5JQB8-97 | 288 | 4.5 | 7.5 | — | — | 380 |
| 1.5JQB2-10 | 18 | 14 | 1.5 | — | — | 380 |
| 2Z6 | 15 | 25 | 4.0 | — | — | 380 |
| JTS-2-10 | 25 | 15 | 2.2 | 2900 | 5.4 | — |

2）水泵选用

集水明排水是用水泵从集水井中排水，常用的水泵有潜水泵、离心式水泵和泥浆泵，其技术性能如表 8-10～表 8-13 所示。排水所需水泵的功率按下式计算：

$$N = \frac{K_1 QH}{75 \eta_1 \eta_2} \tag{8-20}$$

式中　$K_1$——安全系数，一般取 2；

　　　$Q$——基坑涌水量（m³/d）；

　　　$H$——包括扬水、吸水及各种阻力造成的水头损失在内的总高度（m）；

　　　$\eta_1$——水泵效率，0.4～0.5；

　　　$\eta_2$——动力机械效率，0.75～0.85。

一般所选用水泵的排水量为基坑涌水量的 1.5～2.0 倍。

B 型离心水泵主要技术性能

表 8-11

| 水泵型号 | 流量（m³/h） | 扬程（m） | 吸程（m） | 电机功率（kW） | 重量（kg） |
|---|---|---|---|---|---|
| $1\frac{1}{2}$B-17 | 6～14 | 20.3～14.0 | 6.6～6.0 | 1.5 | 17.0 |
| 2B-31 | 10～30 | 34.5～24.0 | 8.2～5.7 | 4.0 | 37.0 |
| 2B-19 | 11～25 | 21.0～16.0 | 8.0～6.0 | 2.2 | 19.0 |
| 3B-19 | 32.4～52.2 | 21.5～15.6 | 6.2～5.0 | 4.0 | 23.0 |
| 3B-33 | 30～55 | 35.5～28.8 | 6.7～3.0 | 7.5 | 40.0 |
| 3B-57 | 30～70 | 62.0～44.5 | 7.7～4.7 | 17.0 | 70.0 |
| 4B-15 | 54～99 | 17.6～10.0 | 5.0 | 5.5 | 27.0 |
| 4B-20 | 65～110 | 22.6～17.1 | 5.0 | 10.0 | 51.6 |
| 4B-35 | 65～120 | 37.7～28.0 | 6.7～3.3 | 17.0 | 48.0 |
| 4B-51 | 70～120 | 59.0～43.0 | 5.0～3.5 | 30.0 | 78.0 |
| 4B-91 | 65～135 | 98.0～72.5 | 7.1～40.0 | 55.0 | 89.0 |
| 6B-13 | 126～187 | 14.3～9.6 | 5.9～5.0 | 10.0 | 88.0 |
| 6B-20 | 110～200 | 22.7～17.1 | 8.5～7.0 | 17.0 | 104.0 |
| 6B-33 | 110～200 | 36.5～29.2 | 6.6～5.2 | 30.0 | 117.0 |
| 8B-13 | 216～324 | 14.5～11.0 | 5.5～4.5 | 17.0 | 111.0 |
| 8B-18 | 220～360 | 20.0～14.0 | 6.2～5.0 | 22.0 | — |
| 8B-29 | 220～340 | 32.0～25.4 | 6.5～4.7 | 40.0 | 139.0 |

4. 降水

降水即在基坑土方开挖之前，用真空（轻型）井点、喷射井点或管井深入含水层内，用不断抽水方式使地下水位下降至坑底以下，同时使土体产生固结以方便土方开挖。

1）降水井（井点或管井）数量计算

$$n = 1.1\frac{Q}{q} \qquad (8\text{-}21)$$

式中　$Q$——基坑总涌水量；

$q$——设计单井出水量。

真空井点出水量可按 $36\sim60\text{m}^3/\text{d}$ 确定；真空喷射井点出水量按表 8-14 确定。

管井的出水量 $q(\text{m}^3/\text{d})$ 按下述经验公式确定：

**BA 型离心水泵主要技术性能**　　　　　　表 8-12

| 水泵型号 | 流量（m³/h） | 扬程（m） | 吸程（m） | 电机功率（kW） | 外形尺寸（mm）（长×宽×高） | 重量（kg） |
|---|---|---|---|---|---|---|
| $1\frac{1}{2}$BA-6 | 11.0 | 17.4 | 6.7 | 1.5 | 370×225×240 | 30 |
| 2BA-6 | 20.0 | 38.0 | 7.2 | 4.0 | 524×337×295 | 35 |
| 2BA-9 | 20.0 | 18.5 | 6.8 | 2.2 | 534×319×270 | 36 |
| 3BA-6 | 60.0 | 50.0 | 5.6 | 17.0 | 714×368×410 | 116 |
| 3BA-9 | 45.0 | 32.6 | 5.0 | 7.5 | 623×350×310 | 60 |
| 3BA-13 | 45.0 | 18.8 | 5.5 | 4.0 | 554×344×275 | 41 |
| 4BA-6 | 115.0 | 81.0 | 5.5 | 55.0 | 730×430×440 | 138 |
| 4BA-8 | 109.0 | 47.6 | 3.8 | 30.0 | 722×402×425 | 116 |
| 4BA-12 | 90.0 | 34.6 | 5.8 | 17.0 | 725×387×400 | 108 |
| 4BA-18 | 90.0 | 20.0 | 5.0 | 10.0 | 631×365×310 | 65 |
| 4BA-25 | 79.0 | 14.8 | 5.0 | 5.5 | 571×301×295 | 44 |
| 6BA-8 | 170.0 | 32.5 | 5.9 | 30.0 | 759×528×480 | 166 |
| 6BA-12 | 160.0 | 20.1 | 7.9 | 17.0 | 747×490×450 | 146 |
| 6BA-18 | 162.0 | 12.5 | 5.5 | 10.0 | 748×470×420 | 134 |
| 8BA-12 | 280.0 | 29.1 | 5.6 | 40.0 | 809×584×490 | 191 |
| 8BA-18 | 285.0 | 18.0 | 5.5 | 22.0 | 786×560×480 | 180 |
| 8BA-25 | 270.0 | 12.7 | 5.0 | 17.0 | 779×512×480 | 143 |

**泥浆泵主要技术性能**　　　　　　表 8-13

| 泥浆泵型号 | 流量（m³/h） | 扬程（m） | 电机功率（kW） | 泵口径（mm）吸入口 | 泵口径（mm）出口 | 外形尺寸（m）（长×宽×高） | 重量（kg） |
|---|---|---|---|---|---|---|---|
| 3PN | 108 | 21 | 22 | 125 | 75 | 0.76×0.59×0.52 | 450 |
| 3PNL | 108 | 21 | 22 | 160 | 90 | 1.27×5.1×1.63 | 300 |
| 4PN | 100 | 50 | 75 | 75 | 150 | 1.49×0.84×1.085 | 1000 |
| $2\frac{1}{2}$NWL | 25~45 | 5.8~3.6 | 1.5 | 70 | 60 | 1.247（长） | 61.5 |
| 3NWL | 55~95 | 9.8~7.9 | 3 | 90 | 70 | 1.677（长） | 63 |
| BW600/30 | (600) | 300 | 38 | 102 | 64 | 2.106×1.051×1.36 | 1450 |
| BW200/30 | (200) | 300 | 13 | 75 | 45 | 1.79×0.695×0.865 | 578 |
| BW200/40 | (200) | 400 | 18 | 89 | 38 | 1.67×0.89×1.6 | 680 |

注：流量括号中数量单位为 L/min。

$$q = 120\pi r_s l \sqrt[3]{k} \tag{8-22}$$

式中 $r_s$——过滤器半径（m）；

$l$——过滤器进水部分长度（m）；

$k$——含水层的渗透系数（m/d）。

喷射井点的设计出水能力　　　　表 8-14

| 型号 | 外管直径<br>（mm） | 喷射管 | | 工作水压力<br>（MPa） | 工作水流量<br>（m³/d） | 设计单个井<br>点出水能力<br>（m³/d） | 适用含水层<br>渗透系数<br>（m/d） |
|---|---|---|---|---|---|---|---|
| | | 喷嘴直径<br>（mm） | 混合室直径<br>（mm） | | | | |
| 1.5 型并列式 | 38 | 7 | 14 | 0.6～0.8 | 112.8～163.2 | 100.8～138.2 | 0.1～5.0 |
| 2.5 型圆心式 | 68 | 7 | 14 | 0.6～0.8 | 110.4～148.8 | 103.2～138.2 | 0.1～5.0 |
| 4.0 型圆心式 | 100 | 10 | 20 | 0.6～0.8 | 230.4 | 259.2～388.8 | 5～10 |
| 6.0 型圆心式 | 162 | 19 | 40 | 0.6～0.8 | 720 | 600～720 | 10～20 |

2）过滤器长度

真空井点和喷射井点的过滤器长度，不宜小于含水层厚度的 1/3。管井过滤器长度宜与含水层厚度一致。

群井抽水时，各井点单井过滤器进水部分长度应符合下述条件：

$$y_0 > l \tag{8-23}$$

式中 $y_0$——单井井管进水长度，按下式计算：

（1）潜水完整井

$$y_0 = \sqrt{H^2 - \frac{0.732Q}{k}\left(\log R_0 - \frac{1}{n}\log n r_0^{n-1} r_w\right)} \tag{8-24}$$

式中 $r_0$——基坑等效半径；

$r_w$——管井半径；

$H$——潜水含水层厚度；

$R_0$——基坑等效半径与降水影响半径之和 $R_0 = r_0 + R$

$R$——降水井影响半径。

（2）承压完整井

$$y_0 = \sqrt{H' - \frac{0.366Q}{kM}\left(\log R_0 - \frac{1}{n}\log n r_0^{n-1} r_w\right)} \tag{8-25}$$

式中 $H'$——承压水位至该承压含水层底板的距离；

$M$——承压含水层厚度。

当滤管工作部分长度小于 2/3 含水层厚度时，应采用非完整井公式计算。若不满足上式条件，应调整井点数量和井点间距，再进行验算。当井距足够小仍不能满足要求时，应考虑基坑内布井。

3）基坑中心点水位降低深度计算

（1）块状基坑降水深度计算

潜水完整井稳定流时：

$$s = H - \sqrt{H^2 - \frac{Q}{1.366k}\left[\log R_0 - \frac{1}{n}(r_1 r_2, \cdots, r_n)\right]} \tag{8-26}$$

承压完整井稳定流时：

$$s = \frac{0.366Q}{kM}\left[\log R_0 - \frac{1}{n}\log(r_1 r_2, \cdots, r_n)\right] \tag{8-27}$$

式中　　　$s$——基坑中心处地下水位降低深度；

$r_1$、$r_2 \cdots r_n$——各井距基坑中心或井点中心处的距离。

（2）对非完整井或非稳定流，应根据具体情况采用相应的计算方法。

（3）当计算出的降深不能满足降水设计要求时，应重新调整井数、布井方式。

4）井点结构和施工的技术要求

（1）一般要求

① 基坑降水宜编制降水施工组织设计，其主要内容为：井点降水方法；井点管长度、构造和数量；降水设备的型号和数量；井点系统布置图；井孔施工方法及设备；质量和安全技术措施；降水对周围环境影响的估计及预防措施等。

② 降水设备的管道、部件和附件等，在组装前必须经过检查和清洗。滤管在运输、装卸和堆放时应防止损坏滤网。

③ 井孔应垂直，孔径上下一致。井点管应居于井孔中心，滤管不得紧靠井孔壁或插入淤泥中。

④ 井孔采用湿法施工时，冲孔所需的水流压力如表 8-15 所示。在填灌砂滤料前应把孔内泥浆稀释，待含泥量小于 5% 时才可灌砂。砂滤料填灌高度应符合各种井点的要求。

冲孔所需的水流压力　　　　　　　　　　　　　　　　　　　表 8-15

| 土的名称 | 冲水压力（kPa） | 土的名称 | 冲水压力（kPa） |
|---|---|---|---|
| 松散的细砂 | 250～450 | 中等密实黏土 | 600～750 |
| 软质黏土、软质粉土质黏土 | 250～500 | 砾石土 | 850～900 |
| 密实的腐殖土 | 500 | 塑性粗砂 | 850～1150 |
| 原状的细砂 | 500 | 密实黏土、密实粉土质黏土 | 750～1250 |
| 松散中砂 | 450～550 | 中等颗粒的砾石 | 1000～1250 |
| 黄土 | 600～650 | 硬黏土 | 1250～1500 |
| 原状的中粒砂 | 600～700 | 原状粗砾 | 1350～1500 |

⑤ 井点管安装完毕应进行试抽，全面检查管路接头、出水状况和机械运转情况。一般开始出水混浊，经一定时间后出水应逐渐变清，对长期出水混浊的井点应予以停闭或更换。

⑥ 降水施工完毕，根据结构施工情况和土方回填进度，陆续关闭和逐根拔出井点管。土中所留孔洞应立即用砂土填实。

⑦ 如基坑坑底进行压密注浆加固时，要待注浆初凝后再进行降水施工。

（2）真空井点结构和施工技术要求

① 机具设备

真空井点系统由井点管（管下端有滤管）、连接管、集水总管和抽水设备等组成。

（a）井点管

井点管为直径 38～110mm 的钢管，长度 5～7m，管下端配有滤管和管尖。滤管直径与井点管相同，管壁上渗水孔直径为 12～18mm，呈梅花状排列，孔隙率应大于 15%；管壁外应设两层滤网，内层滤网宜采用 30～80mm 的金属网或尼龙网，外层滤网宜采用 3～10mm的金属网或尼龙网；管壁与滤网间应采用金属丝绕成螺旋形隔开，滤网外面应再绕一层粗金属丝。

滤管下端装一个锥形铸铁头。井点管上端用弯管与总管相连。

（b）连接管与集水总管

连接管常用透明塑料管。集水总管一般用直径 75～110mm 的钢管分节连接，每节长 4m，每隔 0.8～1.6m 设一个连接井点管的接头。

（c）抽水设备

根据抽水机组的不同，真空井点分为真空泵真空井点、射流泵真空井点和隔膜泵真空井点，常用者为前两种。

真空泵真空井点由真空泵、离心式水泥、水气分离器等组成（图 8-11），有定型产品供应（表 8-16）。这种真空井点真空度高（67～80kPa），带动井点数多，降水深度较大（5.5～6.0m）；但设备复杂，维修管理困难，耗电多，适用于较大的工程降水。

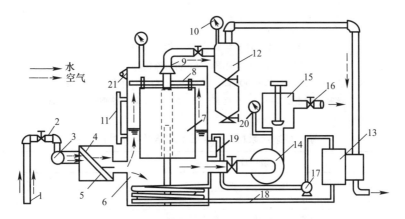

图 8-11 真空泵真空井点抽水设备工作简图

1—井点管；2—弯联管；3—集水总管；4—过滤箱；5—过滤网；6—水气分离器；7—浮筒；8—挡水布；
9—阀门；10—真空表；11—水位计；12—副水气分离器；13—真空泵；14—离心泵；
15—压力箱；16—出水管；17—冷却泵；18—冷却水管；19—冷却水箱；
20—压力表；21—真空调节阀

真空泵型真空井点系统设备规格与技术性能　　　　　　　　　　　表 8-16

| 名称 | 数量 | 规格技术性能 |
|---|---|---|
| 往复式真空泵 | 1台 | V5 型（W6 型）或 V6 型；生产率 4.4m³/min，真空度 100kPa，电动机功率 5.5kW，转速 1450r/min |
| 离心式水泵 | 2台 | B 型或 BA 型；生产率 30m³/h，扬程 25m，抽吸真空高度 7m，吸口直径 50mm，电动机功率 2.8kW，转速 2900r/min |
| 水泵机组配件 | 1套 | 井点管 100 根，集水总管直径 75～100mm，每节长 1.6～4.0m，每套 29 节，总管上节管间距 0.8m，接头弯管 100 根，冲射管用冲管 1 根，机组外形尺寸 2600mm×1300mm×1600mm，机组重 1500kg |

射流泵真空井点设备由离心水泵、射流器（射流泵）、水箱等组成，如图 8-12 所示，配套设备见表 8-17，系由高压水泵供给工作水，经射流泵后产生真空，引射地下水流；设

备构造简单，易于加工制造，操作维修方便，耗能少，应用日益广泛。

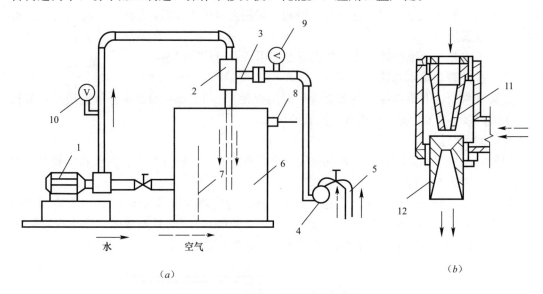

图 8-12　射流泵真空井点设备工作简图

(a) 工作简图；(b) 射流器构造

1—离心泵；2—射流器；3—进水管；4—集水总管；5—井点管；6—循环水箱；

7—隔板；8—泄水口；9—真空表；10—压力表；11—喷嘴；12—喉管

**$\phi$50 型射流泵真空井点设备规格及技术性能**　　　　表 8-17

| 名称 | 型号技术性能 | 数量 | 备注 |
|------|-------------|------|------|
| 离心泵 | 3BL-9 型，流量 45m³/h，扬程 32.5m | 1 台 | 供给工作水 |
| 电动机 | JO₂-42-2，功率 7.5kW | 1 台 | 水泵的配套动力 |
| 射流泵 | 喷嘴 $\phi$50mm，空载真空度 100kPa，工作水压 0.15～0.3MPa，工作水流 45m³/h，生产率 10～35m³/h | 1 个 | 形成真空 |
| 水箱 | 1100mm×600mm×1000mm | 1 个 | 循环用水 |

注：每套设备带 9m 长井点 25～30 根，间距 1.6m，总长 180m，降水深 5～9m。

② 井点布置

井点布置应根据基坑平面形状与大小、地质和水文情况、工程性质、降水深度等而定。当基坑（槽）宽度小于 6m，且降水深度不超过 6m 时，可采用单排井点，布置在地下水上游一侧（图 8-13）；当基坑（槽）宽度大于 6m，或土质不良，渗透系数较大时，宜采用双排井点，布置在基坑（槽）的两侧，当基坑面积较大时，宜采用环形井点（图 8-14）；挖土运输设备出入道可不封闭，间距可达 4m，一般留在地下水下游方向。井点管距坑壁不应小于 1.0～1.5m，距离太小，易漏气。井点间距一般为 0.8～1.6m。集水总管标高宜尽量接近地下水位线并沿抽水水流方向有 0.25%～0.5% 的上仰坡度，水泵轴心与总管齐平。井点管的入土深度应根据降水深度及储水层所有位置决定，但必须将滤水管埋入含水层内，并且比挖基坑（沟、槽）底深 0.9～1.2m，井点管的埋置深度亦可按下式计算；

$$H \geqslant H_1 + h + iL + l \tag{8-28}$$

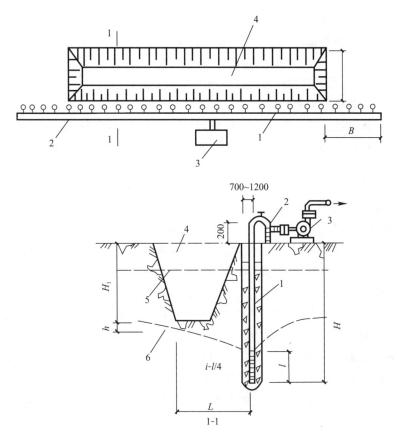

图 8-13 单排线状井点布置

1—井点管；2—集水总管；3—抽水设备；4—基坑；5—原地下水位线；6—降低后地下水位线；
$H$—井点管长度；$H_1$—井点埋设面至基础底面的距离；$h$—降低后地下水位至基坑底面的安全距离，
一般取 0.5～1.0m；$L$—井点管中心至基坑外边的水平距离；$l$—滤管长度；$B$—开挖基坑上口宽度

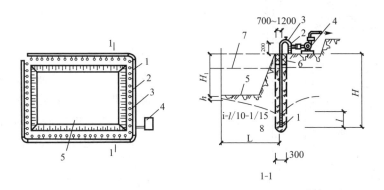

图 8-14 环形井点布置图

1—井点；2—集水总管；3—弯联管；4—抽水设备；5—基坑；6—填黏土；7—原地下水位线；
8—降低后地下水位线；$H$—井点管埋置深度；$H_1$—井点管埋设面至基底面的距离；
$h$—降低后地下水位至基坑底面的安全距离，一般取 0.5～1.0m；$L$—井点管中心至
基坑中心的水平距离；$l$—滤管长度

式中　$H$——井点管的埋置深度（m）；

$H_1$——井点管埋设面至基坑底面的距离（m）；

$h$——基坑中央最深挖掘面至降水曲线最高点的安全距离（m），一般为 0.5～1.0m，人工开挖取下限，机械开挖取上限；

$L$——井点管中心至基坑中心的短边距离（m）；

$i$——降水曲线坡度，与土层渗透系数、地下水流量等因素有关，根据扬水试验和工程实测确定。对环状或双排井点可取 1/10～1/15；对单排线状井点可取 1/4；环状降水取 1/8～1/10；

$l$——滤管长度（m）。

井点露出地面高度，一般取 0.2～0.3m。

$H$ 计算出后，为安全起见，一般再增加 1/2 滤管长度。井点管的滤水管不宜埋入渗透系数极小的土层。在特殊情况下，当基坑底面处在渗透系数很小的土层时，水位可降到基坑底面以上标高最低的一层、渗透系数较大的土层底面。

一套抽水设备的总管长度一般不大于 100～120m。当主管过长时，可采用多套抽水设备；井点系统可以分段，各段长度应大致相等，宜在拐角处分段，以减少弯头数量，提高抽吸能力；分段宜设阀门，以免管内水流紊乱，影响降水效果。

真空泵由于考虑水头损失，一般降低地下水深度只有 5.5～6m。当一级轻型井点不能满足降水深度要求时，可采用明沟排水与井点相结合的方法，将总管安装在原有地下水位线以下，或采用二级井点排水（降水深度可达 7～10m），即先挖去第一级井点排干的土，然后再在坑内布置埋设第二级井点，以增加降水深度。抽水设备宜布置在地下水的上游，并设在总管的中部。

③ 井点管的埋设

井点管的埋设可用射水法、钻孔法和冲孔法成孔，井孔直径不宜大于 300mm，孔深宜比滤管底深 0.5～1.0m。在井管与孔壁间及时用洁净中粗砂填灌密实均匀。投入滤料数量应大于计算值的 85%，在地面以下 1m 范围内用黏土封孔。

④ 井点使用

井点使用前应进行试抽水，确认无漏水、漏气等异常现象后，应保证连续不断抽水。应备用双电源，以防断电。一般抽水 3～5d 后水位降落漏斗渐趋稳定。出水规律一般是"先大后小、先浑后清"。

在抽水过程中，应定时观测水量、水位、真空度，并应使真空泵保持在 55kPa 以上。

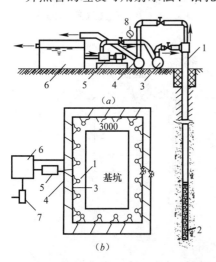

图 8-15　喷射井点布置图

（a）喷射井点设备简图；（b）喷射井点平面布置图

1—喷射井管；2—滤管；3—供水总管；4—排水总管；5—高压离心水泵；6—水池；7—排水泵；8—压力表

（3）喷射井点的结构及施工技术要求

① 工作原理与井点布置

喷射井点作用深层降水，其一层井点可把地下水位降低 8～20m。其工作原理如图8-15、图8-16

所示。喷射井点的主要工作部件是喷射井管内管底端的扬水装置——喷嘴的混合室（图8-16）；当喷射井点工作时，由地面高压离心水泵供应的高压工作水，经过内外管之间的环形空间直达底端，在此处高压工作水由特制内管的两侧进水孔进入至喷嘴喷出，在喷嘴处由于过水断面突然收缩变小，使工作水流具有极高的流速（30～60m/s），在喷口附近造成负压（形成真空），因而将地下水经滤管吸入，吸入的地下水在混合室与工作水混合，然后进入扩散室，水流从动能逐渐转变为位能，即水流的流速相对变小，而水流压力相对增大，把地下水连同工作水一起扬升出地面，经排水管道系统排至集水池或水箱，由此再用排水泵排出。

② 井点管与其布置

井点管的外管直径宜为 73～108mm，内管直径宜为 50～73mm，滤管直径为 89～127mm。井孔直径不宜大于 600mm，孔深应比滤管底深 1m以上。滤管的构造与真空井点相同。扬水装置（喷射器）的混合室直径可取 14mm，喷嘴直径可取 6.5mm，工作水箱不应小于 10m³。井点使用时，水泵的起动泵压不宜大于 0.3MPa。正常工作水压为 $0.25P_0$（扬水高度）。

井点管与孔壁之间填灌滤料（粗砂）。孔口到填灌滤料之间用黏土封填，封填高度为 0.5～1.0mm。

常用的井点间距为 2～3m。每套喷射井点的井点数不宜超过 30 根。总管直径宜为 150mm，总长不宜超过 60m。每套井点应配备相应的水泵和进、回水总管。如果由多套井点组成环圈布置，各套进水总管宜用阀门隔开，自成系统。

每根喷射井点管埋设完毕，必须及时进行单井试抽，排出的浑浊水不得回入循环管路系统，试抽时间要持续到水由浑浊变清为止。喷射井点系统安装完毕，亦需进行试抽，不应有漏气或翻砂冒水现象。工作水应保持清洁，在降水过程中应视水质浑浊程度及时更换。

（4）管井的结构及技术要求

管井由滤水井管、吸水管和抽水机械等组成（图8-17）。管井设备较为简单，排水量大，降水较深，水泵设在地面，易于维护。适用于渗透系数较大，地下水丰富的土层、砂层。但管井属于重力排水范畴，吸程高度受到一定限制，要求渗透系数较大（1～200m/d）。

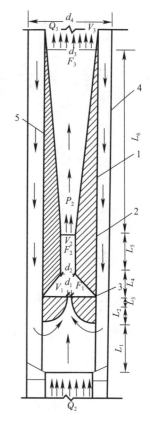

图 8-16　喷射井点扬水装置
（喷嘴和混合室）构造

1—扩散室；2—混合室；3—喷嘴；4—喷射井点外管；5—喷射井点内管；$L_1$—喷射井点内管底端两侧进水孔高度；$L_2$—喷嘴颈缩部分长度；$L_3$—喷嘴圆柱部分长度；$L_4$—喷嘴口至混合室距离；$L_5$—混合室长度；$L_5$—扩散室长度；$d_1$—喷嘴直径；$d_2$—混合室直径；$d_3$—喷射井点内管直径；$d_4$—喷射井点外管直径；$Q_2$—工作水加吸入水的流量（$Q_2 = Q_1 + Q_0$）；$P_2$—混合室末端扬升压力（MPa）；$F_1$—喷嘴断面积；$F_2$—混合室断面积；$F_3$—喷射井点内管断面积；$v_1$—工作水从喷嘴喷出时的流速；$v_2$—工作水与吸入水在混合室的流速；$v_3$—工作水与吸入水排出时的流速

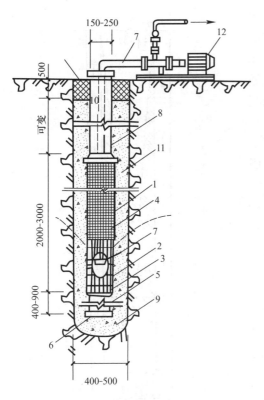

图 8-17  管井构造

1—滤水井管；2—φ14mm 钢筋焊接骨架；3—6mm×30mm 铁环@250mm；4—10 号铁丝垫筋@250mm 焊于管骨架上，外包孔眼 1～2mm 铁丝网；5—沉砂管；6—木塞；7—吸水管；8—φ100～200mm 钢管；9—钻孔；10—夯填黏土；11—填充砂砾；12—抽水设备

① 井点构造与设备

（a）滤水井管下部滤水井管过滤部分用钢筋焊接骨架，外包孔眼为 1～2mm 滤网，长 2～3m，上部井管部分用直径 200mm 以上的钢管、塑料管或混凝土管。

（b）吸水管用直径 50～100mm 的钢管或胶皮管，插入滤水井管内，其底端应沉到管井吸水时的最低水位以下，并装逆止阀，上端装设带法兰盘的短钢管一节。

（c）水泵采用 BA 型或 B 型，流量 10～25m³/h。离心式水泵。每个井管装置一台，当水泵排水量大于单孔滤水井涌水量数量时，可另加设集水总管将相邻的相应数量的吸水管连成一体，共用一台水泵。

② 管井的布置

沿基坑外围四周呈环形布置或沿基坑（或沟槽）两侧或单侧呈直线形布置。井中心距基坑（槽）边缘的距离，依据所用钻机的钻孔方法而定，当用冲击钻时为 0.5～1.5m；当用钻孔法成孔时不小于 3m。管井埋设的深度和距离，根据需降水面积和深度及含水层的渗透系数等而定，最大埋深可达 10m，间距 10～15m。

③ 管井埋设

管井埋设可采用泥浆护壁冲击钻成孔或泥浆护壁钻孔方法成孔。钻孔底部应比滤水井管深 200mm 以上。井管下沉前应清洗滤井，冲除沉渣，可灌入稀泥浆用吸水泵抽出置换或用空压机洗井法，将泥渣清出井外，并保持滤网的畅通，然后下管。滤水井管应置于孔中心，下端用圆木堵塞管口，井管与孔壁之间用 3～15mm 砾石填充作过滤层，地面下 0.5m 内用黏土填充夯实。

水泵的设置标高根据要求的降水深度和所选用的水泵最大真空吸水高度而定，当吸程不够时，可将水泵设在基坑内。

④ 管井的使用

管井使用时，应先试抽水，检查出水是否正常，有无淤塞等现象。抽水过程中应经常对抽水设备的电动机、传动机械、电流、电压等进行检查，并对井内水位下降和流量进行观测和记录。井管使用完毕，井管可用倒链或卷扬机将井管徐徐拔出，将滤水井管洗去泥砂后储存备用，所留孔洞用砂砾填实，上部 50cm 深用黏性土填充夯实。

⑤ 深井井点

深井井点降水是在深基坑的周围埋置深于基底的井管，通过设置在井管内的潜水泵将地下水抽出，使地下水位低于坑底。该法具有排水量大，降水深（＞15m）；井距大，对平面布置的干扰小；不受土层限制；井点制作、降水设备及操作工艺、维护均较简单，施工速度快；井点管可以整根拔出重复使用等优点；但一次性投资大，成孔质量要求严格。适于渗透系数较大（10～250m/d），土质为砂类土，地下水丰富，降水深，面积大，时间长的情况，降水深可达50m以内。

（5）井点系统设备

井点系统设备由深井井管和潜水泵等组成（图8-18）。

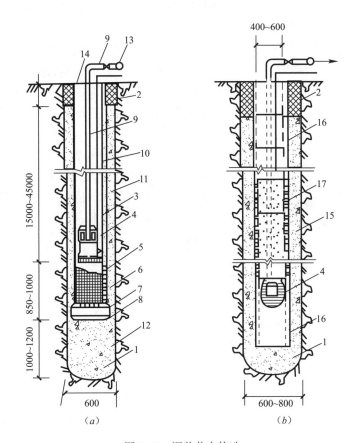

图 8-18　深井井点构造

（a）钢管深井井点；（b）无砂混凝土管深井井点

1—井孔；2—井口（黏土封口）；3—$\phi300\sim375$mm井管；4—潜水电泵；5—过滤段（内填碎石）；

6—滤网；7—导向段；8—开孔底板（下铺滤网）；9—$\phi50$mm出水管；10—电缆；

11—小砾石或中粗砂；12—中粗砂；13—$\phi50\sim75$mm出水总管；

14—20mm厚钢板井盖

① 井管

井管由滤水管、吸水管和沉砂管三部分组成。可用钢管、塑料管或混凝土管制成，管径一般为300mm，内径宜大于潜水泵外径50mm。

（a）滤水管（图8-19）在降水过程中，含水层中的水通过该管滤网将土、砂过滤在网外，使地下清水流入管内。滤水管长度取决于含水层厚度、透水层的渗透速度和降水的快慢，一般为3～9m。通常在钢管上分三段轴条（或开孔），在轴条（或开孔）后的管壁上

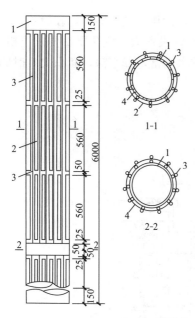

图 8-19　深井滤水管构造

1—钢管；2—轴条后孔；3—φ6mm垫筋；
4—缠绕 12 号铁丝与钢筋锡焊焊牢

焊 φ6mm 垫筋，与管壁点焊，在垫筋外螺旋形缠绕 12 号铁丝（间距 1mm），与垫筋用锡焊焊牢，或外包 10 孔/cm² 和 14 孔/cm² 镀锌铁丝网两层或尼龙网。

当土质较好，深度在 15m 内，亦可采用外径 380～600mm、壁厚 50～60mm、长 1.2～1.5m 的无砂混凝土管作滤水管，或在外再包棕树皮二层作滤网。

（b）吸水管连接滤水管，起挡土、贮水作用，采用与滤水管同直径的实钢管制成。

（c）沉砂管在降水过程中，起砂粒的沉淀作用，一般采用与滤水管同直径的钢管，下端用钢板封底。

② 水泵

常用长轴深井泵（表 8-18）或潜水泵。每井一台，并带吸水铸铁管或胶管，配上一个控制井内水位的自动开关，在井口安装 75mm 阀门以便调节流量的大小，阀门用夹板固定。每个基坑井点群应有 2 台备用泵。

常用深井水泵主要技术性能　　　　　　　　　　　表 8-18

| 型号 | 流量（m³/h） | 扬程（m） | 转速（r/min） | 比转数 | 扬水管入井的最大长度（m） | 轴功率（kW） | 重量（kg） | 配带电机 型号 | 配带电机 功率（kW） | 叶轮直径 D（mm） | 效率（%） |
|---|---|---|---|---|---|---|---|---|---|---|---|
| 4JD10×10 | 10 | 30 | 2900 | 250 | 28 | 1.41 | 585 | JLB2 | 5.5 | 72 | 58 |
| 4JD10×20 | | 60 | | | 55.5 | 2.82 | 900 | JLB2 | 5.5 | 72 | |
| 6JD36×4 | 36 | 38 | 2900 | 200 | 35.5 | 5.56 | 1100 | JLB2 | 7.5 | 114 | 67 |
| 6JD36×6 | | 57 | | | 55.5 | 8.36 | 1650 | JLB2 | 11 | 114 | |
| 6JD56×4 | 56 | 32 | 2900 | 280 | 28 | 7.27 | 850 | DMM402-2 | 11 | | 68 |
| 6JD56×6 | | 48 | | | 45.5 | 10.8 | 1134 | | 15 | | |
| 8JD80×10 | 80 | 40 | 1460 | 280 | 36 | 12.04 | 1685 | DMM452-4 | 18.5 | 160 | 70 |
| 8JD80×15 | | 60 | | | 57 | 18.75 | 2467 | DMM451-4 | 22 | 160 | |
| SD8×10 | 35 | 35 | 1460 | | | 5.8 | 883 | JLB62-4 | 10 | 138.9 | 63 |
| SDS×20 | | 70 | | | | 10.6 | 1923 | JLB63-4 | 14 | 138.9 | |
| SD10×3 | 72 | 24 | 1460 | | | 7.05 | 991 | JLB62-4 | 10 | 186.8 | 67 |
| SD10×5 | | 40 | 1460 | | | 11.75 | 1640 | JLB63-4 | 14 | 186.8 | |
| SD10×10 | | 80 | 1460 | | | 23.5 | 3380 | JLB73-4 | 28 | 186.8 | |
| SD12×2 | 126 | 26 | 1460 | | | 12.7 | 1427 | JLB72-4 | 20 | 228 | 70 |
| SD12×3 | | 39 | | | | 19.1 | 1944 | JLB73-4 | 28 | 228 | |
| SD12×4 | 126 | 52 | 1460 | | | 25.5 | 2465 | JLB82-4 | 40 | 228 | |
| SD12×5 | | 65 | | | | 31.8 | 3090 | JLB82-4 | 40 | | |

注：SD、JLB2（深井泵专用三相异步电动机）型的轴功率单位为 kW。

374

③ 集水井

用φ325～500mm钢管或混凝土管，并设3‰的坡度，与附近下水道接通。

（6）深井布置

深井井点一般沿工程基坑周围离边坡上缘0.5～1.5m呈环形布置；当基坑宽度较窄，亦可在一侧呈直线形布置；当为面积不大的独立的深基坑，亦可采取点式布置。井点宜深入到透水层6～9m，通常还应比所需降水的深度深6～8m，间距一般相当于埋深（10～30m）。

（7）深井施工

成孔方法可采用冲击钻孔、回转钻孔、潜水钻或水冲成孔。孔径应比井管直径大300mm，成孔后立即安装井管。井管安放前应清孔，井管应垂直，过滤部分放在含水层范围内。井管与土壁间填充粒径大于滤网孔径的砂滤料。井口下1m左右用黏土封口。

在深井内安放水泵前应清洗滤井，冲洗沉渣。安放潜水泵时，电缆等应绝缘可靠，并设保护开关控制。抽水系统安装后应进行试抽。

（8）真空深井井点

真空深井井点是近年来上海等软土地基地区深基坑施工应用较多的一种深层降水设备，主要适应土壤渗透系数较小情况下的深层降水，能达到预期的效果。

真空深井井点即在深井井点系统上增设真空泵抽气集水系统。所以它除去遵守深井井点的施工要点外，还需再增加下述几点：

① 真空深井井点系统分别用真空泵抽气集水和长轴深井泵或用潜水泵排水。井管除滤管外应严密封闭以保持真空度，并与真空泵吸气管相连。吸气管路和各个接头均应不漏气。

② 孔径一般为650mm，井管外径一般为273mm。孔口在地面以下1.5m的一段用黏土夯实。单井出水口与总出水管的连接管路中，应装置单向阀。

③ 真空深井井点的有效降水面积，在有隔水支护结构的基坑内降水，每个井点的有效降水面积约为250m²。由于挖土后井点管的悬空长度较长，在有内支撑的基坑内布置井点管时，宜使其尽可能靠近内支撑。在进行基坑挖土时，要设法保护井点管，避免挖土时损坏。

5. 防止或减少降水影响周围环境的技术措施

在降水过程中，由于会随水流带出部分细微土粒，再加上降水后土体的含水量降低，使土壤产生固结，因而会引起周围地面的沉降，在建筑物密集地区进行降水施工，如因长时间降水引起过大的地面沉降，会带来较严重的后果，在软土地区曾发生过不少事故例子。

为防止或减少降水对周围环境的影响，避免产生过大的地面沉降，可采取下列一些技术措施：

1）采用回灌技术：降水对周围环境的影响，是由于土壤内地下水流失造成的。回灌技术即在降水井点和要保护的建（构）筑物之间打设一排井点，在降水井点抽水的同时，通过回灌井点向土层内灌入一定数量的水（即降水井点抽出的水），形成一道隔水帷幕，从而阻止或减少回灌井点外侧被保护的建（构）筑物地下的地下水流失，使地下水位基本保持不变，这样就不会因降水使地基自重应力增加而引起地面沉降。

回灌井点可采用一般真空井点降水的设备和技术，仅增加回灌水箱、闸阀和水表等少量设备，一般施工单位皆易掌握。

采用回灌井点时，回灌井点与降水井点的距离不宜小于6m。回灌井点的间距应根据降水井点的间距和被保护建（构）筑物的平面位置确定。

回灌井点宜进入稳定降水曲面下1m，且位于渗透性较好的土层中。回灌井点滤管的长度应大于降水井点滤管的长度。

回灌水量可通过水位观测孔中水位变化进行控制和调节，通过回灌宜不超过原水位标高。回灌水箱的高度，可根据灌入水量决定。回灌水宜用清水。实际施工时应协调控制降水井点与回灌井点。

许多工程实例证明，用回灌井点回灌水能产生与降水井点相反的地下水降落漏斗，能有效地阻止被保护建（构）筑物下的地下水流失，防止产生有害的地面沉降。

回灌水量要适当，过小无效，过大会从边坡或钢板桩缝隙流入基坑。

2）采用砂沟、砂井回灌：在降水井点与被保护建（构）筑物之间设置砂井作为回灌井，沿砂井布置一道砂沟，将降水井点抽出的水，适时、适量排入砂沟、再经砂井回灌到地下，实践证明亦能收到良好效果。

回灌砂井的灌砂量，应取井孔体积的 95%，填料宜采用含泥量不大于 3%、不均匀系数在 3~5 之间的纯净中粗砂。

3）使降水速度减缓：在砂质粉土中降水影响范围可达 80m 以上，降水曲线较平缓，为此可将井点管加长，减缓降水速度，防止产生过大的沉降。亦可在井点系统降水过程中，调小离心泵阀，减缓抽水速度。还可在邻近被保护建（构）筑物一侧，将井点管间距加大，需要时甚至暂停抽水。

为防止抽水过程中将细微土粒带出，可根据土的粒径选择滤网。另外确保井点管周围砂滤层的厚度和施工质量，亦能有效防止降水引起的地面沉降。

在基坑内部降水，掌握好滤管的埋设深度，支护结构的隔水性能，一方面能疏干土壤、降低地下水位，便于挖土施工，另一方面又不使降水影响到基坑外面，造成基坑周围产生沉降。上海等地在深基坑工程中降水，采用该方案取得较好效果。

6. 截水

截水即利用截水帷幕切断基坑外的地下水流入基坑内部。

截水帷幕的厚度应满足基坑防渗要求，截水帷幕的渗透系数宜小于 $1.0 \times 10^{-6}$ cm/s。

落底式竖向截水帷幕，应插入不透水层，其插入深度按下式计算：

$$l = 0.2h_w - 0.5b \tag{8-29}$$

式中　$l$——帷幕插入不透水层的深度；

　　$h_w$——作用水头；

　　$b$——帷幕宽度。

当地下含水层渗透性较强、厚度较大时，可采用悬挂式竖向截水与坑内井点降水相结合或采用悬挂式竖向截水与水平封底相结合的方案。

截水帷幕目前常用注浆、旋喷法、深层搅拌水泥土桩挡墙等。

7. 降水与排水施工质量检验标准（见表 8-19）

降水与排水施工质量检验标准　　　　　表 8-19

| 序 | 检查项目 | 允许值或允许偏差 | | 检查方法 |
|---|---|---|---|---|
| | | 单位 | 数值 | |
| 1 | 排水沟坡度 | ‰ | 1~2 | 目测：沟内不积水，沟内排水畅通 |
| 2 | 井管（点）垂直度 | % | 1 | 插管时目测 |

| 序 | 检查项目 | 允许值或允许偏差 | | 检查方法 |
|---|---|---|---|---|
| | | 单位 | 数值 | |
| 3 | 井管（点）间距（与设计相比） | mm | ≤150 | 钢尺量 |
| 4 | 井管（点）插入深度（与设计相比） | mm | ≤200 | 水准仪 |
| 5 | 过滤砂砾料填灌（与设计值相比） | % | ≤5 | 检查回填料用量 |
| 6 | 井点真空度：真空井点 | kPa | >60 | 真空度表 |
| | 喷射井点 | kPa | >93 | 真空度表 |
| 7 | 电渗井点阴阳极距离：真空井点 | mm | 80～100 | 钢尺量 |
| | 喷射井点 | mm | 120～150 | 钢尺量 |

#### 8.3.4 裂缝的监测与控制

1. 裂缝监测应监测裂缝的位置、走向、长度、宽度，必要时还应监测裂缝深度。

2. 基坑开挖前应记录监测对象已有裂缝的分布位置和数量，测定其走向、长度、宽度和深度等情况，监测标志应具有可供量测的明晰端面或中心。

3. 裂缝监测可采用以下方法：

1）裂缝宽度监测宜在裂缝两侧贴埋标志，用千分尺或游标卡尺等直接量测，也可用裂缝计、粘贴安装千分表量测或摄影量测等。

贴埋标志方法主要针对精度要求不高的部位。可用石膏饼法在测量部位粘贴石膏饼，如开裂，石膏饼随之开裂，测量裂缝的宽度；或用划平行线法测量裂缝的上、下错位；或用金属片固定法把两块白铁片分别固定在裂缝两侧，并相互紧贴，再在铁片表面涂上油漆，裂缝发展时，两块铁片逐渐拉开，露出的未油漆部分铁片，即为新增的裂缝宽度和错位。

2）裂缝长度监测宜采用直接量测法；

3）裂缝深度监测宜采用超声波法、凿出法等。

裂缝深度较小时宜采用单面接触超声波法量测；深度较大时宜采用超声波法量测。

混凝土超声波检测仪，比如 CTS-25 型非金属超声波检测仪，当换能器（超声、回弹综合法测强）作对测法布置时，其首波的相位是不发生改变的，通常首波为负波。但如果将某一换能器内的压电陶瓷晶片反向改装，其首波将变成正波。这种首波相位反转的变化是因为压电晶体的正、负极反向改变引起的。而当换能器作平测法布置，在混凝土裂缝深度的检测过程中，随二换能器测距的不同，有首波相位反转变化的现象。

国内外对混凝土裂缝深度（50cm 以下）的超声波检测主要有 $d_c = L/2[(t_1/t_2)^2 - 1]^{1/2}$ 和英国标准 BS—4408 法。在这些方法中，都采用了超声波首波为负波读取声时值。从工程实测中得到：对 20cm 以上的裂缝深度的检测，由于二换能器跨距大，超声信号衰减的结果致使首波幅度降低，声时测读的误差较大。采用前述的负波读数方法，裂缝深度计算的可靠性和有效性较差。实际上，当二换能器的间距小于二倍裂缝深度时，超声波接收波形的首波为正波。针对这种情况，对 9～30cm 的一系列裂缝，首波分别采用二换能器间距较小布置呈正波和二换能器间距较大布置时的负波读数，从而进行对比检测试验，验证这二种读时方法对混凝土裂缝深度检测的精度。

其次，对原混凝土测缺规程法检测混凝土裂缝深度时的声时读取方法略作变动，即仅跨缝检测读取 $t_1$ 值，即其对应测距的未跨缝检测的 $t_2$ 值，用"时～距"回归分析，确定

换能器间距修正值 $a$ 时的同一回归方程式验算得出。

4. 裂缝的控制

混凝土结构或构件的裂缝控制靠裂缝宽度评定等级来实现，混凝土结构或构件的裂缝子项，按下列规定评定等级：

结构或构件受力主筋处的横向和斜向裂缝宽度宜按表 8-20～表 8-22 评定等级。同时注意监测时非荷载或其他作用的各种因素对裂缝宽度增大的影响。

结构或构件因主钢筋锈蚀产生的沿主钢筋方向的裂缝宽度宜按下列要求评定等级：

a 级：无裂缝；b 级：无裂缝；c 级：≤2mm；d 级：>2mm。

因主钢筋锈蚀导致结构或构件掉角、混凝土保护层脱落、破损者均属 d 级。

有经验时，因主钢筋锈蚀产生的沿主钢筋方向的裂缝宽度的评定等级，根据裂缝出现的部位、结构或构件的重要性和所处环境、裂缝的长度及其扩展速度，可适当从宽。

5. 裂缝的处理

对危害性裂缝和重要裂缝必须进行处理。对一般表面裂缝（如龟裂），除位于重要部位（如高流速区）外，一般不必处理或仅进行表面处理即可。

Ⅰ、Ⅱ、Ⅲ级钢筋配筋的混凝土结构或构件裂缝宽度评定等级　　　　表 8-20

| 结构或构件的工作条件 | | 裂缝宽度（mm） | | | |
|---|---|---|---|---|---|
| | | a | b | c | d |
| 室内正常环境 | 一般构件、屋架、托架、吊车梁 | ≤0.40 | >0.40，≤0.45 | >0.45，≤0.70 | >0.70 |
| | | ≤0.20 | >0.20，≤0.30 | >0.30，≤0.50 | >0.50 |
| | | ≤0.30 | >0.30，≤0.35 | >0.35，≤0.50 | >0.50 |
| 露天或室内高湿度环境 | | ≤0.20 | >0.20，≤0.30 | >0.30，≤0.40 | >0.40 |

注：露天或室内高湿度环境一栏系指处于下列工作条件的结构或构件：直接受雨淋，或室内经常受蒸汽及凝结水作用，以及与土壤直接接触的结构或构件。

Ⅱ、Ⅲ、Ⅳ级钢筋配筋的混凝土结构或构件裂缝宽度评定等级　　　　表 8-21

| 结构或构件的工作条件 | | 裂缝宽度（mm） | | | |
|---|---|---|---|---|---|
| | | a | b | c | d |
| 室内正常环境 | 一般构件、屋架、托架、吊车梁 | ≤0.20 | >0.20，≤0.35 | >0.35，≤0.50 | >0.50 |
| | | ≤0.05 | >0.05，≤0.10 | >0.10，≤0.30 | >0.30 |
| | | ≤0.05 | >0.05，≤0.10 | >0.10，≤0.30 | >0.30 |
| 露天或室内高湿度环境 | | ≤0.20 | >0.02，≤0.05 | >0.05，≤0.20 | >0.20 |

**碳素钢丝、钢绞线、热处理钢筋、冷拔低碳钢丝配筋的**
**预应力混凝土结构或构件裂缝宽度评定等级**　　　　表 8-22

| 结构或构件的工作条件 | | 裂缝宽度（mm） | | | |
|---|---|---|---|---|---|
| | | a | b | c | d |
| 室内正常环境 | 一般构件、屋架、托架、吊车梁 | ≤0.02 | >0.02，≤0.10 | >0.10，≤0.20 | >0.20 |
| | | ≤0.02 | >0.02，≤0.05 | >0.05，≤0.20 | >0.20 |
| | | — | ≤0.05 | >0.05，≤0.20 | >0.20 |
| 露天或室内高湿度环境 | | — | ≤0.02 | >0.02，≤0.10 | >0.10 |

裂缝是否需要修补的一个重要指标是缝宽（与缝深相关）。对于表面缝宽 $\delta \leqslant 0.2mm$ 的裂缝，一般不必修补，它不会带来钢筋锈蚀，不影响混凝土的耐久性。

SL230—1998《混凝土坝养护修理规则》对钢筋混凝土结构需要修补与补强加固的判断作了如下规定，见表 8-23。

钢筋混凝土结构需要修补的裂缝宽度（mm）　　　　　　　　　　表 8-23

| 环境类别条件 | 按耐久性要求 | | 按防水要求 |
|---|---|---|---|
| | 短期荷载组合 | 长期荷载组合 | |
| 一 | ＞0.4 | ＞0.35 | ＞0.1 |
| 二 | ＞0.3 | ＞0.25 | ＞0.1 |
| 三 | ＞0.25 | ＞0.2 | ＞0.1 |
| 四 | ＞0.15 | ＞0.1 | ＞0.05 |

注：环境类别条件：一类：室内正常环境。二类：露天环境，长期处于地下或水下的环境。三类：水位变动区或有侵蚀性地下水的地下环境。四类：海水浪溅区及盐雾作用区，潮湿并有严重侵蚀性介质作用的环境，冻融比较严重的三类环境条件的建筑物，可将其环境类别提高为四类。

根据裂缝开裂原因分析构件的承载能力可能下降时，必须通过计算确定构件开裂后的承载能力，以判断是否需要补强加固。

6. 试验方法

1）正波、负波检测混凝土裂缝深度

根据 $d_c = L/2\ [\ (t_1/t_2)^2 - 1]^{1/2}$ 计算裂缝深度，当两换能器间距在两倍裂缝深度以内时，超声波接收波形的首波出现正波；在两倍裂缝深度之外则出现负波。根据这一现象，先用首波相位反转法找出"临界点"，再在"临界点"的里、外各测 3～5 个点，即分别采用正波和负波读取声时 $t_1$。混凝土测缺规程中对不同测距的 $t_2$ 只读一次，读取数值时带有偶然性，并有产生误差的可能性，本试验中 $t_2$ 的声时读数利用换能器间距修正值 $a$ 时的"时～距"回归分析计算而得。具体做法为：在表观完好的无裂缝混凝土表面以两换能器间距为 5、10、15、20、25cm 测 5 个点，建立"时～距"回归方程 $L = -a + Vt_2$，回归系数常数项 $a$ 为二换能器间距修正值，把跨缝检测的各测距 $L$ 代入回归方程 $t_2 = (L+a)/V$ 即可求出相等未跨缝测距下的 $t_2$ 值或超声检测混凝土裂缝深度，直接改用 $d_c = L/2[(t_1 V/L)^2 - 1]^{1/2}$ 公式计算。$L = -a + Vt_2$ 公式一举数得，既减少了 $t_2$ 的检测工作量，又使 $t_2$ 的数值直接在线性回归系统中获得，显然比原方法每点对应只测读一次误差小，尤其是可改善、提高当二换能器间距相隔较远，因衰减大、首波幅度较低时的读数精度。

2）首波相位反转法检测裂缝深度

根据换能器平置于裂缝两侧时，因两换能器之间的距离不同而引起的首波幅度及相位变化的"首波相位反转现象"，在首波相位发生反转变化的临界点上，直接用尺量出两换能器到裂缝中心的距离，计算出裂缝的深度。

7. 试验结果及讨论

1）正、负波检测裂缝深度结果及讨论

各组裂缝测量平均误差　　　　　　　　　　表 8-24

| 裂缝实际深度（cm） | 正波测量平均误差（％） | 负波测量平均误差（％） |
|---|---|---|
| 9.3 | 4.0 | 7.2 |
| 13.8 | 5.5 | 4.6 |
| 17.2 | 2.1 | 1.0 |
| 22.0 | 0.9 | 45.6 |
| 26.0 | 8.5 | 12.0 |

注：对不同深度的裂缝进行检测，试验结果见表 8-23。

从表 8-24 可以看出：

（1）当裂缝深度不超过 20cm 时，正、负波测量误差均很小，两者相差不大。

（2）随着裂缝深度的增加，尤其超过 20cm 时，负波测量的平均误差明显增大，主要原因是采用负波测量时，换能器间距大于两倍的裂缝深度，发射波绕过裂缝，传播到达接收换能器的信号已经很微弱，即声能的衰减很大，首波幅度相当低（一般在 5mm 左右），使得在读取声波时难以识别首波信号而误读后续波，采用估读的结果易产生较大的误差，甚至导致检测错误。如表 8-24 中裂缝深度为 22.0cm 时，负波测量值的平均相对误差竟达到 45.6%。

（3）当裂缝深度超过 20cm 时，正波测量所产生的误差明显小于负波，主要原因是用正波读数时，换能器间距在两倍裂缝深度以内，声能的衰减远小于负波测量时的衰减，接收换能器收到的信号比较强，首波幅度较高（一般在 20mm 左右），在读取声时时明显比负波精确，测量的误差也小。

同时，在试验中发现，正波波形清晰可鉴，并且随着测距的增大，振幅下降幅度较小，因此能够保证检测数据的可靠性。而随着测距的增大，负波的振幅下降却很快，检测时的重复性差，声时的读取带有较大的偶然性。

由于超声仪示波器的基线（计数门前后二段水平线）为左低右高，常规检测采用首波负波读数时，当负波从右高的水平段下降至左低的水平线处，此时首波前沿恰好有一明显的缺口，按此规律读取声时值重复性极好。而当采用"正波法"检测混凝土裂缝深度时，正波和计数门相切处没有这一明显的标志，相切点难以把握，会产生人为的读数误差。根据换能器压电陶瓷晶片极性相时首波产生倒相原理，为混凝土裂缝深度的检测，专用一只晶片极性反装的换能器，此时在裂缝深度的检测过程中，当换能器间距大于两倍裂缝深度时为正波，而小于两倍裂缝深度时为负波，即换能器在二倍裂缝深度以内的短跨距中，仍呈现负波，采用负波按缺口规律读数，有利于读数的准确性。

2）首波相位反转法试验分析

试验中发现了因换能器平置于裂缝两侧的间距不同，而引起首波幅度及相位变化的现象。若置换能器于裂缝两侧，当换能器与裂缝间距离 $L_0$ 分别大于、小于裂缝深度 $d_c$ 时，首波的振幅相位将先后发生 180°的反转变化，即在平移换能器时，随着 $L_0$ 的变化，存在一个使首波相位发生反转变化的临界点。对不同深度的裂缝进行了反复的观察，试验发现当两换能器采用对称布置的方式移至临界点上时，测得的回转角 $\alpha+\beta$ 均约为 90°，此时 $L_0 \approx d_c$，如图 8-20（a）所示。并且发现，当换能器不对称布置在裂缝两侧（图 8-20b），或当换能器连线与裂缝不垂直时，在正负波转相的临界点上，回转角均约为 90°。

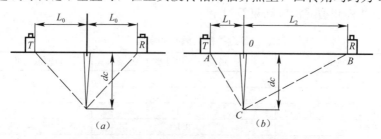

图 8-20  首波相位反转法测量裂缝深度

当换能器对称布置时，如图 8-20（a）所示，裂缝深度即为：$d_c = L_0$

当换能器不对称布置在裂缝两侧时，如图 8-20（b）所示，在首波相位发生反转变化的临界点上，$\triangle ABC$ 为直角三角形。

在 $RT\triangle AOC$ 中

$$\tan\alpha = \frac{OA}{OC} \tag{8-30}$$

在 $RT\triangle BOC$ 中

$$\tan\alpha = \frac{OC}{OB} \tag{8-31}$$

$$\frac{OA}{OC} = \frac{OC}{OB} \tag{8-32}$$

$$OC = \sqrt{OA \cdot OB} \tag{8-33}$$

即

$$d_c = \sqrt{L_1 \cdot L_2} \tag{8-34}$$

因此，只需在临界点上测出 $L_1$，$L_2$ 即可方便地计算出裂缝深度。检测数据见表 8-25。

首波相位反转法检测结果 表 8-25

| 测距 $L_1$（cm） | 测距 $L_2$（cm） | 裂缝实际深度（cm） | 裂缝计算深度（cm） | 误差（%） |
|---|---|---|---|---|
| 5.5 | 16.1 | 9.3 | 9.4 | 1.1 |
| 12.5 | 15.6 | 13.8 | 14.0 | 1.4 |
| 9.8 | 32.0 | 17.2 | 17.7 | 2.9 |
| 18.6 | 28.5 | 22.0 | 23.0 | 4.5 |
| 15.8 | 45.7 | 26.0 | 26.9 | 3.5 |

由表 8-25 中数据可以看出，首波相位反转法测量裂缝深度，能够较快、较方便地估算出裂缝深度，并且误差更小，检测数据更可靠。

采用不对称布置法检测时，还具有以下优点：

（1）在实际检测过程中，当不具备对称检测条件时，可灵活采用不对称法来测量；

（2）当钢筋穿过裂缝而又靠近换能器时，钢筋将使信号"短路"，读取的声时不反映裂缝深度，因此换能器的连线应避开平行钢筋一定距离。在工程中，如现浇混凝土楼板，一般钢筋的间距 $S$ 为 $15 \sim 20$cm，当混凝土裂缝深度大于 5cm 时，按 $T_c - T_0$ 法检测时，声通道就有被钢筋"短路"之虑，因而 $T_c - T_0$ 法便无法检测。而不对称法可以不要求换能器连线与裂缝垂直，因此，可以使换能器连线与钢筋纵横走向呈斜角布置，利用首波相位反转法进行估测，有效地解决了超声波检测混凝土裂缝深度中钢筋"短路"的问题。

8. 小结

1）当裂缝深度不超过 20cm 时，"正波法"是"负波法"有效的补偿，两种方法均可采用。

2）当裂缝深度超过 20cm 时，采用负波测量时，衰减很大，估算值的误差也大，用正波测量可以得到较精确的估算值，从而为 20cm 以上的裂缝深度的检测提供了可行、有效的方法。

3）无论在"正波法"还是"负波法"检测中，混凝土裂缝深度计算公式中的 $t_2$，原来通行的方法均采用一次取样，具有一定的偶然性和误差。现利用"时距"回归方程，在得出换能器间距修正值 $a$ 的同时获得 $t_2$ 值，既省略了 $t_2$ 的检测工作量，又使具有统计意义的 $t_2$ 误差小、合理、方便，进而有效地提高了检测精度。

4）首波相位反转法测量裂缝深度，能够较快、较方便、较准确地估算出裂缝深度，且采用不对称法布置时，更具灵活性，值得在实际工程检测中推广使用。

5）裂缝宽度量测精度不宜低于 0.1mm，裂缝长度和深度量测精度不宜低于 1mm。

## 8.4　基于无线传感器网络的地下工程全生命周期安全监测技术

无线传感器网络（Wireless Sensor Network，WSN）是由计算机、通信、传感器三种技术共同发展而孕育出来的一种全新的信息获取和处理技术。其工作原理是由部署在监测区域内的大量的微型传感器节点通过无线通信方式形成多跳、自组织的网络系统（ad hoc network），协同地完成对覆盖区域中被感知对象状态数据的感知与采集，并经过初步处理后发送给终端用户。基于无线传感器网络的监测手段因其具有布线成本低、监测精度高、容错性好、可远程监控、诊断和维护等诸多优点，在建设工程的安全监测中有着广阔的运用前景。

目前在全球，无线传感器网络的基础理论与运用研究非常活跃，美国《技术评论》在预测未来技术发展的报告中，将无线传感器网络列为 21 世纪改变世界的十大新兴技术之首。它可以广泛应用于军事、工农业、城市管理、医疗、环境监测、抢险救灾、家居等领域，已得到越来越多的关注。

某些大型的工程建筑物预期运营时间将长达数十年甚至数百年，尤其是以桥梁、高速公路、隧道、地下管道为代表的基础设施建设工程，对这些建（构）筑物的结构安全进行全生命周期的监测，可以为结构维护提供参数指导，进而阻止结构的致命性破坏以及减少的人员伤亡。传统的监测方法通常依靠工程人员对现场的定期监测以及定期维护，但这种方法人力成本较高，且对突发性破坏缺乏预知能力；或者通过铺设线缆式传感器来获取目标数据，但这种方法使用在隧道、地下管道、公路工程中需要大量的时间和预算来铺设线缆以连接每一个传感器节点，且长线缆传输将对信号带来噪声干扰，整个监控系统的精度和抗干扰能力下降。当今无线技术的飞速发展，如无线射频（RFID）、Zigbee、超宽频（Ultra Wideband，UWB）和全球定位系统（GPS）等，为地下工程的自动化远程实时监测创造了有利条件。目前已有的技术基本能实现连续观测、自动采集、数据管理等功能，可提供全天候连续观测，并有省时、省力、安全、易于安装的特点，是当前及今后地下工程全生命周期安全监测技术发展的方向。本节将介绍无线传感器网络在地下工程全生命周期安全监测的应用。

### 8.4.1　无线传感器网络概述

1. 无线传感器网络结构

无线传感器网络系统基本包括传感器节点、汇聚节点和管理平台，其结构如图 8-21 所示。一定数量的传感器节点以随机方式或者一定规律布置在监测区域，节点以自组织的方式构成网络，通过 XBee 通信协议将监测到的数据传送到汇聚节点，最后通过 Internet 或者 CDMA/GSM/GPRS 等通信方式将监测信息传送到管理平台；终端用户也可以通过管理平台进行命令的发布，用以控制汇聚节点和传感器节点的相关参数修改及任务操作。

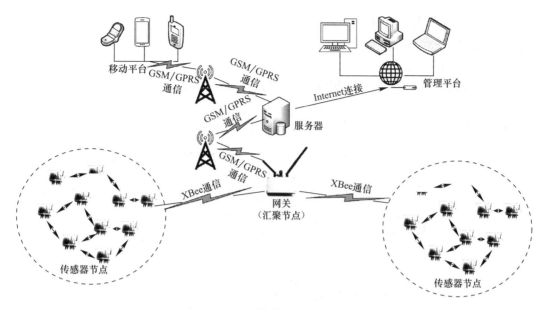

图 8-21　无线传感器网络体系结构

传感器节点是一个具有信息采集、处理和通信能力的微型嵌入式计算机系统，受限于携带电池能量有限的原因，通常利用低功耗设计捆绑电池或者低功率太阳能发电方案进行野外节点处理，因此其信息处理能力相对较弱。从网络功能来看，每个传感器节点除了要采集目标数据，通过通信协议直接或间接将数据传输给汇聚节点之外，还要接收邻近节点的数据，再将其直接或间接地传输给汇聚节点，即任一个传感器节点既是采集节点又是中继节点。汇聚节点是处理、存储和通信能力相对比较强的传感器节点，它是传感器网络和外部网络的连接点，即将收集到的数据传输到外部网络，又将管理节点的监测任务发布给传感器网络，因此汇聚节点通常配有大功率蓄电池或者大功率太阳能方案。

2. 微型传感器的定义和组成

随着计算机辅助设计（CAD）和微机电系统 MEMS（Micro-Electro-Mechanical System）技术的进步，微型传感器技术及其运用也得到了长足的发展。微型传感器的尺寸只有几微米至几毫米，但由于高集成度技术的积累，其灵敏度、精确度、适应度及智能化程度往往比传统的大体积传感器更高。

现代工程常用的微型传感器一般是由敏感元件、数据处理元件、信号调理与转换电路、无线通信模块、电源组成的一块集成芯片，它具有体积小、重量轻、功耗低、功能强、便于组装、成本低的特点，图 8-22 所示的是集成微型传感器节点的组成结构，其中：

1）敏感元件

传感器中能灵敏地感受或响应被测变量的元件。

2）数据处理元件

一些敏感元件的输出响应是微小的几何量，不便于远程传输，这时可用转换元件将这类几何量转换成最易于远传的电信号，如电压、电流、电阻、电感、电容和频率等，所以绝大多数传感器的输出是电量的形式。变送器是转换元件的一种重要形式，它能将敏感元件的输出响应转换成符合国标标准的信号，如直流电压 0～10V、直流电流 4～20mA、空气压力 20～100kPa 等。具有统一的信号形式和数值范围，传感器才可以和其他仪表仪器一起组成监测系统，由敏感元件加上数据处理元件（变送器）才构成传统意义上的传感器。

3）信号调理与转换电路

由于传感器的输出信号一般都很微弱，因此需要有信号调理与转换电路对其进行放大。

4）无线通信模块

用于将传感器数据通过无线通信方式传输，需要考虑低功耗、短距离的传输单元。

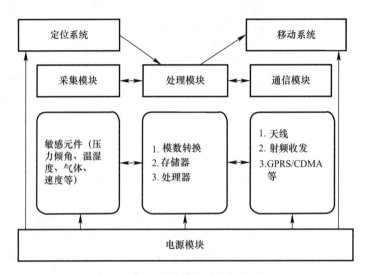

图 8-22　微型传感器的组成结构

5）电源

通常采用电池供电，可以使用化学电池，也可以使用带有充电电路的锂电池进行能量供应。一旦电源耗尽，节点就失去了工作能力，为了最大限度地节约电源，在硬件设计方面，要尽量采用低功耗器件；在软件设计阶段，各层通信协议设计都应该以节能为中心；同时，传感器节点一般都配以辅助电源，如太阳能电板、蓄电池等。

6）其他

有的微型传感器节点还包含定位系统用于确定传感器的位置，移动系统用以驱动传感器节点在监测区域内移动。

微型传感器已经可以用来测量各种物理、化学及生物量，如位移、加速度、压力、应力、应变、声、光、电、磁、热、水质五参等。虽然微型传感器已经应用到科学技术的多个领域，但要利用传感器设计和开发高性能的监测系统，还需考虑各个领域学科的专业内容，结合传感器的使用目的、技术指标、成本预算、系统要求、使用环境及信号处理电路，才能设计精确可靠的传感器及其网络。

3. 无线传感器网络的拓扑结构

无线传感器网络拓扑结构是组织传感器节点的组网技术，有多种形态和方式，通常分为星状网、网状网、混合网，如图 8-23 所示，三种网络有各自的适用环境。

1）星状网拓扑结构

星状网拓扑结构是单跳（single hop）结构，所有节点和基站进行双向通信，节点之间并不建立连接，星状网整体功耗最低，网络结构简洁，但节点与基站间的传输距离有

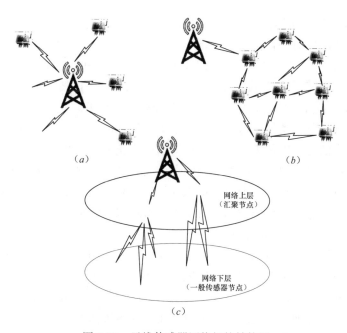

图 8-23  无线传感器网络拓扑结构图

(a) 星状网拓扑结构；(b) 网状网拓扑结构；(c) 层状网拓扑结构

限，另外由于节点距离比较近，因此会监测到相似甚至相同的信息，这些不必要的冗余信息将大大增加网络的负载。

2）网状网拓扑结构

网状网拓扑结构是多跳（ad hop）的结构，网络中的所有无线传感器节点可以直接通信，通过一定的算法，网络选择一条或者多条路由进行多跳数据传输。由于每个传感器节点都可以有多条路径到达基站节点，因此它容故障能力较强，传输距离较远。系统以多跳代替了单跳的传输，节点除了自己的监测任务外还一直关注其他路径上的信息，因此功耗也相应增大。

3）层状网拓扑结构

层状网拓扑结构兼具星状网的简洁、易控以及网状网的多跳和自愈的特点，使整个网络的建立、维护以及更新更加简单、高效。网络上层是由汇聚节点组成，网络下层是由一般传感器节点组成，汇聚节点之间或者一般节点之间采用的是平面网络结构，汇聚节点和一般节点之间采用层状网络结构。

### 8.4.2  全生命周期远程监测目的和意义

地下工程建设项目的全生命周期包括可研阶段、勘察阶段、设计阶段、施工阶段以及运营阶段。全生命周期的安全监测应当贯穿于施工和运营两个阶段，设计阶段要系统考虑建筑物设计方案和监测方案，包括可行性、需要监测的部位、选用何种设备、安装监测设备的位置以及数据的传输通道。除了保证人员、建筑物的安全以外，施工阶段监测侧重于工程质量的保证，运营管理阶段监测则侧重于被监测体的安全运营。

基于无线传感器网络的地下工程安全监测系统有如下优点：

1. 无需大量的传输线缆，避免了数据的长距离传输带来的精度损失；

2. 实时监测系统负重减小，安装方便，节省维护费用；

3. 利用无线传感器网络的无中心、多跳和动态拓扑结构自组织的特点，可提高系统的稳定性、抗击毁的能力和自修复功能；

4. 实现自动监测，通过数据分析对地下工程的运行进行评价，并将结果进行实时显示；

5. 可以远程控制所有节点的监控参数，用于不同时期不同要求的监测目的；

6. 一旦布设，监控周期长，可满足全生命周期监测要求。

由于地质条件、荷载条件、材料性质、地下构筑物的受力状态和力学机理、施工条件以及外界其他因素的复杂性及不确定性，使得迄今为止岩土工程学科还有很多方面亟待完善。从理论上很难预测工程中可能遇到的问题，而且理论预测值经常忽略工程中遇到的各种突变情况。所以，施工阶段在理论分析指导下有计划地进行现场特定物理量的实时动态监测是十分必要的；它可以帮助我们及时知道构筑对象的结构安全和环境安全信息，进而对下一阶段的施工起到决策辅助作用。

实时监测是一种对工程施工质量及构筑物安全稳定性用相对精确的数值进行解释表达的定量方法和有效手段，是对工程设计经验安全系数的动态诠释，是保证工程顺利完成的前提条件。在预先周密安排好的计划下，在适当的位置和时刻用各类传感器进行监测可以收到良好的效果，工程师根据监测数据及时优化各项施工参数，使施工处于最佳状态，实现"信息化"施工。

然而现有的基于传统测量的监测体系在如下几个方面不能保证整体施工和运营阶段的安全问题：

1. 原则上监测频率为一日一测，在必要情况下（雨雪等恶劣天气或发生异常状况）难以及时做到高频率、全天候跟踪监测；

2. 安装埋设的监测仪器和测点都是在被监测体的若干点上，测量节点有限，不能够依此作为整个系统发生状况的完整表征；

3. 在某些测量地点由于考虑到安全因素，不适合人工测量；

4. 人工测量相对来说费时、费力，经济性不高。

因此，利用无线传感器网络，建立一个严密的、科学的、合理的监测控制系统，可以确保该地下结构体工程及其周围环境在施工期间得到必要而完整的监测。并通过监测工作，达到以下目的：

1. 及时发现不稳定因素

土体成分的不均匀性、各向异性及不连续性决定了土体力学的复杂性，加上自然环境因素的不可控影响，必须借助监测手段进行必要的补充，以便及时获取相关信息，确保地下工程稳定安全。

2. 验证设计及指导施工

通过监测可以了解结构内部及周边土体的实际变形和应力分布，用于验证设计与实际符合程度，并根据变形和应力分布情况为施工提供有价值的指导性意见。

3. 保障业主及相关社会利益

通过对周围环境监测数据的分析，调整施工参数、施工工序等一系列相关环节，确保地下管线的正常运行以及周围建筑物的稳定性，有利于保障业主利益及相关社会利益。

4. 分析区域性施工特征

通过对支护结构、周边环境等监测数据的收集、整理和综合分析，评估不同施工工序和参数对周边环境的影响程度，分析区域性施工特征，为该区域的其他工程设计提供警示和依据。在运营阶段，地铁或地下综合体一方面由于环境的封闭性，在发生意外状况例如火灾时（较之地面火灾概率低），排烟与散热条件差，会很快产生高浓度的有毒烟雾；由于通道口径小致使人员疏散困难、救火难度大，危及地下结构内部人员的生命安全。另一方面，在结构体的长期使用过程中，外界的荷载、环境的变化及材料腐蚀老化等一系列单一或者耦合的因素不可避免的使得结构体产生结构损伤、抗力衰减，严重情况下会引发突发的灾难性事故。因此在运营阶段，地下工程的实时监测系统必须要实现如下功能：

1）监测系统在很长的时间内（几年、十年、百年），不断提供关于地铁或地下结构体的健康状态、疲劳特性和周围地质环境的信息，为可能产生的地质异常及其引发的地下结构体结构损坏提供及时的预警信号；

2）监测地铁或地下结构体在运营期间，在意外灾害（火灾、水灾）发生时能够发出及时的预警信息，打开排烟设备、指示逃生路线，为人员的自救与互救赢得宝贵时间，保障内部人员的生命财产安全；

3）对地下综合体的环境进行实时监测，可以营造一个高品质的地下环境，让顾客享受地上购物中心与地面广场的怡人与活力；

4）地下管道的健康有序监测，减少地下管道破裂、渗漏对其他地下设施的威胁。

### 8.4.3 监测内容

地下工程的安全监测内容在 8.2 和 8.3 节已有详细描述，根据施工阶段和运营阶段可分为以下几项：

#### 1. 施工阶段

对开挖支护结构、周围土体及相邻建筑物的监测和控制，细分为：支护结构和被支护土体的侧向位移、坑底隆起、支护结构内外侧土压力、支护结构内外侧孔隙水压力、支护结构内力、地下水位变化、邻近建筑物及管线监测。

#### 2. 运营阶段

对建筑物结构、周围土体、相邻建筑物的监测和控制，包括：变形监测（表面位移和内部应变监测）、压力监测（混凝土压力、土压力、孔隙水压力、钢筋应力、地应力及建筑物荷载、集中力的监测）、水位监测（地表水和地下水位监测）。还应包括对环境的监测，如意外灾害监测预警系统与环境监测（$CO_2$，烟尘，温度，湿度）；面向安全防范的视频监控系统，实现对地下综合体全方位、立体化的监控，及时发现异常情况的发生，完成对事件的记录，为事后查证提供原始信息。

### 8.4.4 监测设计原则

无线传感器网络地下工程全生命周期安全监测设计遵循"稳定可靠、方便扩展、安全保密"的原则，并综合考虑施工、维护等重要因素，同时也为今后的发展、扩建、改造留有余地。

#### 1. 稳定可靠性

一般来说，建筑物开始施工时监测设备就需随同埋设，监测期往往长达数月、数年甚至数十年。由于地下工程施工和运营环境的特殊性，已埋设的设备有时无法修改和更换，甚至人员都难以到达，因此必须保证系统工作的稳定可靠性。一是中心系统的可靠性，选用稳定可靠的网络服务器和服务器专用操作系统作为监测平台载体，平台必须具有权限操作功能，从应用上保证了系统的可靠运行；二是使用高精度要求、高寿命要求的传感器，保证了采集信息的可靠性及耐久性；三是通信机制可靠，系统传输主要采用具有大面积稳定覆盖的无线移动通信网络，数据传输高效可靠。

2. 方便拓展性

监测终端支持接入现有的大部分数字、模拟传感器，如位移计、侧斜仪、加速度计、雨量计、沉降仪、GPS、渗压计、水位计，温度传感器、压力传感器等。对于以后增加的特殊传感器可通过远程更新嵌入式软件加上现场外接新传感器即可完成。监测系统可根据要求开放部分数据库，方便其他系统从本系统中调取数据。系统框架合理，在设计时就需要考虑模块化扩展性，方便以后各种功能模块的添加。

3. 安全保密性

监测系统必须实行严格的权限管理，只有持有一定权限的密钥才能访问、监控、管理和操作监测系统。

### 8.4.5 监测仪器设备

微型传感器可以隐藏在环境的细微角落，感知目标信息，再通过无线通信将数据传输给服务器，例如，当建筑物邻近地铁隧道时，振动传感器可将感知的振动信号转化为电信号，发回监控中心，监控中心就能实时地监测结构体的安全，并作出相应的决策。除用来评价结构临时损伤的严重性以及定位损伤位置，还可通过持续监测来发现结构的长期劣化。根据监测内容，应用于地下工程采集终端使用的传感器主要包括：

1. 微型加速度传感器

加速度传感器的工作方式通常为压电式、压阻式、变电容式，可对结构体进行微分辨率上动态监测，从而获取高精度的动态响应，监测频率极高。常用的有单轴、双轴和三轴加速度传感器，在地下工程中可用于开挖边坡的位移监测，三轴加速度传感器还可进行倾角的测量。微型加速度传感器节点一般封装有敏感元件、温度补偿模块、电源模块、无线通信模块或者带有 RS232、RS485 两种标准输出。可以通过远程通信单元（Remote Terminal Unit，RTU）将传感器采集得到的状态数据或者信号转换成无线信号上传给管理节点，也可将管理节点发布的命令传送到传感器节点上。表 8-26 为 AKE392B 微型三轴加速度传感器的技术指标。

**AKE392B 三轴加速度传感器技术指标** 表 8-26

| AKE392B 三轴向加速度计 | | | |
|---|---|---|---|
| | AKE392B-02 | AKE392B-08 | AKE392B-40 | 单位 |
| 量程 | ±2 | ±08 | ±40 | g |
| 偏差标定 | <2 | <5 | <10 | mg |
| 测量轴向 | $X, Y, Z$ | $X, Y, Z$ | $X, Y, Z$ | 轴 |
| 年偏差稳定性 | 1.5（<5） | 7.5（<25） | 22（<75） | mg 典型值（最大值） |
| 上/掉电重复性 | <10 | <10 | <20 | mg（最大值） |
| 偏差温度系数 | 0.1 | 0.5 | 1.5 | mg/℃（典型值） |
| | ±0.4 | ±2 | ±6 | mg/℃（最大值） |
| 分辨率/阈值（@1Hz） | <1 | <5 | <15 | mg（最大值） |
| 非线性度 | <0.1 | <0.5 | <0.6 | ％FS（最大值） |

| AKE392B三轴向加速度计 | | | | |
|---|---|---|---|---|
| | AKE392B-02 | AKE392B-08 | AKE392B-40 | 单位 |
| | <0.02 | <0.09 | <0.27 | g（最大值） |
| 带宽 | 0～≥400 | 0～≥400 | 0～≥400 | Hz |
| 共振频率 | 1.6 | 6.7 | 6.7 | kHz |
| 输出速率 | 5Hz、15Hz、35Hz、50Hz、100Hz、300Hz可设置 | | | |
| 输出接口 | RS232/RS485/RS422/TTL/PWM/CAN | | | |
| 可靠性 | MIL-HDBK-217，等级二 | | | |
| 抗冲击 | 100g @ 11ms、三轴和同（半正弦波） | | | |
| 恢复时间 | <1ms（1000g，1/2 sin 1ms，冲击作用于i轴） | | | |
| 振动 | 20g rms，20～2000Hz（随机噪声，0，*p*，*i*每轴作用30分钟） | | | |
| LCC封装 | 符合MIL-STD-833-E | | | |
| 输入（VDD _ VSS） | 9-36 VDC. | | | |
| 运行电流消耗 | <60mA @ 12 VDC | | | |
| 重量 | 典型值：100g | | | |
| 尺寸 | 典型值：L50×W50×H38mm | | | |

2. 微型土压力传感器

微型土壤压力传感器的工作方式通常为振弦式或者电阻式，可用于测量动态和静态的土压力，适用于监测土体结构物内部的土应力变化，是了解被测土体结构内部土压力变化量的有效检测设备，微型土壤压力传感器采用微机械加工技术制作的集成硅膜片作为敏感元件，其有效尺寸小，而且硅具有优良的弹性力学特性，再加上采用了齐平封装结构，使得微型土压力传感器的动态频率响应极高（最高可达到2000kHz），可获得低至零频、高至接近固有频率的宽频带响应，而且有低至微秒级的上升时间，可广泛应用于地下建筑、地基基础、桥梁、铁路、大坝的模型试验和现场测试，采集到的电信号通过线缆输出至RTU，进入无线传输模式。图8-24为微型土压力传感器的大小对比图。

图8-24　微型土压力传感器图片

3. 微型孔隙水压力传感器

微型孔隙水压力传感器的工作方式通常有电阻式和振弦式两种，主要用于测试大坝及地下工程土中孔隙水压力的大小和分布变化。该传感器既可以测量静态孔隙水压，也可以测量动态水压。

**某系列微型孔隙水压力传感器技术指标**　　**表8-27**

| | | |
|---|---|---|
| 技术参数 | 量程（MPa） | 0.1～2.0 |
| | 灵敏度（F.S） | 0.1% |
| | 工作温度（℃） | -20～80 |
| | 测温精度（℃） | ±0.5 |

### 4. 微型温湿度传感器

用于监测地表、地下温湿度的变化，温湿度传感器是指能将温度和湿度量转换成容易被测量处理的电信号的设备和装置。温度和湿度传感器可组合在一个超小型封装内，并实现数字输出，可应用于低耗能与无线兼容的场合。

图 8-25　某系列微型温湿度传感器

### 5. 无线翻斗雨量计

降雨是引发边坡失稳的一大重要因素，隧道、基坑开挖阶段的实际降雨量是监测的必备内容。天气预报可以预报区域的降雨，但不能准确到小范围，安装雨量计可以准确地掌握施工点的雨量，更可以在施工与运营两个阶段建立降雨量与其他监测量的数据对应模型，对监测控制产生实际的意义。无线翻斗雨量计实际是由雨量传感器和雨量计两部分组成，在降雨测量过程中，雨量传感器随着翻斗间歇翻倒动作，带动开关，发出一个个脉冲信号，将非电量转换成电量输出给雨量计，雨量计自动计量出十分钟雨量、一小时雨量、一天雨量、一月雨量、一年雨量和连续雨量。无线翻斗雨量计通常带有 RS485 接口，可通过远程通信端口转换成无线信号，然后通过 GPRS/CDMA 网络发送到监测中心。

### 6. 数字式位移传感器

按被测变量变换的形式不同，位移传感器可分为模拟式和数字式两种。常用位移传感器以模拟式结构居多，包括电位器式位移传感器、电感式位移传感器、自整角机、电容式位移传感器、电涡流式位移传感器、霍尔式位移传感器等。数字式位移传感器的一个重要优点是便于将信号直接送入计算机系统。这种传感器发展迅速，应用日益广泛。位移传感器可以直观的监测裂缝的细微变化，精度达到 0.01mm，带温度补偿，同时位移计也是滑坡的辅助监测传感器。近年来，利用光在光纤中的反射及干涉原理开发出的光纤传感器也大量应用于位移监测，采用光纤传感器可以进行分布式、长距离、大范围的面状监测，且由于测点输入的不是电源而是光源，稳定性好。光纤传感器本身又是信号的传输线，可进行远程监测。

由于微型位移传感器成本过高，一般采用常规的位移计，可外接在其他传感器节点上或者单独安装在监测部位，通过连接远程通信单元进行工作。

7. 微型倾角传感器

现代微型高精度倾角传感器通常封装有 MEMS 敏感元件、温度补偿模块、非线性误差修正模块、电源模块、无线通信模块，或者具有 RS232、RS485 两种标准输出，可以通过远程通信单元和管理节点间进行通信。表 8-28 所示为某高精度微型倾角传感器的性能指标。

高精度倾角传感器性能指标　　　　　　　　　　　　　　　表 8-28

| 参数 | 条件 | 规格 |
|---|---|---|
| 测量方向 | — | X-Y |
| 量程 | — | $\pm15°/\pm30°/\pm90°/0\sim360°$ |
| 输出分辨率 | — | $0.002°/0.004°/0.009°/0.006°$ |
| 重复性 | — | $0.01°/0.02°/0.10°/0.04°$ |
| 零点误差 | — | Max 0.1° |
| 交叉轴误差 | — | Max 4% |
| 频率响应 | — | 18Hz |
| 相对精度 | $\pm15°$量程 | 0.02° |
| | $\pm30°$量程 | 0.04° |
| | $\pm90°$量程（$\pm15°$以内） | 0.03° |
| | $\pm90°$量程（$\pm60°$以内） | 0.08° |
| | $\pm90°$量程（$\pm60°$以上） | 0.15° |
| | $0\sim360°$量程垂直安装 | 0.08° |
| 温度漂移 | $-40\sim80℃$ | Max0.008°/℃ |
| 默认通信设置 | 9600，n，8，1 |  |

以上介绍的传感器中，三轴加速度、温湿度、倾角等微型传感器通常采用 PCBA 封装或者 IP 封装，这两种封装方式如图 8-26 所示。

图 8-26　PCBA 封装传感器节点（左），IP67 防护等级外壳封装
传感器节点（84mm×50mm×33mm）（右）

## 8.4.6　监测方法

使用无线通信方式及微型传感器节点进行地下工程施工和运营阶段安全监测的内容、方法和使用传统监测方式类似，不同之处在于要设计一个无线、多跳、自组织的网络用于目标的全方位监测和数据的无线传输，在这个过程中有以下几点需要注意。

## 1. 节点间的通信能力

在待测点上埋设传感器节点之后，首先测试一般传感器节点和网关（汇聚节点）之间的通信能力，通常节点和邻近节点或者网关之间会有障碍物阻碍通信，并且两个监测点间的距离可能超过了无线传输的能力，这时就需要设置一定数量的中继节点，以保证每个监测点的数据能够通过多跳或者直接的方式传送到汇聚节点，汇聚节点再通过 Internet 或者 GPRS/CDMA/GSM 等通信方式将监测数据传输到管理节点。一般传感器监测节点的位置视结构体的需要而决定，汇聚节点的位置由外界电源、Internet/GPRS/CDMA/GSM 的接入位置来决定。当两者位置确定下来，可通过计算机模拟通信路径的方式来决定中继节点的位置和数量，要确保每个节点采集到的数据至少有两种路径能够传送到网关，以保障无线传感网络的可靠性。

## 2. 数据融合技术

多源传感器的数据融合（data fusion）技术可以提高对目标对象特征监测的评估能力。灾害的发生通常是多种因素共同导致的结果，仅根据单一信号进行监控和预警可靠度不高。数据融合主要采用数据级和特征级融合两种方式。数据级融合是指在融合算法中，要求进行融合的传感器数据间具有精确到一个像素的匹配精度的任何抽象层次的融合，该方法原始信息丰富、详细、精度最高，但是所要处理的传感器数据量巨大、耗时长、实时性差且原始数据信息量非常大，如果全部传输将给网络造成巨大压力，可能会造成信道拥堵甚至网络瘫痪。特征级融合是指从各只传感器提供的原始数据中进行特征提取，然后融合这些特征，该方法在融合前需要利用算法对特征值进行自动提取，实现了对原始数据的压缩，减少了大量干扰数据，易实现实时处理，且具有较高精度。

## 3. 电源能量管理

微型传感器由于体积微小，电源携带的能量十分有限，而且由于环境条件限制，传感器节点的电池往往无法经常更换，因此进行低功耗设计或者能源管理是决定整个网络寿命的关键因素。特别的，针对长达数十年甚至百年的监测任务，必须要对不便更换的传感器节点和汇聚节点配置好外部电源接口。进行能源管理通常有如下几种方式可以选用：

1）开发能耗管理算法

微型传感器中收发模块的功耗相比其他模块较大，因此节省能耗尤其是通信能耗是设计无线传感器网络需要遵循的首要因素。

2）减少通信流量

通过节点本地计算、数据压缩、特征融合等方式降低通信模块的工作量，从而减少能耗。

3）在同一个监测位置安装封装有多个传感器的节点盒

现代科技已经可以实现将多个微型传感器封装到一个具有高防护等级的节点盒中，并在节点盒内加装蓄电池或者通电线缆，以实现长期供电的目的。

4）管理节点工作时间

通过设计操作系统的动态能源管理，开启传感器节点的待机或者睡眠模式，在节点周围没有感兴趣的事件发生时，将部分模块进入更低能耗的睡眠状态，以增加节点的工作效率及降低能耗。

5）利用多跳传输网络

随着通信距离的增加，能耗也将急剧增加，因此应当合理减少单跳的通信距离，设置恰当的中继节点数量。

### 8.4.7　信息化管理平台开发

整个系统的终端将是一个信息化管理平台，图 8-27 为地下工程全生命周期安全监测信息化管理平台的构架图，该平台应实现如下基本功能：

1. 开发基于三维地质、地下建筑物模型的监测点信息数据库系统

可满足用户对于监测点信息进行浏览、查看、定位与查询，实现实时、直观、动态、可视化的监测信息展示。

2. 构建数据共享网络

不同权限的用户可以从多终端（电脑、手机、监控器、频射机）读取数据，实现信息传递的"0 时间成本"，加快信息流转的速度和效率。

3. 统计功能

可对数据库中的属性数据进行简单的统计，并自动输出统计表单和图形。

4. 报警功能

对异常数据发出自动预警信号。

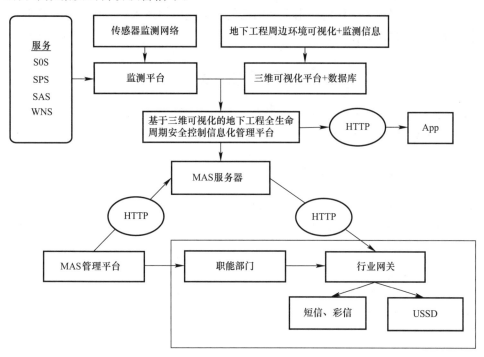

图 8-27　地下工程全生命周期安全监测信息化管理平台构架图

该平台的服务内容大致可概括为以下几点：

SOS（Sensor Observation Service）：传感器监测数据库及可视化

SPS（Sensor Planning Service）：用户与传感器之间的中间层，让用户知道传感器用途、并让传感器在其能力范围内执行用户的需求

SAS（Sensor Alert Service）：传感器预警服务

WNS（Web Notification Service）：通过广域网，发送通知，形式有手机应用程序（App，适用于大众用户），短信、彩信（适用于领导与相关负责人）等

概括来说，整个基于无线传感器网络的地下工程安全监测系统包括感知层、网络层和应用层共三个层面，其主要功能模块包括数据监测模块、数据通信模块和数据中心平台（数据处理模块和前端应用模块）。

## 8.5　本章小结

本章总结了地下综合体开发过程中对支护结构和周围环境的变形监测和安全控制方法，包括：支护结构的位移、倾斜、主筋应力、土压力、孔隙水压力进行监测的方法、设备选型和设备埋设要点；对邻近建筑物及道路管线、边坡土体、地下水位、裂缝等周围环境的监测和控制方法。在基坑开挖工程中，诸多的不确定性因素将影响工程的成败，对土体变形的监测与控制是确保安全施工的关键问题，本章对其进行了详细的分析。除了传统的监测仪器和手段，本章 8.4 节简要介绍了无线传感器网络在综合体开发全生命周期安全监测的应用，包括监测方法、常用微型传感器的技术指标、信息化平台的开发和管理。地下工程建设项目的全生命周期包括可研阶段、勘察阶段、设计阶段、施工阶段以及运营阶段。基于微型传感器和无线传输技术发展而来的自动化监测技术可在施工和运营阶段发挥传统监测方法不可替代的作用。

# 参 考 文 献

[1]　徐日庆，龚晓南．杨林德．深基坑开挖的安全性预报与工程决策．土木工程学报，1998，31（5），33．

[2]　史佩栋．深基坑工程技术现状．西部探矿工程，1998，10（2）．

[3]　杨林德等．岩土工程问题安全性的预报与控制．北京：科学出版社，2009，50-54．

[4]　李天斌，王兰生．岩质工程高边坡稳定性及其控制．北京：科学出版社，2008，203-206．

[5]　陈荣春．浅谈高层建筑深基坑环境事故及技术防范．施工技术，2010，第 39 卷增刊，109-110．

[6]　王济川，王玉倩．结构可靠性鉴定与试验诊断．长沙：湖南大学出版社，2004，94-95．

[7]　惠云玲．工程结构裂缝诊治技术与工程实例．北京：中国建材工业出版社，2007，88~89．

[8]　林宗元．岩土工程试验监测手册．北京：中国建筑工业出版社，2005，574-583，591-595，597-598．

[9]　唐孟雄等．深基坑工程变形控制．北京：中国建筑工业出版社，2006，63-64．

[10]　孙利民等．无线传感器网络．北京：清华大学出版社，2005．

[11]　黄漫国等．多传感器数据融合技术研究进展．传感器与微系统，2010，29（3），5-12．

[12]　G. A. Kennedy, M. D. Bedford, Underground wireless networking: a performance evaluation of communication standards for tunneling and mining, Journal of Tunnelling and Underground Space Technology, 2014 （43）157-170.

[13]　F. Stajano et al., Smart bridges, smart tunnels: transforming wireless sensor networks from research prototypes into robust engineering infrastructure, Hournal of Ad Hoc Networks, 2010 （8）872-888.

# 第9章 综合体开发环境效应与保护技术

## 9.1 概述

由于地下综合体的开发都处于市中心繁华地带，建筑物鳞次栉比，这势必造成地下综合体开发中新建结构物邻近既有结构物施工。地下综合体施工涉及地下工程近距离或超近距离施工的相互影响问题，以及综合体开发对周围建筑物的影响问题。在一些软土地区，土层软弱、地下水位高、含水量大、流变性强，进行这类地下综合体的开发会对周围环境造成影响，如果不采取专门对策，则后建建筑物的施工将会对既有建筑物产生不利影响，如结构物承载能力下降、甚至破坏；变形过大影响功能使用；不均匀沉降造成周边建（构）筑物破损或不能正常使用等。这样，传统的岩土工程学就面临许多新的问题。城市环境岩土工程学是专门研究人类城市岩土工程活动与周围岩土环境的相互作用及其相互影响程度，并对城市岩土环境承受人类工程活动的能力作出评价，最终为保护和利用城市岩土环境提出设计、施工中应采用的相应措施。在城市岩土工程的设计和施工越来越以变形控制为主导的今天，为了保护深基坑邻近建筑物的正常使用和安全，对上述问题进行深入研究显得尤为迫切，并具有重大的现实意义。

地下综合体深基坑施工环境影响及保护的研究包括邻近大刚度地下构筑物深基坑位移场研究、地下综合体基坑影响范围研究、建筑物在差异沉降下的受力分析及保护措施等方面。其中对建筑物承受不均匀沉降能力的分析是变形控制的前提和依据；邻近大刚度地下构筑物基坑位移场研究是预测和控制基坑周围地层变形的基础；而地下综合体基坑影响范围研究则是联系基坑变形控制和建筑物差异沉降承受能力的桥梁。以上三者是地下综合体深基坑施工环境影响及保护研究中的三个主要环节，缺一不可。

## 9.2 综合体建设对周围环境的影响规律

### 9.2.1 地下综合体近距离施工的受力特征与力学模型

城市地下综合体是指在地下建设以三维方向发展的一种地上与地下系统连接的网络，并结合商业、存储、事务、娱乐、防灾、市政等多种设施，共同构成用以组织人们活动和支撑城市高效运转的一种大型多功能综合性设施。其主要特征是：功能的多重性、空间结构的整体性、系统组织的有序性、开发建设的联合性以及工程设施的综合性等。地下综合体是城市综合体在地下的延伸。地下综合体已被人们视为城市现代化的主要标志。由于地下综合体使得城市的地上与地下输送网络在综合体内汇集、转换，大量人流通过综合体内的商业、文化、事务等设施，形成一个巨大的人流活动中心。这种多功能中心，实质上已构成城市中心活动的"发生源"，也是城市繁荣的"支撑点"。

在上海等城市，地铁的建设进入了快速发展的时期。总结而言，地下综合体的主要内容是地铁隧道、地铁车站、地下商场、地下街、地下停车库等内容。地下综合体的特征决定了地下综合体土建施工的类型特征：施工的复杂性、多样性、施工的分期性、组成综合体结构的相互影响性。总之，地下综合体施工千变万化，错综复杂，如何研究和解决这类问题？经过分析研究，认为地下综合体施工最主要的问题是新建工程在修建过程中所进行的基坑开挖（或隧道开挖）本身的稳定性，以及将会对基坑（隧道）周边已建工程的稳定性产生影响。这种影响最本质的原因是新建工程基坑开挖引起土体应力状态变化，打破原来的土体力学平衡，引起土体应力重分布，从而导致一系列的力学行为变化。因此，研究地下综合体施工的影响必须从其力学行为的变化规律入手，搞清其力学机理，并建立相应的力学模型进行相关的分析。

根据各类地下综合体近距离施工的受力特征建立其相应的力学模型，从而对其影响进行分析。其力学模型及分析方法总结于表 9-1。

各类地下综合体施工的力学模型及分析方法　　　　　　　　　　　　表 9-1

| 模型及方法 | | | 适用条件 |
|---|---|---|---|
| 力学模型 | 平面（2D） | 横截面模型 | 横向效应 |
| | | 纵截面模型 | 纵向效应 |
| | 平面（3D） | 空间立体模型 | 空间效应（横＋纵复合效应） |
| 受力分析方法 | 位移响应法 | | 结构刚度较地层刚度小得多 |
| | 荷载响应法 | | 结构刚度较地层刚度大得多 |
| | 刚度分配法 | | 结构刚度与地层刚度相当 |
| 施工模拟方法 | 平面问题 | | 生死单元或荷载释放法模拟开挖与支护 |
| | 空间问题 | 准三维法 | 平面建模或荷载释放法 |
| | | 真三维法 | 平面建模＋单元生死法 |

各类城市地下综合体施工的受力特征和力学模型归纳总结于表 9-2。

### 9.2.2　地下综合体基坑开挖位移场与影响分区

1. 基坑开挖位移场

基坑开挖卸荷，其最直接的后果是打破土体力的平衡，引起基坑周围土体应力重分布，从而引起周围土层的移动，引起地表沉降与不均匀沉降，对周围环境产生影响。土体位移场的研究主要有以下三点：

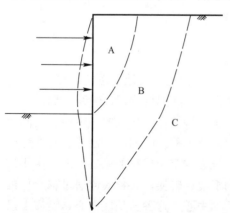

1）墙后破裂面的对数螺旋线形式，即在有支护的挡墙基坑开挖时，墙后土体的破裂面为一对数螺线，穿过基底，并在地面处与地面成大约 90°的交角；如图 9-1 为 CasPe（1952）提出的多支撑围护墙后的土体位移模式，他把墙后土体分为三个部分：A 为塑性区，B 为弹性区，C 为非扰动区，各区间分界线为对数螺旋线，螺旋线的起点分别为基底面和墙趾。

2）地层移动的地层补偿法原理，即基坑开挖时，由于土体处于塑性状态，土体体积不可压缩，

图 9-1　土体影响分区

导致基坑外侧地面沉降所包围的面积与围护墙水平位移所包围的面积大致相等，且围护墙的水平位移曲线与墙后地表沉降曲线形状相仿，并将此作为根据围护墙的侧向变形来推算墙后土体位移场的基本依据。

3）破裂面与0拉伸线的一致性，即试验表明围护墙后土体的破裂面或潜在的破裂面与0拉伸线是一致的，而非沿平面内剪应力比最大的面。

各类城市地下综合体施工的受力特征和力学模型　　　　　　　　　　　表 9-2

| | |
|---|---|
| 隧道穿越地铁车站 | 隧道穿越已建地铁车站，引起车站底板变形，从而导致地铁轨道的变形，影响地铁车站的正常运营。空间效应的三维模型 |
| 隧道穿越基础桩基 | 隧道穿越基础桩基，削弱了桩基的承载能力，增大了建筑物的沉降变形，影响建筑物的安全。空间效应的三维模型 |
| 盾构穿越已建隧道 | 盾构在穿越过程中，引起地层位移，从而给已建隧道产生附加变形，影响已建隧道的功能使用及安全。横向效应的平面模型或空间效应的三维模型 |
| 隧道上部基坑开挖 | 因隧道上部开挖，土压力被部分解除，对垂直荷载来说，侧压变大，拱顶会向上变形，埋深小时会损伤土拱作用，使衬砌的垂直荷载增加；开挖如对隧道来说是非对称的情况时，衬砌会受到偏压作用。横向效应的平面模型 |
| 隧道侧面开挖 | 隧道向开挖方向发生拉伸变形。横向效应的平面模型或局部开挖时的纵向效应、平面准三维模型或空间效应的三维模型 |
| 盾构隧道施工对周围建筑物的影响 | 盾构在推进过程中，对上部地层产生向上顶起的作用，盾构过后，地层又会下沉，因而引起周围建筑物的变形。横向效应的平面模型或空间一次建模统筹解决 |
| 地铁车站旁边深基坑开挖 | 地铁车站旁边深基坑开挖，对已建地铁车站单侧卸荷，引起车站的倾斜与沉降，影响已建地铁车站的结构安全及其正常运营。横向效应的平面模型或空间一次建模统筹解决 |
| 深基坑开挖施工对其周围建筑物的影响 | 基坑开挖引起建筑物倾斜变形、地基承载力下降，过大时引起建筑物破坏、影响建筑物的安全与正常使用。横向效应的平面模型或空间一次建模统筹解决 |
| 地下综合体结构改建扩建施工 | 为满足结构功能需要，对已建结构进行改建，增加结构的功能。在改建扩建施工过程中，打破已建构筑物的结构受力平衡（有的甚至改变力的传递途径），对结构产生附加应力与附加变形。空间效应的三维模型 |
| 邻近桩基础的深基坑开挖 | 基坑开挖引起地层移动，影响到邻近结构桩基础的侧向变形，导致桩基础偏心受压，降低桩基础的承载能力。横向效应的平面模型或空间一次建模统筹解决 |
| 隧道盾构推进与相邻基坑开挖 | 基坑开挖与盾构推进同时进行，地层移动的两者的混合叠加，同时两者又相互影响。空间效应的三维模型 |
| 盾构隧道与已建隧道并列 | 已建隧道向接近的新建隧道方向产生拉伸变形：因并列隧道的施工，已建隧道周边土体变形，而使作用在衬砌上的荷载增加，也可能产生偏压现象。横向效应的平面模型 |
| 盾构隧道与已建隧道重叠 | 新建隧道在已建隧道上方平行通过时，已建隧道随新建隧道的开挖不断向上方变形，土体的工作作用受到损伤，而使衬砌上的荷载增加，新建隧道在已建隧道下方通过时，已建隧道随新建隧道的开挖不断发生下沉。横向效应的平面模型 |
| 盾构隧道与已建隧道交错 | 已建隧道向接近的新建隧道方向发生拉伸变形：因新建隧道的施工，已建隧道周边土体发生变形，而使作用在衬砌上的荷载增加。横向效应的平面模型 |
| 盾构隧道与已建隧道交叉 | 新建隧道在已建隧道上部通过时，由于卸荷作用，已建隧道向上方变形；新建隧道在已建隧道下部通过时，已建隧道会发生下沉。纵向效应的平面模型 |

地铁车站深基坑工程往往处于建筑物、构筑物密集区，面临着周围建筑物及构筑物的保护问题。因此，地铁车站深基坑工程在施工工程中，除了要满足基坑自身的强度要求，还要有效地控制基坑周围地层的移动。这就要求对车站基坑施工引起的墙后土体位移场能

够做出准确的预测。如果能够在设计阶段准确地预估超深基坑的土体位移，了解基坑工程对邻近建筑物及管线的影响后，进行预保护，则可以达到经济合理地保护建筑物及管线的目的。

2. 地下综合体近距离施工影响程度分区

深基坑施工过程中，不仅要保证自身工程的安全，更不能影响周边环境（建构筑物、管线等）的正常功能。因此，如何控制地下综合体深基坑施工过程中围护结构的变形，进而控制周边地层移动成为地下综合体深基坑施工的核心问题和成败的关键。

变形是深基坑施工过程中围护结构对各种影响因素的综合反应。控制变形涉及工程地质、设计、施工等各方面。具体而言，影响深基坑变形的主要因素有：工程地质、围护结构参数、开挖深度、围护结构入土深度比、加固形式、支撑参数、开挖参数、有支撑暴露时间等等。这些参数往往相互关联，如何综合分析上述因素给出一组合理的设计、施工参数，成为深基坑设计、施工成败的关键。

如前所述，地下综合体近距离施工的影响不仅存在着局域性，而且在局部的范围内应力重分布是有梯度变化的，这也表明影响程度是不同的，因此提出地下综合体基坑开挖影响分区及标准。分区标准见表 9-3。

3. 分区影响因素与分区表达式

根据 Caspe 提出的墙后土体位移模式，可以把塑性区为强影响区（即 A 区），弹性区为弱影响区（即 B 区），非扰动区为无影响区（即 C 区）。根据前人的研究成果，可以认为一般地下综合体近距离施工影响程度分区的影响因素有：工程地质、围护结构参数、开挖深度、围护结构入土深度比、加固形式、支撑参数、开挖参数、有支撑暴露时间等。

地下综合体近距离施工影响程度分区

表 9-3

| 影响区划分 | 特征 | 对策 |
| --- | --- | --- |
| A-强影响区 | 新建工程对已建结构物有影响，且影响较强，通常会产生危害 | 必须从施工方法上采取措施并根据已建结构物的强度、变形量等来研究影响程度，而后采取相应措施。同时对已建结构物和新建结构物进行量测管理 |
| B-弱影响区 | 新建工程对已建结构有影响，但影响较弱，通常不会产生危害，但需注意 | 一般以采用合适的施工方法为对策，并根据已建结构物的强度、变形量来推定容许值，再决定是否采取其他措施。为施工安全，要对已建结构物和新建结构物进行量测管理 |
| C-无影响区 | 一般不需要考虑新建工程对已建结构物的影响 | 一般不需要采取措施 |

1）地形、地质条件：影响系数 $a_1$

2）基坑开挖深度：影响系数 $a_2$

3）围护结构参数：影响系数 $a_3$

4）支撑参数：影响系数 $a_4$

5）已建结构物的健全度：影响系数 $a_5$

6）对策的可能性与强弱性：影响系数 $a_6$

其中，对策的可能性与强弱性是个综合性参数指标，包括：（1）坑内加固形式，影响

系数 $a_{61}$；（2）开挖宽度（B），影响系数 $a_{62}$；（3）有支撑暴露时间（$T_r$），影响系数 $a_{63}$；（4）基坑与已建建筑物之间的土体加固，影响系数 $a_{64}$；（5）其他，影响系数 $a_{65}$

所以：$a_6 = a_{61} + a_{62} + a_{63} + a_{64} + a_{65}$

一般情况下，$a_6 < 0$，但对策采取不当的时候也有可能 $a_6 > 0$，对策采取的好坏可以控制和改变影响范围，也就是说在采取对策的条件下，是可以突破限制间距，去靠近已建结构物施工的，它可以反映地下综合体施工的水平。

地下综合体施工影响程度分区如图 9-2 所示，其指标的表达式为：

$$R_1 = H \cdot e^{(\frac{\theta}{\pi} - 1.5)a} \tag{9-1}$$

$$R_2 = (H + D) \cdot e^{(\frac{\theta}{\pi} - 1.5)a} \tag{9-2}$$

其中，$\frac{3}{2}\pi \leqslant \theta \leqslant 2\pi$，如果 $D > H$，取 $D = H$。

$a = (1 + a_1 + a_2 + a_3 + a_4 + a_5)a_6$，$a$ 是一个整体综合指标，包含了以上所有影响因素的影响系数，是所有影响因素的综合反映。

A 区：$0 \sim R_1$ 之间的区域；

B 区：$R_1 \sim R_2$ 之间的区域；

C 区：$R_2$ 以外的区域。

4. 工程措施

可以看出：对于地下综合体近距离施工工程，主要有六个影响因素，而其中可以改变的只有三个，一是加固已建结构，二是在基坑开挖选用的围护结构系统和支撑参数，三是在基坑开挖过程中采取的对策。因而需要对地下综合体工程采取对策时，可以从这四方面着手：

1）对已建工程采取加强措施使 $a_5$ 变小，从而使 $R_1$、$R_2$ 变小。对策主要有：加固改造、增加刚度、基础托换等。

2）对围护结构和支撑参数进行合理选择使 $a_3$ 小，从而使 $R_1$、$R_2$ 变小。根据影响预测的结果，

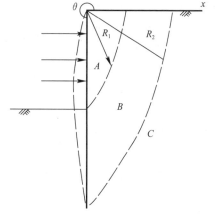

图 9-2 影响分区示意图

认为有必要时，为减轻影响应研究改变新建工程计划或增加对策。不得不在强影响区和弱影响区进行施工时，为减轻对已建隧道的影响，要研究改变新建工程的计划或增加新的对策。

3）在基坑开挖前后采取有效措施使 $a_6$ 变小，从而使 $R_1$、$R_2$ 变小。基坑加固形式有：降水加固、双液注浆加固、搅拌桩加固、旋喷桩加固和冻结法加固等。根据工程需要及各种每种加固方式的适用范围，采用相应的加固方式。施工参数主要指分小段开挖时的开挖宽度（B）及开挖支撑总时间（$T_r$）。基坑开挖过程中，应根据实际施工能力（开挖、运输、支撑）确定并及时调整施工参数，严禁超挖和延缓支撑。

对中间地层采取的对策措施，一般可采用强化、改良地层的方法如压浆法、冻结法等，也可采取隔断影响的方法如地下隔断墙、管棚、钢管桩等。

4）把以上两种或三种方法综合运用一即使 $a_5$、$a_3$、$a_6$ 两个或三个同时变小，从而使

$R_1$、$R_2$ 明显变小。其措施见表 9-4。

**工程措施表**

表 9-4

| 分类 | 一般方法 | 具体方法 |
|---|---|---|
| 隧道穿越地铁车站 | 控制穿越引起的地层位移与结构变形 | 冻结法形成围护结构,矿山法开挖;设置托换梁和托换柱;分台阶开挖;注浆 |
| 隧道穿越基础 | 控制基础托换的工法 | 合理选择基础托换的工法,注浆加固 |
| 盾构穿越已建隧道 | 控制开挖引起的地层位移 | 进行地层加固 |
| 隧道上部基坑开挖 | 均匀除去荷载 | 注浆加固隧道上部土体,与隧道轴线成垂直分层分条开挖;深层搅拌桩加固 |
| 隧道侧面基坑开挖 | 均匀除去荷载;控制开挖引起的土层位移 | 改变开挖方式,改变开挖顺序 |
| 盾构隧道施工对周围建筑物影响 | 控制开挖引起的地层位移 | 进行地层加固 |
| 地铁车站旁边基坑开挖 | 控制地层变形;地铁车站结构变形 | 逆作法施工保护地铁车站;遵循时空效应规律施工;基坑内地基加固 |
| 深基坑开挖施工对其周围建筑物的影响 | 控制地层变形及周围结构变形 | 进行坑底被动区加固,采用合理的支护形式,改变开挖方式,改变分部尺寸 |
| 地下综合体结构改建施工 | 工法优化;控制结构应力重分布及结构变形 | 抗拔桩;托换桩;托换梁 |
| 邻近桩基础的深基坑开挖 | 控制基坑周围地层位移 | 进行地层加固;改变开挖方式;改变支护结构形式 |
| 隧道盾构推进与相邻基坑开挖 | 工法优化 | 改变施工工序;改变开挖及支护方式;改变分步尺寸 |
| 盾构隧道与已建隧道并列 | 控制开挖引起的土层应力重分布及位移 | 进行地层加固 |
| 盾构隧道与已建隧道重叠 | 控制开挖引起的土层应力重分布及位移 | 进行地层加固 |
| 盾构隧道与已建隧道交错 | 控制开挖引起的土层应力重分布及位移 | 进行地层加固 |
| 盾构隧道与已建隧道交叉 | 控制开挖引起的土层应力重分布及位移 | 进行地层加固 |

## 9.3 周围环境改变对综合体的影响规律

建(构)筑物在使用过程中,必须满足材料本身承载能力要求和正常使用功能要求。在基坑开挖过程中,坑内土体被挖除,挡墙向坑内移动变形,墙后土体应力平衡被打破,土体产生变形和应力重分布。土体距基坑距离的不同而产生不同的变形,导致不同位置土体的竖向不均匀沉降。土体的不均匀沉降将打破已建构筑物原有的受力平衡体系,从而使建筑物产生附加应力及变形,严重时将导致建筑物的破坏。运营地铁车站周围进行任何的岩土工程活动，车站结构将会产生相应的变形反应。本章对建筑物受不均匀沉降的影响进行受力分析，分别讨论了墙体、板、地下管线在不均匀沉降下的受力分析；对地铁车站结构（包括轨道）变形和内力衡量参数进行了较为系统的阐述，并对相关指标进行了比较和分析，对轨道和车站结构变形和内力控制指标进行了明确的规定。

### 9.3.1　建（构）筑物变形反应衡量参数及控制指标

基坑开挖施工围护结构产生变形的同时，周围地层也将产生移动。尤其在软土地区（如上海、天津、福州、广州等沿海地区），由于地层的软弱复杂，基坑施工往往会产生较大的变形，严重影响紧靠深基坑周围的建筑物、地下管线、地铁隧道、交通干道和其他市政设施。根据结构承载力要求和正常使用要求，必须确保施工过程中周围建（构）筑物的变形和内力在允许范围之内。基坑施工过程中结构物的变形指标一般通过如下几个参数进行衡量：

1. 沉降量 $\rho$ 与差异沉降量 $\delta_\rho$，定义见图 9-3。最大沉降量与最大差异沉降量为 $\rho_{max}$ 及 $\delta_{\rho max}$ 表示。

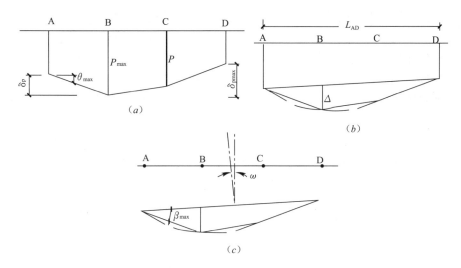

图 9-3　结构物变形衡量参数

2. 倾角 $\theta$：两点间之倾斜变化量。

3. 挠角比：为相对挠度 $\Delta$ 与两点间距离 $L$ 之比值。

4. 倾斜量：为建筑物之刚体转动量。倾斜量主要会影响建筑的使用及外观效果，但对其增加之应力不大。

5. 角变位 $\beta$：即 $\delta/L$，两点之连线相对于倾斜之倾角变化量。

6. 位移曲线曲率 $1/R$（$R$ 为曲率半径）

7. 由于基坑开挖所引起的建筑物的水平向拉伸或压缩作用，用水平应变 $\varepsilon_h$ 来表示。

### 9.3.2　基坑沉降影响区内墙体受力分析

地基不均匀沉降引起墙体裂缝，将削弱墙体截面，破坏墙体的整体性，降低构件的承载能力及抗震性能。由此引发的工程事故不断，造成很大经济损失。由于造价较低、取材相对容易，砌体结构至今仍是我国房屋建筑的主要承重结构或围护结构。不均匀沉降引起的墙体裂缝，一般有三类：（1）斜裂缝。一般发生在纵墙的两端，大多数裂缝通过窗口的两个对角，向沉降较大的方向倾斜，并由下向上发展。而横墙由于刚度较大，且门窗洞口亦少，一般不会产生较大的相对变形，故很少出现这类裂缝。斜裂缝多出现在墙体下部，向上逐渐减少，宽度为下面大上面小。斜裂缝的产生主要是地基不均匀下沉，使墙体承受较大的剪切力，当结构刚度较差，材料强度不能满足要求时，导致墙体开裂。(2) 窗间墙水平裂缝。一般在窗间墙的上下对角处成对出现，沉降大的裂缝一般在下，沉降小的裂缝一般在上。窗间墙水平裂缝的产生是由于沉降单元上部受到阻力，使窗间墙受到较大的水平剪力，而发生上下位置的水平裂缝。(3) 竖直裂缝。一般发生在纵墙中央的顶部和底层窗台处，裂缝上宽下窄。当墙体承受较大的弯矩时，由弯矩产生的正应力大于墙体的材料强度，就会出现竖直裂缝。当纵墙顶层设有钢筋混凝土圈梁时，则竖直裂缝较少。竖直裂缝的产生主要是由于底层窗台下窗间墙承受荷载后，窗间墙起着反梁作用，特别是较宽大的窗口或窗间墙承受较大的集中荷载情况下，窗间墙因反向变形过大而开裂，严重时还会挤坏窗口，影响窗扇开启。

1. 位于不均匀沉降影响区的墙体分析模式

基坑开挖引起周围土层位移是一个动态过程，基坑开挖时，坑边土体原始受力平衡被打破，从而产生变形，接着又引起旁边的土体变形，这样依次传递下去。所以，土体位移存在着一个传递过程。就像波的传递一样，逐渐向外扩展，但大小逐渐衰减。因此建筑物受地层位移场影响的长度与建筑物高度之比开始时很小，并随着地层移动的扩展而增大。

由于各建筑物墙体长度不一，可根据其长度与沉降影响区的大小及位置关系将受力模式分为两类：

1) 悬臂模式。开挖初期，由于沉降影响区范围很小，建筑物墙体局部承受不均匀沉降作用；或者墙体长度很大时，位于不均匀沉降区以外的部分较长。如上两种情况可将未沉降部分作为产生沉降部分的固端支承，从而将墙体近似简化为悬臂模式。

2) 简支模式。当沉降影响区范围较大，建筑物墙体整体位于不均匀沉降区内时，可将墙体近似简化为简支模式。

2. 墙体承受不均匀沉降的等代荷载法

等代荷载法的原理是：将地表差异沉降对墙体的影响通过计算简化为荷载作用，同时必须满足：在此等代荷载作用下墙体的变形与地表沉降曲线相似，最大位移相等。

由于地表不均匀沉降模式与深梁的变形模式相似，对于平面垂直于开挖边界的砌体承重墙结构，可以通过简化，利用深梁模型来分析。

首先是对材料进行简化，砌体结构实际上是各向异性的，但是为了计算的简便，本节将其作各向同性材料处理，同时由于研究的是开挖所引起的结构附加变形，因此可以假定该砌体结构是无重量的；其次是对其在几何上进行简化，即不考虑其上的门窗及敞口，将其简化成一个具有单位宽度的深梁。

因为墙体一般较高，其长高比 $(L/H)$ 较小，此时剪切影响显著，从而不能将其作为细长梁计算，必须采用考虑剪切影响的深梁模型，其正应变为：

$$\sigma = \frac{M}{I}y + \frac{E}{G}\left[\frac{Kq_x}{A}y - \frac{q_x}{Ib}\int_0^y S_x^* \, dy_1\right] \tag{9-3}$$

其中：$K = \frac{A}{I^2 b}\int y\left[\int_0^y S_x^* \, dy_1\right]dA$，$S_x^*$ 为指定截面的静矩。对于矩形截面有：

$$\sigma = \frac{M}{I}y + \frac{E}{G}\left[\frac{1.2q_{x}}{bh}y - \frac{6q_{x}}{bh^{3}}\left(\frac{h^{2}y}{4} - \frac{y^{3}}{3}\right)\right] \tag{9-4}$$

考虑剪切影响时梁的总曲率为：

$$k = \frac{d^{2}y}{dx^{2}} = -\left(\frac{M}{EI} - \frac{\alpha q_{x}}{GA}\right) \tag{9-5}$$

梁的挠曲线方程：

$$y = -\frac{1}{EI}\int\left[\int\left(M(x) + \frac{\alpha q_{x}}{GA}\right)dx\right]dx + Cx + D \tag{9-6}$$

1）悬臂模式

墙体局部沉降时，由于墙体在三角形分布荷载作用下的变形曲线与由于基坑开挖引起的地表沉降曲线形态相似，所以可将等代荷载假定为三角形分布。计算简图见图 9-4。

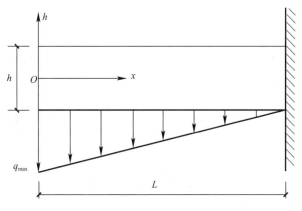

图 9-4 悬臂模式下荷载近似简图

此时梁的荷载为：

$$q_{x} = q_{max}(l - x)/l \tag{9-7}$$

弯矩为：

$$M(x) = \frac{q_{max}x^{2}}{2} - \frac{q_{max}x^{3}}{61} \tag{9-8}$$

将式（9-7）、式（9-8）代入式（9-4）可求出应力表达式：

$$\sigma = \left(\frac{q_{max}x^{2}}{2} - \frac{q_{max}x^{3}}{61}\right)\frac{x}{l} + \frac{E}{G}\left[\frac{1.2}{bh}\frac{q_{max}(1-x)}{y} - \frac{6q_{max}(1-x)}{bh^{3}y}\left(\frac{h^{2}y}{4} - \frac{y^{3}}{3}\right)\right] \tag{9-9}$$

其中取 $M_{max} = \frac{q_{max}l^{2}}{3}$，$y = \frac{h}{2}$代入式（9-4），并整理得：

$$\sigma_{max} = \frac{2q_{max}l^{2}}{bh^{2}}\left[1 + \frac{1}{20}\frac{E}{G}\left(\frac{h}{l}\right)^{2}\right] = \frac{M_{max}}{W}\left[1 + \frac{1}{20}\frac{E}{G}\left(\frac{h}{l}\right)^{2}\right] \tag{9-10}$$

（1）变形分析

将式（9-7）、式（9-8）代入式（9-6），得：

$$y = -\frac{1}{EI}\left(\frac{q_{max}x^{2}}{24} - \frac{q_{max}x^{5}}{1201}\right) - \frac{\alpha q_{max}}{GA}\left(\frac{x^{2}}{2} - \frac{x^{3}}{61}\right) + Cx + D \tag{9-11}$$

代入边界条件：$y|_{x=1} = y'|_{x=1} = 0$，得：

$$C = \frac{1}{8}\frac{q_{max}l^3}{EI} + \frac{1}{2}\frac{\alpha q_{max}l}{GA}, D = -\left(\frac{12}{120}\frac{q_{max}l^4}{EI} + \frac{\alpha q_{max}l^2}{6GA}\right) \tag{9-12}$$

对于矩形截面，$\alpha = 1.5$，因此：

$$y_{max} = \frac{11}{120}\frac{q_{max}l^4}{EI}\left[1 + \frac{5}{22}\frac{E}{G}\left(\frac{h}{l}\right)^2\right] \tag{9-13}$$

（2）等代荷载确定

令 $y_{max} = \rho_{max}$，即得悬臂模式下的等代荷载值：

$$q_{max} = \frac{120EI\rho_{max}}{11l^4\left[1 + \frac{5}{22}\frac{E}{G}\left(\frac{h}{l}\right)^2\right]} \tag{9-14}$$

2）简支模式

墙体整体位于开挖影响区内时，其等代荷载亦可假定为三角形分布。计算图式见图9-5。

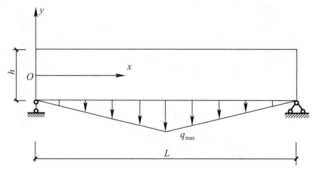

图 9-5　简支模式下荷载近似简图

此时梁的荷载为：

$$q_x = \begin{cases} 2q_{max}x/l & (0 \leqslant x \leqslant l/2) \\ 2q_{max}(l-x)/l & (l/2 \leqslant x \leqslant l) \end{cases} \tag{9-15}$$

弯矩为：

$$M(x) = \begin{cases} \dfrac{q_{max}lx}{4} - \dfrac{q_{max}x^3}{3l} & (0 \leqslant x \leqslant l/2) \\ \dfrac{q_{max}l(l-x)}{4} - \dfrac{q_{max}(l-x)^3}{3l} & (l/2 \leqslant x \leqslant l) \end{cases} \tag{9-16}$$

将式（9-15）、式（9-16）代入式（9-4），可求出应力表达式：

$$\sigma_{max} = \frac{M_{max}}{W}\left[1 + \frac{5}{4}\frac{E}{G}\left(\frac{h}{l}\right)^2\right] \tag{9-17}$$

（1）变形分析

将式（9-16）、（9-17）代入式（9-6）并积分得：

$$y = \begin{cases} -\dfrac{1}{EI}\left(\dfrac{q_{max}lx^3}{24} - \dfrac{q_{max}x^5}{60l}\right) - \dfrac{\alpha q_{max}}{GA}\dfrac{x^3}{3l} + C_1x + D_1 & (0 \leqslant x \leqslant l/2) \\ -\dfrac{1}{EI}\left(\dfrac{q_{max}l(l-x)^3}{24} - \dfrac{q_{max}(l-x)^5}{60l}\right) - \dfrac{\alpha q_{max}}{GA}\dfrac{(l-x)^3}{3l} + C_2x + D_2 & (l/2 \leqslant x \leqslant l) \end{cases}$$

$$\tag{9-18}$$

代入边界条件：$y|_{x=0} = y|_{x=1} = 0$，$y'|_{x=1/2} = y''|_{x=1/2} = 0$ 得：

404

$$C_1 = \frac{5q_{max}l^3}{192} + \frac{1}{4}\frac{\alpha q_{max}l}{GA} \tag{9-19}$$

$$C_2 = -\left(\frac{5q_{max}l^3}{192} + \frac{1}{4}\frac{\alpha q_{max}l}{GA}\right) \tag{9-20}$$

$$D_1 = 0 \tag{9-21}$$

$$D_2 = \frac{5q_{max}l^4}{192EI} + \frac{1}{4}\frac{\alpha q_{max}l^2}{GA} \tag{9-22}$$

代入式（9-18），得

$$y_{max} = |y_{x=l/2}| = \frac{1}{120}\frac{q_{max}l^4}{EI}\left[1 + \frac{5}{4}\frac{E}{G}\left(\frac{h}{l}\right)^2\right] \tag{9-23}$$

（2）等代荷载确定

令 $y_{max} = \rho_{max}$，即可得简支模式下的等代荷载值：

$$q_{max} = \frac{120EI\rho_{max}}{l^4\left[1 + \frac{5}{4}\frac{E}{G}\left(\frac{h}{l}\right)^2\right]} \tag{9-24}$$

### 9.3.3 基坑开挖引起的邻近地下管线的位移分析

基坑开挖使土体内应力重新分布，由初始应力场状态变为第二应力状态，致使围护结构产生变形、位移，引起基坑周围地表沉陷，从而给邻近建筑物和地下设施带来不利影响。不利影响主要包括：邻近建筑物的开裂、倾斜；道路开裂；地下管线的变形、开裂等。由基坑开挖造成的此类工程事故，在实际工程中屡见不鲜，给国家和人民财产造成了较大损失，引起设计、施工和岩土工程科技人员的高度重视。

深基坑围护结构变形和位移以及所导致的基坑地表沉陷，是引起建筑物和地下管线等设施位移、变形，甚至破坏的根本原因。

对于基坑开挖导致的地下管线竖向位移和水平位移，可以利用 Winkler 弹性地基梁模型理论进行分析。根据管线的最大允许变形，可以求出围护结构的最大允许变形，并可依此进行围护结构的选型及强度设计；也可根据围护结构的变形，预估地下管线的变形，来预知地下管线是否安全。地下管线位移计算可按竖向和水平两个方向的位移分别计算。

1. 理论假定

基坑地表沉陷包括两个基本要素，即地表沉陷范围和沉陷曲面形式。假定基坑地表沉陷区域为矩形区域 $ABB'A'$，如图 9-6 所示。当地下管线位于此范围内时，则考虑基坑开挖对其的影响，否则，不予考虑。

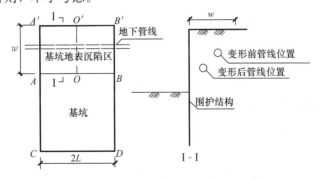

图 9-6　基坑地表沉陷与管线位移示意图

设沉陷区长度取基坑边长的 2 倍，宽度 $w$ 取为：

$$w = H \tan \left( 45° - \frac{\varphi}{2} \right) \qquad (9\text{-}25)$$

式中，$H$ 为围护结构的高度（m）；$\varphi$ 为土的内摩擦角，计算表明最好取三轴快剪试验测定的内摩擦角。

纵向沉陷曲面取为抛物面，定点位于 $OO'$ 线（中轴线）上，$AA'$、$AB'$、$BB'$ 上点的沉陷值为 0。

2. 地下管线竖向位移计算

1）地下管线受荷分析

地下管线受到上覆土压力、自重、管线内液体重量、地面超载、地基反力作用。在求解竖向位移时，可把地下管线当作一弹性地基梁来考虑，如图 9-7 所示。

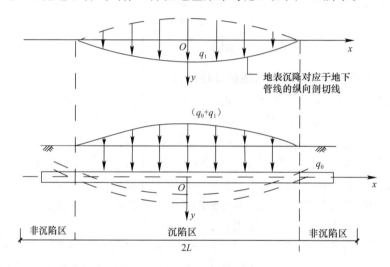

图 9-7  地下管线受力分析示意图

下面来求解地面超载对地下管线的竖向作用力 $q_1$。设地表沉陷曲线方程为：

$$y = ax^2 + bx + c \qquad (9\text{-}26)$$

式中 $a$、$b$、$c$ 由边界条件决定，$a = -\dfrac{\delta}{L^2}$，$b = 0$，$c = \delta$。

式（9-17）转化为：

$$y = -\frac{\delta}{L^2}x^2 + \delta \qquad (9\text{-}27)$$

地面超载传至地下管线顶部的竖向荷载 $q_1$ 为：

$$q_1 = K_v y \qquad (9\text{-}28)$$

式中  $K_v$——地基竖向基床换算系数（kPa），$K_v = K_0 D$；

$\quad K_0$——地基竖向基床换算系数（kN/m²），由试验确定或参照文献；

$\quad D$——地下管线外径；

$\quad y$——地下管线对应于 $x$ 轴的纵向沉降曲线方程，$y_1 = -\dfrac{\delta}{L^2}x^2 + \delta$。

2）地下管线竖向位移方程的建立

根据对称性取地下管线中点以右部分为分析对象，如图 9-8 所示，建立两个坐标系 $xoy$ 和 $x'o'y'(y = y')$。

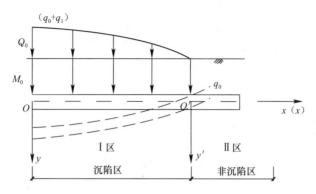

图 9-8　地下管线隔离体受力分析

地下管线的位移微分方程可分为Ⅰ区（沉陷区）和Ⅱ区（非深陷区）两部分来表达。

（1）Ⅰ区（沉陷区）

Ⅰ区（沉陷区）内地下管线竖向位移的微分方程为：

$$EI \frac{d^4 y}{dx^4} = -k_v y + k_v \left( -\frac{\delta}{L^2} x^2 + \delta \right) + q_0 \tag{9-29}$$

求得竖向位移修正项为：

$$f_{cort1} = \frac{1}{EI\beta^3} \int_0^x \left[ K_v(az_2 + b) + q_0 \right] \cdot \phi_4 \left[ \beta(x - z) \right] dz$$

$$= a \left[ x - \frac{2}{\beta^2} \phi_3(\beta x) \right] + \left( b + \frac{q_0}{K_v} \right) \left[ 1 - \phi_1(\beta x) \right] \tag{9-30}$$

所以得Ⅰ区（沉陷区）的竖向位移方程：

$$y(x) = y_0 \phi_1(\beta x) + \theta_0 \frac{1}{\beta} \phi_2(\beta x) - \frac{M_0}{EI\beta^2} \phi_3(\beta x) - Q_0 \frac{M_0}{EI\beta^3} \phi_4(\beta x) + f_{cort1} \tag{9-31}$$

式中，$\phi_1(\beta x)$、$\phi_2(\beta x)$、$\phi_3(\beta x)$、$\phi_4(\beta x)$ 为雷络夫函数。

式中　$\beta = \sqrt[4]{\frac{K_v}{4EI}}$

　　　　$EI$——管线刚度（kN·m²）；

　　　　$y_0$——$O$ 端截面处竖向位移（m）；

　　　　$\theta_0$——$O$ 端截面处转角（rad）；

　　　　$M_0$——$O$ 端截面处弯矩（kN·m）；

　　　　$Q_0$——$O$ 端截面处剪力（kN）；

$y_0$、$\theta_0$、$M_0$、$Q_0$ 为常数，由边界条件决定，其余符号同前。

（2）Ⅱ区（非沉陷区）

如图 9-9 所示，以 $O'$ 为坐标原点，建立坐标系 $x'O'y'$，则Ⅱ区（非沉陷区）地下管线的竖向微分方程为：

$$EI \frac{d^4 y}{dx^4} + k_v y = q_0 \tag{9-32}$$

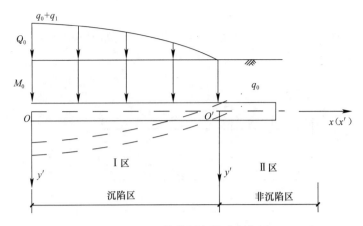

图 9-9　地下管线隔离体受力分析

上式的解为：

$$y'(x) = e^{\beta x'}(C\cos\beta x' + D\sin\beta x') + e^{\beta x'}(M\cos\beta x' + N\sin\beta x') + \frac{q_0}{K_v} \tag{9-33}$$

式中 $C$、$D$、$M$、$N$ 为常数，由边界条件决定，其余符号同前。

3. 基坑开挖引起地下管线的水平位移计算

基坑开挖打破了基坑土体原有的应力平衡，使得围护结构侧移，土体也随之发生侧移，必然导致地下管线发生向基坑内方向的侧移。可以把地下管线看成一水平方向的弹性地基梁计算其水平位移，方法类似于地下管线竖向位移的计算方法。

1）地下管线受力分析

基坑开挖时，地下管线发生向基坑内方向的侧移，达到新的平衡。此时，地下管线受到土体及地面超载的侧向压力及侧向地基反力，不考虑地下管线的自重及管内水重的影响。

地面超载对管线的侧向压力 $q_1$：

$$q_1 = K_h y = K_h(a'x^2 + b'x + c') \tag{9-34}$$

式中 $y$ 为地下管线土体水平位移曲线方程，取为抛物线形式，即 $y = a'x^2 + b'x + c'$。其中 $a'$、$b'$、$c'$ 由边界条件确定，得 $a' = -\delta_h/L^2$，$b' = 0$，$c' = 0$；

$\delta_h$ 为地下管线背向基坑侧处的土体位移量，取线性插值得 $\delta_h = \delta'_h(w-s)/w$；

$\delta'_h$ 为地下管线轴线所对应的围护结构水平位移；

$s$ 为地下管线初始位置到围护结构的距离。

2）地下管线水平位移微分方程的建立

在基坑开挖进行地下管线水平位移分析时，因基坑影响范围以外无水平位移，故可把基坑影响范围内管线看作一两端固定的短梁来考虑。地下管线侧向位移方程为：

$$EI\frac{d^4 y}{dx^4} = -k_h y + q_0 \tag{9-35}$$

式中 $k_h$ 为地基水平基床换算系数（kPa），为竖向基床换算系数的 1.5～2.0 倍。

3）地下管线水平位移微分方程的求解

水平位移修正项 $f_{cort2}$ 为：

$$f_{cort2} = \frac{1}{EI\beta^3}\int_0^x [K_h(a'z_2 + c') + q_0] \cdot \phi_4[\beta(x-z)]dz$$

$$= a'\left[x - \frac{2}{\beta^2}\phi_3(\beta x)\right] + c'\left[1 - \phi_1(\beta x)\right] \tag{9-36}$$

地下管线水平位移方程为：

$$y(x) = y_0\phi_1(\beta x) + \theta_0\frac{1}{\beta}\phi_2(\beta x) - \frac{M_0}{EI\beta^2}\phi_3(\beta x) - Q_0\frac{M_0}{EI\beta^3}\phi_4(\beta x) + f_{\text{cort2}} \tag{9-37}$$

式中　$y_0$——$O$ 端截面处竖向位移（m）；

$\theta_0$——$O$ 端截面处转角（rad）；

$M_0$——$O$ 端截面处弯矩（kN·m）；

$Q_0$——$O$ 端截面处剪力（kN）；

$y_0$、$\theta_0$、$M_0$、$Q_0$ 为常数，由边界条件决定，其余符号同前。

## 9.4　综合体的保护技术

现代化城市的地下铁道交通日益发展，但由于城市交通规划的时间局限性和既有城市布局的客观性，地铁不可避免会穿越既有设施。在这种情况下，地铁隧道的开挖会扰动既有建筑物桩基，影响既有建筑物的稳定和使用安全。本章总结了基坑施工过程中周边建筑物的保护措施。从预防的角度，目前有三种方法。一是进行预先注浆加固建筑基础。这种方法主要用于具有独立基础或条形基础的多层建筑物。二是采用隔断法来控制地层变形。隔断法是在已有建筑物附近进行地下工程施工时，为避免或减少土体位移与沉降变形对建筑物的影响，而在建筑物与施工面之间设置隔断墙予以保护的方法。隔断法可以用钢板桩、树根桩、深层搅拌桩、注浆加固、旋喷桩等构成墙体。墙体主要承受施工引起的侧向土压力和地基差异沉降所产生的负摩擦力。三是对已有建筑物基础托换。对已有建筑物基础以钻孔灌注桩、人工挖孔桩或树根桩予以加固，将建筑物荷载传至深处刚度较大的地层或隧道底部开挖影响以外的地层，以减小基础沉降量。

### 9.4.1　注浆加固技术

1. 注浆材料的选择

1）常用浆液的特点和性能

普通水泥作为灌浆材料的优点是强度高、价格便宜、注浆时调配简单、抗渗水性好，原材料取材容易。普通水泥也有一定的缺点，它属于颗粒性材料，它的可注性差，通常要求注入岩体的裂隙宽度不小于 0.14mm，如果注入有流动地下水的区域，那么水流速不得大于 190m/d，同时水泥的凝固时间长，往往需要较长时间才能达到一定强度，且容易出现沉淀析水。因而水泥作为注浆材料的应用在环境上有一定的局限性。为了调整凝固时间，通常往水泥浆液中添加一定比例的速凝剂，氯化钙和水玻璃是常见的两种水泥速凝剂，两种速凝剂的使用量各有不同，其中氯化钙的掺加量为水泥浆液重量的 1%～4%，水玻璃掺加量为水泥浆液重量的 2% 以下。水泥浆液的水灰比要根据灌浆地段的地下水含量、隧道周围岩石裂隙以及注浆压力等来确定，而且在注浆过程中，根据现场注浆情况不断变化要调整浆液的水灰比，注浆开始时水灰比多数较大，随着灌浆的注入水灰比逐渐变小。

水泥浆的浓度用水灰比表示，即 $W/C$。是水的重量与水泥重量之比，一般注浆常用水灰比：$W/C = 1.5:1 \sim 0.6:1$。$W/C$ 值愈大，浆愈稀，凝胶时间愈长，结石体强度愈低；反之，浆愈稠，凝胶时间愈短，结石强度愈高，但可注性愈差。稀浆通常采用的水灰比为 2：1 到 1：1 之间；稠浆为 0.8：1 至 0.6：1 之间。

水泥与水玻璃浆属水泥化学类浆液，简称 C-S 浆，是目前岩土灌浆加固工程中应用最为广泛的一种浆液。水玻璃俗称泡花碱。其分子式为 $Na_2O \cdot SiO_2$，一般注浆用水玻璃溶液的模数 $M=2.4\sim2.8$。水玻璃的浓度用"波美度"表示，即"$Be'$"，实际使用的多为 $30\sim45Be'$ 的水玻璃。$Be'=145-145/d$.

$C:S$ 称为水泥与水玻璃浆配合比，它是水泥浆的体积与水玻璃的体积之比。$C:S$ 用多大为好，应依据隧道周围岩土的缝隙大小，钻孔涌水量或吸水量的大小，渗透性系数大小以及所需的注浆范围、浆液的扩散半径等因素来确定。一般用 $C:S=1:0.4\sim1:1$，在此范围内，水泥与水玻璃浆液的凝固时间适中，浆液的晶体强度较高，特别是三天以内的早期强度较高。

凝固时间是从水泥与水玻璃两种浆液混合时开始到两种浆液停止流动为止的时间，凝固时间是注浆的一个重要参数，因为恰当的凝固时间可使注浆达到饱满度和强度要求，在缝隙比较发育且涌水量大的岩层中注浆，应该选用凝固时间短时配比。如果在同一次注浆所需时间较长时，应该先注凝胶时间稍长的混合浆液，而后注的浆液应该调整凝固时间稍短一点。那么影响水泥与水玻璃浆凝固时间的主要因素有水泥浆的水灰比、水玻璃的浓度、$C:S$ 比以及浆液的温度和水泥的质量等。水泥浆的水灰比愈小，水泥与水玻璃浆凝固时间愈短，水玻璃浆的用量最低不能小于水泥浆用量的 30%，否则，水泥与水玻璃浆混合浆液的早期强度会非常低，注浆时易被地下水冲走。

隧道结构注浆的目的是堵住围岩缝隙水和加固隧道围岩，而影响水泥与水玻璃浆液的凝固时间和结晶体强度的因素很多，在注水泥与水玻璃混合浆时，一定要选择最适宜的配比。因此，在施工前应先进行各项试验，并在实际注浆过程中不断调整配比。大部分施工过程中，只有用 $C:S$ 的值和外加剂掺量调节凝固时间。

$C-S$ 双液注浆一般选用磷酸氢二钠（$Na_2HPO_4$）作为外掺剂，它主要起到减缓浆液凝固的作用，磷酸氢二钠掺加量不得超过水泥用量的 2.5%。

2）常用注浆材料性能对比及适用条件

常用注浆材料的性能对比及适用条件　　　　　　　　　　　　　表 9-5

| 材料名称 | 优点 | 缺点 | 使用范围 |
|---|---|---|---|
| 普通水泥单液浆 | 可注入不小于 0.5mm 的裂隙及平均粒径大于 1mm 的砂层；凝固时间长，具有较长的可注期；注浆时能够得到较大的注浆量和注浆加固范围；胶结体具有较高的抗压、抗剪强度，能有效提高地层的承载能力；材料来源广，价格便宜 | 凝固时间不好调节，初凝时间长，容易被地下水稀释，影响其强度和堵水性能，因而不宜在水压高、流速大的条件下采用；颗粒粒径大，在致密的黏土和砂层中及微小裂隙条件下渗透困难；水泥的收缩率较大，不宜在对堵水要求很高的条件下采用 | 适用于节理、裂隙、溶隙发育地层、岩溶管道及中粗砂、砂砾石地层。要求水量小、水压低、裂隙宽、砂层颗粒直径大等地质条件下注浆 |
| 普通水泥-水玻璃双液浆 | 可注入大于 0.2mm 的裂纹及平均粒径大于 0.5mm 的砂层，可注性较好；凝固时间短，可灵活控制凝固时间，且早期强度高；浆液配置简单，易于操作，价格不贵 | 胶结体后期强度低，且受水长期浸泡会分解；晶体收缩率较大，不利于堵水；晶体耐久性能较差，对长期堵水和加固围岩不利；具有轻微的腐蚀性，对施工人员带来一定危害 | 适用于临时堵水、加固围岩和控制注浆加固范围以及止浆墙渗漏时的快速封堵 |

2. 注浆机理

1）概述

注浆是指采用一定机械辅助将水泥浆或化学浆等浆液压入指定工程实体中，以达到驱赶缝隙水，并在岩体缝隙中流动扩散、凝固，最后形成固体堵水帷幕为目的的过程。要想获得更加完美的注浆效果，首先就必须掌握受注工程实体的地质和水文地质情况，掌握其地下水的规律；其次还要了解所注的浆液材料的特性，并研究其在工程实体中的扩散流动的规律。前者是动力学所研究的内容，后者则是目前国际上正在研究的注浆理论。

注浆理论是研究浆液在工程实体中的流动规律，展示工程地质条件、注浆材料性质和注浆工艺之间的关系，为工程实例中的注浆工程设计和注浆施工提供科学的理论依据。

通常情况下，灌注的浆液在岩土中的流动规律和地下水的运动规律相似，只不过浆液的流变性与地下水不同，运动阻力相对较为复杂。当注浆采用粒状浆材时，浆液中的不稳定悬浮浆液将在一定条件下会在岩体空隙中发生颗粒沉淀，从而使得浆体的流动性发生较大变化。

如果灌浆采用黏稠浆液，由于黏稠浆液属于非牛顿体，浆液受到不同地层和压力的影响，其扩散的方式也不同，将其归纳起来可分为渗透注浆、压密注浆、劈裂注浆三种注浆理论，如图 9-10 所示。

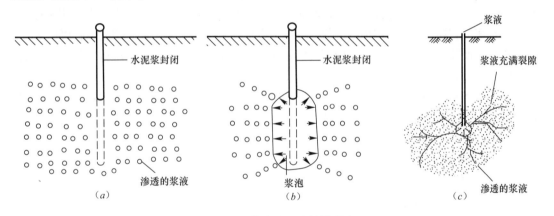

图 9-10　浆液的三种扩散形式

（a）渗透注浆；（b）压密注浆；（c）劈裂注浆

2）渗透注浆

黏稠浆液在注浆压力作用下克服阻力而渗入工程实体中的孔隙、裂隙中，使存在的工程实体的气体和水被排挤出去，浆液代替气体和水充填孔隙或裂隙，从而形成较为密实的实体，达到灌浆加固的目的。注浆压力越大，吸浆量及浆液扩散范围就越广。渗透注浆理论是假定在注浆过程中，所用的注浆压力相对较小，工程实体的结构不受到灌浆压力的扰动和破坏。

对于粒状浆材如水泥、膨胀土等材料，仅能注入细砂及以上的土层中大于 0.1mm 的孔隙或宽度超过 0.1mm 的裂缝；对于化学浆材，仅能注入粉土及以上地层（渗透系数 $k_\omega = 10^{-4} \text{cm/s}$，粒径为 0.01mm）中。

3）压密注浆

通过钻孔向工程实体中压入浓浆，随着工程实体的压密和浆液的挤入，将在压浆点周围形成浆泡，通过浆泡挤压邻近的工程实体，使工程实体被压密，承载力得到提高。通过此方法，可用于整治一些地面建筑物不均匀沉降产生的病害。压密注浆的特点是它对于软弱土层能起到比较好的密实作用。压密注浆一般在细砂地层中应用，也可用于有充分排水条件的黏土和饱和黏性土，还可以用来在隧道开挖时对邻近土体进行加固，但其加固效果一般，加固埋深浅，只能保证1m～2m范围，且需要加固地层上面有建筑物的压力约束。

4）劈裂注浆

劈裂注浆是浆液在高注浆压力作用下，将岩石或土体结构进行破坏和扰动，从而使岩石或土体中原有的孔隙或裂隙扩张成为新的裂缝或孔隙，从而增加工程实体的可注性和浆液的扩散范围。通常情况下，该劈裂注浆所需压力较大。

由于劈裂注浆是通过劈裂工程实体来达到充填浆液的，浆液与工程实体的接触面增加了，因此，劈裂注浆适合于工程实体体积较大的加固，尤其是在断层带较为发育的软弱岩层中，效果最好、最为突出。

5）注浆压力控制

在国际上一直存在两种关于控制注浆压力的观点。一种观点是"尽可能加大注浆压力"，另一种观点则是"尽可能减小注浆压力"，两种观点截然相反，但却各有各的理由。清华大学周维垣根据现场试验、取样检测试验并根据注浆压力及岩溶结构运动有限元法计算岩溶受力情况，提出了高压注浆能提高岩体结构的整体性、密实性、抗渗性的机制：

（1）在不破坏工程实体整体性的前提下，压力越大，水泥注浆就越能充填工程实体。

（2）在使用高压注浆时，可使得岩溶存在一定压缩量，产生一定的侧向压力，从而提高浆液的强度，并随着注浆深度的增加而增加。

（3）岩溶经注浆处理后，出现了较大的改变，与水泥注浆接触区出现许多钙化区，构成支持结构。

3. 注浆方式

1）按注浆施工时间分

注浆方式按时间先后顺序可分为预注浆和后注浆两种。预注浆方式又可分为分段式预注浆和全孔一次式注浆两种。

（1）预注浆

预注浆是指在地下隧道结构工程施工之前，预先进行隧道注浆加固充填裂隙，减少隧道涌水现象，加固围岩以利施工的方法，根据工作地点的不同它又可分为地面预注浆和工作面预注浆两种。

（2）后注浆

后注浆是在地下隧道结构工程开挖后，为减少渗水或涌水现象，通过充填或加固支护本身或围岩的方法以改善支护或围岩的抗渗性和强度的一种方法。

2）按注浆过程分

（1）分段注浆

可分为分段前进式和分段后退式注浆两种。所谓分段式注浆就是在一个设计的注浆段内，分开若干段分别进行注浆。从孔口开始注浆，往里分段进行注浆，称分段前进式。分段前进式注浆，适用于区间排水量大而集中，地层裂隙分布不均匀，岩石破碎塌方，易产生坍孔，钻孔非常艰难的地层。而从孔底往孔口分段进行注浆，则称为分段后退式。分段后退式注浆适用于水量小且分散，易成孔的地层，需要依靠止浆塞来实现。

（2）前进式分段注浆

前进式分段注浆施工工艺就是在施工过程中，实施钻一段、注一段，再钻一段、再注一段的钻、注交替方式进行钻孔注浆施工。每次钻孔注浆分段长度 4m 左右。前进式分段注浆可采用孔口管法兰盘进行止浆。前进式分段注浆钻孔注浆施工模式图解见图 9-11。

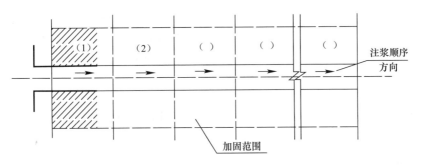

图 9-11 前进式分段钻孔注浆施工模式图

（3）后退式分段注浆

TSS 管补充注浆施工工艺采取后退式分段注浆，TSS 管采用 $\phi$42mm、$\delta$＝3mm 焊接钢管加工制作而成，前端加工成尖锥状并封死，在 TSS 管周体垂直钻设 $\phi$6～8mm 的溢浆孔，然后采用洗刀在溢浆孔位置洗出 $\phi$10～12mm 的台阶孔，采用胶粘剂将贴片粘在溢浆孔的洗孔位置，这样形成单向袖阀管，从而满足后退式分段注浆施工工艺要求。

进行 TSS 管后退式分段注浆施工时，首先将 TS-D 止浆塞及其他配套装置放入 TSS 管中，对底部一个注浆分段段长进行注浆施工，第一分段注浆完成后，反时针旋转芯管上的 TS-C 顶杆螺母，使止浆塞恢复到原状。将芯管后退一个分段长度进行第二分段注浆，如此下去，直到将整个注浆段完成。后退式分段注浆钻孔注浆施工模式图解见图 9-12。

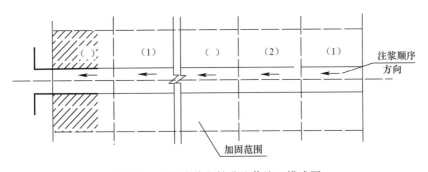

图 9-12 后退式分段钻孔注浆施工模式图

（4）全孔一次性注浆

它的机理是在设计的一个注浆段长内，先进行钻孔作业，然后在孔口位置设置止浆设备，然后进行注浆。它的施工工艺简单，工作量较小，但作用效果不如分段式好，不易控制浆液的流动，易造成浆液在地层里的不均匀扩散，它适用于裂隙不是很剧烈，但分布均匀，含水量较小的岩层。全孔一次性注浆钻孔注浆施工模式图解见图 9-13。

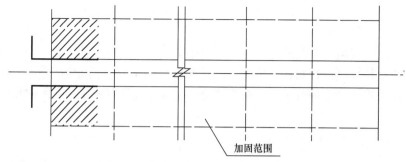

图 9-13　全孔一次性钻孔注浆施工模式图

3）按注浆管形状分

（1）钻杆注浆工法

钻杆注浆法是把钻机钻孔的钻杆充当注浆管而从钻杆前端注浆的一种方法，根据钻杆的数量不同又可分为单管钻杆注浆工法和双重管钻杆注浆工法。

① 单管钻杆注浆工法

钻杆为单层管时，在垂直注浆中工程应用较多，在水平注浆中应用较少，该注浆工法操作简便，而且效率高。通过钻孔结束后立即注浆的浆液来实现钻杆和地层间空隙充填密封。见图 9-14。

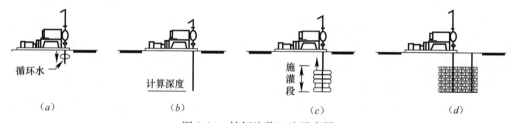

图 9-14　钻杆注浆工法示意图

（a）安装机具开始钻孔；（b）钻孔完成灌浆开始；（c）分段灌浆；（d）灌浆完成冲洗，移动

② 双重管钻杆注浆工法

双重管钻杆在钻杆前端装置具有特殊构造的前端注浆部分，分为内外两层，钻孔时，可通过内外管的使用同时起到两种浆液的压送、混合及注浆。此法可采用双液双注式的方法，通过瞬凝浆液的速凝效果，可起到注浆管周围的密封效果改善功能，从而提升注浆效果。双重管钻杆注浆系统见图 9-15。

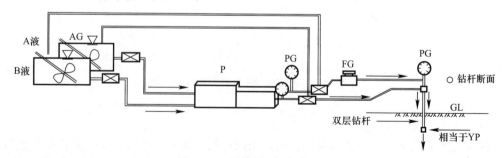

图 9-15　双重管钻杆注浆系统

（2）双层管双环塞注浆工法

该法是在钻孔成形后，拔出钻杆撤走钻机，然后向钻孔中插入一根套管。该套管每隔

40cm 左右开一个小孔即注浆孔。孔口外侧用起单向阀作用的橡胶圈包好。注浆时把两端都装有密封栓塞的注浆芯管插入外管内，在外界注浆压力作用下浆液从两组栓塞的中间经小孔胀开橡胶圈进入地层，慢慢提升或下降芯管，可实现逐段分层注浆。工作原理和施工顺序见图 9-16 和图 9-17。

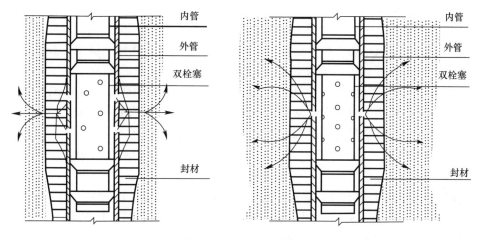

图 9-16　双环塞注浆原理

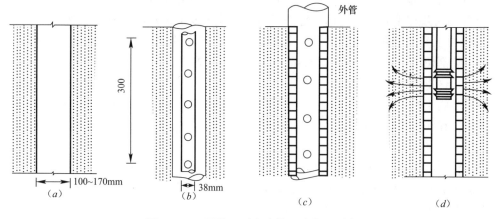

图 9-17　双层管双环塞注浆工法施工顺序

（a）钻孔插入上管；（b）插入外管；（c）注入封材引援外管（随后养生）；（d）插入双栓塞注入开始

（3）花管注浆

花管注浆是在钻孔成形后，取出出钻杆，插入一端为尖状，管壁上开有许多小孔的注浆管，然后进行注浆的方法。见图 9-18。

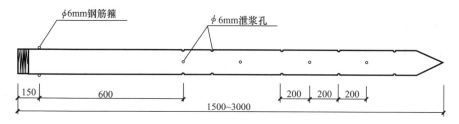

图 9-18　注浆花管示意图

4）注浆效果的评价

在我国，目前常用的单一评价方法主要包括：施工资料分析法、注浆量分布特征法、渗透系数测定法、波速测试法、标准贯入度法、干密度测试法、力学指标测试法、反算填充率法、钻孔取芯观察法、地质雷达法、CT透视法等11种。

（1）施工资料分析法

施工资料分析法就是通过利用现场施工记录的真实资料对隧道注浆加固做的一个初步效果评估，该方法要求现场的技术资料具有真实性和详细性。在地下隧道工程的注浆加固中，注浆压力控制的好坏是影响注浆施工效果的关键因素，然而影响注浆压力的原因很多，且非常复杂，目前我国通常主要是根据注浆前注水试验的数据和以往的施工经验确定。人们以往在注浆施工过程中常常把注浆压力控制在某一数值上，而未考虑注入压力的相对变化值，实质上后者反映了注入效果的好坏。一般说来：

① 压力重复升降，总趋势呈上升趋势，说明浆液在土体中形成劈裂或渗透浆液处于凝胶时间段；

② 注浆开始后压力不上升，甚至呈不断下降趋势，表明浆液外逸；

③ 压力上升后突然下降，表明浆液可能从注浆管的四周突然大量逸走，或注速过大，扰动土层，造成空隙薄弱部位突然坍塌；

④ 压力上升很快，而速度上不去，表明土层密实或凝胶时间过短；

⑤ 压力有规律上升，即使达到容许压力时注浆速度也正常，表明注入成功；

⑥ 压力上升又下降，然后又开始上升，并达到预定的要求值，这可以认为是第三种情况的空隙部位已被浆液填满，这种情况也表明注入成功。

首先，这里所说的注浆压力并不是泵的喷射输送压力，是指注入孔附近的地下浆液压力。但是在施工时，有些施工场合注入孔附近不能安装压力表，而对于这些特殊情形须安排施工单位在注入装置附近布置压力表，确保掌控注浆压力，在此基础上管理注浆过程，确保注浆成功和安全。

通过对隧道注浆过程中的注浆压力、注浆浆液浓度、空隙吸浆量等变化情况进行分析，绘制隧道注浆施工过程中的 $P\text{-}q\text{-}t$ 变化曲线，可以判断注浆工作是否正常进行。在施工过程中应根据现场注浆过程中的注浆压力和注浆速度变化情况作适当的调整，不能通过水泥袋的用量计算总体注浆量，因为水泥袋的用量不能准确反映注入岩体的浆液体积以及剩余在导管、设备、容器中的浆液体积总和。注浆量统计时应认真记录注浆机吸管头容器原有浆液体积、中间加入的浆液体积和容器最终剩余浆液体积这些数据，严格掌控实际注入岩土体中的总注浆量、注浆浆液的变化特性，并对施工工艺进行严格控制，以使岩土体实际注入理想的浆液量，保证围岩达到预期的固结强度和止水效果；同时如果注浆量异常超标时，如局部岩（土）体有空洞，则可以预先推测围岩地质条件的变异，从而事先调整施工工艺。因此通过实际注浆量和理论注浆量的比较，可有效地评估实际注浆质量和止水效果。

（2）注浆量分布特征法

注浆量分布特征法分为注浆量分布时间效应法和注浆量分布空间效应法两种方法，在效果评价时，该方法多作为选测项目进行测试，绘制的注浆量分布空间效果图。

在注浆量的核算时，注入量 $Q$，通常可以按式 $Q=Va$ 估算，式中，$V$ 为空隙量；$a$ 为注入率，正确地考虑 $a$ 对估算注入量至关重要，影响 $a$ 的因素较多，我们通常考虑的因素有以下几种：

① 注入压力决定的压密系数 $\alpha_1$

在把拌和好的浆液压送和注入过程中，由于注入压力的作用使得浆液产生密度变大的现象。这种加压浆液密度变大的现象，因浆液种类的不同而存在较大的差异。就单一浆液而言，为了使其流动性好需要保持具有一定的离析水。如果继续增加压力，则压密程度重新变大。此外，加压气体则因气体被压缩等原因，致使压密现象明显增大。另一方面，水玻璃类双液型浆液从 A、B 液混合至凝胶前的一段时间内被地下水稀释，而浆液凝胶后到硬化前的一段时间里发生压密现象。

总之，从回填注浆起到浆液固化止的这一段较长的时间内如果连续注浆，则可能出现下列现象：

（a）不增加气体压力的情形，在凝胶前的一般溶胶状态下不发生压缩；

（b）加气的情形下，A、B 液混合后，黏性降低直至凝胶止、黏性增大的一段时间内，一部分空气析出，致使体积减小；

（c）从凝胶开始到固结前的流动固结及可塑状固结的一段时间里，加压致使脱水压密；

（d）固结后的加压压密现象极小。

上述现象受浆液的组成、特别是有无加气、有无凝胶能力及凝胶时间的长短、有无可塑状固结及保持时间的长短、注入压力的高低及其他施工条件的影响，其差异较大。

② 土质系数 $\alpha_2$

浆液注入率与土质有密切的关系，作为同步注浆的土质而言，有硬土和软土之分，但主要是软土，盾构工法的对象几乎均为软土层，无论哪种土质均对注入率有一定的影响。例如，在硬土泥板岩层，尽管没有大的裂缝，浆液不会流失到周围土体中去，这时增加压力对液态浆液的注入影响不大。但是发生在开挖面上的漏失与土质无关，开挖面上的漏失损失仍然存在，硬土的场合下仍然存在一定的土质系数，$\alpha_2$（硬）$\neq 0$。

在软土层中，就浆液流失到空隙以外的周围土体中去的损失程度而言，还要加上因水泥砂浆中，惰性浆液类似的水分分离而出现向地层内的渗透量。假如双液浆液已达到完全混合，而且凝胶化状态也在规定的时间内开始，则渗透量可能比较少，但实际上双液注浆也很难达到 100％的完全混合。况且单液注浆的水泥乳剂会有相当量的损耗。从这一点来看，双液塑性注浆有其优越性。土层以黏土、粉砂土为主，渗透系数小粒径小的黏性土，优于以层砂、砾石为主、渗透系数大粒径大的砂质土。对砾石层来说，浆液漏失的现象更为明显。此外，事实表明加压浆液压密现象和周围土层的抗渗性有很大的关系，抗渗性越好，压密现象越小，土质系数越小。软土由于其抗剪强度较低，虽然同步注浆属于充填注浆，但是经常在某些地方出现裂缝，使局部出现劈裂注浆的效果，这样，注浆量就增加了，所以土质系数和土的抗剪强度有很大关系，抗剪强度越大则土质系数越小。

（3）施工损耗系数 $\alpha_3$

注浆管在盾构工法中大多是从盾构始发竖井附近的注浆泵开始，随着掘进的延伸持续到达竖井。在浆液从泵房被压送到注浆孔的途中，出现浆液损耗是不可避免的事。这表明和刚离开始发竖井时的浆液量相比，残留在注浆管道内的浆液量逐渐增多。例如每次注入量为 1000L，设隧道的全长为 1000m，则平均距离就为 500m，则注浆管内残留浆液量为 1000L，和注入量几乎相同。这样的事例并不少见，有时注浆过程中甚至发生注浆管内的残留浆液超过注入量的现象。为此，对注浆管内的残留浆液问题，必须严格进行施工管理，及时清理，此外还要考虑其他大的损耗。对于由坑外拌浆设备压送到放置在台车上的运浆车中，经坑内运输，用坑内注浆泵注入的坑内运输方式来说，不仅不用担心输浆管的堵塞问题，而且施工损耗系数大大减小。

（4）超挖系数 $\alpha_4$

这个系数是理论空隙量的修正值。超挖是施工时发生的现象，与浆液没有直接关系，但它与注入率关系非常大。超挖系数值的大小因工法、土质、有无曲线段及其他施工条件的不同而存在很大的差异。因为有超挖和蛇行带来的附加量的问题。如假设盾构全周超挖 lcm，其附加量因盾构直径大小及盾尾空隙多少有所差异，但总的说来将增加设计量的 $10\%$～$13\%$ 左右。

综上所述，用数值表示注入量 $\alpha$ 非常困难，至今许多工程单位仍把施工实际和经验作为大致的选定目标，具体数据参考表 9-6。

注浆率系数表　　　　　　　　　　　　　表 9-6

| 符号 | 因素 | | 推算的增加比例范围 | 设定系数 |
| --- | --- | --- | --- | --- |
| $\alpha_1$ | 注入压力产生的压缩 | 加气 | 1.3～1.5 | 0.4 |
| | | 不加气 | 1.05～1.15 | 0.1 |
| $\alpha_2$ | 土质 | | 1.1～1.6 | 0.35 |
| $\alpha_3$ | 施工损耗 | | 1.1～1.2 | 0.1 |
| $\alpha_4$ | 超挖 | | 1.1～1.2 | 0.15 |

如上所述，超过设计量的注浆是非常必要的。但是，不能因为注入了超量的浆液就能够确保隧道结构达到了充分注浆效果。

注浆量是注浆结束的衡量标准之一，在不同时期采取不同的控制标准。在前期中注浆孔以单孔注浆量控制为主，压力为辅，当单孔注浆量达到设计单孔注浆量时，即可换孔注浆；后期注浆孔则以终压控制为主，注浆量为辅。当达到终压时，当注浆孔注入率小于 60L/min 时，可再延时 20～30min，即可结束注浆。

通过绘制注浆量分布时间效应图，将注浆量分布时间效应图分成前期单序孔部分和后期双序孔部分两部分，明显单序孔注浆量要比双序孔注浆量大，这和预期的挤压填充注浆设计原则一致，即注浆时采用跳孔注浆，单序孔注浆之后再进行双序孔的注浆。通过绘制注浆量分布空间效应图开挖轮廓线外三圈孔注浆量总体是均布的，上部拱顶处较大，这主要是由于上部存在较大的空腔所致，这和水压测试时所分析的溶洞体型态一致。由注浆量分布情况来看，两侧拱腰处明显存在着薄弱区，对此，这应在补孔注浆及检查孔施工时重点强化处理。注浆量分布比较均匀，注浆量大的孔和注浆量小的孔基本呈间隔状，这是由于注浆方式采取了跳孔注浆原则，这和预期的挤压填充注浆设计原则相一致，注浆后地层得到了较好地加固。下排孔注浆量明显较小，这主要是由于下部砂层为原状地层，受扰动小、含砂量较大，浆液主要通过紊流注入地层，填充粉细砂层空隙。右侧孔较左侧孔注浆量大，这与钻孔过程所揭示的地质情况相吻合，右侧溶洞发育范围大，较左侧先进入砂层地段，并且地层含水、含砂量也比左侧大，对此，这应在补充注浆与开挖过程中引起重视。

（5）渗透系数测定法

注浆后地层的渗透系数下降，是注浆加固见效的重要表征。确定渗透系数的方法有室内试验、现场试验两种。室内实验有常水头渗透试验（适于砂类土样）和变水头试验（适于原状黏土试样）两种。现场试验有抽水试验、注水试验、重锤试验法、竖井内小径水平钻孔集水法、选用经验值等方法。

（6）波速测试法

波速测试法有横波、纵波和瑞雷波三种波的测试。本次波速测试是对土体的横波波速进行研究，对比注浆前后土体的横波波速的变化。

① 现场施工情况描述及基础数据

② 声波纵波传播速度的测试

声波经过孔内流体（耦合介质）传播到孔壁介质中，孔壁岩石中的传播是弹性波在介质中的传播过程，用声波测试仪器以数字化形式把每个测试点的声波全波波形记录下来，从广义声学信号的角度上看，波形中携带了大量孔

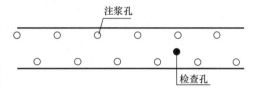

图 9-19　单孔法检测注浆效果示意图

壁介质的地质信息或力学信息，如裂缝、破碎、软弱夹层、裂隙等。从力学性质上看，声波传播速度高，表明岩石的性状好，强度大；反之较差。

③ 声波横波传播速度的测试

纵波的波速测试需要有孔内流体耦合，因耦合流体的横波波速大于土体的波速，故在土体横波波速的测试当中，不能有耦合流体的存在，否则会造成待测土体所测得的波速增大。

④ 声波波形的动力学特征

声波波速反映的是弹性波的运动学特征，声波波幅反映的是弹性波的能量关系，即动力学特征。一般来说，在相同物理条件下如保持声学探头的性质不变，发射功率不变，仪器的衰减增益不变，振幅高，表明孔壁岩石完整，强度好；振幅低，表明孔壁岩体风化强烈，或破碎，或架空。

⑤ 判别依据

试验要求：注浆前、后对比试验；单侧肥槽回填土每 100m 布置一个波速检测孔进行单孔检层法波速试验，测试采用横波，要求横波波速提高 20～30m/s。验收合格标准：加固后的回填土平均横波速≥170m/s；回填土横波速最小值≥150m/s（参考值）。

⑥ 小结

由于声波测试法测试土体的注浆效果尚无量化指标进行评价，因此先对现场加固体进行试验，得出评价注浆效果的量化指标，再对土体的注浆效果进行评价。经注浆前后波速测试对比并与其他检测方法相结合综合评价可知，注浆效果明显，但仍有部分区域浆液渗入量未达到要求，需补浆。

## 9.4.2　托换技术

对于已发生沉降和倾斜的建筑物，可进行纠偏和基础托换。

托换技术（或称为基础托换）是指解决对原有建筑物的地基需要处理和基础需要加固的问题，和解决对原有建筑物基础下需要修建地下工程以及邻近需要建造新工程而影响到原有建筑物的安全等问题的技术总和。

托换技术的起源可以追溯到古代，但是托换技术直到 20 世纪 30 年代兴建美国纽约市的地下铁道时才得到迅速发展。托换技术在我国是一种新兴技术，其包括的系统内容繁

杂，体系众多。基本托换方式有基础加宽托换、坑式托换、桩式托换、灌浆托换、纠偏托换等，本节就其中几种主要托换方式加以详细描述。

1. 基础加宽托换

基础加宽的主要原理是通过增大基底接触面积从而有效降低其压力，加宽方法一般采用混凝土套或者钢筋混凝土套，应用时应注意将加宽的部分与基础原有部分做好无缝对接。在实际应用中，通常用钢筋锚杆作为连接，在连接前要做好原有基础的处理工作，对原有基础进行凿毛、刷洗，铺一层高强度等级水泥浆层，使加宽部分与原有的混凝土能较好地成为一体。注意对锚固钢筋的刚性基础和柔性基础做好计算，施工时可以针对不同的刚性和柔性做好相应的措施。加宽连接时，若有条件也可以把锚固钢筋与原有的钢筋基础焊牢，增加其稳固性。加宽时应根据基底不同使用不同的方式，如承受偏心荷载的条形基础可用单面肩宽；承受中心荷载的为双面加宽；还有整版加宽、周边加宽等。

2. 坑式托换

坑式托换也是基础托换方式的一种，它属于基础加深方法。坑式托换是直接在被托换的建筑物、构筑物基础下方进行挖坑，然后浇筑混凝土的托换方法，也称墩式托换，可使建筑物既能够增大埋置深度，也能增加基础的支承力。实际操作中，应当根据被托换建筑物的自身荷载和地下基础承载力而开挖，充分考虑到以上因素后在局部基础下临时无支撑是可行的，无需添加临时支撑。坑式托换适用于地下水位低、基础为条形的情况，水位低可以有效防止施工时邻近水土的流失，基础为条形便于调整荷载。

3. 桩式托换

1）压入桩托换

压入桩托换包括顶承式静压桩和自承式静压桩。静压桩托换是近年从国外引进的技术之一，主要应用于房屋建筑，现已发展应用到高速公路的结构物基础加固。其主要原理是利用原有建筑物、构筑物的自身重量作为反力将桩体逐渐压入地基中，从而达到将桩和原来基础紧固在一起。对建（构）筑物托换后，用混凝土对承台进行浇筑用来承载基础上部荷载，从而迅速防止建构物进一步发生沉降、加固地基。

2）树根桩托换

或称微型桩，是指一种小直径的就地灌注钢筋混凝土桩。树根桩托换可以应用于已有建筑的房屋、桥梁；或者地下铁或土坡加固等，适用于砂性土、黏性土、岩石等各类型地基土。

4. 灌浆托换

灌浆托换也是国外引进的技术之一，在国外的地基土加固中属于常用方法，填充材料有化学浆材，水泥和水玻璃浆材，其中化学浆材由于其具有毒性而使用较少，无毒的水泥和水玻璃浆材普遍较受欢迎。按照加固原理可分为渗透灌浆、劈裂灌浆和压密灌浆；按照浆材的品种可分为硅化灌浆托换、水泥灌浆托换、碱液灌浆托换和高压喷射灌浆托换。

5. 纠偏托换

我国地域辽阔，地理环境复杂，各个城市因地域不同地基条件差别较大、区域性较强。我国的土层构成也有很多种，其中主要的包括软土、黄土（湿陷性）、膨胀土、杂填土、山区地基等，这些土层大多都不适合施工，建（构）筑物在这类土层上的建造容易产生因不均匀的沉降而导致的倾斜和开裂，针对这种原因采取的托换方法就叫纠偏托换。纠偏托换大致分类：加压纠偏、掏土纠偏、顶升纠偏、浸水纠偏。

### 9.4.3 隔断技术

隔断就是在地层中引入结构单元来加强地层结构。这种结构单元不是在建隧道的一部分，与被保护的结构也没有联系。隔断可由钢板桩、地下连续墙、树根桩、深层搅拌桩和挖孔桩等构成，主要用于承受由地下工程施工引起的侧向土压力和由地基差异沉降产生的负摩阻力，它能阻断由于隧道开挖引起的围岩应力的传播，使应力通过桩体传递到下面的持力层中，即隔断了岩层中变形的传递，从而达到降低开挖对建筑物基础累积沉降及差异沉降量的影响。还需注意，隔断墙本身的施工也是近邻施工，故施工中要注意控制对周围上体的影响。

## 9.5 本章小结

21世纪我国地下空间开发利用将进入大规模发展期，综合利用地质环境资源，避免城市地质环境问题的影响和危害已成为全社会关注的焦点问题之一。本章根据国内外城市地下空间开发利用状况，从各类城市地下空间开发利用特征出发，系统分析了地下空间开发利用所致的环境效应及其对城市建设和工程建筑的危害，总结了周围环境改变对综合体结构、变形的影响，并提出了注浆加固技术、托换技术等城市综合体的结构保护技术。

# 参 考 文 献

[1] 李志高. 地下综合体深基坑施工环境影响及保护研究. 同济大学博士学位论文, 2006. 05.
[2] 高文华. 基坑变形预测与邻近建筑及设施的保护研究. 湖南大学博士后出站报告, 2001. 12
[3] 仇文革. 地下工程近接施工力学原理对策的研究. 西南交通大学博士学位论文, 2003. 6.
[4] 冯海宁. 顶管施工环境效应影响及对策. 浙江大学博士学位论文, 2003. 5.
[5] 赵荣欣. 软土地基基坑工程的环境效应及对策研究. 浙江大学博士学位论文, 1999. 12.
[6] 刘浩. 地下建构筑物上方卸荷的影响研究. 同济大学硕士学位论文, 2005. 3.
[7] 刘建航, 刘国彬, 范益群. 软土工程中时空效应与实践（上）. 地下工程与隧道, 1999. 3.
[8] 刘建航, 刘国彬, 范益群. 软土工程中时空效应与实践（下）. 地下工程与隧道, 1999. 3.
[9] 刘国彬, 黄院雄. 考虑时空效应的等效土体水平抗力系数的取值研究. 土木工程学报, 2001. 6.
[10] 黄玉圣. 深基础工程的环境监测与分析. 建筑施工, 1997. 2.
[11] 高文华, 杨林德, 沈蒲生. 基坑变形预测与周围环境保护. 岩石力学与工程学报, 2001, 20 (4): 555-559.
[12] 曾国熙, 潘秋元, 胡一峰. 软黏土地基基坑开挖性状的研究. 岩土工程学报, 1988, 3 (10): 25-29.
[13] 张弘怀, 郑铣鑫. 城市地下空间开发利用及其地质环境效应研究. 工程勘察, 2013, 7: 45-49.
[14] 潘军刚. 隧道近接施工引起邻近既有桩基的内力和变形研究. 山东科技大学硕士论文, 2007.
[15] 刘俊. 盾构隧道施工对邻近桩基的变形影响研究. 西南交通大学硕士论文, 2013.
[16] 章荣军. 土体开挖引起的邻近受荷桩基附加响应分析. 华中科技大学博士论文, 2011.
[17] 童伟. 深基坑开挖对邻近既有隧道力学效应影响规律研究. 西南交通大学硕士论文, 2013.
[18] 韩金田. 复合注浆技术在地基加固中的应用研究. 中南大学博士论文, 2007.
[19] 王晓亮. 地下工程注浆效果综合评价技术研究. 北京市政工程研究院硕士论文, 2009.
[20] 路刚. 地铁建设中桩基托换技术应用研究. 天津大学硕士论文, 2007.
[21] 毕经东. 地铁施工中的桩基托换技术研究. 石家庄铁道学院硕士论文, 2007.
[22] 李辉. 深基坑邻近建筑物的加固方法及加固机理研究. 西安科技大学硕士论文, 2011.

# 第10章 工程实例

## 10.1 杭州武林广场地下商城工程

武林广场地下商城项目位于杭州市中心武林广场处，开发规模大，周边环境复杂，是杭州市少有的地下综合体，开挖过程中需考虑在土压力和承压水共同作用下基坑安全稳定，并保证地下结构封底后结构不会上浮；还需考虑控制开挖过程中围护结构的变形以保护地铁区间、浙江省展览馆等特定建（构）筑物。该项目具有典型性和示范性。

### 10.1.1 工程概况

杭州武林广场地下商场（地下空间开发）项目建设规模为地下建筑面积 9.4 万 $m^2$，共三层，总投资约为 12 亿元人民币，建设地址位于杭州武林广场，计划于 2016 年建成。

杭州武林广场地下商城项目位于武林广场地块内，用地面积为 3.98 公顷。本工程除局部出地面风亭、楼电梯出入口外，均为地下建筑，共地下三层。该地块北侧紧邻浙江省展览馆（最小净距 17.0m）；东面为浙江省电信分公司（最小净距 30.0m）；西侧为杭州大厦及杭州剧院（最小净距为 33.6m）；南侧为体育场路，东北角为地铁武林广场站，车站站厅层与本项目地下二层相接。已建成的地铁 1 号线明挖区间以及与本工程同期实施的地铁 3 号线隧道区间均在本工程地下三层穿过。

地下商城主体结构南北向长约 190m，东西向长约 220m，基坑面积为 36794.5$m^2$。主体结构整体不设变形缝。地下一、二层为地下商业，地下三层为机械停车库层。地下一层总建筑面积为 35000$m^2$（商业餐饮），地下二层总建筑面积为 31000$m^2$（商业餐饮），地下三层总建筑面积为 28000$m^2$（地下停车场及地铁区间）；下穿地铁 3 号线区间面积为 3100$m^2$。地下室顶板覆土厚度 1.5~5.2m。地下三层的层高分别为：地下一层 6m，地下二层 5.4m，地下三层除地铁 1 号线及 3 号线区间以及区间之间的部分，层高为 7.5m。两区间之间的部分层高 7.5m，已建成的地铁 1 号线和地铁 3 号线区间总高为 13m。地下一层上局部夹层层高为 2.9~3.1m。地铁 3 号线区间结构下基础底板底埋深为 27m，其余底板埋深为 23m。

在地下商城的地下一层拟共设 3 个地下出入口过街通道：在西南侧（2 号出入口）以及东南侧（3 号出入口）设置 2 条地下通道与体育场路的过街通道相连接，同时在西侧设置 1 号出入口过街通道下穿广场西通道。另在地下商城的地下三层东北侧考虑远期预留一个地下通道接口。

1. 场地地质条件

本场区内地基土根据其沉积年代、成因类别和强度特征可分为 12 个工程地质层，细分为 25 个工程地质亚层，各岩土层的岩性特征自上而下描述如下：

①$_1$ 层：杂填土，杂色，松散，稍湿。主要成分为碎块石、混凝土、三合土等，含量

图 10-1 工程地理位置图

一般大于 30%，直径大小不均，一般 2.00～15.00cm 为主，下部含量变少，黏性土含量变高。全场分布。

①₂层：淤填土，灰色—深灰色，松软（软塑—流塑），湿。主要成分为淤泥混少量碎砾石、碎砖、碎混凝土等，含量一般小于 20%，径小于 3.00cm。局部含少量黏性土。大部分地段分布。

②₁层：粉质黏土，黄灰色—灰色，软塑—可塑，饱和。含氧化斑，局部粉性稍强，性质近黏质粉土状。无摇振反应，稍有光泽，干强度中等，韧性中等。局部地段分布。

②₂层：黏质粉土，黄灰色—灰色，稍密，局部呈中密状，饱和。含云母片，黏粒含量稍高，局部为粉质黏土含少量砂质。摇振反应迅速，无光泽反应，干强度低，韧性低。局部地段分布。

③层：淤泥质黏土，灰色，流塑，饱和。局部夹少量粉土薄层。无摇振反应，有光泽，干强度中等，韧性中等。全场分布。

⑤₁层：淤泥质粉质黏土夹粉土，灰色，流塑，饱和。含少量有机质和腐殖物，夹较多粉土薄层，局部粉土富集，含少量贝壳碎屑。无摇振反应，稍有光泽，干强度中等，韧性中等。全场分布。

⑤₂层：淤泥质粉质黏土，灰色，流塑，饱和。含少量有机质和腐殖物，局部夹少量粉砂或粉土薄层，含少量贝壳碎屑。无摇振反应，稍有光泽，干强度中等，韧性中等。全场分布。

⑥₁层：粉质黏土夹粉土，灰黄，局部夹青灰色，可塑，饱和。含较多氧化斑，夹30%左右粉土薄层，厚层 0.20～0.50cm。无摇振反应，稍有光泽，干强度中等，韧性中等。局部地段分布。

⑥₂层：黏土，栗黄色，硬可塑，饱和。含较多氧化斑和结核，性质较好，为超固结土，可见少量竖向裂纹。无摇振反应，有光泽，干强度高，韧性高。全场分布。

⑦层：粉质黏土，灰色，软塑，饱和。含少量腐殖物，偶含砂。无摇振反应，稍有光泽，干强中等，韧性中等。部分地段分布。

⑧₁层：粉质黏土，灰绿色，褐灰色，青夹黄，可塑，饱和。质不均一，局部粉砂含量较高。无摇振反应，稍有光泽，干强度中等，韧性中等。大部分地段分布。

⑧₂层：粉砂，色较杂，以绿灰色、浅灰色、灰黄夹绿色为主，中密，饱和。主要成分为长石、石英，云母次之，含少量砾，局部含砾达30%左右。局部分布。

⑨层：黏土，灰色，褐灰色，软塑—可塑，饱和。局部含少量砂质，含少量腐木屑。无摇振反应，有光泽，干强高，韧性高。局部地段分布。

⑩₁层：粉质黏土，浅灰色，绿灰夹黄色，肉红夹青，可塑，饱和。粉黏含量较高，局部以粉砂为主。无摇振反应，稍有光泽，干强度中等，韧性中等。局部地段分布。

⑩₂层：粉砂，色较杂，以浅灰色、绿灰色为主，中密，饱和。质不均一，主要成分为长石、石英，云母次之，含少量砾，局部含砾10%~30%。局部地段分布。

⑩₃层：圆砾，色较杂，以灰黄、青灰色为主，中密—密实，饱和。砾石一般以圆形—次圆形为主，成分以石英砂岩、凝灰岩为主，砾径一般为0.50~3.00cm，少量大于6.00cm。含量40%~55%不等。大部分地段分布。

⑪层：黏土，灰褐色，青灰色，可塑，局部软塑，饱和。无摇振反应，有光泽，干强度高，韧性高。个别地段分布。

⑫₁层：全风化泥质粉砂岩，灰绿色夹紫红色，岩性风化成土状及砂砾状，手易捏碎，具塑性。局部分布。

⑫₂层：强风化泥质粉砂岩，紫红色，岩性风化强烈，岩芯呈柱状，手易折断。

⑫₃层：中风化泥质粉砂岩，紫红色，岩芯呈碎块或短柱状，属极软岩，含少量砾，遇水易软化。局部分布。

⑬₁层：全风化凝灰岩，灰绿色为主，局部混紫红色，岩石风化成土夹砂砾状，手易捏碎，灰绿色多为火山灰成分。大部分地段分布。

⑬₂ₐ层：强风化（绿色）凝灰岩，灰绿色，多夹紫红色，岩石风化强烈，岩芯呈碎块状、柱状，岩芯取出后失水易开裂。成分以火山灰为主。主要分布于场地西北角，杭州大厦附近。

⑬₂ᵦ层：强风化晶屑熔结凝灰岩，棕红夹少量灰绿色，岩芯呈短柱状与碎块状，可见晶屑和少量角砾。火山灰含量少。大部分地段分布。

⑬₂ᵧ层：强风化凝灰岩，灰绿夹灰，少量棕红色，岩石风化强烈，火山灰含量高，有滑感，岩芯取出后多呈短柱状和碎块状，易开裂，风化不均一，夹较多中风化岩块。主要分布于场地西北角杭州大厦附近。

⑬₃层：中风化晶屑熔结凝灰岩，棕红色，岩石呈大块状，岩芯取出时多呈碎块或短柱状。岩质致密坚硬，性稍脆，凝灰质结构，块状构造，熔结程度低。岩芯裂隙稍发育，多呈张性，节理裂隙面多见石英薄片。大部分地段分布。

2. 水文地质条件

场地地下水主要为第四系松散岩类孔隙性潜水、承压水和基岩裂隙水三大类。

孔隙性潜水存在于本工程场地浅部地层的地下水性质属松散孔隙型潜水，主要赋存于1层填土、2层粉质黏土和黏质粉土中，水量较小，连通性稍好。详勘期间在勘探孔内测得地下水位埋深在现地表下1.10~2.80m，相当于85国家高程的4.33~5.71m之间。该层潜水主要受大气降水及地下同层侧向径流的补给，以竖向蒸发及侧向径流方式排泄，由

表 10-1

土层物理性质指标

| 层号 | 岩土名称 | 物理性质指标 | | | | | | | | | | 渗透（室内） | |
| | | 含水量 $w$ | 天然重度 $\gamma$ | 土粒比重 $G$ | 饱和度 $S_r$ | 孔隙比 $e$ | 液限 $w_L$ | 塑限 $w_P$ | 塑性指数 $I_P$ | 液性指数 $I_L$ | 有机质含量 | 垂直渗透系数 $K_v$ | 水平渗透系数 $K_h$ |
| | | % | kN/m³ | | % | | % | % | % | | % | E⁻⁶cm/s | |
|---|---|---|---|---|---|---|---|---|---|---|---|---|---|
| ①₁ | 杂填土 | | | | | | | | | | | | |
| ①₂ | 淤填土 | | | | | | | | | | | | |
| ②₁ | 粉质黏土 | 28.3 | 19.4 | 2.71 | 95.8 | 0.796 | 33.9 | 20.4 | 13.5 | 0.55 | | 0.55 | 0.22 |
| ②₂ | 黏质粉土 | 27.0 | 19.4 | 2.70 | 95.1 | 0.762 | 30.4 | 21.7 | 8.7 | 0.43 | | 7.75 | 15.65 |
| ③ | 淤泥质粉土 | 47.7 | 17.4 | 2.74 | 97.7 | 1.332 | 45.8 | 24.1 | 21.7 | 1.12 | | 0.03 | 0.03 |
| ⑤₁ | 质粉质黏土夹 | 31.8 | 18.8 | 2.71 | 95.6 | 0.900 | 28.1 | 18.6 | 9.5 | 1.53 | 4.48 | 1.49 | 2.84 |
| ⑤₂ | 淤泥质粉质黏土 | 39.8 | 17.8 | 2.72 | 95.2 | 1.139 | 38.0 | 21.2 | 16.9 | 1.12 | 4.50 | 0.50 | 0.55 |
| ⑥₁ | 粉质黏土夹粉土 | 29.7 | 19.4 | 2.72 | 97.9 | 0.825 | 35.7 | 19.8 | 15.9 | 0.63 | | 0.06 | 0.44 |
| ⑥₂ | 黏土 | 31.3 | 19.2 | 2.74 | 97.9 | 0.873 | 45.7 | 24.0 | 21.6 | 0.36 | | 0.03 | 0.04 |
| ⑦ | 粉质黏土 | 34.4 | 18.9 | 2.72 | 98.4 | 0.942 | 37.1 | 20.6 | 16.5 | 0.84 | | | |
| ⑧₁ | 粉质黏土 | 24.5 | 19.9 | 2.71 | 95.3 | 0.695 | 31.0 | 18.8 | 12.2 | 0.53 | | | |
| ⑧₂ | 粉砂 | 21.7 | 19.8 | 2.67 | 89.6 | 0.646 | | | | | | | |
| ⑨ | 黏土 | 35.7 | 18.3 | 2.73 | 94.2 | 1.041 | 43.2 | 24.0 | 19.3 | 0.59 | | | |
| ⑩₁ | 粉质黏土 | 24.0 | 20.1 | 2.71 | 95.4 | 0.681 | 29.7 | 17.1 | 12.6 | 0.61 | | | |
| ⑩₂ | 粉砂 | 16.8 | 21.0 | 2.68 | 91.8 | 0.491 | | | | | | | |
| ⑩₃ | 圆砾 | | | | | | | | | | | | |
| ⑪ | 黏土 | 31.3 | 19.2 | 2.73 | 97.4 | 0.879 | 43.2 | 23.9 | 19.3 | 0.39 | | | |

表 10-2

## 地层力学性质指标

| 层号 | 岩土名称 | 压缩系数 $a_{0.1-0.2}$ MPa$^{-1}$ | 固结系数 $C_v$ E$^{-3}$ cm$^2$/s | 先期固结压力 $P_c$ kPa | 压缩模量 $E_s$ MPa | 压缩指数 $C_{c0.3}$ | 回弹指数 $C_s$ | 直接快剪 黏聚力 C kPa | 直接快剪 内摩擦角 φ ° | 固结快剪 黏聚力 C kPa | 固结快剪 内摩擦角 φ ° | 三轴 UU 黏聚力 $C_{uu}$ kPa | 三轴 UU 内摩擦角 $\varphi_{uu}$ ° | 三轴 CU 黏聚力 $C_{cu}$ kPa | 三轴 CU 内摩擦角 $\varphi_{cu}$ ° | 三轴 CU 黏聚力 $C'_{cu}$ kPa | 三轴 CU 内摩擦角 $\varphi'_{cu}$ ° | 无侧限 原状土抗压强度 $q_u$ kPa | 无侧限 重塑土抗压强度 $q'_u$ kPa | 灵敏度 $S_t$ |
|---|---|---|---|---|---|---|---|---|---|---|---|---|---|---|---|---|---|---|---|---|
| ①₁ | 杂填土 | | | | | | | | | | | | | | | | | | | |
| ①₂ | 淤填土 | | | | | | | | | | | | | | | | | | | |
| ②₁ | 粉质黏土 | 0.245 | 3.8 | 140.0 | 5.0 | 0.178 | | 19.0 | 9.0 | 20.0 | 11.0 | | | 30.0 | 14.0 | 17.5 | 19.0 | | | |
| ②₂ | 黏质粉土 | 0.151 | 9.6 | 150.0 | 8.0 | 0.128 | | 14.0 | 20.0 | 9.0 | 26.0 | | | | | | | | | |
| ③ | 淤泥质黏土 | 0.981 | 0.25 | 96.4 | 1.5 | 0.425 | 0.043 | 12.0 | 5.0 | 10.0 | 10.0 | 14.0 | 2.0 | 11.0 | 10.0 | 7.0 | 15.0 | 23.2 | 8.0 | 2.90 |
| ⑤₁ | 质粉质黏土夹 | 0.335 | 4.6 | 180.0 | 4.5 | 0.267 | 0.035 | 10.0 | 12.0 | 9.0 | 17.0 | 17.0 | 3.0 | 10.0 | 17.0 | 8.0 | 20.0 | 25.2 | 6.0 | 4.2 |
| ⑤₂ | 淤泥质粉质黏土 | 0.717 | 0.73 | 219.5 | 3.0 | 0.340 | 0.038 | 15.0 | 5.0 | 10.5 | 12.5 | 21.5 | 2.4 | | | | | 47.0 | | |
| ⑥₁ | 粉质黏土夹粉土 | 0.284 | 2.1 | | 8.0 | 0.240 | 0.033 | 36.0 | 7.0 | 25.0 | 15.0 | | | 33.0 | 14.0 | 23.0 | 20.0 | | | |
| ⑥₂ | 黏土 | 0.253 | 2.7 | 467.0 | 10.5 | 0.228 | 0.030 | 45.0 | 9.0 | 40.0 | 12.5 | 52.5 | 4.6 | 42.0 | 12.0 | 28.0 | 23.0 | | | |
| ⑦ | 粉质黏土 | 0.403 | | | 6.5 | | | 30.0 | 5.0 | 23.5 | 11.0 | 20.0 | 2.5 | | | | | 120.00 | | |
| ⑧₁ | 粉质黏土 | 0.208 | | | 10.0 | | | 35.0 | 16.0 | 30.0 | 20.0 | | | | | | | | | |
| ⑧₂ | 粉砂 | 0.117 | | | 16.0 | | | 4.0 | 33.0 | 4.0 | 34.0 | | | | | | | | | |
| ⑨ | 黏土 | 0.373 | | | 7.0 | | | 26.8 | 5.0 | 25.0 | 10.0 | 26.0 | 4.0 | 24.0 | 12.0 | 15.0 | 18.0 | | | |
| ⑩₁ | 粉质黏土 | 0.204 | | | 12.5 | | | 51.7 | 14.7 | 24.0 | 19.5 | | | | | | | | | |
| ⑩₂ | 粉砂 | 0.125 | | | 18.0 | | | 5.0 | 32.5 | 8.0 | 32.5 | | | | | | | | | |
| ⑩₃ | 圆砾 | | | | >25 | | | | | | | | | | | | | | | |
| ⑪ | 黏土 | 0.342 | | | 12.0 | | | 34.5 | 11.0 | 35.0 | 14.0 | | | 13.0 | 29.4 | 6.0 | 31.9 | | | |

于场地表部多为混凝土地坪或沥青路面，地下水管网多为水泥材质，雨季汇水多流入地下管网进入河流等地表水系中，地下水基本为封闭和半封闭状态，其水位随季节性变化不明显。据区域水文地质资料，年均变化幅度值约 1.00m。

场地中部为松散孔隙型承压水，主要赋存于⑩₂层粉砂、⑩₃层圆砾。其含水层顶标高为 -34.19～-30.83m，含水层厚度为 0.6～5.9m，地下水水量丰富（单井开采量约 1000～3000m³/d），联通性好。主要受同层侧向地下水补给。地下水水位较为稳定。本次勘察 Z18 号孔测得承压水含水层（粉砂、圆砾层）水头埋深约在地表下 6.25m，相当于高程 0.58m，承压水头 35.0m。据工程经验，该层地下水对桩基施工基本无影响，但对地下室施工及使用有一定影响。

场地深部为基岩裂隙水，主要赋存于 12 层和 13 层风化基岩的裂隙之中，通过钻探时揭示，该场地内基岩泥质、凝灰质含量高，风化裂隙不甚发育，相对上部承压水而言为隔水层，地下水水量极小，地下水联通性极差，其主要受上部承压水补给，水位稳定。其对工程建设和使用基本无影响。

### 10.1.2 设计及施工技术

杭州武林广场地下商城开挖面积大，开挖深度达 23m，采用暗挖逆作法以控制周边环境变形。项目共打设 AM 扩底桩 433 根，钻孔灌注桩 458 根。围护结构选用地下连续墙，采用三墙合一技术。在基坑开挖时地连墙起到挡土隔水作用，开挖完毕加固后用作地下结构永久外墙。

1. 项目施工方案

地下综合体开发可采用明挖法、暗挖法、浅埋暗挖法等多种开挖方式，其中明挖法和暗挖法适合大面积开挖，浅埋暗挖适合地下人行通道等小断面结构。明挖法工法简单、开挖速度快、成本低，但对于围护结构变形控制能力较弱，又需要大量临时性支撑，浪费资源，因此武林广场地下商城采用暗挖法。暗挖法又可分为暗挖顺做法、暗挖逆作法。暗挖顺做法除了优先施工顶板，其他施工工序与明挖法相同，也不利于控制围护结构变形。最终本项目采用了暗挖逆作法。

地下综合体尤其是无上部结构的地下综合体十分关注自身抗浮问题，一般采用加配重、打设抗浮锚杆和抗拔桩等方法提高自身结构抗浮能力。武林广场周边环境复杂，不能在红线外打设抗浮锚杆；增设配重会减小实际使用空间，降低项目经济效益。除增加抗浮能力外也有通过泄水减压以减小地下水浮力，但本项目底板下地层为淤泥质黏土或黏土，透水性差，不适合泄水减压。因此最终选择打设 AM 扩孔桩作为抗拔桩提供抗浮力。

地连墙是地下综合体常用的围护结构，其刚度大，抗渗性好，可以抵抗因开挖卸载引起的地层应力重分布，是深大基坑的主要围护结构。除地连墙外也可采用钻孔灌注桩作为围护结构，SMW 工法或 TRD 工法施工止水帷幕。其中 TRD 工法是不久前从日本引进国内的工法，可以切削搅拌 60m 深地层形成水泥土墙，整墙施工质量好，抗渗性佳，还能插入型钢提高水泥土墙的刚度作为围护结构使用。本项目红线范围内场地紧张，没有多余场地分别打设围护结构和止水帷幕，因而采用了三墙合一技术，即施工地下连续墙兼作围护结构和止水帷幕，在开挖完成后加内衬层作为最终永久性外墙使用。

施工区块根据杭州地铁一号线明挖基坑划分为Ⅰ标段和Ⅱ标段，地铁一号线西侧为Ⅰ标段，东侧为Ⅱ标段。以Ⅰ标段为例介绍施工顺序及采用的工法。

图 10-2　施工区间示意图

盖挖逆作法首先施工地连墙、AM 桩、钢管混凝土桩、3 号区间重力式挡土墙等围护结构。在开挖前对坑底部分区域土体加固。待主体结构施工完成后施工附属结构 2 号、3 号、4 号、5 号楼梯的围护结构。

地下商城基坑主体围护结构采用 1200mm 厚地下连续墙结构形式，利用三层结构板作为水平支撑，采取盖挖逆作的方法施工。地连墙顶部为 1000mm×1200mm 冠梁，冠梁沿地连墙顶部布置。地连墙接头采用十字钢板接头，提高地连墙的抗渗性。

基坑竖向构件采用直径 750mm 钢管柱＋直径 1800mm AM 桩，AM 桩底部进行两次扩底，扩底直径为 2600mm。为满足基坑整体的抗浮性能，在基础地板下增设直径 1000mm 钻孔灌注桩。

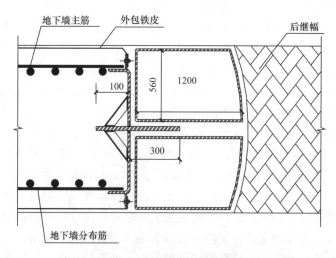

图 10-3　地连墙十字接头形式

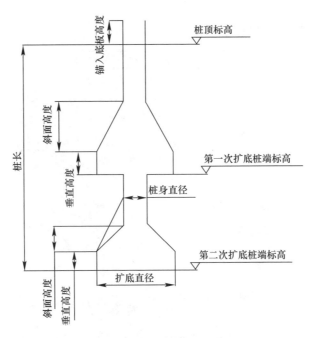

图 10-4  AM 扩底桩示意图

图 10-5  AM 扩底桩钢管桩头

图 10-6  土模上支设模板

楼梯等附属结构围护采用 SMW 工法，工法桩采用 φ850@600 水泥搅拌桩，内插 H 型钢，型钢尺寸为 700×300×13×24，长度同搅拌桩桩长。

围护结构和桩基施工完毕后进行坑底地基加固，加固采用高压旋喷桩和水泥搅拌桩两种形式。对基坑西部地连墙边采用 φ850@600 水泥搅拌桩裙边加固，加固范围为 B1 板下标高至坑底 3m 范围，加固区域宽度为 8.05m，加固长度为 45m。基坑北侧为保护浙江展览馆在基坑内外均进行地基加固，外侧地连墙边采用单排 φ850@600 三轴水泥搅拌桩进行槽壁加固，加固范围为地面至基坑底 2m，内侧地连墙边采用 φ850@600 水泥搅拌桩裙边加固，加固范围为 B1 板下标高至坑底，加固区域宽度为 8.15m。基坑东北角接已有武林广场站地连墙处进行坑外加固，加固采用 φ800@600 高压旋喷桩，加固范围为地面以下 2m 至坑底 3m。

随后进行基坑开挖，每次开挖至对应楼板下 150mm，随后采用 φ800@600 高压旋喷桩对土模加固，加固范围为地下商场一、二层底板下 2m，格栅布置，高压旋喷桩采用二

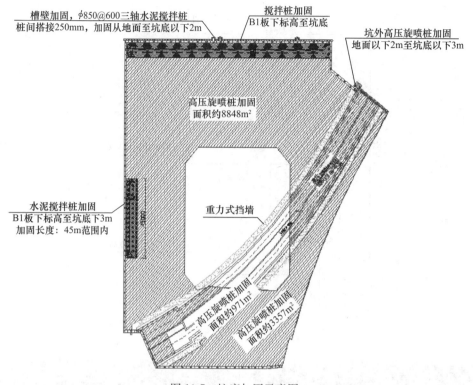

图 10-7　坑底加固示意图

重管法，加固土体 28 天的单轴抗压强度不小于 0.8MPa，高压旋喷桩加固总面积为 14763m²。在土模上支承模板，进行结构浇筑，待结构强度达 80％后进行下一层开挖。

图 10-8　逆作主出土口

图 10-9　逆作辅助出土口

挖至地下商城底板标高并浇筑好底板后，开挖 3 号线明挖区间坑中坑至基坑底，施作垫层、防水层、3 号线明挖区间底板。3 号线明挖区间采用矩形断面结构形式，标准段为双层双跨及双层三跨框架结构，端头井段位单层双跨结构。左线中楼板标高随线路中心线不断变化，右线中楼板标高为−12.37m。

区间位于地下商城底板以上侧墙厚度为 500mm，地下商城底板以下侧墙厚度为 1500mm。标准段中隔墙、顶板、右线中楼板为 500mm 厚，左线行车道中楼板为 700mm 厚、底板为 1200mm 厚。端头井段中隔墙为 800mm 厚，顶板为 500mm，底板为 1400mm。明挖区间采用现浇钢筋混凝土结构盾构吊装孔采用预制钢筋混凝土板临时封堵，待远期盾构施工完成后再重新浇筑。

待基坑出土基本完毕后，坑中临时出土口位置采用自下而上顺作浇筑，直至施工至B0板以上夹层。

图 10-10　逆做开挖至坑底　　　　图 10-11　主出土口顺作至顶板标高

2. 项目施工难点

本项目是纯地下深基坑项目，开挖深度达 23m，开挖规模大，周边环境复杂，需要保证开发过程中基坑安全稳定及围护结构变形在可控范围内。本项目有诸多施工难点，包括逆作法出土施工组织，AM桩施工及展览馆和地铁设施的保护。

1）超宽超深基坑盖挖施工组织

本工程基坑南北向长 185.6m，东西向长 179.1m，地下商城开挖深度 23m，3 号线坑中坑开挖深度 27m。设计采用盖挖逆作法施工本标段工程地下商城主体基坑。因此基坑土方开挖及运输就成为本工程最为重要的一个环节之一，直接关系到工程总体的施工进度及后续施工的效率。

B0 板（地下一层顶板）上开设有一个 72m×80m、一个 12m×29m、一个 13.35×25.8 的大孔，另外周边还开设有 5 个 9m×9m，2 个 5.7m×8.2m 的小孔。

基坑必须分段、分层均衡开挖，分段开挖长度约 15～20m。单步开挖深度应严格按设计图中给出的标高进行，土方开挖放坡应考虑时空效应分块开挖，放坡每部分坡度不应大于 1：2.5，总坡度不应大于 1：3.5，严禁超挖作业。土方开挖过程中严禁对钢管柱产生偏载。基坑开挖至基坑垫层以上 150mm 时，应进行基坑验收，并采用人工挖除剩余土方，挖至设计标高后应即时平整基坑，疏干坑内积水，及时施作垫层，尽量减少基坑大面积长时间的暴露。

本基坑采用逆作法施工，向下逆作施工构件的底模应具有足够的强度和刚度，且外观表面满足验收要求。本工程的各层楼板的底模采用 C20 混凝土垫层，厚度不小于 150mm，垫层上铺 5mm 厚木工板并涂刷脱模剂。

本工程楼板孔洞逆作阶段部分予以临时封堵，待主体结构施工完成后，需予以凿除。该部分楼板凿除采取空压机人工凿除，不得损坏周边板、梁结构。施工阶段出土孔后期封闭时（特别是顶板），除预留钢筋和抗剪埋件等连接措施外，应留好止水钢板等止水措施，以确保二次施作结构防水的可靠性。

本工程地下三层基坑开挖净高达 9.0m。地下三层采取盆式开挖，应充分利用时空效应指导基坑开挖以减少基坑围护变形。地下三层基坑周边留设 10m 宽、6m 高土坡，待基坑中部开挖至坑底并施作好底板后再抽条开挖剩余土坡，最后施工剩余底板。根据监测数据，如施工过程中基坑围护变形过大时，考虑架设斜向上钢支撑，钢支撑（直径609mm/壁厚16mm@3m），一端支于侧墙，一端支于底板处牛腿处。

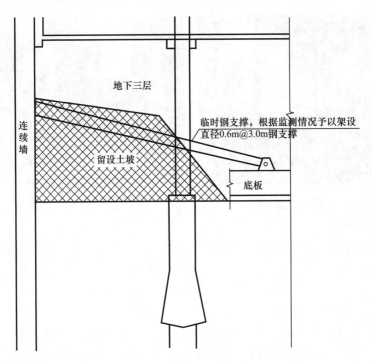

图 10-12　负三层开挖预留土坡及牛腿设置示意图

地铁 3 号线区间下穿本基坑，与本基坑同期实施，存在坑中坑的开挖问题。坑中坑一般段深约 4.6m，坑中坑围护左、右侧均采用重力式挡土墙。坑中坑在两侧结构底板施工完毕后再予以开挖。重力式挡土墙插入钢筋等加强构件，上端锚入垫层，下端插入重力式围护墙中。坑中坑开挖过程应加强对地铁区间隧道的监控量测。

主体工程基坑土方以预留出土洞口为中心，根据结构后浇带位置，合理选择土方开挖顺序。

总体上先分层开挖出土洞口处土方，再向四周扩散的开挖形式。主出土孔下部利用工程桩内插格构柱，上部采用钢筋混凝土结构的栈桥延伸至负 2 层板进行挖土作业，负 3 层采用两侧放坡土便道。分层高度控制在 2m 以内，分段长度约 15～20m。

2）地铁 1 号线的保护

本工程周边地铁 1 号线设施主要有：地铁 1 号线武林广场站、地铁 1 号线风起路站—武林广场站明挖区间、地铁 1 号线风起路站～武林广场站盾构隧道区间（14、15 号盾构）。

基坑东北角为地铁 1 号线武林广场站。武林广场站为已建成的地铁 1 号线地下商城，并以投入使用，与地铁 3 号线换乘。武林广场站主体为地下三层混凝土结构，武林广场站站厅层与地下商场二层接驳，基坑开挖过程中需对武林广场站进行变形监测；武林广场站 E 出入口用基坑围护结构最小净距为 48.3m。

1 号线武—凤盾构区间隧道自 1 号线武—凤明挖区间盾构井双始发，采用冷冻法进行盾构井端头加固。

区间隧道内径 5500mm，衬砌采用直线环＋转弯环进行错缝拼装，壁厚 350mm，环宽 1.2m，C50 混凝土，环向管片间用 2 个 M30 螺栓连接，纵向衬砌环间用 16 个 M30 螺栓连接。管片外弧侧设弹性密封垫，内弧侧设嵌缝槽。整个环面及分块面密贴，环与环、块与块以弯螺栓连接。目前隧道已全面完工并通车运行。

3）AM 桩施工

全液压可视可控扩底灌注桩又称为 AM 桩，是由全液压扩底钻机魔力铲斗进行全液压切削挖掘，扩底时使桩局部保持水平扩大。这一过程完全采用电脑管理影像追踪监控系统进行控制，首先用钻机将直径桩（成孔）钻到设计深度后，再更换全液压扩底快换魔力铲斗下降到桩的底端，打开扩大翼进行扩大挖掘作业，此时操作人员只需要按设计要求预先输入扩底数据和形状进行操作即可，桩底端的深度及扩底部位的形状、尺寸等数据和图像通过检测装置显示在操作室内的监控器上。

本工程主体基坑共有 422 根 AM 桩基。桩长 47.67～51.67m，进入 $⑫_{2b}$ 中风化泥质粉砂岩层、$⑬_2$ 强风化晶屑熔结凝灰岩层或 $⑬_3$ 中风化晶屑熔结凝灰岩层。

液压扩底灌注桩作为中柱桩基础以及结构整体抗压、抗拔桩。因此，施工过程中，控制 AM 工法桩施工质量，保证结构稳定，减少结构不均匀沉降就成为本工程的一个重点，也是本工程的一个难点。采取以下措施：

AM 桩施工采用全液压旋挖扩孔机械施工，成孔过程采用可视化操作控制系统全程监控，电脑直接反应成桩垂直度，孔桩的垂直度可控制在 1/300 以内。

护筒既保护孔口壁，又是钻孔的导向，则护筒的垂直度要保证。为防止跑浆，护筒周围土要夯实，最好黏土封口。在上层土质较差时，将护筒加长至 4～6m，提高护壁效果。在松散的杂填土层和流砂层成孔时，加大泥浆相对密度，增加黏度，以便形成较好的孔壁。

由于旋挖机通过钻斗把孔底原状土切削成条状载入钻斗提升出土，所以要加强稳定液的管理，控制固相含量，提高黏度，防止快速沉淀，还要控制终孔前二钻斗的旋挖量。本工程钻孔灌注桩以 $⑫_3$ 层中风化泥质粉砂岩为持力层，桩进入持力层为 1m。桩尖进入风化岩，为控制总沉降量，施工应严格控制桩底沉渣小于 100mm，并采用压力注浆充实沉渣空隙减少桩基总沉降。

4）承压水降水控制

场地中部为微承压水层，主要赋存于 $⑩_1$ 层粉粉细砂、$⑩_2$ 层圆砾。其含水层顶标高为 -34.19～-30.83m，含水层厚度为 0.6～5.9m，地下水水量丰富（单井开采量约 1000～3000m³/d），联通性好。主要受同层侧向地下水补给。地下水水位较为稳定。

设计采用 44～49.5m 深地下墙深入 $⑬_3$ 晶屑熔结凝灰岩 0.5m，隔断基坑内承压水补给。并于基坑内布置 16 口降承压水井以降承压水水头高。

施工过程中由于各种施工误差，以及地下土层的可能存在的不确定性，不可避免的无法完全隔断承压水。

本工程的承压水主要分布在 $⑧_2$ 粉砂、$⑩_2$ 粉砂、$⑩_3$ 圆砾层中，为微承压水，其含水层顶标高为 -34.19～-30.83m，含水层厚度为 0.6～5.9m，地下水水量丰富（单井开采量约 1000～3000m³/d），联通性好。主要受同层侧向地下水补给。地下水水位较为稳定。本次勘察 Z18 号孔测得承压水含水层（粉细砂、圆砾层）水头埋深约在地表下 6.25mm，相当于高程 0.58m，承压水头 34.75m。

基坑开挖后，基坑与承压含水层顶板间距离减小，相应地承压含水层上部土压力也随之减小；当基坑开挖到一定深度后，承压含水层承压水顶托力可能大于其上覆土压力，导致基坑底部失稳，严重危害基坑安全。因此，在本工程承压水层，需考虑基坑底部承压含水层的水压力，必要时按需降压，保障基坑安全。

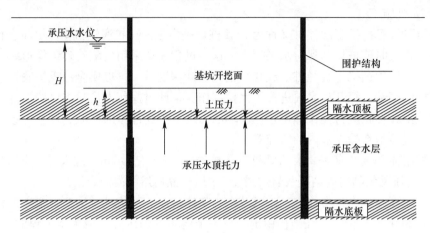

图 10-13　基坑底板抗突涌验算示意图

基坑底板抗突涌稳定性条件：基坑底板至承压含水层顶板间的土压力应大于安全系数下承压水的顶托力。

即：$\sum h \cdot \gamma_s \geqslant F_s \cdot \gamma_w \cdot H$

式中　$h$——基坑底至承压含水层顶板间各层土的厚度（m）；

$\gamma_s$——基坑底至承压含水层顶板间的各层土的重度（kN/m³）；

$H$——承压水位高于承压含水层顶板的高度（m）；

$\gamma_w$——水的重度（kN/m³），取 10kN/m³；

$F_s$——安全系数，一般为 1.05～1.2，工程中取 1.10。

本工程微承压含水层顶起伏不大，其标高约为 −34.19～−30.83m，根据目前取得的勘察资料，为减小基坑突涌的风险，基坑抗突涌性验算时，取 4 个典型钻孔剖面验算，初始水位埋深取水位标高 +0.58m。基坑突涌验算如表 10-3 所示。

基坑底板抗突涌验算　　　　　　　　　　　　　　表 10-3

| 工程部位 | 地面标高（m） | 承压水顶托力（kPa） | 基坑上覆土压力（kPa） | 需降低承压水水位（m） | 临界开挖标高（m） | 临界开挖深度（m） |
|---|---|---|---|---|---|---|
| 基坑北部 | +7.00 | 346 | 286 | 6.0 | −12.90 | 19.90 |
| 基坑南部 | +7.00 | 361 | 313 | 4.8 | −13.53 | 20.53 |
| 基坑西部 | +7.00 | 339 | 272 | 6.7 | −12.49 | 19.49 |
| 基坑西南部 | +7.00 | 331 | 154 | 17.7 | −12.39 | 19.39 |

根据以上初步计算结果，当开挖深度超过 19.39m（标高：−12.39m）时，需开启⑧₂层或⑩₂层的降压井。而本工程基坑均大于临界开挖深度 19.39m，需考虑本工程基坑开挖过程中对⑧₂层和⑩₂层微承压含水层降压。

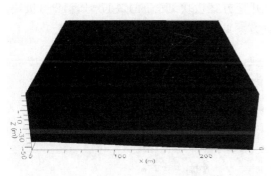

图 10-14　降水模拟分析模型

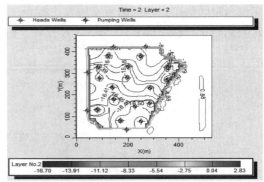

图 10-15　降水运行 2 天后水位降深云图

根据本工程的围护结构深度，东西端头井围护桩长均为 31.1m，标准段局部围护桩长为 29.1m，而本工程③$_{4e}$弱承压含水层最浅埋深 24.80m，底埋深 26.90～32.80m，综合考虑基坑围护结构对承压含水层的隔断作用，单井出水量取经验值 50t/d。

基坑内布置 16 个降压井，基坑外设置 5 口承压水观测井。

根据模拟计算，降水运行 2 天后，端头井坑内水位降深约－16.4～－10.4m，满足坑内水位降的要求。

### 10.1.3　杭州武林广场地下商城项目监测

项目监测由第三方监测公司和我方共同承担，第三方监测负责常规监测内容，我方负责监测地下结构底板下和地连墙后水土压力。由此评估控制建设过程中对周边环境的影响及校核设计浮力和墙后土压力。

1. 监测布点方案

武林广场地下商城是全地下综合体，项目规模大，设置了大量抗拔桩用于抗浮，工程投入巨大；另一方面，由于开挖深度最大达到 27m，北侧紧邻浙江省展览馆，施工期间容易对周边环境产生较大影响，因此该项目的重点监测内容是周边重要建构筑物变形监测及底板下水土压力和北侧连续墙水土压力。武林广场是杭州城市中心地带，周围商业发达，车流人行交错，加上施工期间道路改迁施工，给监测布点带来许多困难，经多方协调确定了监测方案（表 10-4）。

基坑监测项目、测点布置表　　　　　　　　　　　　　　　　　表 10-4

| 序号 | 监测项目 | 位置或监测对象 | 测点布置 | 仪器 |
|---|---|---|---|---|
| 1 | 连续墙外侧土压力 | 连续墙外侧 | 沿北侧连续墙均匀分布，共 5 测点，每测点竖向均匀布置 7 组，竖向间距 5m | 土压力盒 |
| 2 | 连续墙外侧孔隙水压力 | 连续墙外侧 | 沿北侧连续墙均匀分布，共 5 测点，每测点竖向均匀布置 7 组，竖向间距 5m | 水压力计 |

北侧连续墙水土压力测点布置见图 10-16。其中西北侧两个测孔因施工方开挖楼梯通道施工过程中报废，其余测点以每周一次读数频率读数。底板下布点在底板垫层下埋设 20 个孔压计，10 个土压力盒。埋设位置选取地下三层底板垫层下，选取底板标高为－23m 的板块。垂直连续墙双线平行布置，测点间距 10m，每列测点设置一出线口，出线口设置

在该列中间测点。西侧测点布置在Ⅰ标负三层开挖方案板块划分的 B3-17 号，18 号板块，北侧测点布置在Ⅰ标 B3-2 号，8 号板块。布置方案见图 10-17。

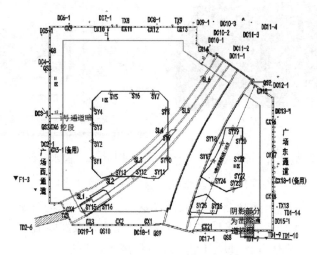

图 10-16　北侧连续墙及桩内应力计布置图

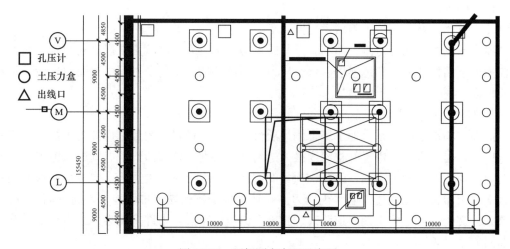

图 10-17　西侧测点布置示意图

浮力监测项目、测点布置表　　　　　　　　　　　　表 10-5

| 序号 | 监测项目 | 位置或监测对象 | 测点布置 | 仪器 |
|---|---|---|---|---|
| 1 | 底板下土压力 | 基坑底部 | 在基础底板均匀布置，共 10 点 | 土压力盒 |
| 2 | 底板下孔隙水压力 | 基坑底部 | 基础底板下均匀布置，共 20 点 | 孔隙水压力计 |
| 3 | 桩内力 | AM 桩、钻孔灌注桩 | 选 AM 桩和钻孔灌注桩各 2 根，AM 桩在扩头处上下沿各布置 2 点，钻孔灌注桩在桩端和桩头处各布置 2 点，共 24 点 | PVC 管成孔，钢筋计 |

### 2. 监测预警值

武林广场的常规监测内容包括各类建构筑物的沉降监测、连续墙的变形监测、地下管线监测等，监测控制值见表10-6。其中建筑物沉降和围护结构变形是重点监测内容。

基坑监测控制值 表10-6

| 序号 | 监测项目 | 判断依据 | 控制值 | | |
| --- | --- | --- | --- | --- | --- |
| | | | 累计值 | | 变化速率控制（mm/d） |
| | | | 预警值（mm） | 报警值（mm） | |
| 1 | 围护墙顶部沉降 | 墙顶沉降或隆起绝对变化量 | 8 | 10 | 1 |
| 2 | 地表沉降 | 地表沉降或隆起绝对变化量 | 20 | 25 | 2 |
| 3 | 围护墙水平位移 | 墙顶水平位移绝对变化量 | 北侧19，其他段24 | 北侧24，其他段30 | 2 |
| 4 | 基坑底部隆起 | 基坑底部隆起绝对变化量 | 16 | 20 | 2 |
| 5 | 钢管桩竖向位移 | 桩体沉降或隆起绝对变化量 | 12 | 15 | 2 |
| 6 | 建筑物沉降监测点 | 建筑物沉降或隆起绝对变化量 | 24 | 30 | 2 |
| 7 | 刚性管线沉降 | 管线沉降或隆起绝对变化量 | 16 | 20 | 2 |
| 8 | 柔性管线沉降 | 管线沉降或隆起绝对变化量 | 30 | 30 | 2 |
| 9 | 坑外观测井水位 | 水位标高绝对变化量 | — | — | 500 |

注：坑外观测井水位位移速率专指水位变化

建筑物倾斜率小于2‰，沉降满足《建筑地基基础设计规范》GB 50007—2011的规定

基坑开挖至地下二层后，浇筑负二层楼板后，围护结构最大水平位移达到61mm，达到预警值，并且下一步将一次性开挖8.6m至底板标高，如不做处理直接开挖必将超过报警值。原设计方案要求开挖地下三层时保留地连墙周围土体，优先浇筑中部底板，待中部底板形成强度后在板边缘支设牛腿支撑，待牛腿支撑形成强度后开挖连续墙周边土体。

浇筑底板并形成强度约需要三周时间，支撑牛腿支撑并形成强度约需两周时间，基坑中部土体挖除后需要边缘土体平衡地连墙后土压力的时间达五周之久。施工方对此方案进行了测试，在挖除中部土体后地连墙平均每日水平变形速率达5mm/d，期间若无其他支撑则围护结构变形会远超报警值。

2015年6月15日召开了专家论证会，讨论开挖负三层地层时控制连续墙变形的方案，通过数位专家的深入探讨，最终敲定不再采用牛腿支撑方案，建议在开挖过程中保留靠墙两个区块土体，浇筑中间板块，形成强度后快速开挖土体至墙边，并当日浇筑25cm厚的混凝土垫层以形成一定的水平向支撑，并尽快浇筑混凝土底板。采用此方案后，由于缩短了土体暴露时间，尽快形成水平支撑刚度，对围护结构的变形有较好的控制作用，浇筑垫层后围护结构水平变形速率约在2mm/d，浇筑底板后进一步下降到0.5mm/d。

3. 监测数据分析

北侧连续墙外土体水土压力读数从2014年10月下旬埋入后开始读数。在基坑开挖前读数频率控制在一个月左右一次，以获得测点的原始读数及对测点的工作性态进行初步分析。2015年5月基坑正式开挖后，读数频率控制在一周一次。

由图10-18可知，随着基坑开挖，坑外土体土压力逐步减小，这主要由于基坑开挖卸载后围护结构向基坑内变形，坑外土压力由静止土压力状态逐步向主动土压力状态变化，土压力逐步减小。图10-19所示，基坑开挖的降水会引起土体孔隙水压力的下降，而浅层土体由于上层滞水的存在，孔隙水压力相对稳定，深层水受降水影响较为明显，受承压水

影响的 27m 和 34m 埋深测点变化趋势较为接近。

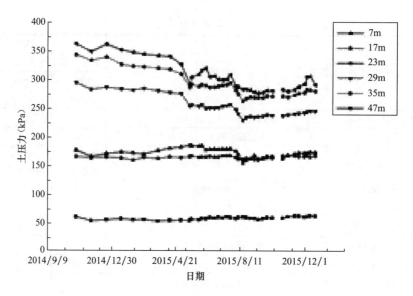

图 10-18　北侧地连墙墙外土压力监测图

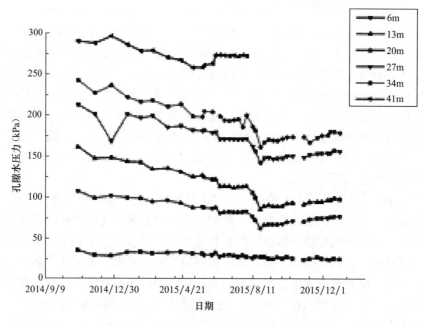

图 10-19　北侧地连墙墙外孔隙水压力监测图

浙江省展览馆是浅基础建筑，距离开挖基坑最小净距仅 17m，受影响最为明显。展览馆自 2013 年 8 月进行加固工程，现在尚未完工，在 2015 年 2 月基坑正式开挖前已产生沉降近 40mm。展览馆南侧受施工影响更为显著，最大沉降量达 98.4mm，其中 F3-12、13、14 三个测点因位于开挖基坑长边中部，沉降最为显著。展览馆北侧影响相对较小，最大沉降量仅 23.4mm，且沉降速率相对稳定。基坑在 2015 年 8 月开挖至展览馆侧，此时展览馆变形发展最为迅速，在浇筑垫层后沉降速率有所收敛。

**438**

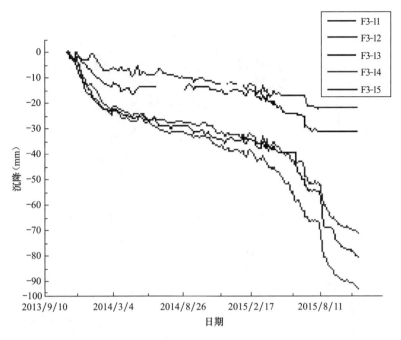

图 10-20　浙江省展览馆南侧沉降图

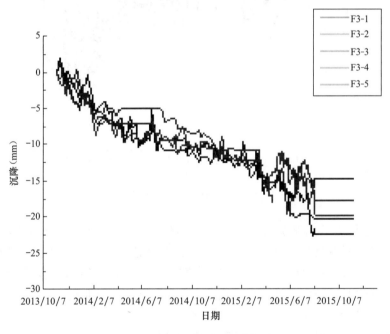

图 10-21　浙江省展览馆北侧沉降图

　　杭州剧院和杭州大厦距离基坑相对较远，受武林广场西跑道交通荷载影响，沉降波动较大。由于是桩基础建筑，两者最大沉降量均控制在 8mm 以内，在施工期范围内没有显著沉降。F1-4、5 两侧点布置在杭州剧院门口大台阶处，受施工影响较为明显，应在施工完毕待沉降稳定后对大台阶进行修复加固。

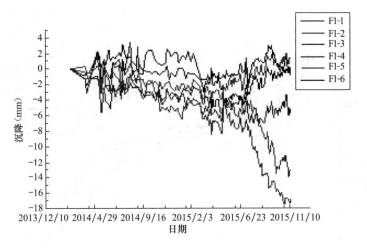

图 10-22　杭州剧院沉降图

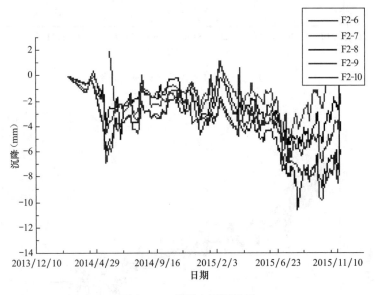

图 10-23　杭州大厦沉降图

图 10-24 和图 10-25 为基坑地连墙测斜曲线图，本项目采用 1200mm 厚围护结构，刚度较大。但由于开挖深度达 23m 且最后一次开挖深度达 8.6m，基坑围护结构依然变形显著，最大达 118mm，除基坑中部地连墙变形值远超平均外，其余地连墙变形值均在报警值范围内。由于基坑北侧紧邻浙江省展览馆，在施工开挖前对北侧坑底土体进行了三轴搅拌桩改良加固，故西侧围护最大变形大于北侧。

### 10.1.4　武林广场地下商城开挖对周边环境影响分析

城市中心地区建筑林立、交通繁忙，往往下穿有地铁隧道、公路隧道、人行通道等，周边环境复杂敏感。因此在城市中心地区开发地下空间除了需要考虑自身基坑安全，更需注重控制周围地层变动，保护周围环境。

依托杭州武林广场地下商城项目对城市中心地区大面积地下空间开发对周边环境影响进行了数值模拟研究，对周边的浅基础建筑物、市政道路、地下管线等进行了针对性的分析。

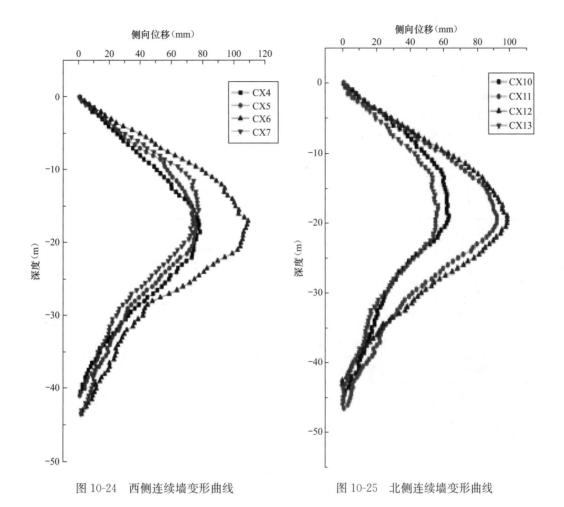

图 10-24 西侧连续墙变形曲线　　　　图 10-25 北侧连续墙变形曲线

武林广场北侧紧邻浅基础建筑物浙江省展览馆，最小净距仅 16.1m，展览馆始建于 1970 年，为地上 2～3 层框架结构，筏板基础，复合地基。分析计算时选取南北方向剖面，基坑宽度为 190m，开挖深度为 23m，地下连续墙深 45m。考虑到地层约 45m 处即进入粉砂岩，故深度方向取 60m，以充分考虑位移边界的影响。墙背侧即基坑外的计算区域为 105m，来考察位移的主要影响区。所以整个模型的计算域为 400m×60m，如图 10-26 所示，地下连续墙、支撑、土体的边界均简化为直线，建筑物基础简化为一个 20m×2m 的刚性体来进行模拟分析。

图 10-26 武林广场数值分析模型剖面图

基坑开挖一般属临时性工程，工期较短，不考虑排水条件分析，且不考虑围护结构施工对土体扰动的影响。因此，在荷载步中分别对土体和基础施加相应的体力。对于基础，根据工程经验以及实际工况，考虑上部结构传递的荷载，分别施加两个 600kN 的集中力。

地层信息按地质勘查报告取用，基坑开挖按设计开挖，原设计角撑位置采用水平支撑代替，由此计算分析基坑开挖卸载自身变形和对周围建筑影响。表 10-7 和表 10-8 为建模地层信息表和结构构件信息表。

**基坑工程涉及土层的主要物理性质**　　　　　　　　表 10-7

| 土层名称 | 厚度 (m) | 弹性模量 $E$ （MPa） | 泊松比 $\mu$ | 黏聚力 $C$ （kPa） | 内摩擦角 $\varphi$ （°） |
|---|---|---|---|---|---|
| 粉质黏土 | 8 | 40 | 0.3 | 14 | 20 |
| 淤泥质粉质黏土 | 17 | 15 | 0.28 | 28 | 12.5 |
| 黏土 | 20 | 52 | 0.3 | 46 | 12.5 |
| 粉砂岩 | 11 | 26300 | 0.22 | 88.7 | 28.5 |
| 路堤 | | 60 | 0.3 | 4.9 | 32 |

**模型中相关结构部位的计算参数**　　　　　　　　表 10-8

| 结构部位 | 混凝土强度等级 | 泊松比 $\mu$ | 弹性模量 $E$ （MPa） |
|---|---|---|---|
| 地下连续墙 | C35 | 0.2 | $3.15 \times 10^4$ |
| 支撑 | C35 | 0.2 | $3.15 \times 10^4$ |

基坑开挖时，围护结构内侧卸去原有土压力，受基坑外侧主动土压力，坑底以下围护结构内侧受全部或部分被动土压力，不平衡土压力使支护结构产生变形和位移。随着开挖深度增加，墙体侧向变形表现为墙顶位移基本不变，墙体腹部向坑内突出。围护结构的变形和位移又使主动土压力区和被动上压力区的土体发生位移，围护结构外侧主动土压力区的土体向坑内方向移动，使背后土体水平应力减小，剪力增大，出现塑性区；由于基坑土体的挖出，应力的释放，坑底以下土层发生回弹，同时开挖面以下的被动区土体向坑内移动，坑底水平向应力加大，导致坑底土体发生水平向挤压和向上的隆起。当开挖深度较大且土质软弱时，基坑周围土体塑性区范围较大，土体的塑性流动也比较大，土体从支护结构外围向坑内和坑底移动，由此使支护结构后地表产生地层沉降，这是地表沉降的主要原因。

由图 10-27 和图 10-28 中可以看出，受右侧建筑物的影响，连续墙在 30m 左右处有大约 6cm 的水平位移，墙外建筑物周围有最大 14.5cm 的竖向沉降，其余部分最大竖向沉降约 3.5cm。由于解除了土体的自重应力，坑底土产生回弹，基坑底部有大约 18.5cm 的隆起。与其他相似基坑监测数据对比，变形云图符合基坑开挖变形的一般规律。浅基础建筑物采用等代刚度法表示，浙江展览馆地基沉降包括建筑物自身荷载和基坑开挖两者共同作用，在基坑开挖前由于自重影响地基沉降已达到 10.3cm，基坑开挖后沉降进一步增加，达到 14.5cm，因开挖引起的沉降为 4.2cm。

浙江展览馆的建筑年代较为久远，监测信息缺损严重，历史沉降数据已无法考证。2013 年 8 月起对浙江省展览馆结构进行加固，包括桩基托换和上部结构加固。截至 2015 年 2 月武林广场地下商城项目正式开挖前，浙江展览馆因自身加固工程引起地表沉降累计

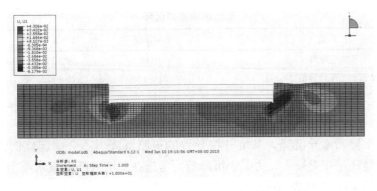

图 10-27　基坑开挖卸载引起的水平位移云图

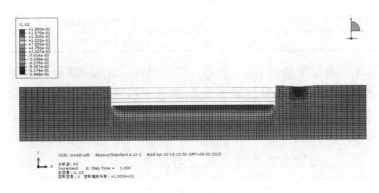

图 10-28　基坑开挖卸载引起的竖向位移云图

达 4cm 左右。武林广场基坑开挖后，沉降进一步发展，在开挖至负三层后沉降快速增大，平均沉降达 7cm 左右，部分测点达到 9cm。因基坑开挖引起的展览馆地基沉降约为 5cm，与数值模拟分析结果相近。本模型能体现基坑开挖自身围护结构的变形和坑底隆起，也能体现展览馆浅基础的沉降特征，因此认为本模型的建模和各参数的选取是合理的。

市政道路采用实体单元模拟，选用小刚度单元模拟柔性路面。柔性路面对地基土变形没有约束和协调作用，基本随地基土变形变化。体育场路最南侧距基坑边界 38m，小于 2 倍开挖深度，因此整个道路都处于基坑开挖的影响范围之内。计算结果见图 10-29，由图可知，路面最大沉降量达 15.2cm，最大差异沉降量达 11.8cm。前四次开挖后最大的沉降量只有 5.04cm，比第三步的最大沉降量 3.65cm 大 27.5%；第五步由于开挖地层较深、一次性开挖量较

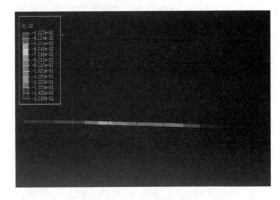

图 10-29　基坑开挖完路面沉降云图

大，引起了较大的围护结构变形，进而对路面变形影响较大。虽然差异沉降量较大，但体育场路道路宽度达 32m，道路沉降后的变坡率为 0.37%，尚可满足行驶要求。路基的差异沉降见表 10-9。

表 10-9

| 车道 | 第一车道 | 第二车道 | 第三车道 |
|---|---|---|---|
| 距基坑边距离（m） | 6~10 | 10~14 | 14~18 |
| 路基顶面沉降计算值（mm） | 151~140 | 140~128 | 128~108 |
| 差异沉降（mm） | 11 | 12 | 20 |
| 变坡率（%） | 0.28 | 0.30 | 0.50 |

综合整体沉降和差异沉降，基坑开挖导致的道路沉降尚不会引起路面结构的抗拉破坏。但是沉降量还是相对较大，为减小沉降量，考虑在基坑底部设置水泥土加固，厚度为2m。水泥土的材料参数见表 10-10。

加固水泥土参数表 表 10-10

| | 弹性模量 $E$（MPa） | 泊松比 | 黏聚力（kPa） | 摩擦角（°） |
|---|---|---|---|---|
| 水泥土 | 150 | 0.2 | 88.7 | 28.5 |

加固地基土后计算结果如图 10-30 所示，加固层后，道路的沉降有一定的减少。减少幅度在基坑开挖初期较小，如对比第一步和第三步两者的最大沉降分别为 1.88cm 和 1.879cm、3.66cm 和 3.64cm；第五步的最大沉降量由 15.19cm 减小至 14.20cm，减少 6.52%，有较好的加固效果。

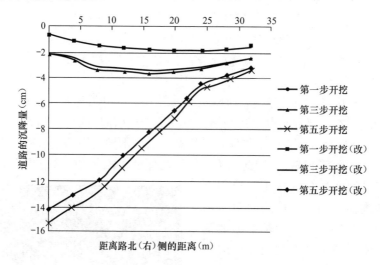

图 10-30  道路沉降前后对比图

通过上述针对杭州武林广场地下商城项目开发的数值模拟可以得到以下结论：

1. 基坑开挖时，由于上部土层卸载，地基土产生应力重分布，土压力失衡使支护结构产生变形和位移。同时，开挖面以下的被动区土体向坑内移动，使坑底水平向应力加大，导致坑底发生水平向挤压和向上的隆起。

2. 当开挖深度较大且土质软弱时，土体从支护结构外围向坑内和坑底移动，土体的塑性流动导致支护结构后地表产生地层沉降。

3. 基坑开挖过程中，连续墙的变形在安全可控范围内，而建筑物基础在基坑开挖后基础中心与边缘的差异变形值已达 0.0075，处于一个不安全的状态，在施工时要重点监测，防止事故的发生。

4. 经过分析比对，基坑底部 2m 厚的水泥土加固层能够有效控制基坑的变形，针对淤泥质土层加固效果较为明显。

### 10.1.5　工程效益

武林广场地下商城建成后，沟通了武林广场周边所有商业中心，让市民可以在室内就逛遍周边繁华商城；还沟通了武林广场地铁站和延安路地下步行街，使武林商圈和风起商圈可以通过地下通道无缝衔接。另一方面，武林广场地下商城可以提供汽车泊位 883 个，可以缓解杭州市中心停车难问题。

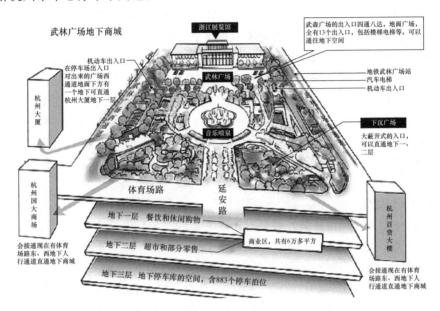

图 10-31　武林广场地下商城功能分布示意图

图 10-32　武林广场恢复后效果图

杭州武林广场地下商城项目于 2013 年 8 月开工，将于 2016 年 7 月竣工，历时近 4 年。现在武林广场地下商城已完成主体结构的施工，正在进行装修工程，地面原武林广场地块也正在恢复原广场形貌。待到 2016 年 7 月因地铁项目及地下商城项目而长期封闭建设的武林广场将正式与市民见面，并作为杭州的重要地标喜迎 G20 峰会的召开。在本节最后也对武林广场地下商城整个建设开发过程进行归纳总结，对项目中的先进经验和不足进行记录，以供参考借鉴。

1. 项目管理示范

本项目开发规模大，为按照工期正常完工，在施工招标时以杭州地铁 1 号线明挖区间基坑西侧地连墙为界分别招标，Ⅰ标由宏润建设集团股份有限公司中标、Ⅱ标由腾达建设集团股份有限公司中标，因此本项目开发过程中需要更多的管理协调以保证工程质量。

1) 质量控制措施

质量是建设项目的核心，因此本项目也采取了多种管理措施以保证建设项目质量。建设方、施工方、监理方、监测方多方协调共同监管本项目的质量安全问题。

原材料质量管理主要包括混凝土、钢筋、法兰盘等结构构件的质量管理。施工期间除按照国家相关规范要求对进场材料进行批次检测外，还记录了每一批次原材料的最终所用的施工区块，可以长期跟踪工程材料强度状态。对于外部运送的每一车次商品混凝土都进行了留样和强度检测。

对于已有经验的施工工法都针对性地制定了工艺控制标准，让各班组根据工艺标准进行统一施工，并对可能发生的不利情况进行了预测，制定了相应的应急处理办法，以保证工法措施到位，由监理方进行旁站监督。

2) 反馈预警措施

基坑项目开发相对风险较高，需要有比较完善的监测反馈系统，本项目布设各类监测报警设备共 8 类，报警点共 426 个，针对整个工程都进行了较为全面的监测布控，确保了基坑开挖过程中的信息实时监测和反馈。

监测点一旦报警，各方便会在报警协调会上针对报警点的报警时间、报警位置和现有工况明确报警原因，并尽快消除报警源，并提高该监测点的监测频率直到监测数值回复正常。

基坑开挖至地下二层后，浇筑负二层楼板后，围护结构最大水平位移达到 61mm，达到预警值，并且下一步将一次性开挖 8.6m 至底板标高，如不做处理直接开挖必将超过报警值。原设计方案要求开挖地下三层时保留地连墙周围土体，优先浇筑中部底板，待中部底板形成强度后在板边缘支设牛腿支撑，待牛腿支撑形成强度后开挖连续墙周边土体。

浇筑底板并形成强度约需要三周时间，支撑牛腿支撑并形成强度约需两周时间，基坑中部土体挖除后需要边缘土体平衡地连墙后土压力的时间达五周之久。施工方对此方案进行了测试，在挖除中部土体后地连墙平均每日水平变形速率达 5mm/d，期间若无其他支撑则围护结构变形会远超报警值。

2015 年 6 月 15 日召开了专家论证会，讨论开挖负三层地层时控制连续墙变形的方案，通过数位专家的深入探讨，最终敲定不再采用牛腿撑方案，建议在开挖过程中保留靠墙两个区块土体，浇筑中间板块，形成强度后快速开挖土体至墙边，并当日浇筑 25cm 厚的混凝土垫层以形成一定的水平向支撑，并尽快浇筑混凝土底板。采用此方案后，由于缩短了土体暴露时间，尽快形成水平支撑刚度，对围护结构的变形有较好的控制作用，浇筑垫层后围护结构水平变形速率约在 2mm/d，浇筑底板后进一步下降到 0.5mm/d。

3) 工期管理措施

本项目由两家施工方分别承担两个标段的施工，施工状态基本是同步推进。施工方相互协调以保证如 AM 桩施工设备等大型设备的转场和顺利施工。由于杭州于 2015 年下旬宣布承办 2016 年 G20 峰会，项目竣工工期由 2016 年 12 月提前到 2016 年 7 月。

为了安全如期竣工，除了现场增派施工班组和延长施工时间外，两家施工方还建立了信息管理平台，互相通告每日原材料进场时间和规模，适当借用互补，提高施工机具和原材料的流通速率，提高了施工速度。以现在的施工进度可以确保在 7 月前竣工。

2. 项目技术示范

项目采用了多项较为先进的施工技术和工法，以满足本项目超大规模、超深挖深及纯地下等多项施工需求。

1）超宽超深基坑盖挖施工组织

本工程基坑南北向长 185.6m，东西向长 179.1m，地下商城开挖深度 23m，3 号线坑中坑开挖深度 27m。设计采用盖挖逆作法施工本标段工程地下商城主体基坑。因此基坑土方开挖及运输就成为本工程最为重要的一个环节之一，直接关系到工程总体的施工进度及后续施工的影响。

B0 板（地下一层顶板）上开设有一个 72m×80m、一个 12m×29m、一个 13.35m×25.8m 的大孔，另外周边还开设有 5 个 9m×9m，2 个 5.7m×8.2m 的小孔。

基坑必须分段、分层均衡开挖，分段开挖长度约 15～20m。单步开挖深度应严格按设计图中给出的标高进行，土方开挖放坡应按"时空效应原理"分块开挖，放坡每部分坡度不应大于 1∶2.5，总坡度不应大于 1∶3.5，严禁超挖作业。土方开挖过程中严禁对钢管柱产生偏载。基坑开挖至基坑垫层以上 150mm 时，应进行基坑验收，并采用人工挖除剩余土方，挖至设计标高后应即时平整基坑，疏干坑内积水，及时施作垫层，尽量减少基坑大面积、长时间的暴露。

本基坑采用逆作法施作，向下逆作施工构件的底模应具有足够的强度和刚度，且外观表面满足验收要求。本工程的各层楼板的底模采用 C20 混凝土垫层，厚度不小于 150mm，垫层上铺 5mm 厚木工板并涂刷脱模剂。

本工程楼板孔洞逆作阶段部分予以临时封堵，待主体结构施工完成后，需予以凿除。该部分楼板凿除采取空压机人工凿除，不得损坏周边板、梁结构。施工阶段出土孔后期封闭时（特别是顶板），除预留钢筋和抗剪埋件等连接措施外，应留好止水钢板等止水措施，以确保二次施作结构防水的可靠性。

本工程地下三层基坑开挖净高达 9.0m。地下三层采取盆式开挖，应充分利用时空效指导基坑开挖以减少基坑围护变形。地下三层基坑周边留设 10m 宽、6m 高土坡，待基坑中部开挖至坑底并施作好底板后再抽条开挖剩余土坡，最后施工剩余底板。

地铁 3 号线区间下穿本基坑，与本基坑同期实施，存在坑中坑的开挖问题。坑中坑一般段深约 4.6m，坑中坑围护左、右侧均采用重力式挡土墙。坑中坑在两侧结构底板施工完毕后再予以开挖。重力式挡土墙插入钢筋等加强构件，上端锚入垫层，下端插入重力式围护墙中。坑中坑开挖过程应加强对地铁区间隧道的监控量测。

主体工程基坑土方以预留出土洞口为中心，根据结构后浇带位置，合理选择土方开挖顺序。

总体上先分层开挖出土洞口处土方，再向四周扩散的开挖形式。主出土孔下部利用工程桩内插格构柱，上部采用钢筋混凝土结构的栈桥延伸至负 2 层板进行挖土作业，负 3 层采用两侧放坡土便道。分层高度控制在 2m 以内，分段长度约 15～20m。

2）地铁 1 号线及展览馆的保护

本工程周边地铁 1 号线设施主要有：地铁 1 号线武林广场站、地铁 1 号线风起路站—武林广场站明挖区间、地铁 1 号线风起路站—武林广场站盾构隧道区间（14、15 号盾构）。

基坑东北角为地铁 1 号线武林广场站。武林广场站为已建成的地铁 1 号线地下商城，并以投入使用，与地铁 3 号线换乘。武林广场站主体为地下三层混凝土结构，武林广场站站厅层与地下商场二层接驳，基坑开挖过程中需对武林广场站进行变形监测；武林广场站 E 出入口距用基坑围护结构最小净距为 48.3m。

1 号线武—凤盾构区间隧道自 1 号线武—凤明挖区间盾构井双始发，采用冷冻法进行盾构井端头加固。

区间隧道内径 5500mm，衬砌采用直线环＋转弯环进行错缝拼装，壁厚 350mm，环宽 1.2m，C50 混凝土，环向管片间用 2 个 M30 螺栓连接，纵向衬砌环间用 16 个 M30 螺栓连接。管片外弧侧设弹性密封垫，内弧侧设嵌缝槽。整个环面及分块面密贴，环与环、块与块以弯螺栓连接。目前隧道已全面完工并通车运行。

北侧展览馆由于距本项目净距小，又是浅基础，极易受基坑开挖影响，故在北侧地连墙墙内外两侧地下 12～20m 范围内采用三轴水泥土搅拌桩加固。在开挖过程中采用分块跳区开挖，并针对地连墙侧向变形依然较大调整施工方案，将底板下混凝土垫层厚度增加到 30cm，并争取当天开挖当天浇筑垫层以控制围护墙的变形，从而保护展览馆。

3）AM 桩施工

由全液压扩底钻机魔力铲斗进行全液压切削挖掘，扩底时使桩局部保持水平扩大。采用电脑管理映像追踪监控系统进行控制，首先用钻机将直径桩（成孔）钻到设计深度后，再更换全液压扩底快换魔力铲斗下降到桩的底端，打开扩大翼进行扩大挖掘作业，此时操作人员只需要按设计要求预先输入扩底数据和形状进行操作即可，桩底端的深度及扩底部位的形状、尺寸等数据和图像通过检测装置显示在操作室内的监控器上。

液压扩底灌注桩作为中柱桩基础以及结构整体抗压、抗拔桩。因此，施工过程中，控制 AM 工法桩施工质量，保证结构稳定，减少结构不均匀沉降就成为本工程的一个重点，也是本工程的一个难点。采取以下措施：

AM 桩施工采用全液压旋挖扩孔机械施工，成孔过程采用可视化操作控制系统全程监控，电脑直接反应成桩垂直度，孔桩的垂直度可控制在 1/300 以内。

4）HPE 工法

采用 HPE 工法将钢管柱插入混凝土桩中，需要保证钢管柱的垂直度和插入桩基的中心位置，不然上部钢管柱的受力性质将不符合设计工况。

在混凝土灌注完毕初凝前，复测桩位中心，并将十字线标记在护筒上。复核桩位后，将 HPE 液压插入机械的定位器中心与基础桩位中心在同一垂直线上，然后将 HPE 液压插入机械利用定位器就位、定位。就位、定位后，HPE 液压插入机械手动、自动调整垂直度，并对 HPE 液压插入机中心进行复核，确保精确无误。

HPE 液压插入机定位对中后，将钢管柱垂直吊起，插入孔中。如钢柱的底部为封闭式，当插入一定的深度后，由于浮力的作用，钢柱无法继续下沉，此时一方面采用 HPE 液压插入机液压插入装置将钢柱插入，当钢柱尖自由下放无法插入混凝土面时，用 HPE

**448**

液压插入机的一套液压插入器系统抱紧，加大竖向液压压力将钢柱插入到混凝土内，再次复核垂直度，直至符合设计和规范要求。另一方面采用内配重的方法，即在钢柱内加入实心柱等构件加大钢柱重量。当钢柱插入混凝土内且垂直度符合设计和规范要求之后，取出配重构件。

因钢柱顶设计标高多在地面以下，当钢柱插入与 HPE 液压插入机相平后，采用 HPE 液压连接器，将钢柱标准节连接，标准节的长度就为 HPE 液压插入机的高度与插入地面的深度之和。这样，标准节就起到了移机后钢柱定位的作用，等到混凝土终凝、四周土体回填后将 HPE 液压连接器拆除。

3. 科研内容

本项目有较高的科学研究价值，施工及运营期间的数据可以用于检验现有计算理论的准确性，因此我方积极参与，布置了共计 120 处科研用水土压力计，并结合第三方监测数据进行了深入的分析。

1）基坑开挖环境效应研究

随着地下空间开发越来越密集，研究热点已经由基坑稳定性逐渐转向基坑环境效应。本工程开挖深度达 23m，紧邻北侧展览馆，最小净距仅 17m。通过北侧连续墙外水土压力的监测，验证了墙后土压力受扰动后的强度变化规律，并采用有限元分析模型模拟了基坑开挖各工况下地连墙和展览馆的变形关系。

2）软黏土浮力研究

软黏土中水浮力的作用机理是学界争议的热点问题。东南沿海地区地下水埋深较浅，地下结构在施工期间需要采取抗浮措施以保证结构不会上浮破坏，但水浮力的不同计算方法会导致抗浮力的显著差异，从而带来投入成本的巨大差异。因此在本工程底板下布置了多组水土压力计，用以监测作用在底板下的水浮力。

## 10.2 杭州东站铁路枢纽工程

### 10.2.1 工程概况

新建杭州东站扩建工程东站站房杭州市江干区，站区周边有沪杭甬高速、德胜快速路、艮山东路、环站北路、环站南路、机场路城市道路。站房位于新风东路以东、天城路以南、下宁路以西、新塘路以北所围合的区域。站房建筑共六层，地下二层和地下三层为杭州地铁东站站，地下一层为出站层，地上为站台层和高架层。站房主体建筑东西进深 463.45m，南北面宽 143.6m，站房主体最高点距地面 39.6m。站房总建筑面积为 155569m²（地下建筑面积 67438m²，地上建筑面积为 88131m²）。工程等级为特级，耐久年限为 100 年，结构安全等级为一级。工程效果图见图 10-33。

本工程基坑围护十分复杂，站房自身开挖深度分为多个标高，其中地铁车站开挖深度约为 23m，站房过站通道开挖深度约为 8.5m；与站房东西相交的站前广场开挖深度为 14～17m。鉴于以上情况，结合其他外部环境约束，本工程因地制宜的采用了多种围护形式，主要为 SMW 工法桩复合土钉墙、SMW 工法桩＋预应力锚索、地下连续墙＋内支撑、地下连续墙＋盖挖逆作法、钢板桩、重力式挡墙、大放坡等形式，另外与枢纽相衔接的其余配套工程也分别采用了排桩内支撑、咬合桩等不同的基坑围护形式。

图 10-33　站房整体效果图

### 10.2.2　地质条件

根据杭州市勘测设计研究院提供的《杭州火车东站站房及站台雨棚岩土工程勘察报告》，试桩场区地基土有 10 个工程地质层及若干亚层，各层的厚度、分布规律详见工程地质剖面图，各地基岩土层的特征如下：

①₁ 杂填土：黄灰色，湿，松散，含较多块石、砖块及混凝土块等建筑垃圾，块径分布不等，最大超过 30cm。以黏质粉土充填。层厚 0.30～3.50m，层顶高程 5.03～7.11m。

①₂ 素填土：灰色，湿，松散，含氧化铁，少量砖瓦碎屑、植物根茎。黏质粉土性。层厚 0.20～2.30m，层顶高程 3.15～6.00m。

①₃ 淤泥质填土：灰色，湿，松散，含大量有机质，具臭味。层厚 0.50～3.10m，层顶高程 3.79～4.70m。

③₂ 砂质粉土、黏质粉土：灰色，湿，稍密，含少量氧化铁及云母屑。摇振反应迅速，切面粗糙，无光泽反应，干强度低，韧性低。层厚 0.70～6.10m，层顶高程 1.45～5.26m。

③₃ 砂质粉土：灰色，湿，稍密—中密，含少量氧化铁及云母屑。摇振反应迅速，切面粗糙，无光泽反应，干强度低，韧性低。层厚 0.70～5.50m，层顶高程 -0.93～3.91m。

③₅ 砂质粉土：灰色，湿，稍密，含少量氧化铁及云母屑。层厚 0.90～5.70m，层顶高程 -1.56～2.30m。

③₆ 粉砂夹砂质粉土：绿灰色，很湿，稍密—中密，含少量氧化铁及云母屑，局部夹砂质粉土薄层。层厚 1.50～12.00m，层顶高程 -5.31～0.37m。

③₇ 砂质粉土夹粉砂：灰色，湿，稍密，含少量氧化铁及云母屑。摇振反应迅速，切面粗糙，无光泽反应，干强度低，韧性低。层厚 0.60～7.20m，层顶高程 -10.00～-3.39m。

④₃ 淤泥质黏土：灰色，饱和，流塑，含有机质，少量腐殖物及云母屑，夹较多粉土薄层，层理清晰，具灵敏度。无摇振反应，切面较光滑，光泽反应强，干强度中等，韧性中等。层厚 1.50～7.90m，层顶高程 -12.42～-7.57m。

⑥₁ 淤泥质粉质黏土：灰色，饱和，流塑，含有机质，少量腐殖物及云母屑，夹粉土

薄层，层理清晰，具灵敏度。无摇振反应，切面较光滑，光泽反应强，干强度中等，韧性中等。层厚 1.80～7.40m，层顶高程－17.55～－12.89m。

⑥₂ 淤泥质粉质黏土：灰色，饱和，流塑，含有机质，少量腐殖物及云母屑，夹粉土薄层，层理清晰，具灵敏度。无摇振反应，切面较光滑，光泽反应强，干强度中等，韧性中等。层厚 2.50～8.85m，层顶高程－23.00～－17.59m。

⑧₁ 淤泥质黏土：灰色，饱和，流塑，含有机质，少量腐殖物及云母屑，层理清晰。无摇振反应，切面较光滑，光泽反应强，干强度高，韧性中等。层厚 2.20～7.80m，层顶高程－27.62～－21.82m。

⑧₂ 灰色黏土：灰色，饱和，流塑—软塑，含有机质，少量腐殖物及云母屑，层理清晰。无摇振反应，切面较光滑，光泽反应强，干强度高，韧性高。层厚 3.40～8.20m，层顶高程－32.41～－27.18m。

⑪ 粉质黏土：灰绿、灰黄色，饱和，可塑，夹少量粉细砂薄层。无摇振反应，切面较光滑，干强度高，韧性中等。层厚 0.40～3.20m，层顶高程－38.39～－34.37m。

⑫₂ 粉细砂：浅灰绿色，很湿，中密，含云母、腐殖物及贝壳屑，局部夹少量砾石。层厚 0.30～2.00m，层顶高程－38.71～－35.76m。

⑫₄ 圆砾，灰黄，很湿，中密，卵石含量约 20%～25%，直径约 2～6cm；圆砾含量约 30%～35%，直径约 2～20mm，卵砾石成分以砂岩为主，亚圆形；砂以中粗砂为主，并夹少量黏性土。合金钻进尺每米约 7～8 分钟左右。层厚 0.50～4.90m，层顶高程－39.19～－36.67m。

⑬₂ 粉质黏土：灰绿色，饱和，可塑。无摇振反应，切面较光滑，干强度高，韧性中等。层厚 0.30～1.20m，层顶高程－38.99～－38.20m。

⑭₁ 粉细砂：灰色，很湿，中密，以粉细砂为主，局部夹少量砾石。层厚 0.50～1.80m，层顶高程－39.89～－38.86m。

⑭₂ 圆砾：杂色，很湿，中密—密实。含卵碎石约 25%～30%，粒径为 2～6cm，圆砾含量约 35%～40%，粒径约 0.2～2cm，卵碎石、圆砾以砂岩为主，呈亚圆形，质地坚硬。其余以细砂、中砂及粗砂等充填。钻机钻进时有跳动，并伴有响声，干钻难钻进，合金钻进尺每米约 15～20 分钟左右。局部勘探点未揭穿，最大揭示厚度 8.30m，层顶高程－42.02～－37.59m。

㉒₁ 全风化安山玢岩：灰绿色、紫红色，岩石已风化成土状，母岩成分与结构模糊不可辨。层厚 0.20～0.90m，层顶高程－47.35～－44.78m。

㉒₂₁ 强风化安山玢岩：灰绿色、紫红色，母岩成分与结构已大部破坏，岩芯呈碎块状。合金钻进尺每米约 20～25 分钟左右。层厚 0.70～3.80m，层顶高程－48.49～－45.74m。

㉒₂₂ 强风化夹中等风化岩块安山玢岩：灰绿色、紫红色，母岩成分与结构已大部破坏，岩芯呈碎块状。夹有 20～40% 不等的中等风化岩块，金刚钻进尺每米约 35～40 分钟左右。层厚 0.40～2.60m，层顶高程－50.89～－44.20m。

㉒₃₁ 中等风化安山玢岩：灰绿色、紫红色，斑状结构，基质具交织结构，矿物成分以斜长石为主，角闪石、黑云母各少量，母岩成分与结构清晰，节理裂隙发育，锤击声黯，强度一般，室内饱和抗压强度约 6～9MPa，岩芯呈碎块状、短柱状。金刚钻进尺每米约

30 分钟左右。最大揭示厚度 4.60m，层顶高程－52.49～－48.21m。主要分布在场地东北侧的 Z001、Z002、Z013、Z025、Z245、Z246 区域。

㉒$_{32}$中等风化安山玢岩：灰绿色、紫红色，斑状结构，基质具交织结构，矿物成分以斜长石为主，角闪石、黑云母各少量，母岩成分与结构清晰，节理裂隙较发育，锤击声脆，强度高，室内饱和抗压强度约 28～116MPa，岩芯呈碎块状、短柱状。金刚钻进尺每米约 40～50 分钟左右。最大揭示厚度 5.60m，层顶高程－50.80～－44.90m。主要分布在场地东南侧及西南侧。

开挖范围内各土层主要物理力学指标见表 10-11。

各土层物理力学指标

表 10-11

| 土类 | 层号 | 含水量（%） | 重度（kN/m³） | 天然孔隙比 | 黏聚力（kPa） | 内摩擦角 | 比重 | 渗透系数（$10^{-5}$cm/s） | |
|---|---|---|---|---|---|---|---|---|---|
| | | | | | | | | 垂直 | 水平 |
| 杂填土 | ①$_1$ | — | (18.5) | — | (10) | (10) | — | — | — |
| 砂质粉土、黏质粉土 | ③$_2$ | 28.4 | 19.1 | 0.807 | 9.0 | 26.0 | 2.69 | 3.6 | 2.91 |
| 砂质粉土 | ③$_3$ | 26.4 | 19.5 | 0.745 | 6.0 | 29.0 | 2.69 | | 8.8 |
| 砂质粉土 | ③$_5$ | 25.9 | 19.6 | 0.728 | 6.0 | 27.0 | 2.69 | 16 | 10 |
| 砂质粉土 | ③$_6$ | 23.9 | 19.6 | 0.696 | 5.0 | 33.0 | 2.68 | 46.5 | 40 |
| 砂质粉土 | ③$_7$ | 25.7 | 19.4 | 0.745 | 5.0 | 30.0 | 2.69 | 25 | 22 |
| 淤泥质黏土 | ④$_3$ | 46.3 | 17.2 | 1.333 | 13.0 | 13.0 | 2.73 | — | — |
| 淤泥质粉质黏土 | ⑥$_1$ | 35.6 | 18.1 | 1.031 | 11.5 | 19.0 | 2.71 | — | — |
| 淤泥质粉质黏土 | ⑥$_2$ | 39.6 | 17.8 | 1.140 | 14.5 | 16.0 | 2.72 | — | — |

注：括号内数值为经验值。

场地地下水主要为第四系松散岩类孔隙潜水和孔隙承压水，深部为基岩裂隙水。

1）潜水　建场地浅层地下水属孔隙性潜水，主要赋存于表层填土及③$_2$～③$_6$层粉土、粉砂中，由大气降水和地表水径流补给，地下水位随季节变化，勘探期间测得钻孔静止水位埋深 0.70～2.50m，相应高程 4.22～3.70m。根据区域水文地质资料，浅层地下水水位年变幅为 1.0～2.0m，多年最高地下水位约埋深 0.5～1.0m，建议抗浮水位取高程 5.00m。根据杭州市类似工程经验及场地环境，地下水流速较小。

2）承压水　工程区孔隙承压含水层主要分布于深部的⑫$_2$层细砂、⑫$_4$层圆砾和⑫$_2$层圆砾中，水量较丰富，隔水层为上部的淤泥质粉质黏土、淤泥质黏土、黏土和粉质黏土（④、⑥、⑧、⑩层）。实测承压水头埋深在地表下 6.34m，相应高程为－1.23m。承压含水层顶板高程约为－36.21～－38.18m。

3）基岩裂隙水　赋存于强风化、中风化基岩中，含水量主要受构造和节理裂隙控制，基岩裂隙水水量一般不大。

### 10.2.3　基坑围护形式的选择

车站地下主体结构开挖深度为 5～6m，宽度约 120m，长度 450m。基坑规模大且开挖深度一般，地下水水位高，对施工影响严重；基坑破坏后果较严重。因此，本工程站房总体围护基坑工程安全等级为二级，既有铁路线围护根据铁路相关规范要求，基坑工程安全等级为一级。

结合站房结构形式、地铁施工的情况、考虑既有车场改造、既有线沪昆营业线的线位保护和后期转线的各方面因素，考虑在平面上将站房分为六个区块，由西向东分别为 A-C

轴区块、C-G 轴区块、G-K 轴区块、K-N 轴区块、N-R 轴区块、R-U 轴区块，并归集为三个施工段如下：

第一施工段：A-C 轴区块、C-G 轴区块；

第二施工段：K-N 轴区块、N-R 轴区块、R-U 轴区块；

第三施工段：G-K 轴区块；

平面分区图见图 10-34。

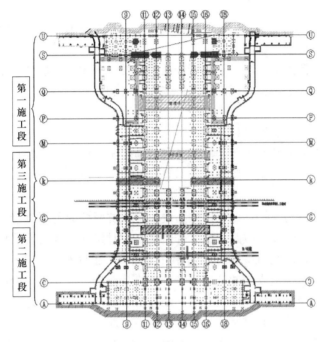

图 10-34　平面分区图

根据施工段的划分，本工程基坑分为三部分即：A-G 轴区域、G-K 轴区域和 K-U 轴区域，并据此进行施工安排，相当于其中 A-G 和 K-U 相当于两个单独的基坑支护开挖工程，而既有线所处的 G-K 区域为该两个基坑的连接区，需待沪昆正线完成转线后才能进行开挖施工。

由于铁路工程的特殊性，对既有线围护设计，地方设计院不具备设计资质，因此由于东站既有线的存在，在围护设计上分为了两个部分，分别为中南院委托浙江省建筑设计院设计东西站房和出租车通道两侧的站房总体围护，另一部分为铁四院设计的临近既有线围护方案。

1. 站房整体 SMW 工法桩结合复合土钉墙围护

1）选型依据

站房基坑南北宽约 217～297m，东西长约 480m，根据前文所述，分为三个区块先后投入施工，总体面积约为 11.5 万 m³，土方开挖深度大面积为 8.55m，局部深承台开挖深度 10.05～14.05m，开挖深度范围基本为粉砂土，土方量总计约 98 万 m³（不含地铁、东西广场等附属结构）。

本基坑主要特点如下：

（1）该部分围护为站房总体围护外围围护形式，由于站房施工期间，周边建筑基本已经全面拆迁，无敏感建筑，场地极为宽广。

（2）由于开挖范围为粉砂土，渗透系数高，降水效果好。

（3）基坑体态较大，并且为分区施工，无法连续，基坑围护选型应考虑简单便利。

（4）基坑除体态较大外，基坑内还有地铁车站施工尚未完成，其南北宽度达到50m，东西长度达到273m，几乎占据东端一半的基坑范围，站房采用常规内支撑形式实施难度极大。

（5）开挖影响区域主要为日后铁路线铺设区域，开挖范围的大小对路基日后加固有极大的影响。

（6）站房东西两侧站前广场地下室深于站房，其大面积有三层地下室，在与其衔接的结合部围护体系的选择需考虑日后广场围护施工的便利性。

2）设计方案比选

（1）设计方案一：大放坡开挖

对于这类超大面积的基坑工程，放坡开挖最为便于现场施工，并且安全风险极小，并且施工费用相对较低。因此第一版设计方案直接采用了大放坡结合深井降水的方式进行基坑围护施工。

但本工程基坑两侧为站场，即今后铁路线位，基坑开挖的范围直接影响到日后站场铁路路基回填工作量，由于高铁线路相比原普速铁路，对路基沉降有着严格的控制要求，回填必须确保密实，高铁路基沉降误差参考值是30mm，也就相当于人的一个指节的长度。考虑到通车后对主体结构造成的冲击，每平方米路基至少承重5.4t。因此在国铁线路施工中路基沉降是其控制最为严格的一个环节，并且由于该部位为日后地下结构与土体的结合部，属于路堤与桥台连接处的过渡段，一段结构不易发生沉降，因此一旦外侧路基回填不密实，极易造成"跳车"现象的发生，不但影响乘客的舒适性，还可能影响线路安全。

因此一旦采用放坡开挖，将导致日后回填必须采用铁路专用路基材料AB料进行回填，施工单价达到150元/m³，并且还需对地基采用水泥搅拌桩进行加固处理，加固面需在未被扰动的土体面，即在放坡面进行加固，实际不具备实施条件，并且反而导致施工实际费用的大大增加，并且施工质量很难满足设计要求，具体详见图10-35。

因此后经与设计及业主单位沟通，将原大放坡方案调整为采用SMW工法桩（型钢水泥搅拌墙）复合土钉墙的垂直围护形式，这样一来由于基坑外原状土未被扰动，可适当减少日后路基下地基处理和加固工程量，降低施工造价，同时工法桩和结构面间空隙只有1m距离，可直接根据《客运专线路基技术标准与施工关键技术——高铁路基设计暂规》的要求采用低标号混凝土或掺入适量水泥的级配碎石填筑，相较而言，施工费用实际将大大增加。

（2）设计方案二：工法桩复合土钉墙结合深井降水

由于大放坡方案无法实施，因此后由中南院委托浙江省建筑设计研究院对站房总体围护进行了重新设计，其形式为：南北侧采用工法桩复合土钉墙结合水泥搅拌桩止水帷幕的形式，其中站房南北侧P轴以东的地下出租车通道为独立基坑，所以通道两边各设置工法桩复合土钉墙，P轴以西通道与站房基坑连成一体，单侧设置工法桩复合土钉墙；东西广场两侧采用大放坡形式；同时坑内设置自流深井降水的围护方案。具体围护平面图见图10-36。

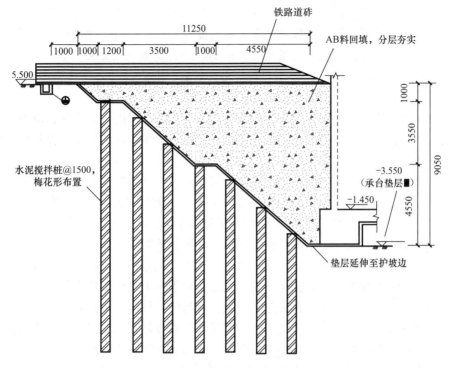

图 10-35　放坡面回填加固剖面图

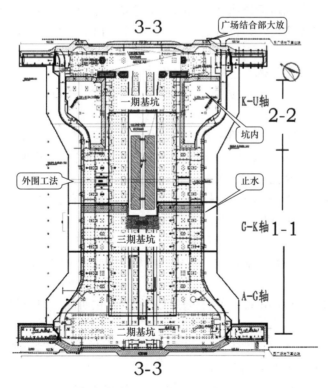

图 10-36　东站站房支护总体平面图

该方案施工相对便捷，并且适合东站地质情况，围护体系质量较易得到保证，大大降低了日后路基回填质量控制的难度和风险，并且能与东西广场较好的衔接，不影响已经实施的地铁基坑施工，综合比较施工费用并无增加，因此最终得以实施。

2. 既有火车线旁 SMW 工法桩结合预应力锚索复合围护

1）选型依据

本工程由于既有线的存在将站房一分为二，形成三个施工区块，为保证既有铁路线的安全，需对既有铁路线两侧基坑开挖采取安全可靠的围护体系，同时也是基坑内的临时增加的一道围护体系。

本基坑工程在运营中的沪昆正线（位于待建站房中部区域）东西两侧一期和二期基坑基本同时支护开挖，其中距离既有线西侧约 26m，东侧约 49m，基坑开挖深度主要为 8.55m，围护体系宽度为 217m。综合地质情况和周边环境，本基坑重要性等级为一级。

基坑周边施工条件复杂：上部有既有线以及附属构筑物，紧邻基坑支护存在大小不等的承台基坑；在东西通道基坑下部有地铁 1 号线和 4 号线分别采用盾构穿越和盖挖逆作通过；在基坑东侧有在建的地铁杭州东站站，其施工范围与本工程交错进行。

既有铁路线旁基坑围护是平常民建工程较少遇到的一种围护形式，并且本次所涉及的既有线是沪昆正线，该线路在浙江境内叫浙赣线，浙赣线是我国铁路网"八纵八横"主骨架及"四纵四横"快速客运网的重要组成部分。它与多条铁路干支线相连，是我国长江以南东西向最重要的繁忙干线，在沟通华东与华南、中南、西南及华东地区内部之间起着积极作用。浙江省境内段是浙江向西出省通往闽、赣两省及华南、中南、西南地区唯一的铁路通道，也是长江三角洲城际快速客运网的重要组成部分。因此不能停运，必须保证东站施工全过程的畅通和安全运营，也对基坑围护的安全提出了更高的要求。总体来说该段围护体系设计需考虑以下几个方面：

（1）站房外围总体围护体系已经确定，并进行施工；

（2）由于铁路线的沉降要求较高，过全程需控制在 20mm 以内，因此首先不能采用坑外降水的形式；

（3）除沉降控制要求外，铁路的运行有较大的振动荷载，并且根据铁路相关规范要求，基坑变形需控制在 2cm 以内，并且绝对不能突破该警戒值，否则将视为危及铁路运营线安全，需立即启动铁路抢险应急预案，后果十分严重；

（4）在自然地面以下 15m 左右（相对标高－20.25m）有盾构线路穿越，所选围护形式必须保证日后不成为地铁盾构穿越的障碍物；

（5）该围护为临时支护，待铁路线转线以后，该范围日后还需开挖和施工后续结构，特别是地铁 4 号线区间段地连墙围护与其垂直相交，因此围护体系还需保证不影响站房后续施工；

（6）由于需保留站台和雨棚，使得该段既有线围护在西侧空间受限，不能采用大放坡的形式；

（7）本段既有线围护由于地方设计院不具备设计资质，因此委托中铁四院进行设计，其对杭州地区的地质情况了解相对有限。

根据以上特点，本围护在设计之初，进行了多次协商和研究，最终确定的总体思路，即还是采用 SMW 工法桩这种较为适合东站地质情况的围护形式进行设计，但经计算，采用站房整体围护的 SMW 工法桩复合土钉墙的方式无法满足设计要求，因此必须调整支护方案。

2）设计方案比选

（1）设计方案一：工法桩加锚杆对拉

经设计院仔细计算复核，随后提交的第一版设计方案采用工法桩加锚杆对拉的形式，具体参见图 10-37。

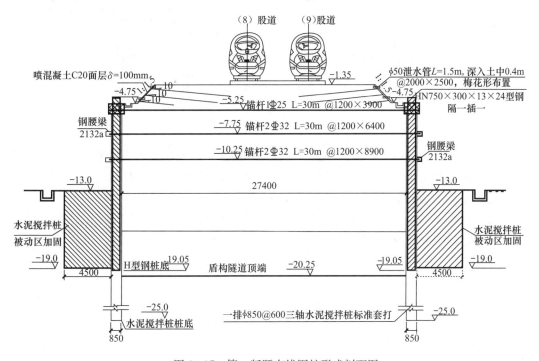

图 10-37　第一版既有线围护形式剖面图

该方案采用对拉的形式后，支护效果应较好，并且从设计方案自身而言，费用相对较低。但该方案的实施难度极大，其中方案设计的核心即 φ32 对拉锚杆施工十分难以控制，该部分施工主要能采取以下两个方案：

① 直接推送锚杆或采用顶管穿越后管内再放入锚杆：由于锚杆推送和顶管均较难控制精度，无法做到穿过 27.4m 的土层后恰好从另一端工法桩空隙穿出，施工不具备可操作性；

② 采用钻机钻孔：钻机钻杆刚度相对较大，并且由于为钻进取土，因此相对而言，比顶进的方式定位具备一定的可靠性，但同样无法保证定位精度，易造成废孔，并且由于穿越铁路线，列车振动可能造成塌孔，施工效果无法保证，可操作性同样较差。

同时，由于采用对拉形式，两侧基坑均需同步开挖至基坑底，而地铁地连墙在西端头井局部顶标高为 −4.75m，即位于自然地面，有一道支撑，主要为考虑地铁基坑开挖过程中对既有线的保护，该区域地铁尚未开挖，一旦台后土方移除，将导致地铁基坑失稳。

根据以上情况，施工无法实施，因此该方案经研究后被否决。

（2）设计方案二：工法桩加预应力锚索

对拉的支护形式无法实施，而内支撑或斜撑的方式又受到结构形式、场地条件、基坑尺寸和工期要求的影响也无法实施，因此第二版设计方案采用了西侧工法桩密插并加预应力锚索，东侧高压旋喷桩止水结合大放坡的围护形式：

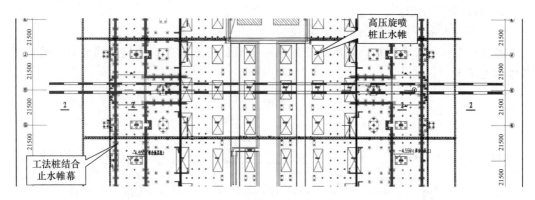

图 10-38　既有线围护平面图

　　针对基坑所处场地地质和重点保护运营铁路的特点，本基坑支护设计总体上采用上部放坡挂网喷素混凝土或加土钉，下部采取三轴水泥土搅拌桩内插 H 型钢（SMW 工法桩）加 3 排的预应力锚索的支护方式。

　　既有线东侧基坑支护：东侧开挖边界距离既有线约 49m，自然地坪相对标高约 −4.75m（绝对标高 5.50），底板垫层标高 −13.00（绝对标高 −2.75m），基坑深度约 8.25m。支护方式采用上部 2m 按 1∶1 放坡，挂网喷素混凝土，预留 1m 操作平台；下部实施三轴 $\phi$850@600mm 水泥土搅拌桩。

　　既有线西侧基坑支护：西侧开挖边界距离既有线约 26m，自然地坪相对标高约 −1.35m（绝对标高 8.90），底板垫层标高 −13.00（绝对标高 −2.75m），基坑深度约 11.65m。支护方式采用上部 3m 按 1∶1.5 放坡，挂网喷混，预留 3m 操作平台；下部实施三轴 $\phi$850@600mm 水泥土搅拌桩，并间隔 1.2m 内插 HN750×300×13×24mm 型钢，在 −4.85m，−7.35m，−9.85m 处分别放置三道预应力锚索，每排锚索与水平面夹角按 15°和 20°交错布置。桩顶采用 C30 钢筋混凝土压顶冠梁，第二、三道锚索处采用钢腰梁。

　　基坑止水与降水：结合本地区地下水勘察情况，重点考虑上部潜水的止水措施。因此本设计中的三轴水泥土搅拌桩施工至④₃层不少于 3m 兼作止水帷幕，同样要求施工至④₃层不少于 3m 由于支护范围内 8、9 股道正在运营，变形要控制严格，降水对其影响加大，故在此基坑支护范围内不再考虑降水。

　　为了确保明挖结构基坑稳定，便于土方开挖及结构的施工，减少对周边环境的不利影响，必须认真做好降水及施工用水的排放工作。

　　止水措施：将三轴水泥土搅拌桩深入淤泥粉质黏土层至少 3.0m 作为止水帷幕。

　　降水措施：本基坑外侧紧邻既有运营铁路，为防止沉降，不单独作降水处理，基坑内的降水与出租车通道基坑施工时一并考虑。

　　排水措施：基坑坡顶、坡脚设置深 300mm 排水沟，采用 C20 混凝土砌筑，及时排出地表及坑内集水，并要求对基坑坡顶的地面进行硬化处理，以防止地表水渗入到加固土体中。

　　根据 2010 年 8 月 10 日上海铁路局建设处组织召开"关于印发杭州东站站房及营业线施工方案审查会"，会中对于杭州东站站房基坑形成以下意见：鉴于杭州东站站房基坑重要性与发生险情时抢险难度大的特殊性，请施工单位按照以下要求进一步加强基坑围护。

①基坑围护采用的 SMW 工法桩 H 型钢加长，插入比不得小于 1∶1；②围护桩与既有 4 号站台主动加固区加强形式采用高压旋喷桩格构形式进一步加强，高压旋喷桩直径为 600mm，搭接 100mm，格构桩的基底标高要与 SMW 工法桩的基底标高一致。横线方向格构间距为 7.5m，顺线路方向为 5～6 排的桩距；③预应力锚索要安排应力检测，确保达到设计预定的效果。根据上述纪要要求，SMW 工法桩插入基坑底以下 15m，主动区采用 $\phi600@500$ 高压旋喷桩搭接形成格构加强体，高压旋喷桩采用水泥标号为 P.O42.5，水灰比 1∶1，每米水泥用量 200kg。预应力锚索进行应力检测，要求预应力锚索试验得到的锚索极限抗拔力不得低于设计值。

3. 地铁 4 号线区间盖挖逆作法施工

1）选型依据

火车东站地铁站 4 号线区间段位于站房下部，具体位置为站房的 A 轴以西 38m 至 J 轴以东约 10m，需与地铁东站站相连。

本次施工的地铁站主体内部结构顶板上方即为国铁地下通道，底板埋深－28.31m（有效站台中心处），实际开挖深度约为 24m，长度约 281m，净宽约 14m。

地铁 4 号线区间段与国铁站房平面及剖面关系见图 10-39。

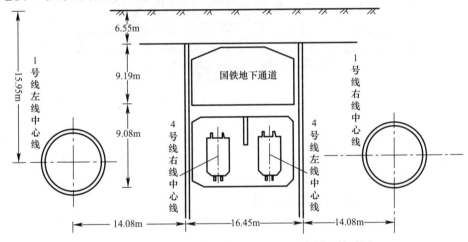

图 10-39 地铁 4 号线区间段与国铁站房剖面关系图

该围护体系主要有以下几个特点：

（1）开挖深度深，长度长，但宽度较窄，属于狭长形基坑；

（2）结构位于站房地下室底板以下，施工作业形式直接影响站房施工；

（3）受到既有铁路线的影响，基坑需分两期实施施工；

（4）开挖范围主要土质为淤泥土，并且下部卵石层中含有承压水；

（5）该基坑两侧 11m 左右为地铁 1 号线盾构通过区域，需严格控制基坑变形量。

2）设计方案比选

（1）设计方案一：明挖顺做法

针对以上特点，设计单位在起初提出的围护方案为较为常规的采用地连墙内支撑明挖施工，鉴于该区间段净宽只有 14m，从单体工程而言，只有合理组织施工，该围护应十分安全。因此从施工角度而言，完全具备可实施性。

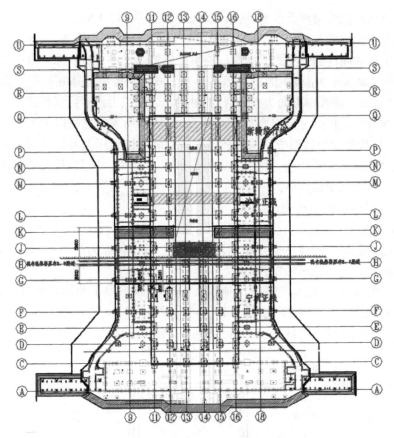

图 10-40　与东站站房平面关系图

但由于该区间段横穿西端站房，而根据铁道部总体进度的要求，若采用明挖施工，将势必导致站房总体工期将顺延 1 年以上，直接影响其 2011 年底开通西端站房的阶段性目标，并将导致 2012 年 6 月全站开通的总目标无法实现，因此该方案在多次协商后予以否决。

（2）设计方案二：由区间段改为盾构段

从节约工期角度而言，该区间段改为盾构段将最为合理，可避免影响站房结构施工，最大限度地节约工程工期。

经多次协商讨论，实施该方案的关键是如何解决原区间段地下一层规划的人员疏散通道和电缆管道布置问题。地铁东站站消防审批过程中要求采用东西两端疏散的形式，人员可直接通过地铁东站站的东侧逃生至东广场，从 4 号线区间段地下一层逃生通道疏散至西广场，一旦采用盾构段，将导致西侧疏散通道无法实施，只能疏散至站房地下通道，而消防部门坚决不同意该方案，同时电缆管道事宜也较难解决，因此该方案最终无法实施。

（3）设计方案三：盖挖逆作法施工

鉴于以上两个施工方案被否决，因此最终只能采取难度最大及施工成本最高的盖挖逆作法作为围护及施工组织方案，围护体系仍采用地连墙，连续墙成槽深度在 53.5m 左右，入安山玢岩 0.5m，隔断承压水补给。端头井和喇叭口段连续墙厚度采用 1200mm，其他段采用 1000mm，采用叠合墙。坑内土体采用满堂加固，加固至开挖面以下 2m。

该区段通过地连墙入岩阻断承压水，并通过满堂加固的形式封闭开挖面内的承压水，设计布置了三口承压水降水井，确保若发生前两道工序失效，仍可通过降水的形式，降低承压水水头压力。

施工过程采用盖挖逆作法施工，地下一层开挖利用盖板作为支撑体系，地下二层开挖利用中板及下设临时钢支撑作为支撑体系，待底板完成后拆除临时钢支撑，具体分段见图10-41。

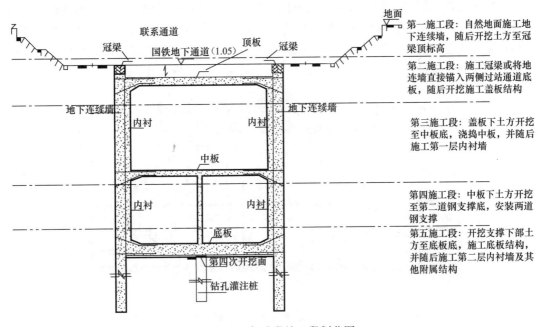

图 10-41　标准段施工段划分图

本工程区间段围护方案主要受制于站房工期条件的约束，因此采用了施工难度最大的盖挖法，并且施工费用也大大增加，虽较好地解决了站房同步施工的要求，但给后期施工的物流组织，施工场地要求等带来了极大的组织难度。

### 10.2.4 基坑围护总体施工组织

1. 工程施工组织特点

本工程体态大，周边情况复杂，存在既有铁路线，工期紧，质量要求高，在工期紧张的情况下，基坑施工必须在确保安全的前提下加快进度，为后续施工创造有利条件。

在进行本工程施工过程中，最为关键的两个要素为：一是如何根据各种周边环境和条件来安排现场物流组织；二是如何合理组织基坑开挖流程，因此本节就该两部分内容作主要论述。

2. 运输物流通道

本工程分为三部分进行施工，并且三部分施工时序上有较大跨度，需根据每个区块的周边条件，结构情况布置运输道路。由于施工过程中需结合考虑地铁施工的实际情况，因此物流通道的布置需按现场实际情况进行调整，但站房施工全过程总体物流组织安排如下。

3. 西端物流通道（A-F、F-G轴区域）

1）站房总体布置原则

西端场内道路在基坑开挖前可设置环形道路，南北两侧沿出租车通道围护坡顶8m外边设8m宽硬化道路（图中黑色斜线），主要作为材料运输通道和起重设备通道，待出租通道结构完成，并回填土方后，将原预留的8m安全距离再次硬化，作为重型履带吊通行道路。而G轴位置临近既有铁路线，该区域围护施工边线离开转线前保留的4号站台雨棚有14m宽便道，该便道在基坑开挖前可作为南北向通道，并且临近既有线围护体系利用该道路进行施工，而一旦土方开挖，由于需放坡，该道路宽度只能保留6~8m，为避免影响基坑安全，该道路不再作为行车物流通道，只作为人员通道使用。

基坑内需根据钢构吊装的需要，在进行站台层钢构吊装过程中，需设置由西向东，自场外道路通至基础底的临时施工道路（图中粗线）作为大型钢构件进场道路和大型履带吊通行道路，为避免破坏基础底板结构，因此该道路位置基础底板采用后浇或在施工完成的基础底板上覆土铺设路基板的形式来避免基础底板受重车碾压破坏。

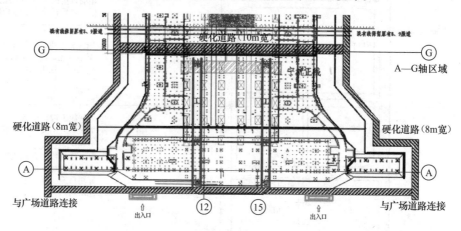

图10-42 西端（A-G轴）物流通道布置示意图（黑色斜线和红色粗线）

2）地铁施工逆作法阶段布置原则

西端物流通道设置相对较为便捷，该区西侧为站前广场，其结构与站房结构边线有16m安全距离，并且其目前仍处于桩基施工阶段，预计土方开挖和地下结构施工前，均可较为便捷的利用西端原市政道路作为物流主进出口。并由于土方开挖顺序为由东向西，因此也利用西端放坡面作为出土口，较为便捷的将土方外运。

西端地铁施工采用盖挖逆作法，土方开挖阶段出土计划采用传送带方式完成，实际施工中物流通道需根据西广场施工进展情况分2种方案实施。

（1）利用西广场原有市政道路布置方法

由于地铁盖挖逆作法的4号线区间段需待站房地下室结构完成后才能进行施工，预计施工时间为2011年3月底开始，此阶段预计西广场已经进行土方开挖和后续结构施工，因此需与广场施工进行协商，适当调整其与站房结合部的结构形式和施工顺序，使得该处能设置坡道保证传送带将土方至原地下室接力传输至目前自然地面，便于土方直接从西端外运。

采用该物流通道布置方法时，广场施工过程需保证接入口的该物流通道通畅布置，因此可能会对广场的施工进展情况产生一定影响。

（2）采用西站房内部物流通道布置方法

若广场无法提供西端地铁盖挖逆作法出土条件，则出土位置需进行相应调整，采用由东西两头向中间汇拢，土方开挖后经传送带汇拢至中部后，利用E轴处联系通道传输至出租车通道，并在出租车通道处装车外运，车辆利用小型车辆，满足出租车通道净高的限制。如下图箭头所示。

462

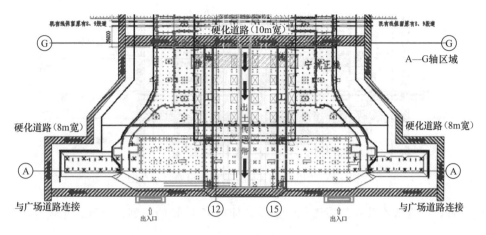

图 10-43　地铁盖挖逆作法利用西广场结构出土（蓝色箭头）

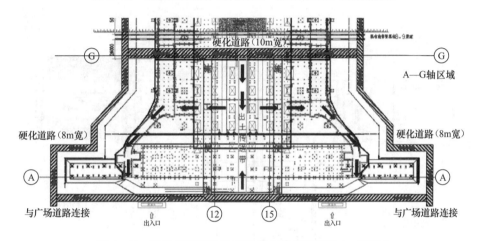

图 10-44　地铁盖挖逆作法利站房出租车通道出土（箭头）

由于盖挖逆作法施工周期较长，采用该物流布置方法时，势必将对站房本身的物流组织和后续装饰装修施工造成较大影响，需尽量避免采用该方案。

4. 中部物流通道（G-K轴）

中部物流通道即为第三施工段的物流通道，位于 G-K 轴，该区域处于东西第一施工段和第二施工段之间，介入施工时间较晚，需待第一次转线完成，并且地铁完成 K 轴区域端头结构施工后才能全面介入，此阶段根据总体进度情况来看，西端结构已经施工完成，等待与该区衔接，较难提供物流通道，若需设置，则可利用过站通道地下室（净高 7m）作为物流通道，从 A 轴处与站前广场接口进出；该区东侧为正在进行地连墙两侧桩基施工（12 轴和 15 轴）和外围结构施工（11 轴和 16 轴国铁承台、过站通道墙板、自动扶梯结构等），因此受制于场地条件，东侧基本不具备物流进出条件。因此该区主要为利用南北两侧施工道路，并与东西端出租车通道外侧道路相衔接，由于该区域受到预应力锚索等既有线围护体系的影响，因此需先挖土后打桩，挖土为由中部向两端退行，两侧设出土坡道。

5. 东端物流通道（K-U轴）

东端由于本基坑中间有地铁的深基坑，需保证其出土能顺利外运，并有一定的堆土场地，所以开挖过程中交通道路的设置显得更为重要。出租车通道外围道路仍按照西端和中

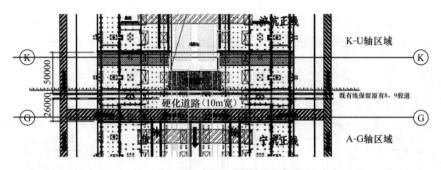

图 10-45　中部（G-K 轴）物流通道布置示意图

部原则设置，并在既有线东侧设置临时道路，使得 K-U 轴的西侧、南侧和北侧能够接通。

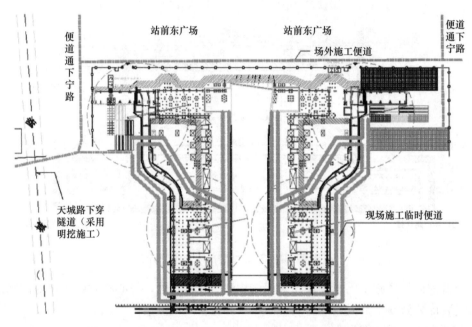

图 10-46　东端（K-U 轴）基础施工阶段物流通道布置示意图

东侧在东广场基坑开挖前可利用与其结构边线的 16m 安全距离设置临时道路，并与东端主干道下宁路连通，作为主要物流进出口。而在场内则沿地铁地连墙外侧设置南北两侧的 8m 宽硬化通道（标高为−10.700m）作为场内物流通道，并设置坡道与南侧外围道路和东侧外围道路连通，形成多个坑内物流通道，以满足站房具备施工条件的作业面施工和地铁结构施工需要。待地铁结构施工完毕后，在−10.700m 标高完成地连墙两侧桩基施工后，再挖除原有坑内道路，并从东、南、北三侧出土。

6. 站房基坑工程施工总体施工组织

东站站房从单体围护项目而言，施工工序均较为常规，如地下连续墙、SMW 工法桩、预应力锚索等，但基坑开挖流程较为复杂，由其以与地铁穿插施工的 K-U 轴区域为最，该节也就针对该区域施工总体流程进行论述。

该区域施工主要受制于地铁施工，由于地铁车站施工进度的滞后，导致站房施工时间与地铁施工时间的重合。原计划为地铁完成全部结构后移交站房施工，实际在地铁完成地连墙顶上部的土方大放坡开挖，即将进行的连墙内支撑和明挖施工时，站房就必须进场穿插施工，大量工作需同步实施。同时站房施工必须兼顾地铁施工的安全。给施工组织带来了很大的难度。

总体而言，该区基础施工分为以下几个阶段：

第一阶段：进行站房外围总体工法桩围护施工，并同时施工地铁坑内具备作业面的11、16轴以外工程桩。

第二阶段：待工法桩施工养护完成后，进行站房大面积卸土施工，将基坑开挖至地铁地连墙顶。并进行地铁便道外桩基施工。

第三阶段：待地铁外侧桩基完成后，进行后续结构施工，如出租车通道、站房地下室外墙等，并待地铁完成中板后进场施工地连墙两侧12、15轴桩基础。

第四阶段：进行出租车通道与站房地下室之间的开挖面以下铁路路基加固，在地铁完成全部结构后，站房进行地下室结构全面施工。

第五阶段：完成站房地下室结构，并按照铁路线路回填要求进行回填，配合施工附属自动扶梯和楼梯建筑，完成地下结构施工。

### 10.2.5 难点工序施工组织和技术措施

#### 1. 预应力锚索工艺试验

既有线围护体系成败的关键在于预应力锚索施工是否能够满足设计要求，对此除了合理规划该区域施工流程外，还需对预应力锚索施工工艺和效果进行了多组试验，以期最终成品满足设计既定要求。

根据既有线旁基坑围护设计图，本工程既有线西侧基坑支护为保护运营中的8、9股道采用放坡结合 SMW 工法，并结合三道预应力锚索，设计要求如下：

第一排锚索长度为 19.5m，锚固段长度为 10.5m，自由段长度为 9.0m，成孔直径为 150mm，杆芯材料为 3 根 $\phi11.1$ 的钢绞线，锚索水平夹角为 15°和 20°两种，沿水平向间隔 2400mm 间隔布置，设计锁定荷载为 70kN，设置标高为－4.850m。

第二排锚杆为拉力分散型锚索，锚固段长度为 10.0m，自由段长度分别为 7.5m 和 17.5m，成孔直径为 150mm，杆芯材料为 4 根 $\phi15.2$ 的钢绞线，锚索水平夹角为 15°和 20°两种，沿水平向间隔 2400mm 间隔布置，设计锁定荷载为 175kN，设置标高为－7.350m。

第三排锚索长度为 15.0m，锚固段长度为 9.0m，自由段长度为 6.0m，成孔直径为 150mm，杆芯材料为 3 根 $\phi11.1$ 的钢绞线，锚索水平夹角为 15°和 20°两种，沿水平向间隔 2400mm 间隔布置，设计锁定荷载为 70kN，设置标高为－9.850m。

1）预应力锚索施工控制要点

就本工程而言，预应力锚索施工质量控制主要是需确保在既有线下成孔质量和防止塌孔情况的发生，由图 10-47 可见第一道、第二道和第三道锚索端部离开既有线投影面距离分别为 9.2m、1.6m 和 11.3m，深度分别为 8.7m，13.2m 和 15.2m，直线距离分为 12.5m、12.9m 和 17.1m，而铁路运行将造成振动波传递，根据相关文献的研究成果，位于地下 2m 深处振动加速度值为地表的 20%～50%；4m 深处为 10%～30%，因此对本工程预应力锚索施工而言，列车运行振动对成孔的影响应较小，但还是应引起重视，选择合适的施工工艺来确保成孔质量和预应力锚索的受力满足支护设计的要求。

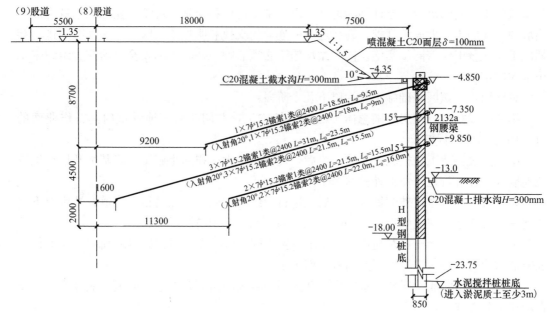

图 10-47　既有线围护剖面图

2）预应力锚索施工工艺试验

为检验预应力锚索在场地地质条件下的施工工艺，以及施工过程对周围环境的影响程度。项目计划对预应力锚索按照现行《建筑基坑支护技术规程》附录 E"锚杆试验"之要求进行基本试验，为设计单位提供预应力锚索试验资料。

3）三次锚索试验成果及结论

总共进行了三次锚索施工试验，三次锚索试验结果表明，在适当改进施工工艺后，锚索抗拔承载力有明显提高，最终极限承载力试验结果如下：1 号、3 号锚索极限抗拔力为330kN；2 号锚索极限抗拔力为 300kN；4 号锚索极限抗拔力为 520kN；5 号锚索极限抗拔力为 480kN；6 号锚索极限抗拔力为 400kN。完全满足设计要求。

2. 地铁盖挖逆作法施工

杭州东站枢纽工程地铁 4 号线区间段盖挖逆作法施工卡控重点有以下 3 点：

1）超深地连墙施工；

2）位于站房地下室内的物流组织；

3）盖挖逆作法的施工流程。

（1）盖挖逆作法区间段设备选型

根据以上设计工况和施工流程安排，第一、二次挖土为明挖施工，采用普通中大型挖机实施；第三、四、五次开挖采用盖挖法施工的土方均采用小型铲车和小型挖机配合挖土，型号选择为日立 LX40 型铲车及日立 ZX50U-2 型挖机。具体开挖机械安排如下：

机械设备表　　　　　　　　　　　　　表 10-12

| 一期施工段 | | | | | |
| --- | --- | --- | --- | --- | --- |
| 工序 | 挖式 | 操作空间 | 机械设备 | 数量 | 备注 |
| 第一层土方开挖 | 挖 | — | PC200 | 4 台 | |
| 第二层土方开挖 | 挖 | — | PC200 | 2 台 | |

| 一期施工段 | | | | | |
| --- | --- | --- | --- | --- | --- |
| 工序 | 挖式 | 操作空间 | 机械设备 | 数量 | 备注 |
| 第三层土方开挖 | 挖 | 约8m | LX40 | 6台 | 分三层 |
| 第四层土方开挖 支撑面上 | 挖 | 2.7～5.8m | LX40+ZX50 | 6+3台 | 局部分二层 |
| 第四层土方开挖 支撑底 | 挖 | 4.3～7.4m | LX40+ZX50 | 6+3台 | 安装支撑退挖 |
| 第五层土方开挖 | 挖 | 约2.7m | LX40+ZX50 | 6+3台 | |
| 二期施工段 | | | | | |
| 工序 | 挖式 | 操作空间 | 机械设备 | 数量 | 备注 |
| 第一层土方开挖 | 挖 | — | PC200 | 4台 | |
| 第二层土方开挖 | 挖 | — | PC200 | 2台 | |
| 第三层土方开挖 | 挖 | 约8m | LX40 | 2台 | 分三层 |
| 第四层土方开挖 支撑面上 | 挖 | 约2.4m | LX40+ZX50 | 2+1台 | 局部分二层 |
| 第四层土方开挖 支撑底 | 挖 | 约4.2m | LX40+ZX50 | 2+1台 | 安装支撑退挖 |
| 第五层土方开挖 | 挖 | 约2.7m | LX40+ZX50 | 2+1台 | |

由于该基坑空间较小，实际施工过程中将出现大量的人工挖土工程量。

在盖挖过程中，严格控制挖土标高，一旦具备中板或支撑作业面，立即安排施工，其中对支撑施工增加一个施工工况，即先开挖至支撑面，后退挖至支撑底，开挖一块安装一道支撑。

在设计出土口处搭设5t-10t-L型门式起重机，开挖后的土方用拖拉机或小型翻斗车运土至物料出土口，采用抓斗外运至地铁坑外，通过传送带送至地下室外。

（2）盖挖逆作法区间段施工总体流程

车站基坑土方开挖总量约7.5万m³。由于受到既有铁路线的影响，根据中隔墙位置分两次实施，第一阶段施工区域开挖量约6.5万m³，第二阶段施工区域开挖量约1万m³。第一阶段实施区域长约187m，第二阶段实施区域长约60m。

按该区间段施工总部署，在第一阶段施工中，明挖不分施工段，按照由东向西退挖，在暗挖阶段设计留设了三个预留出土口，分别位于东西两侧和中部，因此计划将土方开挖分成3段；在第二阶段施工中，设有一个预留出土口，设为第4施工段。

在每个分段内分层开挖。竖向出土采用3套小型门式架，配置6台5～10t位电动葫芦和三幅抓斗，土方直接通过国铁站房地下过站通道外运。盖挖出土分段和预留口位置见图10-48。

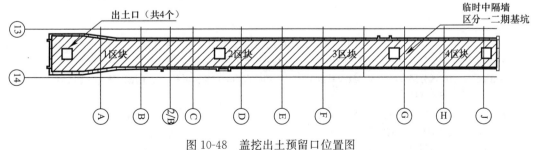

图10-48 盖挖出土预留口位置图

土方开挖施工流程图如图10-49所示。

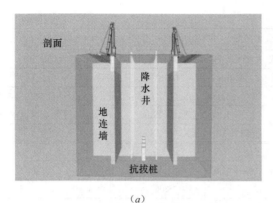
（a）

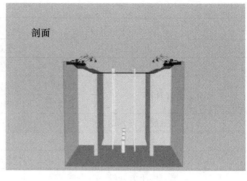
（b）

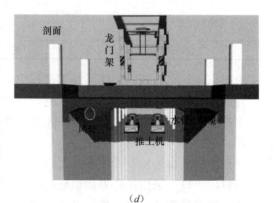
（c）

（d）

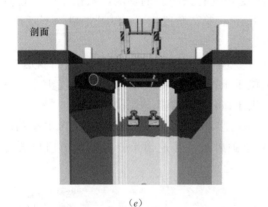
（e）

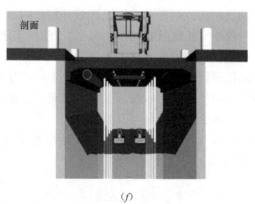
（f）

图 10-49　土方开挖施工流程图（一）

（a）工况 1：一期地铁基坑地下连续墙施工完成，降水井及承压井施工；

（b）工况 2：明挖区分层分段开挖，放坡系数 1∶1.5。明挖区第一层土方开挖，施工压顶梁；明挖区第二、三层土方开挖；

（c）工况 3：土方开挖至盖板底－2.800m，盖板结构施工；

（d）工况 4：地铁盖板结构完成后，开始逆作法施工；

（e）工况 5：地铁盖板至中板区间土方分层分段开挖，放坡系数 1∶1.5；

（f）工况 6：盖挖法土方开挖至中板结构底－10.850m；

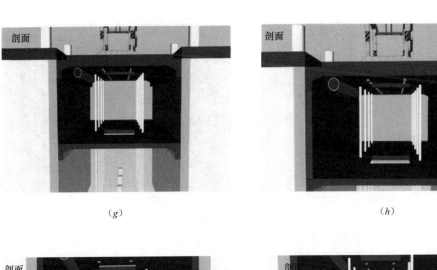

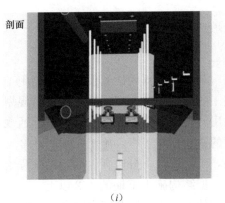

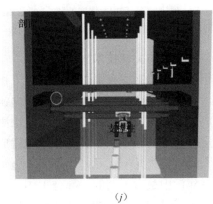

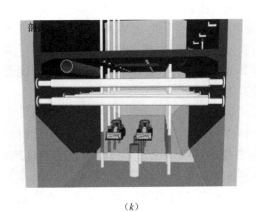

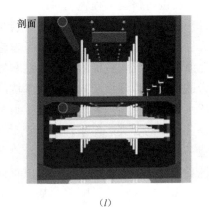

图 10-49　土方开挖施工流程图（二）

（g）工况 7：地铁中板结构施工；

（h）工况 8：中板结构施工完成后，地铁 1 层内衬墙结构施工；

（i）工况 9：地铁中板至底板区间土方分层分段开挖，放坡系数 1：2；

（j）工况 10：土方开挖至第二道钢支撑底部，同时施工两道钢支撑；

（k）工况 11：第二道钢支撑底部至地铁底板区间土方分层分段开挖，放坡系数 1：2；

（l）工况 12：地铁底板施工完成，地铁 2 层区间内衬墙施工；

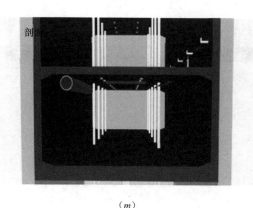
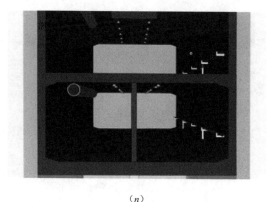

（m）　　　　　　　　　　　　　　　　　　（n）

图 10-49　土方开挖施工流程图（三）

（m）工况 13：地铁 2 层区间内衬墙施工完成，两道钢支撑拆除；

（n）工况 14：两道钢支撑拆除完成，地铁 2 层中隔墙施工，土方开挖完成

### 10.2.6　本工程的关键技术

由于铁路建设工程有别于普通民建工程，其站房是线路工程的配套设施，铁路施工的主导理念为线路优于站房，因此往往根据铁路线施工的工期要求和全国铁路网运行规划的要求来决定站房施工的总体工期，由此也决定了站房施工工期必须根据铁路线路开通规划的要求进行统筹安排。纵观目前在建或建成的大型的铁路枢纽工程，施工工期均在 2 年左右，工程造价均为几十亿元，体态大，施工难度高，工期压力十分巨大。而基础工程恰恰又为工程建设中最占工期的一部分工作，其往往要占据结构施工工期的 1/2 以上，施工风险也是全施工过程中最大的，往往易导致群死群伤事故的发生，以及产生重大经济损失。

因此在进行该类工程施工时需做好以下几个方面工作：

（1）优选围护设计方案：围护设计方案的确定除根据当地的地质条件、周边环境因素、工程造价等因素外，还需综合考虑施工全过程可能出现的边界条件，周边施工项目的可能提前穿插情况，施工的可持续性和便捷性等其他外部条件。在综合各方意见后才能形成最为适合本工程建设实际需要的基坑围护设计方案。

（2）强化施工组织管理：在施工组织上必须紧紧抓住龙头，在施工伊始应确定施工主线，综合已知的各类边界条件和预测将来可能出现的各种变化来编制指导性施工组织设计。施工过程中由于枢纽站房普遍存在外部环境多变的特殊情况，积极与设计协商沟通，优化施工方案甚至调整设计方案。以求设计方案更加贴合现场实际施工的需要。

（3）做好工艺试验：随着对基坑支护的不断研究和科技的不断发展，深基坑支护施工中采用的施工工艺种类也越来越多，而验证工艺是否满足设计需要的最佳办法即为进行工艺试验。通过工艺试验一方面可以验证设计效果，另一方面可以指导后续施工，工艺试验出现的问题也可在实际施工中予以改进，避免大面积施工后因工艺问题而出现无法挽回的质量安全问题。

（4）加强基坑监测的管理：由于地下土体的性质存在相当的变异性和离散性，地质勘查资料只是抽样数据，很难准确反映土层的全面情况；基坑开挖过程中也会出现一些突发、偶发事件；加上基坑设计水平还停留在半理论半经验的状态，对基坑支护结构所做的假设与实际状况有一定的差距和误差，还没有成熟的方法计算基坑周围土体的变形，所设

计的基坑支护方案不可能非常准确地反映正常施工条件下支护结构与相邻土体等的变形规律和受力范围。因此加强对基坑支护结构、周边土体和相邻建筑物的系统监测可及时发现问题，调整设计或改进施工技术措施，同时也可总结经验，为今后优化设计提供实测数据支持。

通过分析东站工程基坑施工的所遇到的一系列问题，对枢纽站房基坑围护施工有以下总结：

（1）枢纽站房体态极大，所处位置一般周边较为开阔，若无铁路线，基坑施工的安全风险较低。基坑总体围护形式的选择主要需考虑站场路基施工、施工工效、施工造价等因素，本工程采用的工法桩复合土钉墙较好地解决了日后站场路基施工的回填问题，造价低、工效高，若地质条件允许，值得在今后站房建设中推广；

（2）既有铁路线的围护是站房工程中安全风险最大的部分，一旦出现问题，将导致极为严重的后果。该类围护必定是基坑内的临时围护，除需确保安全稳定外，还受制于站房总体围护形式的选择及不影响后续结构施工。东站枢纽工程最终选择的 SMW 工法桩加预应力锚索的支护形式安全可靠，施工效率较高，费用较低，并且对后续结构施工影响较小，特别是工法桩拔除后不影响日后地铁盾构穿越，因此是较为理想的一种围护形式。但预应力锚索的施工质量因工艺和地质情况的不同，实际效果偏差极大，因此必须经过试验来验证；

（3）对于地铁同台换乘的枢纽站房，迫于工期压力，地铁工程宜采用盖挖逆作法施工，随施工费用有极大地增加，但确实可解决上下结构同步施工的问题，大大加快施工工期；

（4）对于大型枢纽站房工程，下有地铁、周边有广场和站场包围，施工边界条件多，外部环境影响大，除合理根据以上因素选择围护方案外，更需合理安排总体施工组织，根据各个单项工程的轻重缓急来安排施工节奏，通过科学合理地统筹规划，才能有条不紊地完成工程建设。